Interpretação Embarcada – *Embedded Interpretation* (305): Embarque ações de interpretação na gramática, de forma que executar o analisador sintático faça o texto ser diretamente interpretado para produzir a resposta.

Lacuna de Geração – *Generation Gap* (571): Separe código gerado de código não gerado por herança.

Lista de Literais – *Literal List* (417): Represente expressões de linguagem com uma lista de literais.

Macro (183): Transforme texto de entrada em um texto diferente antes do processamento de linguagem usando Geração por *Templates*.

Manipulação de Árvore de Análise Sintática – *Parse Tree Manipulation* (455): Capture a árvore de análise sintática de um fragmento de código para manipulá-la com código de processamento de DSL.

Mapa de Literais – *Literal Map* (419): Represente uma expressão como um mapa de literais.

Máquina de Estados – *State Machine* (527): Modele um sistema como um conjunto de estados explícitos com transições entre eles.

Modelo Adaptativo – *Adaptive Model* (487): Organize blocos de código em uma estrutura de dados para implementar um modelo computacional alternativo.

Modelo Semântico – *Semantic Model* (159): O modelo que é preenchido por uma DSL.

Notificação – *Notification* (193): Coleta erros e outras mensagens para informar o chamador.

Polimento Textual – *Textual Polishing* (477): Realize substituições textuais simples antes de um processamento mais sério.

Recepção Dinâmica – *Dynamic Reception* (427): Trate mensagens sem defini-las na classe receptora.

Rede de Dependências – *Dependency Network* (505): Uma lista de tarefas ligada por relacionamentos de dependência. Para executar uma tarefa, você invoca suas dependências, executando essas tarefas como pré-requisitos.

Separadores de Novas Linhas – *Newline Separators* (333): Use novas linhas como separadores de sentenças.

Sequência de Funções – *Function Sequence* (351): Combinação de chamadas a funções como uma sequência de sentenças.

Sistema de Regras de Produção – *Production Rule System* (513): Organize a lógica por meio de um conjunto de regras de produção, cada uma delas tendo uma condição e uma ação.

Tabela de Decisão – *Decision Table* (495): Represente uma combinação de sentenças condicionais em um formato tabular.

Tabela de Expressões Regulares de Análise Léxica – *Regex Table Lexer* (239): Implemente um analisador léxico usando uma lista de expressões regulares.

Tabela de Símbolos – *Symbol Table* (165): Local para armazenar todos os objetos identificáveis durante uma análise sintática para resolver referências.

Tabela de Símbolos de Classe – *Class Symbol Table* (467): Use uma classe e seus campos para implementar uma tabela de símbolos, de forma a oferecer suporte ao recurso de autocompletar ciente a tipos em uma linguagem estaticamente tipada.

Tradução Dirigida por Delimitadores – *Delimiter-Directed Translation* (201): Traduza texto-fonte quebrando-o em fragmentos (normalmente linhas) e então analise sintaticamente cada fragmento.

Tradução Dirigida por Sintaxe – *Syntax-Directed Translation* (219): Traduza texto-fonte a partir da definição de uma gramática e de seu uso para estruturar a tradução.

Tradução Embarcada – *Embedded Translation* (299): Embarque código de produção de saída no analisador sintático, de forma que a saída seja produzida gradualmente no decorrer da análise sintática.

Variável de Contexto – *Context Variable* (175): Use uma variável para armazenar o contexto durante uma análise sintática.

O autor

Martin Fowler é cientista-chefe na ThoughtWorks. Ele descreve a si mesmo como "autor, palestrante, consultor e voz ativa sobre desenvolvimento de software em geral. Concentro-me no projeto de software empresarial – buscando o que compõe um bom projeto e quais práticas são necessárias para chegar a isso". Dentre os livros de Fowler estão *Padrões de Arquitetura de Aplicações Corporativas; UML Essencial, 3.ed.*; e com Kent Beck, John Brant e Wiliam Opdyke *Refatoração: Aperfeiçoando o Projeto de Código Existente*, todos publicados no Brasil pela Bookman Editora.

F787d Fowler, Martin
       DSL : linguagens específicas de domínio / Martin Fowler com Rebecca Parsons ; tradução: Eduardo Kessler Piveta. – Porto Alegre : Bookman, 2013.
       xxvi, 596 p. ; 25 cm.

       ISBN 978-85-407-0212-7

       1. Ciência da computação – Programação. 2. Programação – DSL. 3. Linguagens específicas de domínio. I. Título.

                                                    CDU 004.43

Catalogação na publicação: Natascha Helena Franz Hoppen – CRB 10/2150

MARTIN FOWLER
com REBECCA PARSONS

DSL
LINGUAGENS
ESPECÍFICAS
DE DOMÍNIO

Tradução
Eduardo Kessler Piveta
Doutor em Ciência da Computação – UFRGS
Professor Adjunto da Universidade Federal de Santa Maria – UFSM

2013

Obra originalmente publicada sob o título
Domain-Specific Languages, 1st Edition
ISBN 0321712943 / 9780321712943

Authorized translation from the English language edition, entitled DOMAIN-SPECIFIC LANGUAGES, 1st Edition, by FOWLER, MARTIN, published by Pearson Education, Inc., publishing as Addison-Wesley Professional, Copyright © 2011. All rights reserved. No part of this book may be reproduced or transmitted in any form or by any means, electronic or mechanical, including photocopying, recording or by any information storage retrieval system, without permission from Pearson Education,Inc.

Portuguese language edition published by Bookman Companhia Editora Ltda., a Grupo A Educação S.A. Company, Copyright © 2012

Tradução autorizada a partir do original em língua inglesa da obra intitulada DOMAIN-SPECIFIC LANGUAGES, 1ª Edição, autoria de FOWLER, MARTIN, publicado por Pearson Education, Inc., sob o selo Addison-Wesley Professional, Copyright © 2011. Todos os direitos reservados. Este livro não poderá ser reproduzido nem em parte nem na íntegra, nem ter partes ou sua íntegra armazenado em qualquer meio, seja mecânico ou eletrônico, inclusive fotoreprografação, sem permissão da Pearson Education, Inc.

A edição em língua portuguesa desta obra é publicada por Bookman Companhia Editora Ltda., uma empresa do Grupo A Educação S.A., Copyright © 2012

Capa: *Maurício Pamplona* (arte sobre capa original)

Foto da capa: *Martin Fowler*

Preparação de original: *Bianca Basile Parracho*

Leitura final: *Aline Grodt* e *Amanda Jansson Breitsameter*

Gerente editorial – CESA: *Arysinha Jacques Affonso*

Coordenadora editorial: *Denise Weber Nowaczyk*

Editoras responsáveis por esta obra: *Verônica de Abreu Amaral* e *Viviane Borba Barbosa*

Editoração eletrônica: *Techbooks*

Reservados todos os direitos de publicação, em língua portuguesa, à
BOOKMAN EDITORA LTDA., uma empresa do GRUPO A EDUCAÇÃO S.A.
Av. Jerônimo de Ornelas, 670 – Santana
90040-340 – Porto Alegre – RS
Fone: (51) 3027-7000   Fax: (51) 3027-7070

É proibida a duplicação ou reprodução deste volume, no todo ou em parte, sob quaisquer formas ou por quaisquer meios (eletrônico, mecânico, gravação, fotocópia, distribuição na Web e outros), sem permissão expressa da Editora.

Unidade São Paulo
Av. Embaixador Macedo Soares, 10.735 – Pavilhão 5 – Cond. Espace Center
Vila Anastácio – 05095-035 – São Paulo – SP
Fone: (11) 3665-1100   Fax: (11) 3667-1333

SAC 0800 703-3444 – www.grupoa.com.br

IMPRESSO NO BRASIL
PRINTED IN BRAZIL

para Cindy
— Martin

Prefácio

As linguagens específicas de domínio têm sido parte do mundo da computação desde antes de eu começar a programar. Pergunte a algum antigo usuário de Unix ou de Lisp o quanto as DSLs têm sido úteis em sua coleção de truques. Apesar disso, elas nunca se tornaram uma parte visível do mundo da computação. A maioria das pessoas aprende DSLs com alguém, e normalmente aprendem apenas um conjunto limitado das técnicas disponíveis.

Escrevi este livro para tentar mudar essa situação. Minha intenção é introduzir uma ampla faixa de técnicas de DSLs, de forma que você possa fazer uma escolha inteligente a respeito do uso ou não de uma DSL em seu trabalho e dos tipos de técnicas de DSL que deve empregar.

As DSLs são populares por diversas razões, mas destacarei as duas principais: melhorar a produtividade dos desenvolvedores e aprimorar a comunicação com os especialistas em domínio. Uma DSL bem escolhida pode facilitar o entendimento de um bloco de código complicado, melhorando a produtividade daqueles que trabalham com ela. Pode também facilitar a comunicação com os especialistas em domínio, fornecendo um texto comum que age tanto como software executável quanto como uma descrição que os especialistas em domínio podem ler para entender como suas ideias estão representadas em um sistema. Essa comunicação com especialistas em domínio é um benefício mais difícil de atingir, mas o ganho de resultado é muito mais amplo, pois permite remover um dos piores gargalos no desenvolvimento de software – a comunicação entre os programadores e seus clientes.

Também não devo superestimar o valor das DSLs. Costumo dizer que sempre que você estiver discutindo os benefícios, ou, na verdade, os problemas das DSLs, você deve considerar substituir "DSL" por "biblioteca". Muito do que você ganha com uma DSL, também pode ganhar por meio da construção de um framework. Como resultado disso, os custos e os benefícios de uma DSL são menores do que as pessoas pensam, mas esses custos e benefícios não são tão bem entendidos como deveriam ser. Conhecer boas técnicas reduz consideravelmente o custo de construir uma DSL – e minha esperança neste livro é possibilitar isso. A fachada pode ser fina, mas ela muitas vezes é útil e vale a pena construí-la.

Por que agora?

As DSLs já estão por aí há muito tempo. Mesmo assim, nos últimos anos, houve um aumento significativo no interesse por elas. Decidi passar alguns anos escrevendo este livro. Por quê? Embora eu não saiba se posso fornecer uma explicação definitiva para esse aumento geral, posso compartilhar uma perspectiva pessoal.

Na virada do milênio, existia um senso de padronização sufocante nas linguagens de programação – ao menos no meu mundo de software empresarial. Por alguns anos, Java era a única linguagem do futuro, e, mesmo quando a Microsoft desafiou essa afirmação com C#, ela ainda era uma linguagem bastante similar. Novos desenvolvimentos eram dominados por linguagens orientadas a objeto compiladas e estáticas com uma sintaxe similar a C. (Mesmo o Visual Basic foi feito para parecer o mais próximo possível com isso.)

No entanto, logo se tornou claro que nem tudo se encaixava bem nessa hegemonia de Java/C#. Existiam partes importantes da lógica que não casavam bem com essas linguagens – o que levou ao aumento dos arquivos de configuração em XML. Os programadores então começaram a fazer piada com a ideia de que escreveriam mais linhas de XML que de Java/C#. Em parte, isso se devia a um desejo de modificar o comportamento em tempo de execução, mas também era um desejo de expressar aspectos do comportamento de uma maneira mais customizada. XML, apesar de sua sintaxe bastante ruidosa, permite que você defina seu vocabulário e fornece uma estrutura hierárquica forte.

Contudo, o ruído de XML acabou sendo exagerado. As pessoas reclamavam que os sinais de maior e de menor agrediam seus olhos. Existia um desejo de obter os benefícios dos arquivos de configuração XML, mas sem o custo do uso de XML.

Agora nossa narrativa alcança meados dos anos 2000 e a aparição explosiva de *Ruby on Rails*. Qualquer que seja o lugar em que Rails esteja agora como uma plataforma prática (e penso que é um bom lugar), ele teve um impacto gigantesco em como as pessoas pensam o projeto de bibliotecas e de frameworks. Uma boa parte do *modus operandi* da comunidade Ruby é uma abordagem mais fluente – tentar fazer a interação com uma biblioteca se parecer com a programação em uma linguagem especializada. Essa é uma corrente de pensamento que remonta a uma das linguagens de programação mais antigas, Lisp. Essa abordagem também floresce no que você tomaria como o pedregoso terreno de Java/C#: ambas as linguagens têm visto as interfaces fluentes tornarem-se mais populares, provavelmente devido à influência duradoura dos criadores originais de JMock e Hamcrest.

Quando olhei para tudo isso, percebi uma lacuna de conhecimento. Vi pessoas usando XML em situações nas quais uma sintaxe customizada seria mais legível e, ainda assim, não mais difícil de ser feita. Vi pessoas dobrando Ruby em contorções complicadas quando uma sintaxe customizada seria mais fácil. Vi pessoas usando analisadores sintáticos quando uma interface fluente em suas linguagens regulares seria muito menos trabalhosa.

Minha hipótese é que essas coisas estão acontecendo por conta de uma lacuna de conhecimento. Programadores habilidosos não conhecem o suficiente acerca de técnicas de DSL para tomarem decisões informadas sobre quais delas usar. Esse é o tipo de lacuna que gosto de tentar preencher.

Por que as DSL são importantes?

Falarei sobre isso com mais detalhes em "Por que usar uma DSL?", p. 33, mas vejo duas razões primárias para explicar por que você deveria se interessar por DSLs (e, logo, as técnicas deste livro).

A primeira razão é para melhorar a produtividade dos programadores. Considere o seguinte fragmento de código:

```
input =~ /\d{3}-\d{3}-\d{4}/
```

Você pode reconhecê-lo como um casamento de uma expressão regular, e provavelmente você saiba com o que essa expressão está casando. Expressões regulares geralmente são criticadas por serem crípticas, mas pense em como você escreveria esse casamento de padrão se tudo o que pudesse usar fosse código de controle regular. Qual seria a facilidade em entender e modificar esse código em comparação a uma expressão regular?

As DSLs são muito boas em tomar certas partes bem focadas da programação e facilitar seu entendimento, agilizando, assim, sua escrita e modificações e reduzindo a possibilidade de erros.

A segunda razão para valorizar as DSLs vai além dos programadores. Como as DSLs são pequenas e fáceis de entender, elas permitem que não programadores vejam o código que dirige partes importantes de seu negócio. Ao expor o código real para as pessoas que entendem o domínio, você habilita um canal de comunicação mais rico entre os programadores e seus clientes.

Quando as pessoas falam sobre isso, costumam dizer que as DSLs lhes possibilitarão se livrar dos programadores. Sou extremamente cético em relação a esse argumento; afinal, isso foi dito acerca do COBOL. Apesar de existirem linguagens, como CSS, cujos programas são escritos por pessoas que não se intitulam programadores, é a leitura que importa mais que a escrita. Se um especialista em domínio pode ler e, em sua maioria, entender o código que dirige uma parte-chave de seu negócio, então ele pode comunicar-se em uma forma muito mais detalhada com o programador que efetivamente digita o código.

Essa segunda razão para usar DSLs não é fácil de ser atingida, mas as recompensas valem o esforço. A comunicação entre programadores e clientes é o maior gargalo no desenvolvimento de software, então qualquer técnica que possa tratá-la vale a pena ser tentada.

Não se assuste com o tamanho deste livro

O tamanho deste livro pode ser um pouco intimidador para você; isso certamente me faz pensar sobre quanta informação há aqui. Sou cauteloso com livros grandes, pois sei o quanto todos nós temos de tempo para ler – então um livro grande é um grande investimento de tempo (que é muito mais valioso que o preço de capa). Logo, usei um formato que prefiro em casos como esse: um livro duplex.

Um **livro duplex** é, na verdade, dois livros sob uma única capa. O primeiro livro é um texto narrativo, projetado para ser lido de capa a capa. Meu objetivo com o livro narrativo é fornecer uma visão geral breve do tópico, o suficiente para obter um amplo entendimento, mas sem fazer qualquer trabalho detalhado. Minha meta para uma seção narrativa é não mais que 150 páginas, de forma que seja uma quantidade gerenciável para ser lida.

O segundo livro, e também o maior, é um material de referência, projetado não para ser lido de capa a capa (apesar de algumas pessoas o fazerem), porém, em vez disso, para ser lido quando necessário. Há quem goste de ler a narrativa primeiro para obter uma visão geral do assunto e, então, mergulhar nessas porções de seções de referência que lhe interessam. Outros, por sua vez, gostam de mergulhar nas partes interessantes da seção de referência à medida que trabalham a partir da narrativa. O propósito dessa divisão é lhe dar uma ideia do que pode ser ignorado e do que não pode – então você pode escolher quando deseja pular algo e quando quer ir mais a fundo.

Também tentei tornar as porções de referência razoavelmente autônomas, então, se você quiser que alguém use *Construção de Árvore (281)*, pode dizer a esse alguém que leia apenas esse padrão e obtenha uma boa ideia do que fazer, mesmo se a sua memória da narrativa estiver vaga. Dessa forma, depois de você ter absorvido a visão geral da narrativa, esta obra torna-se uma referência útil para quando você precisar buscar alguns detalhes.

A razão principal de este livro ser tão grande é que não descobri como torná-lo menor. Um dos meus principais objetivos era oferecer um recurso que explorasse a amplitude das diferentes técnicas disponíveis para DSLs. Existem livros por aí que já falam acerca de geração de código, ou de metaprogramação em Ruby, ou do uso de ferramentas de *Geração de Analisadores Sintáticos (269)*. Com este livro, quero passar por todas essas técnicas de forma que você possa entender melhor suas similaridades e diferenças. Todas desempenham um papel em uma visão mais ampla, e meu objetivo aqui é fornecer um roteiro dessa visão enquanto dou detalhes suficientes para você iniciar com as técnicas sobre as quais estou falando.

O que você aprenderá

Projetei este livro como um guia de amplo espectro sobre diferentes tipos de DSLs e as abordagens para construí-las. Frequentemente, quando as pessoas começam a experimentar DSLs, elas escolhem apenas uma técnica. O objetivo deste livro é mostrar uma variedade de técnicas, de forma que você possa avaliar qual é a melhor para suas circunstâncias. Forneci detalhes e exemplos sobre como implementar muitas dessas técnicas. Naturalmente, não posso mostrar tudo o que pode ser feito, mas existe o suficiente para você iniciar e para ajudá-lo nas decisões preliminares.

Os primeiros capítulos devem fornecer uma boa ideia do que são as DSLs, quando elas são úteis e qual o papel de uma DSL comparada com um framework ou com uma biblioteca. Os capítulos de implementação oferecem uma ampla introdução sobre como construir DSLs externas e internas. O material sobre DSLs externas lhe mostrará o papel de um analisador sintático, a utilidade de um *Gerador de Analisadores Sintáticos (269)* e as diferentes maneiras de usar um analisador sintático. A seção sobre DSLs internas mostra como pensar acerca das várias construções de linguagem que você pode usar em um estilo DSL. Embora isso não diga como melhor usar sua linguagem em particular, ajuda a entender como as técnicas em uma linguagem correspondem às de outras.

A seção de geração de código descreve diferentes estratégias para a geração de código, se você precisar usá-la. O capítulo das bancadas de linguagem (*language workbenches*) é uma visão geral muito breve de uma nova geração de ferramentas. Na maior parte deste livro, me concentro em técnicas que têm sido usadas por décadas; as bancadas de linguagem são mais uma técnica futura, que é promissora, mas ainda não comprovada.

Quem deveria ler este livro?

Meu público-alvo para este livro são os desenvolvedores de software profissionais que desejem construir uma DSL. Imagino tal leitor como alguém com ao menos alguns anos de experiência em programação e confortável com as ideias básicas de projeto de software.

Se você está bastante envolvido com projeto de linguagens, é provável que nada encontre de muito novo neste livro em termos de material. Espero, no entanto, que a abordagem que usei para organizar e comunicar essa informação seja útil. Apesar de existir uma quantidade imensa de trabalhos realizados sobre projeto de linguagens, especialmente na área acadêmica, pouco disso encontra espaço no mundo da programação profissional.

Os dois primeiros capítulos da seção narrativa devem também ser úteis para qualquer um que esteja imaginando o que é uma DSL e por que valeria a pena usar uma. Ler a seção completa da narrativa é uma maneira de garantir uma visão geral das várias técnicas de implementação a serem usadas.

Este é um livro de Java ou um livro de C#?

Como a maioria dos livros que escrevo, as ideias aqui são bastante independentes da linguagem de programação. Uma das minhas maiores prioridades é expor princípios gerais e padrões que possam ser usados com qualquer linguagem de programação que por acaso você esteja usando. Dessa forma, as ideias no livro devem ser valiosas se você estiver usando algum tipo de linguagem moderna orientada a objeto.

Uma potencial lacuna de linguagem aqui são as linguagens funcionais. Embora saiba que muito deste livro ainda seria relevante, não tenho experiência suficiente em linguagens funcionais para realmente saber em que extensão seu paradigma de programação alteraria as recomendações feitas aqui. O livro é também, de certa forma, limitado para linguagens procedurais (i.e., linguagens não orientadas a objeto, como C), pois diversas das técnicas que descrevo baseiam-se em orientação a objeto.

Apesar de eu estar escrevendo acerca de princípios gerais aqui, de forma a descrevê-los de maneira apropriada, acredito que preciso mostrar exemplos – os quais requerem uma linguagem de programação em particular para ser escritos. Ao escolher uma linguagem para exemplos, meu critério primário é o quanto a linguagem é amplamente legível. Como resultado disso, quase todos os exemplos neste livro são em Java ou em C#. Ambas são muito populares; ambas possuem uma sintaxe familiar parecida com C, gerenciamento de memória e bibliotecas que removem muitos contorcionismos incômodos. Não estou afirmando que essas são as melhores linguagens para a escrita de DSLs (não acho que elas sejam), mas são as melhores linguagens para auxiliar na comunicação dos conceitos gerais que estou descrevendo. Tentei usá-las de forma bastante igual, desfazendo esse balanço apenas quando uma delas facilitava um pouco as coisas. Também tentei evitar elementos de linguagem que exigissem muito conhecimento da sintaxe, apesar de esse ser um compromisso difícil, dado que um bom uso de DSLs internas frequentemente envolve explorar atalhos sintáticos.

Existem algumas ideias que necessitam, em absoluto, de uma linguagem dinâmica e, dessa forma, não podem ser ilustradas em Java ou em C#. Nesses casos, usei Ruby, pois trata-se de uma linguagem dinâmica com a qual estou mais familiarizado. Também ajuda o fato de ela ser bastante adequada para a escrita de DSLs. Mais uma vez, apesar de minha familiaridade pessoal e considerável apreço pela linguagem, você não deve inferir que essas técnicas não são aplicáveis em outros lugares. Gosto bastante de Ruby, mas a única maneira de tornar minha intolerância em termos de linguagens evidente é falando desrespeitosamente de Smalltalk.

Devo mencionar que existem várias outras linguagens para as quais as DSLs são apropriadas, incluindo muitas que são especialmente projetadas para facilitar a escrita de DSLs internas. Não as menciono aqui porque não tenho trabalhado o suficiente com elas para me sentir confiante a ponto de falar como se soubesse muito delas. No entanto, você não deve interpretar isso como uma opinião negativa sobre elas.

Uma das coisas difíceis em relação a tentar escrever um livro sobre DSLs independente de linguagem é que a utilidade de muitas técnicas depende diretamente dos recursos de uma linguagem em especial. Você sempre deve estar ciente do fato de que seu ambiente de linguagem pode modificar severamente as trocas em comparação às generalizações amplas que preciso fazer.

O que está faltando

Um dos momentos mais frustrantes de escrever um livro como este é quando me dou conta de que preciso parar. Dediquei alguns anos de trabalho nesta escrita e acredito que tenha muito material útil para você ler. Mas também estou consciente das muitas lacunas que permaneceram. Eu gostaria de preencher todas, porém, fazer isso levaria um tempo significativo. Acredito que é melhor ter um livro incompleto publicado do que esperar anos por um livro completo – se é que um livro completo seja possível. Então, menciono aqui as principais lacunas que pude ver, mas que não tive tempo de cobrir.

Já fiz uma alusão a uma delas – o papel das linguagens funcionais. Existe um forte histórico de construção de DSLs em linguagens funcionais modernas baseadas em ML e/ou Haskell – e, de certa forma, ignorei esse trabalho em meu livro. É uma questão interessante o quanto a familiaridade com linguagens funcionais e seu uso em DSLs afetaria a estrutura do material deste livro.

Talvez a lacuna mais frustrante para mim seja a falta de uma discussão decente acerca de diagnósticos e tratamento de erros. Lembro de terem me ensinado na universidade que a parte realmente difícil da escrita de um compilador é o diagnóstico – e logo me dou conta de que estou passando por cima de um tópico considerável ao não cobri-lo adequadamente aqui.

Minha seção favorita deste livro é a seção sobre modelos computacionais alternativos. Existem muitas outras coisas que poderia escrever aqui – mas, novamente, o tempo era meu inimigo. No fim, decidi que teria de fazê-lo com menos modelos computacionais alternativos do que gostaria – felizmente existe o suficiente ainda para inspirar você a explorar alguns outros.

O livro de referência

Embora o livro narrativo tenha uma estrutura bastante normal, sinto que preciso falar um pouco mais sobre a estrutura da seção de referência. Dividi a seção de referência em uma série de tópicos agrupados em capítulos para manter tópicos similares unidos. Meu objetivo era que cada tópico em geral fosse independente – uma vez que você tivesse lido a narrativa, teria condições de mergulhar em um tópico específico para mais detalhes, sem precisar olhar outros tópicos. Onde há exceções, menciono-as no início do tópico correspondente.

A maioria dos tópicos é escrita como padrões. O foco de um padrão é uma solução comum para um problema recorrente. Então, se um problema comum é "Como estruturo meu analisador sintático?", dois padrões possíveis para a solução são *Tradução Dirigida por Delimitadores (201)* e *Tradução Dirigida por Sintaxe (219)*.

Há muita coisa escrita sobre padrões no desenvolvimento de software nos últimos 20 anos, e diferentes autores possuem diferentes visões sobre eles. Para mim, os padrões são úteis porque fornecem uma boa maneira de estruturar uma seção de referência como essa. A narrativa irá lhe dizer que, se você deseja analisar o texto sintaticamente, esses dois padrões são possíveis candidatos; os padrões darão a você mais informações sobre como selecionar um deles e sobre como se inicia a implementação do padrão selecionado.

Apesar de eu ter escrito a maior parte da seção de referência usando uma estrutura de padrão, não a usei em todos os casos. Nem todos os tópicos de referência pareciam soluções para mim. Em alguns tópicos, tal como *Expressão de Operadores Aninhados (327)*, uma solução não parecia realmente ser o foco, e o tópico não se encaixava com a estrutura que estou usando para padrões; então, nesses casos, não usei uma descrição no estilo de um padrão. Existem outros casos que são difíceis de serem chamados de padrões, como *Macros (183)* ou *BNF (229)*, mas usar a estrutura de um padrão pareceu ser uma boa ideia para descrevê-los. Como um todo, fui guiado pelo fato de a estrutura de padrões parecer ou não funcionar para o conceito que estou descrevendo, em especial a separação de "como funciona" de "quando usar".

Estrutura de padrão

A maioria dos autores usa algum tipo de *template* padronizado quando escreve sobre padrões. Não sou uma exceção, tanto em usar um *template* padronizado quanto em ter um que é diferente do de todo mundo. Meu *template*, ou formato de padrão, é aquele que usei primeiro em P of EAA [Fowler PoEAA]. Ele possui o formato que se segue.

Talvez o elemento mais importante seja o **nome**. Uma das maiores razões pelas quais gosto de usar padrões em meus tópicos de referência é que isso ajuda a criar um vocabulário forte para discutir o assunto. Não há garantias de que esse vocabulário será amplamente usado, mas ao menos me encoraja a ser consistente em minha escrita, enquanto dá aos outros um ponto de partida se eles quiserem usá-lo.

Os próximos dois elementos são a **intenção** e o **esboço**. Eles estão lá para resumir o padrão. Eles são um lembrete do padrão, então, se você já "tem o padrão", mas não sabe seu nome, eles podem fixar em sua memória. A intenção é uma sentença ou duas de texto, enquanto o esboço é algo mais visual. Algumas vezes uso um diagrama para o esboço; outras vezes, um breve exemplo de código – qualquer coisa que eu ache que transmita rapidamente a essência do padrão. Quando uso um diagrama, algumas vezes uso UML, mas gosto bastante de usar alguma outra notação se acreditar que transmitirá o significado de forma mais fácil.

A seguir vem um **resumo** um pouco mais longo, em geral acerca de um exemplo motivacional. Ele possui alguns parágrafos e, mais uma vez, está lá para ajudar as pessoas a obter uma visão geral antes de mergulhar nos detalhes.

As duas seções principais no corpo do padrão são *Como Funciona* e *Quando Usar*. A ordem das duas é, de certa forma, arbitrária; se você está tentando decidir se deve usar ou não um padrão, pode querer ler apenas a seção *Quando usar*. Com frequência, entretanto, essa seção não faz muito sentido sem saber como ele funciona.

As últimas seções são exemplos. Apesar de eu fazer meu melhor para explicar como um padrão funciona na seção *Como funciona*, você costuma precisar de um exemplo, com código, para realmente entender. Os exemplos de código, no entanto, são perigosos porque mostram apenas uma aplicação do padrão, e algumas pessoas podem pensar que essa aplicação é o padrão, e não o conceito geral. Você pode usar o mesmo padrão uma centena de vezes, tornando ele um pouco diferente a cada vez, mas tenho espaço e energia limitados para exemplos. Então, lembre sempre que o padrão é muito mais do que o exemplo mostra.

Todos os exemplos são, propositadamente, muito simples, focados apenas no padrão em questão. Uso exemplos simples e independentes porque atendem ao meu objetivo de tornar cada capítulo de referência independente dos demais. É claro que existirão diversas outras questões a serem tratadas quando você aplicar o padrão em sua realidade, mas com um simples exemplo acho que, ao menos, você tem uma chance de entender o objetivo principal. Exemplos mais ricos podem ser mais realistas, mas eles forçariam você a lidar com muitas questões não relacionadas ao padrão que está estudando. Então, meu objetivo é mostrar as partes, mas deixo a seu critério o desafio de montá-las juntas para suas necessidades.

Isso também significa que meu objetivo primário no código é a facilidade de entendimento. Portanto, não levei em consideração questões de desempenho, tratamento de erros, ou outras coisas que nos distrairiam da essência do padrão.

Tento evitar códigos que considero ser difíceis de serem seguidos, mesmo que seja mais idiomático para a linguagem que estou usando. Esse é um balanço especialmente incômodo para DSLs internas que, em geral, se baseiam em truques obscuros de linguagem de forma a melhorar seu fluxo.

Muitos padrões não terão uma ou duas das seções se eu sentir que não há nada atrativo para colocar nelas. Alguns padrões não possuem exemplos porque os melhores exemplos estão em outros padrões – quando isso acontece, tento apontá-los para você.

Agradecimentos

Como de costume, quando escrevo uma obra, muitas outras pessoas me auxiliaram por meio de um grande trabalho para que este livro acontecesse. Embora meu nome esteja nele, existem outras pessoas que aprimoraram muito sua qualidade.

Meu primeiro agradecimento vai para minha colega **Rebecca Parsons**. Uma das minhas preocupações ao escrever um livro sobre esse tópico é o fato de ele se aprofundar em uma área com grande base acadêmica, da qual não tenho ciência suficiente. Rebecca me ajudou muito, visto que tem uma vasta experiência em teoria de linguagens. Além disso, ela é uma de nossas líderes na solução de problemas e no desenvolvimento de estratégias, então consegue combinar a experiência acadêmica com muita experiência prática. Ela teria gostado, e é certamente qualificada, para desempenhar um papel maior neste livro, mas a ThoughtWorks considera-a extremamente útil. Fico feliz pelas muitas horas de conversa que ela pôde me proporcionar.

Quando o assunto são revisores, um autor sempre espera (e, de certa forma, teme) que o revisor percorra tudo e encontre toneladas de problemas, tanto pequenos quanto grandes. Tive a sorte de encontrar **Michael Hunger**, que desempenhou este papel muito bem. Desde os primeiros dias em que este livro apareceu em meu site, ele tem me agredido com meus erros e me ensinando como corrigi-los – acredite, foi uma agressão necessária. Tão importante quanto isso, Michael desempenhou um grande papel em me direcionar a descrever técnicas que usam tipagem estática, especialmente com respeito a *Tabelas de Símbolos (165)* estaticamente tipadas. Ele fez inúmeras sugestões, que precisariam de outros dois livros para se fazer justiça; espero ver essas ideias exploradas no futuro.

Ao longo dos últimos dois anos, tenho dado tutoriais sobre este material em conjunto com meus colegas **Rebecca Parsons**, **Neal Ford** e **Ola Bini**. Além de dar esses tutoriais, eles fizeram muito para dar forma às ideias nos tutoriais e neste livro, me levando a roubar alguns pensamentos.

A ThoughtWorks generosamente me deu uma boa quantidade de tempo para escrever este livro. Após passar grande parte da minha vida determinado a nunca trabalhar para uma empresa, fico feliz por ter encontrado uma empresa que me faça querer ficar e desempenhar um papel ativo em sua construção.

Tive um forte grupo de revisores oficiais que percorreram este livro, encontraram erros e sugeriram melhorias:

David Bock	David Ing
Gilad Bracha	Jeremy Miller
Aino Corry	Ravi Mohan
Sven Efftinge	Terance Parr
Eric Evans	Nat Pryce
Jay Fields	Chris Sells
Steve Freeman	Nathaniel Schutta
Brian Goetz	Craig Taverner
Steve Hayes	Dave Thomas
Clifford Heath	Glenn Vanderburg
Michael Hunger	

Um pequeno, mas importante, agradecimento vai para **David Ing**, que sugeriu o título do capítulo Um zoológico de DSLs.

Uma das coisas boas de ser um editor de uma série de livros é que adquiri uma equipe realmente boa de autores, que são excelentes interlocutores para questões e ideias. Dentre eles, quero agradecer especialmente a **Elliotte Rusty Harold** por seus comentários cuidadosamente detalhados e sua revisão.

Muitos de meus colegas da ThoughtWorks agiram como fontes de ideias. Quero agradecer a todos que me deixaram bisbilhotar em projetos ao longo dos últimos anos. Vi muito mais ideias do que poderia escrever a respeito, e realmente desfruto de ter tal fonte rica para obter informações.

Diversas pessoas fizeram comentários úteis na Safari Books Online, na versão preliminar que consegui disponibilizar antes de imprimirmos o livro: **Pavel Bernhauser, Mocky, Roman Yakovenko, tdyer**.

Meus agradecimentos a todas as pessoas da Pearson que publicaram este livro. **Greg Doench** foi o editor de aquisição que acompanhou todo o processo de publicação do livro. **John Fuller** foi o gerente editorial que acompanhou a produção.

Dmitry Kirsanov transformou meu inglês descuidado em algo digno de um livro. **Alina Kirsanova** compôs o livro no leiaute que você vê agora e produziu o índice.

Sumário

Parte I: Narrativas 1

Capítulo 1   Um exemplo introdutório 3
   1.1   Segurança gótica 3
       1.1.1   O controlador da senhorita Grant 4
   1.2   O modelo de máquina de estados 5
   1.3   Programando o controlador da senhorita Grant 9
   1.4   Linguagens e Modelo Semântico 16
   1.5   Usando geração de código 19
   1.6   Usando bancadas de linguagem (*workbenches*) 22
   1.7   Visualização 25

Capítulo 2   Usando linguagens específicas de domínio 27
   2.1   Definindo linguagens específicas de domínio 27
       2.1.1   As fronteiras das DSLs 29
       2.1.2   DSLs fragmentárias e autossuficientes 32
   2.2   Por que usar uma DSL? 33
       2.2.1   Aprimorando a produtividade de desenvolvimento 33
       2.2.2   Comunicação com especialistas em domínio 34
       2.2.3   Mudança no contexto de execução 35
       2.2.4   Modelo computacional alternativo 36
   2.3   Problemas com DSLs 36
       2.3.1   Cacofonia de linguagem 37
       2.3.2   Custo de construção 37
       2.3.3   Linguagem de gueto 38
       2.3.4   Abstração restrita 39
   2.4   Processamento de linguagem de uma maneira mais ampla 39
   2.5   O ciclo de vida das DSLs 40
   2.6   O que é um bom projeto de DSL? 42

Capítulo 3   Implementando DSLs 43
   3.1   Arquitetura do processamento de DSL 43
   3.2   O funcionamento de um analisador sintático 47
   3.3   Gramáticas, sintaxe e semântica 49

3.4	Analisando dados sintaticamente	50
3.5	Macros	52
3.6	Testando DSLs	53
	3.6.1 Testando o Modelo Semântico	54
	3.6.2 Testando o *analisador sintático*	57
	3.6.3 Testando os scripts	61
3.7	Tratando erros	62
3.8	Migrando DSLs	64

Capítulo 4 Implementando uma DSL interna — 67

4.1	APIs fluentes e comando-consulta	68
4.2	A necessidade de uma camada de análise sintática	71
4.3	Usando funções	72
4.4	Coleções de literais	77
4.5	Usando gramáticas para escolher elementos internos	79
4.6	Fechos (*closures*)	80
4.7	Manipulação de árvores de análise sintática	82
4.8	Anotações	84
4.9	Extensão de literais	85
4.10	Reduzindo o ruído sintático	86
4.11	Recepção dinâmica	86
4.12	Fornecendo verificação de tipos	87

Capítulo 5 Implementando uma DSL externa — 89

5.1	Estratégia de análise sintática	89
5.2	Estratégia de produção de saída	92
5.3	Conceitos de análise sintática	94
	5.3.1 Análise léxica separada	94
	5.3.2 Gramáticas e linguagens	95
	5.3.3 Gramáticas regulares, livres de contexto e sensíveis ao contexto	96
	5.3.4 Análise sintática descendente e ascendente	98
5.4	Misturando outra linguagem	100
5.5	DSLs em XML	102

Capítulo 6 DSLs internas e externas — 105

6.1	Curva de aprendizado	105
6.2	Custo de construção	106
6.3	Familiaridade dos programadores	107
6.4	Comunicação com especialistas em domínio	108
6.5	Misturando-se com a linguagem hospedeira	108
6.6	Fronteira forte de expressividade	109
6.7	Configuração em tempo de execução	109
6.8	Escorregando para a generalidade	110
6.9	Compondo DSLs	111
6.10	Resumindo	111

Capítulo 7 Modelos computacionais alternativos — 113
7.1 Alguns modelos alternativos — 116
7.1.1 Tabela de decisão — 116
7.1.2 Sistema de regras de produção — 117
7.1.3 Máquina de estados — 118
7.1.4 Rede de dependências — 119
7.1.5 Escolhendo um modelo — 120

Capítulo 8 Geração de código — 121
8.1 Escolhendo o que gerar — 122
8.2 Como gerar — 124
8.3 Mesclando código gerado e escrito manualmente — 126
8.4 Gerando código legível — 127
8.5 Geração de código antes da análise sintática — 128
8.6 Leitura complementar — 128

Capítulo 9 Bancadas de linguagem — 129
9.1 Elementos das bancadas de linguagem — 130
9.2 Linguagens de definição de esquemas e metamodelos — 131
9.3 Edição de código-fonte e edição projecional — 136
9.3.1 Representações múltiplas — 138
9.4 Programação ilustrativa — 138
9.5 Um passeio pelas ferramentas — 140
9.6 Bancadas de linguagem e ferramentas CASE — 142
9.7 Você deveria usar uma bancada de linguagem? — 142

Parte II: Tópicos comuns — 145

Capítulo 10 Um zoológico de DSLs — 147
10.1 Graphviz — 147
10.2 JMock — 149
10.3 CSS — 150
10.4 Linguagem de consulta do Hibernate (HQL – *Hibernate Query Language*) — 151
10.5 XAML — 152
10.6 FIT — 155
10.7 Make *et al.* — 156

Capítulo 11 Modelo semântico — 159
11.1 Como funciona — 159
11.2 Quando usar — 162
11.3 O exemplo introdutório (Java) — 163

Capítulo 12 Tabela de símbolos — 165
12.1 Como funciona — 166
12.1.1 Símbolos estaticamente tipados — 167
12.2 Quando usar — 168
12.3 Leitura adicional — 168

12.4 Rede de dependências em uma DSL externa (Java e ANTLR) ... 168
12.5 Usando chaves simbólicas em uma DSL interna (Ruby) ... 170
12.6 Usando enumerações para símbolos estaticamente tipados (Java) ... 172

Capítulo 13 Variável de contexto ... 175
13.1 Como funciona ... 175
13.2 Quando usar ... 176
13.3 Lendo um arquivo INI (C#) ... 176

Capítulo 14 Construtor de construções ... 179
14.1 Como funciona ... 179
14.2 Quando usar ... 180
14.3 Construindo dados de voo simples (C#) ... 181

Capítulo 15 Macro ... 183
15.1 Como funciona ... 184
    15.1.1 *Macros textuais* ... 184
    15.1.2 *Macros sintáticas* ... 188
15.2 Quando usar ... 192

Capítulo 16 Notificação ... 193
16.1 Como funciona ... 194
16.2 Quando usar ... 194
16.3 Uma notificação muito simples (C#) ... 194
16.4 Notificação de análise sintática (Java) ... 195

Parte III: Tópicos de DSLs externas ... 199

Capítulo 17 Tradução dirigida por delimitadores ... 201
17.1 Como funciona ... 201
17.2 Quando usar ... 204
17.3 Pontos de clientes assíduos (C#) ... 205
    17.3.1 *Modelo semântico* ... 205
    17.3.2 *O analisador sintático* ... 207
17.4 Analisando sintaticamente sentenças não autônomas com o controlador da senhorita Grant (Java) ... 211

Capítulo 18 Tradução dirigida por sintaxe ... 219
18.1 Como funciona ... 220
    18.1.1 *Analisador léxico* ... 221
    18.1.2 *Analisador sintático* ... 223
    18.1.3 *Produção de saída* ... 226
    18.1.4 *Predicados semânticos* ... 226
18.2 Quando usar ... 227
18.3 Leitura complementar ... 227

Capítulo 19 BNF — 229
    19.1   Como funciona — 229
        19.1.1   *Símbolos de multiplicidade (operadores de Kleene)* — 231
        19.1.2   *Outros operadores úteis* — 232
        19.1.3   *Gramáticas de expressão de análise sintática* — 233
        19.1.4   *Convertendo uma EBNF em uma BNF básica* — 234
        19.1.5   *Ações de código* — 236
    19.2   Quando usar — 238

Capítulo 20 Tabela de expressões regulares de análise léxica — 239
    20.1   Como funciona — 240
    20.2   Quando usar — 241
    20.3   Analisando lexicamente o controlador da senhorita Grant (Java) — 241

Capítulo 21 Analisador sintático descendente recursivo — 245
    21.1   Como funciona — 246
    21.2   Quando usar — 249
    21.3   Leitura adicional — 249
    21.4   Descendente recursivo e o controlador da senhorita Grant (Java) — 250

Capítulo 22 Combinador de analisadores sintáticos — 255
    22.1   Como funciona — 256
        22.1.1   *Lidando com as ações* — 259
        22.1.2   *Estilo funcional de combinadores* — 260
    22.2   Quando usar — 261
    22.3   Combinadores de analisadores sintáticos e o controlador da senhorita Grant (Java) — 261

Capítulo 23 Gerador de analisadores sintáticos — 269
    23.1   Como funciona — 269
        23.1.1   *Embarcando ações* — 270
    23.2   Quando usar — 272
    23.3   Hello World (Java e ANTLR) — 272
        23.3.1   *Escrevendo a gramática básica* — 273
        23.3.2   *Construindo o analisador sintático* — 275
        23.3.3   *Adicionando ações de código à gramática* — 277
        23.3.4   *Usando lacuna de geração* — 278

Capítulo 24 Construção de árvore — 281
    24.1   Como funciona — 281
    24.2   Quando usar — 284
    24.3   Usando a sintaxe de construção de árvore do ANTRL (Java e ANTLR) — 284
        24.3.1   *Analisando lexicamente* — 285
        24.3.2   *Analisando sintaticamente* — 286
        24.3.3   *Preenchendo o modelo semântico* — 288
    24.4   Construção de árvore usando ações de código (Java e ANTLR) — 292

Capítulo 25 Tradução embarcada — 299
    25.1 Como funciona — 299
    25.2 Quando usar — 300
    25.3 O controlador da senhorita Grant (Java e ANTLR) — 300

Capítulo 26 Interpretação embarcada — 305
    26.1 Como funciona — 305
    26.2 Quando usar — 306
    26.3 Uma calculadora (ANTLR e Java) — 306

Capítulo 27 Código estrangeiro — 309
    27.1 Como funciona — 309
    27.2 Quando usar — 311
    27.3 Embarcando código dinâmico (ANTLR, Java e Javascript) — 311
        27.3.1 Modelo semântico — 312
        27.3.2 O analisador sintático — 315

Capítulo 28 Análise léxica alternativa — 319
    28.1 Como funciona — 319
        28.1.1 Citações — 320
        28.1.2 Estado léxico — 322
        28.1.3 Mutação de tipos de token — 324
        28.1.4 Ignorando tipos de tokens — 325
    28.2 Quando usar — 326

Capítulo 29 Expressão de operadores aninhados — 327
    29.1 Como funciona — 327
        29.1.1 Usando analisadores sintáticos ascendentes — 328
        29.1.2 Analisadores sintáticos descendentes — 329
    29.2 Quando usar — 331

Capítulo 30 Separadores de novas linhas — 333
    30.1 Como funciona — 333
    30.2 Quando usar — 336

Capítulo 31 Miscelânea sobre DSLs externas — 337
    31.1 Endentação sintática — 337
    31.2 Gramáticas modulares — 339

Parte IV: Tópicos de DSLs internas — 341

Capítulo 32 Construtor de expressões — 343
    32.1 Como funciona — 344
    32.2 Quando usar — 344
    32.3 Um calendário fluente com e sem um construtor (Java) — 345
    32.4 Usando múltiplos construtores para o calendário (Java) — 348

Capítulo 33 Sequência de funções — 351
- 33.1 Como funciona — 351
- 33.2 Quando usar — 352
- 33.3 Configuração simples de computadores (Java) — 353

Capítulo 34 Função aninhada — 357
- 34.1 Como funciona — 357
- 34.2 Quando usar — 359
- 34.3 O exemplo da configuração simples de computadores (Java) — 360
- 34.4 ratando múltiplos argumentos diferentes com *tokens* (C#) — 361
- 34.5 Usando *tokens* de subtipo para suporte a IDEs (Java) — 363
- 34.6 Usando inicializadores de objetos (C#) — 365
- 34.7 Eventos recorrentes (C#) — 366
  - 34.7.1 Modelo semântico — 366
  - 34.7.2 A DSL — 369

Capítulo 35 Encadeamento de métodos — 373
- 35.1 Como funciona — 373
  - 35.1.1 Construtores ou valores — 375
  - 35.1.2 O problema do término — 375
  - 35.1.3 Estrutura hierárquica — 376
  - 35.1.4 Interfaces progressivas — 377
- 35.2 Quando usar — 377
- 35.3 O exemplo da configuração simples de computadores (Java) — 378
- 35.4 Encadeamento com propriedades (C#) — 381
- 35.5 Interfaces progressivas (C#) — 382

Capítulo 36 Escopo de objeto — 385
- 36.1 Como funciona — 386
- 36.2 Quando usar — 386
- 36.3 Códigos de segurança (C#) — 387
  - 36.3.1 Modelo semântico — 388
  - 36.3.2 DSL — 390
- 36.4 Usando avaliação de instância (Ruby) — 392
- 36.5 Usando um inicializador de instância (Java) — 394

Capítulo 37 Fecho — 397
- 37.1 Como funciona — 397
- 37.2 Quando usar — 402

Capítulo 38 Fecho aninhado — 403
- 38.1 Como funciona — 403
- 38.2 Quando usar — 405
- 38.3 Empacotando uma sequência de funções em um fecho aninhado (Ruby) — 405
- 38.4 Um exemplo simples em C# — 408

38.5	Usando encadeamento de métodos (Ruby)	409
38.6	Sequência de funções com argumentos de fecho explícitos (Ruby)	411
38.7	Usando avaliação de instância (Ruby)	412

Capítulo 39 Lista de literais — 417
39.1	Como funciona	417
39.2	Quando usar	417

Capítulo 40 Mapa de literais — 419
40.1	Como funciona	419
40.2	Quando usar	420
40.3	A configuração de computadores usando listas e mapas (Ruby)	420
40.4	Evoluindo para a forma de Greenspun (Ruby)	422

Capítulo 41 Recepção dinâmica — 427
41.1	Como funciona	428
41.2	Quando usar	429
41.3	Pontos promocionais usando nomes de métodos analisados sintaticamente (Ruby)	430
41.3.1	Modelo	431
41.3.2	Construtor	433
41.4	Pontos promocionais usando encadeamento (Ruby)	434
41.4.1	Modelo	435
41.4.2	Construtor	435
41.5	Removendo as aspas no controlador do painel secreto (JRuby)	438

Capítulo 42 Anotação — 445
42.1	Como funciona	446
42.1.1	Definindo uma anotação	446
42.1.2	Processando anotações	448
42.2	Quando usar	449
42.3	Sintaxe customizada com processamento em tempo de execução (Java)	450
42.4	Usando um método de classe (Ruby)	452
42.5	Geração dinâmica de código (Ruby)	453

Capítulo 43 Manipulação de árvore de análise sintática — 455
43.1	Como funciona	455
43.2	Quando usar	457
43.3	Gerando consultas IMAP a partir de condições C# (C#)	458
43.3.1	Modelo semântico	458
43.3.2	Construindo a partir de C#	460
43.3.3	Voltando	465

Capítulo 44 Tabela de símbolos de classe — 467
44.1	Como funciona	468
44.2	Quando usar	469
44.3	Tabela de símbolos de classe estaticamente tipada (Java)	469

Capítulo 45 Polimento textual — 477
- 45.1 Como funciona — 477
- 45.2 Quando usar — 478
- 45.3 Regras de desconto polidas (Ruby) — 478

Capítulo 46 Extensão de literal — 481
- 46.1 Como funciona — 481
- 46.2 Quando usar — 482
- 46.3 Ingredientes de receitas (C#) — 483

Parte V: Modelos computacionais alternativos — 485

Capítulo 47 Modelo adaptativo — 487
- 47.1 Como funciona — 488
  - 47.1.1 Incorporando código imperativo em um modelo adaptativo — 489
  - 47.1.2 Ferramentas — 491
- 47.2 Quando usar — 492

Capítulo 48 Tabela de decisão — 495
- 48.1 Como funciona — 495
- 48.2 Quando usar — 497
- 48.3 Calculando a taxa para um pedido (C#) — 497
  - 48.3.1 Modelo — 497
  - 48.3.2 O analisador sintático — 502

Capítulo 49 Rede de dependências — 505
- 49.1 Como funciona — 506
- 49.2 Quando usar — 508
- 49.3 Analisando poções (C#) — 508
  - 49.3.1 Modelo semântico — 509
  - 49.3.2 O analisador sintático — 511

Capítulo 50 Sistema de regras de produção — 513
- 50.1 Como funciona — 514
  - 50.1.1 Encadeamento — 515
  - 50.1.2 Inferências contraditórias — 515
  - 50.1.3 Padrões em estruturas de regras — 516
- 50.2 Quando usar — 517
- 50.3 Validações para se associar a um clube (C#) — 517
  - 50.3.1 Modelo — 518
  - 50.3.2 Analisador sintático — 519
  - 50.3.3 Desenvolvendo a DSL — 520
- 50.4 Regras de elegibilidade: estendendo a associação ao clube (C#) — 522
  - 50.4.1 O modelo — 523
  - 50.4.2 O analisador sintático — 525

Capítulo 51 Máquina de estados — 527
- 51.1 Como funciona — 527
- 51.2 Quando usar — 529
- 51.3 O controlador do painel secreto (Java) — 530

Parte VI: Geração de código — 531

Capítulo 52 Geração por transformação — 533
- 52.1 Como funciona — 533
- 52.2 Quando usar — 535
- 52.3 O controlador do painel secreto (Java gerando C) — 535

Capítulo 53 Geração por *templates* — 539
- 53.1 Como funciona — 539
- 53.2 Quando usar — 541
- 53.3 Gerando a máquina de estados do painel secreto com condicionais aninhados (Velocit e Java gerando C) — 541

Capítulo 54 Auxiliar de embarcação — 547
- 54.1 Como funciona — 548
- 54.2 Quando usar — 549
- 54.3 Estados do painel secreto (Java e ANTLR) — 549
- 54.4 Um auxiliar deveria gerar HTML? (Java e Velocity) — 552

Capítulo 55 Geração ciente do modelo — 555
- 55.1 Como funciona — 556
- 55.2 Quando usar — 556
- 55.3 O painel secreto da máquina de estados (C) — 557
- 55.4 Carregando dinamicamente a máquina de estados (C) — 564

Capítulo 56 Geração ignorante ao modelo — 567
- 56.1 Como funciona — 567
- 56.2 Quando usar — 568
- 56.3 O painel secreto da máquina de estados como condicionais aninhados (C) — 568

Capítulo 57 Lacuna de geração — 571
- 57.1 Como funciona — 571
- 57.2 Quando usar — 573
- 57.3 Gerando classes a partir de um esquema de dados (Java e um pouco de Ruby) — 573

Bibliografia — 579
Índice — 581

Parte I

Narrativas

Capítulo 1

Um exemplo introdutório

Quando começo a escrever, preciso explicar rapidamente o assunto sobre o qual estou escrevendo; neste caso, explicar o que é uma linguagem específica de domínio (DSL). Gostaria de fazer isso mostrando um exemplo concreto, seguido de uma definição mais abstrata. Começarei com um exemplo para demonstrar as diferentes formas que uma DSL pode ter. No próximo capítulo, tentarei generalizar a definição em algo mais amplamente aplicável.

1.1 Segurança gótica

Eu tenho vagas, mas persistentes, memórias de infância, de estar assistindo a filmes de aventura baratos na TV. Frequentemente, esses filmes passavam-se em algum castelo antigo que tinha compartimentos ou passagens secretas. Para encontrá-los, os heróis precisavam puxar o candelabro no topo da escada e bater duas vezes na parede.

Vamos imaginar uma empresa que decide construir sistemas de segurança baseados nessa ideia. Os funcionários chegam, configuram algum tipo de rede sem fio e instalam pequenos dispositivos que enviam mensagens de quatro caracteres quando algo interessante acontece. Por exemplo, um sensor anexo a uma gaveta enviaria a mensagem D2OP quando a gaveta fosse aberta. Também teríamos pequenos dispositivos de controle que responderiam a mensagens de comandos de quatro caracteres – então um dispositivo poderia destrancar uma porta quando ele ouvisse a mensagem D1UL.

No centro de tudo isso está algum sistema de software controlador que fica em modo de espera escutando mensagens de eventos, descobre o que fazer e envia mensagens de comando. A companhia comprou diversas torradeiras com Java habilitado durante a quebra das empresas de Internet e as está usando como controladores. Então, sempre que um cliente compra um sistema de segurança gótico, os funcionários instalam diversos dispositivos no prédio, bem como uma torradeira com um programa controlador escrito em Java.

Para este exemplo, focarei nesse programa controlador. Cada cliente possui necessidades individuais, mas uma vez que você tenha uma boa amostra, começa a ver padrões em comum. A senhorita Grant fecha a porta de seu quarto, abre uma gaveta e liga uma luz para acessar um compartimento secreto. A senhorita Shaw abre uma torneira, depois abre um de seus dois compartimentos ao ligar a luz correta. A senhorita Smith possui um compartimento secreto dentro de um *closet* trancado em seu escritório. Ela precisa fechar uma porta, retirar um quadro da parede, ligar a luz de sua mesa três vezes, abrir a gaveta superior de seu gaveteiro – e então o *closet* é destrancado. Se ela se esquecer de desligar a luz de sua mesa antes de abrir o compartimento interno, um alarme soará.

Apesar de esse exemplo ser deliberadamente fantasioso, o objetivo subjacente não é tão inusitado assim. O que temos é uma família de sistemas que compartilham a maioria dos componentes e dos comportamentos, mas possuem algumas diferenças importantes. Nesse caso, a maneira pela qual o controlador envia e recebe mensagens é a mesma para todos os clientes, porém, a sequência de eventos e de comandos difere. Queremos organizar as coisas de forma que a empresa possa instalar um novo sistema com o mínimo de esforço, de forma a facilitar a programação da sequência de ações no controlador.

Ao olharmos para todos esses casos, nos ocorre que uma boa maneira de pensar acerca do controlador é a partir de uma máquina de estados. Cada sensor envia um evento que pode mudar o estado do controlador. Quando o controlador entra em um estado, ele pode enviar uma mensagem de comando para a rede.

Nesse momento, devo confessar que originalmente em minha escrita ocorreu o contrário. Máquinas de estados são bons exemplos para DSLs, então as escolhi primeiro. Escolhi um castelo gótico porque fiquei entediado com todos os outros exemplos de máquinas de estados.

1.1.1 O controlador da senhorita Grant

Apesar de minha companhia mítica possuir milhares de clientes satisfeitos, focaremos em apenas um deles: a senhorita Grant, minha favorita. Ela possui um compartimento secreto em seu quarto que normalmente é trancado e oculto. Para abri-lo, ela precisa fechar a porta, então abrir a segunda gaveta de sua cômoda e ligar a luz do lado de sua cama – em qualquer ordem. Uma vez que essas ações sejam realizadas, o painel secreto é destrancado para que ela possa abri-lo.

Posso representar essa sequência como um diagrama de estados (Figura 1.1).

Se você ainda não conhece máquinas de estados, digamos que elas são uma maneira comum de descrever comportamento – não universalmente úteis, mas bastante adequadas para situações como essa. A ideia básica é que o controlador pode estar em diferentes estados. Quando está em um estado específico, certos eventos levarão você a outro estado que terá diferentes transições nele; logo, uma sequência de eventos leva você de um estado para outro. Nesse modelo, ações (envios de comandos) ocorrem quando você entra em um estado. (Outros tipos de máquinas de estados realizam ações em diferentes locais.)

Esse controlador é, quase sempre, uma máquina de estados simples e convencional, mas existe algo mais. Os controladores dos clientes possuem um estado ocioso distinto, no qual o sistema passa a maior parte de seu tempo. Certos eventos podem enviar o sistema de volta a esse estado ocioso mesmo se ele estiver no meio de transições de estado mais interessantes, reinicializando efetivamente o modelo. No caso da senhorita Grant, abrir a porta é um desses eventos de reinicialização.

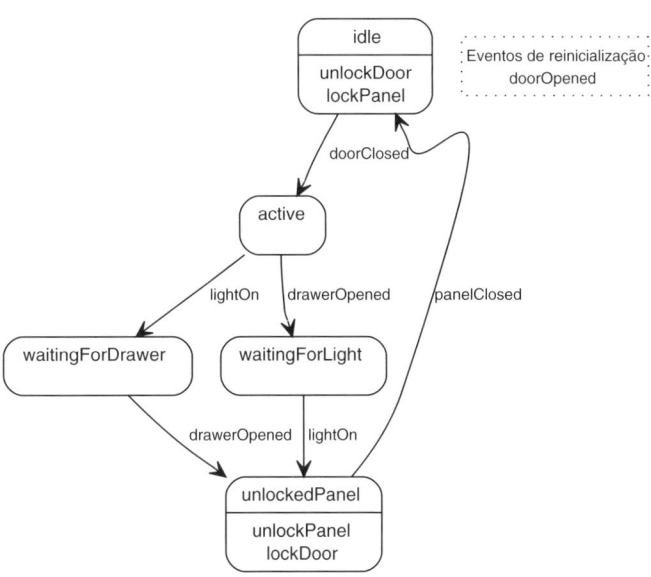

Figura 1.1 *Diagrama de estados para o compartimento secreto da senhorita Grant.*

A adição de eventos de reinicialização significa que a máquina de estados descrita aqui não se encaixa muito bem com um dos modelos clássicos de máquinas de estados. Existem muitas variações de máquinas de estados que são bastante conhecidas; esse modelo inicia com uma delas, mas os eventos de reinicialização adicionam uma mudança única a esse contexto.

Você deve notar que os eventos de reinicialização não são estritamente necessários para expressar o controlador da senhorita Grant. Como uma alternativa, eu poderia simplesmente adicionar uma transição para cada estado, disparada por doorOpened (porta aberta), levando ao estado ocioso. A noção de um evento de reinicialização é útil porque simplifica o diagrama.

1.2 O modelo de máquina de estados

Uma vez que a equipe tenha decidido que uma máquina de estados é uma boa abstração para especificar como os controladores trabalham, o próximo passo é garantir que essa abstração seja colocada de fato no sistema de software. Se as pessoas querem pensar acerca do comportamento do controlador com eventos, estados e transições, então queremos que tal vocabulário esteja presente no código do sistema também. Esse é essencialmente o princípio da *Linguagem Onipresente* [Evans DDD] do Projeto Dirigido por Domínio – ou seja, construímos uma linguagem compartilhada entre as pessoas do domínio (que descrevem como a segurança da propriedade deve funcionar) e os programadores.

Ao trabalhar com Java, a maneira natural de fazer isso é a partir de um *Modelo de Domínio* [Fowler PoEAA] de uma máquina de estados.

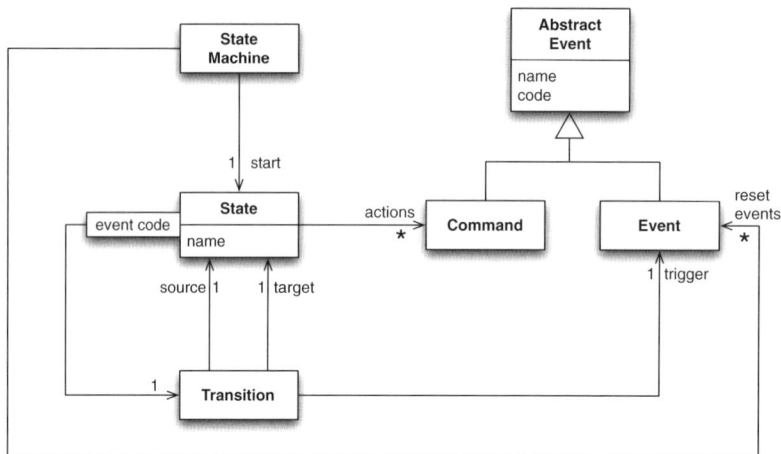

Figura 1.2 *Diagrama de classes do framework da máquina de estados.*

O controlador se comunica com os dispositivos por meio da recepção de mensagens de eventos e do envio de mensagens de comando. Tais mensagens são códigos de quatro letras enviadas por canais de comunicação. Quero me referir a eles no código do controlador por meio de nomes simbólicos, então crio classes de eventos e de comandos com um código e um nome. Mantenho-as como classes separadas (com uma superclasse) e elas desempenham papéis diferentes no código do controlador.

```
class AbstractEvent...
  private String name, code;

  public AbstractEvent(String name, String code) {
    this.name = name;
    this.code = code;
  }
  public String getCode() { return code;}
  public String getName() { return name;}
```

```
public class Command extends AbstractEvent
```

```
public class Event extends AbstractEvent
```

A classe de estado mantém um acompanhamento dos comandos que ela enviará e de suas transições correspondentes.

```
class State...
  private String name;
  private List<Command> actions = new ArrayList<Command>();
  private Map<String, Transition> transitions = new HashMap<String, Transition>();
```

```
class State...
  public void addTransition(Event event, State targetState) {
    assert null != targetState;
    transitions.put(event.getCode(), new Transition(this, event, targetState));
  }

class Transition...
  private final State source, target;
  private final Event trigger;

  public Transition(State source, Event trigger, State target) {
    this.source = source;
    this.target = target;
    this.trigger = trigger;
  }
  public State getSource() {return source;}
  public State getTarget() {return target;}
  public Event getTrigger() {return trigger;}
  public String getEventCode() {return trigger.getCode();}
```

A máquina de estados espera em seu estado inicial.

```
class StateMachine...
  private State start;

  public StateMachine(State start) {
    this.start = start;
  }
```

Então, quaisquer outros estados na máquina são aqueles alcançáveis a partir desse estado.

```
class StateMachine...
  public Collection<State> getStates() {
    List<State> result = new ArrayList<State>();
    collectStates(result, start);
    return result;
  }

  private void collectStates(Collection<State> result, State s) {
    if (result.contains(s)) return;
    result.add(s);
    for (State next : s.getAllTargets())
      collectStates(result, next);
  }

class State...
  Collection<State> getAllTargets() {
    List<State> result = new ArrayList<State>();
    for (Transition t : transitions.values()) result.add(t.getTarget());
    return result;
  }
```

Para tratar eventos de reinicialização, mantenho uma lista deles na máquina de estados.

```
class StateMachine...
  private List<Event> resetEvents = new ArrayList<Event>();

  public void addResetEvents(Event... events) {
    for (Event e : events) resetEvents.add(e);
  }
```

Não preciso ter uma estrutura separada para eventos de reinicialização como esses. Eu poderia manipulá-los simplesmente declarando transições extras na máquina de estados, tal como:

```
class StateMachine...
  private void addResetEvent_byAddingTransitions(Event e) {
    for (State s : getStates())
      if (!s.hasTransition(e.getCode())) s.addTransition(e, start);
  }
```

Prefiro eventos de reinicialização explícitos na máquina porque expressam melhor a minha intenção. Embora isso complique um pouco a máquina, o uso de eventos explícitos esclarece como uma máquina geral supostamente deve trabalhar, bem como a intenção de definir uma máquina em especial.

Com a estrutura definida, partiremos para o comportamento. Como você verá, ele é realmente bastante simples. O controlador tem um método tratador que usa o código de evento que ele recebe do dispositivo.

```
class Controller...
  private State currentState;
  private StateMachine machine;

  public CommandChannel getCommandChannel() {
    return commandsChannel;
  }

  private CommandChannel commandsChannel;

  public void handle(String eventCode) {
    if (currentState.hasTransition(eventCode))
      transitionTo(currentState.targetState(eventCode));
    else if (machine.isResetEvent(eventCode))
      transitionTo(machine.getStart());
    // ignora eventos desconhecidos
  }

  private void transitionTo(State target) {
    currentState = target;
    currentState.executeActions(commandsChannel);
  }
```

```
class State...
  public boolean hasTransition(String eventCode) {
    return transitions.containsKey(eventCode);
  }
  public State targetState(String eventCode) {
    return transitions.get(eventCode).getTarget();
  }
  public void executeActions(CommandChannel commandsChannel) {
    for (Command c : actions) commandsChannel.send(c.getCode());
  }

class StateMachine...
  public State getStart () {return start;}
  public boolean isResetEvent(String eventCode) {
    return resetEventCodes().contains(eventCode);
  }

  private List<String> resetEventCodes() {
    List<String> result = new ArrayList<String>();
    for (Event e : resetEvents) result.add(e.getCode());
    return result;
  }
```

Ele ignora qualquer evento que não esteja registrado no estado. Para qualquer evento reconhecido, ele realiza uma transição para o estado-alvo e executa qualquer comando definido nesse estado-alvo.

1.3 Programando o controlador da senhorita Grant

Agora que implementei o modelo de máquinas de estados, posso programar o controlador da senhorita Grant da seguinte forma:

```
Event doorClosed = new Event("doorClosed", "D1CL");
Event drawerOpened = new Event("drawerOpened", "D2OP");
Event lightOn = new Event("lightOn", "L1ON");
Event doorOpened = new Event("doorOpened", "D1OP");
Event panelClosed = new Event("panelClosed", "PNCL");

Command unlockPanelCmd = new Command("unlockPanel", "PNUL");
Command lockPanelCmd = new Command("lockPanel", "PNLK");
Command lockDoorCmd = new Command("lockDoor", "D1LK");
Command unlockDoorCmd = new Command("unlockDoor", "D1UL");

State idle = new State("idle");
State activeState = new State("active");
State waitingForLightState = new State("waitingForLight");
State waitingForDrawerState = new State("waitingForDrawer");
State unlockedPanelState = new State("unlockedPanel");

StateMachine machine = new StateMachine(idle);
```

```
idle.addTransition(doorClosed, activeState);
idle.addAction(unlockDoorCmd);
idle.addAction(lockPanelCmd);

activeState.addTransition(drawerOpened, waitingForLightState);
activeState.addTransition(lightOn, waitingForDrawerState);

waitingForLightState.addTransition(lightOn, unlockedPanelState);

waitingForDrawerState.addTransition(drawerOpened, unlockedPanelState);

unlockedPanelState.addAction(unlockPanelCmd);
unlockedPanelState.addAction(lockDoorCmd);
unlockedPanelState.addTransition(panelClosed, idle);

machine.addResetEvents(doorOpened);
```

Vejo que esse último trecho de código é bastante diferente em sua natureza daqueles trechos anteriores. O código anterior descrevia como construir o modelo de máquinas de estados; esse último trecho de código trata da configuração desse modelo para um controlador específico. Você frequentemente vê divisões como essa. De um lado está a biblioteca, o framework, ou o código de implementação de um componente; do outro, a configuração ou o código de montagem do componente. Essencialmente, é a separação de código comum em um conjunto de componentes que então configuramos para diferentes propósitos.

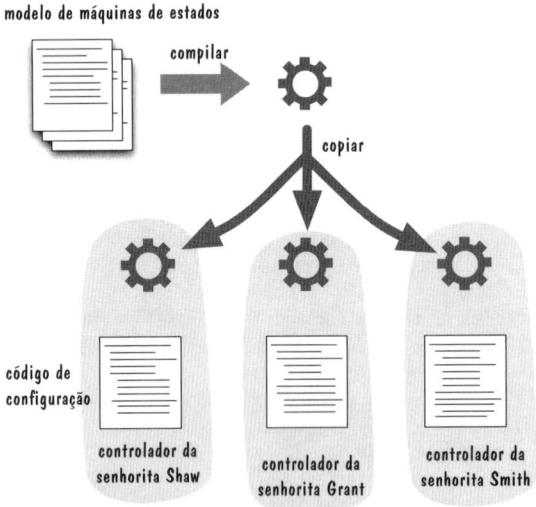

Figura 1.3 *Biblioteca única usada com múltiplas configurações.*

Aqui segue outra maneira de representar tal código de configuração:

```xml
<stateMachine start = "idle">
  <event name="doorClosed" code="D1CL"/>
  <event name="drawerOpened" code="D2OP"/>
  <event name="lightOn" code="L1ON"/>
  <event name="doorOpened" code="D1OP"/>
  <event name="panelClosed" code="PNCL"/>

  <command name="unlockPanel" code="PNUL"/>
  <command name="lockPanel" code="PNLK"/>
  <command name="lockDoor" code="D1LK"/>
  <command name="unlockDoor" code="D1UL"/>

  <state name="idle">
    <transition event="doorClosed" target="active"/>
    <action command="unlockDoor"/>
    <action command="lockPanel"/>
  </state>

  <state name="active">
    <transition event="drawerOpened" target="waitingForLight"/>
    <transition event="lightOn" target="waitingForDrawer"/>
  </state>

  <state name="waitingForLight">
    <transition event="lightOn" target="unlockedPanel"/>
  </state>

  <state name="waitingForDrawer">
    <transition event="drawerOpened" target="unlockedPanel"/>
  </state>

  <state name="unlockedPanel">
    <action command="unlockPanel"/>
    <action command="lockDoor"/>
    <transition event="panelClosed" target="idle"/>
  </state>

  <resetEvent name = "doorOpened"/>
</stateMachine>
```

Esse estilo de representação deve parecer familiar para a maioria dos leitores; expressei a configuração como um arquivo XML. Existem diversas vantagens em se fazer a configuração dessa forma. Uma delas é que agora não precisamos compilar um programa Java separado para cada controlador que implantamos em um cliente – em vez disso, podemos simplesmente compilar os componentes da máquina de estados junto com um analisador léxico apropriado em um JAR comum e enviar o arquivo XML a ser lido quando a máquina iniciar. Qualquer mudança no comportamento do controlador pode ser feita sem precisar distribuir um novo JAR. Existe, é claro, um custo associado a isso, dado que muitos enganos na sintaxe da configuração podem ser detectados apenas em tempo de execução, apesar de vários sistemas de esquemas XML poderem ajudar um pouco em relação a isso. Também sou um grande fã de testes intensivos, que capturam a maioria dos erros em tempo de compilação, junto com outros problemas que a verificação de tipos não pode detectar. Com a existência de tais tipos de teste, me preocupo muito menos com a mudança da detecção de erros para o tempo de execução.

Uma segunda vantagem é a expressividade do arquivo. Não precisamos mais nos preocupar com os detalhes da criação de conexões por meio de variáveis. Em vez disso, temos uma abordagem declarativa que, de muitas maneiras, é mais clara e legível. Estamos também limitados, já que podemos expressar configurações apenas em tal arquivo – limitações como essa geralmente são benéficas porque reduzem as chances de erros no código de montagem dos componentes.

Você normalmente ouve as pessoas falar sobre esse tipo de coisa como programação declarativa. Nosso modelo comum é o modelo imperativo, no qual comandamos o computador a partir de uma sequência de passos. "Declarativa" é um termo bastante obscuro, mas geralmente se aplica a abordagens que se distanciam do modelo imperativo. Aqui damos um passo nessa direção: nos movemos para longe do preenchimento de variáveis e representamos as ações e transições dentro de um estado por subelementos em XML.

Essas vantagens fazem muitos frameworks Java e C# serem configurados com arquivos de configuração XML. Atualmente, parece que você está fazendo mais programação em XML que em sua linguagem de programação principal.

Aqui segue outra versão do código de configuração:

```
events
  doorClosed    D1CL
  drawerOpened  D2OP
  lightOn       L1ON
  doorOpened    D1OP
  panelClosed   PNCL
end

resetEvents
  doorOpened
end

commands
  unlockPanel   PNUL
  lockPanel     PNLK
  lockDoor      D1LK
  unlockDoor    D1UL
end

state idle
  actions {unlockDoor lockPanel}
  doorClosed => active
end

state active
  drawerOpened => waitingForLight
  lightOn      => waitingForDrawer
end
```

```
state waitingForLight
  lightOn => unlockedPanel
end

state waitingForDrawer
  drawerOpened => unlockedPanel
end

state unlockedPanel
  actions {unlockPanel lockDoor}
  panelClosed => idle
end
```

Isso é código, apesar de não ser uma sintaxe com a qual você esteja familiarizado. Na verdade, é uma sintaxe customizada que inventei para este exemplo. Penso que é uma sintaxe fácil de escrever e, acima de tudo, mais fácil de ler que a sintaxe XML. Ela é mais compacta e evita muito o uso de aspas duplas e de caracteres de ruído dos quais o XML sofre. Você provavelmente não teria feito exatamente da mesma forma, mas o argumento aqui é a possibilidade de construir qualquer sintaxe que você ou sua equipe preferir. Você ainda assim pode carregar o código em tempo de execução (tal como o XML), mas não precisa (assim como não precisa com o XML) se quiser fazê-lo em tempo de compilação.

Essa é uma linguagem específica de domínio que compartilha muitas características das DSLs. Primeiro, ela é aplicável apenas a um propósito bem específico – ela não pode fazer nada além de configurar esse tipo de máquinas de estados. Como resultado disso, a DSL é bastante simples – não existe recurso algum para estruturas de controle ou alguma outra construção. Ela não é nem Turing-completa. Você não poderia escrever uma aplicação completa nessa linguagem: tudo o que pode fazer é descrever um pequeno aspecto de uma aplicação. Como resultado disso, a DSL precisa ser combinada com outras linguagens para realizar algo. Mas a simplicidade da DSL torna seus programas fáceis de serem editados e processados.

Essa simplicidade permite àqueles que escrevem o sistema controlador ter um entendimento mais fácil – mas também pode tornar o comportamento visível para outros além de seus desenvolvedores. As pessoas que configuram o sistema podem ser capazes de estudar esse código e entender como ele supostamente funciona, mesmo que elas não entendam o código principal em Java no controlador. Mesmo que elas leiam apenas a DSL, pode ser que detectem erros ou se comuniquem de maneira mais eficaz com os desenvolvedores Java. Embora existam muitas dificuldades práticas na construção de uma DSL que aja como um meio de comunicação entre especialistas de domínio e analistas de negócios, o benefício de cobrir a mais difícil lacuna de comunicação no desenvolvimento de software normalmente compensa o esforço.

Agora, veja de novo a representação XML. Ela é uma DSL? Eu argumentaria que sim. Ela está envolta em sintaxe XML – mas mesmo assim é uma DSL. Esse exemplo, então, levanta uma questão de projeto: é melhor ter uma sintaxe customizada para uma DSL ou uma sintaxe XML? A sintaxe XML pode ser mais fácil de analisar sintaticamente, dado que as pessoas sabem analisar XML sintaticamente. (Embora eu tenha levado quase a mesma quantidade de tempo para escrever o analisador sintático para a sintaxe customizada e para usar um analisador sintático XML.) Eu diria que a sintaxe customizada é muito mais fácil de ser lida, ao menos nesse caso. Mas sempre que você tiver essa escolha, os compromissos a serem feitos em relação às DSLs são os mesmos. De fato, você pode argumentar que a maioria dos arquivos de configuração XML são essencialmente DSLs.

Agora observe o código a seguir. Parece uma DSL para esse problema?

```
event :doorClosed,   "D1CL"
event :drawerOpened, "D2OP"
event :lightOn, "L1ON"
event :doorOpened,   "D1OP"
event :panelClosed,  "PNCL"

command  :unlockPanel, "PNUL"
command  :lockPanel,   "PNLK"
command  :lockDoor,    "D1LK"
command  :unlockDoor,  "D1UL"

resetEvents :doorOpened

state :idle do
  actions :unlockDoor, :lockPanel
  transitions :doorClosed => :active
end

state :active do
  transitions :drawerOpened => :waitingForLight,
              :lightOn => :waitingForDrawer
end

state :waitingForLight do
  transitions :lightOn => :unlockedPanel
end

state :waitingForDrawer do
  transitions :drawerOpened => :unlockedPanel
end

state :unlockedPanel do
  actions :unlockPanel, :lockDoor
  transitions :panelClosed => :idle
end
```

Ela é um pouco mais ruidosa que a linguagem customizada anterior, mas, mesmo assim, ela ainda é bastante clara. Leitores cuja preferência de linguagem seja similar à minha provavelmente a reconhecerão como Ruby. Ruby me dá diversas opções sintáticas que facilitam a escrita de código mais legível, então eu posso deixá-la bastante similar à linguagem customizada.

Desenvolvedores Ruby considerariam esse código uma DSL. Usei um subconjunto dos recursos de Ruby e capturei as mesmas ideias que na configuração usando XML e usando a sintaxe customizada. Essencialmente, estou embutindo a DSL em Ruby, usando um subconjunto de Ruby como minha sintaxe. De certa forma, é mais uma questão de atitude do que de outra coisa. Estou escolhendo olhar código Ruby através de lentes DSL. Mas isso é um ponto de vista com uma longa tradição – programadores Lisp costumam pensar na criação de DSLs dentro de Lisp.

Isso me faz assinalar que existem dois tipos de DSLs textuais, os quais chamo de DSLs externas e internas. Uma **DSL externa** é uma linguagem específica de domínio representada em uma linguagem separada da linguagem de programação principal com que se está trabalhando. Essa linguagem pode usar uma sintaxe customizada ou seguir a sintaxe de outra representação, tal como XML. Uma **DSL interna** é uma DSL representada dentro da sintaxe de uma linguagem de propósito geral. É o uso estilizado de uma linguagem para um propósito específico de domínio.

Você também pode ouvir o termo **DSL embarcada** (ou embutida) como sinônimo de DSL interna. Apesar de o termo ser amplamente usado, evito-o porque a expressão "linguagens embarcadas" também pode ser aplicada às linguagens de *scripting* dentro de aplicações, como VBA no Excel ou Scheme no Gimp.

Agora, pense novamente no código de configuração Java. Ele é uma DSL? Eu argumentaria que não. Esse código parece estar fortemente ligado a uma API, enquanto o código Ruby anterior possui mais o senso de uma linguagem declarativa. Isso significa que não posso criar DSLs internas em Java? Que tal isto:

```
public class BasicStateMachine extends StateMachineBuilder {

  Events doorClosed, drawerOpened, lightOn, panelClosed;
  Commands unlockPanel, lockPanel, lockDoor, unlockDoor;
  States idle, active, waitingForLight, waitingForDrawer, unlockedPanel;
  ResetEvents doorOpened;

  protected void defineStateMachine() {
    doorClosed. code("D1CL");
    drawerOpened. code("D2OP");
    lightOn.    code("L1ON");
    panelClosed.code("PNCL");

    doorOpened. code("D1OP");

    unlockPanel.code("PNUL");
    lockPanel.  code("PNLK");
    lockDoor.   code("D1LK");
    unlockDoor. code("D1UL");

    idle
      .actions(unlockDoor, lockPanel)
      .transition(doorClosed).to(active)
      ;

    active
      .transition(drawerOpened).to(waitingForLight)
      .transition(lightOn).    to(waitingForDrawer)
      ;

    waitingForLight
      .transition(lightOn).to(unlockedPanel)
      ;
```

```
        waitingForDrawer
          .transition(drawerOpened).to(unlockedPanel)
          ;

        unlockedPanel
          .actions(unlockPanel, lockDoor)
          .transition(panelClosed).to(idle)
          ;
    }
}
```

Esse código está formatado de maneira estranha e usa algumas convenções de programação não usuais, mas é código Java válido. Isso eu chamaria de DSL; e, apesar de ser mais confusa que a DSL Ruby, ela ainda mantém aquele fluxo declarativo que uma DSL precisa.

O que torna uma DSL interna diferente de uma API normal? Essa é uma questão difícil com a qual eu despenderei mais tempo posteriormente ("APIs fluentes e comando-consulta", p. 68), mas resume-se à noção um tanto difusa de fluxo similar a uma linguagem.

Outro termo que você pode encontrar para uma DSL interna é **interface fluente**. Ele enfatiza o fato de que uma DSL interna é, na verdade, apenas um tipo particular de API, projetada com essa qualidade vaga de fluência. Dada tal distinção, é útil ter um nome para uma API não fluente – usarei o termo **API comando-consulta**.

1.4 Linguagens e Modelo Semântico

No início deste exemplo, falei acerca da construção de um modelo para uma máquina de estados. A presença de tal modelo e seu relacionamento com uma DSL são preocupações essenciais. Neste exemplo, o papel da DSL é preencher o modelo da máquina de estados. Então, quando estou analisando sintaticamente a versão da sintaxe customizada, encontro o seguinte:

```
events
  doorClosed D1CL
```

Eu criaria um novo objeto de evento (new Event("doorClosed", "D1CL")) e o deixaria de lado (em uma *Tabela de Símbolos (165)*) de forma que quando eu visse doorClosed => active eu poderia incluí-lo na transição (usando addTransition). O modelo é o motor que fornece o comportamento da máquina de estados. Na verdade, você pode dizer que a maioria do poder desse projeto vem da existência desse modelo. Tudo o que a DSL faz é fornecer uma maneira legível de preencher esse modelo – que é a diferença em relação à API comando-consulta com a qual iniciei.

Do ponto de vista da DSL, eu referencio-me a este modelo como *Modelo Semântico (159)*. Quando as pessoas discutem uma linguagem de programação, frequentemente ouve-se falar sobre sintaxe e semântica. A sintaxe captura as expressões válidas nos programas – tudo o que está expresso na DSL de sintaxe customizada é capturado pela gramática. A semântica de um programa é o que ele significa – ou seja, o que ele faz quando executado. Nesse caso, é o modelo que define a semântica. Se você está acostumado a usar *Modelos de Domínio* [Fowler PoEAA], por enquanto pode pensar em um Modelo Semântico como algo muito próximo de um Modelo de Domínio.

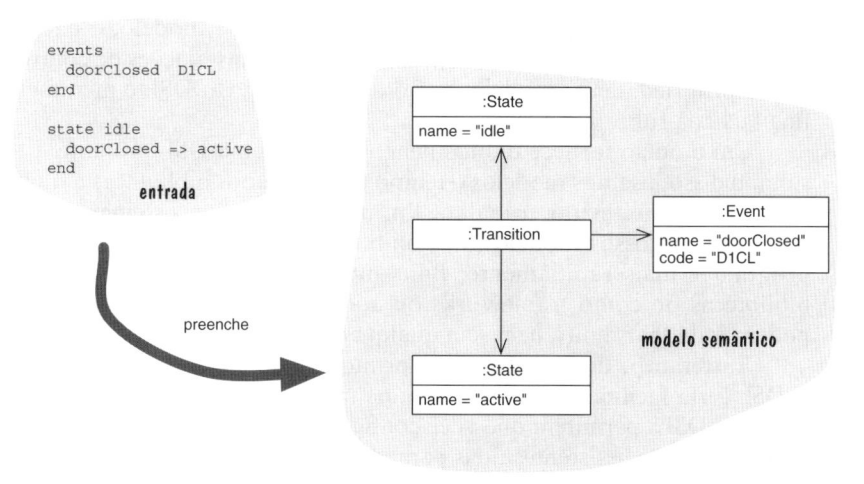

Figura 1.4   *Analisar sintaticamente uma DSL preenche um Modelo Semântico (159).*

(Dê uma olhada no *Modelo Semântico (159)* para saber mais sobre as diferenças entre um Modelo Semântico e um Modelo de Domínio, bem como as diferenças entre um Modelo Semântico e uma árvore sintática abstrata.)

Na minha opinião, o Modelo Semântico é uma parte vital de uma DSL bem projetada. Você encontrará algumas DSLs que usam um Modelo Semântico e outras que não o fazem, mas acredito que você deve quase sempre usar um Modelo Semântico. (Acho quase impossível dizer certas palavras, tais como "sempre", sem qualificá-las com um "quase". Quase nunca encontro uma regra que seja universalmente aplicável.)

Eu defendo o uso de um Modelo Semântico porque ele fornece uma clara separação de interesses entre analisar sintaticamente uma linguagem e a semântica resultante. Posso pensar acerca de como a máquina de estados funciona e conduzir melhorias e realizar depurações da máquina de estados sem me preocupar com as questões de linguagem. Posso rodar testes no modelo da máquina de estados preenchendo-a com uma interface baseada em comando-consulta. Posso evoluir o modelo da máquina de estados e a DSL independentemente, construindo novos recursos no modelo antes de descobrir como expô-los a partir da linguagem. Talvez o ponto mais importante seja que eu possa testar o modelo independentemente de brincar com a linguagem. De fato, todos os exemplos de uma DSL mostrados anteriormente foram construídos sobre o mesmo Modelo Semântico e criaram exatamente a mesma configuração de objetos em tal modelo.

Neste exemplo, o Modelo Semântico é um modelo de objetos. O Modelo Semântico pode também assumir outras formas. Ele pode ser uma estrutura de dados pura com todo o comportamento em funções separadas. Ainda farei referência a ela como um Modelo Semântico porque a estrutura de dados captura o significado particular de um script da DSL no contexto de tais funções.

Desse ponto de vista, a DSL age meramente como um mecanismo para expressar como o modelo é configurado. Boa parte dos benefícios de usar essa abordagem advém do modelo em vez da DSL. O fato de que posso facilmente configurar uma nova máquina de estados para um cliente é uma propriedade do modelo, e não da DSL. Poder fazer uma mudança em um controlador em tempo de execução, sem compilar, é um recurso do modelo, e não da DSL. O fato de eu estar reusando código entre múltiplas instalações de controladores é uma propriedade do modelo, e não da DSL. Logo, a DSL é meramente uma fina fachada sobre o modelo.

Um modelo fornece muitos benefícios sem uma DSL presente. Como resultado disso, usamos modelos o tempo todo. Usamos bibliotecas e frameworks para sabiamente evitar trabalho. Em nossos próprios sistemas de software, construímos nossos modelos, disponibilizando abstrações que nos permitem programar mais rapidamente. Bons modelos, sejam eles publicados como bibliotecas ou como frameworks ou apenas servindo nosso próprio código, podem trabalhar muito bem sem qualquer DSL em vista.

Entretanto, uma DSL pode aprimorar as capacidades de um modelo. A DSL certa facilita entender o que uma máquina de estados em particular faz. Algumas DSLs permitem que você configure o modelo em tempo de execução. Logo, DSLs são assistentes úteis para alguns modelos.

Os benefícios de uma DSL são especialmente relevantes para uma máquina de estados, que é o tipo de modelo em particular cujo preenchimento eficaz age como o programa para o sistema. Se quisermos modificar o comportamento de uma máquina de estados, o fazemos alterando os objetos em seu modelo e em seus relacionamentos. Tal estilo de modelo é em geral chamado de *Modelo Adaptativo (487)*. O resultado é um sistema que obscurece a distinção entre código e dados, porque, a fim de entender o comportamento da máquina de estados, você não pode olhar somente para o código; você também precisa olhar a maneira pela qual os objetos estão conectados. É claro que isso é sempre verdade de alguma forma, dado que qualquer programa dá diferentes resultados com diferentes dados, mas existe uma diferença maior aqui, pois a presença dos objetos de estado altera o comportamento do sistema em um grau significativamente maior.

Modelos Adaptativos podem ser muito poderosos, mas normalmente também são difíceis de serem usados, pois as pessoas não podem ver qualquer código que define o comportamento em particular. Uma DSL é valiosa porque fornece uma maneira explícita de representar esse código em um formato que dá às pessoas a sensação de estarem programando a máquina de estados.

O aspecto de uma máquina de estados que a torna uma boa opção para um Modelo Adaptativo reside no fato de ela ser um modelo computacional alternativo. Nossas linguagens de programação mais usadas fornecem uma maneira padronizada de pensar sobre como programar uma máquina, e isso funciona bem em muitas situações. Contudo, algumas vezes precisamos de uma abordagem diferente, tal como uma *Máquina de Estados (527)*, um *Sistema de Regras de Produção (513)*, ou uma *Rede de Dependências (505)*. Usar um Modelo Adaptativo é uma boa maneira de fornecer um modelo computacional alternativo, e uma DSL é uma boa maneira de facilitar a programação desse modelo. Mais adiante, neste livro, descrevo alguns modelos computacionais alternativos ("Modelos computacionais alternativos", p. 113) para dar uma noção de como eles são e de como você deve implementá-los. Você pode ouvir com frequência as pessoas se referindo a DSLs usadas dessa maneira como programação declarativa.

Ao discutir esse exemplo, usei um processo no qual o modelo foi construído primeiro, e então uma DSL foi colocada em uma camada acima dele para ajudar em sua manipulação. Descrevi-o dessa forma porque acredito que é uma maneira fácil de entender como as DSLs se encaixam no desenvolvimento de software. Ainda que usar modelos primeiro seja comum, essa não é a única abordagem. Em um cenário diferente, você poderia conversar com os especialistas em domínio e se certificar de que a abordagem de máquina de estados é algo que eles entendam. Você pode, então, trabalhar com eles de forma a criar uma DSL que eles possam entender. Nesse caso, você constrói a DSL e o modelo simultaneamente.

1.5 Usando geração de código

Em minha discussão até agora, processo a DSL para preencher o *Modelo Semântico (159)* e então executo o Modelo Semântico para fornecer o comportamento que quero do controlador. Essa abordagem é conhecida nos círculos de linguagem como **interpretação**. Quando interpretamos um texto, o analisamos sintaticamente e imediatamente produzimos o resultado que queremos do programa. (Interpretar é uma palavra complicada nos círculos de software, já que ela carrega todos os tipos de conotações; entretanto, a usarei para significar essa forma de execução imediata.)

No mundo das linguagens, a alternativa à interpretação é a compilação. Com a **compilação**, analisamos sintaticamente algum texto de programa e produzimos uma saída intermediária, processada separadamente para fornecer o comportamento que desejamos. No contexto de DSLs, a abordagem de compilação em geral é chamada de **geração de código**.

É um pouco difícil expressar essa distinção usando o exemplo das máquinas de estados, então vamos usar outro exemplo. Imagine que eu tenha algum tipo de regras de elegibilidade para pessoas, talvez para estarem qualificadas para fazer apólices de seguro. Uma regra poderia ser age between 21 and 40 (idade entre 21 e 40). Essa regra pode ser uma DSL que poderíamos processar de forma a testar a elegibilidade de um candidato como eu.

Com a interpretação, o processador de elegibilidade analisa as regras sintaticamente e carrega o modelo semântico enquanto executa, talvez na inicialização. Quando testa um candidato, ele roda o modelo semântico verificando-o em relação ao candidato para obter um resultado.

No caso da compilação, o analisador sintático carregaria o modelo semântico como parte do processo de construção para o processador de elegibilidade. Durante a construção, o processador da DSL produziria código que seria compilado, empacotado e incorporado no processador de elegibilidade, talvez como algum tipo de biblioteca compartilhada. Esse código intermediário seria então executado para avaliar um candidato.

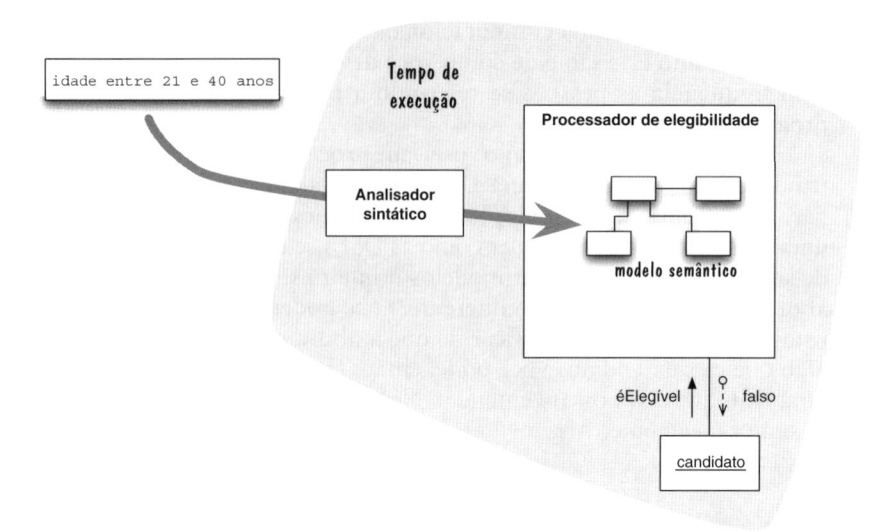

Figura 1.5 *Um interpretador analisa sintaticamente o texto e produz seu resultado em um único processo.*

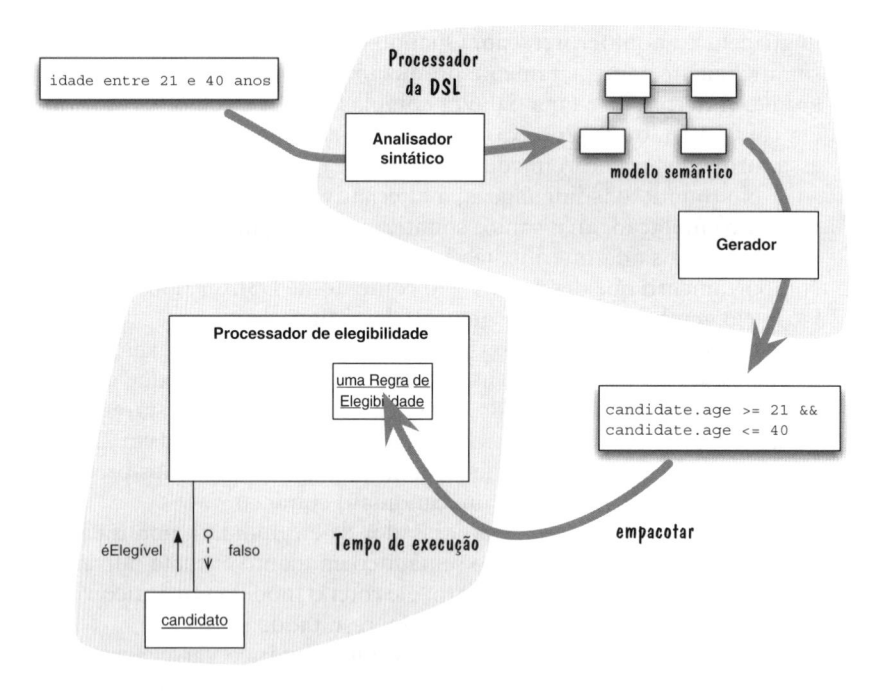

Figura 1.6 *Um compilador analisa sintaticamente o texto e produz um código intermediário, que é então empacotado em outro processo para a execução.*

Nossa máquina de estados de exemplo usou interpretação: analisamos sintaticamente o código de configuração em tempo de execução e preenchemos o modelo semântico. Mas poderíamos gerar código em vez disso, o que poderia evitar a necessidade de colocar tanto o código do modelo quanto o do analisador sintático na torradeira.

A geração de código normalmente é incômoda, pois muitas vezes empurra você a um passo de compilação extra. Para construir seu programa, você primeiro compila o framework de estados e o analisador sintático, executa o analisador sintático para gerar o código-fonte para o controlador da senhorita Grant, e então compila esse código gerado. Isso torna o seu processo de construção muito mais complicado.

Entretanto, uma vantagem da geração de código é que não existe qualquer razão em especial para gerar código na mesma linguagem de programação que você usou para o analisador sintático. Nesse caso, você pode evitar o segundo passo de compilação ao gerar código para uma linguagem dinâmica como Javascript ou JRuby.

A geração de código é útil também quando você quer usar DSLs com uma plataforma de linguagem que não possui as ferramentas para o suporte a DSLs. Se tivéssemos que executar nosso sistema de segurança em algumas torradeiras mais antigas que somente entendem C compilado, poderíamos fazer isso tendo um gerador de código que usa um Modelo Semântico preenchido como entrada e produz código C, que pode ser então compilado e executado na torradeira mais antiga. Já me deparei recentemente com projetos que geravam código para MathCAD, SQL e COBOL.

Muitos textos sobre DSLs focam em geração de código, até mesmo ao ponto de a geração de código ser o objetivo principal do exercício. Como resultado disso, você pode encontrar artigos e livros que exaltam as virtudes da geração de código. Na minha visão, entretanto, a geração de código é apenas um mecanismo de implementação, um mecanismo que não é de fato necessário na maioria dos casos. Certamente existem muitas oportunidades nas quais você precisa usar geração de código, mas há muitas oportunidades nas quais não precisará dela.

O uso da geração de código é um caso em que muitas pessoas não empregam um Modelo Semântico, mas analisam o texto de entrada e produzem diretamente o código gerado. Apesar de essa ser uma maneira comum de trabalhar com DSLs com código gerado, não é uma maneira que recomendo, exceto para os casos mais simples. Usar um Modelo Semântico lhe permite separar a análise sintática, a semântica de execução e a geração de código. Essa separação torna todo o exercício muito mais simples. Isso também permite que você mude de ideia; por exemplo, é possível modificar sua DSL de uma DSL interna para uma externa sem alterar as rotinas de geração de código. De modo similar, você pode facilmente gerar múltiplas saídas sem complicar o analisador sintático. Também é possível usar tanto um modelo interpretado quanto geração de código a partir do mesmo Modelo Semântico.

Como resultado, para a maior parte do livro, assumirei que um Modelo Semântico está presente e é o centro do esforço da DSL.

Normalmente vejo dois estilos de uso de geração de código. Um é gerar código de "primeira passada", do qual se espera que seja usado como um *template*, mas que é então modificado manualmente. O segundo é garantir que o código gerado nunca seja tocado manualmente, talvez exceto para algum código de rastreamento durante a depuração. Eu quase sempre prefiro a segunda opção porque permite que o código seja regerado livremente. Isso é verdade em especial com DSLs, dado que queremos que a DSL seja a representação primária da lógica que a DSL define. Isso significa que deveríamos ser capazes de modificar de uma forma fácil a DSL sempre que quiséssemos modificar o comportamento. Logo, devemos garantir que qualquer código gerado não seja editado manualmente, apesar de ele poder chamar e ser chamado por código escrito manualmente.

1.6 Usando bancadas de linguagem (*workbenches*)

Os dois estilos de DSL que mostrei até agora – internas e externas – são as maneiras tradicionais de se pensar acerca de DSLs. Eles podem não ser tão amplamente entendidos e usados como deveriam, mas possuem uma longa história e um uso moderadamente amplo. Como resultado, o resto deste livro se concentra em introduzir essas abordagens usando ferramentas que são maduras e fáceis de serem obtidas.

Mas existe uma categoria completamente nova de ferramentas no horizonte que pode mudar de maneira significativa o jogo das DSLs – as ferramentas que chamo de bancadas de linguagens. Uma bancada de linguagem é um ambiente projetado para ajudar pessoas que estejam criando novas DSLs, junto com as ferramentas de alta qualidade necessárias para usar essas DSLs de modo eficaz.

Uma das grandes desvantagens de usar uma DSL externa é que você está preso a um conjunto de ferramentas relativamente limitado. Configurar um realçador de sintaxe em um editor de texto é o mais longe que as pessoas costumam ir. Embora você possa argumentar que a simplicidade de uma DSL e o pequeno tamanho dos scripts indiquem que isso poderia ser suficiente, existe também um argumento relacionado ao tipo de ferramental sofisticado a que as IDEs modernas oferecem suporte. Bancadas de linguagens facilitam a definição não apenas do analisador sintático, mas também de um ambiente de edição customizado para essa linguagem.

Tudo isso é valioso, mas o aspecto realmente interessante das bancadas de linguagens é que elas permitem a um projetista de DSL ir além da edição de fontes baseada em texto para diferentes formatos da linguagem. O exemplo mais óbvio disso é oferecer suporte para linguagens diagramáticas, o que me possibilitaria especificar a máquina de estados do painel secreto diretamente por meio de um diagrama de transição de estados.

Uma ferramenta como essa não apenas permite que você defina linguagens diagramaticamente; ela também lhe permite olhar os scripts das DSLs de diferentes perspectivas. Na Figura 1.7, vemos um diagrama, mas ele também mostra a lista de estados e de eventos e uma tabela para informar os códigos de evento (que podem ser omitidos do diagrama se existir muita poluição).

Esse tipo de ambiente de edição visual com multipainéis já está disponível há algum tempo em diversas ferramentas, mas tem sido trabalhoso construir algo desse gênero para você mesmo. Uma promessa das bancadas de linguagens

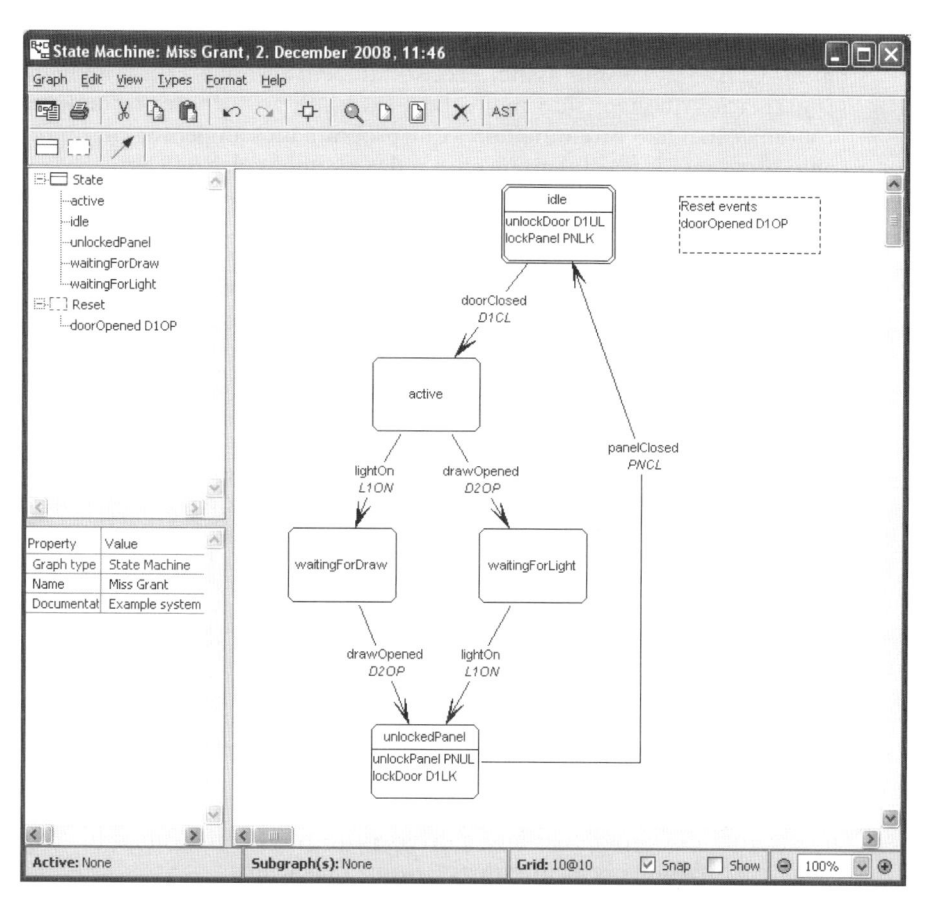

Figura 1.7 *A máquina de estados do painel secreto na bancada de linguagem MetaEdit (fonte: MetaCase).*

é que elas tornam a criação de tais ambientes de edição relativamente fácil; na verdade, fui capaz de montar um exemplo similar àquele da Figura 1.7 de maneira consideravelmente rápida em meu primeiro uso da ferramenta MetaEdit. Essa ferramenta me permite definir o *Modelo Semântico (159)* para máquinas de estados e os editores gráficos e tabulares na Figura 1.7 e escrever um gerador de código a partir do Modelo Semântico.

Entretanto, embora tais ferramentas pareçam boas, muitos desenvolvedores naturalmente suspeitam dessas ferramentas visuais. Existem algumas razões bastante pragmáticas pelas quais uma representação textual de código-fonte faz sentido. Consequentemente, outras ferramentas vão nessa direção, fornecendo recursos no estilo pós-IntelliJ – tais como edição dirigida por sintaxe, recursos de autocompletar, entre outros – para linguagens textuais.

Minha suspeita é que, se as bancadas de linguagem realmente decolarem, as linguagens que elas produzirão não serão nada parecidas com o que consideramos uma linguagem de programação. Um dos benefícios comuns de tais ferramentas é o fato de elas permitirem que não programadores programem.

Muitas vezes suspeito dessa noção lembrando que essa era a intenção original do COBOL. Mesmo assim, preciso também reconhecer um ambiente de programação que tem sido muito bem-sucedido ao fornecer ferramentas de programação a não programadores que programam sem pensar em si próprios como programadores. Tal ambiente é o das planilhas eletrônicas.

Muitas pessoas não pensam nas planilhas como um ambiente de programação, embora se possa argumentar que elas são o ambiente de programação mais bem-sucedido que conhecemos hoje. Como um ambiente de programação, as planilhas possuem algumas características interessantes. Uma delas é a forte integração com as ferramentas no ambiente de programação. Não existe a noção de uma representação textual independente de ferramenta que é processada por um analisador sintático. As ferramentas e a linguagem são fortemente interligadas e projetadas em conjunto.

Um segundo elemento interessante é algo que eu chamo de **programação ilustrativa**. Quando você olha para uma planilha, aquilo que é mais visível não são as fórmulas que realizam todos os cálculos; em vez disso, são os números que formam um exemplo de cálculo. Esses números são uma ilustração do que o programa faz quando executado. Na maioria das linguagens de programação, é o programa que faz o papel de apresentação e de meio de campo, e apenas vemos sua saída quando rodamos um teste. Em uma planilha, a saída é a apresentação e o meio de campo, e apenas vemos os programas quando clicamos em uma das células.

A programação ilustrativa não é um conceito que tenha chamado muita atenção; até tive que inventar uma palavra para falar dela: ela poderia ser uma parte importante daquilo que faz as planilhas serem tão acessíveis para programadores leigos. Ela também possui desvantagens; por exemplo, a falta de foco na estrutura dos programas leva a diversos trechos de programação "copiar e colar" e a programas estruturados de forma deficiente.

As bancadas de linguagem oferecem suporte para o desenvolvimento de novas plataformas de programação como essa. Por consequência, acredito que as DSLs produzidas por essas plataformas provavelmente serão mais parecidas com planilhas do que com as DSLs sobre as quais estamos acostumados a pensar (e sobre as quais falo neste livro).

Penso que as bancadas de linguagens possuem um potencial extraordinário. Se elas o concretizarem, poderão mudar inteiramente a face do desenvolvimento de software. No entanto, esse potencial, embora profundo, continua em algum lugar do futuro. Ainda estamos nos primeiros dias das bancadas de linguagens, com novas abordagens aparecendo regularmente e antigas ferramentas ainda sujeitas a evoluções profundas. É por isso que eu não tenho muito a dizer sobre elas aqui, já que, na minha opinião, elas mudarão drasticamente durante o tempo de vida esperado deste livro. No entanto, como penso que vale a pena ficar de olho nelas, disponho de um capítulo a respeito no final.

1.7 Visualização

Uma das grandes vantagens de uma bancada de linguagem é a possibilidade de, com ela, se usar uma faixa mais ampla de representações da DSL, em especial representações gráficas. Entretanto, mesmo com uma DSL textual, pode-se obter uma representação diagramática. Na verdade, vimos isso bem no início deste capítulo. Quando olhamos a Figura 1.1, você deve ter notado que o diagrama não é tão bem desenhado quanto eu normalmente costumo fazer. A razão para tal é que não desenhei o diagrama; o gerei automaticamente a partir do *Modelo Semântico (159)* do controlador da senhorita Grant. Não apenas minhas classes da máquina de estados executam; mas também são capazes de se renderizar usando a linguagem DOT.

A linguagem DOT é parte do pacote Graphviz, uma ferramenta de código aberto que lhe permite descrever estruturas de grafos matemáticos (nós e vértices) e, depois, automaticamente as desenha. Você apenas diz a ela quem são os nós e vértices, quais formas usar, e algumas outras dicas, e ela descobre como organizar o grafo.

O emprego de uma ferramenta como o Graphviz é extremamente útil para muitos tipos de DSLs, pois isso dá a você outra representação. Essa **representação de visualização** é similar à DSL propriamente dita, já que ela permite a um humano entender o modelo. A visualização difere do código-fonte por não ser editável – mas, por outro lado, ela pode fazer algo que uma forma editável não pode, tal como desenhar um diagrama como esse.

As visualizações não precisam ser gráficas. Eu normalmente uso uma visualização textual simples para me ajudar a depurar quando estou escrevendo um analisador sintático. Já vi pessoas gerarem visualizações no Excel para ajudá-las a se comunicar com especialistas em domínio. A questão é que, uma vez que você tenha realizado o trabalho duro de criar um Modelo Semântico, fica realmente fácil adicionar visualizações. Observe que as visualizações são produzidas a partir do modelo, não a partir da DSL, desta forma você pode fazer isso mesmo que não esteja usando uma DSL para preencher o modelo.

Capítulo 2

Usando linguagens específicas de domínio

Após percorrer os exemplos do capítulo anterior, você deve ter agora uma boa noção do que é uma DSL, mesmo que não tenha sido dada uma definição geral ainda. (Você pode encontrar mais alguns exemplos em "Um zoológico de DSLs", p. 147.) Agora irei para essa definição e discutirei os benefícios e problemas de DSLs. Quero fazer isso logo para fornecer um contexto antes que comece a falar sobre sua implementação, no próximo capítulo.

2.1 Definindo linguagens específicas de domínio

"Linguagem específica de domínio" é um termo/conceito útil, mas possui fronteiras bastante nebulosas. Algumas coisas são claramente DSLs, mas em relação a outras é possível concordar ou não. O termo já está por aí há certo tempo e, tal como a maioria das coisas em software, nunca teve uma definição muito rigorosa. Para este livro, no entanto, acho que uma definição é valiosa.

Linguagem específica de domínio (substantivo): uma linguagem de programação de computadores de expressividade limitada focada em um domínio específico.

Existem quatro elementos-chave em tal definição:

- **Linguagem de programação de computadores:** uma DSL é usada por humanos a fim de instruir um computador a fazer algo. Assim como em qualquer linguagem de programação moderna, sua estrutura é projetada para facilitar seu entendimento por humanos, mas também deve ser executável por um computador.

- **Natureza da linguagem:** uma DSL é uma linguagem de programação, e como tal deve ter um senso de fluência, em que a expressividade não vem apenas das expressões individuais, mas também da maneira pela quais elas podem ser compostas.

- **Expressividade limitada:** uma linguagem de programação de propósito geral fornece muitos recursos – suporta estruturas de dados, de controle e de abstração variadas. Tudo isso é útil, mas dificulta o aprendizado e o uso. Uma DSL suporta um mínimo de recursos necessários para ser útil ao seu domínio. Você não consegue construir um sistema de software inteiro em uma DSL; em vez disso, você usa uma DSL para um aspecto específico de um sistema.

- **Foco no domínio:** uma linguagem limitada é útil apenas se tiver um foco claro em um domínio pequeno. O foco no domínio é o que faz uma linguagem limitada valer a pena.

Observe que o foco no domínio aparece por último nessa lista e é meramente uma consequência da expressividade limitada. Muitas pessoas usam uma definição literal de uma DSL como uma linguagem para um domínio específico. Contudo, definições literais são frequentemente incorretas: não chamamos moedas de CDs (do inglês "*compact disks*" – discos compactos), mesmo que elas sejam discos mais compactos que os discos aos quais o termo se aplica.

Divido as DSLs em três categorias principais: DSLs externas, DSLs internas e bancadas de linguagens.

- Uma **DSL externa** é uma linguagem separada da linguagem principal da aplicação com a qual ela trabalha. Normalmente, uma DSL externa possui uma sintaxe customizada, mas usar a sintaxe de outra linguagem também é comum (XML é uma escolha frequente). Um script em uma DSL externa costuma ser analisado sintaticamente por um código na aplicação hospedeira usando técnicas de análise sintática textual. A tradição do Unix de prover pequenas linguagens se enquadra nesse estilo. Exemplos de DSLs externas com as quais você provavelmente já se deparou incluem as expressões regulares, SQL, Awk, e arquivos de configuração para sistemas como Struts ou Hibernate.

- Uma **DSL interna** é uma maneira específica de usar uma linguagem de propósito geral. Um script em uma DSL interna é um código válido em sua linguagem de propósito geral, mas usa apenas um subconjunto dos recursos da linguagem em um estilo determinado para tratar de um pequeno aspecto do sistema como um todo. O resultado deve ter a cara de uma linguagem customizada, e não a cara de uma linguagem hospedeira. O exemplo clássico desse estilo é Lisp; os programadores Lisp, em geral, falam sobre a programação em Lisp como a criação e o uso de DSLs. Ruby também desenvolveu uma cultura de DSLs forte: muitas bibliotecas Ruby vêm no estilo de DSLs. Em especial, o framework mais famoso de Ruby, Rails, é normalmente visto como uma coleção de DSLs.

- Uma **bancada de linguagem** é uma IDE especializada em definir e construir DSLs. Especificamente, uma bancada de linguagem é usada não apenas para determinar a estrutura de uma DSL, mas também como um ambiente customizado de edição para que as pessoas escrevam scripts em DSLs. Os scripts resultantes combinam intimamente o ambiente de edição com a linguagem.

Ao longo dos anos, esses três estilos foram desenvolvendo suas próprias comunidades. Você encontrará pessoas com bastante experiência com DSLs internas, mas que não têm ideia de como construir uma DSL externa. Acho isso problemático porque, como resultado, as pessoas podem não escolher as melhores ferramentas para o trabalho. Lembro de ter conversado com uma equipe que havia usado técnicas de processamento de DSLs internas bastante inteligentes para suportar uma sintaxe customizada que, na minha opinião, teriam sido muito mais fáceis se tivessem sido criadas como uma DSL externa. No entanto, como eles não sabiam como construir DSLs externas, não tinham essa opção. Logo, é importante para mim, neste livro, apresentar tanto as DSLs internas quanto as externas de maneira clara, de forma que você tenha tal informação. (Trato das bancadas de linguagem mais superficialmente, na medida em que elas são tão novas e ainda estão em constante evolução.)

Outra forma de olhar para DSLs é como uma maneira de manipular uma abstração. No desenvolvimento de software, construímos abstrações e então as manipulamos, geralmente em múltiplos níveis. A maneira mais comum de construir uma abstração é a partir da implementação de uma biblioteca ou de um framework; a maneira mais comum de manipular esse framework é a partir de chamadas a uma API comando-consulta. Nessa visão, uma DSL é um *front-end* para uma biblioteca, fornecendo um estilo diferente de manipulação para a API comando-consulta. Nesse contexto, a biblioteca é o *Modelo Semântico (159)* da DSL. Uma consequência disso é que as DSLs tendem a seguir as bibliotecas, e, de fato, considero um Modelo Semântico como algo necessário para se ter uma DSL bem construída.

Quando as pessoas falam sobre DSLs, é fácil pensar que construir a DSL é o trabalho difícil. Na verdade, normalmente o trabalho difícil é construir o modelo; a DSL apenas forma camadas sobre ele. Ainda assim, são despendidos esforços para se ter uma DSL que funcione bem, mas tal esforço costuma ser muito menor do que aquele necessário para construir o modelo subjacente.

2.1.1 As fronteiras das DSLs

Como eu disse, as DSLs são conceitos com fronteiras não definidas, nebulosas. Apesar de eu não achar que alguém discordaria que expressões regulares são DSLs, existem diversos de casos que estão abertos ao debate. Consequentemente, penso que vale a pena falar sobre alguns desses casos, dado que eles ajudam a fornecer uma ideia melhor sobre como pensar acerca de DSLs.

Cada estilo de DSL possui condições de fronteira diferentes, então os discutirei separadamente. À medida que vamos fazendo isso, vale lembrar que as características que distinguem as DSLs são a natureza da linguagem, o foco no domínio e a expressividade limitada. No entanto, o foco no domínio não é uma boa condição de fronteira – as fronteiras, de modo geral, estão relacionadas à expressividade limitada e à natureza da linguagem.

Começarei com as DSLs internas. Aqui, a questão de fronteira é a diferença entre uma DSL interna e uma API comando-consulta normal. De muitas maneiras, uma DSL interna nada mais é que uma API inesperada (como diriam no antigo Bell Labs, "Projeto de bibliotecas é projeto de linguagem"). Na minha visão, o ponto crucial da diferença é a natureza da linguagem. Mike Roberts me sugere que uma API comando-consulta define o vocabulário da abstração, enquanto uma DSL interna adiciona uma gramática.

Uma maneira comum de documentar uma classe com uma API comando-consulta é listar todos os métodos que ela possui. Quando você faz isso, cada método deve fazer sentido por conta própria. Você possui uma lista de "palavras", cada uma delas com um significado de certa forma autossuficiente. Os métodos de uma DSL interna frequentemente fazem sentido no contexto de uma expressão maior na DSL. No exemplo da DSL interna em Java mostrado antes, eu tinha um método chamado to (para) que especificava o estado-alvo de uma transição. Tal método teria um nome ruim em uma API comando-consulta, mas é adequado dentro de uma frase como .transition(lightOn).to(unlockedPanel) – algo como: "transição da luz acesa para painel destrancado".

Como resultado, uma DSL interna deve ter a noção de unir sentenças completas, em vez de uma sequência de comandos desconexos. Essa é a base para chamar esses tipos de APIs de interfaces fluentes.

A expressividade limitada, para uma DSL interna, obviamente não é uma propriedade essencial da linguagem, dado que a linguagem de uma DSL interna é uma linguagem de propósito geral. Nesse caso, a expressividade limitada vem da maneira como você usa a linguagem. Quando você forma uma expressão na DSL, você se limita a um pequeno subconjunto dos recursos da linguagem de propósito geral. É comum evitar sentenças condicionais, construções de repetição e variáveis. Piers Cawley disse que isso era o uso de uma linguagem de contato da linguagem hospedeira.

Nas DSLs externas, a fronteira é com as linguagens de propósito geral. As linguagens podem ter um foco no domínio, mas ainda ser linguagens de propósito geral. Um bom exemplo disso é a linguagem R, uma linguagem e plataforma para estatística; ela é bastante voltada para a realização de trabalhos estatísticos, mas possui toda a expressividade de uma linguagem de propósito geral. Então, apesar de seu foco no domínio, eu não a chamaria de DSL.

DSLs mais óbvias são as expressões regulares. Aqui, o foco no domínio (casamento de sentenças) é unido com recursos limitados – apenas o suficiente para facilitar o casamento de textos. Um indicador comum de uma DSL é que ela não é Turing-completa. As DSLs normalmente evitam as estruturas de controle imperativas mais usadas (condicionais e laços de repetição), não possuem variáveis e não podem definir sub-rotinas.

É neste ponto que muitas pessoas discordarão de mim, usando a definição literal de uma DSL para argumentar que linguagens como R deveriam ser classificadas como DSLs. A razão pela qual enfatizo a expressividade limitada reside no fato de ser ela a responsável por tornar útil a distinção entre as DSLs e as linguagens de propósito geral. A expressividade limitada dá às DSLs características diferentes, tanto em seu uso quanto em sua implementação. Isso leva a diferentes maneiras de pensarmos sobre a comparação entre DSLs e linguagens de propósito geral.

Se essa fronteira não tiver sido nebulosa o suficiente, consideremos XSLT. O foco no domínio é o da transformação de documentos XML, mas ela possui todos os recursos que alguém esperaria de uma linguagem de programação normal. Nesse caso, acredito que a maneira como é usada importa mais que a linguagem em si. Se XSLT estiver sendo usada para transformar XML, eu a chamaria de DSL. Entretanto, se estiver sendo usada para solucionar o problema das oito rainhas, eu a chamaria de linguagem de propósito geral. Um uso específico de uma linguagem pode colocá-la de um lado ou de outro na linha que divide DSLs de linguagens de propósito geral.

Outra fronteira relacionada às DSLs externas diz respeito às estruturas de dados serializadas. Uma lista de atribuição de propriedades (color = blue, cor = azul) em um arquivo de configuração é uma DSL? Acredito que aqui a condição de fronteira é a natureza da linguagem. Uma série de atribuições não possui fluência, então ela não se enquadra nos critérios que definimos.

Um argumento similar aplica-se a muitos arquivos de configuração. Diversos ambientes hoje fornecem muito de sua programabilidade por meio de algum tipo de arquivo de configuração, em geral usando sintaxe XML. Em muitos casos, essas configurações XML são efetivamente DSLs. Entretanto, esse pode não ser sempre o caso. Algumas vezes, pretende-se que esses arquivos XML sejam criados por outras ferramentas, então XML é apenas usada para serialização e não se deseja que ela seja usada por humanos. Nesse caso, como não se espera que humanos usem tais arquivos, eu não classificaria essas configurações como DSLs. É claro, ainda é válido ter um formato de armazenamento que seja legível por humanos, já que pode ser útil na depuração. A questão aqui não é se os arquivos são legíveis por humanos ou não, mas se a representação é a principal maneira com a qual as pessoas interagem com esse aspecto do sistema.

Uma das principais questões relacionadas a esses tipos de arquivos de configuração é que, mesmo que não se destinem à edição por humanos, eles acabam sendo o mecanismo primário de edição na prática. Nesse caso, XML torna-se uma DSL por acidente.

Com as bancadas de linguagens, a fronteira se encontra entre a bancada de linguagem e qualquer aplicação que permita a um usuário projetar suas próprias estruturas de dados e formulários – como o Microsoft Access. Afinal, é possível pegar um modelo de estados e representá-lo em uma estrutura de banco de dados relacional (tenho visto ideias muito piores). Você então poderia produzir formulários para manipular o modelo. Existem duas perguntas aqui: o Access é uma bancada de linguagem, e ele é algo que você chamaria de DSL?

Começarei pela primeira pergunta. Uma vez que estamos construindo uma aplicação especificamente para a máquina de estados, temos tanto o foco no domínio quanto a expressividade limitada. A questão crítica é a da natureza da linguagem. Se estivermos colocando dados em formulários e os salvando em uma tabela, normalmente não há a sensação de estarmos lidando com uma linguagem real. Uma tabela pode ser uma expressão de uma natureza de linguagem – tanto o FIT ("FIT", p. 155) quanto o Excel usam uma representação tabular e ambos possuem um senso de linguagem associado a eles (eu consideraria FIT como específica de domínio e Excel como de propósito geral). Mas a maioria das aplicações não tenta atingir tal tipo de fluência; elas apenas criam formulários e janelas que não enfatizam as interconexões. Por exemplo, a interface textual do *Meta-Programming System Language Workbench* possui uma ideia muito diferente da maioria das interfaces gráficas baseadas em formulários. De um modo similar, poucas aplicações permitem que você desenhe um diagrama para definir como as coisas são compostas da maneira como o MetaEdit faz.

Em relação ao fato de o Access ser ou não uma bancada de linguagem, voltarei à questão da intenção do projeto. O Access não foi projetado para ser uma bancada de linguagem, apesar de você poder usá-lo dessa forma se realmente quiser. Veja quantas pessoas usam o Excel como uma base de dados – apesar de ele não ter sido projetado para isso.

De um modo mais amplo, uma DSL é apenas um jargão humano? Um exemplo comum que circula por aí é a linguagem usada para pedir um café no Starbucks: "Extra grande, metade descafeinado, desnatado, sem espuma e sem chantilly". A linguagem é legal porque possui expressividade limitada, um foco no domínio, um senso de gramática, bem como de vocabulário. Ela sai da minha definição, no entanto, porque eu uso "linguagem específica de domínio" apenas para linguagens de computadores. Se construíssemos uma linguagem de computador para entender as expressões do Starbucks, então, ela seria realmente uma DSL, mas as palavras que dizemos para receber nossa dose de cafeína representam uma linguagem humana. Eu uso o termo **linguagem de domínio** para me referir a uma linguagem humana específica de domínio e reservo o termo "DSL" para linguagens de computadores.

Então, o que essa discussão sobre as fronteiras das DSLs nos ensinou? Felizmente, algo que está claro é que existem algumas fronteiras definidas. Pessoas racionais podem discordar sobre o que é uma DSL. Testes como a natureza da linguagem e a expressividade limitada são por si só muito nebulosos, então esperamos que o resultado também seja nebuloso. E nem todo mundo usará as condições de fronteira que usei.

Nessa discussão, excluí muitas linguagens de serem classificadas como DSLs, mas isso não significa que não as considere valiosas. O propósito de uma definição é ajudar na comunicação, de forma que diferentes pessoas possam ter a mesma ideia acerca do que estão falando. Para este livro, ela ajuda a tornar claro se as técnicas que descrevo são relevantes. Acho que essa definição de DSLs ajuda a focar as técnicas que descrevo de uma maneira mais eficaz.

2.1.2 DSLs fragmentárias e autossuficientes

O exemplo da máquina de estados do painel secreto que usei em "Programando o controlador da senhorita Grant", p. 9, é uma DSL autossuficiente. Isso significa que você pode olhar um bloco de script DSL, normalmente um único arquivo, e tudo o que tem lá é escrito na DSL. Se você conhece a DSL, mas não a linguagem hospedeira da aplicação, conseguirá entender o que a DSL faz, pois a linguagem hospedeira (ou não) está lá (no caso de ser externa) ou está oculta pela DSL interna.

As DSLs também aparecem de uma forma fragmentada. Nessa forma, pequenos pedaços da DSL são usados dentro do código da linguagem hospedeira. Você pode pensar neles como melhorias na linguagem hospedeira que fornecem novos recursos. Nesse caso, você não consegue realmente entender o que a DSL faz sem entender a linguagem hospedeira.

Para uma DSL externa, um bom exemplo de uma DSL fragmentária são as expressões regulares. Você não possui um único arquivo completo contendo as expressões regulares em um programa, mas possui pequenos trechos entrelaçados com código normal da linguagem hospedeira. Outro exemplo é a SQL, frequentemente usada na forma de sentenças SQL dentro do contexto de um programa maior.

Abordagens fragmentárias similares são usadas com DSLs internas. Uma área especialmente fértil acerca do desenvolvimento de DSLs internas tem sido a de testes unitários. De modo específico, as gramáticas de expectativas nas bibliotecas de objetos *mock* são como pequenos trechos de DSLs dentro de um contexto maior de código hospedeiro. Um recurso popular de linguagem para DSLs internas fragmentárias é a *Anotação (445)*, que permite que você adicione metadados aos elementos de programação do código hospedeiro. Isso adapta as anotações para DSLs fragmentárias, mas as torna inúteis para as DSLs autossuficientes.

A mesma DSL pode ser usada tanto em contextos autossuficientes quanto fragmentários; SQL é um bom exemplo disso. Algumas DSLs são projetadas para serem usadas de forma fragmentária, outras de forma autossuficiente, e ainda outras podem ser usadas de ambas as maneiras.

2.2 Por que usar uma DSL?

Agora, espero, sabemos o suficiente sobre o que é uma DSL. A próxima questão é por que consideraríamos usar uma.

DSLs são ferramentas com um foco limitado. Elas não são como orientação a objetos ou como processos ágeis, que introduzem uma mudança fundamental na maneira como pensamos acerca do desenvolvimento de software. Em vez disso, são ferramentas bastante específicas para condições bastante particulares. Um projeto típico poderia usar meia dúzia ou mais de DSLs em vários lugares – de fato, muitos já o fazem.

Em "Linguagens e Modelo Semântico", p. 16, fiquei dizendo que uma DSL é uma fina camada sobre um modelo, em que o mesmo poderia ser uma biblioteca ou um framework. Essa frase deveria nos lembrar de que, sempre que você pensar sobre os benefícios (ou as desvantagens) de uma DSL, é importante separar os benefícios fornecidos pelo modelo dos benefícios fornecidos pela DSL. É um erro comum confundir os dois.

As DSLs possuem o potencial de oferecer certos benefícios. Quando você considera usar uma, pode pesar esses benefícios e decidir quais deles são aplicáveis às suas circunstâncias.

2.2.1 Aprimorando a produtividade de desenvolvimento

O cerne do apelo de uma DSL é que ela fornece um meio para comunicar mais claramente a intenção de uma parte de um sistema. Se você ler a definição do controlador da senhorita Grant na forma de DSL, é mais fácil entender o que está acontecendo do que por meio da API comando-consulta do modelo.

Essa clareza não é apenas um desejo estético. Quanto mais fácil é ler um trecho de código, mais fácil é encontrar erros e mais fácil é modificar o sistema. Então, pelas mesmas razões pelas quais encorajamos nomes significativos de variáveis, documentação e construções claras de codificação, devemos encorajar o uso de DSLs.

As pessoas normalmente subestimam o impacto dos defeitos na produtividade. Eles não apenas pioram a qualidade externa de um sistema de software, mas também tornam os programadores mais lentos ao sugarem seu tempo em investigações e correções, criando confusão acerca do comportamento do sistema. A expressividade limitada das DSLs dificulta fazer as coisas erradas e facilita ver quando você cometeu um erro.

O modelo, por si só, fornece uma melhoria significativa na produtividade. Ele evita duplicação ao encapsular código comum; e, acima de tudo, fornece uma abstração para que se possa pensar sobre o problema, facilitando especificar o que está acontecendo de uma maneira que pode ser entendida.

Uma DSL melhora isso ao fornecer uma forma mais expressiva de ler e de manipular essa abstração. Uma DSL pode ajudar as pessoas a aprenderem a usar uma API, já que desvia o foco para como os diferentes métodos da API devem ser combinados.

Um exemplo interessante com o qual me deparei foi o uso de uma DSL para envolver uma biblioteca de terceiros bastante estranha. As vantagens comuns das DSLs de ter uma interface mais fluente são aumentadas quando a interface de comando-consulta é ruim. Além disso, a DSL precisa apenas suportar o uso real do cliente, o que pode reduzir significativamente a área de superfície que os desenvolvedores do cliente precisam aprender.

2.2.2 Comunicação com especialistas em domínio

Acredito que a parte mais difícil dos projetos de software, a fonte mais comum de falha de projetos, seja a comunicação com os clientes e os usuários desse sistema de software. Ao fornecer uma linguagem precisa e, ao mesmo tempo, clara para lidar com domínios, uma DSL pode ajudar a melhorar essa comunicação.

Esse benefício possui muito mais nuances que o simples argumento da produtividade. Para início de conversa, muitas DSLs não são adequadas à comunicação de domínio – as DSLs para expressões regulares ou para dependências de construção não se encaixam bem aqui. Apenas um subconjunto das DSLs autossuficientes realmente se aplica a esse canal de comunicação.

Quando as pessoas falam sobre DSLs nesse contexto, em geral é algo como "Agora podemos nos livrar dos programadores e ter empresários especificando as regras". Eu chamo esse argumento de "a falácia do COBOL" – dado que essa era a expectativa em torno do COBOL. É um argumento comum, mas não acredito que ele melhore com a repetição.

Apesar da falácia do COBOL, eu realmente acredito que as DSLs podem melhorar a comunicação. Não que os próprios especialistas em domínio escreverão as DSLs; mas eles podem lê-las e, dessa forma, entender o que o sistema pensa que está fazendo. Ao serem capazes de ler código DSL, os especialistas em domínio podem apontar equívocos. Eles também podem falar de maneira mais eficaz aos programadores que escrevem as regras, talvez escrevendo alguns rascunhos iniciais que possam ser refinados em regras DSL apropriadas.

Não estou dizendo que especialistas em domínio nunca devam escrever DSLs. Já encontrei muitos casos em que uma equipe foi bem-sucedida em fazer especialistas em domínio escreverem porções significativas de comportamento usando uma DSL. Entretanto, ainda penso que o maior ganho do uso das DSLs dessa maneira advém de quando os especialistas de domínio começam a ler tais programas. O foco na leitura também pode ser o primeiro passo em direção à escrita na DSL, com a vantagem de que você não perde nada se não der o próximo passo.

Meu foco em DSLs como algo que os especialistas em domínio leiam introduz um argumento contra o uso de DSLs. Se você quer que os especialistas em domínio entendam o conteúdo de um *Modelo Semântico (159)*, você pode fazer isso simplesmente fornecendo uma visualização do modelo. Vale a pena considerar se uma visualização sozinha é uma rota mais eficaz que oferecer suporte para uma DSL. E é útil ter visualizações adicionalmente a uma DSL.

Envolver especialistas em domínio em uma DSL é bastante similar a envolver especialistas em domínio na construção de um modelo. Frequentemente encontro imensos benefícios construindo um modelo junto com especialistas em domínio; construir uma *Linguagem Ubíqua* [Evans DDD] aprofunda a comunicação entre os desenvolvedores de software e os especialistas em domínio. Uma DSL fornece outra técnica para engajar essa comunicação. Dependendo das circunstâncias, você pode encontrar especialistas de domínio participando no modelo e na DSL, ou apenas na DSL.

De fato, algumas pessoas acham que tentar descrever um domínio usando uma DSL é útil, mesmo que a DSL nunca seja implementada. Pode ser benéfico apenas como uma plataforma de comunicação.

Então, no fim das contas, envolver especialistas em domínio em uma DSL pode ser difícil, mas traz grandes recompensas. E, ainda que não consiga envolver os especialistas em domínio, você pode mesmo assim obter um ganho suficiente na produtividade dos desenvolvedores para fazer a DSL valer a pena.

2.2.3 Mudança no contexto de execução

Quando estávamos falando sobre por que iríamos querer expressar nossa máquina de estados em XML, uma forte razão era que a definição poderia ser avaliada em tempo de execução, em vez de em tempo de compilação. Esse tipo de raciocínio, no qual queremos que o código seja executado em um ambiente diferente, é uma justificativa comum para usar uma DSL. Para arquivos de configuração XML, mover a lógica do tempo de compilação para o tempo de execução é uma razão comum.

Existem outros deslocamentos úteis no contexto de execução. Um projeto que estudei precisava navegar em bancos de dados para encontrar contratos que satisfizessem certas condições e os etiquetar. Eles escreveram uma DSL para suportar a especificação dessas condições e a usaram para preencher um *Modelo Semântico (159)* em Ruby. Seria demorado ler todos os contratos na memória para rodar a lógica de consulta em Ruby, mas a equipe poderia usar a representação do Modelo Semântico para gerar SQL que fizesse o processamento no banco de dados. Se escrever as regras diretamente em SQL já era muito difícil para os desenvolvedores, para empresários era ainda mais. Entretanto, empresários podiam ler (e, nesse caso, escrever) as expressões apropriadas na DSL.

Usar uma DSL como essa pode frequentemente cobrir limitações em uma linguagem hospedeira, permitindo-nos expressar as coisas em uma DSL confortável e, então, gerar código para o ambiente de execução a ser usado.

Um modelo pode facilitar tal tipo de deslocamento. Uma vez que você tem o modelo, é fácil executá-lo diretamente ou gerar código a partir dele. Modelos também podem ser preenchidos a partir de uma interface com formulários, bem como a partir de uma DSL. Uma DSL possui algumas vantagens em relação aos formulários. As DSLs, em geral, são melhores que os formulários na representação de lógicas complicadas. Além disso, podemos usar as mesmas ferramentas de gerenciamento de código, tal como sistemas de controle de versões, para gerenciar essas regras. Quando as regras são informadas por um formulário e armazenadas em um banco de dados, o controle de versões muitas vezes é negligenciado.

Isso está relacionado a um benefício falso de uma DSL. Já ouvi pessoas falarem que o bom de uma DSL é ela permitir que um mesmo comportamento seja executado em diferentes ambientes de linguagem. Alguém poderia escrever regras de negócios que gerassem código em C# e em Java, ou descrever validações que podem rodar em C# no servidor ou em Javascript no cliente. Esse é um benefício falso, pois você pode ter tal benefício simplesmente por meio do uso de um modelo; você não precisa de uma DSL para isso. Uma DSL pode facilitar o entendimento dessas regras, mas isso é outra questão.

2.2.4 Modelo computacional alternativo

A programação nas linguagens mais utilizadas é praticamente toda feita usando um modelo imperativo de computação. Isso significa que dizemos ao computador o que deve ser feito e em qual sequência; o fluxo de controle é tratado usando sentenças condicionais e laços de repetição, e temos variáveis – de fato, muitas das quais não damos atenção por considerarmos óbvias. A computação imperativa tornou-se popular porque é relativamente fácil entender e aplicar para muitos problemas. Entretanto, nem sempre ela é sempre a melhor alternativa.

A máquina de estados é um bom exemplo disso. Podemos escrever código imperativo e sentenças condicionais para tratar esse tipo de comportamento – e ele pode ser muito bem estruturado também. Mas pensar nele como uma máquina de estados em geral é mais útil. Outro exemplo comum é definir como construir software. Você pode fazer isso com lógica imperativa, mas depois de um tempo a maioria das pessoas reconhece que é mais fácil com uma *Rede de Dependências (505)* (por exemplo, para rodar os testes, suas compilações devem ser atualizadas). Como resultado, linguagens projetadas para descrever construções (*builds*) – como Make e Ant – usam dependências entre tarefas como seu principal mecanismo de estruturação.

Você frequentemente ouve as pessoas chamarem tais abordagens não imperativas de programação declarativa. A noção é que esses estilos lhe permitem declarar *o que* deve acontecer, em vez de passar por sentenças imperativas que descrevem *como* o comportamento funciona.

Você não precisa de uma DSL para usar um modelo de computação alternativo. O comportamento principal de um modelo alternativo de computação vem de um *Modelo Semântico (159)*, como o exemplo da máquina de estados ilustra. Entretanto, uma DSL pode fazer uma grande diferença, dado que facilita a manipulação de programas declarativos que preenchem o Modelo Semântico.

2.3 Problemas com DSLs

Já tendo falado sobre quando usar uma DSL, faz sentido que eu fale um pouco sobre quando não usá-las, ou, ao menos, sobre os problemas envolvidos em seu uso.

Fundamentalmente, a única razão para não usar uma DSL é se você não vê qualquer benefício de uma DSL se aplicar à sua situação – ou, ao menos, você não vê os benefícios valerem o custo de construir a DSL.

Mesmo quando as DSL são aplicáveis, elas vêm com problemas. De um modo geral, penso que esses problemas são superestimados hoje, normalmente porque as pessoas não conhecem o suficiente a construção de DSLs e seu ajuste no panorama mais amplo do desenvolvimento de software. Além disso, muitos problemas citados com as DSLs vêm da mesma confusão entre uma DSL e seu modelo, que afeta muitos benefícios citados das DSLs.

Diversos problemas com DSLs são específicos a um dos estilos de DSLs, e, para entender essas questões, você precisa ter um entendimento mais profundo de como essas DSLs são implementadas. Como consequência, deixarei a discussão desses problemas para mais tarde; por enquanto, apresentarei apenas os problemas mais amplos relacionados àquilo que já discutimos.

2.3.1 Cacofonia de linguagem

A objeção mais comum que ouço sobre DSLs é o que chamo de o **problema da cacofonia de linguagem**: a preocupação de que linguagens são difíceis de serem aprendidas; desta forma, usar muitas linguagens será muito mais complicado que usar apenas uma. Ter de conhecer múltiplas linguagens dificulta o trabalho no sistema e a introdução de novas pessoas ao projeto.

Quando as pessoas conversam sobre essa preocupação, elas costumam ter algumas crenças equivocadas. A primeira delas é que, frequentemente, se confunde o esforço de aprender uma DSL com o esforço de aprender uma linguagem de propósito geral. DSLs são muito mais simples que uma linguagem de propósito geral e, logo, muito mais fáceis de aprender.

Muitos críticos entendem isso, mas mesmo assim argumentam contra as DSLs porque, mesmo que elas sejam relativamente fáceis de aprender, ter muitas DSLs torna mais difícil entender o que está acontecendo em um projeto. O entendimento errôneo aqui é esquecer que um projeto sempre terá áreas complicadas que são difíceis de entender. Mesmo que você não tenha DSLs, você em geral tem muitas abstrações que precisa entender em sua base de código. Normalmente, essas abstrações são capturadas por bibliotecas de forma que elas sejam tratáveis. Mesmo não tendo que aprender diversas DSLs, você ainda precisaria aprender diversas bibliotecas.

Então, a verdadeira questão em termos de custo é o quanto é mais difícil aprender uma DSL do que aprender o seu modelo subjacente. Eu argumentaria que o custo incremental de aprender a DSL é bastante pequeno comparado ao custo de entender o modelo. Na verdade, considerando que o propósito principal de uma DSL é facilitar o entendimento e a manipulação do modelo, uma DSL deve reduzir o custo de aprendizagem.

2.3.2 Custo de construção

Uma DSL pode representar um custo incremental pequeno em relação à sua biblioteca subjacente, mas, mesmo assim, é um custo. Ainda existe código a ser escrito e, acima de tudo, a ser mantido. Logo, assim como qualquer código, ela precisa carregar seu peso. Nem toda biblioteca se beneficia de ter uma DSL como invólucro sobre ela. Se uma API comando-consulta realiza bem o trabalho, não existem vantagens em adicionar outra API sobre ela. Mesmo que uma DSL possa ajudar, algumas vezes seria muito dispendioso para construí-la e mantê-la por um benefício mínimo.

A manutenção de uma DSL é um fator importante. Mesmo uma DSL interna simples pode causar problemas se a maioria da equipe de desenvolvimento achá-la difícil de entender. As DSLs externas, especialmente, adicionam muitas partes móveis ao processo, com analisadores sintáticos que muitas vezes são intimidadores para os desenvolvedores.

Uma das coisas que inflam o custo de adicionar uma DSL é que as pessoas não estão acostumadas a projetá-la. Existem novas técnicas a serem aprendidas. Mesmo não devendo ignorar esses custos, você deve lembrar que os custos da curva de aprendizado podem ser amortizados nas diversas vezes em que você usar a DSL no futuro.

Além disso, lembre-se de que o custo de uma DSL é o custo sobre o custo de construir o modelo. Qualquer área complicada precisa de algum mecanismo para gerenciar sua complexidade, e, se é complicado o suficiente para uma DSL ser considerada, ela é quase certamente complicada o suficiente para se beneficiar de um modelo. Uma DSL pode ajudar você a pensar sobre o modelo e a reduzir o custo de construí-lo.

Isso leva à questão relacionada – que encorajar o uso de DSLs levará à construção de muitas DSLs ruins. De fato, espero que muitas DSLs ruins sejam criadas, assim como existe uma plenitude de bibliotecas com APIs comando-consulta ruins. A questão é se uma DSL piorará as coisas. Uma boa DSL pode envolver uma biblioteca ruim e torná-la mais fácil de ser usada (apesar de que eu a consertaria se pudesse). Uma DSL ruim é uma perda de recursos em sua construção e manutenção, mas isso pode ser dito de qualquer código ruim.

2.3.3 Linguagem de gueto

O problema da linguagem de gueto contrasta com o problema da cacofonia de linguagem. Aqui, temos uma empresa que construiu diversos de seus sistemas em uma linguagem desenvolvida por ela mesma, que não é usada em outro lugar. Isso torna mais difícil para a companhia encontrar novos funcionários e manter-se atualizada com as mudanças tecnológicas.

Ao analisar esse argumento, inicio apontando o fato de que, se você está escrevendo o sistema inteiro em uma linguagem, significa que ela não é uma DSL (ao menos pela minha definição), mas sim uma linguagem de propósito geral. Apesar de você poder usar muitas das técnicas de DSL para construir linguagens de propósito geral, eu sugiro veementemente que você não o faça. Construir e manter uma linguagem de propósito geral é um grande empreendimento que lhe condena a trabalhar muito e a viver em um gueto. Não faça isso.

Acho que existem algumas questões reais relacionadas ao problema da linguagem de gueto. A primeira delas é que sempre há o perigo de uma DSL acidentalmente evoluir para uma linguagem de propósito geral. Você pega sua DSL e, de forma gradual, adiciona novos recursos; hoje adiciona expressões condicionais, outro dia adiciona laços de repetição, e, opa! – você tem uma linguagem Turing-completa.

A única defesa é estar realmente prevenido contra isso. Certifique-se de que você tem um senso claro acerca de o quanto o problema que sua DSL é restrito. Questione qualquer recurso novo que pareça estar de fora do escopo dessa missão. Se você precisar fazer mais, considere usar mais de uma linguagem e combiná-las, em vez de deixar que uma DSL cresça demasiadamente.

O mesmo problema pode afetar frameworks. Uma boa biblioteca tem um senso claro de propósito. Se sua biblioteca de definição de preços de produtos inclui uma implementação do protocolo HTTP, você está sofrendo, essencialmente, da mesma falha em separar os interesses de modo claro.

A segunda questão é construir você mesmo quando deveria estar usando o que outros fizeram. Isso se aplica tanto a bibliotecas quanto a DSLs. Por exemplo, há poucos motivos agora para construir seu próprio sistema de mapeamento objeto-relacional. Minha regra com software é: se não for o seu negócio, não escreva você mesmo – sempre procure para ver se pode usar software de terceiros. Com o crescimento das ferramentas de código aberto, em geral faz sentido trabalhar ampliando um esforço de código aberto do que escrever seu próprio código do zero.

2.3.4 Abstração restrita

Uma DSL fornece uma abstração que pode ser usada para se pensar acerca de uma área de conhecimento qualquer. Tal abstração é realmente valiosa, pois lhe permite expressar o comportamento de um domínio de um modo muito mais fácil do que se você pensasse em termos de construções de nível mais baixo.

Entretanto, qualquer abstração, seja ela uma DSL ou um modelo, sempre carrega um perigo – o de colocar restrições em seu pensamento. Com uma abstração restrita, você despende mais esforços em fazer o mundo se encaixar em sua abstração do que o contrário. Você vê isso quando chega em algo que não se encaixa com a abstração – e perde tempo tentando fazer ele se encaixar, em vez de modificar a abstração para que ela absorva mais facilmente o novo comportamento. A restrição tende a ocorrer quando você se sente confortável com uma abstração e sente que ela está adormecida – nesse ponto, é natural estar preocupado com a possibilidade de ressuscitá-la.

Abstrações restritas são um problema com qualquer abstração, não apenas com DSLs, mas há a preocupação de que uma DSL pode piorá-las. Dado que uma DSL fornece uma maneira mais confortável de manipular uma abstração, ela pode torná-lo mais relutante a modificá-la. Esse problema pode ser agravado quando você estiver usando a DSL com especialistas em domínio, os quais costumam ficar ainda mais relutantes em mudar uma abstração uma vez que já tenham se acostumado a ela.

Assim como com qualquer outra abstração, você sempre deve olhar para uma DSL como algo que está evoluindo, algo inacabado.

2.4 Processamento de linguagem de uma maneira mais ampla

Este livro trata de linguagens específicas de domínio, mas, também de técnica para processamento de linguagens. Os dois assuntos se sobrepõem, pois 90% do uso de técnicas de processamento de linguagens em uma equipe média de desenvolvimento são para DSLs. Contudo, essas técnicas podem ser usadas para algumas outras coisas também, e eu seria negligente se não discutisse algumas delas.

Encontrei um excelente exemplo para esse assunto quando estava visitando uma equipe de projeto da ThoughtWorks. Eles tinham a tarefa de se comunicar com um sistema de terceiros pelo envio de mensagens cujo cerne foi definido a partir de trechos de código em COBOL (chamados de livros de cópia – *copybooks*). Os livros de cópia COBOL são um formato de estruturas de dados para registros. Existiam muitos deles, então meu colega Brian Egge decidiu construir um analisador sintático para a sintaxe do subconjunto de livros de cópia de COBOL que estava sendo usado e gerar classes Java para servirem de interface para esses registros. Uma vez que ele tivesse construído o analisador sintático, ele poderia fazer a interface com quantos livros de cópia precisasse; nenhuma parte do resto do código precisaria saber coisa alguma acerca de estruturas de dados COBOL, e qualquer mudança poderia ser tratada com uma simples regeneração. Seria muito ruim chamar os livros de cópia COBOL de DSL – mas as mesmas técnicas básicas que usamos para DSLs externas serviram nesse caso.

Então, apenas porque falo sobre essas técnicas no contexto de DSLs, não significa que você deva parar de aplicá-las em outros problemas. Uma vez que tenha entendido as ideias principais acerca do processamento de linguagens, existem muitas maneiras de usá-las.

2.5 O ciclo de vida das DSLs

Nesta parte inicial do livro, introduzi uma DSL primeiro descrevendo um framework e sua API comando-consulta, e então coloquei uma DSL como uma nova camada sobre essa API de forma a facilitar sua manipulação. Usei essa abordagem porque penso que é mais fácil entender DSLs dessa maneira, mas não é a única maneira de usar DSLs na prática.

Uma alternativa comum é definir primeiro a DSL. Desse modo, você começa com alguns cenários e escreve esses cenários da maneira como gostaria que a DSL se parecesse. Se a linguagem é parte da funcionalidade do domínio, é bom fazer isso com um especialista em domínio – esse é um bom primeiro passo para usar a DSL como um meio de comunicação.

Algumas pessoas gostam de começar com sentenças que esperariam que fossem sintaticamente corretas. Isso significa que, para uma DSL interna, elas se manteriam fiéis à sintaxe da linguagem hospedeira. Para uma DSL externa, elas escreveriam sentenças que acreditassem que pudessem ser analisadas sintaticamente. Outras são mais informais no início e, então, dão uma segunda passada pela DSL para fazê-la chegar próxima a uma sintaxe razoável.

Então, para fazer a máquina de estados nesse caso, você sentaria com algumas pessoas que entendessem as necessidades dos clientes. Obteria um conjunto de comportamentos de exemplo do controlador, seja baseado naquilo que as pessoas queriam no passado, seja em algo que você acredita ser o desejo das pessoas. Você tentaria escrever cada um desses exemplos em alguma forma de DSL. À medida que trabalha a partir desses vários casos, você modificaria a DSL para oferecer suporte a novos recursos. No final desse exercício, teria trabalhado com um conjunto razoável de casos de exemplos e teria uma descrição de uma pseudoDSL para cada um deles.

Se estiver usando uma bancada de linguagem, precisará fazer esse estágio fora da bancada, usando um editor de texto plano, algum software comum para desenho, ou papel e caneta.

Uma vez que você tenha obtido um conjunto representativo de pseudo-DSLs, pode iniciar sua implementação. Implementar aqui envolve projetar o modelo da máquina de estados na máquina-alvo, a API comando-consulta para o modelo, a sintaxe concreta da DSL e a tradução entre a DSL e a API comando-consulta. As pessoas fazem isso de diferentes maneiras. Algumas podem gostar de fazer pequenas porções de cada vez ao longo de todos esses elementos: construir um pouco do modelo, adicionar a DSL para tal parte do modelo e criar casos de testes para essa porção. Outras podem preferir construir e testar o framework primeiro, e então criar uma camada com a DSL sobre ele. Outras ainda podem querer ter a DSL primeiro, construir a biblioteca, e então unir as duas coisas. Como sou adepto do uso de incrementos, prefiro usar fatias finas de funcionalidades do início ao fim; portanto, uso a primeira abordagem.

Então, eu poderia começar com o caso mais simples que visse. Programaria uma biblioteca que oferecesse suporte para esse caso, usando desenvolvimento dirigido por testes. Em seguida, pegaria a DSL e implementaria tal caso, testando-a junto com o framework que eu teria construído. Ficaria feliz em fazer algumas mudanças na DSL para facilitar a sua construção, apesar de que eu discutiria primeiro com o especialista em domínio para garantir que ainda compartilhamos um meio de comunicação comum. Uma vez que eu tivesse um controlador funcionando, pegaria o próximo. Desenvolveria o framework e os testes primeiro e, então, desenvolveria a DSL.

Isso não significa que a rota de desenvolver primeiro os modelos seja ruim; na verdade ela é, em geral, uma escolha excelente. Normalmente é usada quando você não está pensando, a princípio, em usar uma DSL, ou não tem certeza se precisará de uma. Você, então, constrói o framework, trabalha com ele um pouco e decide que uma DSL seria uma adição útil. Nesse caso, você pode ter um modelo de máquina de estados que está funcionando e está sendo usado por muitos clientes. Logo, percebe que adicionar novos clientes é mais difícil do que gostaria e decide tentar uma DSL.

Aqui estão algumas abordagens que você pode usar para desenvolver uma DSL em cima de um modelo. Uma abordagem dirigida por linguagem constrói lentamente uma DSL sobre um modelo, tratando o modelo, em sua maioria, como uma caixa-preta. Começaríamos olhando todos os controladores que temos hoje e rascunharíamos um código pseudoDSL para cada um deles. Então, implementaríamos a DSL cenário por cenário, de maneira parecida com o primeiro caso. Normalmente não queremos fazer mudanças profundas no modelo, apesar de eu gostar de adicionar métodos ao modelo para ajudar a fornecer suporte à DSL.

Com uma abordagem dirigida pelo modelo, primeiro adicionaríamos métodos fluentes a ele, para torná-lo mais fácil de ser configurado, e então gradualmente os converteríamos para uma DSL. Essa abordagem é mais orientada em direção às DSLs internas; você pode pensar nisso como uma pesada refatoração do modelo para derivar a DSL interna. Um aspecto atrativo da abordagem dirigida pelo modelo é o fato de ela ser bastante gradual, logo ela não acarreta um custo significativo para construir a DSL.

Há muitos casos, é claro, nos quais você nem sabe que tem um framework. Você poderia ter construído diversos controladores e apenas então ter percebido que existe muita funcionalidade em comum. Eu refatoraria o sistema para criar uma separação entre o modelo e o código de configuração. Essa separação é o passo vital. Embora pudesse ter uma DSL em mente enquanto fizesse isso, estaria mais inclinado a fazer primeiro a separação, e posteriormente colocaria a DSL sobre o modelo.

Já que estou aqui, devo enfatizar algo que gostaria de não precisar fazer. Certifique-se de que todos os seus scripts DSL estejam sob alguma forma de sistema de controle de versões. Um script DSL torna-se parte de seu código e, dessa forma, deve estar sob controle de versões assim como todo o resto. Um ponto muito positivo em relação às DSLs textuais é que elas são facilmente usadas em conjunto com os sistemas de controle de versões, permitindo que você acompanhe um registro claro das mudanças do comportamento de seu sistema.

2.6 O que é um bom projeto de DSL?

Enquanto as pessoas revisavam este livro, sempre pediam dicas de como criar um bom projeto para a linguagem. Afinal, o projeto de linguagens é complicado e queremos evitar a proliferação de linguagens ruins. Adoraria ter bons conselhos para compartilhar, mas confesso que não tenho uma ideia clara em mente.

O objetivo geral de uma DSL, assim como de qualquer outra escrita, é a clareza para o leitor. Você quer que seu leitor típico, que pode ser um programador ou um especialista em domínio, seja capaz de entender o que as sentenças escritas na DSL significam o mais rápida e claramente possível. Embora não ache que possa dizer muito sobre como fazer isso, penso que é válido manter esse objetivo em mente enquanto você trabalha.

Geralmente sou fã de projetos interativos, e essa não é uma exceção. Coloque suas ideias à prova em um público-alvo. Esteja preparado para fornecer múltiplas alternativas e veja como as pessoas reagem. Obter uma boa linguagem envolverá testar e rejeitar muitos passos equivocados. Não se preocupe sobre ter seguido direções erradas; quanto mais dessas você seguir e corrigir, mais provável é que encontre um bom caminho.

Não tenha medo de usar o jargão do domínio na DSL e em seu *Modelo Semântico (159)*. Se os usuários da DSL conhecem o jargão, então o verão na DSL. O jargão está lá para aprimorar a comunicação dentro de um domínio, mesmo que ele pareça sem nexo para as pessoas de fora.

Usufrua das vantagens das convenções comuns em sua vida no dia a dia. Se todo mundo usa Java ou C#, então use "//" para seus comentários e "{" e "}" para qualquer estrutura hierárquica.

Uma área na qual acho que você precisa ter cuidado especial é a seguinte: não tente fazer a DSL ser lida tal como uma linguagem natural. Já existiram diversas tentativas de fazer isso com linguagens de propósito geral, sendo Applescript o exemplo mais óbvio. O problema é que tais tentativas levam a um monte de "açúcar sintático" que complica o entendimento da semântica. Lembre-se de que uma DSL é uma linguagem de programação, então, ao usá-la, deve-se sentir que se está usando uma linguagem de programação, com uma maior concisão e precisão que a programação possui comparada a uma linguagem natural. Tentar fazer uma linguagem de programação se parecer com uma linguagem natural coloca sua cabeça no contexto errado; quando está manipulando um programa, você deve sempre lembrar que está em um ambiente de linguagem de programação.

Capítulo 3

Implementando DSLs

Neste ponto, você deve ter uma boa noção do que é uma DSL e por que você pode estar interessado em usar uma delas. Agora é a hora de aprender técnicas das quais você precisará para iniciar a construir uma DSL. Apesar de muitas dessas técnicas variarem entre DSLs internas e externas, existem também muitos pontos em comum entre elas. Neste capítulo, me concentrarei nas questões mais comuns para DSLs internas e externas, movendo-me para questões mais específicas no capítulo seguinte. Também ignorarei as bancadas de linguagem no momento; voltarei a elas bem mais tarde.

3.1 Arquitetura do processamento de DSL

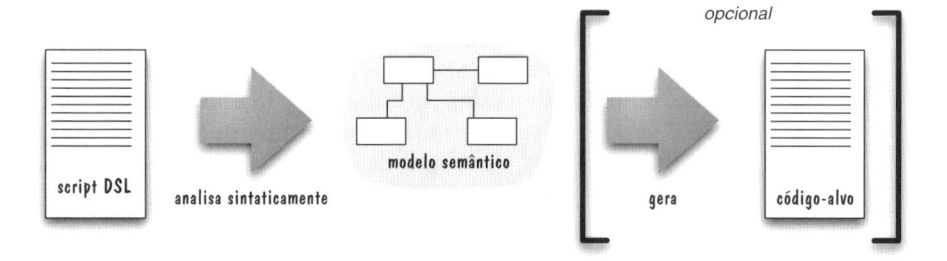

Figura 3.1   *A arquitetura geral do processamento de DSL que normalmente prefiro.*

Talvez uma das coisas mais importantes para falarmos a respeito seja a estrutura geral de como as implementações de DSL funcionam – o que eu devo chamar de arquitetura de um sistema DSL.

No momento, você já deve ter cansado de me ouvir dizer que uma DSL é uma fina camada sobre um modelo. Quando me refiro a um modelo nesse contexto, chamo-o de padrão de *Modelo Semântico (159)*. A ideia básica por trás desse padrão é que todo o comportamento semântico importante é capturado em um modelo, e o papel da DSL é preencher esse modelo a partir de um passo de análise sintática. Isso significa que o Modelo Semântico desempenha um papel central em como penso sobre DSLs – de fato, quase todo este livro assume que você está usando um. (Falarei sobre alternativas aos Modelos Semânticos no final desta seção, quando terei contexto suficiente para discuti-las.)

Considerando que sou um aficionado por OO, naturalmente assumo que um Modelo Semântico é um modelo de objetos. Gosto de modelos de objetos ricos que combinam dados e processamento. Mas um Modelo Semântico não precisa ser desse jeito; pode ser apenas uma estrutura de dados. Embora quase sempre eu prefira ter objetos apropriados se possível, é melhor usar uma forma de modelo de dados do Modelo Semântico do que não usar modelo algum. Então, apesar de estar assumindo objetos comportamentais apropriados na discussão deste livro, lembre-se de que estruturas de dados são uma opção que você também pode ver.

Muitos sistemas usam um Modelo de Domínio [Fowler PoEAA] para capturar o comportamento principal de um sistema de software. Frequentemente, uma DSL preenche uma porção significativa de um Modelo de Domínio. Gosto de diferenciar as noções de Modelo de Domínio e de Modelo Semântico. O Modelo Semântico de uma DSL em geral é um subconjunto do Modelo de Domínio da aplicação, e nem todas as partes do Modelo de Domínio são mais bem tratadas por meio de uma DSL. Além disso, as DSLs podem ser usadas para outras tarefas além de preencher um Modelo de Domínio, mesmo que exista um presente.

O Modelo Semântico é um modelo de objetos completamente normal, que pode ser manipulado da mesma maneira que qualquer outro modelo de objetos que você tenha. No exemplo de estados, podemos preencher a máquina de estados usando uma API comando-consulta do modelo de estados, e então executá-la para obter nosso comportamento de estado. De certa forma, ele é independente da DSL, apesar de, na prática, serem irmãos próximos.

(Se você possui experiência em compiladores, pode estar se perguntando se o Modelo Semântico é o mesmo que uma árvore sintática abstrata. A resposta curta é que é uma noção diferente; explorarei mais isso em "O funcionamento de um analisador sintático", p. 47.)

Manter um Modelo Semântico separado da DSL possui diversas vantagens. O benefício primário é que você pode pensar sobre a semântica desse domínio sem se confundir com a sintaxe ou com o analisador sintático da DSL. Se estiver de fato usando uma DSL, normalmente é porque você está representando algo bastante complexo, dado que, de outra forma, não a estaria usando. Uma vez que você esteja representando algo um tanto complexo, isso é o suficiente para merecer seu próprio modelo.

Em especial, isso lhe permite testar o Modelo Semântico criando objetos no modelo e manipulando-os diretamente. Posso criar um punhado de estados e de transições e testar para ver se os eventos e os comandos são executados, sem ter de lidar com nada acerca da análise sintática. Se ocorrerem problemas em relação a como a máquina de estados é executada, posso isolar o problema no modelo sem ter de entender como a análise sintática funciona.

Um Modelo Semântico explícito permite oferecer suporte para que múltiplas DSLs o preencham. Você pode iniciar com uma DSL interna simples e posteriormente adicionar uma DSL externa como uma versão alternativa mais fácil de ser lida. Já que há scripts e usuários existentes, você pode querer manter a DSL interna existente e oferecer suporte a ambas. Dado que ambas as DSLs podem ser analisadas sintaticamente no mesmo Modelo Semântico, isso não é difícil e também ajuda a evitar qualquer duplicação entre as linguagens.

Indo mais direto ao ponto, ter um Modelo Semântico separado permite que você desenvolva o modelo e a linguagem separadamente. Se quero mudar o modelo, posso explorá-lo sem modificar a DSL, adicionando as construções necessárias à DSL quando o modelo estiver funcionando. Ou posso experimentar novas sintaxes para a DSL e apenas verificar se elas criam os mesmos objetos no modelo. Posso comparar as duas sintaxes contrapondo como elas preenchem o Modelo Semântico.

De muitas maneiras, essa separação do Modelo Semântico e da sintaxe da DSL espelha a separação do modelo de domínio e a apresentação que vemos no projeto de software empresarial. De fato, algumas vezes penso em uma DSL como uma outra forma de interface com o usuário.

A comparação entre DSLs e apresentações também sugere limitações. A DSL e o Modelo Semântico ainda estão conectados. Se eu adicionar novas construções à DSL, preciso garantir que elas sejam suportadas no Modelo Semântico, o que frequentemente significa modificar os dois ao mesmo tempo. Entretanto, a separação significa que posso pensar sobre questões semânticas separadamente de questões de análise sintática, o que simplifica a tarefa.

A diferença entre DSLs internas e externas reside no passo de análise sintática – tanto em relação ao que é analisado sintaticamente, quanto como a análise sintática ocorre. Ambos os estilos de DSL produzirão o mesmo tipo de Modelo Semântico, e, como dito anteriormente, não existe uma razão para não se ter um único Modelo Semântico preenchido tanto pelas DSLs internas quanto externas. De fato, isso é exatamente o que fiz quando estava programando o exemplo da máquina de estados, no qual eu possuía diversas DSLs que preenchiam um único Modelo Semântico.

Com uma DSL externa, existe uma separação muito clara entre os scripts DSL, o analisador sintático e o Modelo Semântico. Os scripts DSL são escritos em uma linguagem claramente separada; o analisador sintático lê esses scripts e preenche o Modelo Semântico. Com uma DSL interna, é mais fácil as coisas se complicarem e se misturarem. Defendo que se deve ter uma camada explícita de objetos (*Construtor de Expressões (343)*), cujo trabalho é fornecer as interfaces fluentes necessárias para agirem como a linguagem. Os scripts DSL são, então, executados chamando métodos em um Construtor de Expressão que preenche o Modelo Semântico. Logo, em uma DSL interna, a análise sintática dos scripts DSL é feita por uma combinação do analisador sintático da linguagem hospedeira e dos Construtores de Expressão.

Isso levanta mais uma questão interessante – pode parecer um tanto estranho para você usar a expressão "análise sintática" no contexto de uma DSL interna. Confesso que não é algo que eu também esteja confortável em usar. Descobri, no entanto, que pensar em paralelos entre o processamento de DSLs internas e externas é um ponto de vista útil. Com a análise sintática tradicional, você obtém um fluxo de texto, organiza esse texto em uma árvore de análise sintática e então processa essa árvore de análise sintática para produzir uma saída útil. Na análise sintática de uma DSL interna, sua chamada é uma série de chamadas a funções. Você ainda as organiza em uma hierarquia (normalmente implícita na pilha) de forma a produzir uma saída útil.

Outro fator no uso da expressão "análise sintática" aqui é que diversos casos não envolvem o tratamento direto de textos. Em uma DSL interna, o analisador sintático da linguagem hospedeira manipula o texto, e o processador DSL trata construções de linguagem adicionais. O mesmo ocorre com DSLs baseadas em XML: o analisador sintático XML traduz o texto em elementos XML, e o processador DSL trabalha sobre eles.

Neste ponto, vale a pena revisar a distinção entre DSLs internas e externas. Aquela que usei anteriormente – seja ela escrita ou não na linguagem base de sua aplicação – em geral está certa, mas não em 100% das vezes. Um exemplo extremo é se sua aplicação principal é escrita em Java, mas você escreveu sua DSL em JRuby. Nesse caso, mesmo assim, eu classificaria a DSL como interna, dado que você usaria as técnicas da seção de DSLs internas deste livro.

A verdadeira distinção entre as duas é que as DSLs internas são escritas em uma linguagem executável e analisadas sintaticamente por meio da execução da DSL dentro dessa linguagem. Tanto em JRuby quanto em XML, uma DSL está embutida em uma sintaxe portadora, mas executamos o código JRuby e apenas lemos as estruturas de dados XML. Na maioria das vezes, uma DSL interna é feita na linguagem principal da aplicação, então essa definição é geralmente mais útil.

Uma vez que tenhamos um Modelo Semântico, precisamos então que o modelo faça o que queremos. No exemplo da máquina de estados, essa tarefa é controlar o sistema de segurança. Existem duas maneiras amplas pelas quais podemos fazer isso. A mais simples, e normalmente a melhor, é executar o próprio Modelo Semântico. O Modelo Semântico é código e, como tal, pode ser executado e fazer tudo o que ele precisar fazer.

Outra opção é usar geração de código. A geração de código significa que geramos um código que é compilado separadamente e executado. Em alguns círculos, a geração de código é vista como uma parte essencial das DSLs. Tenho visto apresentações sobre geração de código nas quais se assume que, para fazer qualquer DSL funcionar, você precisa gerar código. No raro evento em que vejo alguma pessoa falando ou escrevendo sobre *Geradores de Analisadores Sintáticos (269)*, ela inevitavelmente fala sobre geração de código. No entanto, as DSLs não possuem qualquer necessidade inerente de geração de código. Muitas das vezes, o melhor a ser feito é simplesmente executar o Modelo Semântico.

O argumento mais forte relacionado à geração de código é quando existe uma diferença entre onde você quer executar o modelo e onde você quer analisar a DSL sintaticamente. Um bom exemplo disso é executar código em um ambiente que possua escolhas de linguagem limitadas, como em hardware limitado ou dentro de uma base de dados relacional. Você não quer rodar um analisador sintático em uma torradeira ou em SQL, então você implementa o analisador sintático e o Modelo Semântico em uma linguagem mais adequada e gera C ou SQL. Uma situação relacionada é quando você possui dependências de bibliotecas específicas em seu analisador sintático que você não quer no ambiente de produção. Essa situação é particularmente comum se você está usando uma ferramenta complexa para a sua DSL, que é o motivo pelo qual as bancadas de linguagem tendem a gerar código.

Nessas situações, ainda é útil ter um Modelo Semântico em seu ambiente de análise sintática que possa ser executado sem gerar código. Rodar o Modelo Semântico permite que você experimente a execução da DSL sem ter de entender simultaneamente como funciona a geração de código. Você pode testar a análise sintática e semântica sem gerar código, o que frequentemente o ajudará a executar testes mais rapidamente e a isolar problemas. Você pode fazer validações no Modelo Semântico que podem capturar erros antes de gerar código.

Outro argumento a favor da geração de código, mesmo em um ambiente no qual você poderia interpretar com facilidade o Modelo Semântico diretamente, é que muitos desenvolvedores acham que o tipo de lógica em um Modelo Semântico rico é difícil de ser entendido. Gerar código a partir do Modelo Semântico torna tudo mais explícito e menos parecido com "mágica". Essa pode ser uma questão crucial em uma equipe com desenvolvedores menos capacitados.

Mas a coisa mais importante a ser lembrada acerca da geração de código é que ela é uma parte *opcional* do mundo das DSLs. É uma daquelas coisas que são absolutamente essenciais se você precisa delas, mas que na maioria das vezes você não precisa. Penso na geração de código como sapatos para a neve: se estou caminhando em uma neve profunda no inverno, eu realmente preciso deles, mas nunca preciso carregá-los em um dia de verão.

Com a geração de código, vemos outro benefício de usar um Modelo Semântico: ele dissocia os geradores de código do analisador sintático. Posso escrever um gerador de código sem ter de entender coisa alguma acerca do processo de análise sintática, e testá-lo independentemente também. Somente isso já é o suficiente para fazer o Modelo Semântico valer a pena. Além disso, caso eu precise, ele facilita o suporte a múltiplos alvos de geração de código.

3.2 O funcionamento de um analisador sintático

Então, as diferenças entre DSLs internas e externas residem inteiramente na análise sintática, e de fato existem muitas diferenças nos detalhes entre as duas. Mas há um monte de similaridades também.

Uma das similaridades mais importantes é que a análise sintática é uma operação fortemente hierárquica. Quando analisamos um texto sintaticamente, organizamos as porções em uma estrutura de árvore. Considere a estrutura simples de uma lista de eventos da máquina de estados. Na sintaxe externa, ela se parece com o seguinte:

```
events
   doorClosed D1CL
   drawerOpened D2OP
end
```

Podemos olhar essa estrutura composta como uma lista de eventos, com cada um dos eventos tendo um nome e um código.

Você pode obter uma visão similar na DSL interna em Ruby.

```
event :doorClosed "D1CL"
event :drawerOpened "D2OP"
```

Aqui não existe a noção explícita de uma lista geral, mas cada evento ainda é uma hierarquia: um evento contendo um nome simbólico e uma cadeia de caracteres contendo um código.

Sempre que você olhar para um script como esse, pode imaginar esse script como uma hierarquia; tal hierarquia é chamada de árvore sintática (ou árvore de análise sintática). Qualquer script pode ser convertido em muitas árvores sintáticas em potencial – só dependerá de como você decidir quebrá-lo. Uma árvore sintática é uma representação muito mais útil do script que palavras, dado que podemos manipulá-lo de diversas maneiras ao percorrermos a árvore.

Se estivermos usando um *Modelo Semântico (159)*, pegamos a árvore sintática e a convertemos para o Modelo Semântico. Se você ler materiais na comunidade de linguagens, frequentemente verá mais ênfase colocada na árvore sintática – as pessoas executam a árvore sintática diretamente ou geram código a partir dela. De um modo eficaz, as pessoas podem usar a árvore sintática como um modelo semântico. Na maioria das vezes, eu não faria isso, porque a árvore sintática é muito vinculada à sintaxe dos scripts da DSL, logo isso associa o processamento da DSL com sua sintaxe.

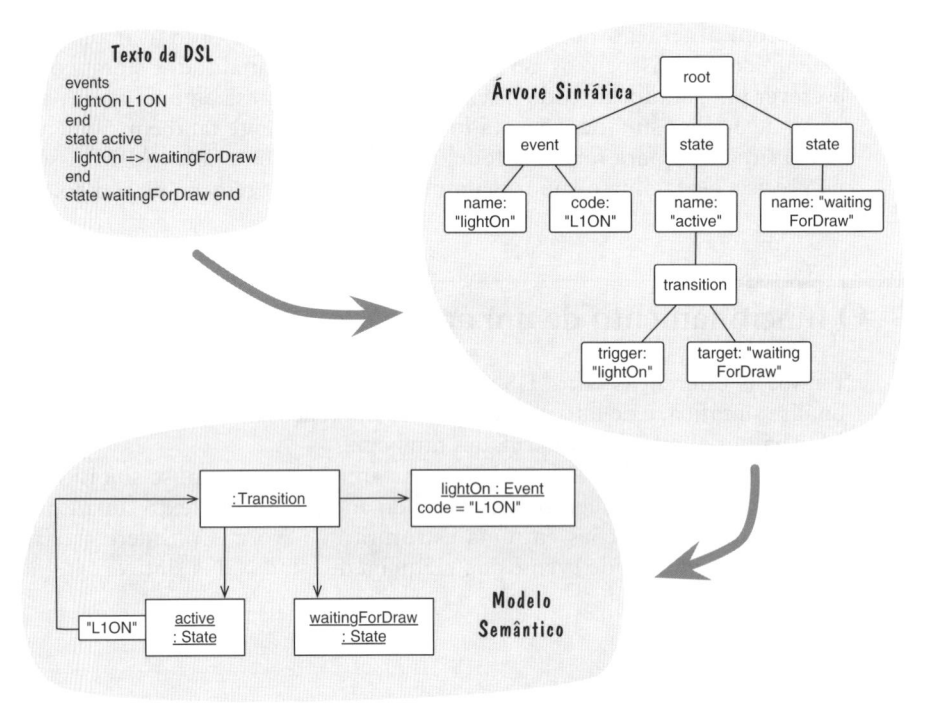

Figura 3.2 *Uma árvore sintática e um modelo semântico são normalmente diferentes representações de um script DSL.*

Tenho falado sobre a árvore sintática como se ela fosse uma estrutura de dados tangível em seu sistema, como a árvore DOM de XML. Algumas vezes ela é, mas frequentemente não é. Muitas vezes, a árvore sintática é formada na pilha de chamadas e processada enquanto ela é percorrida. Como resultado, você nunca vê a árvore completa, apenas o ramo que estiver processando atualmente (que é similar à maneira como o XML SAX trabalha). Apesar disso, é útil pensar em termos de uma árvore sintática fantasma oculta nas sombras da pilha de chamadas. Para uma DSL interna, essa árvore é formada pelos argumentos em uma chamada à função (*Função Aninhada (357)*) e por objetos aninhados (*Encadeamento de Métodos (373)*).

Algumas vezes, você não vê uma hierarquia forte e precisa simulá-la (*Sequência de Funções (351)* com a hierarquia simulada com *Variável de Contexto (175)*). A árvore sintática pode ser fantasmagórica, mas ainda assim é uma ferramenta mental útil. O uso de uma DSL externa leva a uma árvore sintática mais explícita; na verdade, algumas vezes você realmente cria uma estrutura de dados na forma de uma árvore sintática completa (*Construção de Árvore (281)*). Mas mesmo DSLs externas são comumente processadas com a formação e a remoção da árvore de análise sintática na pilha de chamadas. (Referenciei alguns padrões que ainda não descrevi. Você pode ignorá-los em sua primeira leitura, mas as referências serão úteis em leituras posteriores.)

3.3 Gramáticas, sintaxe e semântica

Quando você trabalha com a sintaxe de uma linguagem, uma ferramenta importante é sua gramática. Uma **gramática** é um conjunto de regras que descreve como um fluxo de texto transforma-se em uma árvore sintática. A maioria dos programadores já encontrou gramáticas em algum ponto de suas vidas, dado que elas são frequentemente usadas para descrever as linguagens de programação com as quais todos trabalhamos. Uma gramática é composta de uma lista de regras de produção, na qual cada regra possui um termo e uma sentença de como ela é quebrada. Então, uma gramática para uma sentença de adição se pareceria com `additionStatement:= number '+' number`. Ela nos diria que, se víssemos uma sentença de linguagem 5 + 3, o analisador sintático a reconheceria como uma sentença de adição. As regras mencionam umas às outras, então também teríamos uma regra que diria como reconheceríamos um número válido. Podemos compor uma gramática para uma linguagem com essas regras.

É importante entender que uma linguagem pode ter múltiplas gramáticas que a definem. Não existe algo como *a* gramática para uma linguagem. Uma gramática define a estrutura da árvore sintática que é gerada para a linguagem, e podemos reconhecer muitas estruturas de árvore diferentes para uma porção de texto em particular da linguagem. Uma gramática apenas define uma forma da árvore sintática; a gramática real e a árvore sintática que você escolherá dependerão de muitos fatores, incluindo os recursos da linguagem de gramática com que você estiver trabalhando e como você quer processar a árvore sintática.

A gramática também define apenas a sintaxe da linguagem – como ela é representada na árvore sintática. Ela não diz coisa alguma a respeito de sua semântica, ou seja, o que as expressões significam. Dependendo do contexto, 5 + 3 poderia significar 8 ou 53; a sintaxe é a mesma, mas a semântica pode ser diferente. Com um *Modelo Semântico (159)*, a definição da semântica resume-se a como preencheremos o Modelo Semântico a partir da árvore sintática e o que faremos com o Modelo Semântico. Em particular, podemos dizer que, se duas expressões produzem a mesma estrutura no Modelo Semântico, elas possuem a mesma semântica, mesmo que sua sintaxe seja diferente.

Se você está usando uma DSL externa, em particular se usar *Tradução Dirigida por Sintaxe (219)*, provavelmente precisará usar explicitamente uma gramática ao construir um analisador sintático. Com DSLs internas, não existirá uma gramática explícita, mas ainda é útil pensar em termos de uma gramática para sua DSL. Ela o ajuda a escolher quais dos vários padrões de DSL interna você pode usar.

Uma das coisas que tornam complicado falar em termos de uma gramática para DSLs internas é que existem duas passadas de análise sintática e, logo, duas gramáticas envolvidas. A primeira é a análise sintática da linguagem-alvo propriamente dita, que depende da gramática-alvo. Essa análise sintática cria as instruções executáveis para a linguagem-alvo. À medida que a parte DSL da linguagem-alvo executa, ela criará a árvore sintática fantasma da DSL na pilha de execução. É apenas na segunda passada de análise sintática que a gramática imaginária da DSL entra em jogo.

3.4 Analisando dados sintaticamente

À medida que o analisador sintático executa, ele precisa armazenar diversas porções de dados a respeito da análise sintática. Esses dados podem ser uma árvore sintática completa, mas muitas vezes não é o caso, e, mesmo quando é, existem outros dados que normalmente precisam ser armazenados para que a análise sintática funcione bem.

A análise sintática é inerentemente um percurso de árvore, e sempre que você estiver processando uma parte de um script DSL, terá alguma informação acerca do contexto dentro do ramo da árvore sintática que estiver processando. Entretanto, com frequência você precisa de informações que estão fora desse ramo. Mais uma vez, pegaremos um fragmento do exemplo da máquina de estados:

```
commands
  unlockDoor D1UL
end

state idle
  actions {unlockDoor}
end
```

Aqui vemos uma situação frequente: um comando é definido em uma parte da linguagem e referenciado em outra parte. Quando o comando é referenciado como parte da ação do estado, estamos em um ramo da árvore sintática diferente daquele em que o comando foi definido. Se a única representação da árvore sintática fosse a da pilha de chamadas, então a definição do comando já teria desaparecido. Como resultado, precisamos armazenar o objeto que representa o comando para uso posterior, de forma que possamos resolver a referência da cláusula de ação.

Para fazer isso, usamos uma *Tabela de Símbolos (165)*, que é essencialmente um dicionário cuja chave é o identificador unlockDoor (destrancar porta) e cujo valor é um objeto que representa o comando em nossa análise sintática. Quando processamos o texto unlockDoor D1UL, criamos um objeto para manter esses dados e o inserimos na Tabela de Símbolos com a chave unlockDoor. O objeto que inserimos pode ser o objeto do modelo semântico para um comando, ou pode ser um objeto

```
Texto da DSL
commands
    unlockDoor D1UL
end

state idle
    actions {unlockDoor}
end
```

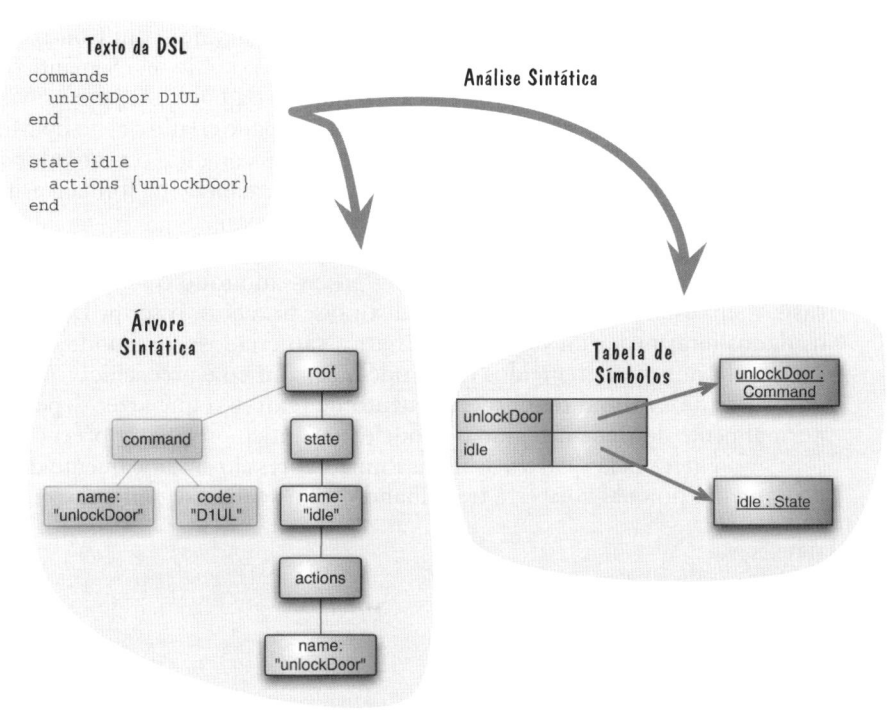

Figura 3.3 *A análise sintática cria tanto uma árvore de análise sintática quanto uma tabela de símbolos.*

intermediário que é local à árvore sintática. Posteriormente, quando processarmos actions{unlockDoor} (ações{destrancar porta}), buscamos esse objeto usando a Tabela de Símbolos para capturar a relação entre o estado e suas ações. Uma Tabela de Símbolos é então uma ferramenta crucial para fazer as referências cruzadas. Se você realmente criar uma árvore sintática completa durante a análise sintática, pode, em tese, dispensar o uso de uma Tabela de Símbolos, apesar de ainda ser uma construção útil que torna mais fácil manter as coisas unidas.

Neste ponto, terminarei esta seção discutindo um pouco outros padrões mais detalhados. Estou mencionando-os aqui porque eles são usados tanto nas DSLs internas quanto externas, então este é um bom local, mesmo que a maioria deste capítulo seja em um nível mais alto.

À medida que a análise sintática continua, você precisa acompanhar seus resultados. Algumas vezes, todos os resultados podem ser adicionados em uma Tabela de Símbolos; outras vezes, muitas informações podem ser armazenadas na pilha de chamadas; e outras vezes ainda, você precisará de estruturas de dados adicionais no analisador sintático. Em todos esses casos, a coisa mais óbvia a fazer é criar objetos do *Modelo Semântico (159)* como seu resultado; frequentemente, entretanto, você precisará criar objetos intermediários, porque você não pode criar objetos do Modelo Semântico até que esteja mais avançado no processo de análise sintática. Um exemplo comum de tal objeto intermediário é um *Construtor de Construções (179)*, que é um objeto que captura todos os dados para um objeto do Modelo Semântico. Isso é útil quando o objeto do Modelo Semântico possui dados no modo somente-leitura após a construção, mas você obtém os dados gradualmente para ele durante a análise sintática. Um Construtor de Construções possui os mesmos campos que o objeto do Modelo Semântico, mas os torna atributos de leitura e de escrita, o que lhe dá um lugar para armazenar os dados. Uma vez que você tenha todos os dados, pode criar o objeto do Modelo Semântico. O uso de um Construtor de Construções complica o analisador sintático, mas prefiro fazer isso que alterar o Modelo Semântico de forma a esquecer os benefícios de propriedades no modo somente-leitura.

Na verdade, algumas vezes você pode postergar toda a criação de objetos do Modelo Semântico até que tenha processado todo o script DSL. Nesse caso, a análise sintática possui fases distintas: primeiro, o script DSL é lido e os dados intermediários de análise sintática são criados; e, segundo, os dados intermediários são percorridos e o Modelo Semântico é preenchido. A escolha do quanto fazer durante o processamento de texto e o que fazer depois disso normalmente depende de como o Modelo Semântico precisa ser preenchido.

A maneira pela qual você analisa uma expressão sintaticamente depende do contexto no qual você está trabalhando. Considere o seguinte texto:

```
state idle
  actions {unlockDoor}
end

state unlockedPanel
  actions {lockDoor}
end
```

Quando processamos `actions {lockDoor}` (ações {trancar porta}), é importante saber o que é isso no contexto do estado `unlockedPanel` (painel destrancado) e não no estado ocioso (`idle`). Frequentemente, esse contexto é fornecido pela maneira como o analisador constrói e percorre a árvore sintática, mas existem muitos casos em que é difícil fazer isso. Se não pudermos encontrar o contexto examinando a árvore sintática, então uma boa maneira de lidar com isso é manter o contexto, nesse caso o estado atual, em uma variável. Chamo esse tipo de variável de *Variável de Contexto (175)*. Essa Variável de Contexto, tal como uma Tabela de Símbolos, pode manter um objeto do Modelo Semântico ou algum objeto intermediário.

Apesar de uma Variável de Contexto ser com frequência uma ferramenta que possa ser usada diretamente, em geral prefiro evitá-la tanto quanto possível. O código de análise sintática é mais fácil de ser seguido se você puder lê-lo sem ter de ficar acompanhando mentalmente as Variáveis de Contexto, assim como muitas variáveis mutáveis tornam o código procedural mais complicado de ser acompanhado. Certamente existem ocasiões nas quais você não pode evitar o uso de uma Variável de Contexto, mas tendo a vê-la como algo a ser evitado.

3.5 Macros

Macros (183) são ferramentas que podem ser usadas tanto com DSLs internas quanto externas. Elas eram amplamente usadas, mas são menos comuns hoje.

Na maioria dos contextos sugiro evitá-las, mas elas são úteis ocasionalmente, então preciso falar um pouco sobre como elas trabalham e quando você poderia usá-las.

Há dois tipos de macros: textuais e sintáticas. As macros textuais são as mais simples; elas lhe permitem substituir algum texto por outro. Um bom exemplo de onde elas podem ser úteis é na especificação de cores em um arquivo CSS. Em praticamente todos os casos, CSS nos força a especificar cores com códigos de cores, como #FFB595. Tal código não é muito significativo; o que é pior, se você usar a mesma cor em múltiplos lugares, é preciso repetir o código. Isso, assim como qualquer outra forma de duplicação, é algo ruim. Seria melhor dar um nome ao código que seja significativo em seu contexto, como MEDIUM_SHADE (sombra média), e definir em um único lugar que MEDIUM_SHADE é #FFB595.

Apesar de CSS não permitir que você faça isso (ao menos não atualmente), você pode usar um processador de macros para tratar tais situações. Apenas crie um arquivo que é seu arquivo CSS, mas com MEDIUM_SHADE onde você precisa de sua cor. O processador de macros faz então uma substituição de texto simples de MEDIUM_SHADE por #FFB595.

Essa é uma forma bastante simples de processamento de macros; formas mais elaboradas podem usar parâmetros. Um exemplo clássico é o pré-processador de C que pode definir uma macro para substituir sqr(x) por x * x.

As macros fornecem muitas oportunidades para a criação de DSLs, seja dentro de uma linguagem hospedeira (como o pré-processador C faz) ou como um arquivo independente transformado em uma linguagem hospedeira. A desvantagem é que as macros possuem diversos problemas incômodos que dificultam seu uso na prática. Como resultado disso, macros textuais caíram bastante em desuso, e a maioria das pessoas aconselha não usá-las.

Macros sintáticas também fazem substituições, mas funcionam em elementos sintaticamente válidos da linguagem hospedeira, transformando um tipo de expressão em outro. A linguagem mais famosa por seu uso pesado de macros sintáticas é Lisp, apesar de os *templates* de C++ serem um exemplo mais conhecido. O uso de macros sintáticas para DSLs é uma das técnicas principais para escrever DSLs internas em Lisp, mas você pode empregar macros sintáticas apenas em linguagens que ofereçam suporte a elas; logo, não falo muito sobre elas neste livro, dado que relativamente poucas linguagens oferecem suporte às macros.

3.6 Testando DSLs

Nas últimas décadas, tornei-me um tanto chato em relação aos testes de software. Sou um grande fã do desenvolvimento dirigido por testes [Beck TDD] e de técnicas similares que colocam os testes na linha de frente da programação. Como consequência, não posso pensar em DSLs sem pensar sobre como testá-las.

Com DSLs, posso dividir os testes em três áreas separadas: testar o *Modelo Semântico (159)*, testar o analisador sintático e testar os scripts.

3.6.1 Testando o Modelo Semântico

A primeira área em que penso em relação a testes é o *Modelo Semântico (159)*. Esses testes tratam de garantir que o Modelo Semântico se comporte da maneira esperada – quando, conforme o executo, as saídas corretas são geradas dependendo do que eu colocar no modelo. Essa é a prática padrão de testes, a mesma que você usaria com qualquer framework de objetos. Não preciso de uma DSL para isso – posso preencher o modelo usando a interface básica do modelo. Isso é bom, porque permite que eu teste o modelo independentemente da DSL e do analisador sintático.

Deixe-me ilustrar isso com o controlador do painel secreto. Aqui, meu Modelo Semântico é a máquina de estados. Posso testar o Modelo Semântico preenchendo-o com o código da API comando-consulta que usei no início da Introdução (p. 9), que não requer qualquer DSL.

```
@Test
public void event_causes_transition() {
  State idle = new State("idle");
  StateMachine machine = new StateMachine(idle);
  Event cause = new Event("cause", "EV01");
  State target = new State("target");
  idle.addTransition(cause, target);
  Controller controller = new Controller(machine, new CommandChannel());
  controller.handle("EV01");
  assertEquals(target, controller.getCurrentState());
}
```

O código acima demonstra que posso simplesmente testar o Modelo Semântico de maneira isolada. Entretanto, devo dizer que um código de testes real para esse caso seria mais elaborado e deveria ser mais bem fatorado.

Aqui estão algumas maneiras pelas quais esse tipo de código pode ser mais bem fatorado. Primeiro, podemos criar um punhado de pequenas máquinas de estados que fornecem recursos mínimos para testar vários recursos do Modelo Semântico. Para o disparo de uma transição por um evento, tudo o que precisamos é de uma máquina de estados simples com um estado ocioso e duas transições de saída para separar os estados.

```
class TransitionTester...
  State idle, a, b;
  Event trigger_a, trigger_b, unknown;

  protected StateMachine createMachine() {
    idle = new State("idle");
    StateMachine result = new StateMachine(idle);
    trigger_a = new Event("trigger_a", "TRGA");
    trigger_b = new Event("trigger_b", "TRGB");
    unknown = new Event("Unknown", "UNKN");
    a = new State("a");
    b = new State("b");
    idle.addTransition(trigger_a, a);
    idle.addTransition(trigger_b, b);
    return result;
  }
```

Quando desejamos testar comandos, entretanto, podemos simplesmente querer uma máquina menor, com apenas um único estado além do nosso estado ocioso.

```
class CommandTester...
  Command commenceEarthquake = new Command("Commence Earthquake", "EQST");
  State idle = new State("idle");
  State second = new State("second");
  Event trigger = new Event("trigger", "TGGR");

  protected StateMachine createMachine() {
    second.addAction(commenceEarthquake);
    idle.addTransition(trigger, second);
    return new StateMachine(idle);
  }
```

Esses diferentes testes podem ser executados, e sondados, de maneira similar. Posso facilitar ao dar a eles uma superclasse comum. A primeira coisa que essa classe fornece é a habilidade de configurar um recurso comum – no caso dessa inicialização, um controlador e um canal de comando com a máquina de estados fornecida.

```
class AbstractStateTesterLib...
  protected CommandChannel commandChannel = new CommandChannel();
  protected StateMachine machine;
  protected Controller controller;

  @Before
  public void setup() {
    machine = createMachine();
    controller = new Controller(machine, commandChannel);
  }
  abstract protected StateMachine createMachine();
```

Posso agora escrever testes disparando eventos no controlador e verificando o estado.

```
class TransitionTester...
  @Test
  public void event_causes_transition() {
    fire(trigger_a);
    assertCurrentState(a);
  }
  @Test
  public void event_without_transition_is_ignored() {
    fire(unknown);
    assertCurrentState(idle);
  }

class AbstractStateTesterLib...
  //-------- Métodos utilitários --------------------
  protected void fire(Event e) {
    controller.handle(e.getCode());
  }
  //------- Asserções Customizadas -------------------
  protected void assertCurrentState(State s) {
    assertEquals(s, controller.getCurrentState());
  }
```

A superclasse fornece *Métodos Utilitários de Testes* [Meszaros] e *Asserções Customizadas* [Meszaros] para facilitar a leitura dos testes.

Uma abordagem alternativa ao testar o Modelo Semântico é preencher um modelo maior que demonstre muitos recursos do modelo e executar múltiplos testes nele. Nesse caso, posso usar o controlador da senhorita Grant como contexto de teste.

```
class ModelTest...
  private Event doorClosed, drawerOpened, lightOn, doorOpened, panelClosed;
  private State activeState, waitingForLightState, unlockedPanelState,
            idle, waitingForDrawerState;
  private Command unlockPanelCmd, lockDoorCmd, lockPanelCmd, unlockDoorCmd;
  private CommandChannel channel = new CommandChannel();
  private Controller con;
  private StateMachine machine;

@Before
public void setup() {
  doorClosed = new Event("doorClosed", "D1CL");
  drawerOpened = new Event("drawerOpened", "D2OP");
  lightOn = new Event("lightOn", "L1ON");
  doorOpened = new Event("doorOpened", "D1OP");
  panelClosed = new Event("panelClosed", "PNCL");
  unlockPanelCmd = new Command("unlockPanel", "PNUL");
  lockPanelCmd = new Command("lockPanel", "PNLK");
  lockDoorCmd = new Command("lockDoor", "D1LK");
  unlockDoorCmd = new Command("unlockDoor", "D1UL");

  idle = new State("idle");
  activeState = new State("active");
  waitingForLightState = new State("waitingForLight");
  waitingForDrawerState = new State("waitingForDrawer");
  unlockedPanelState = new State("unlockedPanel");

  machine = new StateMachine(idle);

  idle.addTransition(doorClosed, activeState);
  idle.addAction(unlockDoorCmd);
  idle.addAction(lockPanelCmd);

  activeState.addTransition(drawerOpened, waitingForLightState);
  activeState.addTransition(lightOn, waitingForDrawerState);

  waitingForLightState.addTransition(lightOn, unlockedPanelState);
  waitingForDrawerState.addTransition(drawerOpened, unlockedPanelState);

  unlockedPanelState.addAction(unlockPanelCmd);
  unlockedPanelState.addAction(lockDoorCmd);
  unlockedPanelState.addTransition(panelClosed, idle);

  machine.addResetEvents(doorOpened);
  con = new Controller(machine, channel);
  channel.clearHistory();
}
```

```
@Test
public void event_causes_state_change() {
  fire(doorClosed);
  assertCurrentState(activeState);
}

@Test
public void ignore_event_if_no_transition() {
  fire(drawerOpened);
  assertCurrentState(idle);
}
```

Nesse caso, mais uma vez preencho o Modelo Semântico usando sua API comando-consulta. À medida que os contextos de teste tornam-se mais complexos, entretanto, posso simplificar o código de testes usando a DSL para criar contextos. Posso fazer isso se tenho testes para o analisador sintático.

3.6.2 Testando o analisador sintático

Quando estamos usando um *Modelo Semântico (159)*, o trabalho do analisador sintático é preencher o Modelo Semântico. Então, nossos testes do analisador sintático tratam de escrever pequenos fragmentos de DSL e garantir que ele crie as estruturas corretas no Modelo Semântico.

```
@Test
public void loads_states_with_transition() {
  String code =
    "events trigger TGGR end " +
    "state idle " +
    "trigger => target " +
    "end " +
    "state target end ";
  StateMachine actual = StateMachineLoader.loadString(code);

  State idle = actual.getState("idle");
  State target = actual.getState("target");
  assertTrue(idle.hasTransition("TGGR"));
  assertEquals(idle.targetState("TGGR"), target);
}
```

Ficar cutucando o Modelo Semântico dessa forma é um tanto incômodo e pode resultar na quebra do encapsulamento dos objetos no Modelo Semântico. Logo, outra maneira de testar a saída do analisador sintático é definir métodos para comparar Modelos Semânticos e usá-los.

```
@Test
public void loads_states_with_transition_using_compare() {
  String code =
    "events trigger TGGR end " +
    "state idle " +
    "trigger => target " +
    "end " +
    "state target end ";
  StateMachine actual = StateMachineLoader.loadString(code);

  State idle = new State("idle");
  State target = new State("target");
  Event trigger = new Event("trigger", "TGGR");
  idle.addTransition(trigger, target);
  StateMachine expected = new StateMachine(idle);

  assertEquivalentMachines(expected, actual);
}
```

Verificar se estruturas complexas são equivalentes é mais complicado do que as noções geralmente usadas para igualdade sugerem. Também precisamos de mais informações do que apenas uma resposta booleana, dado que queremos saber o que é diferente entre os objetos. Assim, tenho uma comparação que usa uma *Notificação (193)*.

```
class StateMachine...
  public Notification probeEquivalence(StateMachine other) {
    Notification result = new Notification();
    probeEquivalence(other, result);
    return result;
  }

  private void probeEquivalence(StateMachine other, Notification note) {
    for (State s : getStates()) {
      State otherState = other.getState(s.getName());
      if (null == otherState) note.error("missing state: %s", s.getName()) ;
      else s.probeEquivalence(otherState, note);
    }
    for (State s : other.getStates())
      if (null == getState(s.getName())) note.error("extra state: %s", s.getName());
    for (Event e : getResetEvents()) {
      if (!other.getResetEvents().contains(e))
        note.error("missing reset event: %s", e.getName());
    }
    for (Event e : other.getResetEvents()) {
      if (!getResetEvents().contains(e))
        note.error("extra reset event: %s", e.getName());
    }
  }
```

```
class State...
  void probeEquivalence(State other, Notification note) {
    assert name.equals(other.name);
    probeEquivalentTransitions(other, note);
    probeEquivalentActions(other, note);
  }

  private void probeEquivalentActions(State other, Notification note) {
    if (!actions.equals(other.actions))
      note.error("%s has different actions %s vs %s", name, actions, other.actions);
  }

  private void probeEquivalentTransitions(State other, Notification note) {
    for (Transition t : transitions.values())
      t.probeEquivalent(other.transitions.get(t.getEventCode()), note);
    for (Transition t : other.transitions.values())
      if (!this.transitions.containsKey(t.getEventCode()))
        note.error("%s has extra transition with %s", name, t.getTrigger());
  }
```

A abordagem desse sondador é percorrer os objetos no Modelo Semântico e gravar quaisquer diferenças em uma Notificação. Dessa maneira, posso encontrar todas as diferenças em vez de parar no primeiro erro. Minha asserção, então, apenas verifica se a Notificação possui algum erro.

```
class AntlrLoaderTest...
  private void assertEquivalentMachines(StateMachine left, StateMachine right) {
    assertNotificationOk(left.probeEquivalence(right));
    assertNotificationOk(right.probeEquivalence(left));
  }

  private void assertNotificationOk(Notification n) {
    assertTrue(n.report(), n.isOk());
  }
class Notification...
  public boolean isOk() {return errors.isEmpty();}
```

Você pode pensar que estou sendo paranoico realizando a asserção de equivalência em ambas as direções, mas normalmente o código *está* me perseguindo.

Entradas de teste inválidas

Os testes que acabei de discutir são testes positivos, pois garantem que uma entrada de DSL válida crie as estruturas corretas no *Modelo Semântico (159)*. Outra categoria de testes são os testes negativos, que examinam o que pode acontecer se eu submeter uma entrada de DSL inválida. Esse assunto entra na área de tratamento de exceções e diagnósticos, que está fora do escopo deste livro, mas não deixarei que isso me impeça de mencionar entradas de teste inválidas aqui.

A ideia dos testes com entradas inválidas é lançar diferentes tipos de entradas inválidas no analisador sintático. É interessante ver o que acontece da primeira vez que você executa um desses testes. Frequentemente você obtém um erro obscuro e violento. Dependendo da quantidade de suporte a diagnósticos que você queira fornecer com a DSL, isso pode ser o suficiente. Seria pior se você fornecesse uma DSL inválida, analisasse-a sintaticamente e não obtivesse erro algum. Isso violaria o princípio de "falhar rápido" – ou seja, os erros devem aparecer tão cedo e tão aparentes quanto possível. Se você preencher um modelo em um estado inválido e não dispor de qualquer verificação para isso, você não descobrirá que existe um erro até que ele ocorra mais tarde. Nesse ponto, existe uma distância entre a falha original (carregar uma entrada inválida) e a falha posterior, e essa distância dificulta a tarefa de encontrar o erro.

Meu exemplo de máquina de estados possui um suporte mínimo de tratamento de erros – algo comum em exemplos de livros. Analisei um dos meus exemplos de análise sintática com esse teste para ver o que aconteceria.

```
@Test public void targetStateNotDeclaredNoAssert () {
  String code =
    "events trigger TGGR end " +
    "state idle " +
    "trigger => target " +
    "end ";
  StateMachine actual = StateMachineLoader.loadString(code);
}
```

O teste passou sem problemas, o que é algo ruim. Então, quando tentei fazer qualquer coisa com o modelo, até mesmo imprimi-lo, obtive uma exceção de ponteiro nulo. Estou satisfeito com o fato de esse exemplo ser algo primitivo – afinal, seu único propósito é pedagógico, mas um erro de digitação em uma DSL de entrada poderia levar a muita perda de tempo em depuração. Dado que esse é o meu tempo, e que gosto de fingir que ele é valioso, preferiria que o teste falhasse antes.

Já que o problema se dá porque estou criando uma estrutura inválida no Modelo Semântico, a responsabilidade da verificação desse problema é do Modelo Semântico – nesse caso, do método que adiciona uma transição a um estado. Adicionei uma asserção para detectar o problema.

```
class State...
  public void addTransition(Event event, State targetState) {
    assert null != targetState;
    transitions.put(event.getCode(), new Transition(this, event, targetState));
  }
```

Agora posso alterar o teste para capturar a exceção. Isso me dirá se eu modificar o comportamento dessa saída, bem como documentará que tipo de erro essa entrada inválida causa.

```
@Test public void targetStateNotDeclared () {
  String code =
    "events trigger TGGR end " +
    "state idle " +
    "trigger => target " +
    "end ";
  try {
    StateMachine actual = StateMachineLoader.loadString(code);
    fail();
  } catch (AssertionError expected) {}
```

  Você notará que coloquei uma asserção apenas para o estado-alvo e não para o evento de disparo, que também poderia ser nulo. A razão disso é que um evento nulo causaria uma exceção imediata de ponteiro nulo devido à chamada a `event.getCode()` (obtém o código do evento), o que satisfaz à necessidade de falhar rápido. Posso verificar com outro teste.

```
@Test public void triggerNotDeclared () {
  String code =
    "events trigger TGGR end " +
    "state idle " +
    "wrongTrigger => target " +
    "end " +
    "state target end ";
  try {
    StateMachine actual = StateMachineLoader.loadString(code);
    fail();
  } catch (NullPointerException expected) {}
```

  Uma exceção de ponteiro nulo é uma falha rápida, mas não é tão clara quanto a asserção. Em geral, não faço asserções para verificar se os argumentos de meus métodos são não nulos, pois acho que o benefício não é suficiente para justificar o código extra a ser lido. A exceção ocorre quando isso leva a um nulo que não causa uma falha imediata, como o estado-alvo nulo.

3.6.3 Testando os scripts

Testar o *Modelo Semântico (159)* e o analisador sintático faz as unidades do código genérico serem testadas. Entretanto, os scripts DSL também são código, e devemos considerar testes para eles. Ouço argumentos na linha de que "os scripts DSL são simples e óbvios demais para valer a pena testá-los", mas naturalmente suspeito disso. Vejo as atividades de teste como um mecanismo de dupla verificação. Quando escrevemos código e o testamos, estamos especificando o mesmo comportamento usando dois mecanismos diferentes, um envolvendo abstrações (o código) e outro usando exemplos (os testes). Para qualquer coisa que tenha valor permanente, devemos sempre verificar duas vezes.

  Os detalhes dos scripts de teste dependem muito do que você está testando. A abordagem geral é fornecer um ambiente de testes que permita que você crie contextos de teste, rode scripts DSL e compare resultados. Normalmente preparar tal ambiente exige certo esforço, mas, apenas porque uma DSL é fácil de ser lida, não significa que as pessoas não cometerão erros. Se você não fornecer um ambiente de testes e, logo, não tiver um mecanismo duplo de verificação, você aumenta imensamente o risco de erros nos scripts DSL.

Scripts de teste também agem como testes de integração, dado que quaisquer erros no analisador sintático ou no Modelo Semântico fazem os testes falharem. Como resultado disso, vale a pena exemplificar os scripts DSL para usar alguns deles para esse propósito.

Em geral, visualizações alternativas do script ajudam nos testes e na depuração dos scripts DSL. Uma vez que você tenha um script capturado no Modelo Semântico, é relativamente fácil produzir visualizações textuais e gráficas da lógica do script. Apresentar informações de múltiplas maneiras frequentemente ajuda as pessoas a encontrar erros – na verdade, essa noção de verificação dupla é o motivo pelo qual escrever códigos que se autotestem é uma abordagem valiosa.

Para o exemplo da máquina de estados, inicio pensando sobre os exemplos que fariam sentido para esse tipo de máquina. Para mim, a abordagem lógica seria rodar cenários, em que cada cenário é uma sequência de eventos que são enviados para a máquina. Então, verifico o estado final da máquina e os comandos que ela enviou. Construir algo dessa natureza de uma maneira legível me leva naturalmente a outra DSL. Isso é comum; scripts de testes são um uso comum de DSLs, dado que eles se encaixam bem com a necessidade de uma linguagem declarativa limitada.

```
events("doorClosed", "drawerOpened", "lightOn")
    .endsAt("unlockedPanel")
    .sends("unlockPanel", "lockDoor");
```

3.7 Tratando erros

Sempre que escrevo um livro, chego a um ponto em que reconheço que, assim como quando escrevo software, preciso reduzir o escopo para ter o livro publicado. Embora isso signifique que um tópico importante não seja apropriadamente coberto, penso que é melhor ter um livro útil, mas incompleto, que um livro completo que nunca é terminado. Existem muitos tópicos que eu gostaria de ter explorado em maior profundidade neste livro, mas o topo dessa lista é o tratamento de erros.

Durante uma aula de compiladores na universidade, lembro de terem me dito que a análise sintática e a geração de saída são a parte fácil da escrita de compiladores – a parte difícil era fornecer boas mensagens de erro. De maneira apropriada, diagnósticos de erro estavam fora do escopo da aula assim como está fora do escopo desse livro.

A noção de estar fora de escopo em relação a mensagens de erro decentes vai além disso. Bons diagnósticos são uma raridade mesmo em DSLs bem-sucedidas. Mais de um pacote DSL altamente útil faz pouco para fornecer informações úteis. Graphviz, uma das minhas ferramentas DSL favoritas, simplesmente me diz que `existe um erro próximo à linha 4`, e me sinto com sorte de receber um número de linha. Certamente já encontrei ferramentas que apenas falham, deixando-me com uma busca binária por meio de comentários para descobrir onde está o problema.

Alguém pode, com todo o direito, criticar tais sistemas por seu diagnóstico de erros pobre, mas os diagnósticos são uma das questões a serem consideradas na forma de compromissos. Todo o tempo gasto na melhoria do tratamento de erros é tempo não gasto com a adição de novos recursos. O fato de que há muitas DSLs no mercado significa que as pessoas toleram diagnósticos de erro pobres. Afinal, os scripts DSL são pequenos, logo, técnicas de descoberta de erros mais primitivas são mais razoavelmente aplicadas que quando usadas com linguagens de propósito geral.

Não estou dizendo isso para persuadir você a não trabalhar em diagnósticos de erros. Em uma biblioteca amplamente usada, bons diagnósticos podem economizar muito tempo. Cada compromisso é único, e você precisa decidir baseado em suas próprias circunstâncias. No entanto, isso me faz sentir um pouco melhor sobre o fato de eu não devotar uma seção deste livro unicamente ao assunto.

Apesar do fato de eu não poder dar ao tópico a cobertura aprofundada que gostaria, posso falar algo que esperançosamente iniciará você sobre como pensar mais acerca de diagnósticos de erro, se decidir fornecer um suporte mais amplo nessa área.

(Algo que devo mencionar é a técnica de descoberta de erros mais primitiva de todas – comentar código. Se você usar uma DSL externa, certifique-se de que oferece suporte a comentários. Não apenas pelas razões óbvias, mas também para ajudar as pessoas a encontrar problemas. Alguns comentários funcionam mais facilmente quando são terminados por finais de linha. Dependendo do público-alvo, eu usaria ou "#" (estilo script) ou "//" (estilo C). Isso pode ser feito com uma regra simples de análise léxica.)

Se você seguir minha recomendação geral de usar um *Modelo Semântico (159)*, então existem dois locais onde o tratamento de erros pode residir: no modelo ou no analisador sintático. Para erros sintáticos, o local óbvio para colocar o tratamento é no analisador sintático. Alguns erros sintáticos serão tratados para você: erros da sintaxe da linguagem hospedeira em uma DSL interna ou erros gramaticais quando você estiver usando um *Gerador de Analisadores Sintáticos (269)* em uma DSL externa.

A situação na qual você tem uma escolha entre o analisador sintático e o modelo é no tratamento de erros semânticos. Para semântica, ambos os locais têm suas vantagens. O modelo é realmente o local certo para verificar as regras de estruturas semanticamente bem formadas. Você tem todas as informações estruturadas da maneira que precisa para pensar sobre elas, então você pode escrever o código mais claro de verificação de erros aqui. Além disso, você precisará da verificação aqui se necessita preencher o modelo a partir de mais de um local, como múltiplas DSLs ou usando uma API comando-consulta.

Colocar o tratamento de erros puramente no Modelo Semântico apresenta uma desvantagem séria: não existe uma ligação de volta para o código relacionada ao problema no script DSL, nem mesmo um número de linha aproximado. Isso torna mais difícil descobrir o que saiu errado, mas esse pode não ser um problema intratável. Há algumas experiências que sugerem que mensagens de erro baseadas puramente no modelo são suficientes para encontrar o problema em muitas situações.

Se você realmente quer o contexto do script DSL, então existem algumas maneiras de fazer isso. A mais óbvia é colocar as regras de detecção de erros no analisador sintático. Entretanto, o problema com essa estratégia é que ela dificulta bastante a escrita das regras, pois você está trabalhando no nível da árvore sintática e não no modelo semântico. Você também tem um risco muito maior de duplicar as regras, com todos os problemas que a duplicação de código acarreta.

Uma alternativa é introduzir informações sintáticas ao Modelo Semântico. Você pode adicionar um campo com o número de linha a um objeto de transição semântico, de forma que, quando o Modelo Semântico detectar um erro nessa transição, ele pode imprimir o número da linha do script. O problema é que isso pode tornar o Modelo Semântico muito mais complicado, pois ele precisa acompanhar e rastrear a informação. Além disso, o script pode não ser mapeado tão claramente para o modelo, o que poderia resultar em mensagens de erro que são mais confusas do que úteis.

A terceira estratégia, que me parece a melhor, é usar o Modelo Semântico para a detecção de erros, mas disparar a detecção de erros no analisador sintático. Dessa maneira, o analisador sintático analisará uma porção de script DSL, preencherá o Modelo Semântico e então dirá ao modelo para buscar erros (se preencher o modelo já não fizer isso diretamente). Se o modelo encontrar quaisquer erros, o analisador sintático pode então pegar esses erros e fornecer o contexto do script DSL de que ele tenha conhecimento. Isso separa as preocupações de conhecimento sintático (no analisador sintático) das de conhecimento semântico (no modelo semântico).

Uma abordagem útil é dividir o tratamento de erros em iniciação, detecção e relato. Essa última estratégia coloca a iniciação no analisador sintático, a detecção no modelo e o relato em ambos, com o modelo fornecendo a semântica do erro e o analisador sintático adicionando contexto sintático.

3.8 Migrando DSLs

Um perigo do qual os defensores de DSLs precisam se proteger é a noção de que, primeiro você projeta uma DSL, e então as pessoas a usam. Assim como qualquer outro fragmento de software, uma DSL bem-sucedida evoluirá. Isso significa que os scripts escritos em uma versão anterior de uma DSL podem falhar quando executados com uma versão posterior.

Assim como muitas propriedades das DSLs, boas e ruins, isso é praticamente o mesmo que ocorre com uma biblioteca. Se você pega uma biblioteca de alguém, escreve algum código nela, e então a atualiza, você pode acabar impedido de continuar. As DSLs na verdade não fazem coisa alguma para mudar isso; a definição da DSL é essencialmente uma interface publicada, e você precisa lidar com as consequências do mesmo jeito.

Comecei a usar o termo **interface publicada** em meu livro de Refatoração [Fowler Refactoring]. A diferença entre a interface publicada e a interface "pública" (mais comum) é que uma interface publicada é usada por código escrito por uma equipe diferente. Logo, se a equipe que define a interface quer mudá-

-la, ela pode facilmente reescrever o código que a chama. Modificar uma DSL publicada é uma questão que ocorre tanto com DSLs internas quanto externas. Com DSLs não publicadas, pode ser mais fácil modificar uma DSL interna se a linguagem em questão possui ferramentas automatizadas de refatoração.

Uma maneira de lidar com o problema de mudanças em um DSL é fornecer ferramentas que possam migrar automaticamente de uma versão para outra. Elas podem executar tanto durante uma atualização, ou você pode executar automaticamente um script de uma versão anterior.

Existem duas maneiras amplas de lidar com migrações. A primeira é uma estratégia de **migração incremental**. Essa é essencialmente a mesma noção usada por quem faz projeto evolutivo de bases de dados [Fowler e Sadalage]. Para cada mudança que você fizer em sua definição da DSL, crie um programa de migração que migre automaticamente scripts DSL da versão antiga para a versão nova. Dessa maneira, quando você lançar uma nova versão da DSL, você também fornecerá scripts para mudar quaisquer bases de código que usam a DSL.

Uma parte importante da migração incremental é que você mantém as mudanças tão pequenas quanto puder. Imagine que esteja atualizando da versão 1 para a 2, e tem 10 mudanças que deseja fazer na sua definição da DSL. Nesse caso, não crie apenas um script de migração para migrar da versão 1 para a 2; em vez disso, crie ao menos dez scripts. Mude a definição da DSL um recurso por vez e escreva um script de migração para cada mudança. Você pode achar útil quebrar ainda mais e adicionar alguns recursos com mais de um passo (e, assim, mais de uma migração). Isso pode soar como mais trabalho que um único script, mas a questão é que as migrações são muito mais fáceis de serem escritas se forem pequenas, e é fácil encadear múltiplas migrações. Consequentemente, você será capaz de escrever dez scripts muito mais rápido que um só.

A outra abordagem é a migração baseada em modelos. Essa é uma tática que você pode usar com um *Modelo Semântico (159)*. Com a **migração baseada em modelos**, você oferece suporte a múltiplos analisadores sintáticos para a sua linguagem, um para cada versão liberada. (Então você faz isso apenas para as versões 1 e 2, e não para os passos intermediários). Cada analisador sintático preenche o modelo semântico. Quando você usa um modelo semântico, o comportamento do analisador sintático é bastante simples, então não é muito trabalhoso ter diversos deles por perto. Você então executa o analisador sintático apropriado para a versão do script com a qual estiver trabalhando. Isso trata múltiplas versões, mas não migra os scripts. Para realizar a migração, você escreve um gerador a partir do modelo semântico, que gera uma representação do script DSL. Dessa maneira, você pode executar o analisador sintático para um script da versão 1, preencher o modelo semântico e então emitir um script da versão 2 a partir do gerador.

Um problema com a abordagem baseada em modelo é que é fácil perder coisas que não importam para a semântica, mas que os escritores de scripts querem manter. Comentários são exemplos óbvios. Isso é agravado se existem muitas partes inteligentes no analisador sintático, apesar de que, então, a necessidade de migrar dessa forma possa encorajar os analisadores sintáticos a permanecerem burros – o que é algo bom.

Se a mudança na DSL é muito grande, é possível que você não consiga transformar um script da versão 1 para um modelo semântico da versão 2. Nesse caso, você pode precisar manter por perto um modelo da versão 1 (ou um modelo intermediário) e dar a ele a habilidade de emitir um script da versão 2.

Não tenho uma forte preferência entre essas duas alternativas.

Scripts de migração podem ser executados pelos próprios programadores de scripts quando necessário, ou executados automaticamente pelo sistema DSL. Se devem ser executados automaticamente, é bastante útil fazer o script gravar qual versão DSL ele usa, de forma que o analisador sintático possa detectá-la facilmente e disparar as migrações resultantes. Na verdade, alguns autores de DSL argumentam que todas as DSLs devem ter uma sentença de versão obrigatória nos scripts para ser fácil detectar scripts desatualizados e oferecer suporte à sua migração. Embora uma sentença de versão possa adicionar um pouco de ruído ao script, é algo muito difícil de ser adicionado posteriormente.

É claro que outra opção de migração é não migrar – ou seja, manter a versão 1 do analisador sintático e apenas deixar que ele preencha o modelo da versão 2. Você deve auxiliar as pessoas na migração, e elas precisarão disso se quiserem usar mais recursos. Ainda assim, ofereça suporte direto aos scripts antigos, se você puder, dado que isso permite aos usuários migrarem seus scripts no seu próprio ritmo.

Apesar de técnicas como essas terem bastante apelo, existe a questão de elas valerem a pena ou não na prática. Como eu disse anteriormente, o problema é exatamente o mesmo que ocorre com bibliotecas amplamente usadas, e esquemas automatizados de migração não têm sido muito usados para elas.

Capítulo 4
Implementando uma DSL interna

Agora que já discuti diversas questões gerais a respeito da implementação de DSLs, é hora de ver detalhes específicos da implementação de diversas variações de DSLs. Decidi iniciar com as DSLs internas, pois elas são frequentemente a forma de DSL mais fácil de abordar em termos de escrita. Diferentemente das DSLs externas, você não precisa aprender sobre gramáticas e análise sintática de linguagens, e, diferentemente das bancadas de linguagens, você não precisa de qualquer ferramenta especial. Com DSLs internas, você trabalha com o seu ambiente de linguagem habitual. Como consequência, não é surpresa o fato de haver muito interesse nas DSLs internas nos últimos anos.

Quando você usa DSLs internas, está um tanto restrito às construções da linguagem hospedeira. Dado que qualquer expressão que você usar precisa ser uma expressão válida em sua linguagem hospedeira, muitos dos pensamentos em relação ao uso de DSLs internas estão vinculados aos recursos da linguagem. Uma boa parte dos ímpetos recentes por trás das DSLs internas vem da comunidade Ruby, cuja linguagem possui muitos recursos que encorajam as DSLs. Entretanto, muitas técnicas Ruby podem ser usadas em outras linguagens também, embora normalmente de uma forma não tão elegante. E a líder do pensamento sobre DSLs internas é Lisp, uma das linguagens de computadores mais antigas do mundo com um conjunto limitado, mas bastante apropriado, de recursos para o trabalho.

Outro termo que você deve ouvir para uma DSLs interna é **interface fluente**. Esse foi um termo cunhado por Eric Evans e por mim para descrever APIs mais parecidas com linguagens. É um sinônimo para uma DSL interna vista da perspectiva de uma API. Ela está no cerne da diferença entre uma API e uma DSL – a natureza de linguagem. Como já indiquei anteriormente, existe uma área nebulosa entre as duas. Você pode ter argumentos razoáveis, embora indefinidos, sobre se uma construção de linguagem em particular é como uma linguagem ou não. A vantagem de tais argumentos é que eles encorajam a reflexão sobre as técnicas que você está usando e sobre o quanto sua DSL é legível; a desvantagem é que eles podem levar a uma discussão contínua acerca de preferências pessoais.

4.1 APIs fluentes e comando-consulta

Para muitos, o padrão central de uma interface fluente é o *Encadeamento de Métodos (373)*. Uma API normal poderia ter um código como o seguinte:

```
Processor p = new Processor(2, 2500, Processor.Type.i386);
Disk d1 = new Disk(150, Disk.UNKNOWN_SPEED, null);
Disk d2 = new Disk(75, 7200, Disk.Interface.SATA);
return new Computer(p, d1, d2);
```

Com o Encadeamento de Métodos, poderíamos expressar a mesma coisa com:

```
computer()
  .processor()
    .cores(2)
    .speed(2500)
    .i386()
  .disk()
    .size(150)
  .disk()
    .size(75)
    .speed(7200)
    .sata()
  .end();
```

O Encadeamento de Métodos usa uma sequência de chamadas a métodos na qual cada chamada age sobre o resultado das chamadas anteriores. Os métodos são compostos a partir da chamada de um sobre o outro. Em código OO comumente encontrado, eles costumam ser desprezados como "destroços de trens": os métodos separados por pontos se parecem com os vagões de um trem, e eles são destroços porque são frequentemente um sinal de código que é frágil em relação às mudanças nas interfaces das classes no meio da cadeia. Pensando de maneira fluente, entretanto, o Encadeamento de Métodos permite que você componha facilmente múltiplas chamadas de métodos sem depender de muitas variáveis, o que dá ao seu código uma sensação de fluxo e fluidez, parecendo-se mais com uma linguagem.

Mas o Encadeamento de Métodos não é a única maneira de se obter esse senso de fluxo. Aqui está o mesmo código usando uma sequência de chamadas a métodos, que chamo de *Sequência de Funções (351)*:

```
computer();
  processor();
    cores(2);
    speed(2500);
    i386();
  disk();
    size(150);
  disk();
    size(75);
    speed(7200);
    sata();
```

Como você pode ver, se você tentar dispor e organizar uma Sequência de Funções de maneira apropriada, ela pode ser lida de forma tão clara quanto o Encadeamento de Métodos. (Uso "função" no lugar de "método" no nome, já que você pode usar essa técnica em um contexto não OO com chamadas a funções, enquanto o Encadeamento de Métodos precisa de métodos orientados a objetos.) O ponto em questão aqui é que a fluência não trata tanto do estilo da sintaxe que você usa quanto da maneira pela qual você nomeia e fatora os métodos.

Nos primórdios dos objetos, uma das maiores influências para mim e para muitos outros foi o livro *Object-Oriented Software Construction* (Construção de Software Orientado a Objetos), de Bertrand Meyer. Uma das analogias que ele gostava de usar para os objetos era tratá-los como máquinas. Nessa visão, um objeto era uma caixa preta, sua interface sendo uma série de visores para ver o estado observável do objeto e botões que você podia pressionar para modificá-lo. Isso oferece, de maneira eficaz, um menu de diferentes coisas que você pode fazer com o objeto. Esse estilo de interface é a maneira dominante pela qual pensamos acerca da interação com componentes de software. É tão dominante que nem mesmo pensamos em dar a ele um nome, por isso cunhei o termo "interface de comando-consulta" para descrevê-lo.

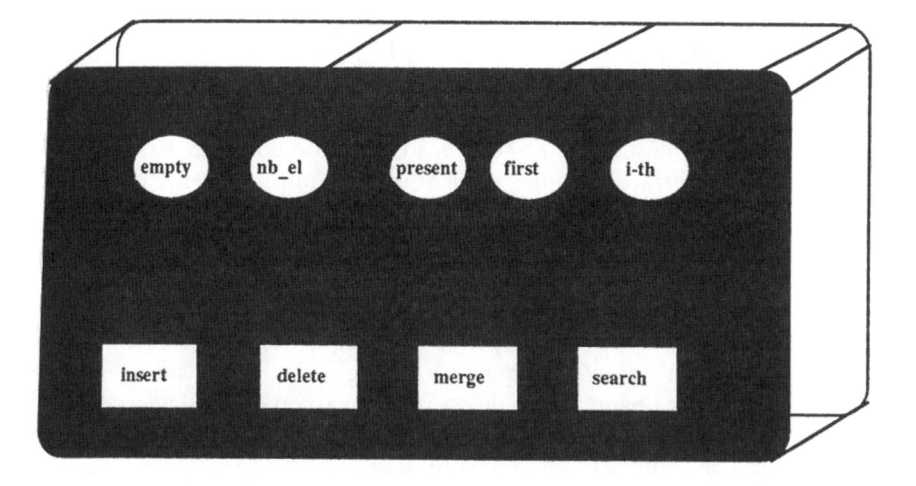

Figura 4.1 *A figura original do livro OOSC que Bertrand Meyer usou para ilustrar a metáfora da máquina. As elipses representam botões de consulta que possuem luzes indicadoras para revelar o estado da máquina quando pressionados, mas não alteram o estado da máquina. Os retângulos são botões de comando que alteram o estado, fazendo a máquina "emitir ruídos", mas sem uma luz de indicação para dizer a você do que o ruído trata.*

A essência de interfaces fluentes é que elas abordam o pensamento acerca dos componentes de maneira diferente. Em vez de uma caixa de objetos, cada uma delas oferecendo suporte a um monte de botões, pensamos linguisticamente na composição de sentenças usando cláusulas que mesclam esses objetos entre eles. Esse deslocamento mental é a diferença-chave entre uma DSL interna e simplesmente chamar uma API.

Como mencionei anteriormente, é uma diferença bastante nebulosa. Tratar APIs como linguagens é também uma analogia antiga e bem conceituada que data de antes de os objetos serem a norma. Existem diversos casos que poderiam ser classificados como fluentes ou de comando-consulta. Mas penso que, apesar dessa nebulosidade, é uma distinção útil.

Uma das consequências das diferenças entre os dois estilos de interface é que as regras sobre o que faz uma interface ser considerada boa são diferentes. A metáfora original da máquina de Meyer é bastante útil aqui. A figura apareceu em uma seção do livro OOSC que introduzia o princípio da separação comando-consulta.

A separação **comando-consulta** diz que diversos métodos em um objeto devem ser divididos em comandos e em consultas. Uma consulta é um método que retorna um valor, mas não modifica o estado observável do sistema. Um comando pode modificar o estado observável, mas não deve retornar um valor. Esse princípio é valioso, pois nos ajuda a identificar métodos de consulta. Como consultas não possuem efeitos colaterais, você pode chamá-las múltiplas vezes e modificar a ordem de seu uso – sem modificar os resultados de sua chamada. Você precisa ser muito mais cuidadoso com comandos porque eles de fato possuem efeitos colaterais.

A separação comando-consulta é um princípio extremamente valioso na programação, e encorajo que as equipes o usem. Uma das consequências de usar o Encadeamento de Métodos em DSLs internas é que ele normalmente quebra esse princípio – cada método altera o estado, mas retorna um objeto para continuar a cadeia. Gasto bastante do meu tempo argumentando contra as pessoas que não seguem a separação comando-consulta, e o farei novamente. Mas as interfaces fluentes seguem um conjunto diferente de regras, então fico feliz em permitir isso lá.

Outra diferença importante entre uma interface comando-consulta e uma fluente é na nomeação de métodos. Quando você está decidindo acerca dos nomes para uma interface comando-consulta, você quer que os nomes façam sentido em um contexto independente. Frequentemente, se as pessoas estão procurando por um método que faça algo, elas varrem a lista de métodos com os olhos em uma página Web de documentação ou em um menu em uma IDE. Em virtude disso, os nomes precisam descrever claramente o que eles fazem nesse tipo de contexto – eles são rótulos nos botões.

Com interfaces fluentes, a nomeação é bastante diferente. Aqui você se concentra menos em cada elemento individual da linguagem, mas mais nas sentenças como um todo que você pode formar. Como consequência, você pode frequentemente ter métodos cujos nomes não façam sentido em um contexto aberto, mas que sejam lidos apropriadamente no contexto de uma sentença DSL. Com a nomeação das DSLs, é a sentença que vem primeiro; os elementos são nomeados para se enquadrar nesse contexto. Os nomes das DSLs são escritos com o contexto da DSL específica em mente, enquanto os nomes das interfaces comando-consulta são escritos para funcionar sem qualquer contexto (ou em qualquer contexto, o que é a mesma coisa).

4.2 A necessidade de uma camada de análise sintática

O fato de uma interface fluente ser um tipo diferente de interface de uma comando-consulta pode levar a complicações. Se você misturar ambos os estilos de interface na mesma classe, ela se torna confusa. Logo, defendo manter os elementos de tratamento de linguagem de uma DSL separados de objetos regulares de comando-consulta a partir da construção de uma camada de *Construtores de Expressões (343)* sobre os objetos regulares. Construtores de Expressões são objetos cuja única tarefa é construir um modelo de objetos normais usando uma interface fluente – traduzindo sentenças fluentes em uma sequência de chamadas a uma API comando-consulta.

A natureza diferente das interfaces é uma razão pela qual os Construtores de Expressões são criados, mas a razão principal é um argumento clássico de "separação de interesses". Assim que você introduzir algum tipo de linguagem, mesmo uma interna, você precisa escrever código que entenda essa linguagem. Esse código frequentemente precisará acompanhar dados que são apenas relevantes enquanto a linguagem estiver sendo processada – dados de análise sintática. Entender a maneira como a DSL interna funciona dá um certo trabalho, e ele não é necessário uma vez que o modelo subjacente tenha sido preenchido. Você não precisa entender a DSL ou como ela funciona para entender como o modelo subjacente opera, então vale a pena manter o código de processamento de linguagem em uma camada separada.

Essa estrutura segue o leiaute geral de processamento de DSLs. O modelo subjacente de objetos da interface comando-consulta é o *Modelo Semântico (159)*. A camada de Construtores de Expressões é parte do analisador sintático.

Relutei um pouco em usar o termo "analisador sintático" para essa camada de Construtores de Expressões. Normalmente usamos "analisador sintático" no contexto de análise sintática de textos. Nesse caso, o analisador sintático da linguagem hospedeira manipula o texto. Mas existem muitos paralelos entre o que fazemos com Construtores de Expressões e o que um analisador sintático faz. A diferença-chave é que, enquanto um analisador sintático tradicional organiza um fluxo de símbolos na forma de uma árvore sintática, a entrada para os Construtores de Expressões é um fluxo de chamadas a funções. Os paralelos com outros analisadores sintáticos são que ainda conseguimos achar útil pensar em organizar esses nós de análise sintática de chamadas de funções em uma árvore, usamos estruturas de análise de dados similares (como uma *Tabela de Símbolos (165)*), e ainda preenchemos um Modelo Semântico.

Separar o Modelo Semântico dos Construtores de Expressões introduz as vantagens usuais de um Modelo Semântico. Você pode testar os Construtores de Expressões e o Modelo Semântico independentemente. Você também pode ter múltiplos analisadores sintáticos, mesclar DSLs internas e externas ou suportar múltiplas DSLs internas com múltiplos Construtores de Expressões. Ainda, você pode desenvolver os Construtores de Expressões e o Modelo Semântico independentemente. Isso é importante, pois as DSLs, assim como qualquer outro sistema de software, são dificilmente fixas. É preciso que você saiba desenvolver seu sistema de software e, em geral, é útil modificar o framework subjacente sem modificar os scripts DSL ou vice-versa.

Existe um argumento para não usar Construtores de Expressões, mas apenas quando os objetos do Modelo Semântico usam, eles próprios, interfaces fluentes no lugar de uma interface comando-consulta. Há alguns casos nos quais faz sentido para um modelo usar uma interface fluente, se essa for a principal maneira com a qual as pessoas interagirão com ele. Na maioria das situações, entretanto, prefiro uma interface comando-consulta a um modelo. A interface comando-consulta é mais flexível em termos de como ela pode ser usada em diferentes contextos. Uma interface fluente frequentemente precisa de mais dados temporários de análise sintática. Tenho algumas objeções em misturar uma interface fluente com uma interface comando-consulta nos mesmos objetos – é simplesmente muito confuso.

Como resultado, pressupus Construtores de Expressões para o resto deste livro. Apesar de reconhecer que você não precisa usar Construtores de Expressões todo o tempo, acredito que deveria usá-los na maioria das vezes, então escreverei mantendo isso em mente.

4.3 Usando funções

Desde o início da computação, os programadores pensaram em empacotar código comum em porções reutilizáveis. A construção de empacotamento mais útil a que chegamos é a função (também chamadas de sub-rotinas, procedimentos e métodos em OO). APIs comando-consulta em geral são expressas em termos de funções, mas as estruturas DSL com frequência são também construídas primariamente em termos de funções. A diferença entre uma interface comando-consulta e uma DSL reside em torno de como as funções são combinadas.

Existem diversos padrões para combinar funções de forma a criar uma DSL. No início deste capítulo, mostrei dois deles. Vamos recapitular, pois já esqueci o que escrevi lá atrás. Primeiro, o *Encadeamento de Métodos (373)*:

```
computer()
  .processor()
    .cores(2)
    .speed(2500)
    .i386()
  .disk()
    .size(150)
  .disk()
    .size(75)
    .speed(7200)
    .sata()
  .end();
```

E então, a *Sequência de Funções (351)*:

```
computer();
  processor();
    cores(2);
    speed(2500);
    i386();
  disk();
    size(150);
  disk();
    size(75);
    speed(7200);
    sata();
```

Esses são padrões diferentes para combinar funções, que levam naturalmente à questão de qual deles você deve usar. A resposta envolve vários fatores. O primeiro fator é o escopo das funções. Se você usar o Encadeamento de Métodos, as funções na DSL são métodos que precisam ser definidos apenas nos objetos que fazem parte da cadeia, normalmente em um *Construtor de Expressões (343)*. Por outro lado, se você usar funções simples em uma sequência, você precisa garantir que as funções sejam resolvidas de maneira apropriada. A maneira mais óbvia de fazer isso é usando funções globais, mas usar globais envolve dois problemas: complica o espaço de nomes global e introduz variáveis globais para analisar os dados sintaticamente.

Bons programadores atualmente ficam nervosos acerca de qualquer coisa global, pois globais dificultam a localização de mudanças. Funções globais serão visíveis em todas as partes de um programa, mas idealmente você deseja que as funções estejam disponíveis apenas dentro da porção de processamento da DSL. Existem vários recursos de linguagem que podem remover a necessidade de tornar tudo global. Um recurso de espaço de nomes permite que você faça as funções parecerem globais apenas quando você importa um espaço de nomes em particular (Java possibilita o uso de importação estática).

Os dados de análise sintática globais formam o problema mais sério. Não importa a maneira como fizer uma Sequência de Funções, você precisará manipular *Variáveis de Contexto (175)* para saber onde você está na análise sintática da expressão. Considere as chamadas a size (tamanho). O construtor precisa conhecer qual o disco cujo tamanho está sendo especificado, então ele faz isso a partir de um acompanhamento do disco atual em uma variável – a qual ele atualiza durante a chamada a disk. Uma vez que todas as funções são globais, esse estado terminará sendo global também. Essas são coisas que você pode fazer para conter a globalidade – tal como manter todos os dados em um *Singleton* – mas você não pode fugir dos dados globais se usar funções globais.

O Encadeamento de Métodos evita muito disso porque, apesar de você ainda precisar de algum tipo de função isolada para iniciar a cadeia, uma vez que você tenha começado, todos os dados de análise sintática podem ser mantidos no objeto de Construtores de Expressões em que os métodos de encadeamento estão definidos.

Você pode evitar toda essa globalidade com Sequência de Funções usando *Escopo de Objeto (385)*. Na maioria dos casos, isso envolve colocar o script DSL em uma subclasse de um Construtor de Expressões de forma que chamadas a funções isoladas sejam resolvidas em termos de métodos na superclasse do Construtor de Expressões. Isso trata ambos os problemas de globalidade. Todas as funções na DSL são definidas apenas na classe construtora e então localizadas.

Além disso, como eles são métodos de instância, conectam-se diretamente aos dados na instância do construtor para armazenar os dados de análise sintática. Esse é um conjunto de vantagens convincente para o custo de colocar o script DSL em uma subclasse do construtor, logo é minha opção padrão.

Um avanço adicional em usar Escopo de Objeto é que ele pode oferecer suporte à extensibilidade. Se o framework da DSL facilita o uso de uma subclasse da classe de escopo, o usuário da DSL pode adicionar seus próprios métodos DSL à linguagem.

Tanto Sequência de Funções quanto Encadeamento de Métodos requerem que você use Variáveis de Contexto de forma a acompanhar o processo de análise sintática. *Funções Aninhadas (357)* formam uma terceira técnica de combinação de funções que pode frequentemente evitar Variáveis de Contexto. Usando Funções Aninhadas, o exemplo de configuração de um computador se parece com o seguinte:

```
computer(
  processor(
    cores(2),
    speed(2500),
    i386
  ),
  disk(
    size(150)
  ),
  disk(
    size(75),
    speed(7200),
    SATA
  )
);
```

O padrão Funções Aninhadas combina funções ao fazer outras chamadas a funções serem passadas como argumentos para chamadas a funções de mais alto nível. O resultado é um aninhamento de invocações de funções. Funções Aninhadas possuem algumas vantagens poderosas, assim como qualquer tipo de estrutura hierárquica, o que é bastante comum na análise sintática. Uma vantagem imediata é que, em nosso exemplo, a estrutura da hierarquia da configuração repercute pelas próprias construções de linguagens – a função `disk` é aninhada dentro da função `computer` (computador) assim como os objetos do framework resultantes estão aninhados. O aninhamento de funções, logo, reflete a árvore sintática lógica da DSL. Com as Sequências de Funções e com os Encadeamentos de Métodos, eu apenas podia ter uma noção da árvore sintática a partir de estranhas convenções de endentação; as Funções Aninhadas permitem que eu reflita essa árvore dentro da linguagem (embora eu ainda tenha de formatar o código de uma maneira um tanto diferente de como eu formataria um código regular).

Outra consequência é a mudança na ordem de avaliação. Com uma Função Aninhada, os argumentos de uma função são avaliados antes da função propriamente dita. Isso frequentemente permite construir os objetos do framework sem usar Variáveis de Contexto. Nesse caso, a função `processor` (processador) é avaliada e pode retornar um objeto completo que representa um processador antes que a função `computer` seja avaliada. A função `computer` pode, então, criar um objeto computador diretamente com parâmetros completamente formados.

Logo, uma Função Aninhada funciona muito bem quando estamos construindo estruturas de alto nível. No entanto, essa abordagem não é perfeita. A pontuação dos parênteses e das vírgulas é mais explícita, mas também pode soar como ruído comparada às convenções de endentação apenas. (É aqui que Lisp se dá bem, pois sua sintaxe funciona extremamente bem com Funções Aninhadas). Uma Função Aninhada também implica o uso de funções simples, então ela incorre no mesmo problema de globalidade das Sequências de Funções – apesar de ter a mesma cura (Escopo de Objetos).

A ordem de avaliação também pode levar a certa confusão se você estiver pensando em termos de uma sequência de comandos em vez de estar construindo uma estrutura hierárquica. Uma simples sequência de Funções Aninhadas termina sendo avaliada de trás para frente da ordem que ela está sendo escrita, como em terceira(segunda(primeira))). Meu colega Neal Ford gosta de dizer que, se você quiser escrever a canção *"Old MacDonald Had a Farm"* com Funções aninhadas, teria de escrever a memorável frase do refrão como o(i(e(i(e())))). Tanto as Sequências de Funções quanto os Encadeamentos de Métodos permitem que você escreva as chamadas na ordem em que elas serão avaliadas.

As Funções Aninhadas também perdem pelo fato de os argumentos serem identificados pela posição, e não pelo nome. Considere o caso de especificar o tamanho de um disco e sua velocidade. Se tudo o que eu precisar forem dois inteiros, então tudo o que eu realmente preciso é disk(75, 7200), mas isso não me lembra qual é qual. Posso resolver esse problema tendo Funções Aninhadas que apenas retornem o valor inteiro e escrever disk(size(75), speed(7200)). Essa abordagem é mais legível, mas não me previne de escrever disk(speed(7200), size(75)) e obter um disco que provavelmente me surpreenderia. Para evitar esse problema, você acaba retornando alguns dados intermediários mais ricos – substituindo o número inteiro simples por um objeto – mas essa é uma complicação incômoda. Linguagens com argumentos com palavras-chave evitam esse problema, mas, infelizmente, esse recurso sintático útil é muito raro. De muitas maneiras, o Encadeamento de Métodos é um mecanismo que lhe ajuda a fornecer argumentos com palavras-chave a uma linguagem que não os possui. (Logo discutirei *Mapa de Literais (419)*, que é outra maneira de superar essa falta de parâmetros nomeados).

A maioria dos programadores vê o uso pesado de Funções Aninhadas como incomum, mas isso realmente reflete como usamos esses padrões de combinação de funções em programação normal (não DSL). Na maioria das vezes, os programadores usam Sequências de Funções com pequenas ocorrências de Funções Aninhadas e (em uma linguagem OO) Encadeamento de Métodos. Entretanto, se você for um programador Lisp, as Funções Aninhadas são algo que usa frequentemente em sua programação regular. Apesar de eu estar descrevendo esses padrões no contexto de escrita de DSL, eles são na verdade padrões gerais que usamos para combinar expressões. É apenas isso o que faz uma boa combinação ser diferente quando pensamos em uma DSL interna.

Escrevi sobre esses padrões até agora como se fossem mutuamente exclusivos, mas, na verdade, você normalmente usa uma combinação deles (e de outros padrões que descreverei posteriormente) em qualquer DSL em particular. Cada padrão possui suas forças e fraquezas, e diferentes pontos de uma DSL possuem diferentes necessidades. Aqui está uma possível versão híbrida:

```
computer(
  processor()
    .cores(2)
    .speed(2500)
    .type(i386),
  disk()
    .size(150),
  disk()
    .size(75)
    .speed(7200)
    .iface(SATA)
);
computer(
  processor()
    .cores(4)
);
```

Esse script DSL usa todos os três padrões de que falei até agora. Ele usa uma Sequência de Funções para definir um computador por vez, cada função computer usa Funções Aninhadas em seus argumentos, e cada processador e cada disco são construídos a partir do Encadeamento de Métodos.

A vantagem dessa abordagem híbrida é que cada seção do exemplo usa as vantagens de cada padrão. Uma Sequência de Funções funciona bem para definir cada elemento de uma lista. Ela mantém cada definição de um computador bem separada em sentenças. Além disso, também é fácil de implementar, pois, cada sentença pode apenas adicionar um objeto que representa um computador completamente formado em uma lista de resultados.

A Função Aninhada para cada computador elimina a necessidade de uma Variável de Contexto para o computador atual, uma vez que os argumentos são todos avaliados antes de a função computer ser chamada. Se assumirmos que um computador é formado por um processador e por um número variável de discos, então as listas de argumentos da função podem capturar isso muito bem com seus tipos. Em geral, Funções Aninhadas tornam mais seguro o uso de funções globais, pois é mais fácil organizar as coisas de forma que a função global apenas retorne um objeto e não altere qualquer estado de análise sintática.

Se cada processador e cada disco possuírem múltiplos argumentos opcionais, então isso funcionaria bem com o Encadeamento de Métodos. Posso chamar quaisquer valores que eu queira configurar para construir o elemento.

Entretanto, usar um misto de padrões também gera problemas. Em particular, resulta em uma confusão de pontuação: alguns elementos são separados por vírgulas, outros por pontos e outros por ponto e vírgula. Como programador, posso compreender isso – mas pode ser também difícil lembrar qual é qual. Alguém que não seja um programador, até mesmo alguém que esteja apenas lendo a expressão, tem maiores chances de ficar confuso. As diferenças de pontuação são um artefato de implementação, não o significado da DSL propriamente dita, por isso estou expondo questões de implementação para o usuário – sempre uma ideia suspeita.

Então, nesse caso, eu não usaria exatamente esse tipo de híbrido. Em vez disso, estaria inclinado a usar o Encadeamento de Métodos, e não de Funções Aninhadas, para a função que representa um computador. Mas ainda usaria a Sequência de Funções para os computadores múltiplos, pois acredito que essa é uma separação mais clara para o usuário.

Essa discussão em termos de vantagens e desvantagens é um microcosmo de decisões que você precisará fazer quando estiver construindo sua DSL. Posso fornecer algumas indicações aqui sobre as vantagens e desvantagens dos diferentes padrões – mas você terá que decidir sobre a mistura que funciona para você.

4.4 Coleções de literais

Escrever um programa, seja em uma linguagem de propósito geral ou em uma DSL, diz respeito a compor elementos. Os programas normalmente compõem sentenças em sequência e fazem isso a partir da aplicação de funções. Outra maneira de compor elementos é usando uma *Lista de Literais (417)* e um *Mapa de Literais (419)*.

Uma Lista de Literais captura uma lista de elementos, sejam de tipos diferentes ou do mesmo tipo, sem tamanho fixo. Na verdade, eu já forneci um exemplo de uma Lista de Literais para você. Olhe novamente a versão do código de configuração do computador da versão que usa *Funções Aninhadas (357)*:

```
computer(
  processor(
    cores(2),
    speed(2500),
    i386
  ),
  disk(
    size(150)
  ),
  disk(
    size(75),
    speed(7200),
    SATA
  )
);
```

Se eu ocultasse as chamadas a funções de mais baixo nível, obteria um código que se pareceria com o seguinte:

```
computer(
  processor (...),
  disk(...),
  disk(...)
);
```

O conteúdo da chamada a computer é uma lista de elementos. De fato, em uma linguagem baseada em chaves, tal como Java ou C#, uma chamada a uma função com argumentos variáveis como essa é uma maneira comum de introduzir uma Lista de Literais.

Outras linguagens, no entanto, dão a você opções diferentes. Em Ruby, por exemplo, eu poderia representar essa lista usando a sintaxe predefinida de Ruby para Listas de Literais.

```
computer [
  processor(...),
  disk(...),
  disk(...)
]
```

Existe pouca diferença aqui, exceto por eu ter colchetes em vez de parênteses, mas posso usar esse tipo de lista em mais contextos que apenas dentro de uma chamada a função.

Linguagens derivadas de C possuem uma sintaxe para vetores de literais {1, 2, 3} que poderia ser usada como uma Lista de Literais mais flexível, mas você está normalmente bastante limitado em termos de onde pode colocá-los e o que você pode colocar neles. Outras linguagens, como Ruby, permitem que você use as Listas de Literais de uma maneira muito mais ampla. Você pode empregar funções com argumentos variáveis para tratar da maioria desses casos, mas não de todos eles.

As linguagens de script também permitem um segundo tipo de coleção de literais: um Mapa de Literais, também chamado de dispersão ou de dicionário. Com ele, posso representar a configuração do computador como a seguir (mais uma vez em Ruby):

```
computer(processor(:cores => 2, :type => :i386),
         disk(:size => 150),
         disk(:size => 75, :speed => 7200, :interface => :sata))
```

O Mapa de Literais é muito útil para casos como configurar as propriedades processor (processador) e disk (disco) aqui. Nesses casos, o disco possui múltiplos subelementos opcionais, mas que podem ser configurados apenas uma vez. O *Encadeamento de Métodos (373)* é bom para nomear os subelementos, porém, você precisa adicionar seu próprio código para garantir que cada disco mencione sua velocidade apenas uma vez. Isso é feito no Mapa de Literais e é familiar para quem usa a linguagem.

Uma construção ainda melhor para isso seria uma função com parâmetros nomeados. Smalltalk, por exemplo, trataria isso com algo como `diskWithSize: 75 speed: 7200 interface: #sata` (disco de tamanho 75, de velocidade 7200 e de interface sata). Entretanto, existem ainda menos linguagens que possuem parâmetros nomeados que aquelas que possuem Mapas de Literais. Contudo, se você estiver usando uma dessas linguagens, usar padrões nomeados é uma boa maneira de implementar um Mapa de Literais.

Esse exemplo também introduz outro item sintático que não está presente nas linguagens delimitadas por chaves: o tipo de dados símbolo. Um **símbolo** é um tipo de dados que, à primeira vista, se parece com uma cadeia de caracteres, mas existe principalmente para buscas em mapas, em particular nas *Tabelas de Símbolos (165)*. Símbolos são imutáveis e normalmente implementados de forma que o mesmo valor do símbolo seja o mesmo objeto, para ajudar no desempenho. Sua forma literal não fornece suporte a espaços, e eles não oferecem suporte para a maioria das operações com strings, dado que seu papel é buscar por símbolos em vez de manter texto. Os elementos acima, tal como :cores, são símbolos – Ruby indica símbolos por meio de dois pontos em seu início. Em linguagens sem símbolos, você pode usar strings em seu lugar, mas em linguagens com o tipo de dados símbolo você deve usá-los para esse tipo de propósito.

Esse é um bom local para falar um pouco sobre por que Lisp é uma linguagem tão convincente para DSLs internas. Lisp possui uma sintaxe de Lista de Literais muito conveniente (`one two three`). Ela também usa a mesma sintaxe para chamadas a funções: (`max 5 14 2`). Como consequência, um programa Lisp é formado apenas de listas aninhadas. As palavras, por si só (`one two three`), são símbolos, então a sintaxe trata principalmente de representar linhas aninhadas de símbolos, que é uma base excelente para uma DSL interna – desde que você esteja satisfeito com o fato de sua DSL ter a mesma sintaxe fundamental. Essa sintaxe simples é um grande ponto forte mas também uma das fraquezas de Lisp. É um ponto forte porque ela é bastante lógica, fazendo perfeito sentido se você a seguir. Sua fraqueza reside no fato de você ter de seguir uma forma sintática pouco comum – e, se não realizar esse salto, tudo parecerá um monte de parênteses fúteis e irritantes.

4.5 Usando gramáticas para escolher elementos internos

Como você pode ver, existem muitas escolhas diferentes para os elementos de uma DSL interna. Uma técnica que você pode usar para escolher qual delas usar é considerar a gramática lógica de sua DSL. Os tipos de regras gramaticais que você cria quando está usando *Tradução Dirigida por Sintaxe (219)* podem também fazer sentido quando você estiver pensando sobre uma DSL interna. Certos tipos de expressões, com suas regras *BNF (229)*, sugerem certos tipos de DSLs internas.

Estrutura	BNF	Considere
Lista obrigatória	`parent ::= first second`	*Função Aninhada (357)*
Lista opcional	`parent ::= first maybeSecond? maybeThird?`	*Encadeamento de Métodos (373)*, *Mapa de Literais (419)*
Bag homogêneo	`parent ::= child*`	*Lista de Literais (417)*, *Sequência de Funções (351)*
Bag heterogêneo	`parent ::= (this | that | theOther)*`	*Encadeamento de Métodos*
Conjunto	Não disponível	*Mapa de Literais*

Se você tiver uma cláusula de elementos obrigatórios (`parent ::= first second`), então Funções Aninhadas funcionam bem. Os argumentos de uma Função Aninhada podem casar com os elementos da regra diretamente. Se você tem tipagem forte, logo um autocompletar ciente de tipos pode sugerir os itens corretos para cada local.

Uma lista com elementos opcionais (`parent ::= first maybeSecond? maybeThird?`) é mais desconfortável para usarmos Função Aninhada, pois você pode facilmente terminar com uma explosão combinatória de possibilidades. Nesse caso, o Encadeamento de Métodos normalmente funciona melhor, pois a chamada a um método indica qual elemento você está usando. O elemento complicado com o Encadeamento de Métodos reside no fato de você precisar trabalhar um pouco para garantir que tenha apenas um uso de cada item na regra.

Uma cláusula com múltiplos itens do mesmo subelemento (`parent ::= child*`) funciona bem com uma Lista de Literais. Se a expressão define sentenças no nível mais alto de sua linguagem, então esse é um dos poucos lugares em que considero usar uma Sequência de Funções.

Com múltiplos elementos de diferentes subelementos (`parent ::= (this | that | theOther)*`), eu voltaria ao Encadeamento de Métodos, dado que, mais uma vez, o nome do método é um bom sinal de para qual elemento você está olhando.

Um conjunto de subelementos é um caso comum que não funciona bem com uma BNF. Aqui é onde você tem múltiplos filhos, mas cada filho pode aparecer no máximo uma vez. Você também pode pensar nisso como uma lista obrigatória, na qual os filhos podem aparecer em qualquer ordem. Um Mapa Literal é a escolha lógica aqui; o problema que você normalmente encontrará é a falta de habilidade de comunicar e de garantir os nomes corretos das chaves.

Regras gramaticais para a forma ao-menos-um (`parent ::= child+`) prestam-se bem para as construções das DSLs internas. A melhor aposta é usar as formas gerais de múltiplos elementos e verificar por ao menos uma chamada durante a análise sintática.

4.6 Fechos (*closures*)

Fechos são recursos de linguagem de programação que já existem a um bom tempo em alguns círculos de linguagens de programação (como Lisp e Smalltalk), mas apenas recentemente começaram a aparecer em linguagens mais amplamente utilizadas. Eles aparecem sob diversos nomes (lambdas, blocos, funções anônimas). Uma breve descrição do que fazem é a seguinte: permitem que você obtenha algum código internalizado e empacote-o em um objeto que pode ser passado de um lado para outro e que pode ser avaliado sempre que você achar adequado. (Se você ainda não os encontrou, deve ler *Fecho (397)*).

Em DSLs internas, usamos fechos como *Fechos Aninhados (403)* dentro de scripts DSL. Um Fecho Aninhado possui três propriedades que o tornam útil para o uso em DSLs: aninhamento interno, avaliação tardia e variáveis de escopo limitado.

Quando falei anteriormente acerca de uma *Função Aninhada (357)*, disse que um de seus melhores recursos era que ela permitia a captura da natureza hierárquica da DSL de uma maneira que é significativa para a linguagem de programação hospedeira, em vez de sugerir a hierarquia com endentação, como você precisa fazer com as *Sequências de Funções (351)* e com o *Encadeamento de Métodos (373)*. Um Fecho Aninhado também possui tal propriedade, com a vantagem adicional de ser possível inserir qualquer código internalizado dentro do aninhamento – daí o termo **aninhamento internalizado**. A maioria das linguagens possui restrições acerca do que se pode colocar nos argumentos de uma função, de maneira a limitar o que você pode escrever em uma Função Aninhada, mas um Fecho Aninhado permite a quebrar essas limitações. Assim, é possível não só aninhar estruturas mais complicadas, como permitir uma Sequência de Funções dentro de um Fecho Aninhado de uma maneira que não seria possível dentro de uma Função Aninhada. Existe também uma vantagem acerca do fato de que muitas linguagens facilitam o aninhamento sintático de múltiplas linhas dentro de um Fecho Aninhado do que dentro de uma Função Aninhada.

A **avaliação tardia** é talvez o recurso mais importante que os Fechos Aninhados fornecem. Com uma Função Aninhada, os argumentos para a função são avaliados antes que a função que envolve tais argumentos seja chamada. Algumas vezes isso é útil, mas, outras vezes (como no exemplo da canção *Old MacDonald*), isso é confuso. Com um Fecho Aninhado, você tem controle completo sobre quando os fechos são avaliados. Você pode alterar a ordem de avaliação, não avaliar alguns deles ou armazenar todos os fechos para uma avaliação posterior. Isso torna-se particularmente útil quando o *Modelo Semântico (159)* tem um forte controle sobre a maneira como um programa executa – uma forma de modelo que chamo de *Modelo Adaptativo (487)* e que descreverei em muito mais detalhes no capítulo "Modelos computacionais alternativos", p. 113. Nesses casos, uma DSL pode incluir seções de código hospedeiro dentro da DSL e colocar esses blocos de código no Modelo Semântico. Isso permite que você misture código DSL e hospedeiro de maneira mais livre.

A propriedade final é que um Fecho Aninhado permite introduzir novas variáveis cujo escopo está limitado a esse fecho. Ao usar **variáveis de escopo limitado**, pode ser mais fácil ver sobre o que os métodos da linguagem estão agindo.

Agora é um bom momento para um exemplo que ilustre um pouco disso. Iniciarei com outro exemplo para o construtor de computadores.

```
#ruby...
  ComputerBuilder.build do |c|
    c.processor do |p|
      p.cores 2
      p.i386
      p.speed 2.2
    end
    c.disk do |d|
      d.size 150
    end
    c.disk do |d|
      d.size 75
      d.speed 7200
      d.sata
    end
  end
```

(Uso Ruby aqui, dado que Java não possui fechos, enquanto a sintaxe de fechos de C# é um pouco ruidosa demais e, logo, não mostraria realmente o valor de um Fecho Aninhado.)

Aqui vemos um bom exemplo de aninhamento internalizado. Ambas as chamadas a `processor` (processador) e a `disk` (disco) contêm códigos que são diversas sentenças de Ruby. Isso também ilustra variáveis de escopo limitado para o computador, processador e discos. Essas variáveis adicionam um pouco de ruído, mas podem facilitar a visualização de quais objetos estão sendo manipulados em cada lugar. Isso também significa que esse código não precisa de funções globais, nem de *Escopo de Objeto (385)*, pois funções como `speed` (velocidade) são definidas nas variáveis de escopo limitado (que, por sua vez, são *Construtores de Expressões (343)*).

Com uma DSL como a configuração de computadores, não existe na verdade muita necessidade de avaliação tardia. Essa propriedade dos fechos aparece mais quando você quer embutir partes do código hospedeiro na estrutura de um modelo.

Considere um exemplo no qual você queira usar um conjunto de regras de validação. Comumente, em um ambiente orientado a objetos pensamos em um objeto ser válido ou não, e pensamos ter algum código em algum lugar para verificar sua validade. A validação pode ser mais elaborada, pois ela frequentemente é contextual – você valida um objeto de forma a fazer algo. Se estiver buscando por dados de uma pessoa, posso ter diferentes regras de validação para verificar se essa pessoa é elegível para uma política de seguro em vez de outra. Posso especificar as regras em um formato de DSL tal como:

```
// C#...
class ExampleValidation : ValidationEngineBuilder {
  protected override void build() {
    Validate("Annual Income is present")
      .With(p => p.AnnualIncome != null);
    Validate("positive Annual Income")
      .With(p => p.AnnualIncome >= 0);
```

Nesse exemplo, o conteúdo da chamada a função With (com) é um fecho que recebe uma pessoa como parâmetro e contém código C# arbitrário. Esse código pode ser armazenado no Modelo Semântico e executado quando o modelo for executado – o que fornece bastante flexibilidade na escolha de suas validações.

Fecho Aninhado é um padrão de DSL muito útil, mas com frequência é frustrantemente incômodo usá-lo. Muitas linguagens (como Java) não oferecem suporte para fechos. Você pode contornar essa falta de fechos com outras técnicas, como ponteiros de funções em C ou objetos de comando em uma linguagem OO. Essas técnicas são valiosas para oferecer suporte a Modelos Adaptativos em tais linguagens. Entretanto, esses mecanismos requerem uma grande quantidade de sintaxe de difícil manuseio que pode adicionar muito ruído a uma DSL.

Mesmo linguagens que oferecem suporte ao uso de fechos frequentemente o fazem com uma sintaxe complicada. A sintaxe de C# vem melhorando ao longo das versões, mas ainda não é tão clara como eu gostaria. Estava acostumado à sintaxe bastante clara de fechos de Smalltalk. A sintaxe de fechos em Ruby é quase tão clara quanto a de Smalltalk, o que justifica por que os Fechos Aninhados são tão comuns em Ruby. Estranhamente, Lisp, apesar de seu suporte de primeira classe para fechos, também possui uma sintaxe complicada para expressá-los – que os trata através de macros.

4.7 Manipulação de árvores de análise sintática

Já que invoquei o nome de Lisp e de suas macros, existe uma transição natural para *Manipulação de Árvores de Análise Sintática (455)*. A transição existe por causa das macros de Lisp – que são amplamente usadas para tornar os fechos mais

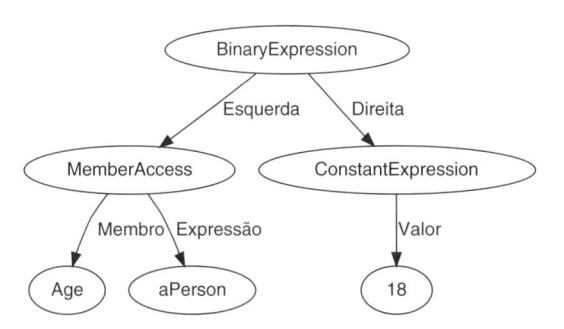

```
                    BinaryExpression
                   /                \
              Esquerda            Direita
                 /                    \
         MemberAccess           ConstantExpression
          /      \                     |
      Membro  Expressão              Valor
        /         \                    |
      Age        aPerson              18
```

Figura 4.2   *Representação da árvore de análise sintática de* `aPerson.Age > 18`.

agradáveis sintaticamente, mas que talvez encontrem seu poder maior no fato de serem capazes de fazer alguns truques muito espertos de escrita de código.

A ideia básica por trás da Manipulação de Árvores de Análise Sintática é obter uma expressão na linguagem de programação hospedeira e, em vez de avaliá-la, obter seu resultado – considerar a árvore de análise sintática como um dado. Considere a seguinte expressão em C#: `aPerson.Age > 18` (se a idade de uma pessoa é maior que 18). Se eu obtiver essa expressão com uma vinculação para a variável `aPerson` (uma pessoa) e avaliá-la, obterei um resultado booleano. Uma alternativa, disponível em algumas linguagens, é processar essa expressão para produzir a árvore de análise sintática para a expressão (Figura 4.2).

Quando tenho a árvore de análise sintática dessa forma, posso manipulá-la em tempo de execução para fazer várias coisas interessantes. Um exemplo é percorrer a árvore de análise sintática e gerar uma consulta em outra linguagem de consulta, tal como SQL. Isso é essencialmente o que a linguagem Linq do.NET faz. Linq permite que você expresse muitas consultas SQL em C#, o que muitos programadores preferem.

A força da Manipulação de Árvores Sintáticas está em lhe permitir escrever expressões na linguagem hospedeira para serem então convertidas em diferentes expressões que preenchem o *Modelo Semântico (159)* de algumas maneiras além de apenas armazenar o fecho.

No caso de C# acima, essa manipulação é feita com uma representação de um modelo de objetos da árvore de análise sintática. No caso de Lisp, a manipulação é feita por transformações de macro no código-fonte Lisp. Lisp é bastante adequada para isso porque a estrutura de seu código-fonte é muito próxima da árvore de análise sintática. A Manipulação de Árvores Sintáticas é mais amplamente usada em Lisp para o trabalho de DSLs – tanto é que os programadores Lisp normalmente lamentam a falta de macros em outras linguagens. Minha visão é que manipular um modelo de objetos da árvore de análise sintática no estilo de C# é uma maneira mais eficaz de fazer Manipulação de Árvores Sintáticas do que a partir das macros de Lisp – apesar de isso poder ser devido à minha falta de prática com o processamento de macros de Lisp.

Independentemente do mecanismo que você usar, a próxima questão é o quanto a Manipulação de Árvores Sintáticas é importante como uma técnica para DSLs. Um uso bastante proeminente é em Linq – uma tecnologia da Microsoft que permite expressar condições de consulta em C# e convertê-las em diferentes linguagens de busca para diversas estruturas de dados-alvo. Dessa maneira, uma consulta C# pode ser transformada em SQL para bases de dados relacionais e em XPath para estruturas XML, ou ser mantida em C# para estruturas C# em memória. É essencialmente um mecanismo que permite que o código de uma aplicação realize tradução de código em tempo de execução gerando código arbitrário a partir de expressões C#.

A Manipulação de Árvores Sintáticas é uma técnica poderosa, mas um tanto complexa, que não possuía muito suporte de linguagem no passado, mas que atualmente vem obtendo muito mais atenção devido ao seu suporte em C# 3 e em Ruby. Como se trata de uma técnica relativamente nova (ao menos fora do mundo Lisp), é difícil avaliar o quanto ela é realmente útil. Minha percepção atual é que ela é uma técnica marginal – raramente necessária, mas muito útil em situações nas quais surge a necessidade. Traduzir consultas para múltiplos alvos de dados da maneira que Linq faz é um exemplo perfeito de sua utilidade; o tempo dirá que outras aplicações podem surgir.

4.8 Anotações

Quando a linguagem C# foi lançada, muitos programadores zombaram que ela era realmente apenas um Java requentado. Eles tinham um argumento, apesar de não existir a necessidade de zombar de uma implementação bem executada de ideias comprovadas. Entretanto, um exemplo de um recurso que não foi uma cópia de ideias da corrente principal de pensamento foram os atributos, um recurso de linguagem posteriormente copiado por Java sob o nome de *Anotações (445)*. (Usarei o nome Java porque "atributo" é um termo muito sobrecarregado em programação.)

Uma Anotação permite a um programador adicionar metadados a construções de programação, tais como classes e métodos. Essas anotações podem ser lidas durante a compilação ou em tempo de execução.

Por exemplo, vamos supor que queiramos declarar que certos campos podem possuir apenas uma faixa válida limitada. Podemos fazer isso com uma anotação como a que segue:

```
class PatientVisit...
  @ValidRange(lower = 1, upper = 1000, units = Units.LB)
  private Quantity weight;
  @ValidRange(lower = 1, upper = 120, units = Units.IN)
  private Quantity height;
```

A alternativa óbvia a isso seria colocar código de verificação de faixas no método de escrita do campo. Entretanto, a anotação possui diversas vantagens. Ela pode ser lida mais claramente como uma restrição para o campo; facilita a verificação da faixa, seja quando o campo é escrito ou em um passo posterior de validação de objetos; e especifica a regra de validação de uma forma que pode ser lida para configurar um componente de interface gráfica com o usuário.

Algumas linguagens fornecem um recurso específico para tais faixas de números (lembro-me que Pascal o fazia). Você pode pensar nas Anotações como uma maneira de estender a linguagem para oferecer suporte a novas palavras-chave e novos recursos. De fato, mesmo palavras-chave existentes poderiam ter sido mais bem implementadas com Anotações – a partir de uma implementação do zero, eu argumentaria que os modificadores de acesso (private, public, etc.) seriam melhores dessa forma.

Como as Anotações são tão fortemente vinculadas à linguagem hospedeira, elas são adequadas para DSLs fragmentárias e não para DSLs autossuficientes. Em particular, elas são boas para fornecer uma sensação de forte integração de adição de melhorias específicas de domínio à linguagem hospedeira.

As similaridades entre as anotações de Java e os atributos do .NET são bastante claras, mas existem outras construções de linguagem que parecem diferentes, embora façam essencialmente o mesmo. Aqui está a maneira de Ruby on Rails de especificar um limite superior para o tamanho de uma string:

```
class Person
  validates_length_of :last_name, :maximum => 30
```

A sintaxe é diferente, uma vez que você indica em qual o campo a validação deve ser aplicada fornecendo o nome do campo (:last_name) (no caso, sobrenome) em vez de colocar as Anotações próximas ao campo. A implementação também é diferente porque é na verdade um método da classe que é executado quando a classe é carregada no sistema de tempo de execução, em vez de um recurso de linguagem em particular. Apesar dessas diferenças, essa maneira ainda trata da adição de metadados aos elementos de programas, e é usada de uma maneira similar às Anotações. Então acredito que é razoável considerá-la essencialmente o mesmo conceito.

4.9 Extensão de literais

Uma das coisas que tem causado um aumento recente no interesse sobre as DSLs é o uso de expressões DSL em Ruby on Rails. Um exemplo comum dessas expressões DSL é um fragmento como 5.days.ago (cinco dias atrás). A maioria dessa expressão é um *Encadeamento de Métodos (373)*, como já vimos. A parte nova é o fato de que a cadeia inicia com um literal inteiro. A parte complicada aqui é que os inteiros são fornecidos pela linguagem ou por bibliotecas padrão. De forma a iniciar uma cadeia como essa, você precisa usar uma *Extensão de Literal (481)*. Para fazer isso, é necessário conseguir adicionar métodos a classes externas de bibliotecas – que podem ou não ser um recurso da linguagem hospedeira. Java, por exemplo, não oferece suporte a isso. C# (por meio de métodos de extensão) e Ruby o fazem.

Um dos perigos da Extensão de Literais é que ela adiciona métodos globalmente, embora só devesse ser usada dentro do contexto frequentemente limitado do uso em DSLs. Esse é um problema em Ruby, além do fato de não existir um mecanismo simples na linguagem para possibilitar a descoberta de onde a extensão foi adicionada. C# trata isso colocando os métodos de extensão em um espaço de nomes que você precisa importar explicitamente antes de poder usá-los.

Extensões Literais são uma daquelas coisas que você não precisa usar muito frequentemente, mas podem ser muito úteis quando você precisar delas – elas realmente dão um senso de customização da linguagem para o seu domínio.

4.10 Reduzindo o ruído sintático

O ponto das DSLs internas é que elas são simplesmente expressões na linguagem hospedeira, escritas de uma maneira que as torna fáceis de serem lidas como uma linguagem. Uma das consequências desse formato é que trazem com elas a estrutura sintática da linguagem hospedeira. De algumas maneiras isso é bom, pois fornece uma sintaxe familiar a muitos programadores, mas outros acham parte da sintaxe incômoda.

Uma maneira de reduzir o fardo resultante dessa sintaxe é escrever trechos de DSL em uma sintaxe bastante próxima à linguagem hospedeira, mas não exatamente a mesma, e então usar substituição de texto simples para convertê-la para a linguagem hospedeira. Esse *Polimento Textual (477)* pode converter uma frase como 3 hours ago (3 horas atrás) para 3.hours.ago ou, mais ambiciosamente, 3% if value at·least $30000 (3% se o valor for ao menos $ 30.000) to percent(3).when.minimum(30000).

Embora seja uma técnica que já vi descrita algumas vezes, tenho de dizer que não sou um grande fã dela. As substituições tornam-se elaboradas muito rapidamente, e quando isso acontece é muito mais fácil usar uma DSL externa completa.

Outra abordagem é usar coloração de sintaxe. A maioria dos editores de texto fornece esquemas de gerenciamento de cores de texto. Quando estiver se comunicando com especialistas em domínio, você pode usar um esquema especial que tira a ênfase de qualquer ruído sintático, por exemplo, colorindo-o com um cinza-claro em um fundo branco. Você pode até mesmo ir mais longe, de forma a fazer tais ruídos desaparecerem colorindo-os na mesma cor do fundo.

4.11 Recepção dinâmica

Uma das propriedades de linguagens dinâmicas como Smalltalk ou Ruby é que elas processam as invocações de métodos em tempo de execução. Como consequência, se você escrever aPerson.name (nome de uma pessoa) e nenhum método name estiver definido para pessoas, o código compilará tranquilamente e apenas levantará um erro em tempo de execução (diferentemente de C# ou de Java, em que você receberá um erro de compilação). Embora muitos vejam isso como um problema, os usuários de linguagens dinâmicas podem se beneficiar disso.

O mecanismo comum usado por essas linguagens é tratar tal chamada inesperada encaminhando-a para um método especial. A ação padrão desse método especial (method_missing em Ruby e doesNotUnderstand em Smalltalk) é lançar um erro, mas os programadores podem sobrescrever o método para fazer outras coisas. Eu chamo essa sobrescrita de *Recepção Dinâmica (427)*, dado que você está fazendo uma escolha dinâmica (em tempo de execução) sobre o que é um método que pode ser válido para aceitar. A Recepção Dinâmica pode levar a diversos idiomas úteis em programação, particularmente quando você está usando procuradores onde frequentemente quer envolver um objeto e fazer algo com suas invocações de métodos sem precisar saber exatamente que métodos estão sendo chamados.

Ao trabalhar com DSLs, um uso comum de Recepção Dinâmica é mover informações de argumentos de métodos para o nome do método propriamente dito. Um bom exemplo disso são os localizadores dinâmicos do Registro Ativo de Rails. Se você possui uma classe que representa pessoas com um campo `firstname` (nome), você pode querer buscar pessoas por seus nomes. Em vez de definir um método `find` (buscar) para cada campo, você pode ter um método de busca genérico que recebe o nome do campo como argumento: `people.find_by("firstname", "martin")`. Isso funciona, mas parece um pouco estranho porque você esperaria que "firstname" fizesse parte do nome do método em vez de ser um parâmetro. A Recepção Dinâmica permite escrever `people.find_by_firstname("martin")` sem ter de definir o método previamente. Você sobrescreve o tratador de método ausente para ver se o método invocado inicia com `find_by` (buscar por), processa o nome para extrair o nome do campo e transforma a chamada em uma chamada para o método completamente parametrizado. Você pode fazer tudo isso em um método, ou em métodos separados, como em `people.find.by.firstname("martin")`.

O ponto crucial da Recepção Dinâmica é que ela dá a opção de mover informações dos parâmetros para o nome dos métodos, o que pode, em alguns casos, tornar as expressões mais fáceis de serem lidas e entendidas. O perigo é que ela tem um poder limitado – você não quer ficar criando estruturas complicadas em uma sequência de nomes de métodos. Se precisar de qualquer coisa mais complicada que uma simples lista de coisas, considere usar algo mais estruturado (como uma *Função Aninhada (357)* ou um *Fecho Aninhado (403)*) em vez disso. A Recepção Dinâmica também funciona melhor quando você está fazendo o mesmo processamento básico com cada chamada, tal como construindo uma consulta baseada no nome de propriedades. Se você está tratando chamadas recebidas dinamicamente de maneira diferente (i.e., você tem código diferente para processar `firstname` [nome] e `lastname` [sobrenome]), então você deveria escrever métodos explícitos em vez de depender de Recepção Dinâmica.

4.12 Fornecendo verificação de tipos

Depois de ter visto algo que requer uma linguagem dinâmica, é hora de voltar ao mundo das linguagens estáticas e olhar algumas maneiras de se beneficiar da verificação estática de tipos.

Existe um debate longo, e potencialmente interminável, sobre se é melhor ter verificação estática de tipos em uma linguagem ou não. Eu realmente não quero reiniciar esse debate aqui. Muitas pessoas consideram valiosa a verificação de tipos em tempo de compilação, enquanto outros afirmam que você não encontrará muitos erros oriundos de tal verificação de tipos que não seriam capturados por bons testes – que sempre são necessários.

Existe um segundo argumento a favor do uso de tipagem estática. Um dos grandes benefícios das IDEs modernas é que elas fornecem um suporte excelente baseado em tipos estáticos. Posso digitar o nome de uma variável, pressionar uma combinação de teclas de controle e obter uma lista de métodos que posso invocar nessa variável, baseado no tipo da variável. A IDE pode fazer isso porque ela conhece os tipos dos símbolos no código.

A maioria dos símbolos similares em uma DSL, entretanto, não possui esse suporte, porque precisamos representá-los como strings ou como tipos de dados de símbolos e mantê-los em nossa tabela de símbolos. Considere o seguinte fragmento de Ruby do exemplo da segurança gótica (p. 14):

```
state :waitingForLight do
  transitions :lightOn => :unlockedPanel
end
```

Aqui `:waitingForLight` (esperando pela luz) é um tipo de dados de símbolo. Se fôssemos traduzir esse código para Java, veríamos algo como:

```
state("waitingForLight")
    .transition("lightOn").to("unlockedPanel");
```

Mais uma vez, nossos símbolos são simplesmente strings primitivas. Preciso envolver `waitingForLight` em um método de forma que eu possa encadear outros métodos nele. Quando estou entrando no estado-alvo, preciso digitar `unlockedPanel` (painel destrancado) e não selecionar a partir de uma lista de estados com o mecanismo de autocompletar de uma IDE.

O que eu preferia ter seria o seguinte:

```
waitingForLight
    .transition(lightOn).to(unlockedPanel)
    ;
```

Isso não apenas possui uma melhor legibilidade, evitando o método state (estado) e aspas ruidosas; eu também tiro proveito do mecanismo de autocompletar ciente de tipos para meus eventos disparadores e para os estados-alvo. Posso fazer uso completo dos recursos da IDE.

Para fazer isso, preciso de uma maneira de declarar os tipos de símbolos (como state, command, e event – estado, comando e evento, respectivamente) no meu mecanismo de processamento de DSL, e então declarar os símbolos que uso em um script DSL em particular (como lightOn – luz acessa – ou waitingForLight – esperando pela luz). Uma maneira de fazer isso é usando uma *Tabela de Símbolos de Classe (467)*. Nessa abordagem, o processador DSL define cada tipo de símbolo em uma classe. Quando escrevo um script, o coloco em uma classe e declaro campos para os meus símbolos. Então, para definir uma lista de estados, inicio criando uma classe States (Estados) para o tipo do símbolo. Defino os estados usados em um script para uma declaração de campo.

```
Class BasicStateMachine...
  States idle, active, waitingForLight, waitingForDrawer, unlockedPanel;
```

O resultado, como muitas outras construções de DSL, parece um pouco estranho. Em geral, nunca defenderia o uso de um nome no plural para uma classe como a usada para States. Ainda assim, isso resulta em uma experiência de edição que se integra de forma muito mais próxima à experiência geral de programação em Java.

Capítulo 5

Implementando uma DSL externa

Com DSLs internas, você pode fazer muitas coisas para definir uma linguagem que tenha um fluxo ilusório, mas no fim das contas você está sempre limitado por ter de estar em conformidade com a estrutura sintática da linguagem hospedeira. As DSLs externas fornecem uma liberdade sintática maior – a habilidade de usar qualquer sintaxe que você goste.

Implementar uma DSL externa difere de implementar DSLs internas porque o processo de análise sintática opera em texto puro de entrada que não está restrito a qualquer linguagem em particular. As técnicas que usamos para analisar texto sintaticamente são aquelas que têm sido usadas há décadas na análise sintática de linguagens de programação. Existe também uma comunidade de linguagem atuante há muito tempo no desenvolvimento dessas ferramentas e técnicas.

Mas existe uma pegadinha. As ferramentas e escritas da comunidade de linguagens de programação quase sempre assumem que você está trabalhando com uma linguagem de propósito geral. As DSLs têm sorte se receberem uma menção de passagem. Embora muitos dos princípios se apliquem igualmente às linguagens de propósito geral e às específicas de domínio, há diferenças. Além disso, você não precisa entender tanto para trabalhar com DSLs, o que, essencialmente, significa que você não precisa passar por toda a curva de aprendizado pela qual precisaria passar para uma linguagem de propósito geral.

5.1 Estratégia de análise sintática

Quando estamos analisando uma DSL externa sintaticamente, precisamos obter um fluxo de texto e quebrá-lo em algum tipo de estrutura para que possamos descobrir o que o texto diz. Essa estruturação inicial é chamada de análise sintática. Vamos considerar o código a seguir, que poderia ser uma variação da programação da minha máquina de estados introdutória ("Segurança gótica", p. 3).

```
event doorClosed    D1CL
event drawerOpened  D2OP
command unlockPanel PNUL
command lockPanel   PNLK
```

A análise sintática trata de reconhecer que a linha `event doorClosed D1CL` é uma definição de evento e distingui-la de uma definição de comando.

A maneira mais fácil de fazer isso é uma que, estou certo disso, você já fez, mesmo que nunca tenha se aventurado seriamente com análise sintática. Divida o texto de entrada em linhas e então processe cada linha. Se ela iniciar com `event`, você sabe que é um evento; se iniciar com `command`, você sabe que é um comando. Você pode então quebrar a linha sucessivamente para descobrir as partes-chave da informação. A esse estilo dou o nome de *Tradução Dirigida por Delimitadores (201)*. A ideia geral é escolher alguns caracteres delimitadores que quebrem a entrada em sentenças (normalmente quebras de linha), dividir a entrada em sentenças usando tais delimitadores e então passar cada fragmento em um passo de processamento separado para descobrir o que está na linha. Normalmente existe algum marcador claro na linha que lhe diz com que tipo de sentença você está lidando.

A Tradução Dirigida por Delimitadores é muito simples de ser usada e utiliza ferramentas que a maioria dos programadores conhece – quebras de strings e expressões regulares. Sua limitação é que ela não dá a você qualquer maneira inerente de lidar com o contexto hierárquico de sua entrada.

Vamos assumir que eu formulasse minhas definições da seguinte forma:

```
events
  doorClosed    D1CL
  drawerOpened  D2OP
end

commands
  unlockPanel  PNUL
  lockPanel    PNLK
end
```

Agora quebrar em linhas não é o suficiente. Não existe informação suficiente na linha `doorClosed D1CL` para dizer se esse é um evento ou um comando que estou definindo. Há maneiras de fazer isso (e exploro uma delas em um exemplo para Tradução Dirigida por Delimitadores), mas você terá de fazer sozinho. Quanto mais contexto hierárquico você tiver, mais esforço precisará ser despendido para que você mesmo seja capaz de gerenciá-lo.

De forma a manipular DSLs com esse tipo de estrutura, o próximo passo é usar a *Tradução Dirigida por Sintaxe (219)*. Nessa técnica, primeiro definimos uma gramática formal para a linguagem de entrada, como, por exemplo:

```
list : eventList commandList;
eventList : 'events' eventDec* 'end';
eventDec : identifier identifier;
commandList : 'commands' commandDec* 'end';
commandDec : identifier identifier;
```

Se você já leu algum livro sobre linguagens de programação, já encontrou a noção de uma gramática. Uma gramática é uma maneira de definir a sintaxe válida de uma linguagem de programação. Gramáticas são quase sempre escritas em alguma forma de *BNF (229)*. Cada linha é uma regra de produção; ela define um nome seguido pelos elementos válidos dessa regra. Então, no exemplo acima, a linha `list : eventList commandList;` diz que o elemento `list` (lista) consiste em um `eventList` (lista de eventos) seguido de um `commandList` (lista de comandos). Itens entre aspas são literais, e um "*" indica que o elemento precedido por ele pode aparecer múltiplas vezes. Então `eventList : 'events' eventDec* 'end'`; diz que uma lista de eventos consiste na palavra events (eventos) seguida por algum número de eventDecs (declarações de eventos), seguido da palavra end (fim).

Uma gramática é uma boa maneira de pensar acerca da sintaxe de uma linguagem, esteja você usando Tradução Dirigida por Sintaxe ou não. Na verdade, é útil para pensar sobre DSLs internas também, como ilustrado pela minha tabela para elementos de DSLs internas ("Usando gramáticas para escolher elementos internos", p. 79). Ela funciona particularmente bem para Tradução Dirigida por Sintaxe porque você pode traduzi-la de uma maneira um tanto mecânica em um analisador sintático.

O tipo de analisador sintático gerado a partir da Tradução Dirigida por Sintaxe é bastante capaz de lidar com estruturas hierárquicas como essas; afinal, esse tipo de coisa é essencial para linguagens de propósito geral. Como consequência, você pode tratar muitas coisas complicadas com a Tradução Dirigida por Delimitadores muito mais facilmente.

Como você vai de uma gramática para um analisador sintático? Conforme mencionado anteriormente, é um processo um tanto mecânico, e há várias maneiras de converter uma BNF em algum tipo de algoritmo de análise sintática. Existem muitos anos de pesquisa relacionados a isso, e essa pesquisa engloba muitas técnicas. Neste livro, selecionei três abordagens amplas.

O uso de um *Analisador Sintático Descendente Recursivo (245)* é uma maneira clássica de realizar essa conversão. O algoritmo descendente recursivo é uma abordagem de análise sintática fácil de ser entendida, que recebe cada regra gramatical e a converte em uma representação de fluxo de controle dentro de uma função. Cada regra na gramática se converte em uma função no analisador sintático, e existem padrões claros que você deve seguir para converter cada operador da BNF em fluxo de controle.

Uma maneira mais moderna é o *Combinador de Analisadores Sintáticos (255)*. Aqui cada regra é convertida em um objeto, e compomos os objetos em uma estrutura que espelha a gramática. Você ainda precisa dos elementos do Analisador Sintático Descendente Recursivo, mas eles são empacotados em objetos combinadores que você pode simplesmente compor juntos. Isso permite implementar uma gramática sem conhecer os detalhes dos algoritmos de Análise Sintática Descendente Recursiva.

A terceira opção faz muito do que esse livro trata. Um *Gerador de Analisadores Sintáticos (269)* recebe um tipo de BNF e o usa como uma DSL. Você escreve sua gramática nessa DSL, e o Gerador de Analisadores Sintáticos então gera um analisador sintático para você.

O Gerador de Analisadores Sintáticos é a abordagem mais sofisticada; tais ferramentas são muito maduras e podem lidar com linguagens complexas de maneira muito eficaz. Usar uma BNF como uma DSL facilita a compreensão e a manutenção da linguagem, dado que sua sintaxe é claramente definida e automaticamente vinculada ao analisador sintático. A desvantagem é que eles demoram um tempo para aprender, e uma vez que eles usam, em sua maioria, geração de código, eles complicam o processo de construção. Você também pode não ter um bom Gerador de Analisadores Sintáticos disponível para sua plataforma de linguagem, e não é comum você mesmo escrever um deles.

Um Analisador Sintático Descendente Recursivo pode ser menos poderoso e eficaz, mas é poderoso e eficiente para uma DSL. Logo, ele é uma opção razoável se o Gerador de Analisadores Sintáticos não estiver disponível, ou se ele for muito peso-pesado para ser introduzido no desenvolvimento. O maior problema com os Analisadores Sintáticos Descendentes Recursivos é que a gramática se perde no fluxo de controle, o que torna o código muito menos explícito do que eu gostaria.

Como resultado, prefiro o Combinador de Analisadores Sintáticos para casos nos quais você não pode ou não quer usar um Gerador de Analisadores Sintáticos. Um Combinador de Analisadores Sintáticos segue basicamente o mesmo algoritmo de um Analisador Sintático Descendente Recursivo, mas permite representar a gramática explicitamente no código que compõe os combinadores entre si. Embora esse código possa não ser tão claro quanto uma BNF real, ele pode ficar bastante próximo – particularmente se você introduzir técnicas de DSLs internas.

Com qualquer uma dessas três técnicas, a Tradução Dirigida por Sintaxe facilita muito a manipulação de linguagens que possuem algum tipo de estrutura em detrimento da Tradução Dirigida por Delimitadores. A maior desvantagem da Tradução Dirigida por Sintaxe é que esta técnica não é tão conhecida como deveria. Muitos têm a impressão de que usá-la é muito difícil. Acredito que esse medo frequentemente vem do fato de que a Tradução Dirigida por Sintaxe em geral é descrita no contexto de análise sintática de linguagens de propósito geral – o que introduz muitas complexidades que você não encontra com uma DSL. Espero que esse livro o encoraje a tentar e a trabalhar com Tradução Dirigida por Sintaxe por você mesmo, e você descobrirá que realmente não é tão difícil assim.

Para a maioria desse livro, usarei algum Gerador de Analisadores Sintáticos. Acredito que a maturidade das ferramentas e a definição explícita das gramáticas facilitam a abordagem dos vários conceitos que quero explicar. Em particular, uso um Gerador de Analisadores Sintáticos chamado ANTLR – uma ferramenta de código aberto madura, amplamente disponível. Uma de suas vantagens é que trata-se de uma forma sofisticada de um Analisador Sintático Descendente Recursivo, ou seja, ela funciona bem com o entendimento que você pode obter com o uso de um Analisador Sintático Descendente Recursivo ou de um Combinador de Analisadores Sintáticos. Particularmente, se você é novo no assunto de Tradução Dirigida por Sintaxe, acredito que o ANTLR é um bom local para começar.

5.2 Estratégia de produção de saída

Quando queremos analisar sintaticamente alguma entrada, precisamos saber o que queremos fazer com o resultado – qual será a nossa saída? Já argumentei que, na maioria das vezes, a saída que devemos construir é um *Modelo Semântico (159)*, o qual podemos então ou interpretar diretamente ou usar como entrada para a geração de código. Não vou refazer esse argumento mais uma vez agora, apenas gostaria de dizer que essa é, imediatamente, uma diferença significativa para as premissas subjacentes que você pode encontrar na comunidade estabelecida de linguagens.

Dentro dessa comunidade, existe uma forte ênfase na geração de código, e os analisadores sintáticos costumam ser construídos para produzir diretamente o código de saída sem nenhum Modelo Semântico em vista. Essa é uma abordagem racional para as linguagens de propósito geral, mas não é a abordagem que sugiro para as DSLs. Essa diferença é importante de se manter em mente quando se lê material produzido pela comunidade de linguagens – que inclui a maioria da documentação de ferramentas como os *Geradores de Analisadores Sintáticos (269)*.

Como nossa saída é um Modelo Semântico, nossas opções se restringem a usar um ou dois passos. O caminho de um único passo é a *Tradução Embutida (299)*, na qual você coloca chamadas diretamente no analisador sintático para criar o Modelo Semântico durante o processo de análise sintática. Nessa abordagem, você constrói gradualmente o Modelo Semântico enquanto está passando pelo processo de análise sintática. Tão logo você tenha entendido o suficiente da entrada para reconhecer uma parte do Modelo Semântico, vai em frente e a cria. Frequentemente precisará de alguns dados intermediários de análise sintática antes de poder de fato criar os objetos no Modelo Semântico – isso normalmente envolve armazenar algumas informações em *Tabelas de Símbolos (165)*.

A rota alternativa é a rota de dois passos – *Construção de Árvore (281)*. Nessa abordagem, você analisa o texto de entrada e produz uma árvore sintática que captura a estrutura essencial desse texto. Você também preenche uma Tabela de Símbolos para tratar de referências cruzadas entre diferentes partes da árvore. Você então executa uma segunda fase que percorre a árvore sintática e preenche o Modelo Semântico.

A grande vantagem de usar a Construção de Árvore é que esse procedimento divide a tarefa de análise sintática em duas tarefas mais simples. Enquanto você está reconhecendo o texto de entrada, pode focar apenas em como construir a árvore sintática. Na verdade, muitos Geradores de Analisadores Sintáticos fornecem uma DSL para construir a árvore que simplifica ainda mais essa parte do processo. Percorrer a árvore para preencher o Modelo Semântico é, então, um exercício de programação mais regular, e você tem a árvore inteira para examinar de forma a determinar o que fazer. Se você já escreveu código para processar XML, pode fazer uma ligação entre a Tradução Embutida ao uso de SAX e da Construção da Árvore ao uso de DOM.

Existe também uma terceira opção – a *Interpretação Embutida (305)*. A Interpretação Embutida executa um processo de interpretação durante a análise sintática, e sua saída é o resultado final. Um exemplo clássico da Interpretação Embutida é uma calculadora que recebe expressões aritméticas e produz uma resposta como resultado. Logo, a Interpretação Embutida não produz um Modelo Semântico. Apesar de a Interpretação Embutida aparecer de tempos em tempos, ela é um caso raro.

Você pode usar também a Interpretação Embutida e a Construção de Árvore sem um Modelo Semântico; na verdade, isso é bastante comum quando estiver usando geração de código. A maioria dos exemplos que você vê de Geradores de Analisadores Sintáticos usará uma delas. Apesar de fazer sentido, particularmente para casos mais simples, é uma abordagem que raramente recomendo. Em geral, acho o Modelo Semântico bastante útil.

Então, na maioria das vezes a escolha é entre a Tradução Embutida e a Construção de Árvore. Essa decisão depende dos custos e dos benefícios dessa árvore sintática intermediária. O grande benefício da Construção de Árvore é que ela divide o problema da análise sintática em dois. Normalmente, é mais fácil combinar duas tarefas simples que escrever uma tarefa mais complicada. Isso torna-se verdade com intensidade cada vez maior à medida que a complexidade do processo de tradução como um todo aumenta. Quanto mais complexa a DSL, e quanto maior sua distância em relação ao Modelo Semântico, mais útil é ter uma árvore sintática intermediária, particularmente se você tem suporte de ferramentas para criar uma árvore sintática abstrata.

Pareço estar dando um argumento convincente aqui para Construção de Árvore. Certamente, um argumento comum contra ela – a memória que a árvore sintática utiliza – desaparece quando estamos processando DSLs pequenas em equipamentos de hardware modernos. Contudo, apesar das muitas razões que favorecem a Construção de Árvore, não estou inteiramente convencido – algumas vezes sinto que construir e percorrer a árvore é mais trabalhoso que benéfico. Preciso escrever código para criar a árvore e código para percorrê-la – frequentemente, é mais fácil apenas construir o Modelo Semântico durante a análise sintática.

Então, as escolhas entram em conflito para mim. No lugar da vaga noção de que o aumento da complexidade da tradução favorece o uso da Construção de Árvore, tenho sentimentos mistos. Meu melhor conselho é tentar um pouco de cada uma e ver qual você prefere.

5.3 Conceitos de análise sintática

Se você começar a ler sobre a análise sintática e usar *Geradores de Analisadores Sintáticos (269)*, logo encontrará um monte de conceitos fundamentais dessa área. Para que a *Tradução Dirigida por Sintaxe (219)* faça sentido, você precisará entender muitos deles, ainda que não com a profundidade e amplitude que os livros tradicionais de compiladores a tratam, uma vez que estamos lidando aqui com DSLs e não com linguagens de propósito geral.

5.3.1 Análise léxica separada

Normalmente, a *Tradução Dirigida por Sintaxe (219)* é dividida em dois estágios, análise léxica (também chamada de varredura ou de *tokenização*) e análise sintática (também chamada, confusamente, de *parsing*). O estágio de análise léxica recebe o texto de entrada e o transforma em um fluxo de *tokens*. Tokens são um tipo de dado com dois atributos primários: tipo e conteúdo. Em nossa linguagem da máquina de estados, o texto state idle (estado ocioso) seria convertido em dois *tokens*:

```
[content: "state", type: state-keyword]
[content: "idle", type: identifier]
```

É bastante fácil escrever um analisador léxico usando uma *Tabela de Expressões Regulares de Análise Léxica (239)*. Ela é simplesmente uma lista de regras que casam expressões regulares com tipos de *token*. Você lê o fluxo de entrada, encontra a primeira expressão regular que casa com a entrada, cria um *token* do tipo correspondente e repete tudo isso com a próxima parte do fluxo.

O analisador sintático recebe, então, esse fluxo de *tokens* e o organiza em uma árvore sintática, baseado nas regras gramaticais. Entretanto, o fato de o analisador léxico fazer seu trabalho primeiro possui algumas consequências significativas. Primeiro, isso significa que tenho de ser cuidadoso sobre como uso meu texto. Posso ter um estado declarado como a seguir: state inital state (estado estado inicial), com a intenção de chamar meu estado de inital state (estado inicial). Isso é complicado porque, por padrão, o analisador léxico classificará o segundo "*state*" como a palavra-chave state, não como um identificador. Para evitar isso, uso algum esquema de *Análise Léxica Alternativa (319)*. Existem diversas maneiras de fazer Análise Léxica Alternativa, dependendo muito da minha ferramenta de análise sintática.

A segunda consequência disso é que os espaços em branco são geralmente descartados antes de o analisador sintático ver qualquer coisa. Isso dificulta a manipulação dos espaços em branco sintáticos. Um **espaço em branco sintático** é um espaço em branco parte da sintaxe da linguagem – como usar novas linhas como separadores de sentença – *Separadores de Novas Linhas (333)* –, ou usar endentação para indicar estrutura, aos moldes de Python.

Espaços em branco sintáticos são uma área inerentemente complicada, pois mesclam a estrutura sintática da linguagem com a formatação. De diversas maneiras, faz sentido que elas se casem – nossos olhos usam a formatação para inferir estrutura, então é vantajoso para a linguagem usar isso da mesma maneira. Entretanto, existem muitos casos limite nos quais essas duas necessidades não se alinham muito, o que introduz muitas complicações. É por isso que muitas pessoas da área de linguagens odeiam espaços em branco sintáticos. Incluí algumas informações sobre Separadores de Novas Linhas aqui, pois eles são uma forma comum de espaços em branco sintáticos, mas não tenho tempo para me aprofundar em endentação sintática, deixei apenas um tempo suficiente para algumas notas em "Endentação sintática", p. 337.

A razão pela qual o analisador léxico é separado dessa forma é que isso facilita a escrita de cada um dos elementos. É outro caso de decompor uma tarefa complicada em duas tarefas mais simples. Isso também melhora o desempenho, particularmente em equipamentos de hardware mais limitados, para os quais muitas dessas ferramentas foram originalmente desenvolvidas.

5.3.2 Gramáticas e linguagens

Se você estava com um olhar excepcionalmente afiado anteriormente, deve ter notado que falei sobre escrever *uma* gramática para uma linguagem. Muitas pessoas têm a ideia errada de que só pode existir *a* gramática para uma linguagem. Embora seja verdade que uma gramática define formalmente a sintaxe de uma linguagem, é bastante fácil fazer mais de uma gramática reconhecer a mesma linguagem.

Vamos usar a seguinte entrada, oriunda do sistema de segurança gótico:

```
events
  doorClosed  D1CL
  drawOpened  D2OP
end
```

Posso escrever uma gramática para essa entrada que se pareça com o seguinte:

```
eventBlock   : Event-keyword eventDec* End-keyword;
eventDec     : Identifier Identifier;
```

Porém, eu também poderia escrever uma gramática que se parecesse com o seguinte:

```
eventBlock   : Event-keyword eventList End-keyword;
eventList    : eventDec*
eventDec     : Identifier Identifier;
```

Ambas são gramáticas válidas para essa linguagem. Ambas reconhecerão a entrada – ou seja, converterão o texto de entrada em uma árvore de análise sintática. As árvores de análise sintática serão diferentes, e, logo, a maneira como escrevo meu código gerado de saída também será diferente.

Existem muitas razões pelas quais você pode obter gramáticas diferentes. A razão principal é que *Geradores de Analisadores Sintáticos (269)* diferentes usam gramáticas diferentes, tanto em termos de sintaxe quanto de semântica. Mesmo com um único Gerador de Analisadores Sintáticos, você pode ter gramáticas diferentes, dependendo de como você fatorar suas regras, que é a variação que mostrei acima. Tal como com qualquer outro código, você refatora suas gramáticas para torná-las mais fáceis de serem entendidas. Outro aspecto que altera como você fatora sua gramática é o código de produção de saída; frequentemente termino alterando minha gramática para facilitar a organização do código que traduz código no modelo semântico.

5.3.3 Gramáticas regulares, livres de contexto e sensíveis ao contexto

Esse é um bom momento para mergulhar a ponta dos dedos em um pouco de teoria de linguagens, em particular na maneira como a comunidade de linguagens de programação classifica as gramáticas. Esse esquema, chamado de **hierarquia de Chomsky**, foi desenvolvido pelo linguista Noam Chomsky nos anos 1950. Ele era baseado na ótica de linguagens naturais, em vez de linguagens de programação, mas é derivado das propriedades matemáticas de uma gramática para definir sua estrutura sintática.

Regulares, livres de contexto e sensíveis ao contexto são as três categorias que nos importam. Elas formam uma hierarquia, no sentido de que todas as gramáticas regulares são livres de contexto, e todas as gramáticas que são livres de contexto são sensíveis ao contexto. A hierarquia de Chomsky aplica-se estritamente às gramáticas, mas as pessoas a usam para linguagens também. Dizer que uma linguagem é regular significa que você pode escrever uma gramática regular para ela.

A diferença entre as classes depende de certas características matemáticas da gramática. Deixarei isso para que os livros apropriados de linguagens expliquem; para nossos propósitos, a distinção-chave é qual tipo fundamental de algoritmo você precisa para o analisador sintático.

Uma **gramática regular** é importante para nós porque ela pode ser processada por uma **máquina de estados finitos**. Isso é importante porque as expressões regulares são máquinas de estados finitos, logo uma linguagem regular pode ser analisada sintaticamente usando expressões regulares.

Em termos de linguagens de computação, as gramáticas regulares possuem um grande problema: elas não conseguem lidar com elementos aninhados. Uma linguagem regular pode analisar sintaticamente uma expressão tal como 1 + 2 * 3 + 4, mas não pode analisar sintaticamente 1 + (2 * (3 + 4)). Você pode ouvir as pessoas dizerem que as gramáticas regulares "não conseguem contar". Em termos de análise sintática, isso significa que você não pode usar uma máquina de estados finitos para analisar sintaticamente uma linguagem que possui blocos aninhados. Obviamente, isso é um pouco inútil quando o assunto são as linguagens de computador, pois qualquer linguagem de propósito geral precisa conseguir realizar operações aritméticas. Isso também afeta as estruturas de bloco – programas como o seguinte:

```
for (int i in numbers) {
  if (isInteresting(i)) {
    doSomething(i);
  }
}
```

precisam de blocos aninhados, então eles não são regulares.

Para tratar blocos aninhados, você precisa constituir uma gramática livre de contexto. Acho esse nome um tanto confuso, dado que, da maneira como vejo as coisas, uma gramática livre de contexto na verdade adiciona contexto à sua gramática, permitindo-a "contar". Uma **gramática livre de contexto** pode ser implementada usando um **autômato de pilha**, que é uma máquina de estados finitos com uma pilha. A maioria dos analisadores sintáticos de linguagem usa gramáticas livres de contexto, a maioria dos *Geradores de Analisadores Sintáticos (269)* usa-as, e tanto os *Analisadores Descendentes Recursivos (245)* quanto os *Combinadores de Analisadores Sintáticos (255)* produzem um autômato de pilha. Como resultado, a maioria das linguagens de programação modernas é analisada sintaticamente usando gramáticas livres de contexto.

Apesar de as gramáticas livres de contexto serem tão amplamente usadas, elas não podem tratar todas as regras sintáticas que possamos porventura querer. O caso de exceção comum para as gramáticas livres de contexto é a regra que diz que você deve declarar uma variável antes de usá-la. O problema aqui é que a declaração de uma variável frequentemente ocorre fora do ramo em particular da hierarquia em que você está quando usa a variável. Embora uma gramática livre de contexto possa manter contexto hierárquico, ele não é suficiente para tratar esse caso – daí a necessidade do uso de *Tabelas de Símbolos (165)*.

O próximo passo na hierarquia de Chomsky são as gramáticas sensíveis ao contexto. Uma gramática sensível ao contexto poderia tratar esse caso, mas não sabemos como escrever analisadores sintáticos gerais sensíveis ao contexto. Em particular, não sabemos como gerar um analisador sintático a partir de uma gramática sensível ao contexto.

Fiz esse mergulho na teoria de classificação de linguagens primariamente porque ela dá a você algumas ideias sobre que ferramenta usar para processar uma DSL. Em particular, ela diz a você que, se você usar blocos aninhados, você precisará de algo que possa tratar uma linguagem livre de contexto. Ela também argumenta que, se você precisa de blocos aninhados, provavelmente estará mais bem servido se usar *Tradução Dirigida por Sintaxe (219)* em vez de *Tradução Dirigida por Delimitador (201)*.

Ela também sugere que, se você tem apenas uma linguagem regular, não precisa de um autômato de pilha para processá-lo. No entanto, você descobrirá que é mais fácil usar um autômato de pilha de qualquer forma. Uma vez que você se acostume a usá-los, eles são suficientemente diretos, então, normalmente não é uma sobrecarga usar um, mesmo para uma linguagem regular.

Essa divisão também é parte do porquê de precisarmos da análise léxica separada. A análise léxica é normalmente feita com uma máquina de estados finitos, enquanto a análise sintática usa um autômato de pilha. Isso limita o que você pode fazer no analisador léxico, mas permite que ele seja mais rápido. Existem exceções para isso, no entanto; em particular, uso o ANTLR para a maioria dos exemplos deste livro, e o ANTLR usa um autômato de pilha tanto para a análise léxica quanto para a análise sintática.

Existem algumas ferramentas de análise sintática que tratam apenas de gramáticas regulares. Ragel é um exemplo mais bem conhecido. Além disso, você pode usar analisadores léxicos por conta própria para reconhecer uma gramática regular. Entretanto, se você está usando Tradução Dirigida por Sintaxe, sugiro que comece com uma ferramenta livre de contexto.

Embora as noções de gramáticas regulares e livres de contexto sejam as mais comuns que você provavelmente encontrará, existe uma alternativa relativamente recente que também é interessante. Ela é uma forma de gramática chamada de **Gramática de Expressões de Análise Sintática** (**PEG** – do inglês, *Parsing Expression Grammar*). As PEGs usam uma forma diferente de gramática que pode tratar a maioria das situações livres de contexto e algumas sensíveis ao contexto. Os analisadores sintáticos PEG não tendem a separar a análise léxica, e parece que uma PEG é mais utilizável que uma gramática livre de contexto em muitas situações. Entretanto, enquanto escrevo isso, as PEGs são relativamente novas, e as ferramentas são tão raras quanto imaturas. Isso pode mudar, é claro, quando você estiver lendo este capítulo, mas essa é a razão por que não falo muito acerca das PEGs neste livro. Os analisadores sintáticos PEG mais conhecidos são os analisadores sintáticos Packrat.

(A linha que separa as PEGs dos analisadores sintáticos mais tradicionais não é sólida, no entanto. O ANTLR, por exemplo, tem incorporado muitas ideias das PEGs.)

5.3.4 Análise sintática descendente e ascendente

Existem muitas maneiras de escrever um analisador sintático, e, consequentemente, muitos tipos de *Geradores de Analisadores Sintáticos (269)* por aí, muitos com diferenças interessantes. Um dos recursos que mais os distinguem entre si, entretanto, é se o analisador sintático é descendente ou ascendente. Isso afeta não apenas a maneira como ele trabalha, mas também os tipos de gramática com os quais ele pode trabalhar.

Um analisador sintático descendente inicia com a regra de mais alto nível na gramática e usa-a para decidir o que tentar e realizar o casamento. Então, em uma gramática de lista de eventos como:

```
eventBlock   : Event-keyword eventDec* End-keyword;
eventDec     : Identifier Identifier;
```

com uma entrada como a seguinte:

```
events
  doorClosed  D1CL
  drawOpened  D2OP
end
```

o analisador sintático funcionaria primeiro tentando casar um `eventBlock` (bloco de evento) e depois procurando por uma palavra-chave event (evento). Uma vez que ele tenha visto a palavra-chave event, então sabe que quer casar um `eventDec` (declaração de evento) e busca dentro dessa regra para saber se ele precisa casar com um identificador. Em resumo, um analisador sintático descendente usa as regras como objetivos para direcionar o que ele deve buscar.

Não chocará você se eu disser que um analisador sintático ascendente faz o contrário. Ele inicia lendo a palavra-chave event e então verifica se a entrada até agora é suficiente para casar com uma regra. Como ela não é (até agora), ele a coloca de lado (isso é chamado de *deslocamento*) e recebe o próximo *token* (um identificador). Isso ainda não é o suficiente para casar com alguma regra, então ele desloca novamente. Mas, com o segundo identificador, ele pode agora casar com a regra `eventDec`, então ele pode *reduzir* os dois identificadores para um `eventDec`. Ele, de maneira similar, reconhece a terceira linha da entrada; então, quando alcança a palavra-chave end (fim), pode reduzir a expressão completa para um bloco de evento.

Você ouvirá frequentemente os analisadores sintáticos descendentes serem chamados de analisadores sintáticos LL; e os analisadores sintáticos ascendentes, de analisadores sintáticos LR. A primeira letra refere-se à direção na qual a entrada é varrida; a segunda, a como as regras são reconhecidas (L de *left-to-right* – da esquerda para a direita, ou seja, descendente, e R de *right-to-left* – da direita para a esquerda, logo, ascendente). Você também ouvirá a análise sintática ascendente sendo chamada de análise sintática deslocar-reduzir (*shift-reduce*), dado que a abordagem deslocar-reduzir é a mais provável para a análise sintática ascendente que você encontrará. Existem algumas variantes dos analisadores sintáticos LR, tais como LALR, GLR e SLR. Não entrarei em detalhes aqui sobre elas.

Os analisadores sintáticos ascendentes são normalmente considerados mais difíceis de serem escritos que os descendentes. Isso porque a maioria das pessoas acha mais difícil visualizar a ordem na qual as regras são processadas com uma abordagem ascendente. Embora você não precise se preocupar sobre como escrever um analisador sintático se usar um Gerador de Analisadores Sintáticos, você frequentemente precisa entender, em linhas gerais, como ele funciona de forma a depurar problemas. Provavelmente a família mais conhecida de Geradores de Analisadores Sintáticos é a Yacc, que é um analisador sintático ascendente (LALR).

O algoritmo descendente recursivo é um algoritmo descendente. Consequentemente, o *Analisador Sintático Descendente Recursivo (245)* é um analisador sintático descendente, assim como o *Combinador de Analisadores Sintáticos (255)*. Se isso não for suficiente, o Gerador de Analisadores Sintáticos ANTLR também é baseado em um algoritmo descendente recursivo, e logo é descendente.

A grande desvantagem dos analisadores sintáticos descendentes é que eles não conseguem tratar a **recursão à esquerda**, que é uma regra na forma:

```
expr: expr '+' expr;
```

Regras como essa empurram o analisador sintático em uma recursão interminável tentando casar expr. As pessoas discordam acerca do tamanho do problema dessa limitação na prática. Existe uma técnica simples e mecânica chamada de fatoração à esquerda que você pode usar para se livrar da recursão à esquerda, mas o resultado é uma gramática não tão fácil de ser seguida. A boa notícia para os analisadores sintáticos descendentes, entretanto, é que, você realmente encontrará esse problema apenas quando estiver tratando de *Expressões de Operadores Aninhados (327)*, e uma vez que você tenha entendido os idiomas para Expressões de Operadores Aninhados, você pode extraí-los de maneira relativamente mecânica. A gramática resultante ainda não será tão clara quanto a de um analisador sintático ascendente, mas conhecer o idioma fará você chegar lá muito mais rapidamente.

Em geral, diferentes Geradores de Analisadores Sintáticos possuem diversas restrições em relação ao tipo de gramáticas que podem manipular. Essas restrições são dirigidas pelo algoritmo de análise sintática que eles usam. Existem ainda diversas outras diferenças, tais como a maneira como você escreve as ações, como você pode mover os dados para cima ou para baixo na árvore de análise sintática e qual a sintaxe da gramática (BNF *versus* EBNF). Tudo isso afeta como você escreve sua gramática. Talvez a questão mais importante seja entender que você não deve tratar a gramática como uma definição fixa da DSL. Frequentemente, você precisará alterar a gramática para fazer a produção de saída funcionar melhor. Tal como qualquer outro código, a gramática mudará dependendo do que você queira fazer com ela.

Se você estiver bastante confortável com esses conceitos, eles provavelmente desempenharão um papel importante na decisão de qual analisador sintático usar. Para usuários mais casuais, eles provavelmente não farão diferença em termos de qual linguagem usar, mas são úteis de se manter em mente, pois alteram a maneira como você trabalha com a ferramenta escolhida.

5.4 Misturando outra linguagem

Um dos maiores perigos que você encontra com uma DSL externa é que ela pode acidentalmente evoluir e se tornar uma linguagem de propósito geral. Mesmo se as coisas não se deteriorarem tanto, uma DSL pode facilmente se tornar muito complexa, em particular se você possui um monte de casos especiais que precisam de tratamento exclusivo, mas que são usados apenas raramente.

Imagine que temos uma DSL que aloca oportunidades de venda a vendedores baseada no produto que está sendo solicitado e no estado no qual o cliente está localizado. Poderíamos ter regras como:

```
scott handles floor_wax in WA;
helen handles floor_wax desert_topping in AZ NM;
brian handles desert_topping in WA OR ID MT;
otherwise scott
```

Agora, o que acontece se Scott começar a jogar golfe regularmente com algum figurão das Indústrias Baker, que dá a ele ligações para todos os tipos de companhias chamadas Baker Isso e Baker Aquilo? Decidimos tratar desse problema atribuindo todas as oportunidades de vendas de ceras para assoalho com empresas cujos nomes iniciam com "baker" nos estados da Nova Inglaterra.

Pode existir uma dúzia de casos especiais como esse, todos precisando estender a DSL em uma direção em particular. Mas incluir customizações especiais para casos individuais pode adicionar muitas complicações à DSL. Para esses casos raros, frequentemente vale a pena tratá-los usando uma linguagem de propósito geral a partir do uso de *Código Estrangeiro (309)*. O Código Estrangeiro embute uma pequena porção de código de linguagem de propósito geral na DSL. Esse código não é analisado sintaticamente pelo analisador sintático da DSL; em vez disso, ele é apenas passado como uma string e colocado no *Modelo Semântico (159)* para processamento posterior. Aqui, isso poderia levar a uma regra como a seguinte (usando Javascript como estrangeira):

```
scott handles floor_wax in MA RI CT when {/^Baker/.test(lead.name)};
```

Isso não é tão claro quanto seria com a DSL estendida, mas esse mecanismo pode tratar de uma ampla faixa de casos. Se a combinação de expressões regulares tornar-se uma condição comum, sempre podemos estender a linguagem posteriormente.

Nesse caso, a linguagem de propósito geral que usei foi Javascript. Usar uma linguagem dinâmica é útil para Código Estrangeiro porque lhe permite ler e interpretar o script DSL. Você também pode criar Código Estrangeiro com uma linguagem estática, mas então você precisa usar geração de código e mesclar o código hospedeiro no código gerado. Essa técnica é familiar a quem usa *Geradores de Analisadores Sintáticos (269)*, pois é como a maioria deles funciona.

Esse exemplo usa código de propósito geral, mas você também pode usar a mesma técnica com outra DSL. Essa abordagem permitiria a você usar diferentes DSLs para diferentes aspectos de seu problema – o que funciona com a filosofia de usar diversas DSL pequenas no lugar de uma grande.

Infelizmente, usar múltiplas DSLs externas juntas dessa forma não é muito fácil com as tecnologias atuais. As tecnologias atuais de análise sintática não são muito adequadas para misturar diferentes linguagens por meio de gramáticas modulares ("Gramáticas modulares", p. 339).

Um dos problemas em utilizar Código Estrangeiro é que você precisa quebrar o Código Estrangeiro em *tokens* de maneira diferente de como você varre o código em sua linguagem principal, então você precisa usar alguma abordagem de *Análise Léxica Alternativa (319)*.

A abordagem mais simples para a Análise Léxica Alternativa é envolver o código embutido dentro de delimitadores claros que possam ser identificados pelo analisador sintático e serem passados como uma string simples, como fiz anteriormente colocando o Javascript dentro de chaves. Tal abordagem permite a você obter o texto diferente com facilidade, mas pode adicionar algum ruído à linguagem.

A Análise Léxica Alternativa não é usada apenas para tratar de Código Estrangeiro. Existem casos nos quais, dependendo do contexto de análise sintática, você pode querer interpretar o que normalmente seria uma palavra-chave como parte de um nome, tal como state initial state. Usar delimitadores resolveria o problema (state "initial state"), mas as outras implementações de Análise Léxica Alternativa que discutirei no padrão podem envolver menos ruído sintático.

5.5 DSLs em XML

Logo no início deste livro, argumentei que muitos dos arquivos de configuração com que lidamos são realmente DSLs. Além de um comentário sarcástico ocasional, ainda não falei a respeito de DSLs em XML, me segurando até que eu tivesse uma chance de falar mais sobre DSLs externas.

Não estou dizendo que todos os arquivos de configuração são DSLs. Em particular, gosto de traçar uma distinção entre listas de propriedades e DSLs. Uma lista de propriedades é uma lista simples de chaves/valores, talvez organizadas em categorias. Não existe muita estrutura sintática aqui – nada daquela misteriosa natureza de linguagem que é chave para algo ser uma DSL. (Apesar de que eu direi que XML é muito ruidosa para listas de propriedades – prefiro muito mais a abordagem de arquivos INI para algo assim.)

Muitos arquivos de configuração na verdade possuem uma natureza de linguagem e, logo, são DSLs. Se feitos em XML, realmente vejo-os como DSLs externas. XML não é uma linguagem de programação; é uma estrutura sintática sem semântica. Logo, a processamos lendo o código em *tokens* e não interpretando-o para a execução. O processamento DOM é essencialmente uma *Construção de Árvore (281)*, o processamento SAX leva a uma *Tradução Embutida (299)*. Penso em XML como uma sintaxe hospedeira para a DSL, de maneira bastante parecida com o que acontece quando uma linguagem hospedeira de uma DSL interna fornece uma sintaxe hospedeira. (Uma DSL interna também fornece semântica hospedeira.)

Meu problema com XML como sintaxe hospedeira é que ela introduz muito mais ruído sintático – muitos sinais de menor e de maior, aspas e barras. Qualquer elemento aninhado precisa tanto de *tags* de abertura quanto de fechamento. O resultado é que muitos caracteres são gastos na estrutura sintática e não enquanto fornecem conteúdo real. Isso torna muito mais difícil entender o que o código está tentando dizer – tirando todo o propósito das DSLs.

Apesar disso, existem alguns argumentos a favor de XML. O primeiro deles é que os humanos não deveriam ter que escrever em XML em primeiro lugar. Interfaces com o usuário especiais deveriam capturar a informação e apenas usar XML como um mecanismo de serialização legível por humanos. Esse é um argumento razoável, apesar de nos distanciar do território das DSLs, com XML tornando-se um mecanismo de serialização em vez de uma linguagem. Uma tarefa em particular poderia ser tratada com uma interface com o usuário contendo campos e formulários como uma alternativa ao uso de uma DSL. O que tenho visto é muita conversa em termos de ter uma interface com o usuário sobre XML, mas não tanta ação. Se você gasta uma quantidade de tempo significativa olhando para código XML (ou para diferenças entre códigos XML), então o fato é que ter uma interface com o usuário é uma casualidade.

Frequentemente, ouço o argumento de que os analisadores sintáticos prontos para XML estão disponíveis e, consequentemente, você não precisa escrever o seu próprio analisador. Considero esse argumento é um tanto falho, vindo de uma confusão acerca do que é a análise sintática. Neste livro, vejo a análise sintática como o caminho completo entre o texto de entrada e o *Modelo Semântico (159)*. Um analisador sintático para XML apenas nos leva à metade do caminho – geralmente para uma árvore DOM. Ainda temos de escrever código para percorrer a árvore DOM e fazer algo útil. Isso é algo que os *Geradores de Analisadores Sintáticos (269)* também podem fazer; o ANTLR pode facilmente receber algum texto de entrada e produzir uma árvore sintática – que é equivalente a um DOM. Minha experiência diz que, uma vez que você razoavelmente conheça um Gerador de Analisadores Sintáticos, não leva muito mais tempo para usá-lo do que o tempo para usar as ferramentas de análise sintática para XML. Outro argumento é que os programadores em geral conhecem mais bibliotecas de análise sintática de XML do que os Geradores de Analisadores Sintáticos, mas acho que o custo de aprender a usar um Gerador de Analisadores Sintáticos vale a pena se pagar.

Uma irritação com o tratamento de DSLs externas customizadas é a inconsistência que elas disseminam quando estão lidando com coisas como delimitadores e caracteres de escape. Qualquer um que já tenha trabalhado com os arquivos de configuração do Unix aceita tal incômodo, e XML realmente fornece um único esquema que funciona de maneira bastante sólida.

Eu abordei de forma geral o tratamento de erros e diagnósticos neste livro, mas isso não seria uma razão para ignorar o fato de que os processadores XML normalmente fazem um bom trabalho aqui. Você terá que trabalhar mais duramente para obter bons diagnósticos com uma linguagem customizada típica; a dificuldade vai depender do quanto o conjunto de ferramentas de análise sintática com que você está trabalhando é bom.

XML vem com tecnologias que permitem verificar facilmente se o XML é razoável sem executá-lo, comparando-o com um esquema. Diversos formatos de esquema existem para XML: DTDs, XML Schema, Relax NG, todos os quais podem verificar várias coisas acerca de XML e também oferecer suporte para ferramentas de edição mais inteligentes. (Escrevi este livro em XML e agradeço o suporte que o esquema Relax NG fornece para meu Emacs.)

Além das ferramentas de análise sintática que geram árvores ou eventos, você também pode obter interfaces de vinculação que podem traduzir facilmente dados XML para campos em objetos. Elas são menos úteis para DSLs, pois a estrutura do Modelo Semântico raramente combina com a da DSL, de forma a permitir que você vincule elementos XML ao Modelo Semântico. Você pode usar vinculação com uma camada de tradução, mas duvida-se que isso traga muito mais vantagens que percorrer uma árvore XML.

Se você usa um Gerador de Analisadores Sintáticos, então a gramática DSL pode definir muitas das verificações que um esquema XML fornece. No entanto, poucas ferramentas podem se beneficiar de uma gramática. Podemos escrever algo nós mesmos, é claro, mas a vantagem de XML é que tais ferramentas já existem para isso. Frequentemente, uma abordagem inferior, mas predominante, termina sendo mais útil que tecnologias superiores.

Admito esse argumento, mas ainda acredito que o ruído sintático de XML é muito para uma DSL. A chave para uma DSL é a legibilidade; as ferramentas ajudam na escrita, mas é a leitura que realmente conta. XML tem suas virtudes – é realmente boa em marcação de texto como a deste livro – porém, como uma sintaxe hospedeira para DSLs, ela impõe muito ruído para o meu gosto.

Isso levanta um argumento que está conectado com outras sintaxes hospedeiras. Algumas dessas sintaxes têm obtido um aumento recente de uso como maneiras de codificar textualmente dados estruturados; bons exemplos são JSON (www.json.org) e YAML (www.yaml.org). Muitas pessoas, incluindo eu mesmo, gostam dessas sintaxes, principalmente porque elas carregam muito menos ruído sintático que XML. Entretanto, essas linguagens são muito orientadas em direção à estruturação de dados, e, em virtude disso, elas não dispõem da flexibilidade necessária para ter uma linguagem verdadeiramente fluente. Uma DSL é diferente de uma serialização de dados, tal como uma API fluente é diferente de uma API comando-consulta. A fluência é importante para que uma DSL seja facilmente legível, e um formato de serialização de dados traz muitos compromissos associados para que funcione bem nesse contexto.

Capítulo 6
DSLs internas e externas

Agora que vimos os detalhes de implementação de DSLs internas e externas, estamos em um ponto no qual podemos entender melhor suas virtudes e fraquezas. Isso nos dá informação suficiente para decidir qual das duas técnicas usar e, de fato, para decidir se uma DSL é realmente apropriada.

Uma das grandes dificuldades é a falta de informação para basear sua escolha. Apenas poucas pessoas fazem muito com DSLs, e aquelas que tendem a usá-las usam apenas uma das duas técnicas, não podendo comparar verdadeiramente os dois estilos diferentes. Essa questão é complicada ainda pelo fato de que muitas técnicas descritas neste livro não são amplamente conhecidas. Minha esperança é que este livro ajude as pessoas a construir DSLs mais facilmente, mas até que ele esteja disponível por certo tempo, não podemos dizer que efeito ele tem nas decisões acerca do uso de uma DSL ou da escolha de um dos tipos de DSLs. Então, meus pensamentos sobre este tópico são mais especulativos do que eu gostaria.

6.1 Curva de aprendizado

À primeira vista, a curva de aprendizado parece ser favorável ao uso de uma DSL interna. Afinal, uma DSL interna é realmente apenas um tipo estiloso de API, e você está usando recursos de uma linguagem que já conhece. Com uma DSL externa, você precisa aprender sobre analisadores sintáticos, gramáticas e *Geradores de Analisadores Sintáticos (269)*.

Existe algo de verdade nisso, mas o cenário possui algumas nuances a mais. Há certamente um punhado de novos conceitos para serem aprendidos com a *Tradução Dirigida por Sintaxe (219)*, e a maneira como você orienta os analisadores sintáticos usando gramáticas pode, algumas vezes, parecer que funciona por mágica. Não é tão ruim como as pessoas pensam que é, mas, se você não trabalhou com esse tipo de ferramenta, recomendo que trabalhe com alguns exemplos de teste para conhecer as ferramentas antes de fazer qualquer estimativa sobre o trabalho real a ser realizado.

Infelizmente, a curva de aprendizado para a Tradução Dirigida por Sintaxe é piorada pela documentação pobre da maioria das ferramentas de Geração de Analisadores Sintáticos. Mesmo a documentação que existe tende a ser escrita para quem trabalha em linguagens de propósito geral em vez de DSLs. Para muitas ferramentas, a única documentação é uma tese de doutorado. Existe uma necessidade gritante de fazer mais para que as ferramentas de Geração de Analisadores Sintáticos sejam mais acessíveis para aqueles que querem usá-las para trabalhar com DSL, mas que não possuem experiência na comunidade de linguagens.

Existe o argumento de que você pode usar *Tradução Dirigida por Delimitadores (201)* em vez disso. As ferramentas aqui são muito mais familiares – quebrar em strings, expressões regulares – sem a necessidade de gramáticas. Há limites em relação até onde você pode ir com a Tradução Dirigida por Delimitadores, e na maioria das vezes penso que é melhor encarar a curva de aprendizado da Tradução Dirigida por Sintaxe, mas a Tradução Dirigida por Delimitadores é uma opção para se manter em mente, particularmente para uma linguagem regular.

Usar uma sintaxe XML hospedeira é outra maneira de evitar o custo de aprender Tradução Dirigida por Sintaxe. Nesse caso, certamente acredito que aprender Tradução Dirigida por Sintaxe vale a pena, dado que a linguagem resultante é muito mais clara de ser lida.

Por outro lado, as DSLs internas não são necessariamente tão simples quanto você possa estar pensando. Apesar de você conhecer a linguagem, você o está fazendo de uma maneira muita estranha. As DSLs internas frequentemente dependem de truques obscuros na linguagem hospedeira para produzir algo que seja fluente. Então, mesmo que conheça bem a linguagem, você pode precisar gastar algum tempo descobrindo os truques disponíveis para você em sua linguagem particular. Os padrões deste livro devem ajudar você a iniciar a partir da sugestão do que buscar, mas você encontrará truques particulares de linguagem que não estão aqui. Encontrar esses truques e os filtrar para o uso apresenta uma curva de aprendizado por si só. O lado bom é que você pode navegar nessa curva de aprendizado lentamente, aprendendo novas técnicas à medida que desenvolve a DSL. Isso contrasta com a Tradução Dirigida por Sintaxe, na qual você precisa aprender muito mais para conseguir fazer as coisas.

Então, apesar do fato de a diferença ser menor do que você possa inicialmente pensar, eu ainda diria que as DSLs internas são mais fáceis de serem aprendidas.

Quando estiver considerando a curva de aprendizado, lembre-se de que ela se aplica não apenas a você, mas também a qualquer um que queira utilizar seu código. Usar uma DSL externa é provavelmente a maneira menos fácil de ser abordada por outras pessoas que não queiram despender muito esforço em aprender como fazê-lo.

6.2 Custo de construção

Se você está usando uma técnica DSL pela primeira vez, o principal custo é o de percorrer a curva de aprendizado. Uma vez que você conhece a técnica, esse custo desaparece, mas existe ainda algum custo envolvido no fornecimento de uma DSL.

Quando estamos pensando sobre o custo de construir uma DSL, é importante separar o custo da construção do modelo do custo da construção da DSL que é uma camada sobre ele. Nessa discussão, considerarei que o modelo já está definido. É verdade que, em muitos casos, o modelo será construído em conjunto com a DSL, mas o modelo possui suas próprias justificativas.

Com uma DSL interna, o esforço extra envolvido está em criar uma camada de *Construtores de Expressões (343)* sobre o modelo. Os Construtores de Expressões são relativamente diretos de serem escritos, mas a maioria do esforço não está em fazê-los funcionar, e sim em se entender com a linguagem de forma que você tenha algo que funcione bem. Esse custo dos Construtores de Expressões não aparecerá se você estiver colocando os métodos fluentes diretamente no modelo, mas isso pode levar a outros custos se as pessoas acharem esses métodos confusos em comparação com uma API comando-consulta.

Com uma DSL externa, o custo equivalente é construir o analisador sintático. Uma vez que você esteja adaptado à *Tradução Dirigida por Sintaxe (219)*, é na verdade bastante rápido escrever uma gramática e o código de tradução. Minha opinião atual é que o custo de desenvolver um analisador sintático é similar ao de escrever uma camada de Construtores de Expressão.

Uma vez que você conhece a Tradução Dirigida por Sintaxe, não acho que ela seja muito mais difícil de ser usada que uma sintaxe XML hospedeira, e é mais fácil que usar a *Tradução Dirigida por Delimitadores (201)*, a menos que a linguagem seja muito simples.

Então, minha opinião no momento é que, conhecendo as técnicas, não existe uma grande diferença na construção de uma DSL interna ou externa.

6.3 Familiaridade dos programadores

Muitas pessoas argumentam que com uma DSL interna os programadores que a utilizam estão usando a linguagem que eles conhecem, facilitando mais o trabalho do que com uma nova DSL externa. Em certo sentido, isso é verdadeiro, mas não acredito que a diferença é tão marcante quanto a maioria pensa. Ao estilo de interface fluente estranho se leva ao menos certo tempo para se acostumar, apesar de um pouco menos do que se leva para aprender como construí-lo. Uma DSL externa não é tão difícil de aprender porque ela é, por definição, bastante simples. Repetir as convenções sintáticas de sua linguagem de programação regular pode ajudar a torná-la mais acessível.

Além do elemento sintático, a maior diferença normalmente está nas ferramentas. Se sua linguagem hospedeira possui uma IDE sofisticada, então você pode usar os recursos familiares da IDE na DSL interna. Você pode precisar usar uma técnica mais complicada, como a *Tabela de Símbolos de Classe (467)*, para preservar o suporte das ferramentas, mas dessa maneira você pode continuar usando os pontos fortes da IDE. Com DSLs externas, entretanto, provavelmente você não terá nada, além do suporte de nível mais básico de edição. Você normalmente precisa voltar a usar um editor de textos normal. Não é muito difícil oferecer suporte para destaque de sintaxe, e a maioria dos editores de texto é bastante configurável nesse sentido, mas recursos como autocompletar enquanto digita provavelmente você não terá à disposição.

6.4 Comunicação com especialistas em domínio

DSLs internas são sempre vinculadas à sintaxe da linguagem hospedeira. O resultado quase sempre serão algumas restrições acerca de como você pode expressar as coisas, com alguma quantidade de ruído sintático. Embora seja improvável que isso seja um grande fator para usuários programadores (que estão acostumados a esses elementos), os especialistas em domínio são uma questão diferente. O grau de restrições e o ruído sintático também dependem da linguagem; algumas linguagens são mais adequadas para DSLs que outras.

Mesmo as melhores DSLs internas, entretanto, não oferecem a mesma flexibilidade sintática das DSLs externas. O tamanho da lacuna de conforto dependerá dos especialistas em domínio em particular, mas tal é o valor do canal de comunicação que eu estaria inclinado a forçar um pouco mais e usar uma DSL externa, se parecer que isso possa fazer a diferença.

Se você não se sente confortável em construir uma DSL externa, mas não está certo se uma DSL interna será bem aceita por seus especialistas em domínio, você pode tentar usar uma DSL interna primeiro e, então, trocar posteriormente se você achar que vale a pena. Como é possível usar o mesmo *Modelo Semântico (159)* para ambas, o custo incremental de construir duas DSLs não é muito maior.

6.5 Misturando-se com a linguagem hospedeira

Uma DSL interna realmente não é nada mais que uma convenção para usar certos métodos fluentes para fazer coisas. Nada impede que você misture arbitrariamente código com estilo DSL com código imperativo regular. Essa fronteira tênue entre a DSL e a linguagem hospedeira possui propriedades que podem ser benéficas ou problemáticas – dependendo do que você está tentando fazer.

Um benefício dessa fronteira tênue é que ela permite usar a linguagem hospedeira livremente quando você não possui as construções da DSL interna disponíveis. Então, se precisar de expressões aritméticas em sua DSL, não há por que fazer construções na DSL para isso; apenas use os recursos da linguagem hospedeira. Se você precisa construir abstrações sobre a DSL, você pode usar os recursos de abstração da linguagem hospedeira.

Essa vantagem é particularmente boa quando você precisa colocar porções de código imperativo dentro de sua DSL. Um bom exemplo disso é usar uma DSL para descrever como construir software. Linguagens de construção que usam uma *Rede de Dependências (505)*, como o Make e o Ant, existem há um bom tempo. Tanto Make quanto Ant são DSLs externas, e ambas são muito boas para expressar a Rede de Dependências que você precisa para *scripts* de construção. Entretanto, o conteúdo de muitas tarefas de construção requer lógicas mais complexas, e frequentemente as dependências precisam de abstrações como camadas sobre elas. Logo, o Ant sofreu por cair na generalidade, adquirindo todos os tipos de construções imperativas que não combinam com a natureza de sua sintaxe.

Aqui, o contraste é com uma DSL interna, como a linguagem Rake, que é uma DSL interna de Ruby para construir software. Saber misturar livremente a Rede de Dependências com o código imperativo em *Fechos Aninhados (403)* torna muito mais fácil descrever ações de construção complicadas. Usar objetos e métodos de Ruby para construir abstrações sobre a Rede de Dependências ajuda a descrever a estrutura de nível mais alto do script de construção.

Não é impossível mesclar DSLs externas com código hospedeiro. Você pode embutir código hospedeiro em scripts DSL usando *Código Estrangeiro (309)*. De maneira similar, você pode embutir DSLs em código de propósito geral como strings – que é como geralmente embutimos coisas como expressões regulares e SQL atualmente. Mas a mistura é desconfortável. As ferramentas costumam não saber o que você está fazendo e são desajeitadas em seu funcionamento. É difícil integrar símbolos entre os dois ambientes, logo, ações como se referir a uma variável do código hospedeiro dentro de um fragmento de DSL se tornam difíceis. Se você quer misturar código hospedeiro e código DSL, então uma DSL interna é quase sempre a melhor opção.

6.6 Fronteira forte de expressividade

A habilidade de mesclar livremente o código hospedeiro e o código DSL nem sempre é positiva. Ela funciona somente se os usuários da DSL estão confortáveis com a linguagem hospedeira. Logo, ela normalmente não se aplica ao caso no qual você tem especialistas em domínio lendo sua DSL. Salpicar trechos de uma linguagem hospedeira em sua DSL em geral apenas levantará uma barreira de comunicação que a DSL supostamente deveria evitar.

Essa mescla também não ajuda em casos nos quais você quer que as DSLs sejam escritas por grupos diferentes de programadores. Na verdade, frequentemente o benefício de uma DSL é que ela produz uma faixa restrita do que pode ser feito. Essa restrição pode facilitar o entendimento do que fazer, e serve como uma barreira para erros. Se você tem uma DSL com fronteiras fortes, isso limita os tipos de coisas que você precisa testar. Regras de definição de preços em uma DSL não enviarão mensagens arbitrárias para seu servidor de integração ou não alterarão a ordem de seu processamento de fluxo de trabalho. Com uma linguagem de programação de propósito geral, tudo é possível, então você precisa vigiar as fronteiras por meio de convenção e de revisão. As limitações de uma DSL externa reduzem o que você precisa vigiar. Na maior parte do tempo isso é bom, pois o protege de equívocos, além de também ajudar a melhorar a segurança.

6.7 Configuração em tempo de execução

Uma das principais razões pelas quais as DSLs em XML tornaram-se tão populares é que elas permitem alterar o contexto de execução do código do tempo de compilação para o tempo de execução. Para situações nas quais você está usando uma linguagem compilada e quer alterar o comportamento do sistema sem compilá-lo novamente, esse é um fator importante. As DSLs externas permitem que você faça isso, já que você pode facilmente analisá-las sintaticamente em tempo de execução, traduzi-las para o *Modelo Semântico (159)* e então executar esse modelo. (É claro, se você estiver programando em uma linguagem interpretada, tudo ocorre em tempo de execução de qualquer forma, então isso não é um problema.)

Uma abordagem é usar linguagens interpretadas em conjunto com uma linguagem compilada. Você pode então escrever uma DSL interna na linguagem interpretada. Nesse cenário, muitos dos benefícios comuns de uma DSL interna podem ser atenuados. A menos que a maioria da equipe conheça a linguagem dinâmica, você não obterá o benefício da familiaridade da linguagem para as DSLs internas. Ferramentas para a linguagem dinâmica também costumam ser piores. Você não será capaz de mesclar facilmente a linguagem dinâmica com as construções da linguagem estática, mas uma linguagem completamente dinâmica também significa que você não pode colocar fronteiras fortes em torno da DSL. Isso não quer dizer que você não deve usar uma DSL interna dessa forma – existem diversos casos em que esses potenciais problemas não são aplicáveis. Mas essa atenuação leva a muitas situações as quais uma DSL externa se entrosa melhor com uma linguagem hospedeira estática.

6.8 Escorregando para a generalidade

Uma das DSLs mais bem-sucedidas dos tempos modernos é Ant. Ant é uma linguagem para especificar scripts de construção para Java; é uma DSL externa em sintaxe XML. Em uma discussão acerca de DSLs, James Duncan Davidson, o criador de Ant, perguntou: "Como prevenimos que desastres como Ant ocorram?".

Ant é tanto um sucesso retumbante quanto um pesadelo. Ele preencheu uma imensa lacuna no desenvolvimento com Java na época, mas, desde então, seu sucesso forçou muitas equipes a encarar suas falhas. Existem muitos problemas com o Ant, sua sintaxe XML (que também achei uma boa ideia na época) é talvez o mais detectável deles. Mas o problema real por trás do Ant é que, ao longo do tempo, ele cresceu constantemente em capacidade, o que o fez não ter mais a expressividade limitada que uma DSL precisa.

Essa é comumente uma estrada para o fracasso. As pessoas com experiência no UNIX frequentemente usarão o exemplo do Sendmail. Isso acontece porque as demandas colocadas sobre a DSL tornam-se constantemente mais frequentes, levando a mais recursos e a uma complexidade maior – e, gota a gota, toda a clareza que uma boa DSL tem foi por água abaixo.

Esse perigo sempre existe com DSLs externas – e, tal como a maioria dos problemas de projeto, não possui uma resposta simples. É necessária uma atenção constante e uma determinação para não deixar as coisas ficarem muito complexas. Existem alternativas. Uma é deixar que outras linguagens sejam desenvolvidas para casos mais complicados. Em vez de estender uma linguagem, você pode introduzir outras linguagens para casos particulares e difíceis. Você pode criar uma camada de linguagem sobre a DSL base cuja saída seja a DSL base. Isso pode ser uma técnica útil para permitir que abstrações sejam construídas em uma linguagem que não possua recursos de construção de abstrações. As DSLs internas são frequentemente uma boa escolha quando esse tipo de complexidade cresce, pois elas permitem que você mescle elementos da DSL com elementos de propósito geral.

Como as DSLs internas estão mescladas com uma linguagem hospedeira de propósito geral, elas não sofrem desse problema. Um problema análogo pode ocorrer quando a mistura de código DSL com o código da linguagem hospedeira torna-se tão entrelaçada que você perde qualquer sinal de DSL nela.

6.9 Compondo DSLs

Tenho dito *ad nauseam* que você quer DSLs pequenas que sejam bastante limitadas em suas capacidades. Então, para que um trabalho real seja feito, você precisa integrar suas DSLs com uma ou mais linguagens de propósito geral. Você pode também compor DSLs entre si.

Com DSLs internas, a composição é tão fácil quanto misturá-las com a linguagem hospedeira. Você também pode usar os recursos de abstração da linguagem hospedeira para ajudar a fazer a composição funcionar.

Com DSLs externas, tal composição é mais difícil. Para fazer essa composição com *Tradução Dirigida por Sintaxe (219)*, você deve saber escrever gramáticas independentes para diferentes linguagens e ainda assim conseguir compor as gramáticas entre si. A maioria dos *Geradores de Analisadores Sintáticos (269)*, entretanto, não possui recursos para tratar esse caso – outra consequência de seu foco no suporte às linguagens de propósito geral. Como resultado, você precisa usar *Código Estrangeiro (309)* se quiser compor DSLs, o que é mais desajeitado do que deveria ser. (Existem alguns trabalhos que estão começando a fornecer ferramentas que suportam mais composição, mas atualmente elas ainda são um tanto imaturas.)

6.10 Resumindo

Minha conclusão é que não existe uma conclusão. Não vejo uma vantagem clara e geral das DSLs internas ou externas. Nem mesmo tenho certeza se vejo recomendações gerais a serem seguidas. Espero ter fornecido informações suficientes até agora para ajudá-lo a julgar o que se ajusta melhor à sua situação em particular.

Um ponto que quero reforçar, entretanto, é que experimentar em ambas as direções não precisa ser tão caro quanto você pensa. Se você usar um *Modelo Semântico (159)*, é relativamente fácil criar camadas de múltiplas DSLs, tanto internas quanto externas. Isso lhe dá muitas oportunidades para fazer experimentos de forma a encontrar uma abordagem que funcione bem para você.

Uma abordagem que Glenn Vanderburg acha útil é usar uma DSL interna bem cedo, quando você ainda está tentando entender o que quer fazer com ela. Dessa forma, você tem fácil acesso a recursos da linguagem hospedeira e um ambiente mais integrado para evoluir. Uma vez que as coisas tenham se acomodado, e exista a necessidade de alguma das vantagens de uma DSL externa, você então pode construir uma.

Há outra opção que eu não mencionei ainda – usar uma bancada de linguagem. Chegarei a essa opção em "Bancadas de linguagem", p. 129.

Capítulo 7
Modelos computacionais alternativos

Quando as pessoas falam sobre os benefícios do uso de DSLs, em geral o que se ouve é que as DSLs oferecem suporte para uma abordagem de programação mais declarativa. Confesso ter um problema com a palavra "declarativa"; ela frequentemente parece ser usada em uma gama muito ampla de casos. Em geral, entretanto, a programação declarativa significa "algo além da programação imperativa".

As linguagens de programação mais populares seguem o modelo computacional imperativo. O modelo imperativo define computações a partir de uma sequência de passos: faça isso, faça aquilo, se for vermelho faça aquele outro. Condicionais e laços variam os passos, e os passos podem ser agrupados em funções. Linguagens orientadas a objetos adicionam mecanismos para compor dados e processos, assim como polimorfismo – mas, mesmo assim, elas são baseadas no modelo imperativo.

O modelo imperativo recebe um bocado de críticas, particularmente da comunidade acadêmica, mas tem continuado a ser nosso modelo de computação fundamental desde os primeiros dias da computação. Acredito que isso ocorre porque ele é fácil de ser entendido: sequências de ações são algo simples de se acompanhar.

Quando falamos sobre facilidade de entendimento, existem na verdade dois tipos diferentes de entendimento em jogo. O primeiro é o entendimento da intenção do programa – o que estamos tentando atingir com ele. A segunda forma de entendimento é a da implementação – como o programa funciona para satisfazer sua intenção. O modelo de programação imperativo é especialmente bom em relação à segunda forma: você pode ler o código e ver o que ele está fazendo. Para obter mais detalhes, pode executá-lo passo a passo a partir de um depurador – a sequência de sentenças no código-fonte corresponde exatamente ao que acontece no depurador.

Onde a abordagem imperativa não funciona tão bem é no entendimento da intenção. Se a intenção é uma sequência de ações, tudo bem; mas frequentemente essa não é a melhor forma de expressarmos nossas intenções. Nesses casos, vale a pena considerar um modelo de computação diferente.

Iniciarei com um exemplo simples. Você encontrará com frequência situações nas quais precisa expressar as consequências para diferentes combinações de condições. Um pequeno exemplo disso são os pontos de marcação para medir o seguro de um carro (Figura 7.1).

possui telefone celular	S	S	N	N
possui carro vermelho	S	N	S	N
pontos	7	3	2	0

← condições

← consequências

Figura 7.1 *Tabela de decisão simples para o seguro de um carro.*

Esse tipo de tabela é uma maneira comum pela qual as pessoas pensam acerca desse tipo de problema. Se convertêssemos essa tabela em código C# imperativo, veríamos algo como o seguinte:

```
public static int CalcPoints(Application a) {
  if ( a.HasCellPhone &&  a.HasRedCar) return 7;
  if ( a.HasCellPhone && !a.HasRedCar) return 3;
  if (!a.HasCellPhone &&  a.HasRedCar) return 2;
  if (!a.HasCellPhone && !a.HasRedCar) return 0;
  throw new ArgumentException("unreachable");
}
```

Meu estilo normal de escrever condições booleanas é mais compacto, algo como:

```
public static int CalcPoints2(Application a) {
  if (a.HasCellPhone)
    return (a.HasRedCar) ? 7 : 3;
  else return (a.HasRedCar) ? 2 : 0;
}
```

Porém, nesse caso prefiro o primeiro, mais longo, pois o código corresponde mais fortemente à intenção do especialista em domínio. A natureza tabular de como ele pensa sobre isso é similar à maneira como o código está estruturado.

Existe uma similaridade entre a tabela e o código, mas eles não são exatamente a mesma coisa. O modelo imperativo força que as várias sentenças if sejam executadas em uma ordem em particular, que não é obrigatória considerando a tabela de decisão. Isso significa que estou adicionando um artefato de implementação irrelevante à minha representação da tabela. Para tabelas de decisão isso não é grande coisa, mas pode ser significativo para outros modelos computacionais alternativos.

Uma limitação potencialmente mais séria de uma representação imperativa é que ela remove algumas oportunidades úteis. Uma das coisas boas a respeito de uma tabela de decisão é que você pode verificá-la para garantir que não perca uma permutação ou que não repita acidentalmente uma permutação.

Uma alternativa ao uso de código imperativo é criar uma abstração para uma tabela de decisão e, então, configurá-la para esse caso em particular. Se eu fizer isso, posso representar essa tabela assim:

```
var table = new DecisionTable<Application, int>();
table.AddCondition((application) => application.HasCellPhone);
table.AddCondition((application) => application.HasRedCar);
table.AddColumn( true,  true, 7);
table.AddColumn( true, false, 3);
table.AddColumn(false,  true, 2);
table.AddColumn(false, false, 0);
```

Agora tenho uma representação mais fiel à tabela de decisão original. Não preciso mais especificar a ordem de avaliação das condições no código imperativo; isso é deixado para o funcionamento interno da tabela de decisão (essa falta de ordem pode ser útil para explorar aspectos de concorrência). Mais importante que isso, a tabela de decisão pode verificar se existe um conjunto bem formado de condições e me dizer se esqueci de algo em minha configuração. Como um bônus, desloco meu contexto de execução do tempo de compilação para o tempo de execução e, logo, as regras podem ser modificadas sem uma recompilação.

Chamo esse estilo de representação de *Modelo Adaptativo (487)*. O termo "modelo adaptativo de objetos" já aparece há algum tempo para descrever como isso é feito em um modelo OO; dê uma olhada no que escreveram Joe Yoder e Ralph Johnson [Yoder e Johnson]. Contudo, você não precisa usar objetos para fazer algo assim – armazenar estruturas de dados que capturam regras comportamentais é comum em bases de dados também. A maioria dos modelos OO decentes possui objetos que contêm tanto comportamento quanto dados, mas o que define um Modelo Adaptativo é que o comportamento é amplamente definido pelas instâncias do modelo e por como elas são compostas. Você não pode entender o comportamento esperado sem olhar a configuração das instâncias.

Você não precisa de uma DSL para usar um Modelo Adaptativo. Na verdade, DSLs e Modelos Adaptativos são noções separadas que podem ser usadas independentemente. Mesmo assim, suspeito que deva ser óbvio para você que um Modelo Adaptativo e as DSLs andam lado a lado (como queijo e vinho). Ao longo deste livro, eu falo várias vezes sobre fazer a análise sintática da DSL construir um *Modelo Semântico (159)*. Frequentemente, esse Modelo Semântico é um Modelo Adaptativo que fornece um modelo computacional alternativo para uma parte de um sistema de software.

O grande ponto negativo de usar um Modelo Adaptativo é que o comportamento que ele define é implícito; você não pode apenas olhar o código para ver o que acontece. Sobre isso, embora a intenção seja em geral fácil de ser entendida, a implementação não é. Isso se torna importante quando as coisas dão errado e você precisa depurar. Normalmente é muito mais difícil encontrar erros com um Modelo Adaptativo. Com frequência ouço as pessoas reclamarem que não podem encontrar o programa e entender como ele funciona. Como resultado, os Modelos Adaptativos possuem uma reputação de que são difíceis de manter. Escuto as pessoas dizendo que levaram meses para descobrir como eles funcionam. Se elas finalmente descobrirem, o Modelo Adaptativo pode torná-las bastante produtivas, mas antes de fazer isso (e muitas pessoas não conseguem) é um pesadelo.

Esse problema da compreensão da implementação em relação a Modelos Adaptativos é uma questão real, e é uma questão que certamente desencoraja seu uso, apesar dos benefícios bastante reais que você pode obter, uma vez que você esteja confortável com a maneira como eles funcionam. Um dos benefícios que eu vejo com DSLs é que elas facilitam o entendimento de como um Modelo Adaptativo se encaixa nesse contexto e, logo, sua programação. Com uma DSL, você pode ao menos ver o programa. Ela não dissipa todas as questões de entendimento acerca de como o Modelo Adaptativo geral funciona, mas ver mais claramente a configuração específica pode lhe oferecer uma vantagem significativa.

Modelos computacionais alternativos são também uma das razões mais atrativas para usar uma DSL, e é por isso que gastamos um bocado de tempo falando sobre eles neste livro. Se seu problema puder ser expresso facilmente usando código imperativo, então uma linguagem de programação regular funciona muito bem. Os benefícios-chave de uma DSL – maior produtividade e comunicação com especialistas em domínio – realmente surgem quando você está usando um modelo computacional alternativo. Os especialistas em domínio normalmente pensam acerca de seus problemas de uma maneira não imperativa, como por uma tabela de decisão. Um Modelo Adaptativo lhe permite capturar essa maneira de pensar mais diretamente em um programa, e a DSL lhe permite comunicar essa representação mais claramente a eles (e a você mesmo).

7.1 Alguns modelos alternativos

Existem muitos modelos computacionais possíveis por aí, e não fornecerei uma ampla visão geral sobre eles neste livro. O que posso fazer é disponibilizar uma pequena amostra de modelos comumente encontrados. Eles o ajudarão nos casos comuns, mas também espero que possam atiçar sua imaginação de forma que você possa pensar em modelos computacionais específicos para seu domínio.

7.1.1 Tabela de decisão

Como já mencionei as *Tabelas de Decisão (495)*, eu bem que poderia começar com elas. Elas são uma forma bastante simples de um modelo computacional alternativo, mas que se encaixam bem em uma DSL. A Figura 7.2 é um exemplo relativamente simples.

Cliente preferencial	X	X	S	S	N	N
Ordem de prioridade	S	N	S	N	S	N
Ordem internacional	S	S	N	N	N	N
Taxa	150	100	70	50	80	60
Alertar representante	S	S	S	N	N	N

As três primeiras linhas são *condições*; as duas últimas são *consequências*.

Figura 7.2 *Tabela de decisão para tratar pedidos.*

A tabela consiste em um número de linhas de condições, seguidas por um número de linhas de consequências. A semântica é direta; nesse caso, você recebe um pedido e o verifica em relação às condições. Uma coluna das condições deve casar, e então as consequências de tal coluna são aplicadas. Portanto, se temos um cliente preferencial com um pedido nacional, com prioridade, existe uma taxa de $ 70, e alertamos um representante para tratar do pedido.

Nesse caso, cada condição é uma condição booleana, mas tabelas de decisão mais complicadas podem ter outras formas de condições, como faixas numéricas.

As tabelas de decisão são particularmente fáceis de serem seguidas por pessoas que não são programadores, então elas funcionam bem na comunicação com especialistas de domínio. Sua natureza tabular torna-as naturais para edição em uma planilha, então esse é um caso de uma DSL na qual uma edição direta de um especialista de domínio é mais provável.

7.1.2 Sistema de regras de produção

A noção geral de modelar a lógica a partir de sua divisão em regras, cada uma das quais com uma condição e uma ação consequente, é um *Sistema de Regras de Produção (513)*. Cada regra pode ser especificada individualmente em um estilo similar a um grupo de sentenças se-então em código imperativo.

```
if
  passenger.frequentFlier
then
  passenger.priorityHandling = true;

if
  mileage > 25000
then
  passenger.frequentFlier = true;
```

Com um Sistema de Regras de Produção, especificamos essas regras em termos de suas condições e ações, mas deixamos para o sistema subjacente executá-las e uni-las. No exemplo que acabei de mostrar, existe uma ligação entre as regras da seguinte forma: se a segunda regra for verdadeira (e então "disparada", como dito no jargão local), isso pode afetar se a primeira regra deve ser disparada.

Essa característica, na qual o disparo de algumas regras muda o fato de outras regras deverem ser disparadas ou não, é chamada de **encadeamento**, e é uma característica importante de um Sistema de Regras de Produção. O encadeamento permite que você escreva as regras individualmente, sem pensar nas consequências mais amplas, e então deixa o sistema verificar essas consequências.

Esse benefício também é um perigo. Um Sistema de Regras de Produção baseia-se muito em lógica implícita, que pode frequentemente fazer coisas que não estavam previstas. Algumas vezes esse comportamento não previsto pode ser benéfico, mas outras vezes ele pode ser prejudicial, levando a um resultado incorreto. Esses erros ocorrem frequentemente devido ao fato de que quem escreveu as regras não levou em conta como as regras interagem.

Problemas devido a comportamento implícito são comuns com modelos computacionais alternativos. Estamos relativamente acostumados com o modelo imperativo, mas ainda cometemos um monte de erros com eles. Com os modelos alternativos, estamos ainda mais propensos a problemas, porque com frequência não podemos analisar facilmente o que acontecerá apenas olhando o código. Um punhado de regras embutidas em uma regra base frequentemente produzirá resultados surpreendentes, bons ou ruins. Uma consequência disso, que se aplica à maioria dos casos nos quais você implementa um modelo computacional alternativo, é que é importante produzir um mecanismo de rastreamento de forma que você possa ver exatamente o que aconteceu na execução do modelo. Com um Sistema de Regras de Produção, isso significa que deve existir a habilidade de gravar quais regras foram disparadas e fornecer tais registros facilmente quando necessário, de forma que um usuário desorientado ou um programador possa ver a cadeia de regras que levou a uma conclusão inesperada.

Os Sistemas de Regras de Produção já estão disponíveis há um bom tempo, e existem muitos produtos que os implementam e fornecem ferramentas sofisticadas para capturar e executar as regras. Apesar disso, mesmo assim pode ser útil escrever um pequeno Sistema de Regras de Produção dentro de seu próprio código. Assim como em qualquer caso em que você constrói seu próprio modelo computacional alternativo, você pode se safar com algo relativamente simples quando você o faz em uma escala pequena com um domínio particular em mente.

Apesar de o encadeamento ser certamente uma parte importante de um Sistema de Regras de Produção, ele, na verdade, não é obrigatório. Algumas vezes é útil escrever um Sistema de Regras de Produção sem encadeamento. Um bom exemplo disso é um conjunto de regras de validação. Com a validação, você está frequentemente apenas capturando um conjunto de condições nas quais a ação é levantar um erro. Apesar de você não precisar do encadeamento, pensar nos comportamentos como um conjunto de regras independentes ainda é útil.

Você pode argumentar que uma *Tabela de Decisão (495)* é uma forma de Sistema de Regras de Produção no qual cada coluna na Tabela de Decisão corresponde a uma única regra. Embora isso seja verdadeiro, penso que não atinge os objetivos. Com um Sistema de Regras de Produção, você foca no comportamento uma regra de cada vez; com uma Tabela de Decisão, você foca na tabela inteira. Esse deslocamento no pensamento é uma parte essencial dos dois modelos, tornando-os ferramentas mentais diferentes.

7.1.3 Máquina de estados

Iniciei este livro com outro modelo computacional alternativo popular – a *Máquina de Estados (527)*. Uma Máquina de Estados modela o comportamento de um objeto dividindo-o em um conjunto de estados e disparando comportamento com eventos de forma que, dependendo do estado em que o objeto esteja, cada evento leva a uma transição para um estado diferente.

A Figura 7.3 indica que podemos cancelar um pedido nos estados "coletando" e "pago", no qual em qualquer um deles ocorrerá uma transição para o estado "cancelado".

A Máquina de Estados possui os elementos principais para representar estados, eventos e transições, mas existe muita variação que pode ser introduzida nessa estrutura básica. As variações aparecem particularmente em como a Máquina de Estados inicia as ações. Uma Máquina de Estados é uma escolha comum porque muitos sistemas podem ser pensados em termos de reação a eventos ao percorrerem uma série de estados.

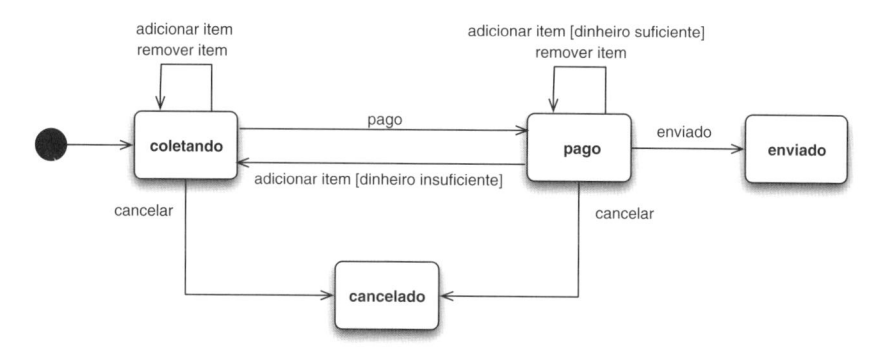

Figura 7.3   *Diagrama de máquina de estados UML para um pedido.*

7.1.4   Rede de dependências

Um dos modelos alternativos mais familiares no dia a dia de desenvolvedores de software são as *Redes de Dependências (505)*. É familiar porque esse modelo sustenta ferramentas de construção como Make, Ant e seus derivativos. Neste modelo, olhamos as tarefas que precisam ser feitas e capturamos os pré-requisitos para cada tarefa. Por exemplo, a tarefa para executar testes pode ter as tarefas de compilação e de carregamento de dados como pré-requisitos, as quais podem ter a tarefa de geração de código como pré-requisito. Com essas dependências especificadas, podemos então invocar a tarefa de testes, e o sistema descobre que outras tarefas precisam ser realizadas e em que ordem. Além disso, mesmo que a tarefa de geração de código apareça duas vezes na lista (porque ela é listada duas vezes como pré-requisito), o sistema sabe que precisa executá-la apenas uma vez.

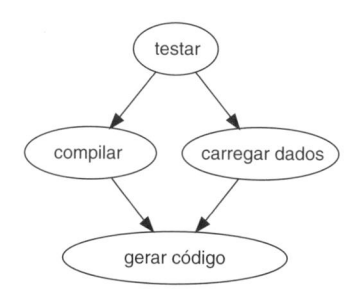

Figura 7.4   *Rede de dependências possível para a construção de software.*

Logo, uma Rede de Dependências é uma boa escolha quando você possui tarefas caras em termos computacionais com dependências entre elas.

7.1.5 Escolhendo um modelo

Acho difícil dar recomendações em particular sobre quando escolher um modelo computacional específico. Na verdade, tudo se resume a sentir se o modelo computacional encaixa-se com a maneira como você pensa sobre o problema. A melhor maneira de determinar se ele se encaixa é tentando. Inicialmente, tente no papel com a descrição de comportamentos usando texto simples e diagramas. Se um modelo parece passar nesse simples teste de mesa, então vale a pena construí-lo, talvez como um protótipo, para ver como ele funciona de verdade. Eu acho que o ponto-chave é fazer o *Modelo Semântico (159)* funcionar de maneira apropriada, mas pode ajudar se usarmos uma DSL simples para auxiliar nesse processo. Eu colocaria um esforço maior primeiro no modelo, entretanto, antes de obter uma DSL mais legível. Uma vez que você tenha um Modelo Semântico aceitável, é relativamente fácil experimentar diferentes DSLs para o guiarem.

Existem muitos outros modelos computacionais alternativos além desses. Se eu tivesse mais tempo para gastar neste livro, eu gostaria de gastá-lo escrevendo mais sobre eles. Parece-me que um livro sobre modelos computacionais seria um bom livro para alguém escrever.

Capítulo 8
Geração de código

Até agora em minha discussão sobre a implementação de DSLs, falei acerca da análise sintática de textos DSL, normalmente com o objetivo de preencher um *Modelo Semântico (159)* e colocar comportamentos interessantes em tal modelo. Em muitos casos, uma vez que possamos preencher o Modelo Semântico, nosso trabalho está feito – podemos simplesmente executar o Modelo Semântico para obter o comportamento que estamos esperando.

Embora executar o Modelo Semântico diretamente, em geral, seja a coisa mais fácil de fazer, existem muitas ocasiões nas quais você não pode fazer isso. Você pode precisar que sua lógica especificada em uma DSL execute em um ambiente muito diferente, um em que seja difícil ou impossível de se construir um Modelo Semântico ou um analisador sintático. São nessas situações que você pode precisar da geração de código. Ao usar geração de código, você pode pegar o comportamento especificado na DSL e executá-lo em praticamente qualquer ambiente.

Quando usa geração de código, você possui dois ambientes diferentes para pensar a respeito: o que chamarei de processador de DSL e o ambiente-alvo. O processador de DSL é onde o analisador sintático, o Modelo Semântico e o gerador de código vivem. Ele precisa ser um ambiente confortável para desenvolvermos essas coisas. O ambiente-alvo é seu código gerado e seus entornos. O objetivo de usar geração de código é separar o ambiente-alvo de seu processador de DSL, porque você não pode construir seu processador de DSL de maneira adequada no ambiente-alvo.

Os ambientes-alvo vêm em diversos formatos. Um caso é um sistema embarcado no qual você não possui os recursos para executar um processador de DSL. Outro é quando o ambiente-alvo é uma linguagem que não é adequada para o processamento de DSLs. Ironicamente, o ambiente-alvo pode ser, ele mesmo, uma DSL. Dado que as DSLs possuem expressividade limitada, elas normalmente não fornecem os recursos de abstração que você precisa para sistemas mais complexos. Mesmo se você pudesse estender a DSL para lhe dar recursos de abstração, isso teria o custo de complicar a DSL – talvez complicá-la o suficiente a ponto de ela virar uma linguagem de propósito geral. Então, pode ser melhor fazer essa abstração em um ambiente diferente e gerar código em sua DSL-alvo. Um bom exemplo disso é especificar condições de consulta em uma DSL e, então, gerar SQL. Poderíamos fazer isso para permitir que nossas consultas sejam executadas de maneira eficiente na base de dados, mas SQL não é a melhor maneira de representarmos nossas consultas.

Limitações do ambiente-alvo não são a única razão para gerar código. Outra razão pode ser a falta de familiaridade com o ambiente-alvo. Pode ser mais fácil especificar comportamento em uma linguagem mais familiar e então gerar a linguagem menos familiar. Outra razão para a geração de código é garantir a verificação estática de tipos de uma maneira melhor. Podemos caracterizar a interface de algum sistema com uma DSL, mas o resto do sistema quer conversar com essa interface usando C#. Nesse caso, você pode gerar uma API C# de forma que tenha verificação em tempo de compilação e suporte de IDEs. Quando a definição de interface mudar, você pode regerar o código C# e fazer o compilador ajudá-lo a identificar alguns dos problemas.

8.1 Escolhendo o que gerar

Uma das primeiras coisas a serem decididas quando você estiver gerando código é que tipo de código você gerará. Da maneira como vejo as coisas, existem dois estilos de geração de código que você pode usar: *Geração Ciente do Modelo (555)* e *Geração Ignorante ao Modelo (567)*. A diferença entre as duas reside no fato de você ter ou não uma representação explícita do *Modelo Semântico (159)* no ambiente-alvo.

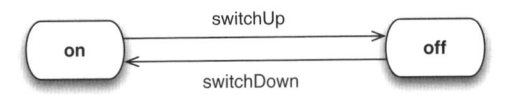

Figura 8.1   *Uma máquina de estados muito simples.*

Como exemplo, consideremos uma *Máquina de Estados (527)*. Duas alternativas clássicas para implementar uma máquina de estados são condicionais aninhados e tabelas de estados. Se fôssemos pegar um modelo de estados muito simples, como o da Figura 8.1, uma estrutura condicional aninhada se pareceria com o seguinte:

```
public void handle(Event event) {
  switch (currentState) {
    case ON:  switch (event) {
               case DOWN:
                 currentState = OFF;
             }
    case OFF: switch (event) {
               case UP : currentState = ON;
             }
  }
}
```

Temos dois testes condicionais aninhados um dentro do outro. O condicional mais externo olha o estado atual da máquina e o condicional interno verifica o evento que acabou de ser recebido. Esse é a Geração Ignorante ao Modelo porque a lógica da máquina de estados está embutida no fluxo de controle da linguagem – não existe uma representação explícita do Modelo Semântico.

Com a Geração Ciente do Modelo colocamos alguma representação do modelo semântico no código gerado. Ele não precisa ser exatamente o mesmo usado no processador de DSL, mas será alguma forma de representação de dados. Para esse caso, nossa máquina de estados é um pouco mais complicada.

```
class ModelMachine...
  private State currentState;
  private Map<State, Map<Event, State>> states = new HashMap<State, Map<Event, State>>();

  public ModelMachine(State currentState) {
    this.currentState = currentState;
  }
  void defineTransition(State source, Event trigger, State target) {
    if (! states.containsKey(source)) states.put(source, new HashMap<Event, State>());
    states.get(source).put(trigger, target);
  }
  public void handle(Event event) {
    Map<Event, State> currentTransitions = states.get(currentState);
    if (null == currentTransitions) return;
    State target = currentTransitions.get(event);
    if (null != target) currentState = target;
  }
```

Aqui estou armazenando as transições como mapas aninhados. O mapa externo é um mapa de estados, cuja chave é o nome do estado e cujo valor é um segundo mapa. Esse mapa interno possui o nome do evento como a chave e o estado-alvo como o valor. Esse é um modelo de estados primitivo – eu não posso ter classes explícitas para representar estados, transições e eventos –, mas a estrutura de dados captura o comportamento da máquina de estados. Como consequência de ser dirigido por dados, esse código é inteiramente genérico e precisa ser configurado por algum código específico para fazê-lo funcionar.

```
modelMachine = new ModelMachine(OFF);
modelMachine.defineTransition(OFF, UP, ON);
modelMachine.defineTransition(ON, DOWN, OFF);
```

Ao colocar a representação do Modelo Semântico no código gerado, o código gerado obtém a mesma divisão entre código genérico do framework e código de configuração específico sobre o qual falei na introdução. A Geração Ciente do Modelo preserva a separação genérico/específico, enquanto a Geração Ignorante ao Modelo mescla os dois tipos de código representando o Modelo Semântico no fluxo de controle.

O resultado disso é que, se estou usando a Geração Ciente do Modelo, o único código que preciso gerar é o código de configuração específico. Posso construir a máquina de estados básica inteiramente no ambiente-alvo e testá-la lá. Com a Geração Ignorante ao Modelo, preciso gerar muito mais código. Posso mover algum código para funções de uma biblioteca que eu não precisarei gerar, mas a maioria do comportamento crítico precisa ser gerado.

Consequentemente, é muito mais fácil gerar código usando a Geração Ciente do Modelo. O código gerado é normalmente bastante simples. Você precisa construir a seção genérica, mas como você pode executá-la e testá-la independentemente do sistema de geração de código, isso em geral faz dela uma abordagem muito fácil de ser usada.

Minha inclinação, logo, é usar a Geração Ciente do Modelo sempre que possível. Entretanto, muitas vezes não é possível. Frequentemente, o propósito geral de usar a geração de código é que a linguagem-alvo não pode representar um modelo facilmente a partir de dados. Mesmo se ela puder, podem existir limitações de processamento. Sistemas embarcados muitas vezes usam a Geração Ignorante ao Modelo porque a sobrecarga de código gerado com a Geração Ciente do Modelo seria muito grande.

Existe outro fator que se deve manter em mente se for possível usar a Geração Ciente do Modelo. Se você precisar modificar o comportamento específico do sistema, você pode substituir apenas o artefato correspondente ao código de configuração. Imagine que estejamos criando código C; podemos colocar o código de configuração em uma biblioteca diferente do código genérico – isso nos permitiria alterar o comportamento específico sem substituir o sistema inteiro (apesar de precisarmos de algum mecanismo de vinculação em tempo de execução para que isso funcione).

Podemos ir mais além aqui e gerar uma representação que possa ser lida inteiramente em tempo de execução. Poderíamos gerar uma tabela de texto simples, como por exemplo:

```
off switchUp    on
on  switchDown  off
```

Isso nos permitiria modificar o comportamento específico do sistema em tempo de execução, ao custo de o sistema genérico possuir código para carregar o arquivo de dados na inicialização.

Neste ponto, você está provavelmente pensando que eu gerei outra DSL, que estou analisando sintaticamente no ambiente-alvo. Você pode pensar nisso dessa maneira, mas eu não. Para mim, a pequena tabela acima não é de fato uma DSL porque não é projetada para ser manipulada por humanos. O formato textual a torna legível por humanos, mas isso é um recurso mais útil para depuração. Ela é projetada primariamente para torná-la fácil de ser analisada sintaticamente, de forma que possamos carregá-la rapidamente no sistema-alvo. Quando projetamos tais formatos, a legibilidade para humanos vem em um distante segundo lugar em relação à simplicidade da análise sintática. Com uma DSL, a legibilidade para humanos possui uma prioridade alta.

8.2 Como gerar

Uma vez que você tenha pensado acerca de que tipo de código gerar, a próxima decisão é como conduzir o processo de geração. Quando estiver gerando uma saída textual, existem dois estilos principais que você pode seguir: *Geração por Transformação (533)* e *Geração por Templates (539)*. Com a Geração por

Transformação, você escreve código que lê o *Modelo Semântico (159)* e gera sentenças no código-fonte-alvo. Então, para o exemplo de estados, você poderia capturar os eventos e gerar o código de saída para declarar cada evento e, de maneira similar, para os comandos e para cada um dos estados. Dado que os estados contêm transições, sua geração para cada estado deve envolver a navegação para as transições e a geração de código para cada uma delas também.

Com a Geração por *Templates*, você começa escrevendo um arquivo de saída de exemplo. Nesse arquivo de saída, sempre que existir algo específico a uma máquina de estados em particular, você coloca marcadores especiais de *template* que lhe permitem se referenciar ao Modelo Semântico, de forma a gerar o código apropriado. Se você já criou páginas Web com *templates* com ferramentas como ASP, JSP e similares, deve conhecer esse mecanismo. Quando você processa os *templates*, as referências aos *templates* são substituídas por código gerado.

Com a Geração por *Templates*, você é dirigido pela estrutura de sua saída. Com a Geração por Transformação, você pode ser dirigido pela entrada, pela saída ou por ambas.

Ambas as abordagens para a geração de código funcionam bem, e para escolher entre elas você normalmente estará mais bem servido se experimentar cada uma delas e ver qual delas parece funcionar melhor para você. Acredito que a Geração por *Templates* funciona melhor quando existe bastante código estático na saída e apenas algumas porções dinâmicas – particularmente porque posso olhar o arquivo de *template* e obter uma boa noção do que é gerado. Consequentemente, penso que você talvez usaria a Geração por *Templates* se estivesse usando a *Geração Ignorante ao Modelo (567)*. Caso contrário – na verdade, na maioria do tempo – gosto de usar a Geração por Transformação.

Discuti as abordagens como opostas, mas isso não significa que você não possa misturá-las. Na verdade, você normalmente o faz. Se você está usando a Geração por Transformação, você provavelmente usará sentenças de formatação de strings para escrever fragmentos de código – e esses são pequenos casos da Geração por *Templates*. Apesar disso, acredito que é útil ter uma clara ideia de qual é sua estratégia geral e ter consciência sobre tais trocas. Como muitas coisas que envolvem programação, o momento em que você para de pensar sobre o que você está fazendo é o momento no qual você começa a criar uma bagunça impossível de ser mantida.

Um dos maiores problemas em usar a Geração por *Templates* é que o código hospedeiro usado para gerar as variáveis de saída pode começar a sobrecarregar o código estático dos *templates*. Se você estiver gerando Java para gerar C, você quer que o *template* seja em sua maioria C e quer minimizar qualquer Java no *template*. Acho que o padrão *Auxiliar de Embarcação (547)* é um padrão vital aqui. Toda a complexidade de descobrir como gerar os elementos variáveis do *template* deve ser oculta em uma classe que é chamada por simples chamadas a métodos no *template*. Dessa maneira, você apenas tem o mínimo essencial de Java em seu C.

Isso não apenas mantém seu *template* claro, mas também normalmente facilita o trabalho com seu código de geração. O Auxiliar de Embarcação pode ser uma classe normal, editada com ferramentas que estejam cientes de que estão editando Java. Com IDEs sofisticadas, isso faz uma grande diferença. Se você inserir um monte de código Java em um arquivo C, as IDEs em geral não podem ajudá-lo. Você pode nem ter como usar destaque de sintaxe. Cada apontador em um *template* deve ser uma única chamada a método; qualquer coisa a mais deve estar dentro do Auxiliar de Embarcação.

Um bom exemplo de onde isso é importante são os arquivos de gramática para a *Tradução Dirigida por Sintaxe (219)*. Frequentemente, encontro arquivos de gramática que estão repletos de longos códigos de ações, essencialmente blocos de *Código Estrangeiro (309)*. Esses blocos são mesclados no analisador sintático gerado, mas seus tamanhos enterram a estrutura da gramática; um Auxiliar de Embarcação ajuda bastante para manter pequeno o código de ações.

8.3 Mesclando código gerado e escrito manualmente

Algumas vezes você pode gerar todo o código que precisa ser executado no ambiente-alvo, mas, na maioria das vezes, você mesclará código gerado com código escrito manualmente.

As regras gerais a serem seguidas são:

- Não modifique o código gerado.

- Mantenha o código gerado claramente separado do código escrito manualmente.

O objetivo de usar geração de código a partir de uma DSL é que uma DSL torna-se a fonte oficial para esse comportamento. Qualquer código gerado é apenas um artefato. Se você edita manualmente o resultado da geração de código, perde essas mudanças quando o gera novamente. Isso causa trabalho extra na geração, que não é tão ruim por si só, mas também introduz uma relutância em modificar a DSL e gerar quando necessário, sabotando o propósito principal de se ter uma DSL. (Algumas vezes é útil gerar um esqueleto para iniciar o código escrito manualmente, mas essa não é a situação habitual com as DSLs.)

Em virtude disso, qualquer código gerado nunca deve ser editado manualmente. (Uma exceção é a inserção de sentenças de rastreamento para depuração.) Como queremos que eles nunca sejam editados, faz sentido manter códigos gerados separados de códigos escritos manualmente. Minha preferência é ter arquivos claramente separados em completamente gerados ou completamente escritos a mão. Não gravo arquivos gerados em um repositório de código-fonte, dado que eles podem ser gerados novamente durante o processo de construção. Prefiro manter o código gerado em um ramo separado na árvore de código-fonte.

Em um sistema procedural, no qual o código é organizado em arquivos de funções, isso é bastante fácil de alcançar. Entretanto, em código orientado a objetos, com classes que mesclam estruturas de dados e comportamento, essa separação é mais complicada. Existe uma plenitude de casos nos quais você possui uma classe lógica, mas algumas partes da classe precisam ser geradas e algumas escritas à mão.

Frequentemente, a maneira mais fácil de lidar com isso é ter múltiplos arquivos para sua classe; você pode então separar o código gerado do escrito manualmente como quiser. Entretanto, nem todos os ambientes de programação permitem isso. Java não permite; versões recentes de C# permitem – com o nome de "classes parciais". Se você estiver trabalhando com Java, não pode simplesmente dividir os arquivos de uma classe.

Uma opção popular era marcar áreas separadas de uma classe como gerada ou escrita manualmente. Sempre achei esse um mecanismo falho e que frequentemente leva a erros, à medida que as pessoas editam o código gerado. Isso também significa que é impossível evitar a gravação do código gerado – o que confunde o histórico do controle de versões.

Uma boa solução para isso é a *Lacuna de Geração (571)*, na qual você divide o código gerado e o escrito manualmente usando herança. Na forma básica, você gera uma superclasse e escreve manualmente uma subclasse que pode incrementar ou sobrescrever o comportamento gerado. Isso mantém a separação de arquivos entre código gerado e escrito manualmente, enquanto permite bastante flexibilidade na combinação dos dois estilos em uma única classe. A desvantagem é que você precisa relaxar as regras de visibilidade. Métodos que de outra forma poderiam ser privados precisam ser alterados para protegidos de forma a permitir sua sobrescrita e chamadas a ele a partir de uma subclasse. Acho tal relaxamento um preço pequeno a ser pago por manter separados o código gerado e o código escrito manualmente.

A dificuldade de manter separados o código gerado e o código escrito manualmente parece ser proporcional ao padrão de chamadas entre o código gerado e o código escrito manualmente. Um fluxo de controle simples, como a *Geração Ignorante ao Modelo (567)*, na qual o código gerado chama código escrito manualmente em um fluxo de direção única, facilita muito a separação dos dois artefatos. Então, se você tem dificuldade em manter o código escrito manualmente separado do código gerado, pode valer a pena pensar em maneiras para simplificar o fluxo de controle.

8.4 Gerando código legível

Uma situação de tensão que aparece de tempos em tempos quando se fala em geração de código diz respeito a quanto você precisa deixar o código gerado legível e bem estruturado. As duas escolas de pensamento são: aquela que pensa que o código gerado deve ser tão claro e legível quanto o código escrito manualmente e aquela que acha que tais preocupações são irrelevantes para o código gerado, pois ele nunca será modificado.

Nesse debate, me inclino em direção ao grupo dos que acreditam que o código gerado deve ser bem estruturado e claro. Apesar de você nunca ter de editar manualmente o código gerado, existem ocasiões nas quais as pessoas querem entender como ele funciona. As coisas sairão erradas e exigirão depuração; portanto, é bem mais fácil depurar código claro e bem estruturado.

Logo, prefiro gerar código quase tão bom quanto aquele que eu escreveria manualmente, com nomes claros de variáveis, boa estrutura e a maioria dos hábitos que uso normalmente.

Há exceções, contudo. Talvez a primária seja que estou menos preocupado se levará um tempo extra para obter a estrutura correta. Estou menos inclinado a perder tempo para descobrir ou criar a melhor estrutura com código gerado. Preocupo-me menos com duplicação de código; não quero a duplicação óbvia e fácil de ser evitada, mas não me preocupo muito em relação a isso com o mesmo grau que o faria com código escrito a mão. Afinal, não tenho que me preocupar com a facilidade de modificação, apenas com a legibilidade. Se achar que alguma duplicação é mais clara, certamente deixo-a. Também me agrada usar comentários, pois posso garantir que os comentários gerados estarão atualizados com o código gerado. Os comentários podem se referir às estruturas do *Modelo Semântico (159)*. Eu também comprometeria uma estrutura clara para atender objetivos de desempenho – mas isso também é verdade para código escrito manualmente.

8.5 Geração de código antes da análise sintática

Ao longo da maior parte desta seção, me concentrei na geração de código como a saída do script DSL, mas existe outro lugar onde a geração de código pode desempenhar um papel. Em alguns casos, você precisa integrar com alguma informação externa quando está escrevendo seu script DSL. Se estiver escrevendo uma DSL sobre a vinculação de territórios para vendedores, então pode querer coordenar com uma base de dados corporativa usada por vendedores. Você pode querer garantir que os símbolos que usa em seus scripts DSL casam com aqueles na base de dados corporativa. Uma maneira de fazer isso é usar geração de código para gerar a informação que você precisa enquanto está escrevendo seus scripts. Frequentemente, esse tipo de verificação pode ser feito quando você estiver preenchendo o *Modelo Semântico (159)*, mas existem ocasiões nas quais é útil ter a informação no código-fonte também, particularmente para navegação de código e verificação estática de tipos.

Um exemplo disso seria se você estivesse escrevendo uma DSL interna em Java/C# e quisesse que seus símbolos que se referenciam a vendedores fossem estaticamente tipados. Você pode fazer isso gerando enumerações para listar seus vendedores e importar essas enumerações em seus arquivos de script [Kabanov *et al.*].

8.6 Leitura complementar

O livro mais completo disponível sobre técnica de geração de código é [Herrington]. Você também pode achar útil o ótimo conjunto de padrões de Marcus Voelter [Voelter].

Capítulo 9
Bancadas de linguagem

As técnicas sobre as quais escrevi até agora já estão disponíveis, de uma forma ou de outra, há um bom tempo. As ferramentas que existem para lhe dar suporte, tais como *Geradores de Analisadores Sintáticos (269)* para DSLs externas, são similarmente bem estabelecidas. Neste capítulo, discutirei um conjunto de ferramentas que são mais brilhantes e novas – as ferramentas que chamo de bancadas de linguagem*.

As bancadas de linguagem são, em essência, ferramentas que o ajudam a construir suas próprias DSLs e fornecer suporte ferramental para elas no estilo de IDEs modernas. A ideia é que essas ferramentas não apenas forneçam uma IDE para ajudar na criação de DSLs; elas oferecem suporte para construir IDEs para editar essas DSLs. Dessa maneira, alguém que esteja escrevendo um script DSL possui o mesmo grau de suporte que um programador que usa uma IDE pós-IntelliJ.

Enquanto escrevo isso, o campo de bancadas de linguagem é ainda muito novo. A maioria das ferramentas mal saiu do estágio beta. Mesmo aquelas que já estão disponíveis há certo tempo não tiveram experiências suficientes para possibilitar muitas conclusões. Mesmo assim, existe um potencial imenso aqui – essas são as ferramentas que podem mudar a face da programação como conhecemos. Não sei se elas serão bem-sucedidas em suas empreitadas, mas tenho certeza de que vale a pena acompanhá-las de perto.

Essa imaturidade significa que é especialmente difícil de escrever sobre este tópico. Me perguntei muito sobre o que dizer acerca das bancadas de linguagem neste livro. No fim das contas, decidi que o fato de essas ferramentas serem tão novas e inconstantes significa que não posso escrever muito em um livro como este. Muito do que estou escrevendo agora estará desatualizado quando você ler este capítulo. Como tudo em meu trabalho, estou procurando por princípios centrais que não mudam muito, mas eles são difíceis de serem identificados em um campo que se modifica tão rápido. Então, decidi escrever apenas este capítulo e não fornecer mais detalhes na seção de referência deste livro. Também decidi cobrir apenas alguns aspectos das bancadas de linguagem aqui – aqueles os quais acredito que são relativamente estáveis. Mesmo assim,

---

* N. de R.T.: Do inglês, *language workbenches*.

você deve ler este capítulo com cautela e ficar de olho na Web para se informar sobre os desenvolvimentos mais recentes.

9.1 Elementos das bancadas de linguagem

Apesar de as bancadas de linguagem diferirem bastante em sua aparência, existem elementos comuns que elas compartilham. Em especial, as bancadas de linguagem permitem que você defina três aspectos de um ambiente DSL:

- **Esquema do *Modelo Semântico (159)*,** que define a estrutura de dados do Modelo Semântico, junto com a semântica estática. Isso normalmente é feito por meio de um metamodelo.
- **Ambiente de Edição de DSL**, que define uma experiência rica de edição para as pessoas que escrevem scripts DSL, ou por meio de edição de código-fonte ou de edição projecional.
- **Comportamento do Modelo Semântico**, que define o que o script DSL faz ao construir o Modelo Semântico, de modo geral, com geração de código.

As bancadas de linguagem usam um Modelo Semântico como parte fundamental do sistema. Consequentemente, elas fornecem ferramentas para ajudá-lo a definir esse modelo. Em vez de definir o Modelo Semântico com uma linguagem de programação, como assumo para este livro, elas o definem dentro de uma estrutura especial de metamodelagem que as permite usar ferramentas em tempo de execução para trabalhar sobre o modelo. Essa estrutura de metamodelagem as ajuda a fornecer seu alto grau de suporte ferramental.

Em virtude disso, existe uma separação entre esquema e comportamento. O esquema do Modelo Semântico é essencialmente um modelo de dados sem muito comportamento. Os aspectos comportamentais do Modelo Semântico vêm de fora da estrutura de dados – em sua maioria na forma de geração de código. Algumas ferramentas expõem o Modelo Semântico, permitindo que você construa um interpretador, mas, de longe, a geração de código é a maneira mais popular de executar o Modelo Semântico.

Os ambientes de edição são um dos aspectos mais interessantes e importantes das bancadas de linguagem. Esse talvez seja o aspecto-chave que elas trazem ao desenvolvimento de software, fornecendo uma faixa mais rica de ferramentas para preencher e manipular um Modelo Semântico. Eles variam de algo próximo à edição textual assistida até editores gráficos que permitem a você escrever um script DSL como um diagrama, ou ainda ambientes que usam o que chamo de "programação ilustrativa" para fornecer uma experiência mais próxima do trabalho com planilhas do que com uma linguagem de programação regular.

Ir mais fundo que isso levantaria os problemas da inconstância e da imaturidade das ferramentas, mas existem alguns princípios gerais que acho que terão alguma relevância duradoura: a definição do esquema e a edição projecional.

9.2 Linguagens de definição de esquemas e metamodelos

Ao longo deste livro, venho reforçando a utilidade do uso de um *Modelo Semântico (159)*. Todas as bancadas de linguagem que olhei usam um Modelo Semântico e fornecem ferramentas para defini-lo.

Existe uma diferença notável entre modelos de bancadas de linguagem e os Modelos Semânticos que usei até agora neste livro. Como um fanático da orientação a objetos, naturalmente construo um Modelo Semântico orientado a objetos que combina tanto estrutura quanto comportamento. No entanto, as bancadas de linguagem não funcionam dessa forma. Elas fornecem um ambiente para definir o esquema do modelo, ou seja, sua estrutura de dados, geralmente usando uma DSL particular para esse propósito – a linguagem de definição de esquemas. Elas então deixam a semântica comportamental como um exercício separado, normalmente por meio da geração de código.

Neste ponto, a palavra "meta" começa a entrar em cena, e as coisas começam a se parecer com um desenho de Escher. Isso porque a linguagem de definição de esquemas possui um modelo semântico, que, por sua vez, é um modelo. O Modelo Semântico da linguagem de definição de esquemas é o metamodelo para um Modelo Semântico de uma DSL. Mas a própria linguagem de definição de esquemas precisa de um esquema, que é definido por meio de um Modelo Semântico cujo metamodelo é a linguagem de definição de esquemas cujo metamodelo é o... (e assim infinitamente).

Se o parágrafo acima não faz sentido para você (e ele apenas faz sentido para mim nas terças-feiras), então falarei mais devagar.

Iniciarei com um fragmento do exemplo do painel secreto, especificamente o movimento do estado "ativo" para o estado "esperando pela cômoda". Posso mostrar esse fragmento com o diagrama de estados da Figura 9.1.

Figura 9.1 *Diagrama de estados simples de um interruptor.*

Esse fragmento mostra dois estados e uma transição os conectando. Com o Modelo Semântico que mostrei na Introdução ("O modelo da máquina de estados", p. 5), interpreto esse modelo como duas instâncias da classe que representa estados e uma instância da classe que representa transições, usando as classes Java e os atributos que defini para o Modelo Semântico. Neste caso, o esquema para o Modelo Semântico é composto pelas definições de classe Java. Em particular, preciso de quatro classes: estado, evento, string e transição. Aqui está uma forma simplificada de tal esquema:

```
class State {
  ...
}

class Event {
  ...
}

class Transition {
  State source, target;
  Event trigger;
  ...
}
```

O código Java é uma maneira de representar tal esquema; outra maneira é usar um diagrama de classes (Figura 9.2).

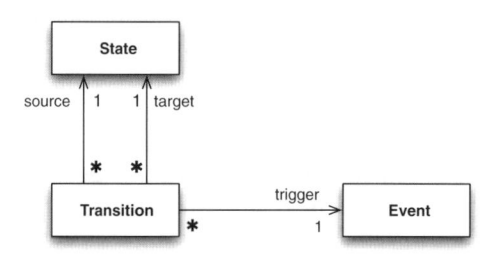

Figura 9.2 *Diagrama de classes para um esquema de uma máquina de estados simples.*

O esquema de um modelo define o que você pode ter no conteúdo do modelo. Não posso adicionar guardas às minhas transições no meu diagrama de estados a menos que as adicione no esquema. Isso é o mesmo que acontece com qualquer definição de estrutura de dados: classes e instâncias, tabelas e registros, tipos de registros e registros. O esquema define o que pode aparecer nas instâncias.

O esquema nesse caso são as definições de classe Java, mas posso ter o esquema como um conjunto de *objetos* Java em vez de classes. Isso me permitiria manipular o esquema em tempo de execução. Posso criar uma versão primitiva dessa abordagem com três classes Java para classes, atributos e objetos.

```
class MClass...
  private String name;
  private Map<String, MField> fields;

class MField...
  private String name;
  private MClass target;
```

```
class MObject...
  private String name;
  private MClass mclass;
  private Map<String, MObject> fields;
```

Posso usar este ambiente para criar um esquema de estados e de transições.

```
private MClass state, event, transition;
private void buildTwoStateSchema() {
  state = new MClass("State");
  event = new MClass("Event");

  transition = new MClass("Transition");
  transition.addField(new MField("source", state));
  transition.addField(new MField("target", state));
  transition.addField(new MField("trigger", event));
}
```

Então, posso usar este esquema para definir o modelo de estados simples da Figura 9.1.

```
private MObject active, waitingForDrawer, transitionInstance, lightOn;
private void buildTwoStateModel() {
  active = new MObject(state, "active");
  waitingForDrawer = new MObject(state, "waiting for drawer");
  lightOn = new MObject(event, "light on");
  transitionInstance = new MObject(transition);
  transitionInstance.set("source", active);
  transitionInstance.set("trigger", lightOn);
  transitionInstance.set("target", waitingForDrawer);
}
```

Pode ser útil pensar nessa estrutura como dois modelos, conforme ilustrado na Figura 9.3. O modelo base é o fragmento do painel secreto da senhorita Grant; ele contém os MObjects. O segundo modelo contém as MClasses e MFields e é geralmente referido como um metamodelo. Um **metamodelo** é um modelo cujas instâncias definem um esquema para outro modelo.

Como um metamodelo é apenas outro Modelo Semântico, posso facilmente definir uma DSL para preenchê-lo da mesma forma que eu faria para seu modelo base – chamo tal DSL de uma **linguagem de definição de esquemas**. Uma linguagem de definição de esquemas é simplesmente uma forma de modelo de dados, com alguma maneira de definir entidades e relacionamentos entre elas. Existem diversas linguagens de definição de esquemas e metamodelos por aí.

Quando você está criando uma DSL manualmente, não faz muito sentido criar um metamodelo. Na maioria das situações, usar os recursos de definição de estruturas de sua linguagem hospedeira é a melhor aposta. Uma linguagem que você já conhece é muito mais fácil de ser seguida, pois você está usando construções de linguagem que conhece tanto para o esquema quanto para as instâncias. Em meu exemplo primitivo, se quero descobrir o estado inicial de minha transição, preciso dizer algo como aTransition.get("source") em vez de aTransition.getSource(); isso dificulta muito encontrar que campos estão disponíveis, forçando-me a fazer minha própria verificação de tipos, e assim por diante. Estou trabalhando *apesar de* minha linguagem, em vez de *com* ela.

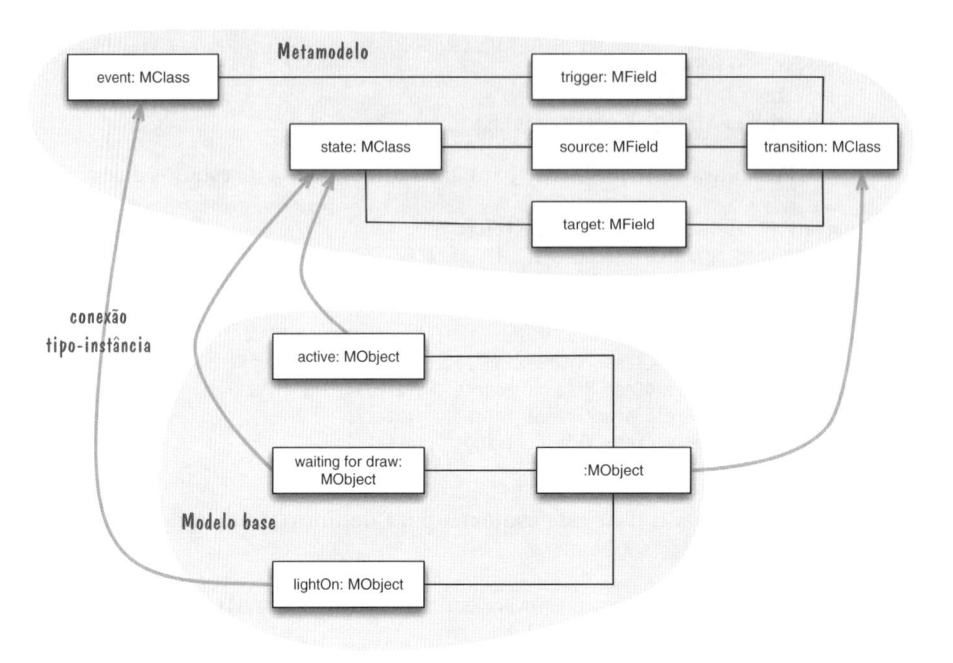

Figura 9.3 *Metamodelo e modelo base para uma máquina de estados.*

Talvez o maior argumento para não usar um metamodelo nessa situação é que perco a habilidade de fazer do meu Modelo Semântico um modelo de domínio OO apropriado. Embora o metamodelo faça um trabalho tolerável, apesar de deselegante, ao definir a estrutura do meu Modelo Semântico, é realmente difícil definir seu comportamento. Se eu quiser objetos apropriados que combinam tanto dados quanto comportamento, seria muito melhor usar os mecanismos próprios da linguagem para definição de esquemas.

Essas trocas funcionam diferentemente para as bancadas de linguagem. De forma a fornecer um bom ferramental, uma bancada precisa examinar e manipular o esquema de qualquer modelo que eu definir. Essa manipulação é normalmente muito mais fácil quando se usa um metamodelo. Além disso, o ferramental das bancadas de linguagem supera muitas das desvantagens comuns de se usar um metamodelo. Consequentemente, a maioria das bancadas de linguagem usa metamodelos. A bancada utiliza o modelo para dirigir a definição dos editores e para ajudar com a adição do comportamento que não pode existir no modelo.

O metamodelo, naturalmente é apenas um modelo. Assim como qualquer outro modelo, ele tem um esquema para definir sua estrutura. Em meu exemplo primitivo, esse esquema é aquele que define `MClass`, `MField` e `MObject`. Mas não existe uma razão lógica pela qual esse esquema não possa ser definido usando um metamodelo. Isso, então, nos permite usar as ferramentas de modelagem próprias da bancada para trabalhar no próprio sistema de definição de esquemas, permitindo que você crie metamodelos usando as mesmas ferramentas que são usadas para escrever scripts DSL. Como efeito disso, a própria linguagem de definição de esquemas é apenas outra DSL na bancada de linguagem.

Muitas bancadas de linguagem usam essa abordagem, a qual chamo de bancadas autoexpressáveis. Em geral, uma bancada autoexpressável dá a você mais confiança de que as ferramentas de modelagem serão suficientes para seu próprio trabalho, pois a ferramenta pode definir ela própria.

Contudo, esse também é o momento no qual você começa a ver a si mesmo dentro de um desenho de Escher. Se os modelos são definidos usando metamodelos, que são simplesmente modelos definidos usando metamodelos – onde isso parará? Na prática, as ferramentas de definição de esquemas são especiais de alguma forma, e existem algumas funcionalidades que são codificadas manualmente na bancada para fazê-la funcionar. Essencialmente, o que há de especial em um modelo de definição de esquemas é que ele pode definir a si próprio. Então, apesar de você poder imaginar-se pulando em infinitas camadas de metamodelos, em algum ponto você alcança um modelo que pode definir a si próprio. Isso é muito estranho por si só, é claro. No fim das contas, acho mais fácil não pensar nisso por muito tempo, mesmo em uma terça-feira.

Uma questão comumente levantada é qual a diferença entre uma linguagem de definição de esquemas e uma gramática. A resposta curta é que uma gramática define a sintaxe concreta de uma linguagem (textual), enquanto a linguagem de definição de esquemas define a estrutura do esquema de um Modelo Semântico. Uma gramática incluirá muitas coisas que descrevem a linguagem de entrada, enquanto uma linguagem de definição de esquemas será independente de qualquer DSL usada para preencher o Modelo Semântico. Uma gramática também implica a estrutura da árvore de análise sintática; junto com as regras de construção de árvore, ela pode definir a estrutura da árvore sintática. Porém, uma árvore sintática é normalmente diferente de um Modelo Semântico (como discuti na seção "O Funcionamento de um analisador sintático", p. 47).

Quando definimos um esquema, podemos pensar nele em termos de estruturas de dados: classes e atributos. Na verdade, muito da definição de esquemas diz respeito a pensar na estrutura de dados lógica na qual podemos armazenar os elementos de um Modelo Semântico. No entanto, existe um elemento adicional que pode aparecer em um esquema – restrições estruturais. Elas são as restrições que fazem instâncias válidas do Modelo Semântico, equivalentes às invariantes no Projeto por Contrato [Meyer].

Restrições estruturais normalmente são regras de validação que vão além do que pode ser expresso dentro da definição da estrutura de dados. A definição da estrutura de dados por si só implica restrições – não podemos dizer coisa alguma no Modelo Semântico que seu esquema não possa armazenar. Nosso modelo de estados anterior diz que existe apenas um estado-alvo para uma transição; não podemos adicionar mais porque não existe onde colocá-lo. Essa é uma restrição definida e garantida pela estrutura de dados.

Quando falamos sobre restrições estruturais, em geral queremos nos referir àquelas que não são oriundas da estrutura de dados – podemos armazenar, mas seria inválido. Isso pode ser uma limitação imposta à estrutura de dados, tal como dizer que o número de pernas de uma pessoa deve ser 0, 1 ou 2 mesmo se estivéssemos armazenando tal atributo em um atributo inteiro. As restrições podem ser arbitrariamente complicadas, envolvendo diversos atributos e objetos – por exemplo, dizer que uma pessoa não pode ser seu próprio ancestral.

As linguagens de definição de esquemas frequentemente vêm com alguma maneira de expressar restrições estruturais. Isso pode ser tão limitado quanto lhe permitir adicionar faixas aos atributos, ou pode ser uma linguagem de propósito geral para permitir que você expresse qualquer restrição. Uma limitação comum é que as restrições estruturais não podem mudar o Modelo Semântico, elas apenas podem consultá-lo. Dessa forma, essas restrições são um *Sistema de Regras de Produção (513)* sem qualquer encadeamento.

9.3 Edição de código-fonte e edição projecional

Um dos recursos mais notáveis de muitas bancadas de linguagem é que elas usam um sistema de edição projecional, não o sistema de edição de código-fonte com o qual a maioria dos programadores está acostumada. Um sistema de edição baseado em código-fonte define o programa usando uma representação que é editável independentemente das ferramentas usadas para processar essa representação em um sistema executável. Na prática, essa representação é textual, isto é, o programa pode ser lido e editado com qualquer ferramenta de edição de textos. Esse texto é o código-fonte de um programa. O transformamos em uma forma executável alimentando um compilador ou um interpretador com o código-fonte, mas a fonte é a representação-chave que nós programadores editamos e armazenamos.

Com um sistema de **edição projecional**, a representação-chave do programa é mantida no formato específico da ferramenta que o usa. Esse formato é uma representação permanente do *Modelo Semântico (159)* usado pela ferramenta. Quando queremos editar o programa, iniciamos o ambiente de edição da ferramenta, e a ferramenta pode então projetar representações editáveis de seu Modelo Semântico para que possamos lê-las e editá-las. Essas representações podem ser textuais, diagramas, tabelas ou formulários.

Ferramentas de bases de dados desktop, como o Microsoft Access, são bons exemplos de sistemas de edição projecional. Você nunca precisa ver, quem dirá editar, o código-fonte textual de um programa Access inteiro. Em vez disso, você inicia o Access e usa várias ferramentas para examinar o esquema da base de dados, relatórios, consultas, etc.

A edição projecional lhe oferece diversas vantagens sobre uma abordagem baseada em código-fonte. A mais óbvia delas é permitir a edição por meio de diferentes representações. Uma máquina de estados é frequentemente mais bem pensada em uma forma diagramática e, com um editor projecional, você pode desenhar uma máquina de estados como um diagrama e editá-la diretamente no formulário. Com código-fonte, você pode apenas editá-la no texto, e, apesar de você poder executar esse texto a partir de um visualizador para ver o diagrama, você não pode editar esse diagrama diretamente.

Uma projeção como essa lhe permite controlar a experiência de edição para facilitar a entrada com as informações corretas e desabilitar as informações incorretas. Uma projeção textual pode, dada uma chamada a um método em um objeto, apenas lhe mostra os métodos válidos para aquela classe e apenas permitir que você forneça um nome de método válido. Isso lhe oferece um ciclo de respostas bem mais forte entre o editor e o programador e permite que o editor dê mais assistência ao programador.

Você também pode ter múltiplas projeções, tanto ao mesmo tempo quanto alternativas. Uma demonstração comumente feita na bancada de linguagem da *Intentional Software* mostra uma expressão condicional em uma sintaxe baseada em C. Com um comando de menu, você pode trocar essa mesma expressão para uma sintaxe baseada em Lisp, ou para um formato tabular. Isso permite que você use a projeção que melhor se adapta à maneira como você quer ver a informação para a tarefa em particular em mãos, ou para seguir as preferências de um programador individualmente. Muitas vezes, você deseja múltiplas projeções de uma mesma informação – como mostrar a superclasse de uma classe como um campo em um formulário e também em uma hierarquia de classes em outro painel do ambiente de edição. Editar qualquer uma delas atualizaria o modelo base que, por sua vez, atualizaria todas as projeções.

Essas representações são projeções de um modelo subjacente e, logo, encorajam transformações semânticas desse modelo. Se quiséssemos renomear um método, este poderia ser capturado em termos do modelo e não em termos de representações textuais. Esse procedimento permite que muitas mudanças sejam feitas em termos semânticos como operações no modelo semântico, em vez de em termos textuais, o que é particularmente útil para aplicar refatorações de uma maneira segura e eficiente.

A edição projecional não é nova; já está por aí ao menos desde que comecei a programar. Ela possui muitas vantagens, mas a maioria das programações sérias é feita ainda com base em código-fonte. Os sistemas projecionais amarram você a uma ferramenta específica, o que não apenas deixa as pessoas apreensivas em relação a estarem dependentes de um fornecedor, mas também dificulta a construção de um ecossistema no qual múltiplas ferramentas colaboram sobre uma representação em comum. O texto, apesar de suas muitas deficiências, é um formato comum; então, ferramentas que manipulam textos podem ser usadas amplamente.

Um bom exemplo de onde isso fez uma diferença enorme é o gerenciamento de código-fonte. Têm ocorrido diversos desenvolvimentos interessantes no gerenciamento de código-fonte nos últimos anos, introduzindo edição concorrente, representação de diferenças, mesclagem automática, atualizações transacionais de repositórios e controle distribuído de versões. Todas essas ferramentas trabalham em uma ampla faixa de ambientes de programação porque operam apenas em arquivos de texto. Como resultado, vemos uma situação triste na qual muitas ferramentas que poderiam realmente usar repositórios inteligentes, diferenças e mesclagens não são mais capazes de fazê-lo. Esse é um grande problema para projetos de software maiores e é uma das razões por que sistemas de software de grande porte ainda tendem a usar a edição baseada em código-fonte.

O código-fonte também possui algumas outras vantagens pragmáticas. Se você está enviando um email para alguém explicando como fazer alguma coisa, é mais fácil colar um trecho de código, pois explicar por meio de projeções e de capturas de tela pode ser muito mais problemático. Algumas transformações podem ser automatizadas muito bem com ferramentas de processamento de texto, o que é muito útil se um sistema projecional não fornece uma transformação que você precisa. E embora a habilidade de um sistema projecional de apenas permitir entradas válidas possa ser útil, em geral é útil digitar algo que não funcione imediatamente, como um passo temporário, enquanto você pensa em uma solução. A diferença entre restrições úteis e restrições de pensamento costuma ser sutil.

Um dos triunfos das IDEs modernas é que elas fornecem uma maneira de fazer o trabalho do início ao fim. Você trabalha fundamentalmente em uma maneira baseada em texto, com todas as vantagens que isso implica; entretanto, quando você carrega seu código em uma IDE, ela cria um modelo semântico que lhe permite usar todas as técnicas projecionais para facilitar a edição – uma abordagem que chamo de **edição de código-fonte assistida por modelos**. Isso requer muitos recursos; a ferramenta precisa analisar sintaticamente todas as fontes e requer muita memória para manter o modelo semântico, mas o resultado é próximo do melhor de ambos os mundos. Conseguir fazer isso e manter o modelo atualizado enquanto o programador edita é uma tarefa difícil.

9.3.1 Representações múltiplas

Um conceito que acho útil quando estou pensando sobre o fluxo da edição de código-fonte e da edição projecional é a noção de papéis de representação. O código-fonte desempenha dois papéis: ele é a representação da edição (a representação do programa que editamos) e a representação do armazenamento (a representação que armazenamos de forma persistente). Um compilador transforma essa representação em uma que é executável – ou seja, uma que possamos executar em nossa máquina. Com uma linguagem interpretada, o código-fonte também é uma representação executável.

Em algum momento, como durante a compilação, uma representação abstrata é gerada. Essa é uma construção puramente orientada a computador que facilita processar o programa. Uma IDE moderna gera uma representação abstrata de forma a auxiliar na edição. Podem existir múltiplas representações abstratas; aquela que a IDE usa para edição pode não ser a mesma que a árvore sintática usada pelo compilador. Compiladores modernos frequentemente criam múltiplas representações abstratas para diferentes propósitos, como uma árvore sintática para algumas coisas e um grafo de chamadas para outras.

Com a edição projecional, essas representações são organizadas de maneira diferente. A representação principal é o *Modelo Semântico (159)* usado pela ferramenta. Essa representação é projetada em múltiplas representações de edição. O modelo é armazenado usando uma representação de armazenamento separada. A representação de armazenamento pode ser legível por humanos de alguma forma – por exemplo, serializada em XML –, mas não é uma representação que qualquer pessoa lúcida usaria para edição.

9.4 Programação ilustrativa

Talvez a consequência mais intrigante da edição projecional seja seu suporte ao que chamo de **programação ilustrativa**. Na programação normal, prestamos a maior parte da atenção ao programa, que é uma declaração geral do que deve funcionar. É geral porque é um texto que descreve o caso geral, levando a diferentes resultados com diferentes entradas.

Mas o ambiente de programação mais popular do mundo não funciona dessa forma. O ambiente mais popular, em minha observação não científica, é uma planilha. Sua popularidade é particularmente interessante porque a maioria dos programadores de planilhas são **programadores leigos**: pessoas que não se consideram programadores.

Com uma planilha, a coisa mais visível é um cálculo ilustrativo com um conjunto de números. O programa está oculto na barra de fórmulas, visível uma célula por vez. A planilha funde a execução do programa com sua definição e faz você se concentrar no primeiro. Fornecer uma ilustração concreta da saída do programa ajuda as pessoas a entender o que a definição do programa faz, de forma que elas possam raciocinar mais facilmente acerca do comportamento. Isso, naturalmente, é uma propriedade compartilhada com o uso intensivo de testes, mas com a diferença de que, em uma planilha, a saída de testes tem mais visibilidade que o programa.

Escolhi o termo "programação ilustrativa" para descrever isso parte porque "exemplo" é um termo muito utilizado (e "ilustração" não), mas também porque o termo "ilustração" reforça a natureza explanatória da execução do exemplo. Ilustrações existem para auxiliar a explicar um conceito dando a você uma maneira diferente de vê-lo – de um modo similar, uma execução ilustrativa está lá para auxiliá-lo a ver o que o seu programa faz quando você o modifica.

Quando estamos tentando explicitar um conceito como esse, é útil pensar acerca de casos de fronteira. Uma fronteira é a noção do uso de projeções de informações de programas durante a edição, como em uma IDE que mostra a hierarquia de classes enquanto você está trabalhando no código. De algumas maneiras, isso é similar, pois a visualização da hierarquia é atualizada continuamente enquanto você modifica o programa, mas a diferença crucial é que a hierarquia pode ser derivada de informações estáticas sobre o programa. A programação ilustrativa requer informações da execução real do programa.

Também vejo a programação ilustrativa como um conceito mais amplo que a habilidade de executar trechos de código facilmente em um interpretador, que é um recurso muito apreciado das linguagens dinâmicas. Interpretar trechos lhe permite explorar a execução, mas isso não torna os exemplos o centro da atenção da mesma maneira que uma planilha faz com seus valores. Técnicas de programação ilustrativas empurram a ilustração para o centro de sua experiência de edição. O programa retira-se para o segundo plano, aparecendo apenas quando queremos explorar uma parte da ilustração.

Não penso que a programação ilustrativa possua apenas vantagens. Um problema que vejo com as planilhas e com aplicativos para projeto de interfaces gráficas com o usuário é que, embora eles façam um bom trabalho ao revelar o que um programa faz, eles diminuem a ênfase na estrutura do programa. Consequentemente, planilhas complicadas e painéis de interface com o usuário são muitas vezes difíceis de entender e de modificar. Em geral, eles estão repletos de programação copiar e colar fora de controle.

Isso me parece uma consequência do fato de que o programa perde ênfase em favor das ilustrações, e os programadores frequentemente não pensam em cuidar disso. Já sofremos o suficiente com a falta de cuidado nos programas mesmo em linguagens de programação regularmente usadas, então não é nada chocante o fato de isso ocorrer com programas ilustrativos escritos por programadores leigos. Mas esse problema leva a programas que rapidamente tornam-se impossíveis de serem mantidos à medida que crescem. O desafio para os futuros ambientes de programação ilustrativa é ajudar a desenvolver um programa bem estruturado por trás das ilustrações – apesar de as ilustrações também nos forçarem a repensar o que é um programa bem estruturado.

A parte difícil disso pode muito bem ser a habilidade de facilmente criar novas abstrações. Uma de minhas observações em meu sistema de softwares cliente com interface gráfica é que eles se emaranham porque os construtores de interfaces gráficas pensam apenas em termos de telas e de controles. Meus experimentos aqui sugerem que você precisa encontrar as abstrações corretas para seu programa, que tomará uma forma diferente. Mas essas abstrações não serão suportadas pelo construtor de telas, porque ele pode apenas ilustrar as abstrações que conhece.

Apesar desse problema, a programação ilustrativa é uma técnica que devemos levar mais a sério. Não podemos ignorar o fato de que as planilhas tornaram-se muito populares entre os programadores leigos. Diversas bancadas de linguagem focam sua atenção em fornecer suporte aos programadores leigos, e a edição projecional leva à programação ilustrativa, que pode ser uma parte vital de seu eventual sucesso.

9.5 Um passeio pelas ferramentas

Até agora, relutei em mencionar qualquer bancada de linguagem real nesta seção. Em uma área tão volátil, qualquer coisa que eu disser sobre ferramentas provavelmente estará desatualizada quando este livro for publicado, quem dirá quando você o ler. Mas decidi fazê-lo de qualquer forma, de modo a oferecer uma noção da variedade de ferramentas nesta área. Lembre-se, entretanto, de que os detalhes reais das ferramentas quase certamente não serão verdadeiros quando você ler isto.

Talvez o mais influente, e certamente o mais sofisticado, é o *Intentional Workbench* da *Intentional Software* (http://intentsoft.com). Esse projeto é liderado por Charles Simonyi, que é bastante conhecido por seu trabalho pioneiro na PARC nos primeiros processadores de texto e por ter liderado o desenvolvimento do Microsoft Office. Sua visão é de um ambiente altamente colaborativo, que inclui programadores e não programadores trabalhando em uma única ferramenta integrada. Consequentemente, o *Intentional Workbench* possui recursos de edição projecional muito ricos e um sofisticado repositório de metamodelagem para unir as coisas.

As maiores críticas a respeito do trabalho da *Intentional* estão relacionadas ao tempo que a companhia vem anunciando suas ferramentas e a como são cheias de segredos. Eles também estão bastante ativos no *front* das patentes, o que alarma muitos nesta área. Eles realmente começaram a fazer algumas apresentações públicas com sentido no início de 2009 e têm demonstrado o que parece ser uma ferramenta altamente capaz. Ela suporta todos os tipos de projeções: textos, tabelas, diagramas, ilustrações e todas as combinações.

Apesar de o *Intentional* ser a bancada de linguagem mais antiga em termos de desenvolvimento, acredito que a primeira ferramenta lançada foi o *MetaEdit* da *MetaCase* (www.metacase.com). Essa ferramenta é particularmente focada em projeções gráficas, apesar de suportar também projeções tabulares (mas não textuais). De maneira pouco comum, ela não é um ambiente autoexpressável; você usa um ambiente especial para a definição de esquemas e de projeções. A Microsoft possui um grupo de ferramentas DSL com um estilo similar de ferramenta.

O *Meta-Programming System* (MPS) da *JetBrains* (www.jetbrains.com) toma um outro caminho em relação à edição projecional, preferindo uma representação em texto estruturado. Ele também foca muito mais na produtividade de programadores do que envolver de perto especialistas em domínio em DSLs. A *JetBrains* tem feito um avanço significativo nos recursos de IDEs com suas ferramentas sofisticadas de edição de código e navegação e tem construído uma sólida reputação em ferramentas para desenvolvedores. A empresa vê o MPS como a fundação para muitas ferramentas futuras. Um ponto particularmente importante é que a maioria do código do MPS é aberto. Esse pode ser um fator vital para mover os programadores para um tipo de ambiente de programação muito diferente.

Outra ferramenta de código aberto é o *Xtext* (www.eclipse.org/Xtext), construído sobre o Eclipse. O *Xtext* é notavelmente diferente, pois usa edição de código em vez de edição projecional. Ele lança mão do ANTLR como analisador sintático em segundo plano e integra-se com o Eclipse para fornecer edição de código assistida por modelos para scripts DSL em um estilo similar à edição de Java no Eclipse.

O projeto da Microsoft chamado *SQL Server Modeling* (anteriormente conhecido como "Oslo") usa um misto de códigos textuais e projeções. Ele possui uma linguagem de modelagem, atualmente chamada de M, que permite definir um esquema de *Modelo Semântico (159)* e uma gramática para uma DSL textual. A ferramenta então cria um *plugin* para um editor inteligente que lhe possibilita a edição de código-fonte assistida por modelos. Os modelos resultantes vão em um repositório de base de dados, e um editor projecional diagramático (*Quadrant*) pode manipulá-los. Os modelos podem ser consultados em tempo de execução, então o sistema completo pode funcionar inteiramente sem geração de código.

Tenho certeza de que este breve *tour* não é completo, mas propicia uma visão geral da variedade de ferramentas nessa área. Muitas ideias novas estão pipocando, e ainda é realmente muito cedo para prever que combinação de ideias técnicas e de negócios será bem-sucedida. Puramente em termos de sofisticação técnica, a *Intentional* certamente levará o prêmio, mas, como sabemos, frequentemente uma tecnologia menos sofisticada que acerta os alvos mais importantes é a que ganha no final.

9.6 Bancadas de linguagem e ferramentas CASE

Algumas pessoas olham as bancadas de linguagem e veem muitos paralelos com as ferramentas CASE, que supostamente revolucionariam o desenvolvimento de software há algumas décadas.

Para aqueles que perderam a saga, ferramentas CASE (acrônimo para *Computer-Aided Software Engineering* – Engenharia de Software Auxiliada por Computador) permitiriam a você expressar o projeto de seu sistema de software usando várias notações diagramáticas e, então, gerariam seu sistema para você. Elas eram o futuro do desenvolvimento de software nos anos 1990, mas desde então foram desaparecendo.

Na superfície, existem algumas semelhanças. O papel central de um modelo, o uso de metamodelos para defini-lo e a edição projecional com diagramas eram todos características das ferramentas CASE.

A diferença tecnológica chave é que as ferramentas CASE não lhe davam a habilidade de definir sua própria linguagem. O MetaEdit é bancada de linguagem provavelmente mais próxima de uma ferramenta CASE – mas seus recursos para definir sua própria linguagem e controlar a geração de código a partir de seu modelo são bastante diferentes do que as ferramentas CASE forneciam.

Existe uma corrente de pensamento que prega que a MDA (*Model Driven Architecture* – Arquitetura Dirigida por Modelos) da OMG (*Object Management Group* – Grupo de Gerenciamento de Objetos) poderia desempenhar um amplo papel nas áreas de DSLs e de bancadas de linguagem. Sou cético em relação a isso, pois vejo os padrões MDA da OMG como muito pesados para um ambiente DSL.

Talvez a diferença mais importante, entretanto, seja cultural. Muitas pessoas no mundo CASE analisavam a programação e viam seu papel como a automação de algo que então morreria. Muitas pessoas na comunidade de bancadas de linguagem vêm de uma experiência de programação e estão buscando criar ambientes que tornem os programadores mais produtivos (assim como aumentem a colaboração com clientes e com usuários). Disso resulta a tendência de as bancadas de linguagem terem um forte suporte para ferramentas de geração de código – dado que isso é central na produção de uma saída útil da ferramenta. Esse aspecto tende a ser perdido durante demonstrações, uma vez que é menos empolgante que o lado da edição projecional, mas é um sinal do quanto devemos tratar seriamente a ferramenta resultante.

9.7 Você deveria usar uma bancada de linguagem?

Não sei se você está cansado de ler este aviso enquanto o escrevo, mas direi novamente. Essa é uma área nova e volátil, então o que direi agora pode facilmente ser inválido no momento que você o ler. Mesmo assim, aí vai.

Venho acompanhado essas ferramentas nos últimos anos porque acredito que elas possuem um potencial extraordinário. Se as bancadas de linguagem conseguirem mostrar a que vieram, elas podem modificar completamente a face da programação, alterando nossas ideias sobre uma linguagem de programação. Devo reforçar que isso é um potencial, e pode terminar como o potencial da fusão nuclear para resolver todas as nossas necessidades de energia. Mas o fato de que o potencial existe significa que vale a pena acompanhar os desenvolvimentos nessa área.

Entretanto, a novidade e a volatilidade da área significam que é importante ter cautela no momento (no início de 2010). Uma razão adicional para cautela é que as ferramentas envolvem, inerentemente, uma dependência significativa. Qualquer código que você escrever em uma bancada de linguagem é impossível de ser exportado para outra. Algum tipo padrão de interoperabilidade pode aparecer algum dia, mas isso será muito difícil. Em razão disso, qualquer esforço que você despender ao trabalhar com uma bancada de linguagem pode ser perdido se você se deparar com algum problema intransponível ou se existirem problemas em relação ao fornecedor.

Uma maneira de administrar isso é tratar a bancada de linguagem como um analisador sintático em vez de um ambiente completo de DSL. Com um ambiente completo de DSL, você projeta do *Modelo Semântico (159)* no ambiente de definição de esquemas da bancada de linguagem e gera um código repleto de recursos. Quando você trata a bancada de linguagem como um analisador sintático, você ainda assim constrói o Modelo Semântico da maneira regular. Você então usa a bancada de linguagem para definir o ambiente de edição com um modelo que seja vinculado à *Geração Ciente do Modelo (555)* em comparação com seu Modelo Semântico. Dessa maneira, se você se deparar com problemas na bancada de linguagem, é apenas o analisador sintático que é afetado. O recurso mais valioso está no Modelo Semântico, que não está preso ao ambiente. Você também pode achar mais fácil chegar a um mecanismo alternativo de análise sintática.

Meu pensamento acima, assim como muito do uso de bancadas de linguagem, é, de certa forma, especulativo. Mas realmente acredito que vale a pena experimentar essas ferramentas em virtude do seu potencial. Apesar de ser um investimento arriscado, os possíveis retornos são consideráveis.

Parte II

Tópicos comuns

Capítulo 10

Um zoológico de DSLs

Como disse no início deste livro, o mundo dos softwares está cheio de DSLs. Aqui quero mostrar um breve resumo de algumas delas. Não as escolhi por um desejo de mostrar as melhores; é apenas uma seleção de algumas com que me deparei e considerei adequadas para ilustrar a variedade de tipos diferentes de DSLs que existem. É uma pequena fração das DSLs que há por aí, mas espero que mesmo uma pequena amostra possa dar a você um gostinho da população inteira.

10.1 Graphviz

Graphviz é tanto um bom exemplo de DSL quanto um pacote útil para qualquer um que trabalhe com DSLs. É uma biblioteca para produzir visualizações gráficas de grafos compostos de nós e de arcos. A Figura 10.1 mostra um exemplo retirado do site do Graphviz.

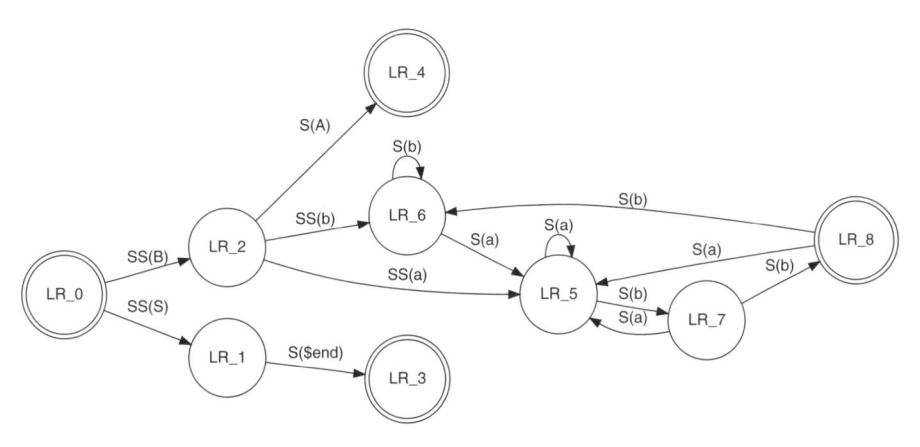

Figura 10.1 *Um exemplo do uso do Graphviz.*

Para produzir esse diagrama, você fornece o seguinte código na linguagem DOT, que é uma DSL externa:

```
digraph finite_state_machine {
  rankdir=LR;
  size="8,5"
  node [shape = doublecircle]; LR_0 LR_3 LR_4 LR_8;
  node [shape = circle];
  LR_0 -> LR_2 [ label = "SS(B)" ];
  LR_0 -> LR_1 [ label = "SS(S)" ];
  LR_1 -> LR_3 [ label = "S($end)" ];
  LR_2 -> LR_6 [ label = "SS(b)" ];
  LR_2 -> LR_5 [ label = "SS(a)" ];
  LR_2 -> LR_4 [ label = "S(A)" ];
  LR_5 -> LR_7 [ label = "S(b)" ];
  LR_5 -> LR_5 [ label = "S(a)" ];
  LR_6 -> LR_6 [ label = "S(b)" ];
  LR_6 -> LR_5 [ label = "S(a)" ];
  LR_7 -> LR_8 [ label = "S(b)" ];
  LR_7 -> LR_5 [ label = "S(a)" ];
  LR_8 -> LR_6 [ label = "S(b)" ];
  LR_8 -> LR_5 [ label = "S(a)" ];
}
```

Esse exemplo mostra dois tipos de coisas no grafo: nós e arcos. Os nós são declarados com a palavra-chave node, mas não precisam ser declarados. Arcos são declarados usando o operador ->. Tanto os nós quanto os arcos podem receber atributos listados entre colchetes.

O Graphviz usa um *Modelo Semântico (159)* na forma de estrutura de dados em C. O Modelo Semântico é preenchido por um analisador sintático usando *Tradução Dirigida por Sintaxe (219)* e *Tradução Embarcada (299)* escrita em Yacc e em C. O analisador sintático faz um bom uso de um *Auxiliar de Embarcação (547)*. Como é C, ele não possui um objeto auxiliar, mas um conjunto de funções auxiliares que são chamadas nas ações da gramática. Em razão disso, a gramática é bastante legível, com poucas ações de código que não obstruem a gramática. O analisador léxico é escrito a mão, o que é bastante comum com analisadores sintáticos Yacc, apesar da presença do gerador de analisadores léxicos Lex.

A funcionalidade real do Graphviz acontece uma vez que o Modelo Semântico de nós e de arcos é preenchido. O pacote descobre como organizar o grafo em um diagrama e possui código de visualização que pode visualizar o grafo em vários formatos gráficos. Tudo isso é independente do código do analisador sintático; depois que o script é passado para o Modelo Semântico, todo o resto é baseado naquelas estruturas de dados em C.

O exemplo que mostrei usa ponto e vírgula como separador de sentença, mas isso é inteiramente opcional.

10.2 JMock

JMock é uma biblioteca Java para *Objetos Simulados* [Meszaros]. Seus autores escreveram diversas bibliotecas de objetos simulados, que evoluíram suas ideias em uma boa DSL interna para definir expectativas em relação aos simulados ([Freeman e Pryce] é um excelente artigo que fala acerca dessa evolução).

Objetos simulados são usados em testes. Você inicia o teste declarando **expectativas**, que são métodos que um objeto espera que sejam chamados durante o teste. Você então conecta o objeto simulado ao objeto atual que está testando e estimula o objeto real. O objeto simulado relata se ele recebeu as chamadas a métodos corretas, oferecendo então suporte à *Verificação de Comportamento* [Meszaros].

Para ilustrar a DSL do JMock, percorrerei algumas eras de sua evolução, começando pela primeira biblioteca chamada JMock (JMock 1), que seus autores chamam de *A Era Cenozoica* [Freeman e Pryce]. Aqui estão algumas expectativas:

```
mainframe.expects(once())
  .method("buy").with(eq(QUANTITY))
  .will(returnValue(TICKET));
```

Isso diz que, como parte de um teste, o objeto `mainframe` (que é um mainframe simulado) espera que o método `buy` (comprar) seja chamado uma vez nele. O parâmetro para a chamada deve ser igual à constante `QUANTITY` (quantidade). Quando chamado, ele retornará o valor da constante `TICKET` (bilhete).

As expectativas dos objetos simulados precisam ser escritas com código de testes como uma DSL fragmentária, então uma DSL interna é a escolha natural para elas. O JMock 1 usa um misto de *Encadeamento de Métodos (373)* no próprio objeto simulado (`expects`) e *Função Aninhada (357)* (once – uma vez). *Escopo de Objeto (385)* é usado para permitir que os métodos da Função Aninhada sejam simples. O JMock 1 realiza o Escopo de Objeto forçando todos os testes que usam objetos simulados a serem escritos como subclasses de sua classe da biblioteca.

De forma a fazer o Encadeamento de Método funcionar com IDEs, o JMock usa interfaces progressivas. Assim, `with` (com) está disponível apenas após `method` (método), o que permite às funcionalidades de autocompletar código das IDEs guiar você a partir da escrita das expectativas de maneira correta.

O JMock usa um *Construtor de Expressões (343)* para tratar as chamadas à DSL e traduzi-las para um *Modelo Semântico (159)* de objetos simulados e de expectativas. [Freeman e Pryce] referem-se aos Construtores de Expressões como a *camada sintática* e ao Modelo Semântico como a *camada interpretadora*.

Uma lição interessante sobre extensibilidade vem da inter-relação do Encadeamento de Métodos e da Função Aninhada. O Encadeamento de Métodos definido no Construtor de Expressões é complicado para os usuários estenderem, dado que todos os métodos que você pode usar são definidos no Construtor de Expressões. Entretanto, é fácil adicionar novos métodos na Função Aninhada, já que você os define na própria classe de testes ou usa sua própria subclasse da superclasse da biblioteca usada para Escopo de Objeto.

Essa abordagem funciona bem, mas ainda tem alguns problemas. Em particular, existe a restrição de que todos os testes que usam objetos simulados devem ser definidos em uma subclasse da classe da biblioteca JMock de forma que o Escopo de Objeto possa funcionar. O JMock 2 usa um novo estilo de DSL que evita esse problema; nessa versão, a mesma expectativa pode ser lida da seguinte forma:

```
context.checking(new Expectations() {{
   oneOf(mainframe).buy(QUANTITY);
   will(returnValue(TICKET));
}}
```

Com essa versão, o JMock agora usa a inicialização de instâncias de Java para fazer o Escopo de Objeto. Apesar de isso realmente adicionar algum ruído no início da expressão, podemos agora definir expectativas sem estar em uma subclasse. O inicializador de instância forma um *Fecho (397)*, tornando isso um uso de *Fecho Aninhado (403)*. Também vale a pena notar que, em vez de usar Encadeamento de Métodos em todos os lugares, as expectativas agora usam *Sequências de Funções (351)* para separar a parte da chamada de método da expectativa da especificação do valor de retorno.

10.3 CSS

Quando falo sobre DSLs, frequentemente uso o exemplo das CSS.

```
h1, h2 {
  color: #926C41;
  font-family: sans-serif;
}
b {
  color: #926C41;
}

*.sidebar {
  color: #928841;
  font-size: 80%;
  font-family: sans-serif;
}
```

CSS são um excelente exemplo de DSL por diversas razões. Primariamente, elas são um bom exemplo porque a maioria dos programadores CSS não se autointitulam programadores, mas sim *Web-designer*s. CSS são, então, um bom exemplo de DSL que não é lida apenas por especialistas em domínio, mas também escrita por eles.

CSS também são um bom exemplo em virtude de seu modelo computacional declarativo, que é muito diferente dos modelos imperativos. Não existe aquela noção de "faça isso, então faça aquilo" que você obtém usando as linguagens de programação tradicionais. Em vez disso, você simplesmente declara regras de casamento para elementos HTML.

Essa natureza declarativa introduz um bocado de complexidade para descobrir o que está acontecendo. No meu exemplo, um elemento h2 dentro de uma barra lateral na forma de uma div casa com duas regras de cores diferentes. As CSS possuem um esquema de especificidade bastante complicado para descobrir qual cor ganhará em tais situações. Entretanto, muitos acham difícil descobrir como essas regras funcionam – o que representa o lado negro de um modelo declarativo.

As CSS desempenham um papel bem focado no ecossistema da Web. Embora sejam bastante essenciais atualmente, o pensamento de usar apenas elas para construir uma aplicação Web inteira é absurdo. Elas fazem seu trabalho muito bem, e funcionam com um misto de outras DSLs e linguagens de propósito geral dentro de uma solução completa.

As CSS são também bastante grandes. Existe bastante coisa nelas, tanto na semântica da linguagem básica quanto na semântica dos vários atributos. DSLs podem ser limitadas no que elas podem expressar, mas ainda pode existir muita coisa a ser aprendida.

As CSS funcionam com o hábito geral das DSLs de ter um tratamento de erros limitado. Os navegadores são projetados para ignorar entradas errôneas, ou seja, em geral um arquivo CSS com um erro de sintaxe se comporta inadequadamente de maneira silenciosa, muitas vezes necessitando de uma depuração irritante.

Tal como a maioria das DSLs, as CSS não possuem qualquer forma de criar novas abstrações – uma consequência comum da expressividade limitada das DSLs. Embora isso seja, em sua maioria, aceitável, há uma falta irritante de alguns recursos. A CSS de exemplo mostra um deles – não posso nomear cores em meus esquemas de cores, então preciso usar strings hexadecimais sem sentido. As pessoas comumente reclamam da falta de funções aritméticas que possam ser úteis na manipulação de tamanhos e de margens. As soluções para isso são as mesmas que existem para outras DSLs. Muitos problemas simples, como as cores nomeadas, podem ser resolvidos por meio de *Macros (183)*.

Outra solução é escrever outra DSL que seja similar a CSS e gerar CSS como saída. SASS (http://sass-lang.com) é um exemplo disso, fornecendo operações aritméticas e variáveis. Ela também usa uma sintaxe muito diferente, preferindo quebras de linha sintáticas e endentação em vez da estrutura de blocos de CSS. Essa é uma solução comum: usar uma DSL como uma camada sobre outra para fornecer abstrações que a DSL subjacente não possui. A DSL da camada superior precisa ser similar (SASS usa os mesmos nomes de atributos), e o usuário da linguagem da camada superior normalmente precisa entender a DSL subjacente.

10.4 Linguagem de consulta do Hibernate (HQL – *Hibernate Query Language*)

O Hibernate é um sistema de mapeamento objeto-relacional amplamente usado que lhe permite mapear classes Java para tabelas de uma base de dados relacional. A linguagem HQL fornece a habilidade de escrever consultas de uma forma parecida à SQL em termos de classes Java, que podem ser mapeadas para consultas SQL em uma base de dados real. Tal consulta poderia se parecer com o seguinte:

```
select person from Person person, Calendar calendar
where calendar.holidays['national day'] = person.birthDay
    and person.nationality.calendar = calendar
```

Isso permite às pessoas pensar em termos de classes Java em vez de tabelas de bases de dados, e também evita ter de lidar com as várias e desagradáveis diferenças entre os dialetos de SQL das bases de dados.

A essência do processamento de HQL é traduzir de uma consulta HQL para uma consulta SQL. O Hibernate faz isso em três passos:

- O texto de entrada em HQL é transformado usando *Tradução Dirigida por Sintaxe (219)* e *Construção de Árvore (281)* em uma árvore sintática abstrata (AST) de HQL.
- A AST de HQL é transformada em uma AST de SQL.
- Um gerador de código gera código SQL a partir da AST de SQL.

Em todos esses casos, o ANTLR é usado. Além do uso de um fluxo de *tokens* como entrada para o analisador sintático do ANTLR, você pode usar o ANTLR com uma AST como entrada (isso é o que o ANTLR chama de "gramática de árvore"). A sintaxe de construção de árvore do ANTLR é usada tanto para construir a AST de HQL quanto a de SQL.

Esse caminho de transformações, texto de entrada ▶ AST de entrada ▶ AST de saída ▶ texto de saída, é comum em transformações código para código. Tal como em muitos cenários de transformação, é bom quebrar uma transformação complexa em diversas transformações pequenas que possam ser unidas facilmente.

Você pode pensar na AST de SQL como o *Modelo Semântico (159)* para esse caso. O significado das consultas HQL é definido pela renderização SQL da consulta, e a AST de SQL é um modelo de SQL. Mais frequentemente, as ASTs não são as estruturas corretas para um Modelo Semântico, dado que as restrições de uma árvore sintática normalmente mais atrapalham que ajudam. Ainda assim, para tradução código para código, usar uma AST da linguagem de saída faz bastante sentido.

10.5 XAML

Desde o início das interfaces com o usuário em tela cheia, as pessoas vêm fazendo experiências com a configuração do leiaute de tela. O fato de esse ser um meio gráfico sempre levou as pessoas a usar algum tipo de ferramenta de leiaute gráfico. Frequentemente, entretanto, uma flexibilidade maior pode ser atingida realizando o leiaute em código. O problema é que o código pode ser um mecanismo desajeitado. Um leiaute de tela é primariamente uma estrutura hierárquica, e unir uma hierarquia em código é frequentemente mais complicado do que deveria ser. Então, com a aparição do *Windows Presentation Framework*, a Microsoft introduziu XAML como uma DSL para criar leiautes de interfaces gráficas.

(Confesso que acho os nomes dos produtos da Microsoft notoriamente banais atualmente. Bons nomes como "Avalon" e "Indigo" são convertidos em acrônimos tediosos tais como WPF e WCF. Embora isso leve à fantasia de ver o "*Windows*" transformar-se em um dia em "*Windows Technology Foundation*".)

Arquivos XAML são arquivos XML que podem ser usados para desenhar o leiaute de uma estrutura de objetos; com WPF, eles podem desenhar uma tela, como no exemplo que retirei de [Anderson]:

```
<Window x:Class="xamlExample.Hello"
  xmlns="http://schemas.microsoft.com/winfx/2006/xaml/presentation"
  xmlns:x="http://schemas.microsoft.com/winfx/2006/xaml"
  Title="Hello World">
  <WrapPanel>
    <Button Click='HowdyClicked'>Howdy!</Button>
    <Button>A second button</Button>
    <TextBox x:Name='_text1'>An editable text box</TextBox>
    <CheckBox>A check box</CheckBox>
    <Slider Width='75' Minimum='0' Maximum='100' Value='50' />
  </WrapPanel>
</Window>
```

A Microsoft é fã de superfícies de design gráfico, então, quando você estiver trabalhando com XAML, pode usar uma superfície de design, uma representação textual ou ambas. Como representação textual, XAML não sofre do ruído sintático de XML, mas XML funciona muito bem em estruturas hierárquicas como essa. O fato de ela parecer HTML para o desenho do leiaute de telas também é uma vantagem.

XAML é um bom exemplo do que meu antigo colega Brad Cross chama de DSL composicional (em vez de computacional). Diferentemente de meu exemplo da máquina de estados, XML trata de organizar objetos relativamente passivos em uma estrutura. O comportamento do programa não costuma depender fortemente dos detalhes de como uma tela é desenhada. Na verdade, um dos pontos fortes de XAML é que ela encoraja a separação entre o leiaute de tela do código que dirige o comportamento da tela.

Um documento XAML define logicamente uma classe C#, e de fato existe alguma geração de código. O código é gerado como uma classe parcial, nesse caso `xamlExample.Hello`. Posso acrescentar comportamento à tela adicionando código em outra definição de classe parcial.

```
public partial class Hello : Window {
  public Hello() {
    InitializeComponent();
  }
  private void HowdyClicked(object sender, RoutedEventArgs e) {
    _text1.Text = "Hello from C#";
  }
}
```

Esse código me permite unir os comportamentos. Para qualquer controle definido no arquivo XAML, posso associar um evento nesse controle a um método tratador no código (`HowdyClicked`). O código também pode se referenciar a controles por nome de forma a manipulá-los (`_text1`). Ao usar nomes como esse, posso manter as referências livres da estrutura do leiaute da interface gráfica, o que me permite modificá-la sem ter de atualizar o código do comportamento.

Normalmente, pensa-se em XAML no contexto de projeto de interfaces gráficas, dado que ela é quase sempre descrita junto com o WPF. Entretanto, XAML pode ser usada para unir instâncias de quaisquer classes CLR, então poderia ser usada em muitas outras situações.

A estrutura que XAML define é uma hierarquia. As DSLs podem definir hierarquia, mas também podem definir outras estruturas a partir da menção de nomes. Na verdade, é isso o que o Graphviz faz ao usar referências a nomes para definir uma estrutura de grafo.

DSLs para desenhar estruturas gráficas como essa são bastante comuns. O Swiby (http://swiby.codehaus.org) usa uma DSL interna em Ruby para definir o leiaute de telas. Ele usa *Fechos Aninhados (403)*, os quais fornecem uma maneira natural de definir uma estrutura hierárquica.

Enquanto falo sobre DSLs para leiautes gráficos, não posso deixar de mencionar o PIC – uma DSL antiga e um tanto fascinante. PIC foi criada nos primeiros dias do Unix, quando as telas gráficas ainda não eram comuns. Ela permite descrever um diagrama de forma textual e então processá-lo para produzir a imagem. Como exemplo, o código a seguir produz a Figura 10.2:

```
.PS
A: box "isso"
move 0.75
B: ellipse "aquilo"
move to A.s; down; move;
C: ellipse "aquele outro"
arrow from A.s to C.n
arrow dashed from B.s to C.e
.PE
```

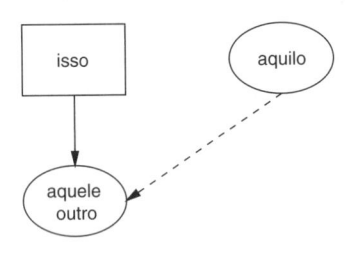

Figura 10.2   *Diagrama PIC simples.*

A forma escrita é a mais óbvia; a única dica é que você se referencia a pontos de conexão em formas por meio de pontos cardeais, então A.s significa o ponto "sul" da forma A. Descrições textuais como PIC não são tão populares nos dias dos ambientes WYSIWYG, mas a abordagem pode ser bastante útil.

10.6 FIT

FIT (http://fit.c2.com) é um framework de testes desenvolvido por Ward Cunningham no início dos anos 2000 (FIT tem como significado *Framework for Integrated Tests* – Framework para Testes Integrados). Seu objetivo é descrever cenários de testes na forma que um especialista em domínio possa entender. A ideia básica tem sido estendida por várias ferramentas desde então, em particular por Fitnesse (http://fitnesse.org).

Ao olhar FIT como uma DSL, existem algumas coisas que a tornam interessante. Primeiro é seu formato; no cerne de FIT está a noção de que não programadores estão bastante confortáveis para especificarem exemplos em um formato tabular. Então, um programa FIT é uma coleção de tabelas, normalmente embarcadas em páginas HTML. Dentro das tabelas você pode colocar quaisquer outros elementos HTML, que são tratados como comentários. Isso permite a um especialista do domínio usar narrativa em prosa para descrever o que ele quer, com tabelas fornecendo algo que seja processável.

Tabelas FIT podem assumir várias formas. A forma mais próxima de um programa é o objeto de ação, que é essencialmente uma linguagem imperativa simples. Ela é simples, pois não existem condicionais nem laços, apenas uma sequência de verbos:

eg.music.Realtime			
enter	select	2	pick an album
press	same album		find more like it
check	status	searching	
await	search complete		
check	status	ready	
check	selected songs	2	

Cada tabela está conectada a um objeto que pode traduzir os verbos em ações do sistema. O verbo check (verificar) é especial, dado que faz uma comparação. Quando a tabela é executada, uma saída HTML é criada com o mesmo conteúdo da tabela de entrada, exceto pelo fato de todas as linhas de verificação (check) serem coloridas de verde ou de vermelho, dependendo do resultado da comparação (se ela casa ou não).

Além dessa forma imperativa limitada, FIT funciona bem com outros estilos de tabela. Aqui está um estilo que define dados tabulares de saída a partir de uma lista de objetos (nesse caso, a busca acima):

eg.music.Display					
title	artist	album	year	time()	track()
Scarlet Woman	Weather Report	Mysterious Traveller	1974	5.72	6 of 7
American Tango	Weather Report	Mysterious Traveller	1974	3.70	2 of 7

A linha de cabeçalho define diversos métodos a serem invocados na coleção de objetos da lista. Cada linha compara em relação a um objeto, definindo o valor esperado do objeto para sua coluna de atributos. Quando a tabela é executada, o FIT compara os valores esperados em relação aos valores reais, mais uma vez usando as cores verde/vermelho. Essa tabela segue a tabela imperativa anteriormente mostrada, então você obtém uma tabela imperativa (chamada de objeto de ação no FIT) para navegar nas aplicações, seguida por uma tabela declarativa de resultados esperados (chamada de objeto de linha) para comparar com o que a aplicação mostra.

Esse uso de tabelas como código-fonte não é comum, mas é uma abordagem que poderia ser usada mais frequentemente. As pessoas gostam de especificar as coisas em formato tabular, sejam elas exemplos de dados de testes ou regras de processamento mais gerais, tais como uma *Tabela de Decisão (495)*. Muitos especialistas em domínio sentem-se bastante confortáveis com a edição de tabelas em planilhas, que podem ser, então, processadas em código-fonte.

O segundo fato interessante sobre FIT é que ele é uma DSL orientada a testes. Nos anos recentes, tem ocorrido um crescimento relativamente grande no interesse em relação a ferramentas de testes automatizados, com diversas DSLs criadas para organizar testes. Muitas delas foram influenciadas por FIT.

Testes são uma escolha natural para uma DSL. Comparadas com as linguagens de programação de propósito geral, as linguagens de testes normalmente requerem diferentes tipos de estruturas e de abstrações, como o modelo imperativo linear simples das tabelas de ações de FIT. Os testes frequentemente precisam ser lidos por especialistas em domínio, então uma DSL é uma boa escolha, normalmente com uma DSL escrita com o propósito específico da aplicação atual.

10.7 Make *et al.*

Um programa trivial é trivial para ser construído e executado, mas não demora muito para você descobrir que construir o código requer diversos passos. Então, nos primeiros dias do Unix, a ferramenta Make (www.gnu.org/software/make) fornece uma plataforma para estruturar construções (*builds*). O problema com as construções é que muitos dos passos são caros e não precisam ser feitos a toda hora, então uma *Rede de Dependências (505)* é uma escolha natural de modelo de programação. Um programa Make consiste em diversos alvos ligados por meio de dependências.

```
edit : main.o kbd.o command.o display.o
        cc -o edit main.o kbd.o command.o
main.o : main.c defs.h
        cc -c main.c
kbd.o : kbd.c defs.h command.h
        cc -c kbd.c
command.o : command.c defs.h command.h
        cc -c command.c
```

A primeira linha desse programa diz que uma edição (edit) depende de outros alvos no programa; se qualquer um deles não estiver atualizado, então, depois de construí-los, precisamos também construir o alvo edit. Uma Rede de Dependências me permite minimizar os tempos de construção a um mínimo, enquanto garanto que tudo o que precisa ser construído seja realmente construído. Make é uma DSL externa familiar.

Para mim, a questão mais interessante acerca de linguagens de construção como Make não é muito seu modelo computacional, mas o fato de que elas precisam misturar sua DSL com uma linguagem de programação mais regular. Além de especificar os alvos e as dependências entre eles (um cenário DSL clássico), você também precisa dizer como cada alvo é construído – o que sugere uma abordagem mais imperativa. No Make, isso significa usar comandos de *shell script*; nesse exemplo são chamadas ao cc (um compilador de C).

Além da mistura de linguagens na definição de alvos, uma Rede de Dependências sofre quando a construção se torna mais complexa, requerendo abstrações adicionais sobre a Rede de Dependências. No mundo do Unix, isso levou à cadeia de ferramentas Automake, onde arquivos Make são gerados pelo sistema Automake.

Uma progressão similar é visível no mundo Java. A linguagem de construção padrão de Java é o Ant, que também é uma DSL externa que usa uma sintaxe em XML. (A qual, apesar de eu não gostar do uso de XML para carregar uma sintaxe, evita os problemas horrendos de Make causados pelo fato de tabulações e espaços serem permitidos na endentação sintática.) O Ant começou simples, mas acabou com scripts embarcados de propósito geral e outros sistemas, como o Maven, gerando scripts Ant.

Para meus projetos pessoais, o sistema de construção que prefiro atualmente é o Rake (http://rake.rubyforge.org). Assim como o Make e o Ant, ele usa uma Rede de Dependências como seu modelo computacional principal. A grande diferença é que ele é uma DSL interna em Ruby. Isso me permite escrever o conteúdo dos alvos em uma maneira mais suave, mas também construir abstrações maiores mais facilmente.

Aqui está um exemplo retirado do arquivo Rake que constrói este livro:

```
docbook_out_dir = build_dir + "docbook/"
docbook_book = docbook_out_dir + "book.docbook"

desc "Generate Docbook"
task :docbook => [:docbook_files, docbook_book]

file docbook_book => [:load] do
  require 'docbookTr'
  create_docbook
end
```

```
def create_docbook
  puts "creating docbook"
  mkdir_p docbook_out_dir
  File.open(docbook_book, 'w') do |output|
    File.open('book.xml') do |input|
      root = REXML::Document.new(input).root
      dt = SingleDocbookBookTransformer.new(output,
                  root, ServiceLocator.instance)
      dt.run
    end
  end
end
```

A linha task :docbook => [:docbook_files, docbook_book] é a Rede de Dependências, que diz que :docbook depende de outros dois alvos. Os alvos em Rake podem ser outras tarefas e arquivos (suportando tanto o estilo orientado a tarefas quanto o orientado a produtos das Redes de Dependências). O código imperativo para construir um alvo está contido em um *Fecho Aninhado (403)* após a declaração do alvo. (Veja [Fowler rake] para saber mais sobre as coisas legais que você pode fazer com Rake.)

Capítulo 11

Modelo semântico

O modelo que é preenchido por uma DSL.

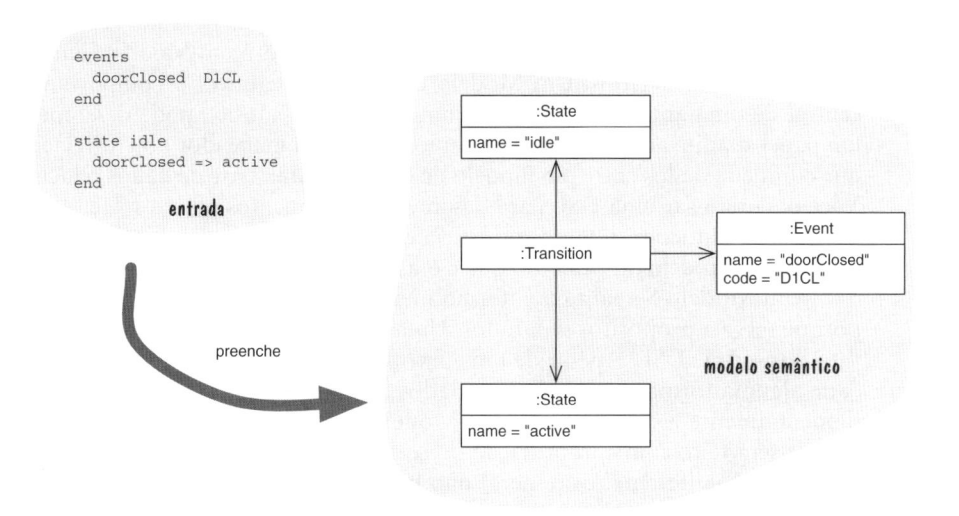

```
events
   doorClosed  D1CL
end

state idle
   doorClosed => active
end
```
entrada

preenche

:State
name = "idle"

:Transition

:Event
name = "doorClosed"
code = "D1CL"

:State
name = "active"

modelo semântico

11.1 Como funciona

No contexto de uma DSL, um modelo semântico é uma representação, tal como um modelo de objetos em memória, do mesmo assunto que a DSL descreve. Se minha DSL descreve uma máquina de estados, então meu Modelo Semântico pode ser um modelo de objetos com classes para estados, eventos, etc. Um script DSL que defina estados e eventos em particular corresponderia a um preenchimento em particular desse esquema, com uma instância de evento para cada evento declarado no script DSL. O Modelo Semântico é, então, a biblioteca ou o framework que a DSL preenche.

Neste livro, meus Modelos Semânticos são modelos de objetos em memória, mas existem outras formas de representá-los. Você poderia ter uma estrutura de dados, com o comportamento de uma máquina de estados vindo de funções que agem sobre os dados. O modelo não precisa ser em memória; a DSL poderia preencher um modelo mantido em uma base de dados relacional.

O Modelo Semântico deve ser projetado em torno do propósito da DSL. Para uma máquina de estados, o propósito é controlar o comportamento usando um modelo computacional de *Máquina de Estados (527)*. De fato, o Modelo Semântico deve ser utilizável mesmo sem uma DSL presente. Você deve saber preencher um Modelo Semântico por meio de uma interface comando-consulta. Isso garante que o Modelo Semântico captura completamente a semântica da área em questão e permite testes independentes (de si próprio e do analisador sintático).

Um Modelo Semântico tem uma noção muito similar àquela de um *Modelo de Domínio* [Fowler PoEAA]. Uso um termo separado porque, apesar de os Modelos Semânticos serem frequentemente subconjuntos de Modelos de Domínio, eles não precisam ser. Uso o termo Modelo de Domínio para me referir a um modelo de objetos comportamentalmente rico, enquanto um Modelo Semântico pode ter somente dados. Um Modelo de Domínio captura o comportamento central de uma aplicação, enquanto um Modelo Semântico pode desempenhar um papel coadjuvante. Um bom exemplo disso é um mapeador objeto-relacional que coordena dados entre um modelo de objetos e uma base de dados relacional. Você poderia usar uma DSL para descrever mapeamentos objeto-relacional, e o Modelo Semântico resultante consistiria de *Mapeadores de Dados* [Fowler PoEAA], não o Modelo de Domínio que é o assunto do mapeamento.

Um Modelo Semântico é normalmente diferente de uma árvore sintática porque serve a propósitos separados. Uma árvore sintática corresponde à estrutura dos scripts DSL. Apesar de uma árvore sintática abstrata poder simplificar e, de alguma forma, reorganizar os dados de entrada, ela ainda assim tem fundamentalmente a mesma forma. O Modelo Semântico, entretanto, é baseado no que será feito com a informação do script DSL. Ele terá uma estrutura substancialmente diferente, e em geral não uma estrutura de árvore. Existem ocasiões nas quais uma AST é um Modelo Semântico eficaz para uma DSL, mas essas são exceções em vez de a regra.

Discussões tradicionais de linguagens e de análise sintática não usam um Modelo Semântico. Essa é parte da diferença entre trabalhar com DSLs e com linguagens de propósito geral. Uma árvore sintática normalmente é uma estrutura adequada para a geração de código base para uma linguagem de propósito geral, então existe menos desejo em ter um Modelo Semântico diferente. De tempos em tempos, um Modelo Semântico é usado; por exemplo, uma representação de grafos de chamadas é bastante útil para otimização. Tais modelos são chamados de representações intermediárias – eles costumam ser passos intermediários antes da geração de código.

O Modelo Semântico muitas vezes pode preceder a DSL. Isso acontece quando você decide que uma porção do Modelo de Domínio poderia ser melhor preenchida a partir de uma DSL do que a partir de uma interface normal do tipo comando-consulta. Alternativamente, você pode construir uma DSL e o Modelo Semântico juntos usando as discussões com os especialistas em domínio para refinar tanto as expressões da DSL quanto a estrutura do Modelo de Domínio.

O Modelo Semântico pode ou manter o código para ele mesmo executar (estilo de interpretador) ou ser a base para a geração de código (estilo de compilador). Mesmo se você estiver usando geração de código, é útil fornecer interpretação para auxiliar com testes e com depuração.

O Modelo Semântico é normalmente o melhor lugar para comportamento de validação, pois você tem todas as informações e estruturas para expressar e rodar as validações. Em particular, é conveniente rodar validações antes de executar o interpretador ou de gerar código.

Brad Cross introduziu a distinção de DSLs computacionais e composicionais [Cross]. Essa distinção tem muito a ver com o tipo de Modelos Semânticos que elas produzem. Uma DSL composicional trata de descrever algum tipo de estrutura composta em forma textual. Usar XAML para descrever um leiaute de interface gráfica é um bom exemplo disso – a forma primária do Modelo Semântico é como os vários elementos são compostos entre si. O exemplo da máquina de estados é um caso mais de DSL computacional, dado que o Modelo Semântico produzido se parece mais com código que com dados.

DSLs computacionais levam a um Modelo Semântico que guia a computação, normalmente com um modelo computacional alternativo em vez do modelo imperativo mais comum. O Modelo Semântico para isso costuma ser um *Modelo Adaptativo (487)*. Você pode fazer muito mais com uma DSL computacional, mas as pessoas muitas vezes as acham mais difíceis de se trabalhar.

Em geral é proveitoso pensar no Modelo Semântico como tendo duas interfaces distintas. Uma interface é a **interface operacional** – aquela que permite aos clientes usar um modelo preenchido durante seu trabalho. E a segunda é a **interface de preenchimento** que é usada pela DSL para criar instâncias das classes no modelo.

A interface operacional deve assumir que o Modelo Semântico já foi criado e facilitar que outras partes do sistema tomem proveito disso. Frequentemente, descubro que um bom truque mental para o projeto de uma API é assumir que o modelo, magicamente, já está lá, e então me pergunto como eu o usaria. Isso pode não ser intuitivo, mas acho essa abordagem melhor para definir a interface operacional antes que eu pense a respeito da interface de preenchimento, mesmo que um sistema executável precise, no futuro, executar a interface de preenchimento primeiro. Essa é uma recomendação geral para mim em relação a quaisquer objetos, não apenas aos objetos DSL.

A interface de preenchimento é usada apenas para criar instâncias do modelo e pode ser usada apenas pelo analisador sintático (e código de testes para o Modelo Semântico). Apesar de buscarmos desacoplar o Modelo Semântico e o(s) analisador(es) sintático(s) o máximo que pudermos, existe sempre uma dependência, pois o analisador sintático obviamente precisa ver o Modelo Semântico de forma a poder preenchê-lo. Apesar disso, ao construir uma interface clara, podemos reduzir as chances de uma alteração na implementação do Modelo Semântico forçar mudanças no analisador sintático.

11.2 Quando usar

Meu conselho padrão é sempre usar um Modelo Semântico. Não gosto quando digo "sempre" porque normalmente acho que tal conselho absoluto é um forte sinal de uma mente muito fechada. Neste caso, pode ser minha imaginação limitada, mas consigo ver apenas poucos casos nos quais você poderia não querer usar um Modelo Semântico, e eles aparecem apenas em situações muito simples.

Acho que um Modelo Semântico traz muitas vantagens convincentes. Um Modelo Semântico claro permite que você teste a semântica e a análise sintática da DSL separadamente. Você pode testar a semântica preenchendo o Modelo Semântico diretamente e executar os testes em relação ao modelo; você pode testar o analisador sintático vendo se ele preenche o Modelo Semântico com os objetos corretos. Se você possui mais de um analisador sintático, pode testar se eles produzem saídas semanticamente equivalentes comparando o preenchimento do Modelo Semântico. Isso facilita o suporte a múltiplas DSLs e, de modo geral, a evolução da DSL separadamente do Modelo Semântico.

O Modelo Semântico aumenta a flexibilidade na análise sintática bem como na execução. Você pode executar o Modelo Semântico diretamente, ou pode usar geração de código. Se você estiver usando geração de código, pode baseá-la no Modelo Semântico que a dissocia completamente da análise sintática. Você pode também executar tanto o Modelo Semântico quanto o código gerado – o que lhe permite usar o Modelo Semântico como um simulador para o código gerado. Um Modelo Semântico também facilita ter múltiplos geradores de código, dado que a independência do analisador sintático evita qualquer necessidade de duplicar o código do analisador sintático.

A parte mais importante de usar um Modelo Semântico, contudo, é que ele separa o pensamento sobre a semântica do pensamento sobre a análise sintática. Mesmo uma DSL simples contém complexidade suficiente para justificar dividi-la em dois problemas mais simples.

Então, quais são as poucas exceções a que devo visar? Um caso é a interpretação imperativa simples, na qual você apenas quer executar cada sentença à medida que a analisa sintaticamente. Um programa calculado no qual você avalia expressões aritméticas simples é um bom exemplo disso. Com expressões aritméticas, mesmo que você não as interprete imediatamente, sua árvore sintática abstrata (AST) é basicamente o que você gostaria de ter em um Modelo Semântico de qualquer forma, então não existem vantagens em se ter uma árvore sintática separada e um Modelo Semântico para esse caso. Esse é um exemplo de uma regra mais geral. Se você não consegue pensar em um modelo mais útil que uma AST, então existem poucas razões para criar um Modelo Semântico separado.

O caso mais comum no qual as pessoas não usam um Modelo Semântico é quando elas estão gerando código. Nessa abordagem, o analisador sintático pode gerar uma AST e o gerador de código pode trabalhar diretamente na AST. Essa é uma abordagem razoável, desde que a AST seja um bom modelo da semântica subjacente; e você não se importe em associar a lógica de geração de código com a AST. Se esse não for o caso, você pode muito bem achar mais simples transformar a AST em um Modelo Semântico e fazer uma geração de código simples a partir dele.

Tal é o meu viés, entretanto, que sempre inicio assumindo a necessidade de um Modelo Semântico. Mesmo se pensando a respeito eu me convença de que um Modelo Semântico não é necessário, permaneço alerta ao aumento da complexidade e coloco um tão logo eu comece a enxergar qualquer complicação aparecendo em minha lógica de análise sintática.

Apesar de minha alta consideração em relação aos Modelos Semânticos, é justo apenas apontar que usar um Modelo Semântico não é parte da cultura no mundo da programação funcional. A comunidade de programação funcional possui um longo histórico de pensamentos sobre DSLs, e minha experiência com as linguagens funcionais modernas não é mais que experimentos ocasionais. Então, apesar de minhas inclinações me dizerem que um Modelo Semântico seria útil mesmo nesse mundo, eu preciso confessar que não possuo conhecimentos suficientes da programação funcional para ter qualquer confiança nessas inclinações.

11.3 O exemplo introdutório (Java)

Existem muitos exemplos de Modelos Semânticos neste livro, precisamente porque sou muito favorável ao uso de tais modelos. Um bom exemplo para ilustrar a ideia é o que uso no início – a máquina de estados controladora do painel secreto. Aqui, o Modelo Semântico é o modelo da máquina de estados. Não usei o termo Modelo Semântico na discussão inicialmente, dado que meu propósito na introdução era introduzir a noção de uma DSL. Consequentemente, achei mais fácil assumir que o modelo havia sido construído primeiro e a DSL criada sobre ele. Isso ainda faz o modelo ser um Modelo Semântico, mas, já que estamos pensando de dentro para fora, não é uma maneira tão boa de abordar a discussão.

Entretanto, os pontos fortes clássicos de um Modelo Semântico estão todos lá. Posso (e o fiz) testar o modelo da máquina de estados independentemente da escrita das DSLs. Fiz alguma refatoração da implementação do modelo sem ter de mexer no código de análise sintática, porque minhas mudanças na implementação não alteravam a interface de preenchimento. Mesmo se eu tivesse que alterar esses métodos, na maioria das vezes as mudanças seriam fáceis de serem seguidas a partir do código do analisador sintático porque a interface marca uma fronteira clara.

Embora não seja muito comum oferecer suporte a múltiplas DSLs a partir do mesmo Modelo Semântico, esse era um requisito para o meu exemplo. Um Modelo Semântico faz isso ser relativamente fácil. Eu tinha múltiplos analisadores sintáticos tanto com DSLs internas quanto com externas. Eu poderia testá-los ao garantir que eles criavam preenchimentos equivalentes do Modelo Semântico. Eu poderia facilmente adicionar uma nova DSL e um novo analisador sintático sem duplicar código em outros analisadores sintáticos nem alterar o Modelo Semântico. Essa vantagem também funcionava para a saída. Além de ter o Modelo Semântico executando diretamente como uma máquina de estados, eu poderia usá-lo para gerar múltiplos exemplos de geração de código, bem como visualizações.

Além de ser usado como a base para a execução e outras saídas, o Modelo Semântico também fornecia um bom local para verificações de validação. Posso verificar que não tenho quaisquer estados inalcançáveis ou estados dos quais eu não possa sair. Posso também verificar se todos os eventos e os comandos são usados nas definições de estados e de transições.

Capítulo 12

Tabela de símbolos

Local para armazenar todos os objetos identificáveis durante uma análise sintática para resolver referências.

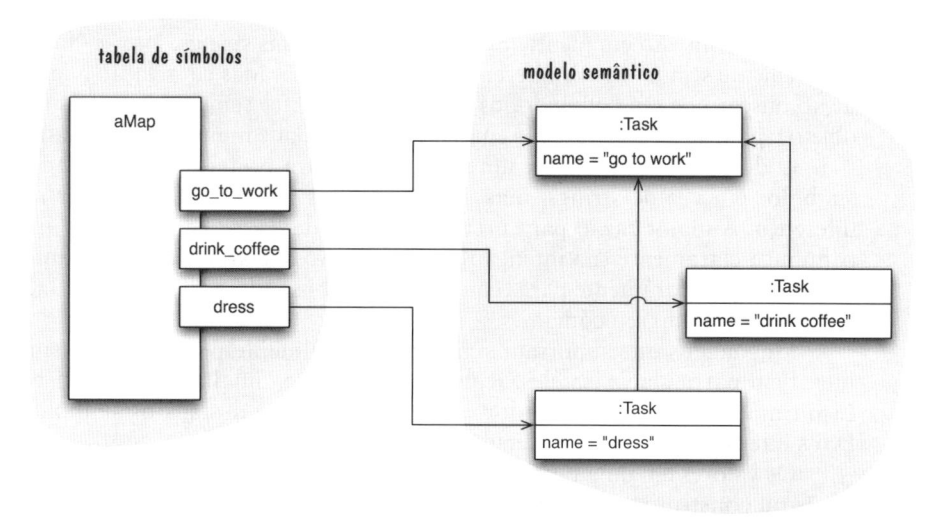

Muitas linguagens precisam se referenciar a objetos em múltiplos pontos dentro do código. Se tivermos uma linguagem que define uma configuração de tarefas e suas dependências, precisamos de uma maneira para uma tarefa se referir às suas tarefas dependentes em sua definição.

Para fazer isso, inventamos alguma forma de símbolo para cada tarefa; enquanto processamos o script DSL, colocamos esses símbolos em uma Tabela de Símbolos que armazena a ligação entre o símbolo e um objeto subjacente que mantém a informação completa.

12.1 Como funciona

O propósito essencial de uma Tabela de Símbolos é mapear entre um símbolo usado para se referir a um objeto em um script DSL e o objeto a que esse símbolo se referencia. Um mapeamento como esse naturalmente corresponde à noção de uma estrutura de dados do tipo mapa, então não é uma surpresa que a implementação mais comum de uma Tabela de Símbolos seja um mapa com o símbolo como chave e o objeto do *Modelo Semântico (159)* como valor.

Uma questão a considerar é o tipo de objeto que deve ser usado como a chave na Tabela de Símbolos. Para muitas linguagens, a escolha mais óbvia é uma string, pois o texto da DSL é uma string.

O caso principal para se usar algo além de uma string é com linguagens que suportam um tipo de dados de símbolos. Símbolos são como strings no sentido estrutural – um símbolo é fundamentalmente uma sequência de caracteres –, mas eles diferem no comportamento. Muitas operações de strings (concatenação, substrings, etc.) não fazem sentido para símbolos. A tarefa principal dos símbolos é serem usados para busca, e os tipos de símbolos normalmente são projetados com isso em mente. Então, embora as duas strings, "foo" e "foo", frequentemente sejam objetos diferentes e sejam comparadas em relação à igualdade ao buscarmos seu conteúdo, os símbolos :foo e :foo sempre levam ao mesmo objeto e podem ser comparados em relação à igualdade muito mais rapidamente.

O desempenho pode ser uma boa razão para preferir tipos de dados de símbolos em vez de strings, mas para pequenas DSLs pode não fazer muita diferença. A maior razão para preferir um tipo de dados de símbolo é que ele comunica claramente sua intenção em usá-lo. Ao declarar algo como um símbolo, você diz claramente para o que você o está usando e, dessa forma, facilita a compreensão do seu código.

Linguagens que suportam símbolos normalmente possuem uma sintaxe literal em particular para eles. Ruby usa :umSimbolo, Smalltalk usa #umSimbolo e Lisp trata qualquer identificador como símbolo. Isso destaca os símbolos em DSLs internas – uma razão adicional para usá-los.

Os valores em uma tabela de símbolos podem ser tanto objetos de modelo finais ou construtores intermediários. Usar objetos de modelo faz a Tabela de Símbolos atuar como dados de resultado, o que é bom para situações simples – muitas vezes, colocar um objeto construtor como o valor fornece mais flexibilidade, ao custo de um pouco mais de trabalho.

Muitas linguagens possuem diferentes tipos de objetos que precisam ser referenciados. O modelo de estados introdutório precisa identificar estados, comandos e eventos. Ter diversos tipos de coisas para referenciar significa que você precisa escolher entre um único mapa, múltiplos mapas ou uma classe especial.

Usar um único mapa para sua Tabela de Símbolos significa que todas as buscas por qualquer símbolo usam o mesmo mapa. Uma consequência imediata disso é que você não pode usar o mesmo nome de símbolo para diferentes tipos de coisas – você não pode ter um evento com o mesmo nome de um estado. Isso pode ser uma boa restrição para reduzir a confusão na DSL. Entretanto, usar um único mapa dificulta a leitura do código de processamento e fica menos claro que tipos de coisas estão sendo manipuladas quando você se refere ao símbolo. Logo, não recomendo essa opção.

Com múltiplos mapas, você tem um mapa separado para cada tipo de objetos a que está se referenciando. Por exemplo, um modelo de estados poderia ter três mapas para eventos, comandos e estados. Você pode pensar nisso como uma Tabela de Símbolos lógica ou como três Tabelas de Símbolos. De qualquer forma, prefiro essa opção em vez de um único mapa, pois agora está claro no código a que tipo de objeto você está se referenciando nos passos do processamento.

Usar uma classe especial significa ter um único objeto para a Tabela de Símbolos com diferentes métodos para se referenciar aos diferentes tipos de objetos armazenados lá: `getEvent(String code)`, `getState(String code)`, `registerEvent(String code, Event object)`, etc. Isso pode ser útil e dá um local natural para adicionar quaisquer comportamentos de processamento específico de um determinado símbolo. Na maioria das vezes, no entanto, não acho uma razão aceitável para fazer isso.

Em alguns casos, os objetos são referenciados antes de serem apropriadamente definidos – eles são chamados de referências para frente. As DSLs em geral não possuem regras estritas sobre a declaração de identificadores antes de seu uso, então as referências para frente com frequência fazem sentido. Se você permitir referências para frente, precisa garantir que qualquer referência a um símbolo preencherá a entrada na tabela de símbolos se ela ainda não estiver lá. Isso costuma forçar você a usar construtores como valores na tabela de símbolos, a menos que os objetos do modelo sejam muito flexíveis.

Se não existe declaração explícita de símbolos, você também precisa estar alerta para símbolos digitados incorretamente, que podem ser uma fonte de erros frustrante. Pode haver maneiras de você detectar símbolos digitados incorretamente, e adicionar tal tipo de verificação prevenirá muitos incômodos. Esse problema é uma das razões pelas quais se requer que todos os símbolos sejam declarados de alguma forma. Se você escolher fazer uma declaração explícita, lembre-se de que os símbolos não precisam ser declarados antes de serem usados.

Linguagens mais complicadas frequentemente possuem escopos aninhados, nos quais os símbolos são apenas definidos em um subconjunto do programa como um todo. Isso é muito comum em linguagens de propósito geral, mas é muito mais raro ocorrer em DSLs mais simples. Se você precisa fazer isso, pode oferecer suporte a isso usando uma *Tabela de Símbolos para Escopos Aninhados* [parr-LIP].

12.1.1 Símbolos estaticamente tipados

Se você está criando uma DSL interna em uma linguagem estaticamente tipada, como C# ou Java, pode facilmente usar um mapa de dispersão como sua Tabela de Símbolos com strings como chaves. Uma linha de tal DSL poderia se parecer com o seguinte:

`task("drinkCoffee").dependsOn("make_coffee", "wash");`

Usar strings dessa forma certamente funcionará, mas terá algumas desvantagens:

- As strings adicionam ruído sintático, pois você precisa colocá-las entre aspas.

- O compilador não pode fazer qualquer verificação de tipos. Se você digitar incorretamente os nomes de suas tarefas, descobrirá apenas em tempo de execução. Além disso, se você tem tipos diferentes de objetos que você identifica, o compilador não poderá dizer se você está se referindo ao tipo errado – mais uma vez, você apenas descobre isso em tempo de execução.
- Se você usa uma IDE moderna, você não pode realizar recursos de autocompletar código em strings. Isso significa que você perde um elemento poderoso de assistência de programação.
- Refatorações automatizadas podem não funcionar bem com strings.

Você pode evitar esses problemas usando algum tipo de símbolo estaticamente tipado. Enumerações são uma escolha boa e simples, assim como uma *Tabela de Símbolos de Classe (467)*.

12.2 Quando usar

Tabelas de Símbolos são comuns em qualquer exercício de processamento de linguagens, e espero que você quase sempre precise usá-las.

Existem ocasiões nas quais elas não são estritamente necessárias. Com *Construção de Árvore (281)*, você pode sempre buscar na árvore sintática as coisas de que precisa. Muitas vezes, uma busca no *Modelo Semântico (159)* que você está construindo pode realizar o serviço. Contudo, em outras situações você precisa de algum armazenamento intermediário, e mesmo que você não precise dele, ele frequentemente facilita sua vida.

12.3 Leitura adicional

[parr-LIP] fornece muitos detalhes sobre o uso de vários tipos de Tabelas de Símbolos para DSLs externas. Como as Tabelas de Símbolos são também uma técnica valiosa para DSLs internas, muitas dessas abordagens provavelmente são apropriadas também para DSLs internas.

[Kabanov *et al.*] fornece algumas ideias valiosas para o uso de símbolos estaticamente tipados em Java. Essas ideias também são úteis em outras linguagens.

12.4 Rede de dependências em uma DSL externa (Java e ANTLR)

Aqui está uma rede de dependências simples:

```
go_to_work -> drink_coffee dress
drink_coffee  -> make_coffee wash
dress -> wash
```

A tarefa do lado esquerdo de "->" é dependente das tarefas nomeadas no lado direito. Estou analisando sintaticamente isso usando *Tradução Embarcada (299)*. Quero conseguir escrever as dependências em qualquer ordem e retornar uma lista das tarefas iniciais – ou seja, aquelas tarefas que não são pré-requisitos para nenhuma outra tarefa. Esse é um bom exemplo de onde vale a pena acompanhar as tarefas em uma Tabela de Símbolos.

Como hábito, escrevo um carregador de classe para envolver o analisador sintático do ANTLR; isso recebe a entrada de um leitor:

```
class TaskLoader...
  private Reader input;
  public TaskLoader(Reader input) {
    this.input = input;
  }

  public void run() {
    try {
      TasksLexer lexer = new TasksLexer(new ANTLRReaderStream(input));
      TasksParser parser = new TasksParser(new CommonTokenStream(lexer));
      parser.helper = this;
      parser.network();
    } catch (IOException e) {
      throw new RuntimeException(e);
    } catch (RecognitionException e) {
      throw new RuntimeException(e);
    }
  }
```

O carregador insere-se como um *Auxiliar de Embarcação (547)* no analisador sintático gerado. Uma das coisas úteis que ele fornece é a tabela de símbolos, que é um simples mapa de nomes de tarefas para tarefas.

```
class TaskLoader...
  private Map<String, Task> tasks = new HashMap<String, Task>();
```

A gramática para esta DSL é extremamente simples.

```
grammar file...
  network : SEP? dependency (SEP dependency)* SEP?;
  dependency
    : lhs=ID '->' rhs+=ID+
      {helper.recognizedDependency($lhs, $rhs);}
    ;
```

O ajudante contém o código que manipula a dependência reconhecida. Para ligar as tarefas entre si, ele tanto preenche quanto usa a Tabela de Símbolos.

```
class TaskLoader...
  public void recognizedDependency(Token consequent, List dependencies) {
    registerTask(consequent.getText());
    Task consequentTask = tasks.get(consequent.getText());
    for(Object o : dependencies) {
      String taskName = ((Token)o).getText();
      registerTask(taskName);
      consequentTask.addPrerequisite(tasks.get(taskName));
    }
  }

  private void registerTask(String name) {
    if (!tasks.containsKey(name)) {
      tasks.put(name, new Task(name));
    }
  }
```

Uma vez que o carregador tenha executado, ele pode ser perguntado a respeito dos nós iniciais do grafo.

```
class TaskLoader...
  public List<Task> getResult() {
    List<Task> result = new ArrayList<Task>();
    for(Task t : tasks.values())
      if (!tasksUsedAsPrerequisites().contains(t))
        result.add(t);
    return result;
  }

  public Set<Task> tasksUsedAsPrerequisites() {
    Set<Task> result = new HashSet<Task>();
    for(Task t : tasks.values())
      for (Task preReq : t.getPrerequisites())
        result.add(preReq);
    return result;
  }
```

12.5 Usando chaves simbólicas em uma DSL interna (Ruby)

As Tabelas de Símbolos vêm do mundo da análise sintática, mas são úteis da mesma forma para as DSLs internas. Para este exemplo, usei Ruby para mostrar o uso de um tipo de dados de símbolos, que é o tipo a ser usado se você o tiver em sua linguagem. Aqui está o script DSL simples com tarefas do café da manhã e seus pré-requisitos:

```
task :go_to_work => [:drink_coffee, :dress]
task :drink_coffee => [:make_coffee, :wash]
task :dress => [:wash]
```

Cada tarefa é referenciada na DSL pelo tipo de dados de símbolo de Ruby. Uso uma *Sequência de Funções (351)* para declarar a lista de tarefas, com os detalhes de cada tarefa mostrados usando um *Mapa Literal (419)*.

O *Modelo Semântico (159)* é simples para descrevermos; apenas uma única classe de tarefa.

```
class Task
  attr_reader :name
  attr_accessor :prerequisites

  def initialize name, *prereqs
    @name = name
    @prerequisites = prereqs
  end

  def to_s
    name
  end
end
```

O script DSL é lido por um *Construtor de Expressões (343)* que usa *Escopo de Objeto (385)* com instance_eval (avaliador de instância).

```
class TaskBuilder...
  def load aStream
    instance_eval aStream
    return self
  end
```

A Tabela de Símbolos é um simples dicionário.

```
class TaskBuilder...
  def initialize
    @tasks = {}
  end
```

A cláusula de tarefa recebe o único argumento de associação de dispersão e o usa para preencher a informação da tarefa.

```
class TaskBuilder...
  def task argMap
    raise "syntax error" if argMap.keys.size != 1
    key = argMap.keys[0]
    newTask = obtain_task(key)
    prereqs = argMap[key].map{|s| obtain_task(s)}
    newTask.prerequisites = prereqs
  end
  def obtain_task aSymbol
    @tasks[aSymbol] = Task.new(aSymbol.to_s) unless @tasks[aSymbol]
    return  @tasks[aSymbol]
  end
```

A implementação de uma Tabela de Símbolos usando símbolos é a mesma que usando strings como identificadores. Entretanto, você deve usar símbolos se eles estiverem disponíveis.

12.6 Usando enumerações para símbolos estaticamente tipados (Java)

Michael Hunger foi um revisor muito diligente deste livro; ele tem me pedido constantemente para descrever o uso de enumerações como símbolos estaticamente tipados, pois essa é uma técnica com a qual ele tem tido muito sucesso. Muitas pessoas gostam da tipagem estática devido à sua habilidade de encontrar erros, que é algo que não me entusiasma muito, pois acho que a tipagem estática captura poucos erros que não seriam capturados por testes decentes – dos quais você precisa, com ou sem tipagem estática. É bom conseguir digitar apenas CTRL + Espaço e obter uma lista de tipos dos símbolos que são válidos para o ponto atual de um programa.

Usarei o exemplo das tarefas mais uma vez, com exatamente o mesmo *Modelo Semântico (159)* de antes. O Modelo Semântico possui strings para nomes de tarefas, mas na DSL usarei enumerações. Isso não apenas me dará a oportunidade de autocompletar código, mas também me protegerá em relação a erros de digitação. A enumeração é simples.

```
public enum TaskName {
  wash, dress, make_coffee, drink_coffee, go_to_work
}
```

Posso usá-la para definir minhas dependências entre tarefas como a seguir:

```
builder = new TaskBuilder(){{
  task(wash);
  task(dress).needs(wash);
  task(make_coffee);
  task(drink_coffee).needs(make_coffee, wash);
  task(go_to_work).needs(drink_coffee, dress);
}};
```

Estou usando o inicializador de instância aqui para *Escopo de Objeto (385)*. Também uso uma importação estática para a enumeração de nome da tarefa, o que me permite usar os nomes puros das tarefas no script. Com essas duas técnicas, sou capaz de escrever o script em qualquer classe sem precisar usar herança, que me forçaria a escrevê-la como uma subclasse do *Construtor de Expressões (343)*.

O construtor de tarefas constrói um mapa de tarefas; cada chamada a task (tarefa) registra uma tarefa no mapa.

```
class TaskBuilder...
  PrerequisiteClause task(TaskName name) {
    registerTask(name);
    return new PrerequisiteClause(this, tasks.get(name));
  }
  private void registerTask(TaskName name) {
    if (!tasks.containsKey(name)) {
      tasks.put(name, new Task(name.name()));
    }
  }
  private Map<TaskName, Task> tasks = new EnumMap<TaskName, Task>(TaskName.class);
```

A cláusula de pré-requisito é uma classe construtora filha.

```
class PrerequisiteClause...
  private final TaskBuilder parent;
  private final Task consequent;

  PrerequisiteClause(TaskBuilder parent, Task consequent) {
    this.parent = parent;
    this.consequent = consequent;
  }
  void needs(TaskName... prereqEnums) {
    for (TaskName n : prereqEnums) {
      parent.registerTask(n);
      consequent.addPrerequisite(parent.tasks.get(n));
    }
  }
}
```

Fiz do construtor filho uma classe interna estática do construtor de tarefas, de forma que eu pudesse acessar os membros privados do construtor de tarefas. Eu poderia ter ido mais além e o tornado uma classe interna de instância; então, eu não teria precisado da referência para o pai. Não fiz isso porque seria difícil de acompanhar para leitores menos familiarizados com Java.

Usar enumerações dessa forma é muito fácil, é bom e não força o uso de herança ou de restrições sobre onde você pode escrever código de script – uma vantagem comparada à *Tabela de Símbolos de Classe (467)*.

Com uma abordagem como essa, mantenha em mente que, se o conjunto de símbolos precisa corresponder a alguma fonte de dados externa, você pode escrever um passo que lê a fonte de dados externa e gera código para as declarações de enumeração, de forma que tudo seja mantido em sincronia [Kabanov *et al.*].

Uma consequência dessa implementação é que tenho um único espaço de nomes de símbolos. Isso é aceitável quando você tem múltiplos scripts pequenos que compartilham o mesmo conjunto de símbolos, mas às vezes você quer que diferentes scripts tenham diferentes conjuntos de símbolos.

Suponha que eu tivesse dois conjuntos de tarefas, um devotado às tarefas da manhã (como anteriormente) e outro dedicado à remoção de neve (Sim, estou pensando nisso enquanto dirijo e observo meu caminho hoje). Quando estou trabalhando nas tarefas da manhã, quero apenas ver tais tarefas oferecidas para mim pela IDE, e, de modo similar, as tarefas de remoção de neve.

Posso oferecer suporte a isso definindo meu construtor de tarefas em termos de uma interface e fazendo minhas enumerações implementarem essa interface.

```
public interface TaskName {}

class TaskBuilder...
  PrerequisiteClause task(TaskName name) {
    registerTask(name);
    return new PrerequisiteClause(this, tasks.get(name));
  }
  private void registerTask(TaskName name) {
    if (!tasks.containsKey(name)) {
      tasks.put(name, new Task(name.toString()));
    }
  }
  private Map<TaskName, Task> tasks = new HashMap<TaskName, Task>();
```

Posso, então, definir algumas enumerações e usá-las para um grupo específico de tarefas ao importar seletivamente aquelas de que preciso.

```
import static path.to.ShovelTasks.*;

enum ShovelTasks implements TaskName {
  shovel_path, shovel_drive, shovel_sidewalk, make_hot_chocolate
}

builder = new TaskBuilder(){{
  task(shovel_path);
  task(shovel_drive).needs(shovel_path);
  task(shovel_sidewalk);
  task(make_hot_chocolate).needs(shovel_drive, shovel_sidewalk);
}};
```

Se eu quiser ainda mais controle estático de tipos, eu poderia criar uma versão genérica do construtor de tarefas que verificaria que ele está usando o subtipo correto de TaskName (nome de tarefa). No entanto, se você está mais interessado em boa usabilidade da IDE, importar seletivamente o conjunto certo de enumerações é bom o suficiente.

Capítulo 13

Variável de contexto

Use uma variável para armazenar o contexto durante uma análise sintática.

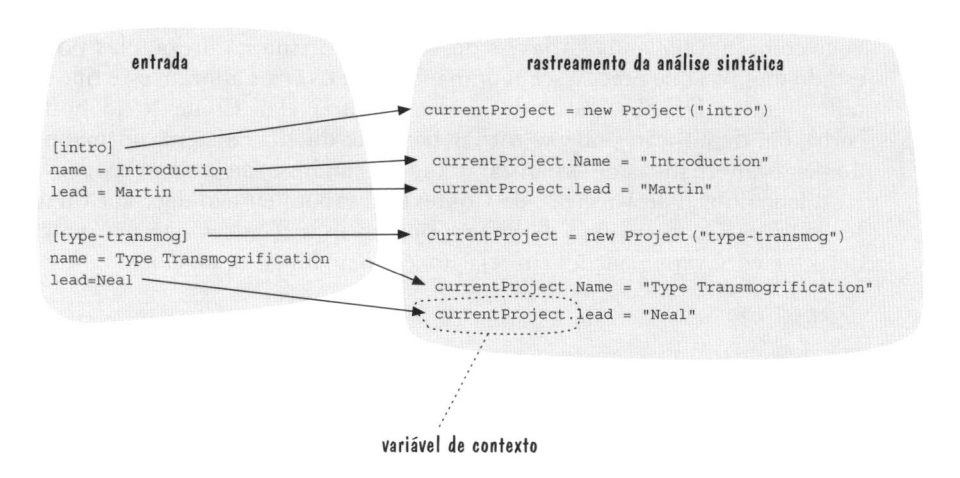

```
         entrada                           rastreamento da análise sintática

                                   currentProject = new Project("intro")
    [intro]
    name = Introduction                currentProject.Name = "Introduction"
    lead = Martin                      currentProject.lead = "Martin"

    [type-transmog]                    currentProject = new Project("type-transmog")
    name = Type Transmogrification
    lead=Neal                          currentProject.Name = "Type Transmogrification"
                                       currentProject.lead = "Neal"


                                              variável de contexto
```

Imagine que você esteja analisando sintaticamente uma lista de itens e capturando dados acerca de cada um deles. Cada fragmento de informação sobre um item pode ser capturado independentemente, mas você também precisa saber qual o item em particular do qual você está capturando informações.

Uma variável de contexto faz isso mantendo o item atual em uma variável e reatribuindo-a quando você se move para a próxima.

13.1 Como funciona

Você possui uma Variável de Contexto sempre que tiver uma variável chamada `currentItem` (item atual), ou algo do gênero, que você atualiza periodicamente durante a análise sintática, à medida que você se move de um item para outro no script de entrada.

Uma Variável de Contexto pode ser um objeto do *Modelo Semântico (159)* ou um construtor. Um Modelo Semântico é superficialmente mais direto, mas isso é verdadeiro apenas se todas as suas propriedades forem mutáveis quando o analisador sintático precisar que elas sejam modificadas. Se esse não for o caso, é normalmente melhor usar um construtor para obter a informação e criar o Modelo Semântico quando terminar – algo como um *Construtor de Construções (179)*.

13.2 Quando usar

Existem muitos locais nos quais você precisa manter contexto durante a análise sintática, e uma Variável de Contexto é uma escolha óbvia. Além disso, é fácil de ser criada e usada.

As Variáveis de Contexto são problemáticas, no entanto, à medida que você começa a ter mais variáveis desse tipo. Por sua natureza, elas possuem estado mutável que precisa ser acompanhado, e os erros adoram esse tipo de estado mutável. É fácil esquecer de atualizar a Variável de Contexto no momento certo, e a depuração pode se tornar bastante difícil. Existem, normalmente, maneiras alternativas de organizar a análise sintática que podem reduzir a necessidade do uso de Variáveis de Contexto. Embora eu não diga que qualquer Variável de Contexto seja diabólica, prefiro usar técnicas que não precisem delas – e você verá menções em relação a isso ao longo deste livro.

13.3 Lendo um arquivo INI (C#)

Queria um exemplo bastante simples para ilustrar uma Variável de Contexto, e o antigo formato de arquivos INI serve para esse propósito. Apesar de parecer fora de moda – ele foi "melhorado" pelo Registro no Windows –, ele ainda continua sendo uma maneira leve e legível de tratar uma simples lista de itens com propriedades. Formatos alternativos como XML e YAML podem tratar estruturas mais complexas, mas ao custo da legibilidade e com um adicional de dificuldade de análise sintática. Se suas necessidades são simples o suficiente para um arquivo INI, ele permanece uma opção racional.

Para meu exemplo, aqui está uma lista de códigos de projetos e alguns dados de propriedades para cada um deles:

```
[intro]
name = Introduction
lead = Martin

[type-transmog]
name = Type Transmogrification
lead=Neal

#line comment
```

```
[lang] #group comment
name = Language Background Advice
lead = Rebecca # item comment
```

Apesar de não existir uma forma padrão para um formato de arquivos INI, os elementos básicos são atribuições de propriedades, separadas em seções. Nesse caso, cada seção é um código de projeto.

O *Modelo Semântico (159)* é trivial.

```
class Project...
  public string Code { get; set; }
  public string Name { get; set; }
  public string Lead { get; set; }
```

O formato de arquivos INI é fácil de ser lido usando a *Tradução Dirigida por Delimitadores (201)*. A estrutura básica do analisador sintático implementa a abordagem comum de quebrar o script em linhas e analisar sintaticamente cada uma delas.

```
class ProjectParser...
  private TextReader input;
  private List<Project> result = new List<Project>();

  public ProjectParser(TextReader input) {
    this.input = input;
  }
  public List<Project> Run() {
    string line;
    while ((line = input.ReadLine()) != null) {
      parseLine(line);
    }
    return result;
  }
```

As primeiras sentenças no analisador sintático de linhas apenas tratam de espaços em branco e de comentários.

```
class ProjectParser...
  private void parseLine(string s) {
    var line = removeComments(s);
    if (isBlank(line)) return ;
    else if (isSection(line)) parseSection(line);
    else if (isProperty(line)) parseProperty(line);
    else throw new ArgumentException("Unable to parse: " + line);
  }
  private string removeComments(string s) {
    return s.Split('#')[0];
  }
  private bool isBlank(string line) {
    return Regex.IsMatch(line, @"^\s*$");
  }
```

A Variável de Contexto – `currentProject` (projeto atual) – aparece para seções de análise sintática; nesse ponto, atribuo a ela.

```
class ProjectParser...
  private bool isSection(string line) {
    return Regex.IsMatch(line, @"^\s*\[");
  }
  private void parseSection(string line) {
    var code = new Regex(@"\[(.*)\]").Match(line).Groups[1].Value;
    currentProject = new Project {Code = code};
    result.Add(currentProject);
  }
  private Project currentProject;
```

Então, uso a Variável de Contexto quando estou analisando sintaticamente uma propriedade.

```
class ProjectParser...
  private bool isProperty(string line) {
    return Regex.IsMatch(line, @"=");
  }
  private void parseProperty(string line) {
    var tokens = extractPropertyTokens(line);
    setProjectProperty(tokens[0], tokens[1]);
  }
  private string[] extractPropertyTokens(string line) {
    char[] sep = {'='};
    var tokens = line.Split(sep, 2);
    if (tokens.Length < 2) throw new ArgumentException("unable to split");
    for (var i = 0; i < tokens.Length; i++) tokens[i] = tokens[i].Trim();
    return tokens;
  }
  private void setProjectProperty(string name, string value) {
    var proj = typeof(Project);
    var prop = proj.GetProperty(capitalize(name));
    if (prop == null) throw new ArgumentException("Unable to find property: " + name);
    prop.SetValue(currentProject, value, null);
  }
  private string capitalize(string s) {
    return s.Substring(0, 1).ToUpper() + s.Substring(1).ToLower();
  }
```

Usar reflexão torna o código mais complexo, mas significa que não preciso atualizar o analisador sintático quando eu adicionar mais propriedades ao Modelo Semântico.

Capítulo 14

Construtor de construções

Crie incrementalmente um objeto imutável com um construtor que armazena argumentos de construção em atributos.

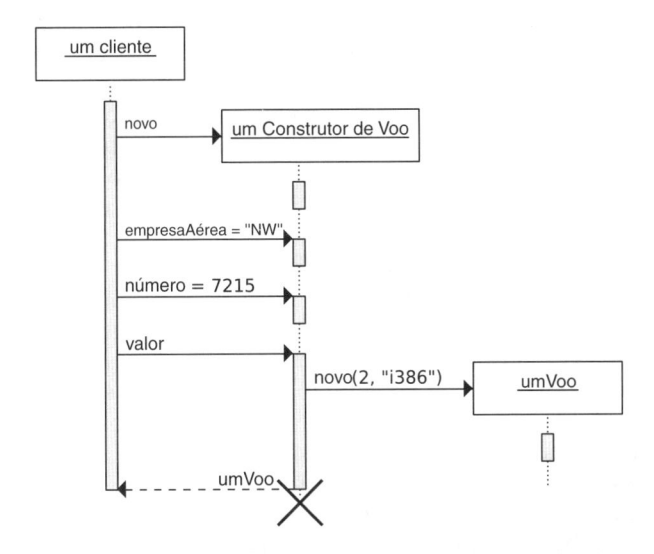

14.1 Como funciona

A receita básica para um Construtor de Construções é bastante simples. Você precisa criar um objeto imutável, que chamo de produto, de uma maneira gradual. Então, para cada um dos argumentos do construtor do produto crie um atributo. Inclua atributos adicionais para quaisquer outros atributos do produto que você esteja coletando. Por fim, insira um método para criar e retornar um novo objeto de produto montado a partir dos dados no Construtor de Construções.

Se desejar adicionar alguns controles de ciclo de vida ao Construtor de Construções, os quais podem verificar se você já possui informações suficientes para criar o produto, configure um marcador (*flag*) assim que tiver retornado um produto, para prevenir retorná-lo novamente, ou coloque o produto criado em um atributo. Você pode gerar um erro se tentar adicionar novos atributos ao Construtor de Construções uma vez que você tenha criado o produto.

Múltiplos Construtores de Construções podem ser combinados em estruturas mais profundas. Eles podem, então, produzir um grupo de objetos relacionados em vez de um único objeto.

14.2 Quando usar

Um Construtor de Construções é útil sempre que você precisa criar um objeto com múltiplos atributos imutáveis, mas você obtém gradualmente os valores para esses atributos. Um Construtor de Construções dá a você um local coerente para colocar todos esses dados antes de você realmente criar o produto.

As alternativas mais simples a um Construtor de Construções são ou a captura da informação em variáveis locais ou a captura em atributos soltos. Isso funciona bem para um ou dois produtos, mas logo se torna confuso se você precisar criar alguns objetos de uma vez só, tal como ocorre quando você está analisando sintaticamente.

Outra alternativa é criar um objeto real do modelo; entretanto, após você obter os dados para um atributo imutável, criar uma nova cópia do objeto do modelo com esse atributo modificado e substituir o antigo. Isso poupa você de ter de escrever um Construtor de Construções, mas é geralmente mais incômodo de ser feito e de ser entendido. Em particular, isso não funciona se você possui múltiplas referências para o objeto, ou ao menos torna mais difícil, dado que você precisa substituir cada uma das referências.

Usar um Construtor de Construções costuma ser a melhor maneira de lidar com esse problema, mas lembre-se de que você apenas precisa dele quando tem atributos imutáveis. Se esse não for o caso, então apenas crie seus objetos diretamente.

Apesar da palavra comum "construtor", vejo esse padrão de maneira diferente de um *Construtor de Expressões (343)*. Um Construtor de Construções trata de construir gradualmente os argumentos de construção; ele não tenta fornecer uma interface fluente, ao passo que os Construtores de Expressões tentam. Certamente não é raro encontrarmos casos nos quais um único objeto seja tanto um Construtor de Construções quanto um Construtor de Expressões, mas isso não significa que eles sejam o mesmo conceito.

14.3   Construindo dados de voo simples (C#)

Imagine uma aplicação que use alguns dados sobre voos. Os dados são apenas de leitura para a aplicação, então faz sentido que as classes de domínio sejam apenas-leitura.

```
class Flight...
  readonly int number;
  readonly string airline;
  readonly IList<Leg> legs;
  public Flight(string airline, int number, List<Leg> legs) {
    this.number = number;
    this.airline = airline;
    this.legs = legs.AsReadOnly();
  }
  public int Number {get { return number; }}
  public string Airline {get { return airline; }}
  public IList<Leg> Legs {get { return legs; }}

class Leg...
  readonly string start, end;
  public Leg(string start, string end) {
    this.start = start;
    this.end = end;
  }
  public string Start {get { return start; }}
  public string End {get { return end; }}
```

Apesar de a aplicação poder apenas ler os dados do voo, é bastante possível que ela precise reuni-los de uma maneira que dificulte o uso de construtores para construir objetos completamente formados. Nesses casos, um Construtor de Construções simples me permite obter os dados e construir o objeto final quando eu tiver todas as informações.

```
class FlightBuilder...
  public int Number { get; set; }
  public string Airline { get; set; }
  public List<LegBuilder> Legs { get; private set; }
  public FlightBuilder() {
    Legs = new List<LegBuilder>();
  }
  public Flight Value {
    get{return new Flight(Airline, Number, Legs.ConvertAll(l => l.Value));}
  }

class LegBuilder...
  public string Start { get; set; }
  public string End { get; set; }

  public Leg Value {
    get { return new Leg(Start, End); }
  }
```

CAPÍTULO 15

Macro

Transforme texto de entrada em um texto diferente antes do processamento de linguagem usando Geração por Template (593).

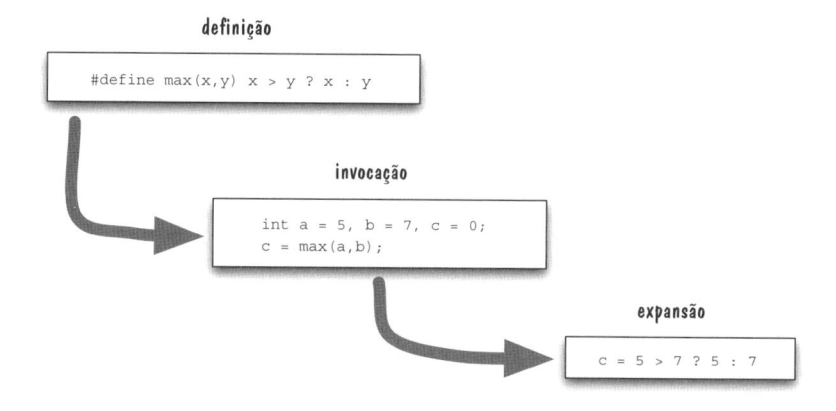

definição
```
#define max(x,y) x > y ? x : y
```

invocação
```
int a = 5, b = 7, c = 0;
c = max(a,b);
```

expansão
```
c = 5 > 7 ? 5 : 7
```

Uma linguagem possui um conjunto fixo de formas e de estruturas que ela pode processar. Algumas vezes, vemos uma maneira de adicionar abstração a uma linguagem a partir da manipulação de seu texto de entrada com uma transformação puramente textual antes de o texto ser analisado sintaticamente pelo compilador ou pelo interpretador para essa linguagem. Como sabemos o formato final que gostaríamos de ver, faz sentido descrever as transformações escrevendo a saída desejada, com chamadas para quaisquer valores parametrizáveis.

Uma Macro permite que você defina essas transformações, seja em uma forma puramente textual, seja como uma macro sintática que entende a sintaxe da linguagem subjacente.

15.1 Como funciona

As macros são uma das técnicas mais antigas para a construção de abstrações em linguagens de programação. Nos primeiros dias da programação, as macros eram tão recorrentes quanto as funções. Desde então, elas saíram amplamente de cena, em sua maioria por boas razões. Mas ainda existem locais onde elas aparecem em DSLs internas, particularmente na comunidade Lisp.

Gosto de separar macros em duas variedades principais: macros textuais e macros sintáticas. Macros textuais são mais familiares e fáceis de serem entendidas – elas tratam texto como texto. Macros sintáticas são cientes da estrutura sintática da linguagem-alvo, logo tornando mais fácil garantir que elas operem em unidades de texto sintaticamente sensíveis e produzam resultados sintaticamente válidos. Um processador de macros textuais pode operar com qualquer linguagem que seja representada como texto – o que significa praticamente qualquer linguagem. Um processador de macro sintático é projetado para trabalhar com uma única linguagem; ele é normalmente inserido no ferramental para essa linguagem, ou mesmo na especificação da linguagem.

Para entender como as Macros funcionam, acho mais fácil entender as macros textuais primeiro, para obter uma visão geral dos conceitos básicos, mesmo que você esteja mais interessado em macros sintáticas.

15.1.1 Macros textuais

A maioria das linguagens mais modernas não suporta macros textuais, e a maioria dos desenvolvedores as evita. Entretanto, você pode usar macros textuais com quaisquer linguagens usando um processador genérico de macros, tal como o processador de macros m4 clássico do Unix. Motores de *templates*, como o Velocity, são processadores de macro muito simples e podem ser usados para algumas das técnicas. E, apesar da maioria das linguagens modernas se distanciarem das macros, C (e, logo, C++) possui um pré-processador de macro construído nas ferramentas básicas. Os gurus de C++ em sua maioria dizem às pessoas para evitar o pré-processador, com boas razões, mas ele ainda está lá.

A forma mais simples de processamento de macros é a substituição de uma string por outra. Um bom exemplo de sua utilidade diz respeito a evitar duplicações quando estiver especificando cores em documentos CSS. Digamos que você tenha um site, e que existe uma cor em particular que você usa repetidamente – para bordas de tabelas, cores de linhas, destaques de textos, etc. Com CSS básico, você teria de repetir o código de cor cada vez que a usasse.

```
div.leftbox { border-bottom-color: #FFB595}
p.head { bgcolor: #FFB595 }
```

Essa duplicação dificulta a atualização da cor, e o uso de um código direto torna mais difícil entender o que está acontecendo. Com um processador de macro, você pode definir uma palavra especial para sua cor e usá-la em vez disso.

```
div.leftbox { border-bottom-color: MEDIUM_SHADE}
p.head { bgcolor: MEDIUM_SHADE }
```

Essencialmente, o processador de macros passa pelo do arquivo CSS e substitui MEDIUM_SHADE com o símbolo de cor para produzir o mesmo texto que no primeiro exemplo acima. O arquivo CSS que você edita não é um CSS válido; tal linguagem não possui a habilidade de definir constantes simbólicas, então, você melhorou a linguagem CSS com um processador de macros.

Para esse exemplo, você poderia fazer a substituição usando uma busca e substituição simples no texto de entrada, essencialmente usando *Polimento Textual (477)*. Apesar de a substituição de texto ser extremamente simples, ela é um uso comum de macros na programação em C, especificamente para constantes simbólicas. Você pode usar o mesmo mecanismo para introduzir elementos comuns a arquivos, como cabeçalhos e rodapés comuns a várias páginas Web. Defina um marcador em seu arquivo pré-HTML, execute a substituição sobre ele e obtenha seu arquivo HTML real. Um truque simples como esse é bastante produtivo para pequenos sites que querem um cabeçalho e um rodapé comuns a todas as páginas sem duplicá-los em todas elas.

Macros textuais mais interessantes são aquelas que permitem parametrizá-las. Considere o caso no qual você quer determinar o máximo de dois números, então você diversas vezes escreve a seguinte expressão em C: a > b? a: b. Você pode escrevê-la no pré-processador de C como uma macro:

```
#define max(x,y) x > y ? x : y

int a = 5, b = 7, c = 0;
c = max(a,b);
```

A diferença entre uma macro e uma chamada a uma função é que a macro é avaliada em tempo de compilação. Ela realiza uma busca e substituição textual pela expressão max (máximo), substituindo os argumentos durante a busca. O compilador nunca vê max.

(Devo mencionar aqui que alguns ambientes usam o termo "macro" para uma sub-rotina. Desagradável, mas a vida é assim.)

Então uma macro dá a você uma alternativa a uma chamada a função. Ela possui o bônus de evitar toda a sobrecarga de invocar uma função – com que os programadores C muitas vezes se preocupam (em particular nos primeiros anos de C). O complicado com as macros é que elas possuem diversos problemas sutis, especialmente se usam parâmetros. Considere a seguinte macro para elevar um número ao quadrado:

```
#define sqr(x) x * x
```

Parece simples e deve funcionar. Mas tente invocá-la da seguinte forma:

```
int a = 5, b = 1, c = 0;
c = sqr(a + b);
```

Nesse caso o valor de c é 11. Isso porque a expansão de macro resultou na expressão a + b * a + b. Como * possui uma precedência maior que +, você obtém a + (b * a) + b em vez de (a + b) * (a + b). Esse é um dos exemplos no qual uma expansão de macro resulta em algo que não era aquilo que o programador estava esperando, então a chamo de **expansão errônea**. Tais expansões podem funcionar na maioria das vezes, mas apenas funcionam erroneamente em casos particulares, levando a erros surpreendentes que são difíceis de serem encontrados.

Você pode evitar essa situação usando mais parênteses que um programador Lisp.

```
#define betterSqr(x) ((x) * (x))
```

Macros sintáticas evitam muito disso porque operam com um conhecimento da linguagem-alvo. Entretanto, existem outros problemas com as macros que elas compartilham. Os ilustrarei primeiro com as macros textuais.

Voltemos à macro max a fim de eu estragá-la.

```
#define max(x,y) x > y ? x : y

int a = 5, b = 1, c = 0;
c = max(++a, ++b);
 printf("%d",c); // => 7
```

Esse é um exemplo de **avaliação múltipla**, em que passamos um argumento que possui um efeito colateral, e o corpo da macro menciona o argumento mais de uma vez; logo, o avalia mais de uma vez. Nesse caso, tanto a quanto b são incrementados duas vezes. Mais uma vez, esse é um bom exemplo de um erro que pode ser difícil de ser encontrado. É frustrante, pois é difícil prever as várias maneiras pelas quais as expressões de macro podem dar errado. Você deve pensar de maneira diferente da que pensa quando trabalha com chamadas a funções, e é mais difícil ver as consequências, em particular quando você começa a aninhar macros.

Para ver mais alguns problemas, considere a seguinte macro. Ela recebe três argumentos: um vetor de inteiros de tamanho 5, um limite superior e um local para o resultado. Ela adiciona os números no vetor e coloca a soma ou o limite superior, o que for menor dos dois, no local resultante.

```
#define cappedTotal(input, cap, result) \
{int i, total = 0; \
for(i=0; i < 5; i ++) \
  total = total + input[i];\
result = (total > cap) ? cap : total;}
```

Chamaríamos a macro da seguinte forma:

```
int arr1[5] = {1,2,3,4,5};
int amount = 0;
cappedTotal (arr1, 10, amount);
```

Isso funciona muito bem (apesar do fato de que seria melhor como uma função). Agora, veja a seguinte variante em uso:

```
int total = 0;
cappedTotal (arr1, 10, total);
```

Após isso, esse código total é 0. O problema é que o nome total foi expandido na macro, mas interpretado por ela como uma variável definida dentro da própria macro. Como resultado, a variável passada para a macro é ignorada – esse erro é chamado de **captura de variável**.

Existe também o inverso desse problema, que não acontece em C, mas ocorre em linguagens que não forçam você a declarar variáveis. Para ilustrar esse problema, farei algumas macros textuais em Ruby – um exercício quase sem propósito, mesmo para os padrões de exemplos de livros. Para nosso processador de macros, usaremos o Velocity, ferramenta um tanto conhecida para gerar páginas Web. O Velocity tem um recurso de macro que posso usar para essa ilustração.

Usaremos o exemplo cappedTotal (total restrito ao limite superior) novamente, assim como em C. Aqui está a macro Velocity no código Ruby:

```
#macro(cappedTotal $input $cap $result)
total = 0
${input}.each do |i|
 total += i
end
$result = total > $cap ? $cap : total
#end
```

Não é um Ruby muito idiomático, para dizer o mínimo, mas é concebível que um novo programador Ruby, vindo de C, poderia fazer dessa forma. Dentro do corpo da macro, as variáveis $input, $cap, e $result referem-se aos argumentos quando a macro é chamada. Nosso programador hipotético poderia usar a macro em um programa Ruby desta forma:

```
array = [1,2,3,4,5]
#cappedTotal('array' 10 'amount')
puts "amount is: #{amount}"
```

Se agora você usar o Velocity para processar o programa Ruby antes de executá-lo e executar o arquivo resultante, tudo parece funcionar bem. Aqui está o texto expandido:

```
array = [1,2,3,4,5]
total = 0
array.each do |i|
 total += i
end
amount = total > 10 ? 10 : total
puts "amount is: #{amount}"
```

Agora, nosso programador sai para tomar um café, volta e escreve o seguinte código:

```
total = 35
#... lines of code ...
#cappedTotal('array' 10 'amount')
puts "total  is #{total}"
```

Ele ficaria surpreso. O código funciona, pois ele configura a quantidade (amount) corretamente. Entretanto, ele mais cedo ou mais tarde encontrará problemas porque a variável total é alterada nos bastidores quando as macros são executadas. Isso ocorre em razão de o corpo da macro mencionar total, então, quando ele é expandido, a expansão modifica o valor da variável.

A variável total foi capturada pela macro. As consequências da captura podem ser diferentes, na verdade piores, que a forma anterior de captura de variável, mas ambas sofrem do mesmo problema básico.

15.1.2 Macros sintáticas

Como resultado de todas essas questões, o processamento de macros, particularmente as macros textuais, caiu em desuso na maioria dos ambientes de programação. Você ainda as encontra em C, mas as linguagens modernas as evitam.

Existem duas exceções notáveis – linguagens que usam e encorajam macros sintáticas: C++ e Lisp. Em C++, as macros sintáticas são *templates* que geram muitas abordagens fascinantes para a geração de código em tempo de compilação. Não falarei mais sobre *templates* C++ aqui. Parcialmente, porque não conheço *templates*, pois meu trabalho com C++ vem antes de seu uso tornar-se comum. C++ também não é uma linguagem notável para DSLs internas; normalmente, DSLs no mundo C/C++ são externas. Afinal, C++ é uma ferramenta complexa de ser usada mesmo por programadores experientes, o que não encoraja o uso de DSLs internas. (Como diria Ron Jeffries: Já faz um bom tempo desde que trabalhei com C++... mas não tempo o suficiente!)

Lisp, entretanto, é outra história. Programadores Lisp vêm falando acerca de criar DSLs internas em Lisp desde o nascimento de Lisp, o que é muito tempo, pois Lisp é uma das linguagens de programação mais antigas ainda em uso. Isso não é uma surpresa, pois tudo em Lisp trata de processamento simbólico – ou seja, da manipulação da linguagem.

As macros penetraram mais profundamente no coração de Lisp que no de qualquer outra linguagem de programação. Muitos recursos-chave de Lisp são feitos por meio de macros, então, mesmo um programador Lisp iniciante as usará – sem se dar conta de que são macros. Em virtude disso, quando as pessoas falam sobre recursos de linguagem para DSLs internas, os programadores Lisp sempre argumentam sobre a importância das macros. Quando os inevitáveis argumentos de comparação entre programas vêm à tona, os programadores Lisp são conhecidos por menosprezarem qualquer linguagem que não possua macros.

(Isso também me coloca em uma posição complicada. Apesar de eu ter realizado muito com Lisp, não me intitulo programador Lisp sério e não sou ativo na comunidade Lisp.)

Macros sintáticas realmente possuem algumas habilidades poderosas, e os programadores Lisp de fato as usam. Entretanto, muito, talvez a maioria, do uso de Lisp seja para polir a sintaxe para o tratamento de *Fechos (397)*. Aqui está um exemplo simples de um fecho para um *Execute-Around Method* [Beck SBPP] em Ruby:

```
aSafe = Safe.new "secret plans"
aSafe.open do
 puts aSafe.contents
end
```

O método open (abrir) é implementado como segue:

```
def open
 self.unlock
 yield
 self.lock
end
```

O ponto-chave aqui é que o conteúdo do fecho não é avaliado até que o recebedor chame yield (rendimento). Isso garante que o recebedor possa abrir o cofre antes de executar o código passado. Compare com essa abordagem:

```
puts aSafe.open(aSafe.contents)
```

Isso não funciona porque o código no parâmetro é avaliado antes de chamar open. Passar o código em um fecho habilita a você postergar a avaliação desse código. A avaliação tardia significa que o método que recebe uma chamada escolhe quando, ou de fato se, deve executar o código que é passado.

Faz sentido implementar a mesma coisa em Lisp. A chamada equivalente seria:

```
(openf-safe aSafe (read-contents aSafe))
```

Poderíamos esperar que isso pudesse ser implementado usando uma chamada a função como a seguinte:

```
(defun openf-safe (safe func)
 (let ((result nil))
  (unlock-safe safe)
  (setq result (funcall func))
  (lock-safe safe)
  result))
```

Mas isso não posterga a avaliação. Para postergá-la, você precisa chamá-la da seguinte forma:

```
(openf-safe aSafe (lambda() (read-contents aSafe)))
```

Mas isso parece muito bagunçado. Para fazer um estilo limpo de chamada funcionar, você precisa de uma macro.

```
(defmacro openm-safe (safe func)
 `(let (result)
   (unlock-safe ,safe)
   (princ (list result ,safe))
   (setq result ,func)
   (lock-safe ,safe)
   result))
```

Essa macro evita a necessidade de envolver as funções em lambdas, então podemos chamá-la com uma sintaxe mais clara.

```
(openm-safe aSafe (read-contents aSafe))
```

Uma grande parte (talvez a maioria) do uso das macros de Lisp é usada para fornecer uma sintaxe mais clara para o mecanismo de avaliação postergada. Uma linguagem com uma sintaxe de fechos mais clara não precisaria de macros para isso.

A macro anterior funcionará em quase todo o tempo, mas esse "quase" indica problemas – por exemplo, se a chamássemos da seguinte forma:

```
(let (result)
  (setq result (make-safe "secret"))
  (openm-safe result (read-contents result)))
```

Esse problema é uma captura de variável, que causa um erro se usarmos um símbolo nomeado result (resultado) como argumento. A captura de variáveis é um problema endêmico para as macros em Lisp; em virtude disso, dialetos de Lisp têm trabalhado duro para descobrir maneiras de evitá-la. Alguns, como Scheme, possuem um sistema de higienização de macros, no qual o sistema evita qualquer captura de variável ao redefinir os símbolos nos bastidores. Common Lisp possui um mecanismo diferente: *gensyms*, essencialmente uma habilidade de gerar símbolos para essas variáveis locais, garantindo que elas não colidirão com nada mais. Gensyms são mais problemáticos de serem usados, mas dão ao programador a habilidade de usar captura de variáveis deliberadamente, e existem algumas situações nas quais a captura de variáveis é útil, apesar de eu deixar essa discussão para Paul Graham [Graham].

Além da captura de variável, existe ainda outro problema em potencial da avaliação múltipla, tal como quando o parâmetro safe é usado em diversos pontos da definição da expansão. Para evitar isso, preciso vincular o parâmetro a outra variável local, que também precisa de um gensym, resultando no seguinte:

```
(defmacro openm-safe2 (safe func)
  (let ((s (gensym))
        (result (gensym)))
    `(let ((,s ,safe))
       (unlock-safe ,s)
       (setq ,result ,func)
       (lock-safe ,s)
       ,result)))
```

Evitar tais questões dificulta muito a escrita das macros do que poderia ser à primeira vista. Apesar disso, a avaliação postergada com uma sintaxe conveniente é bastante usada em Lisp, porque os fechos são importantes para criar novas abstrações de controle e modelos computacionais alternativos – que é o tipo de coisas que os programadores Lisp gostam de fazer.

Apesar do fato de que uma grande proporção das macros Lisp seja escrita para avaliação postergada, há outras coisas interessantes que você pode fazer com macros Lisp que vão além do que poderia ser feito apenas com fechos sintaticamente convenientes. Em particular, as macros fornecem um mecanismo para que os programadores Lisp façam *Manipulação de Árvores de Análise Sintática (455)*.

A sintaxe de Lisp parece estranha à primeira vista, porém, à medida que se acostuma com ela, você percebe que é uma boa representação da árvore de análise sintática do programa. Com cada lista, o primeiro elemento é o tipo do nó da árvore de análise sintática, e os elementos restantes são seus filhos. Os programas Lisp usam *Funções Aninhadas (357)* amplamente, e o resultado é uma árvore de análise sintática. Ao usar macros para manipular o código Lisp antes da avaliação, os programadores Lisp podem realizar Manipulações de Árvores de Análise Sintática.

Poucos ambientes de programação suportam Manipulações de Árvores de Análise Sintática no momento, então o suporte de Lisp para isso é um recurso que distingue a linguagem. Além de oferecer suporte aos elementos de DSLs, ele também permite manipulações mais fundamentais na linguagem. Um bom exemplo disso é a macro setf do padrão comum de Lisp.

Apesar de Lisp ser bastante usada como uma linguagem funcional – ou seja, uma que não possui efeitos colaterais nos dados –, ela possui funções para armazenar dados em variáveis. A função básica para isso é setq, que pode atribuir um valor a uma variável da seguinte forma:

```
(setq var 5)
```

Lisp forma muitas estruturas de dados a partir de listas aninhadas e pode ser o que você quer para atualizar dados nessas estruturas. Você pode acessar o primeiro item em uma lista com car e atualizá-lo com rplaca. Mas existem diversas maneiras de acessar várias porções de estruturas de dados, e muitos neurônios são gastos para se lembrar de uma função de acesso e de uma função de atualização para cada uma. Então, para ajudar, Lisp possui setf, que, dada uma função de acesso, automaticamente calculará e aplicará sua atualização correspondente. Assim, podemos usar (car (cdr aList)) para acessar o segundo elemento da lista e (setf (car (cdr aList)) 8) para atualizá-la.

```
(setq aList '(1 2 3 4 5 6))
(car aList)  ; => 1
(car (cdr aList))  ; => 2
(rplaca aList 7)
aList ; => (7 2 3 4 5 6)
(setf (car (cdr aList)) 8)
aList ;  => (7 8 3 4 5 6)
```

Esse é um truque que impressiona e parece ser quase mágico. No entanto, existem limitações nele que reduzem a mágica. Você não pode fazer isso em qualquer expressão; em expressões compostas de funções que possam ser invertidas. Lisp mantém um registro de funções inversas, como rplaca sendo o inverso de car. A macro analisa a expressão do primeiro argumento e computa a expressão de atualização encontrando a função inversa. À medida que você define novas funções, pode dizer a Lisp suas inversas e então usar setf para fazer atualizações.

Estou me mexendo um pouco aqui, pois setf é mais complicada do que minha breve descrição implica. Ainda assim, o fato importante para essa discussão é que, para definir setf, você precisa de macros, porque setf depende da habilidade de analisar sintaticamente a expressão de entrada. Essa habilidade de analisar sintaticamente seus argumentos é a vantagem-chave das macros Lisp.

As macros funcionam bem para a Manipulação de Árvores de Análise Sintática em Lisp porque a estrutura sintática de Lisp é muito próxima à árvore de análise sintática. Entretanto, as macros não são a única maneira de fazer uma Manipulação de Árvores de Análise Sintática. C# é o exemplo de uma linguagem que suporta a Manipulação de Árvores de Análise Sintática fornecendo a habilidade de obter a árvore de análise sintática para uma expressão e uma biblioteca para o programa manipulá-la.

15.2 Quando usar

Em um primeiro encontro, as macros textuais são bastante atrativas. Elas podem ser empregadas com qualquer linguagem que usa texto, fazem toda sua manipulação em tempo de compilação e podem implementar comportamentos que impressionam bastante e que estão além das habilidades da linguagem-alvo.

Mas as macros textuais vêm com muitos problemas. Erros sutis como expansões errôneas, capturas de variáveis e avaliação múltipla são frequentes e difíceis de serem encontrados. O fato de que as macros não aparecem em ferramentas usadas comumente significa que as abstrações que elas fornecem vazam como uma peneira, e você não tem suporte de depuradores, de IDEs inteligentes, ou de qualquer coisa que se baseie no código expandido. A maioria das pessoas também acha muito mais difícil raciocinar acerca de expansões de macros aninhadas do que acerca de chamadas a funções aninhadas. Isso poderia representar uma falta de prática em lidar com macros, mas suspeito que seja algo mais fundamental.

Para resumir, não recomendo o uso de macros textuais em nada além dos casos mais simples. Penso que para a *Geração por Templates (539)* elas funcionam de maneira aceitável, desde que você evite tentar ser muito esperto com elas – em particular, evite aninhar as expansões. Mas, de outra maneira, elas simplesmente não valem a incomodação.

O quanto desse raciocínio aplica-se às macros sintáticas? Estou inclinado a dizer que a maior parte dele. Embora seja menos provável que você obtenha expansões errôneas, os outros problemas ainda permanecem. Isso me faz ter muito cuidado com elas.

Um contraexemplo disso é o uso pesado de macros sintáticas na comunidade Lisp. Como um forasteiro nesse mundo, sinto certa relutância em fazer um julgamento a respeito. Meu senso geral é que elas fazem sentido para Lisp, mas não estou convencido de que a lógica de usá-las lá faz sentido para outros ambientes de linguagem.

E isso, no fim das contas, é o cerne da escolha de usar ou não macros sintáticas. A maioria dos ambientes de linguagem não oferece suporte a elas, então não existe uma escolha com a qual se preocupar. Quando você tiver acesso a elas, por exemplo em Lisp e em C++, elas são frequentemente necessárias, então você precisa conhecê-las ao menos um pouco. Isso significa que a escolha de usar macros sintáticas é realmente feita para você por seu ambiente de linguagem.

A única escolha que isso deixa é se as macros sintáticas são uma razão para escolher uma linguagem que as inclua. No momento, vejo as macros como uma escolha pior que as alternativas disponíveis, e, então, um ponto a menos para os ambientes que as usam – mas com a ressalva de que não trabalhei próximo o suficiente com tais linguagens para estar totalmente seguro de meu julgamento.

Capítulo 16
Notificação

Coleta erros e outras mensagens para informar o chamador.

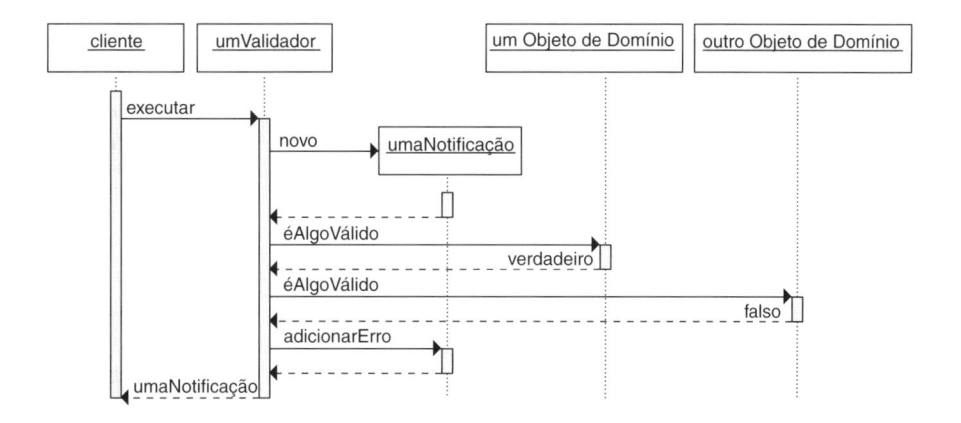

```
cliente    umValidador              um Objeto de Domínio    outro Objeto de Domínio
  │ executar  │                              │                        │
  │──────────▶│                              │                        │
  │           │  novo    ┌──────────────┐    │                        │
  │           │─────────▶│umaNotificação│    │                        │
  │           │          └──────┬───────┘    │                        │
  │           │◀─ ─ ─ ─ ─ ─ ─ ─ ┘            │                        │
  │           │  éAlgoVálido                 │                        │
  │           │─────────────────────────────▶│                        │
  │           │       verdadeiro             │                        │
  │           │◀─ ─ ─ ─ ─ ─ ─ ─ ─ ─ ─ ─ ─ ─ ─│                        │
  │           │  éAlgoVálido                 │                        │
  │           │──────────────────────────────┼───────────────────────▶│
  │           │       falso                  │                        │
  │           │◀─ ─ ─ ─ ─ ─ ─ ─ ─ ─ ─ ─ ─ ─ ─┼─ ─ ─ ─ ─ ─ ─ ─ ─ ─ ─ ─│
  │           │  adicionarErro               │                        │
  │           │─────────────────────────────▶│                        │
  │umaNotificação                            │                        │
  │◀──────────│                              │                        │
```

Realizei algumas operações que fizeram mudanças significativas em um modelo de objetos. Agora que terminei, quero verificar se o modelo resultante é válido. Posso iniciar um comando de validação; quero saber a resposta como um simples valor booleano, mas, se houver erros, quero saber mais, em especial sobre todos os erros em vez de a validação parar no primeiro erro.

Uma Notificação é um objeto que coleta erros. Quando uma verificação de validação falha, ela adiciona um erro à Notificação. Quando o comando de validação termina, ele retorna a Notificação. Posso então perguntar à Notificação se tudo está OK, e, se não estiver, investigo os erros.

16.1 Como funciona

A forma básica de Notificação é uma coleção de erros. Durante a tarefa notificada, preciso da habilidade de adicionar um erro à Notificação. Isso pode ser tão simples quanto adicionar uma string de mensagem de erro, ou pode ser um objeto de erro complicado. Quando a tarefa terminar, a Notificação volta ao chamador. O chamador invoca um método de consulta booleano simples para ver se tudo está bem. Se existirem erros, ele pode interrogar a Notificação novamente para mostrá-los.

A Notificação normalmente precisa estar disponível para diversos métodos no modelo. Ela pode ser ou passada em um argumento como um Parâmetro coletor [Beck IP], ou acumulada em um atributo se existir um objeto que corresponda à respectiva tarefa, como um objeto validador.

O objetivo principal de uma Notificação é coletar erros, mas algumas vezes é útil capturar avisos e mensagens informativas também. Um erro indica que o comando requisitado falhou, um aviso ocorre para algo que não falha, mas ainda pode ser uma preocupação em potencial para o chamador. Uma mensagem informativa é apenas alguma informação potencialmente útil.

De muitas maneiras, uma Notificação é um objeto que age como um arquivo de registro, então muitos dos recursos comumente encontrados em registros podem oferecer vantagens aqui.

16.2 Quando usar

Uma Notificação é útil sempre que existe uma operação complicada que possa disparar múltiplos erros e você não quer falhar no primeiro erro. Se você quiser falhar no primeiro erro, então você pode simplesmente lançar uma exceção. Uma Notificação permite que você armazene múltiplas exceções para dar ao chamador uma figura completa do que aconteceu com a requisição.

Notificações são particularmente úteis quando uma interface com o usuário iniciar uma operação em uma camada mais baixa. A camada mais baixa não deve tentar interagir com a interface com o usuário diretamente, logo uma Notificação é um mensageiro apropriado.

16.3 Uma notificação muito simples (C#)

Aqui está uma Notificação simples que usei para alguns dos exemplos de meus livros. Tudo o que ela faz é armazenar erros como strings.

CAPÍTULO 16 ▼ NOTIFICAÇÃO

```
class Notification...
  List<string> errors = new List<string>();
  public void AddError(String s, params object[] args) {
    errors.Add(String.Format(s, args));
  }
```

Usar uma string de formatação e parâmetros facilita o uso da notificação para capturar erros, pois o código cliente não precisa construir a string de formatação.

```
código chamador......
  note.AddError("No value for {0}", property);
```

Forneço alguns métodos booleanos para o chamador a fim de verificar se existem erros.

```
class Notification...
  public bool IsOK {get{ return 0 == errors.Count;}}
  public bool HasErrors {get { return !IsOK;}}
```

Também forneço um método que verifica e lança uma exceção se existirem erros. Algumas vezes isso funciona melhor com o fluxo de uso que usar métodos booleanos de verificação.

```
class Notification...
  public void AssertOK() {
    if (HasErrors) throw new ValidationException(this);
  }
```

16.4 Notificação de análise sintática (Java)

Aqui está uma Notificação diferente que usei no exemplo de *Código Estrangeiro (309)*. Ela é um pouco mais complexa que o C# acima e também mais específica, já que recebe tipos específicos de erros.

Como ela é parte de uma análise sintática ANTLR, coloquei uma Notificação no *Auxiliar de Embarcação (547)* do analisador sintático gerado.

```
class AllocationTranslator...
  private Reader input;
  private AllocationLexer lexer;
  private AllocationParser parser;
  private ParsingNotification notification = new ParsingNotification();
  private LeadAllocator result = new LeadAllocator();

  public AllocationTranslator(Reader input) {
    this.input = input;
  }
```

```
public void run() {
  try {
    lexer = new AllocationLexer(new ANTLRReaderStream(input));
    parser = new AllocationParser(new CommonTokenStream(lexer));
    parser.helper = this;
    parser.allocationList();
  } catch (Exception e) {
    throw new RuntimeException("Unexpected exception in parse", e);
  }
  if (notification.hasErrors())
    throw new RuntimeException("Parse failed: \n" + notification);
}
```

Essa Notificação em particular trata de dois casos de erros específicos. O primeiro deles é uma exceção lançada pelo próprio sistema ANTLR. No ANTLR, essa é uma exceção de reconhecimento. ANTLR possui um comportamento padrão para isso, mas quero também capturar o erro em uma Notificação. Posso fazê-lo fornecendo uma implementação para um método a fim de mostrar erros na seção members (membros) do arquivo da gramática.

```
arquivo da gramática 'Allocation.g'......
  @members {
    AllocationTranslator helper;

    public void reportError(RecognitionException e) {
      helper.addError(e);
      super.reportError(e);
    }
  }
class AllocationTranslator...
  void addError(RecognitionException e) {
    notification.error(e);
  }
```

O outro caso trata-se de um erro durante a análise sintática que o código do *Tradutor Embarcado (299)* reconhece. Em um ponto, a gramática está procurando uma lista de produtos.

```
arquivo da gramatica......
  productClause   returns [List<ProductGroup> result]
    : 'handles' p+=ID+ {$result = helper.recognizedProducts($p);}
    ;
class AllocationTranslator...
  List<ProductGroup> recognizedProducts(List<Token> tokens) {
    List<ProductGroup> result = new ArrayList<ProductGroup>();
    for (Token t : tokens) {
      if (!Registry.productRepository().containsId(t.getText())) {
        notification.error(t, "No product for %s", t.getText());
        continue;
      }
      result.add(Registry.productRepository().findById(t.getText()));
    }
    return result;
  }
```

No primeiro caso, passo o objeto de exceção de reconhecimento do ANTLR para a Notificação; no segundo, passo um *token* e uma string contendo uma mensagem de erro – mais uma vez, usando a convenção da string de formatação.

Em sua parte interna, a Notificação possui uma lista de erros – nesse caso, em vez de uma string, uso um objeto mais significativo.

```
class ParsingNotification...
  private List<ParserMessage> errors = new ArrayList<ParserMessage>();
```

Uso um tipo diferente de objeto para os dois casos diferentes. Para a exceção de reconhecimento do ANTLR, uso um simples adaptador.

```
class ParsingNotification...
  public void error (RecognitionException e) {
    errors.add(new RecognitionParserMessage(e));
  }

class ParserMessage {}

class RecognitionParserMessage extends ParserMessage {
  RecognitionException exception;

  RecognitionParserMessage(RecognitionException exception) {
    this.exception = exception;
  }
  public String toString() {
    return exception.toString();
  }
}
```

Como você pode ver, a superclasse é apenas um marcador para fazer os tipos genéricos funcionarem. No futuro, posso adicionar algo a ela, mas, por enquanto, um simples marcador é o suficiente.

Para o segundo caso, monto os dados de entrada em um objeto diferente.

```
class ParsingNotification...
  public void error(Token token, String message, Object... args) {
    errors.add(new TranslationMessage(token, message, args));
  }

class TranslationMessage extends ParserMessage {
  Token token;
  String message;

  TranslationMessage(Token token, String message, Object... messageArgs) {
    this.token = token;
    this.message = String.format(message,  messageArgs);
  }
  public String toString() {
    return String.format("%s (near line %d char %d)",
                     message, token.getLine(), token.getCharPositionInLine());
  }
}
```

Ao passar o *token* como entrada, sou capaz de fornecer melhores informações de diagnóstico.

Forneço os métodos usuais para detectar se existem quaisquer erros e imprimir um relatório de erros se aparecer algum.

```
class ParsingNotification...
  public boolean isOk() {return errors.isEmpty();}
  public boolean hasErrors() {return !isOk();}

  public String toString() {
    return (isOk()) ? "OK" : "Errors:\n" + report();
  }
  public String report() {
    StringBuffer result = new StringBuffer("Parse errors:\n");
    for (ParserMessage m : errors) result.append(m).append("\n");
    return result.toString();
  }
```

Acredito que a questão mais importante aqui é construir uma Notificação que torne o código chamador tão simples e compacto quanto possível. Logo, passo todos os dados relevantes para a Notificação e a deixo gerenciar como compor as mensagens de erro a partir desses dados.

Parte III

Tópicos de DSLs externas

CAPÍTULO **17**

Tradução dirigida por delimitadores

Traduza texto-fonte quebrando-o em fragmentos (normalmente linhas) e então analise sintaticamente cada fragmento.

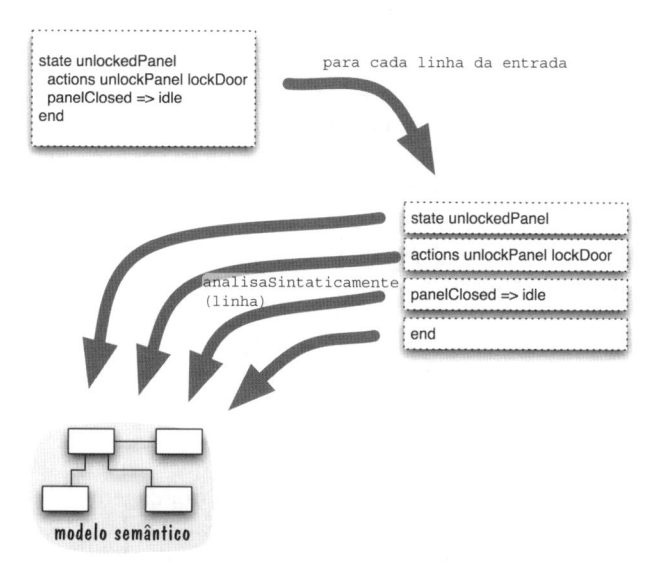

17.1 Como funciona

A tradução dirigida por delimitadores funciona recebendo a entrada e quebrando-a em fragmentos menores baseada em algum tipo de caractere delimitador. Você pode usar qualquer caractere que desejar, mas o primeiro delimitador, usado de modo geral, é o fim de linha, então o usarei em minha discussão.

Quebrar o script em linhas é normalmente bastante simples, dado que a maioria das linguagens de programação possui funções de bibliotecas que leem um fluxo de entrada uma linha de cada vez. Você pode se complicar se possuir linhas longas e quiser quebrá-las fisicamente em seu editor. Em muitos ambientes, a maneira mais simples de fazer isso é marcar o caractere de final de linha; no Unix, isso significa usar uma barra invertida no último caractere de uma linha.

Marcar o final de linha parece ruim, entretanto, e é vulnerável a um espaço em branco entre a marcação e o fim da linha. Em razão disso, na maioria das vezes é melhor usar um caractere de continuação de linha. Para isso, você escolhe um caractere que, se for o último caractere que não seja um espaço em branco de uma linha, indica que a próxima linha é na verdade a mesma linha. Quando você lê a entrada, precisa buscar pelo caractere de continuação de linha e, se você o vir, insira a próxima linha na linha que você acabou de ler. Quando fizer isso, lembre-se de que pode ter mais de uma linha de continuação.

Como você processa as linhas depende da natureza da linguagem com que está lidando. O caso mais simples é quando cada linha é autônoma e do mesmo formato. Considere uma simples lista de regras para distribuição de pontos a clientes assíduos para hospedagens em hotéis.

```
score 300 for 3 nights at Bree
score 200 for 2 nights at Dol Amroth
score 150 for 2 nights at Orthanc
```

Chamo essas linhas de autônomas porque nenhuma delas afeta as outras. Eu poderia seguramente reordenar e remover as linhas sem modificar a interpretação de nenhuma delas. Elas estão no mesmo formato porque cada uma delas codifica o mesmo tipo de informação. Processar as linhas, então, é algo bastante simples; executo a mesma função de processamento de linha para cada uma das linhas, essa função coleta as informações de que preciso (pontos a serem marcados, noites que o cliente permaneceu e o nome do hotel), e traduzo-as para a representação que eu queira. Se eu estiver usando *Tradução Embarcada (299)*, isso significa colocar tais informações em um *Modelo Semântico (159)*. Se eu estivesse usando *Construção de Árvore (281)*, isso significaria criar uma árvore sintática abstrata. Raramente vejo Construção de Árvore com a Tradução Dirigida por Delimitadores, então, para minha discussão aqui, assumirei o uso de Tradução Embarcada (a *Interpretação Embarcada (305)* é também bastante comum).

Como selecionar a informação que você quer depende dos recursos de processamento de strings de que dispõe em sua linguagem e da complexidade da linha que você tem. Se possível, a maneira mais fácil de decompor a entrada é usar uma função de quebra de strings. A maioria das bibliotecas de string possui tal função, que quebra uma string em elementos separados por uma string delimitadora. Nesse caso, você pode quebrar usando espaços em branco como delimitadores e extrair, por exemplo, a pontuação (*score*) como o segundo elemento.

Algumas vezes, uma string não se quebra de maneira tão simples assim. Frequentemente, a melhor abordagem é usar uma expressão regular. Você pode usar grupos nas expressões regulares para extrair os fragmentos da string de que você precisa. Uma expressão regular dá a você muito mais poder de expressão que um quebrador de strings; é também uma boa maneira de verificar se a linha é sintaticamente correta. Expressões regulares são mais complicadas, e muitas pessoas as acham bastante difíceis de serem entendidas. Muitas vezes, é melhor quebrar expressões regulares em subexpressões, definir cada subexpressão separadamente e combiná-las (uma técnica que chamo de expressão regular composta).

Consideremos linhas de diferentes formatos. Essa poderia ser uma DSL que descreve a seção de conteúdo de uma página Web de um jornal local.

```
border grey
headline "Musical Cambridge"
filter by date in this week
show concerts in Cambridge
```

Nesse caso, cada linha é autônoma, mas precisa ser processada de maneira diferente. Posso lançar mão de uma expressão condicional que verifica a linha atual em relação aos vários tipos de linhas e chama a rotina de processamento apropriada.

```
if      (isBorder())    parseBorder();
else if (isHeadline())  parseHeadline();
else if (isFilter())    parseFilter();
else if (isShow())      parseShow();
else throw new RecognitionException(input);
```

As verificações de condições podem usar expressões regulares ou outras operações de strings. Existe um argumento para mostrar a expressão regular no condicional diretamente, mas eu costumo usar métodos.

Além das linhas puramente isomórficas e polimórficas, você pode obter um híbrido no qual cada linha possui a mesma estrutura ampla que se divide em cláusulas, mas cada cláusula possui diferentes formas. Aqui está outra versão dos pontos de recompensa dos hotéis:

```
300 for stay 3 nights at Bree
150 per day for stay 2 nights at Bree
50 for spa treatment at Dol Amroth
60 for stay 1 night at Orthanc or Helm's Deep or Dunharrow
1 per dollar for dinner at Bree
```

Aqui temos uma estrutura ampla isomórfica. Sempre existe uma cláusula de recompensa, seguida por um for (para), seguida por uma cláusula de atividade, seguida por at (em), seguida por uma cláusula de localidade. Posso responder a isso tendo uma única rotina de processamento de alto nível que identifica as três cláusulas e chama uma única rotina de processamento para cada cláusula. As rotinas de processamento de cláusula, então, seguem o padrão polimórfico de usar um condicional de testes e diferentes rotinas de processamento.

Posso relacionar isso às gramáticas usadas na *Tradução Dirigida por Sintaxe (219)*. As linhas polimórficas e as cláusulas são tratadas em gramáticas pelas alternativas, enquanto as linhas isomórficas são tratadas por regras de produção sem alternativas. Usar métodos para quebrar linhas em cláusulas é bem parecido com usar sub-regras.

Tratar de sentenças não autônomas com a Tradução Dirigida por Delimitadores introduz uma complicação adicional, dado que agora precisamos acompanhar algumas informações de estado acerca da análise sintática. Um exemplo disso é minha máquina de estados introdutória, na qual tenho seções separadas para eventos, comandos e estados. A linha `unlock PNUL` seria tratada diferentemente na seção de eventos ante a seção de comandos, mesmo que ela tenha o mesmo formato sintático. É também um erro para uma linha nesse formato aparecer dentro de uma definição de estado.

Uma boa maneira de lidar com isso é ter uma família de diferentes analisadores sintáticos para cada estado da análise sintática. Então, o analisador sintático da máquina de estados teria um analisador sintático para a linha de nível mais alto e analisadores sintáticos adicionais para bloco de comando, um bloco de evento, para um bloco de evento de reinicialização e para um bloco de estados. Quando o analisador sintático da linha de nível mais alto vê a palavra events, ele troca o analisador sintático de linha atual para um analisador sintático de linha de evento. Isso, é claro, é apenas uma aplicação do padrão de projetos *State* [GoF].

Uma área comum que pode ser complicada com o uso de Tradução Dirigida por Delimitadores é o tratamento de espaços em branco, particularmente em torno de operadores. Se você tem uma linha no formato propriedade = valor, você precisa decidir se o espaço em branco ao redor do = é opcional ou não. Torná-lo opcional pode complicar o processamento de linhas, mas torná-lo obrigatório (ou não o permitir) dificultará o uso da DSL. Espaços em branco podem ser ainda piores se existir uma distinção entre um e múltiplos caracteres de espaço em branco, ou entre diferentes caracteres de espaços em branco, como tabulações e espaços.

Há certa regularidade nesse tipo de processamento. Existe uma ideia de programação recorrente de verificar se uma string casa com certo padrão e, então, invocar uma regra de processamento para esse padrão. Tal ideia comum naturalmente traz o pensamento de que isso seria acessível a um framework. Você poderia ter uma série de objetos, cada um dos quais com uma expressão regular para o tipo de linha que processa e código para fazer o processamento. Você então passa por todos esses objetos de uma vez só. Você pode também adicionar alguma indicação do estado geral do analisador sintático. Para facilitar a configuração desse framework, você pode colocar uma DSL sobre ele.

É claro que não sou a primeira pessoa a pensar nisso. Na verdade, esse estilo de processamento é exatamente o usado por geradores de analisadores léxicos, como aqueles inspirados pelo Lex. Existe algo a ser dito a favor do uso desse tipo de ferramenta, mas também há outra consideração. Uma vez que você tenha ido longe o suficiente para querer usar um framework, o salto para a Tradução Dirigida por Sintaxe não está muito longe, e você tem uma faixa mais ampla de ferramentas mais poderosas com as quais pode trabalhar.

17.2 Quando usar

A grande força da Tradução Dirigida por Delimitadores é que ela é uma técnica muito simples. Sua alternativa principal, a *Tradução Dirigida por Sintaxe (219)*, requer que você passe por uma curva de aprendizado para entender como trabalhar com gramáticas. A Tradução Dirigida por Delimitadores depende puramente de técnicas que a maioria dos programadores conhece e, então, é fácil de ser usada.

Como é o caso frequentemente, a desvantagem dessa facilidade é a dificuldade de tratar linguagens mais complexas. A Tradução Dirigida por Delimitadores funciona muito bem com linguagens simples, em particular aquelas que não requerem muitos contextos aninhados. À medida que a complexidade aumenta, a Tradução Dirigida por Delimitadores pode tornar-se uma bagunça de forma muito rápida, em especial porque é necessário pensar bastante para manter claro o projeto do analisador sintático.

Consequentemente, apenas tendo a favorecer a Tradução Dirigida por Delimitadores quando se tem sentenças autônomas simples, ou talvez um único contexto aninhado. Mesmo assim, eu preferiria usar a Tradução Dirigida por Sintaxe, a menos que estivesse trabalhando com uma equipe que achasse não estar preparada para estudar essa técnica.

17.3 Pontos de clientes assíduos (C#)

Se você já teve a infelicidade de ser um consultor viajante como eu, você conhecerá os vários incentivos que as companhias de viagem dão para tentar recompensar você por viajar tanto com oportunidades de viajar ainda mais. Vamos imaginar um conjunto de regras para uma cadeia de hotéis, expresso como uma DSL da seguinte forma:

```
300 for stay 3 nights at Bree
150 per day for stay 2 nights at Bree
50 for spa treatment at Dol Amroth
60 for stay 1 night at Orthanc or Helm's Deep or Dunharrow
1 per dollar for dinner at Bree
```

17.3.1 Modelo semântico

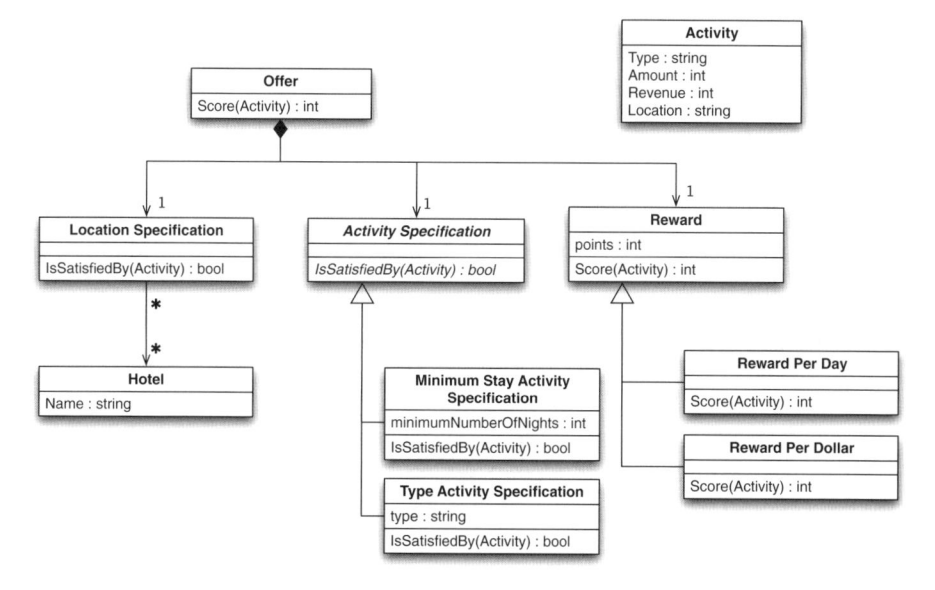

Figura 17.1 *Diagrama de classes do modelo semântico.*

Cada linha no script define uma única oferta. A principal responsabilidade de uma oferta é marcar os pontos de clientes assíduos para uma atividade. Uma atividade é uma representação de dados simples.

```
class Offer...
  public int Score(Activity a) {
    return Location.IsSatisfiedBy(a) && Activity.isSatisfiedBy(a)
      ? Reward.Score(a) : 0;
  }
  public Reward Reward { get; set; }
  public LocationSpecification Location { get; set; }
  public ActivitySpecification Activity { get; set; }
class Activity...
  public string Type { get;  set; }
  public int Amount { get;  set; }
  public int Revenue { get;  set; }
  public string Location { get; set; }
```

A oferta possui três componentes. Uma *Especificação* [Evans DDD] de localização verifica se uma atividade está no local correto a fim de marcar para essa oferta; uma especificação de atividade verifica se a atividade merece pontos de recompensa. Se ambas as especificações forem satisfeitas, então o objeto de recompensa calcula a pontuação.

O mais simples desses três componentes é a especificação de localização. Ela apenas verifica o nome do hotel em relação a uma lista de hotéis armazenados.

```
class LocationSpecification...
  private readonly IList<Hotel> hotels = new List<Hotel>();

  public LocationSpecification(params String[] names) {
    foreach (string n in names)
      hotels.Add(Repository.HotelNamed(n));
  }

  public bool IsSatisfiedBy(Activity a) {
    Hotel hotel = Repository.HotelNamed(a.Location);
    return hotels.Contains(hotel);
  }
```

Preciso de dois tipos de especificações de atividades aqui. Uma verifica se a atividade é uma permanência de mais do que uma quantidade de noites especificada.

```
abstract class ActivitySpecification {
  public abstract bool isSatisfiedBy(Activity a);
}

class MinimumNightStayActivitySpec : ActivitySpecification {
  private readonly int minimumNumberOfNights;

  public MinimumNightStayActivitySpec(int numberOfNights) {
    this.minimumNumberOfNights = numberOfNights;
  }

  public override bool isSatisfiedBy(Activity a) {
    return a.Type == "stay"
      ? a.Amount >= minimumNumberOfNights
      : false ;
  }
```

E a segunda verifica se a atividade é do tipo certo.

```
class TypeActivitySpec : ActivitySpecification {
  private readonly string type;

  public TypeActivitySpec(string type) {
    this.type = type;
  }

  public override bool isSatisfiedBy(Activity a) {
    return a.Type == type;
  }
}
```

A classe de recompensas marca a recompensa de acordo com as diferentes bases.

```
class Reward {
  protected int points;

  public Reward(int points) { this.points = points; }
  virtual public int Score (Activity activity) {
    return points;
  }
}

class RewardPerDay : Reward {
  public RewardPerDay(int points) : base(points) {}

  public override int Score(Activity activity) {
    if (activity.Type != "stay")
      throw new ArgumentException("can only use per day scores on stays");
    return activity.Amount * points;
  }
}

class RewardPerDollar : Reward {
  public RewardPerDollar(int points) : base(points) {}

  public override int Score(Activity activity) {
    return activity.Revenue * points;
  }
}
```

17.3.2 O analisador sintático

A estrutura básica do analisador sintático é ler cada linha da entrada e trabalhar nessa linha.

```
class OfferScriptParser...
  readonly TextReader input;
  readonly List<Offer> result = new List<Offer>();
  public OfferScriptParser(TextReader input) {
    this.input = input;
  }
  public List<Offer> Run() {
    string line;
    while ((line = input.ReadLine()) != null) {
      line = appendContinuingLine(line);
      parseLine(line);
    }
    return result;
  }
```

Para esse exemplo, quero oferecer suporte ao caractere "&" como caractere de continuação. Uma função recursiva simples faz esse trabalho.

```
class OfferScriptParser...
  private string appendContinuingLine(string line) {
    if (IsContinuingLine(line)) {
      var first = Regex.Replace(line, @"&\s*$", "");
      var next = input.ReadLine();
      if (null == next) throw new RecognitionException(line);
      return first.Trim() + " " + appendContinuingLine(next);
    }
    else return line.Trim();
  }
  private bool IsContinuingLine(string line) {
    return Regex.IsMatch(line, @"&\s*$");
  }
```

Isso converterá todas as linhas de continuação em sua linha única respectiva.

Para analisar sintaticamente a linha, inicio removendo os comentários e ignorando linhas em branco. Feito isso, começo a análise sintática propriamente dita, para a qual delego um objeto recém-criado.

```
class OfferScriptParser...
  private void parseLine(string line) {
    line = removeComment(line);
    if (IsEmpty(line)) return;
    result.Add(new OfferLineParser().Parse(line.Trim()));
  }
  private bool IsEmpty(string line) {
    return Regex.IsMatch(line, @"^\s*$");
  }
  private string removeComment(string line) {
    return Regex.Replace(line, @"#.*", "");
  }
```

Usei um *Objeto Método* [Beck IP] para analisar sintaticamente cada linha aqui, pois acredito que o resto do comportamento de análise sintática é suficientemente complicado a ponto de preferir vê-lo quebrado. O objeto método não mantém estado, então posso reutilizar a instância, mas prefiro criar uma nova para cada vez, a menos que eu tenha uma boa razão para não fazê-lo.

O método de análise sintática base quebra a linha em cláusulas e então chama métodos de análise sintática separados em cada cláusula. (Eu poderia tentar fazer tudo em uma grande expressão regular, mas fico tonto só de pensar no código resultante.)

```
class OfferLineParser...
  public Offer Parse(string line) {
    var result = new Offer();

    const string rewardRegexp = @"(?<reward>.*)";
    const string activityRegexp = @"(?<activity>.*)";
    const string locationRegexp = @"(?<location>.*)";

    var source = rewardRegexp + keywordToken("for") +
      activityRegexp + keywordToken("at") + locationRegexp;

    var m = new Regex(source).Match(line);
    if (!m.Success) throw new RecognitionException(line);

    result.Reward = parseReward(m.Groups["reward"].Value);
    result.Location = parseLocation(m.Groups["location"].Value);
    result.Activity = parseActivity(m.Groups["activity"].Value);
    return result;
  }

  private String keywordToken(String keyword) {
    return @"\s+" + keyword + @"\s+";
  }
```

Esse é um método um tanto longo para meus padrões. Pensei em tentar quebrá-lo, mas o cerne do comportamento do método é dividir as expressões regulares em grupos e então mapear os resultados da análise sintática dos grupos na saída. Existe uma ligação semântica forte entre a definição e o uso desses grupos, por isso achei melhor ter um método mais longo em vez de tentar decompô-lo. Como o ponto crucial desse método é a expressão regular, coloquei a montagem da expressão regular em sua própria linha para chamar a atenção.

Eu poderia ter feito tudo isso com uma única expressão regular em vez de expressões regulares separadas (rewardRegexp, activityRegexp, locationRegexp – expressões regulares de recompensa, de atividade e de localidade, respectivamente). Sempre que encontro uma expressão regular complicada como essa, gosto de quebrá-la em expressões regulares menores que eu possa compor posteriormente – uma técnica que chamo de **expressão regular composta** [Fowler-regex]. Acho que isso facilita o entendimento do que está acontecendo.

Com tudo quebrado em pedaços, posso olhar a análise sintática de cada pedaço por vez. Iniciarei com a especificação de localidade, já que é a mais fácil. Aqui a principal complicação é que podemos ter uma localidade ou diversas localidades separadas por "or" (ou):

```
class OfferLineParser...
  private LocationSpecification parseLocation(string input) {
    if (Regex.IsMatch(input, @"\bor\b"))
      return parseMultipleHotels(input);
    else
      return new LocationSpecification(input);
  }
  private LocationSpecification parseMultipleHotels(string input) {
    String[] hotelNames = Regex.Split(input, @"\s+or\s+");
    return new LocationSpecification(hotelNames);
  }
```

Com a cláusula de atividade, tenho dois tipos de atividades com que lidar. A mais simples é o tipo da atividade, na qual preciso apenas descobrir o tipo da atividade.

```
class OfferLineParser...
  private ActivitySpecification parseActivity(string input) {
    if (input.StartsWith("stay"))
      return parseStayActivity(input);
    else return new TypeActivitySpec(input);
  }
```

Para estadias em hotéis, preciso obter o número mínimo de noites e escolher uma especificação de atividade diferente.

```
class OfferLineParser...
  private ActivitySpecification parseStayActivity(string input) {
    const string stayKeyword = @"^stay\s+";
    const string nightsKeyword = @"\s+nights?$";
    const string amount = @"(?<amount>\d+)";
    const string source = stayKeyword + amount + nightsKeyword;

    var m = Regex.Match(input, source);
    if (!m.Success) throw new RecognitionException(input);
    return new MinimumNightStayActivitySpec(Int32.Parse(m.Groups["amount"].Value));
  }
```

A última cláusula é a de recompensa. Aqui apenas preciso identificar a base da recompensa e retornar a subclasse apropriada da classe de recompensa.

```
class OfferLineParser...
  private Reward parseReward(string input) {
    if (Regex.IsMatch(input, @"^\d+$"))
      return new Reward(Int32.Parse(input));
    else if (Regex.IsMatch(input, @"^\d+ per day$"))
      return new RewardPerDay(Int32.Parse(extractDigits(input)));
    else if (Regex.IsMatch(input, @"^\d+ per dollar$"))
      return new RewardPerDollar(Int32.Parse(extractDigits(input)));
    else throw new RecognitionException(input);
  }
  private string extractDigits(string input) {
    return Regex.Match(input, @"^\d+").Value;
  }
```

17.4 Analisando sintaticamente sentenças não autônomas com o controlador da senhorita Grant (Java)

Usarei a máquina de estados que conhecemos como exemplo.

```
events
  doorClosed      D1CL
  drawerOpened    D2OP
  lightOn         L1ON
  doorOpened      D1OP
  panelClosed     PNCL
end

resetEvents
  doorOpened
end

commands
  unlockPanel   PNUL
  lockPanel     PNLK
  lockDoor      D1LK
  unlockDoor    D1UL
end

state idle
  actions unlockDoor lockPanel
  doorClosed => active
end

state active
  drawerOpened => waitingForLight
  lightOn      => waitingForDrawer
end

state waitingForLight
  lightOn => unlockedPanel
end

state waitingForDrawer
  drawerOpened => unlockedPanel
end

state unlockedPanel
  actions unlockPanel lockDoor
  panelClosed => idle
end
```

Olhando para essa linguagem, vejo que ela está dividida em diversos blocos diferentes: lista de comandos, lista de eventos, lista de eventos de reinicialização e cada estado. Cada bloco possui sua própria sintaxe para as sentenças dentro dele, então você pode pensar no analisador sintático estando em diferentes estados à medida que ele lê cada bloco. Cada estado do analisador sintático reconhece um tipo de entrada diferente. Como consequência, decidi usar o padrão *State* [GoF], no qual o analisador sintático principal da máquina de estados usa diferentes analisadores sintáticos de linha para tratar dos diferentes tipos de linha que ele quer analisar sintaticamente. (Você também pode pensar nisso como o padrão *Strategy* [GoF] – a diferença é muitas vezes difícil de dizer).

Inicio carregando o arquivo com um método estático de carga.

```
class StateMachineParser...
  public static StateMachine loadFile(String fileName) {
    try {
      StateMachineParser loader = new StateMachineParser(new FileReader(fileName));
      loader.run();
      return loader.machine;
    } catch (FileNotFoundException e) {
      throw new RuntimeException(e);
    }
  }

  public StateMachineParser(Reader reader) {
    input = new BufferedReader(reader);
  }

  private final BufferedReader input;
```

O método run (executar) quebra a entrada em linhas e passa a linha para o analisador sintático de linha atual, iniciando com o nível mais alto.

```
class StateMachineParser...
  void run() {
    String line;
    setLineParser(new TopLevelLineParser(this));
    try {
      while ((line = input.readLine()) != null)
        lineParser.parse(line);
      input.close();
    } catch (IOException e) {
      throw new RuntimeException(e);
    }
    finishMachine();
  }

  private LineParser lineParser;
  void setLineParser(LineParser lineParser) {
    this.lineParser = lineParser;
  }
```

Os analisadores sintáticos de linha são uma hierarquia simples.

```
abstract class LineParser {
  protected final StateMachineParser context;

  protected LineParser(StateMachineParser context) {
    this.context = context;
  }
}
class TopLevelLineParser extends LineParser {
  TopLevelLineParser(StateMachineParser parser) {
    super(parser);
  }
```

Faço a superclasse `LineParser` analisar sintaticamente uma linha primeiro removendo comentários e limpando espaços em branco. Uma vez que isso tenha sido feito, ela passa o controle à subclasse.

```
class LineParser...
  void parse(String s) {
    line = s;
    line = removeComment(line);
    line = line.trim();
    if (isBlankLine()) return;
    doParse();
  }

  protected String line;

  private boolean isBlankLine() {
    return line.matches("^\\s*$");
  }
  private String removeComment(String line) {
    return line.replaceFirst("#.*", "");
  }

  abstract void doParse();
```

Quando analiso sintaticamente uma linha, sigo o mesmo plano básico em todos os analisadores sintáticos de linha. O método gancho doParse é uma sentença condicional na qual cada condição vê a linha para verificar se ela casa com um padrão para aquela linha. Se o padrão casa, chamo o mesmo código para processar essa linha.

Aqui está o condicional para o nível mais alto:

```
class TopLevelLineParser...
  void doParse() {
    if
      (hasOnlyWord("commands"))    context.setLineParser(new CommandLineParser(context));
    else if
      (hasOnlyWord("events"))      context.setLineParser(new EventLineParser(context));
    else if
      (hasOnlyWord("resetEvents")) context.setLineParser(new ResetEventLineParser(context));
    else if
      (hasKeyword("state"))        processState();
    else failToRecognizeLine();
  }
```

As verificações no condicional usam algumas verificações de condição comuns que coloquei na superclasse.

```
class LineParser...
  protected boolean hasOnlyWord(String word) {
    if (words(0).equals(word)) {
      if (words().length != 1) failToRecognizeLine();
      return true;
    }
    else return false;
  }

  protected boolean hasKeyword(String keyword) {
    return keyword.equals(words(0));
  }

  protected String[] words() {
    return line.split("\\s+");
  }

  protected String words(int index) {
    return words()[index];
  }

  protected void failToRecognizeLine() {
    throw new RecognitionException(line);
  }
```

Na maioria dos casos, o nível mais alto apenas olha para um comando de abertura de bloco e, então, troca o analisador sintático de linha para o novo que é necessário para esse bloco. O caso dos estados é mais complicado – voltarei a ele mais tarde.

Eu poderia ter usado expressões regulares em meus condicionais em vez de chamar métodos. Então, em vez de escrever `hasOnlyWord("commands")` eu poderia dizer `line.matches("commands\\s*")`. Expressões regulares são uma ferramenta poderosa. Existem razões pelas quais prefiro um método aqui. A primeira delas é a compreensibilidade: acho o método `hasKeyword` (possui palavra-chave) mais fácil de entender que a expressão regular. Tal como qualquer outro código, as expressões regulares frequentemente se beneficiam de serem envoltas em métodos bem nomeados, de forma a torná-las mais fáceis de serem entendidas. É claro, uma vez que eu tenha o método `hasKeyword`, eu poderia implementá-lo com uma expressão regular em vez de quebrar a linha de entrada em palavras e testar a primeira palavra. Como muitos dos testes incluídos nessa análise sintática envolvem quebrar palavras, parece mais fácil usar quebras de palavras quando posso.

Empregar um método também me permite fazer mais – nesse caso, observe que, quando eu tenho "commands", não tenho qualquer outro texto seguindo-o na linha. Isso teria precisado de uma expressão regular extra de verificação se eu usasse expressões regulares puras nos condicionais.

Para o próximo passo, vamos dar uma olhada em uma linha no bloco de comandos. Existem apenas dois casos aqui: ou uma definição de linha ou a palavra-chave end (fim).

```
class CommandLineParser...
  void doParse() {
    if (hasOnlyWord("end")) returnToTopLevel();
    else if (words().length == 2)
      context.registerCommand(new Command(words(0), words(1)));
    else failToRecognizeLine();
  }

class LineParser...
  protected void returnToTopLevel() {
    context.setLineParser(new TopLevelLineParser(context));
  }

class StateMachineParser...
  void registerCommand(Command c) {
    commands.put(c.getName(), c);
  }
  private Map<String, Command> commands = new HashMap<String, Command>();
  Command getCommand(String word) {
    return commands.get(word);
  }
```

Além de controlar a análise sintática como um todo, também tenho o analisador sintático da máquina de estados funcionando como uma *Tabela de Símbolos (165)*.

O código para tratar eventos e eventos de reinicialização é bastante similar, então irei diretamente ao código de tratamento de estados. A primeira coisa diferente a observarmos em relação aos estados é que o código no analisador sintático de linha do nível mais alto é mais complicado, então usei um método:

```
class TopLevelLineParser...
  private void processState() {
    State state = context.obtainState(words(1));
    context.primeMachine(state);
    context.setLineParser(new StateLineParser(context, state));
  }

class StateMachineParser...
  State obtainState(String name) {
    if (!states.containsKey(name)) states.put(name, new State(name));
    return states.get(name);
  }
  void primeMachine(State state) {
    if (machine == null) machine = new StateMachine(state);
  }
  private StateMachine machine;
```

O primeiro estado mencionado torna-se o estado inicial – logo, o método *primeMachine*. A primeira vez que menciono um estado coloco-o na Tabela de Símbolos e então uso um método de obtenção – *obtain* (minha convenção de nomes para "pegue um se já existe ou crie um se não existe ainda").

O analisador sintático de linha para o bloco de estados é um pouco mais complicado, pois ele possui mais tipos de linhas que ele pode casar.

```
class StateLineParser...
  void doParse() {
    if (hasOnlyWord("end")) returnToTopLevel();
    else if (isTransition()) processTransition();
    else if (hasKeyword("actions")) processActions();
    else failToRecognizeLine();
  }
```

Para as ações, apenas adicionei todas ao estado.

```
class StateLineParser...
  private void processActions() {
    for (String s : wordsStartingWith(1))
      state.addAction(context.getCommand(s));
  }
```

```
class LineParser...
  protected String[] wordsStartingWith(int start) {
    return Arrays.copyOfRange(words(), start, words().length);
  }
```

Nesse caso, eu poderia ter apenas usado um laço de repetição como:

```
for (int i = 1; i < words().length; i++)
  state.addAction(context.getCommand(words(i)));
```

Mas penso que usar um inicializador de laço com o valor 1 em vez do 0 é uma mudança muito sutil para comunicar de maneira eficaz o que estou fazendo.

Para o caso de transição, tenho mais código envolvido tanto na condição quanto na ação.

```
class StateLineParser...
  private boolean isTransition() {
    return line.matches(".*=>.*");
  }
  private void processTransition() {
    String[] tokens = line.split("=>");
    Event trigger = context.getEvent(tokens[0].trim());
    State target = context.obtainState(tokens[1].trim());
    state.addTransition(trigger, target);
  }
```

Não usei a quebra em palavras que usei anteriormente, pois quero que drawerOpened=>waitingForLight (sem os espaços em torno do operador) seja válida.

Uma vez que o arquivo de entrada tenha sido processado, resta assegurar que os eventos de reinicialização sejam adicionados na máquina. Faço isso por último porque os eventos de reinicialização podem ser indicados antes de o primeiro estado ser declarado.

```
class StateMachineParser...
  private void finishMachine() {
    machine.addResetEvents(resetEvents.toArray(new Event[resetEvents.size()]));
  }
```

Uma ampla questão aqui é a divisão de responsabilidades entre o analisador sintático da máquina de estados e os vários analisadores sintáticos de linha. Essa é também uma questão clássica que ocorre com o padrão *State*: quanto de comportamento deve estar no objeto de contexto geral e quanto deve estar nos diferentes objetos de estado? Para esse exemplo, mostrei uma abordagem descentralizada, na qual tento fazer o máximo possível nos diversos analisadores sintáticos de linha. Uma alternativa é colocar esse comportamento no analisador sintático da máquina de estados, usando os analisadores sintáticos de linha apenas para extrair a informação correta dos fragmentos de texto.

Ilustrarei isso com uma comparação das duas maneiras de fazer o bloco de comandos. Aqui está a maneira descentralizada:

```
class CommandLineParser...
  void doParse() {
    if (hasOnlyWord("end")) returnToTopLevel();
    else if (words().length == 2)
      context.registerCommand(new Command(words(0), words(1)));
    else failToRecognizeLine();
  }

class LineParser...
  protected void returnToTopLevel() {
    context.setLineParser(new TopLevelLineParser(context));
  }

class StateMachineParser...
  void registerCommand(Command c) {
    commands.put(c.getName(), c);
  }
  private Map<String, Command> commands = new HashMap<String, Command>();
  Command getCommand(String word) {
    return commands.get(word);
  }
```

E aqui está a maneira centralizada de manter o comportamento no analisador sintático da máquina de estados:

```
class CommandLineParser...
  void doParse() {
    if (hasOnlyWord("end"))
      context.handleEndCommand();
    else if (words().length == 2)
      context.handleCommand(words(0), words(1));
    else failToRecognizeLine();
  }

class StateMachineParser...
  void handleCommand(String name, String code) {
    Command command = new Command(name, code);
    commands.put(command.getName(), command);
  }
  public void handleEndCommand() {
    lineParser = new TopLevelLineParser(this);
  }
```

A desvantagem da maneira descentralizada é que, como o analisador sintático da máquina de estados age como uma Tabela de Símbolos, ele é constantemente usado para acesso a dados pelos analisadores sintáticos de linha. Buscar dados de um objeto repetidamente em geral é uma limitação. Ao usar a abordagem centralizada, nenhum outro objeto precisa saber acerca da Tabela de Símbolos, então não preciso expor o estado. A desvantagem da abordagem centralizada, entretanto, é que ela coloca um monte de lógica no analisador sintático da máquina de estados, o que pode deixá-lo bastante complicado. Isso pode ser mais que uma desvantagem para uma linguagem maior.

Ambas as alternativas possuem seus problemas, e confesso que não tenho uma preferência forte por uma das duas em particular.

Capítulo 18
Tradução dirigida por sintaxe

Traduza texto-fonte por meio da definição de uma gramática e de seu uso para estruturar a tradução.

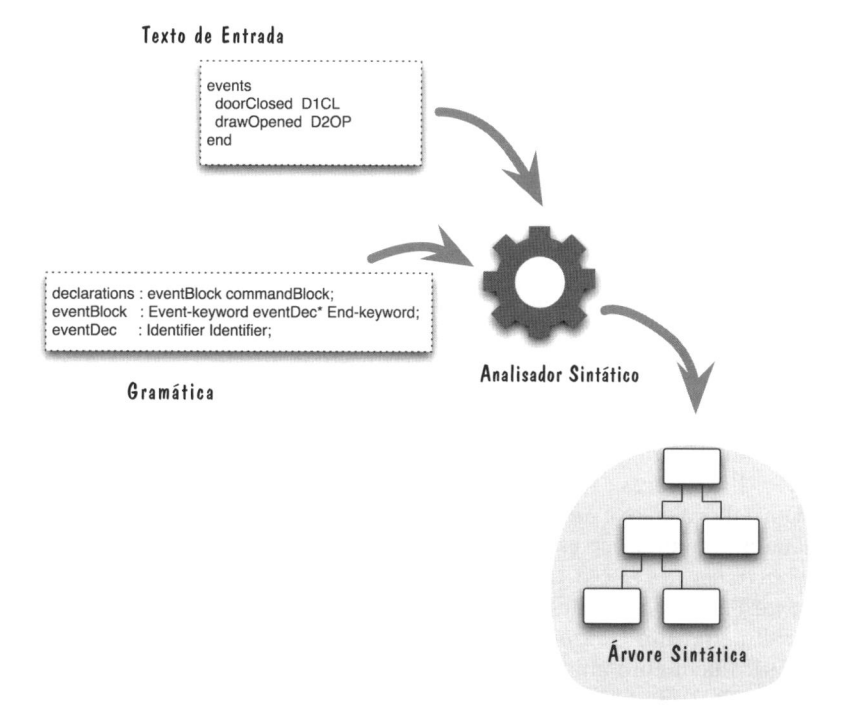

As linguagens computacionais naturalmente tendem a seguir uma estrutura hierárquica com múltiplos níveis de contexto. Podemos definir a sintaxe válida de tais linguagens escrevendo uma gramática que descreve como os elementos de uma linguagem são quebrados em subelementos.

A Tradução Dirigida por Sintaxe usa essa gramática para definir a criação de um analisador sintático que pode converter o texto de entrada em uma árvore de análise sintática que imita a estrutura das regras gramaticais.

18.1 Como funciona

Se você já leu qualquer livro sobre linguagens de programação, terá encontrado a noção de gramática. Uma gramática é uma maneira de definir a sintaxe válida de uma linguagem de programação. Considere a parte de meu exemplo introdutório da máquina de estados que declara eventos e comandos:

```
events
  doorClosed   D1CL
  drawerOpened D2OP
# ...
end

commands
  unlockPanel  PNUL
  lockPanel    PNLK
# ...
end
```

Essas declarações possuem uma forma sintática que pode ser definida usando a seguinte gramática:

```
declarations : eventBlock commandBlock;
eventBlock   : Event-keyword eventDec* End-keyword;
eventDec     : Identifier Identifier;
commandBlock : Command-keyword commandDec* End-keyword;
commandDec   : Identifier Identifier;
```

Uma gramática como essa fornece uma definição legível para humanos de uma linguagem. As gramáticas são normalmente escritas em *BNF (229)*. Uma gramática facilita o entendimento das pessoas do que é uma sintaxe válida em uma linguagem. Com a Tradução Dirigida por Sintaxe podemos levar a gramática mais além e usá-la como a base para projetar um programa para processar essa linguagem.

Esse processamento pode ser derivado da gramática de algumas maneiras. Uma abordagem é usar a gramática como uma especificação e um guia para um analisador sintático escrito manualmente. O *Analisador Sintático Descendente Recursivo (245)* e o *Combinador de Analisadores Sintáticos (255)* são duas abordagens para se fazer isso. Uma alternativa é usar a gramática como uma DSL e usar um *Gerador de Analisadores Sintáticos (269)* para construir automaticamente um analisador sintático a partir do arquivo da gramática. Nesse caso, você não escreve o código principal do analisador sintático; tudo é gerado a partir da gramática.

Embora seja útil, a gramática apenas trata parte do problema. Ela pode dizer a você como converter o texto de entrada em uma estrutura de dados de árvore de análise sintática. Quase sempre, você precisará fazer mais com a entrada do que isso. Logo, os Geradores de Analisadores Sintáticos também fornecem maneiras de embarcar comportamentos adicionais no analisador sintático, assim você pode fazer algo como preencher um *Modelo Semântico (159)*. Então, apesar de os Geradores de Analisadores Sintáticos fazerem um monte de trabalho por você, você ainda precisa fazer uma boa porção de programação para criar algo realmente útil. Dessa forma, como em muitos outros casos, um Gerador de Analisadores Sintáticos é um excelente exemplo de um uso prático de DSLs. Ele não resolve todo o problema, mas facilita boa parte do trabalho. É também uma DSL com um longo histórico.

18.1.1 Analisador léxico

Quase sempre, quando você usa Tradução Dirigida por Sintaxe, verá uma separação entre o analisador léxico e o analisador sintático. Um analisador léxico, também chamado de *tokenizador* ou de varredor (*scanner*), é o primeiro estágio no processamento do texto de entrada. O analisador léxico quebra os caracteres da entrada em *tokens*, que representam porções mais razoáveis da entrada.

Os *tokens* são geralmente definidos usando expressões regulares; é assim que tais regras de análise léxica devem parecer para os exemplos de comandos e de eventos anteriores:

```
Event-keyword: 'events';
Command-keyword: 'commands';
End-keyword: 'end';
Identifier: [a-zA-Z0-9]*;
```

Aqui está uma pequena porção de entrada:

```
events
   doorClosed    D1CL
   drawOpened    D2OP
end
```

As regras do analisador léxico converteriam essa entrada em uma série de *tokens*.

```
[Event-keyword: "events"]
[Identifier: "doorClosed"]
[Identifier: "D1CL"]
[Identifier: "drawOpened"]
[Identifier:"D2OP"]
[End-keyword: "end"]
```

Cada *token* é um objeto com essencialmente duas propriedades: tipo e carga útil. O tipo é a natureza do *token* que temos, por exemplo: Event-keyword (palavra-chave de evento) ou Identifier (identificador). A carga útil é o texto que foi casado como parte do analisador léxico: events (eventos) ou doorClosed (porta fechada). Para palavras-chave, a carga útil é bastante irrelevante; tudo o que interessa é o tipo. Para os identificadores, a carga útil interessa, pois são os dados que serão importantes posteriormente na análise sintática.

A análise léxica é separada por algumas razões. Uma delas é que a separação torna a análise sintática mais simples, pois ela pode então ser escrita em termos de *tokens* em vez de em termos de caracteres simples. Outra é a eficiência: a implementação necessária para agrupar caracteres em *tokens* é diferente daquela usada pelo analisador sintático. (Na teoria de autômatos, o analisador léxico é uma máquina de estados, enquanto o analisador sintático é normalmente um autômato de pilha.) Essa separação é, dessa forma, a abordagem tradicional – apesar de estar sendo questionada por alguns desenvolvimentos mais modernos. (O ANTLR usa um autômato de pilha para seu analisador léxico, enquanto alguns analisadores sintáticos mais modernos combinam a análise léxica e a análise sintática em analisadores sintáticos sem análise léxica.)

As regras de análise léxica são testadas em ordem, com o primeiro casamento tendo sucesso. Então, você não pode usar a string events como um identificador, porque o analisador léxico sempre a reconhecerá como uma palavra-chave. Isso é geralmente considerado algo bom para reduzir a confusão, evitando coisas como a clássica sentença de PL/1 if if = then then then = if;. Entretanto, existem casos nos quais você precisa contornar isso usando alguma forma de *Análise Léxica Alternativa (319)*.

Se você for cuidadoso ao comparar os *tokens* com o texto de entrada, você notará que algo está faltando da lista de *tokens*. Nada está faltando – o "nada" aqui são os espaços em branco: espaços, tabulações e novas linhas. Para muitas linguagens, o analisador léxico retirará os espaços em branco de forma que o analisador sintático não tenha de lidar com eles. Essa é uma grande diferença em relação à *Tradução Dirigida por Sintaxe (201)*, na qual os espaços em branco normalmente desempenham um papel-chave na estruturação.

Se os espaços em branco forem sintaticamente significativos – como novas linhas como separadoras de sentenças ou endentação significando estruturas de bloco –, então o analisador léxico não pode ignorá-los. Em vez disso, ele deve gerar alguma forma de *token* para indicar o que está acontecendo – como um *token* de nova linha para *Separadores de Novas Linhas (333)*. Frequentemente, entretanto, as linguagens que se destinam a serem processadas com Tradução Dirigida com Sintaxe tentam fazer os espaços em branco serem ignorados. Na verdade, muitas DSLs podem ser desenvolvidas sem qualquer forma de sentença separadora – linguagem da nossa máquina de estados pode seguramente descartar todos os espaços em branco no analisador léxico.

O analisador léxico também frequentemente descarta os comentários. É sempre útil ter comentários, mesmo nas DSLs menores; eles podem ser úteis para propósitos de depuração, particularmente em código gerado. Nesse caso, você precisa pensar acerca de como vai anexá-los nos elementos do *Modelo Semântico (159)*.

Eu disse que os *tokens* possuem propriedades para o tipo e a carga útil. Na prática, eles podem carregar mais. Frequentemente, essa informação é proveitosa para diagnósticos de erro, como o número da linha e a posição dos caracteres.

Ao decidir sobre os *tokens*, muitas vezes há a tentação de otimizar muito o processo de casamento. No exemplo do controlador de estados, disse que os códigos de evento são sequências de quatro caracteres, envolvendo letras maiúsculas e números. Então eu poderia considerar o uso de um tipo específico de *token*, como:

```
code: [A-Z 0-9]{4}
```

O problema reside no fato de o analisador sintático poder produzir os *tokens* errados em casos como:

```
events
  FAIL FZ17
end
```

Nessa entrada, `FAIL` seria analisado sintaticamente como um código em vez de como um identificador, pois o analisador léxico apenas olha os caracteres, não o contexto geral da expressão. Esse tipo de distinção é melhor se deixada para o analisador sintático, uma vez que ele possui informações que podem expressar a diferença entre o nome e o código. Isso significa que a regra para verificar por casamentos de quatro caracteres precisa ser feita depois no processo de análise sintática. Em geral, é melhor manter o analisador léxico o mais simples possível.

Na maioria das vezes, gosto de pensar no analisador léxico como se ele estivesse tratando de três tipos diferentes de *tokens*.

- *Pontuação*: palavras-chave, operadores ou outras construções de organização (parênteses, separadores de sentenças). Com a pontuação, o tipo do *token* é importante, mas a carga útil não. Esses são também elementos fixos da linguagem.

- *Texto de domínio*: nomes de coisas, valores literais. Para eles, o tipo do *token* é normalmente algo bem genérico, como "nome" ou "identificador". Eles são variáveis, cada script DSL terá um texto de domínio diferente.

- *Ignoráveis*: coisas que costumam ser descartadas pelo analisador léxico, como espaços em branco e comentários.

A maioria dos geradores de analisadores sintáticos fornece geradores para o analisador léxico usando os tipos de regras de expressões regulares que mostrei anteriormente. Entretanto, muitas pessoas preferem escrever seus próprios analisadores léxicos. Eles são bem simples de escrever usando uma *Tabela de Expressões Regulares de Análise Léxica (239)*. Com analisadores léxicos escritos a mão, você dispõe de mais flexibilidade para interações mais complexas entre o analisador sintático e o analisador léxico, o que pode ser bastante útil.

Uma interação em particular entre o analisador sintático e o analisador léxico que pode ser útil é suportar múltiplos modos no analisador léxico e permitir ao analisador sintático indicar uma troca entre os modos. Isso possibilita ao analisador sintático alterar como a análise léxica ocorre dentro de certos pontos da linguagem, o que ajuda na Análise Léxica Alternativa.

18.1.2 Analisador sintático

Uma vez que você tenha um fluxo de *tokens*, a próxima parte da Tradução Dirigida por Sintaxe é o analisador sintático. O comportamento do analisador sintático pode ser dividido em duas seções principais, as quais chamo de análise sintática e ações. A análise sintática recebe um fluxo de *tokens* e arranja-os em uma árvore de análise sintática. Esse trabalho pode ser inteiramente derivado da gramática e, em um *Gerador de Analisadores Sintáticos (269)*, esse código será automaticamente gerado pela ferramenta. As ações pegam a árvore de análise sintática e fazem mais coisas com ela – como preencher o *Modelo Semântico (159)*.

As ações não podem ser geradas a partir de uma gramática e são normalmente executadas enquanto a árvore de análise sintática está sendo construída.

Normalmente, um arquivo de gramática de um Gerador de Analisadores Sintáticos combina a definição de gramática com código adicional para especificar as ações. Muitas vezes, essas ações são descritas em uma linguagem de programação de propósito geral, apesar de algumas ações poderem ser expressas em DSLs adicionais.

Por enquanto, ignorarei as ações e apenas olharei a analise sintática. Se construirmos um analisador sintático usando apenas a gramática e, logo, apenas realizando a parte de análise, o resultado da análise sintática será ou uma execução bem-sucedida ou uma falha. Isso nos diz se o texto de entrada casa com a gramática ou não. Você muitas vezes ouvirá a seguinte descrição para isso: o analisador sintático *reconhece* a entrada ou não.

Então, com o texto que usei até agora, tenho a seguinte gramática:

```
declarations : eventBlock commandBlock;
eventBlock   : Event-keyword eventDec* End-keyword;
eventDec     : Identifier Identifier;
commandBlock : Command-keyword commandDec* End-keyword;
commandDec   : Identifier Identifier;
```

E essa entrada:

```
events
  doorClosed D1CL
  drawOpened D2OP
end
```

Mostrei acima que o analisador léxico quebra a entrada no seguinte fluxo de *tokens*:

```
[Event-keyword: "events"]
[Identifier: "doorClosed"]
[Identifier: "D1CL"]
[Identifier: "drawOpened"]
[Identifier:"D2OP"]
[End-keyword: "end"]
```

A análise sintática então pega esses *tokens* e a gramática e os organiza na estrutura de árvore da Figura 18.1.

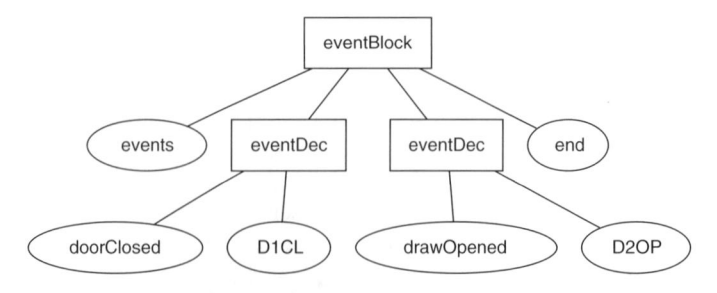

Figura 18.1   *Árvore de análise sintática para a entrada de eventos.*

Como você pode ver, a análise sintática introduz nós extras (que mostrei como retângulos) de forma a montar a árvore de análise sintática. Esses nós são definidos pela gramática.

É importante notar que qualquer linguagem pode ser representada por muitas gramáticas. Então para o nosso caso aqui, poderíamos também usar a seguinte gramática:

```
eventBlock  : Event-keyword eventList End-keyword;
eventList   : eventDec*
eventDec    : Identifier Identifier;
```

Isso casaria com todas as entradas com que a formulação anterior casasse; entretanto, produziria uma árvore de análise sintática diferente, mostrada na Figura 18.2.

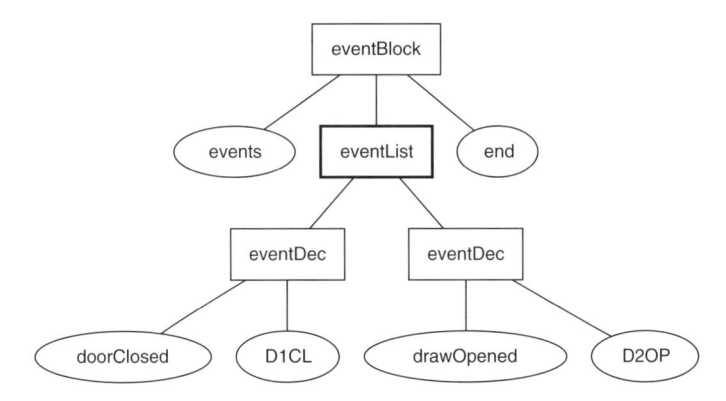

Figura 18.2 *Árvore de análise sintática alternativa para a entrada de eventos.*

Então, na Tradução Dirigida pela Sintaxe, uma gramática define como um texto de entrada é transformado em uma árvore de análise sintática, e podemos frequentemente escolher gramáticas diferentes dependendo de como queremos controlar a análise sintática. Diferentes gramáticas também aparecem devido às diferenças entre as ferramentas de Geração de Analisadores Sintáticos.

Até agora falei sobre as árvores de análise sintática como se elas fossem algo explicitamente produzido pelo analisador sintático como uma saída da análise sintática. Entretanto, em geral não é esse o caso. Na maioria das vezes, você nunca acessa a árvore de análise sintática diretamente. O analisador sintático construirá pedaços da árvore de análise sintática e executará ações no meio da análise sintática. Uma vez que tenha acabado um pedaço da árvore de análise sintática, ele descartará tal pedaço (historicamente, isso era importante para reduzir o consumo de memória). Se você estiver usando *Construção de Árvore (281)*, então produzirá uma árvore de sintaxe completa. Contudo, nesse caso você normalmente não produz a árvore sintática completa, mas uma simplificação dela, chamada de árvore sintática abstrata.

Você pode entrar em uma confusão terminológica sobre esse ponto. Livros acadêmicos da área frequentemente usam "analisar sintaticamente" como sinônimo de análise sintática apenas, chamando o processo completo de algo como tradução, interpretação ou compilação. Tendo a usar "analisar sintaticamente" de maneira muito mais ampla neste livro, refletindo o que vejo como uso comum na área. Os Geradores de Analisadores Sintáticos tendem a se referir a analisar sintaticamente como a atividade que consome *tokens* – então, eles falam sobre o analisador léxico e o analisador sintático como ferramentas separadas. Como isso é muito comum, faço isso nessa seção também, apesar de você poder argumentar que, para ser consistente com as outras seções deste livro, a análise sintática deveria também incluir a análise léxica.

Outra confusão de terminologia envolve os termos "árvore de análise sintática", "árvore sintática" e "árvore sintática abstrata". Uso **árvore de análise sintática** para me referir a uma árvore que reflete precisamente a análise sintática com a gramática que você tem com todos os *tokens* presentes – essencialmente a árvore bruta. Uso **árvore sintática abstrata** (AST) para me referir a uma árvore simplificada, descartando *tokens* desnecessários e reorganizando a árvore para melhorar o processamento posterior. E uso **árvore sintática** como o supertipo da AST e da árvore de análise sintática quando preciso de um termo para uma árvore que poderia ser qualquer uma das duas. Essas definições são amplamente aquelas que você encontrará na literatura. Como sempre, a terminologia na área de software varia mais do que gostaríamos.

18.1.3 Produção de saída

Embora a gramática seja suficiente para descrever a análise sintática, ela é suficiente apenas para que o analisador sintático reconheça alguma entrada. Normalmente, não ficamos satisfeitos com o reconhecimento; queremos também produzir alguma saída. Classifico em três as maneiras amplas de produzir saída: *Tradução Embarcada (299)*, *Construção de Árvore (281)* e *Interpretação Embarcada (305)*. Todas elas requerem algo além da gramática para especificar como elas funcionam, então, em geral, você escreve código adicional para fazer a produção da saída.

A maneira como você mescla o código no analisador sintático depende de como está escrevendo o analisador sintático. Com um *Analisador Sintático Descendente Recursivo (245)*, você adiciona ações no código escrito manualmente; com o *Combinador de Analisadores Sintáticos (255)*, você passa objetos de ação para os combinadores usando os recursos de sua linguagem; com um *Gerador de Analisadores Sintáticos (269)*, você usa *Código Estrangeiro (309)* para adicionar ações de código no texto do arquivo da gramática.

18.1.4 Predicados semânticos

Analisadores sintáticos, sejam eles escritos a mão ou gerados, seguem um algoritmo base que permite a eles reconhecer uma entrada com base em uma gramática. Entretanto, existem alguns casos nos quais as regras para o reconhecimento não podem ser completamente expressas na gramática. Isso é mais notável em um *Gerador de Analisadores Sintáticos (269)*.

De forma a lidar com essa situação, alguns Geradores de Analisadores Sintáticos suportam o uso de predicados semânticos. Um **predicado semântico** é um fragmento de código de propósito geral que fornece uma resposta booleana para indicar se uma produção de gramática deve ser aceita ou não – de maneira eficaz, sobrescrevendo o que está escrito na regra. Isso permite ao analisador sintático fazer coisas que estão além daquilo que a gramática pode expressar.

Um exemplo clássico de necessidade de predicado semântico é quando estamos analisando sintaticamente C++ e encontramos o código T(6). Dependendo do contexto, isso poderia ser ou uma chamada a função ou uma conversão de tipo no estilo de um construtor. Para separar tais interpretações, você precisa saber como T foi definido. Você não pode especificar isso em uma gramática livre de contexto, então um predicado semântico é necessário para resolver essa ambiguidade.

Você não deve se deparar com a necessidade de usar predicados semânticos em uma DSL, uma vez que conseguirá definir a linguagem de uma maneira que evite essa necessidade. Se precisar deles, dê uma olhada em [parr-LIP] para mais informações.

18.2 Quando usar

A Tradução Dirigida por Sintaxe é uma abordagem alternativa ao uso de *Tradução Dirigida por Delimitador (201)*. A principal desvantagem da Tradução Dirigida por Sintaxe é a necessidade de conhecer o uso de uma gramática para guiar o processo de análise sintática, enquanto cortar via delimitadores é geralmente uma abordagem mais familiar. Não leva muito tempo, entretanto, para se acostumar com as gramáticas, e, assim que chegar lá, elas fornecem uma técnica muito mais fácil de ser usada à medida que suas DSLs tornam-se mais complexas.

Em particular, o arquivo da gramática – ele próprio uma DSL – fornece uma documentação clara da estrutura sintática da DSL que está sendo processada. Isso facilita o desenvolvimento da sintaxe da DSL ao longo do tempo.

18.3 Leitura complementar

A Tradução Dirigida por Sintaxe tem sido uma área primária de estudos acadêmicos por décadas. A referência comum para se iniciar no assunto é o famoso *Livro do Dragão* [Dragon]. Uma rota alternativa, desviando da abordagem tradicional para ensinar esse material, é [parr-LIP].

Capítulo 19

BNF

Define formalmente a sintaxe de uma linguagem de programação.

```
grammarDef : rule+;
rule       : id ':' altList ';';
altList    : element+ ( '|' element+ )*;
element    : id ebnfSuffix?
           | '(' altList ')'
           ;
ebnfSuffix : '?' | '*' | '+' ;
id         : 'a'..'z' ('a'..'z'|'A'..'Z'|'_'|'0'..'9')* ;
```

19.1 Como funciona

BNF (e EBNF) é uma maneira de escrever gramáticas para definir a sintaxe de uma linguagem. A BNF (*Backus-Naur Form*, para dar seu nome completo) foi inventada para descrever a linguagem Algol nos anos 1960. Desde então, as gramáticas BNF têm sido amplamente usadas, tanto para explicação quanto para guiar a *Tradução Dirigida por Sintaxe (219)*.

Certamente, você se deparou com uma BNF quando estava aprendendo uma nova linguagem – ou talvez tenha só ouvido falar. Em uma admirável demonstração de ironia, a BNF, uma linguagem para definir sintaxe, não possui uma sintaxe padrão própria. Praticamente toda vez que você se encontrar com uma gramática BNF, ela terá diferenças óbvias e sutis em relação a quaisquer outras gramáticas BNF que você já tenha visto. Como resultado, não é justo chamar a BNF de linguagem; em vez disso, penso nela como uma família de linguagens. Quando as pessoas falam acerca de padrões, dizem que, com um padrão, você o vê de forma diferente a cada vez – a BNF é bastante parecida com isso.

Apesar do fato de que tanto a sintaxe quanto a semântica da BNF variam muito, existem elementos em comum. O principal ponto em comum é a noção de descrever uma linguagem por meio de uma sequência de regras de produção. Como um exemplo, considere contatos como a seguir:

```
contact mfowler {
  email: fowler@acm.org
}
```

Uma gramática para tal poderia parecer com:

```
contact       : 'contact' Identifier '{' 'email:' emailAddress '}' ;
emailAddress  : localPart '@' domain ;
```

Aqui a gramática consiste em duas regras de produção. Cada regra de produção possui um nome e um corpo. O corpo descreve como você pode decompor a regra em uma sequência de elementos. Esses elementos podem ser outras regras ou terminais. Um terminal é algo que não é outra regra, como os literais contact (contato) e }. Se você está usando uma gramática BNF com a Tradução Dirigida por Sintaxe, seus terminais em geral serão os tipos de *tokens* que saem do analisador léxico. (Eu não decompus as regras mais profundamente. Endereços de email, em particular, podem ser surpreendentemente complicados [RFC 5322].)

Mencionei anteriormente que a BNF aparece em muitos formatos sintáticos. O formato acima é aquele usado pelo *Gerador de Analisadores Sintáticos (269)* ANTLR. Aqui está a mesma gramática em um formato muito mais próximo da BNF original do Algol:

```
<contact>      ::=  contact <Identifier> { email: <emailAddress> }
<emailAddress> ::=  <localPart> @ <domain>
```

Nesse caso, as regras são marcadas entre os sinais de menor e de maior, o texto literal aparece sem marcação, as regras são terminadas com uma nova linha em vez de o serem pelo do uso de ponto e vírgula e "::=" é usado como o separador entre o nome da regra e seu corpo. Você verá todos esses elementos variados em diferentes BNFs, então não se prenda à sintaxe. Neste livro, geralmente uso a sintaxe BNF utilizada pelo ANTLR, pois lanço mão do ANTLR para quaisquer exemplos que envolvam Geradores de Analisadores Sintáticos. Os Geradores de Analisadores Sintáticos normalmente usam esse estilo, em vez do estilo de Algol.

Agora estenderei o problema ao considerar contatos que possam ter tanto um endereço de email quanto um número de telefone. Então, além do meu exemplo original, também poderíamos obter:

```
contact rparsons {
  tel: 312-373-1000
}
```

Posso estender minha gramática para reconhecer isso a partir do uso de uma alternativa.

```
contact : 'contact' Identifier '{' line '}' ;
line    : email | tel ;
email   : 'email:' emailAddress ;
tel     : 'tel:' TelephoneNumber ;
```

A **alternativa** aqui é o | na regra line. Ela diz que posso decompor uma linha ou em email ou em tel.

Outra coisa que quero fazer é extrair o identificador em uma regra username (nome do usuário).

```
contact  : 'contact' username '{' line '}' ;
username : Identifier;
line     : email | tel ;
email    : 'email:' emailAddress ;
tel      : 'tel:' TelephoneNumber ;
```

A regra username é resolvida para apenas um único identificador, mas vale a pena mostrar mais claramente a intenção da gramática – de modo similar a extrair um método simples em um código imperativo.

O uso da alternativa é bastante limitado nesse contexto; ele apenas me permite ter um email ou um telefone. Como se constata, as alternativas na verdade liberam uma quantidade enorme de poder de expressão, mas, em vez de explorar isso, irei adiante e falarei sobre os símbolos de multiplicidade a seguir.

19.1.1 Símbolos de multiplicidade (operadores de Kleene)

Uma aplicação séria de gerenciamento de contatos não me daria apenas um email ou um telefone como um ponto de contato. Embora não me aproxime muito do que uma aplicação de gerenciamento de contatos real deveria fornecer, darei um passo em sua direção. Direi que um contato deve ter um nome de usuário, pode ter um nome completo, deve ter ao menos um endereço de email e pode ter alguns números de telefone. Aqui está uma gramática para isso:

```
contact  : 'contact' username '{' fullname? email+ tel* '}';
username : Identifier;
fullname : QuotedString;
email    : 'email:' emailAddress ;
tel      : 'tel:' TelephoneNumber ;
```

Você talvez reconheça os símbolos de multiplicidade como aqueles usados em expressões regulares (eles são frequentemente chamados de **operadores de Kleene**). Usar símbolos de multiplicidade como esses torna muito mais fácil de entender gramáticas.

Quando você vê símbolos de multiplicidade, você também frequentemente vê construções de agrupamento que lhe permitem combinar diversos elementos nos quais uma regra de multiplicidade é aplicada. Então, eu poderia escrever a gramática acima da seguinte forma, internalizando as sub-regras:

```
contact : 'contact' Identifier '{'
  QuotedString?
  ('email:' emailAddress)+
  ('tel:' TelephoneNumber)*
  '}'
  ;
```

Não sugiro fazer isso porque as sub-regras capturam a intenção e tornam a gramática mais legível. Mas existem ocasiões nas quais uma sub-regra causa mais confusão e os operadores de agrupamento resolvem melhor.

Esse exemplo também mostra o quanto as regras BNF formatadas podem ser longas. A maioria das BNFs ignora términos de linha, então colocar cada porção lógica da regra em sua própria linha pode tornar mais clara uma regra complicada. Neste caso, em geral é mais fácil colocar o ponto e vírgula em sua própria linha para marcar o final. Esse é o tipo de formato que tenho visto mais frequentemente, e prefiro esse estilo quando a regra tiver se tornado muito complicada para se encaixar facilmente em uma única linha.

Adicionar símbolos de multiplicidade é o que normalmente faz a diferença entre a EBNF (BNF estendida) e a BNF básica. Entretanto, a terminologia aqui tem sua confusão habitual. Quando as pessoas dizem "BNF", elas podem se referir à BNF básica (ou seja, que não é a EBNF) ou a algo mais amplamente parecido com uma BNF (incluindo uma EBNF). Neste livro, quando eu me referir a uma BNF sem símbolos de multiplicidade, direi "BNF básica"; quando eu disser "BNF" estou incluindo quaisquer linguagens similares à BNF, inclusive linguagens similares à EBNF.

Os símbolos de multiplicidade que mostrei aqui são os mais comuns que você verá, certamente com *Geradores de Analisadores Sintáticos (269)*. Entretanto, existe outro formato que, por sua vez, usa chaves e colchetes:

```
contact   : 'contact' username '{' [fullname] email {email} {tel} '}';
username  : Identifier;
fullname  : QuotedString;
email     : 'email:' emailAddress ;
tel       : 'tel:' TelephoneNumber ;
```

As chaves e colchetes substituem ? por [..] e * por {..}. Não existe um substituto para +, então você substitui foo+ por foo {foo}. Esse estilo que usa chaves e colchetes é bastante comum em gramáticas que têm por objetivo serem lidas por humanos, e é o estilo usado no padrão ISO da EBNF (ISO/IEC 14977); entretanto, a maioria dos Geradores de Analisadores Sintáticos prefere a forma de expressões regulares. Usarei a forma que emprega expressões regulares em meus exemplos.

19.1.2 Outros operadores úteis

Existem outros poucos operadores úteis que devo mencionar, dado que os uso em meus exemplos neste livro, e você provavelmente os encontrará em algum outro lugar.

Já que uso bastante o ANTLR neste livro para minhas gramáticas, utilizo o operador ~ de ANTLR, que chamo de operador *até*. O **operador até** casa com tudo até o elemento que segue o ~. Então, se você quer casar todos os caracteres até um fechamento de chave (exceto ele), você pode usar o padrão ~'}'. Se você não tiver esse operador, a expressão regular equivalente é algo como [^}]*.

A maioria das abordagens para *Tradução Dirigida por Sintaxe (219)* separa a análise léxica da análise sintática. Você pode definir a análise léxica em um estilo de regra de produção também, mas normalmente existem diferenças sutis, mas importantes, acerca de que tipos de operadores e de combinadores são permitidos. As regras léxicas são provavelmente mais próximas das expressões regulares, dado que as expressões regulares são frequentemente usadas para análise léxica, pois usam uma máquina de estados finitos em vez de um autômato de pilha de um analisador sintático (veja "Gramáticas regulares, livres de contexto e sensíveis ao contexto", p. 96).

Um operador importante na análise léxica é o operador de faixa ".." usado para identificar uma faixa de caracteres, tais como letras minúsculas 'a'..'z'. Uma regra comum para identificadores é:

```
Identifier:
  ('a'..'z' | 'A'..'Z')
  ('a'..'z' | 'A'..'Z' | '0'..'9' | '_')*
  ;
```

Isso permite identificadores que iniciam com uma letra minúscula ou maiúscula, seguidos por letras, números ou sublinhados. Faixas podem apenas fazer sentido em regras léxicas, não em regras sintáticas. Elas também são, tradicionalmente, centradas em caracteres ASCII, o que torna mais difícil oferecer suporte em línguas além da inglesa.

19.1.3 Gramáticas de expressão de análise sintática

A maioria das gramáticas BNF que você encontrará é formada por gramáticas livres de contexto (CFGs – *Context Free Grammars*). Entretanto, existe um estilo recente de gramática que são as chamadas gramáticas de expressão de análise sintática (PEGs – *Parsing Expression Grammars*). A maior diferença entre uma PEG e uma CFG é que as PEGs possuem alternativas ordenadas. Em uma CFG, você escreve:

```
contact : email | tel;
```

que significa que um contato pode ser um email ou um número de telefone. A ordem na qual você escreve as duas alternativas não afeta a interpretação. Na maioria dos casos, isso é aceitável, mas ocasionalmente ter alternativas desordenadas leva a ambiguidades.

Considere um caso no qual você queira reconhecer uma sequência apropriada de dez dígitos, como um número de telefone nos Estados Unidos, mas você quer também capturar outras sequências simplesmente como um número de telefone não estruturado. Você poderia tentar uma gramática como:

```
tel :  us_number | raw_number ;

raw_number
 : (DIGIT | SEP)+;
us_number
 : (us_area_code | '(' us_area_code ')') SEP? us_local;

us_area_code
    : DIGIT DIGIT DIGIT;

us_local
    : DIGIT DIGIT DIGIT SEP? DIGIT DIGIT DIGIT DIGIT;

DIGIT : '0'..'9';
SEP   : ('-' | ' ' );
```

Mas essa gramática é ambígua quando ela recebe uma entrada como "312-373 1000", porque tanto a regra us_number (número nos Estados Unidos) quanto a regra raw_number (número bruto) podem casar com essa entrada. Uma **alternativa ordenada** força que as regras sejam analisadas em ordem e que qualquer regra que case primeiro seja a regra a ser usada. Uma sintaxe comum para uma alternativa ordenada é /, então a regra tel seria lida como:

```
tel: us_number / raw_number ;
```

(Devo mencionar que, apesar de o ANTLR usar alternativas desordenadas, elas agem mais como as alternativas ordenadas. Para esse tipo de ambiguidade, o ANTLR acusará um aviso e utilizará a primeira alternativa que case.)

símbolo	significado	exemplo
|	alternativa	email | tel
*	zero ou mais (estrela de Kleene)	tel*
+	zero ou mais (soma de Kleene)	email+
?	opcional	fullname?
~	até	~'}'
..	faixa	'0'..'9'
/	alternativa ordenada	us_tel / raw_tel

19.1.4 Convertendo uma EBNF em uma BNF básica

Os símbolos de multiplicidade tornam uma BNF fácil de ser seguida. Entretanto, eles não aumentam o poder de expressividade da BNF. Uma gramática EBNF usando símbolos de multiplicidade pode ser substituída por uma gramática BNF básica equivalente. De tempos em tempos, isso é importante porque alguns *Geradores de Analisadores Léxicos (269)* usam BNF básica para suas gramáticas.

Usarei a gramática de contatos como exemplo. Aqui está ela novamente:

```
contact  : 'contact' username '{' fullname? email+ tel* '}';
username : Identifier;
fullname : QuotedString;
email    : 'email:' emailAddress ;
tel      : 'tel:' TelephoneNumber ;
```

A chave para a transformação é o uso de alternativas. Então, começando com a parte opcional, posso substituir qualquer foo?; por foo |; (ou seja, foo ou nada).

```
contact  : 'contact' username '{' fullname email+ tel* '}';
username : Identifier;
fullname : /* opcional */ | QuotedString ;
email    : 'email:' emailAddress ;
tel      : 'tel:' TelephoneNumber ;
```

Você notará que adicionei um comentário para tornar claro o que estou fazendo. Diferentes ferramentas usam sintaxes diferentes para comentários, é claro, mas sigo a convenção de C aqui. Não gosto de usar comentários se eu puder substituí-los por algo na linguagem que estou usando, mas, se não puder, uso-os sem hesitação – como neste caso.

Se a cláusula pai é simples, você pode colocar a alternativa no pai. Então a : b? c se transformaria em a: c | b c. Se você tiver diversos elementos opcionais, entretanto, você obtém uma explosão combinatória, que, tal como a maioria das explosões, não é algo divertido de se estar no meio.

Para transformar a repetição, mais uma vez o truque é usar alternativas, nesse caso com recursão. É bastante comum que as regras sejam recursivas – ou seja, que a regra use a si mesma em seu corpo. Com isso, você pode substituir x : y*; por x : y x |;. Usando isso no número do telefone, obtemos:

```
contact  : 'contact' username '{' fullname email+ tel '}';
username : Identifier;
fullname : /* opcional */ | QuotedString ;
email    : 'email:' emailAddress ;
tel      : /* múltiplo */ | 'tel:' TelephoneNumber tel;
```

Essa é a maneira básica de lidar com a recursão. Para fazer um algoritmo recursivo, você precisa considerar dois casos: o caso terminal e o próximo caso, no qual o próximo caso inclui a chamada recursiva. Nessa situação, temos uma alternativa para cada caso: o caso terminal é nada, e o próximo caso adiciona um elemento.

Quando você introduz um caso recursivo como esse, frequentemente pode escolher entre fazer a recursão na esquerda ou na direita, ou seja, substituir x : y*; por x : y x | ou por x : x y |. Normalmente, seu analisador sintático dirá para você preferir uma a outra devido ao algoritmo que ele usa. Por exemplo, um analisador sintático descendente não pode fazer recursão à esquerda, enquanto o Yacc pode fazer ambas, mas prefere a recursão à direita.

O último marcador de multiplicidade é o +. Ele é similar ao *, mas o caso terminal é um único item ao invés de nenhum, então podemos substituir x : y+ por x : y | x y (ou x : y | y x para evitar a recursão à esquerda). Fazendo isso para o exemplo de contatos temos:

```
contact     : 'contact' username '{' fullname email tel '}';
username    : Identifier;
fullname    : /* opcional*/ | QuotedString ;
email       : singleEmail | email singleEmail;
singleEmail : 'email:' emailAddress ;
tel         : /* múltiplo */ | 'tel:' TelephoneNumber tel;
```

Dado que a expressão de email único (singleEmail) é usada duas vezes na regra email, a extraí em sua própria regra. Introduzir regras intermediárias como essa é frequentemente necessário de forma a transformar em BNF básica; você também precisa fazer isso se tiver grupos.

Agora tenho a gramática de contatos em BNF básica. Ela funciona bem, mas a gramática é muito mais difícil de ser seguida. Não apenas perco os marcadores de multiplicidade, mas também introduzo sub-regras extras apenas para que a recursão funcione apropriadamente. Consequentemente, sempre prefiro usar EBNF se tudo for igual, mas ainda tenho essa técnica para ocasiões nas quais a BNF básica é necessária.

EBNF	x : y?	x: y*	x: y+
BNF básica	x: /* opcional */ | y	x: /* múltiplo */ | y x	x: y | y x

19.1.5 Ações de código

As BNFs fornecem uma maneira de definir a estrutura sintática de uma linguagem, e os *Geradores de Analisadores Sintáticos (269)* em geral usam BNFs para guiar a operação de um analisador sintático. A BNF, entretanto, não é suficiente. Ela fornece informação suficiente para gerar uma árvore de análise sintática, mas não o suficiente para criar uma árvore sintática abstrata mais útil, nem para tarefas adicionais como *Tradução Embarcada (299)* ou *Interpretação Embarcada (305)*. Então, a abordagem comumente usada é colocar ações de código na BNF de forma que o código reaja.

Nem todos os Geradores de Analisadores Sintáticos usam ações de código. Outra abordagem é fornecer uma DSL separada para algo como *Construção de Árvore (281)*.

A ideia básica por trás das ações de código é colocar trechos de *Código Estrangeiro (309)* em certos locais da gramática. Esses trechos são executados quando a parte da gramática é reconhecida pelo analisador sintático. Considere a seguinte gramática:

```
contact : 'contact' username '{' email? tel? '}';
username: ID;
email : 'email:' EmailAddress {log("got email");};
tel : 'tel:' TelephoneNumber;
```

Nesse caso, a mensagem é registrada uma vez que uma cláusula de email seja reconhecida na análise sintática. Um mecanismo como esse poderia ser usado para manter um acompanhamento de quando entramos em emails. O código em uma ação pode fazer qualquer coisa, então podemos também adicionar informações em estruturas de dados.

Ações de código normalmente precisam se referenciar a elementos que são reconhecidos na análise sintática. É bom criar um registro de quando um email for encontrado, mas também podemos querer gravar o endereço de email. Para fazer isso, precisamos nos referenciar ao *token* que corresponde ao endereço de email quando o analisamos sintaticamente. Diferentes Geradores de Analisadores Sintáticos possuem maneiras diferentes de fazer isso. O Yacc clássico refere-se aos *tokens* por meio de variáveis especiais que indexam a posição dos elementos. Então, poderíamos nos referir ao *token* que contém o endereço de email com $2 ($1 se referiria ao *token* email:). Referências posicionais estão sujeitas a mudanças na gramática, então uma abordagem mais comum em Geradores de Analisadores Sintáticos modernos é rotular os elementos. Aqui isso é feito da maneira do ANTLR:

```
contact : 'contact' username '{' email? tel? '}';
username: ID;
email : 'email:' e=EmailAddress {log("got email " + $e.text);};
tel : 'tel:' TelephoneNumber;
```

No ANTLR, uma referência para $e refere-se ao elemento rotulado por e= na gramática. Como esse elemento é um *token*, uso o atributo text (texto) para obter o texto casado. (Eu poderia também manter coisas como o tipo de *token*, o número de linha, etc.)

De forma a resolver essas referências, os Geradores de Analisadores Sintáticos geram ações de código por meio de um sistema de *templates*, que substitui expressões como $e pelos valores adequados. O ANTLR, na verdade, vai além. Atributos como text não se referem a campos ou a métodos diretamente – o ANTLR realiza substituições adicionais para manter a informação correta.

Da mesma forma que me refiro a um *token*, eu também posso me referir a uma regra.

```
contact  : 'contact' username '{' e=email? tel? '}'
  {log("email " + $e.text);}
  ;
username :  ID;
email    : 'email:' EmailAddress ;
tel      : 'tel:' TelephoneNumber;
```

Aqui o registro gravará o texto completo casado pela regra email ("email: fowler@acm.org"). Frequentemente, retornar algum objeto de regra como esse não é muito útil, em particular quando estamos casando regras maiores. Como resultado, os Geradores de Analisadores Sintáticos normalmente dão a você a habilidade de definir o que é retornado por uma regra quando ela é casada. No ANTLR, faço isso ao definir um tipo de retorno e uma variável para uma regra e, então, a retorno.

```
contact  : 'contact' username '{' e=email? tel? '}'
  {log("email " + $e.result);}
  ;
username :  ID;
email returns [EmailAddress result]
   : 'email:' e=EmailAddress
        {$result = new EmailAddress($e.text);}
   ;
tel      : 'tel:' TelephoneNumber;
```

Você pode retornar qualquer coisa que queira a partir de uma regra e então se referir a isso no pai. (O ANTLR permite definir valores de retorno múltiplos.) Essa facilidade, combinada com ações de código, é extremamente importante. Muitas vezes, a regra que dá a você a melhor informação a respeito de um valor não é a melhor regra para decidir o que fazer com esses dados. Passar os dados para cima da pilha de regras permite capturar informações em um nível mais baixo na análise sintática e tratá-las em um nível mais alto. Sem isso, você teria de usar várias *Variáveis de Contexto (175)* – as quais, muito rapidamente, tornam-se uma bagunça.

Ações de código podem ser usadas em todos os três estilos de Interpretação Embarcada, Tradução Embarcada e Construção de Árvore. O estilo particular de código em Construção de Árvore, entretanto, se presta a uma abordagem diferente que usa outra DSL ("Usando a sintaxe de construção de árvore do ANTLR (Java e ANTLR)", p. 284) para descrever como formar a árvore sintática resultante.

A posição de uma ação de código em uma gramática determina quando ela é executada. Então, `pai : primeira {log ("hello");} segunda` faria o método `log` ser chamado depois que a primeira sub-regra fosse reconhecida, mas antes da segunda. Na maioria das vezes, é mais fácil colocar ações de código no final da regra, mas, ocasionalmente, você precisa colocá-las no meio. De tempos em tempos, a sequência de execução das ações de código pode ser difícil de ser entendida, porque ela depende do algoritmo do analisador sintático. Analisadores sintáticos descendentes recursivos são normalmente fáceis de serem seguidos, mas os analisadores sintáticos ascendentes muitas vezes causam confusão. Você pode precisar olhar os detalhes de seu sistema de análise sintática para entender exatamente quando as ações de código são executadas.

Um dos perigos das ações de código é quando você termina colocando um monte de código nelas. Se fizer isso, a gramática torna-se difícil de ser vista, e você perde a maioria das vantagens de documentação que ela traz. Logo, recomendo que você use um *Auxiliar de Embarcação (547)* quando estiver usando ações de código.

19.2 Quando usar

Você precisará usar BNFs sempre que estiver trabalhando com um *Gerador de Analisadores Sintáticos (269)*, pois essas ferramentas usam gramáticas BNF para definir como analisar sintaticamente. É também muito útil como uma ferramenta de pensamento informal, para ajudar a visualizar a estrutura de sua DSL ou para comunicar as regras sintáticas de sua linguagem para outros humanos.

Capítulo 20

Tabela de expressões regulares de análise léxica

por Rebecca Parsons

Implemente um analisador léxico usando uma lista de expressões regulares.

padrão	tipo de token
^events	K_EVENT
^end	K_END
^(\\w)+	IDENTIFIER
^(\\s)+	WHITESPACE

Os analisadores sintáticos tratam da estrutura de uma linguagem, especificamente a maneira pela qual os componentes da linguagem podem ser combinados. Os componentes mais básicos de linguagem – como palavras-chave, números e nomes – podem ser claramente reconhecidos pelo analisador sintático. Entretanto, costumamos separar esse estágio em um analisador léxico. Ao usar uma passada separada para reconhecer esses símbolos terminais, simplificamos a construção do analisador sintático.

Implementar diretamente um analisador léxico, também chamado de *lexer*, é algo relativamente simples. Os analisadores léxicos permanecem firmemente no espaço das linguagens regulares, ou seja, podemos usar APIs padrão de expressões regulares para implementá-los. Para uma Tabela de Expressões Regulares de Análise Léxica, usamos uma lista de expressões regulares, cada uma delas associada a um símbolo terminal em particular. Varremos a entrada, relacionando porções individuais da entrada com as expressões regulares apropriadas e geramos um fluxo de *tokens* nomeando os símbolos terminais individuais. É esse fluxo de *tokens* que é a entrada para o analisador sintático.

20.1 Como funciona

Quando estamos usando *Tradução Dirigida por Sintaxe (219)*, é comum separar a análise léxica em um estágio separado. Dê uma olhada no padrão para detalhes acerca de por que separamos a análise sintática, para algumas das questões conceituais em relação à análise léxica sintática e para ver como a análise léxica e a análise sintática se encaixam no contexto mais amplo. Neste padrão, nos concentraremos na implementação de um analisador léxico simples.

O algoritmo básico é bastante simples. O analisador léxico realiza uma varredura da string de entrada começando do início, casando *tokens* à medida que avança e consumindo tais caracteres. Iniciaremos com um exemplo bastante simples. Temos dois símbolos que queremos reconhecer, as strings Hello e Goodbye (Oi e Tchau). As expressões regulares para esses símbolos são ^Hello e ^Goodbye, respectivamente. O operador ^ é necessário para fixar o casamento da expressão regular com o início da string. Chamaremos nossos *tokens* de HOWDY e de BYEBYE apenas para serem diferentes. Vamos ver como o algoritmo básico funciona na string de entrada:

HelloGoodbyeHelloHelloGoodbye

A expressão regular para Hello casa com o início da string, então geramos o *token* HOWDY e avançamos nosso ponteiro na string para o primeiro G. O algoritmo retornaria para o início da lista de expressões regulares, dado que a ordenação importa. Logo, a expressão regular para Hello seria novamente verificada em relação à string iniciada com G. Essa verificação falha, obviamente. Desse modo, tentamos a próxima expressão regular da lista, aquela para Goodbye, e ela coincide. Adicionamos o *token* BYEBYE ao nosso fluxo de *tokens* de saída, reiniciamos o ponteiro da string para estar no segundo H e continuamos. O fluxo de saída final para a sentença acima é HOWDY, BYEBYE, HOWDY, HOWDY, BYEBYE.

A ordem da verificação dos padrões é importante, de forma que possamos tratar de maneira apropriada coisas como palavras-chave. Na gramática da máquina de estados, por exemplo, nossas palavras-chave tambem casam com às regras para identificadores. Ordenamos as verificações para palavras-chave primeiro, de forma que o *token* apropriado apareça para nossas palavras-chave. A seleção de *tokens* apropriados é uma decisão de projeto para o analisador léxico. Na gramática da máquina de estados, não tentamos distinguir entre códigos e nomes, usando um único *token* identificador para cada. Essa escolha é necessária porque o analisador léxico não possui o contexto para saber que um nome de quatro letras deve casar com o *token* de identificador, se ele não estiver na posição na qual um código seja válido. Frequentemente, no entanto, o conjunto de *tokens* inclui palavras-chave, nomes, números, pontuações e operadores.

Instanciamos um analisador léxico em particular especificando os reconhecedores e usamos uma tabela ou uma lista para ordená-los. Cada reconhecedor contém o tipo do *token*, a expressão regular para reconhecer tal *token* e um valor booleano especificando se esse *token* deve estar no fluxo de saída. O tipo do *token* é usado simplesmente para identificar a classe do *token* para o analisador sintático. O valor booleano nos permite tratar coisas como espaços em branco não significativos e comentários. Embora essas strings estejam no fluxo de entrada e devam ser tratadas pelo analisador léxico, não passamos os *tokens* correspondentes para o analisador sintático. A varredura sequencial repetida da tabela garante a ordenação dos casamentos, e a tabela de reconhecedores também torna simples a introdução de tipos adicionais de *tokens*.

O casador para *tokens* individuais navega passo a passo pela tabela de reconhecedores; se um casamento ocorre, a entrada correspondente é consumida da string de entrada e o *token* é enviado para o fluxo de saída, assumindo que o valor booleano de saída esteja configurado. Preenchemos o campo tokenValue (valor do *token*) do *token* de saída, seja ele necessário ou não. Normalmente, valores de *tokens* são apenas necessários para identificadores, números e, algumas vezes, para operadores, mas essa abordagem nos poupa mais outra variável booleana e simplifica o código. O método principal de varredura continua invocando o método de casamento único, verificando para se certificar de que algum reconhecimento tenha sido bem-sucedido. Uma vez que a string de entrada tenha sido consumida e bem-sucedida durante o processo, o *buffer* de *tokens* é enviado para o processamento do analisador sintático.

Para ajudar com o diagnóstico de erros, você pode adicionar informações ao *token* acerca da posição do *token* no fluxo de caracteres – por exemplo, um número de linha e uma posição na coluna.

20.2 Quando usar

Embora geradores de analisadores léxicos, como o Lex, existam, há pouca necessidade de usá-los devido à prevalência de APIs de expressões regulares. Uma exceção é com o uso do ANTLR como *Gerador de Analisadores Sintáticos (269)*, dado que a análise léxica e a sintática são mais fortemente integradas em tal ferramenta.

A implementação descrita aqui é uma alternativa óbvia para uma análise léxica. Seu desempenho claramente depende de especificidades da API de expressões regulares usada. A única vez em que sugeriria não usar uma Tabela de Expressões Regulares de Análise Léxica seria se não existisse uma API de expressões regulares disponível.

Dada a sintaxe simples de muitas DSLs, é possível que essa abordagem seja usada para reconhecer a linguagem completa. Desde que a linguagem seja regular, essa abordagem se aplica também ao analisador sintático.

20.3 Analisando lexicamente o controlador da senhorita Grant (Java)

O analisador léxico para a gramática da máquina de estados é bastante típico. Chamamos *tokens* para nossas palavras-chave e pontuação e um tipo de *token* para identificadores. Também temos um tipo de *token* para comentários e espaços em branco, que são apenas consumidos pelo analisador léxico. Usamos a API java.util.regex para especificar os padrões e fazer o casamento para nós. A entrada para o analisador léxico é o script DSL a ser analisado, e a saída é um *buffer* de *tokens*, incluindo os tipos de *token* e seus valores relacionados. Esse *buffer* de *tokens* torna-se a entrada para o analisador sintático.

A implementação é dividida na especificação de *tokens* para reconhecimento e o algoritmo de análise léxica propriamente dito. Essa abordagem facilita o acréscimo de tipos adicionais de *tokens* ao analisador léxico. Usamos um tipo enumerado para especificar o tipo de um *token*, com atributos especificando a expressão regular relevante, e o valor booleano controlando a saída do *token*. Essa é uma abordagem limpa em Java, mas você poderia facilmente usar um objeto mais tradicional. Entretanto, os tipos de *tokens* precisam estar prontamente disponíveis para uso no próprio analisador sintático.

```
class ScannerPatterns...
  public enum TokenTypes {
    TT_EVENT("^events", true),
    TT_RESET("^resetEvents", true),
    TT_COMMANDS("^commands", true),
    TT_END("^end", true),
    TT_STATE("^state", true),
    TT_ACTIONS("^actions", true),
    TT_LEFT("^\\{", true),
    TT_RIGHT("^\\}", true),
    TT_TRANSITION("^=>", true),
    TT_IDENTIFIER("^(\\w)+", true),
    TT_WHITESPACE("^(\\s)+", false),
    TT_COMMENT("^\\\\(.)*$", false),
    TT_EOF("^EOF", false);

    private final String regExPattern;
    private final Boolean outputToken;

    TokenTypes(String regexPattern, Boolean output) {
      this.regExPattern = regexPattern;
      this.outputToken = output;
    }
  }
}
```

No analisador léxico, instanciamos uma tabela de objetos de reconhecimento, com os reconhecedores compilados combinados com seus tipos de *tokens* e os valores booleanos.

```
class ScannerPatterns...
  public static ArrayList<ScanRecognizer> LoadPatterns(){
    Pattern pattern;
    for (TokenTypes t : TokenTypes.values()) {
      pattern = Pattern.compile(t.regExPattern)  ;
      patternMatchers.add(new ScanRecognizer(t, pattern,t.outputToken)) ;
    }
    return(patternMatchers);
  }
```

Definimos uma classe para nosso analisador léxico. As variáveis de instância para o analisador léxico incluem os reconhecedores, a string de entrada e a lista de *tokens* de saída.

```
class StateMachineTokenizer...
  private String scannerBuffer;
  private ArrayList<Token> tokenList;
  private ArrayList<ScanRecognizer> recognizerPatterns;
```

O laço principal de processamento no analisador léxico é um laço faça-enquanto (do-while).

```
class StateMachineTokenizer...
  while (parseInProgress) {
    Iterator<ScanRecognizer> patternIterator = recognizerPatterns.iterator();
    parseInProgress = matchToken(patternIterator);
  }
```

Esse laço invoca continuamente o casador de *tokens* até o *buffer* ser esvaziado ou não existirem mais casamentos possíveis para o restante do *buffer*.

O método matchToken (casar *token*) passa pelos vários reconhecedores em ordem e tenta casar um único *token*.

```
private boolean matchToken(Iterator<ScanRecognizer> patternIterator) {
  boolean tokenMatch;
  ScanRecognizer recognizer;
  Pattern pattern;
  Matcher matcher;
  boolean result;
  tokenMatch = false;
  result = true;

  do {
    recognizer = patternIterator.next();
    pattern = recognizer.tokenPattern;
    matcher = pattern.matcher(scannerBuffer);
    if (matcher.find()) {
      if (recognizer.outputToken) {
      tokenList.add(new Token(recognizer.token, matcher.group()));
      }
      tokenMatch = true;
      scannerBuffer = scannerBuffer.substring(matcher.end());
    }
  } while (patternIterator.hasNext() && (!tokenMatch));

  if ((!tokenMatch) || (matcher.end() == scannerBuffer.length())) {
    result = false;
  }
  return result;
}
```

Se um casamento é bem-sucedido, avançamos esse *buffer* de entrada para o ponto posterior ao casamento, nesse caso atingindo o ponto final usando matcher.end(). Verificamos o valor booleano para o reconhecedor que casou e geramos o token apropriado, se for necessário. Se nenhum casamento ocorrer, declaramos falha. O método find (encontrar) na API regex varre até o final da string para encontrar casamentos. Se uma varredura da string restante não, então a análise léxica como um todo falha.

O laço mais externo prossegue desde que o laço mais interno case com um *token*, passando pela entrada até que o final da string seja alcançado. O iterador é reiniciado em cada passagem do laço interno, garantindo que todos os padrões de *tokens* sejam casados em cada passagem. O resultado é um *buffer* de *tokens*, no qual cada *token* possui um tipo de *token* e o valor real da string casada no analisador léxico.

Capítulo 21

Analisador sintático descendente recursivo

Rebecca Parsons

Crie um analisador sintático descendente usando fluxo de controle para operadores da gramática e funções recursivas para reconhecedores de não terminais.

```
boolean eventBlock() {
  boolean parseSuccess = false;
  Token t = tokenBuffer.nextToken();
  if (t.isTokenType(ScannerPatterns.TokenTypes.TT_EVENT)) {
    tokenBuffer.popToken();
    parseSuccess = eventDecList();
  }
  if (parseSuccess) {
    t = tokenBuffer.nextToken();
    if (t.isTokenType(ScannerPatterns.TokenTypes.TT_END)) {
      tokenBuffer.popToken();
    }
    else {
      parseSuccess = false;
    }
  }
  return parseSuccess;
}
```

Muitas DSLs são tão simples como linguagens. Embora a flexibilidade das linguagens externas tenha atrativos, usar um *Gerador de Analisadores Sintáticos (269)* para criar um analisador sintático introduz novas ferramentas e linguagens a um projeto, complicando o processo de construção.

Um Analisador Sintático Descendente Recursivo suporta a flexibilidade de um DSL externa sem requerer um Gerador de Analisadores Sintáticos. O Analisador Sintático Descendente Recursivo pode ser implementado em qualquer linguagem de propósito geral escolhida. Ele usa operadores de fluxo de controle para implementar os vários operadores da gramática. Métodos individuais ou funções implementam as regras de análise sintática para os diferentes símbolos não terminais na gramática.

21.1 Como funciona

Como em outras implementações, mais uma vez separamos a análise léxica e a análise sintática. Um Analisador Sintático Descendente Recursivo recebe um fluxo de *tokens* de um analisador léxico, tal como de uma *Tabela de Expressões Regulares de Análise Léxica (239)*.

A estrutura básica de um Analisador Sintático Descendente Recursivo é bastante simples. Existe um método para cada símbolo não terminal da gramática. Esse método implementa as várias regras de produção associadas com o não terminal. O método retorna um valor booleano que representa o resultado do casamento. Falhar em qualquer nível faz a falha ser propagada para cima na pilha de chamadas. Cada método opera no *buffer* de *tokens*, avançando o ponteiro pelos *tokens* à medida que alguma porção da sentença.

Como existem relativamente poucos operadores gramaticais (sequência, alternativas e repetição) esses métodos de implementação usam um pequeno número de padrões. Iniciaremos com o processamento de alternativas, que emprega uma sentença condicional. Para o fragmento de gramática:

```
arquivo da gramática...
  C : A | B
```

a função correspondente seria simplesmente:

```
boolean C ()
  if (A())
    then true
    else if (B())
         then true
         else false
```

Essa implementação claramente verifica uma alternativa, e então a outra, agindo mais como alternativas ordenadas (p. 233). Se você realmente precisa permitir a ambiguidade introduzida por alternativas não ordenadas, pode ser a hora de usar um *Gerador de Analisadores Sintáticos (269)*.

Após uma chamada bem-sucedida a A(), o *buffer* de *tokens* seria agora avançado para iniciar no primeiro *token* além daquele casado por A. Se a chamada a A() falhar, o *buffer* de *tokens* permanece intacto.

O operador gramatical de sequência é implementado com sentenças if (se) aninhadas, dado que não continuamos o processamento se um dos métodos falha. Então, a implementação de:

```
arquivo da gramática...
  C : A B
```

seria simplesmente:

```
boolean C ()
  if (A())
    then if (B())
          then true
          else false
    else false
```

O operador para construções opcionais é um pouco diferente.

arquivo da gramática...
  C: A?

Precisamos tentar e reconhecer os *tokens* que casam com o não terminal A, mas não há como falhar aqui. Se casarmos com A, retornamos true (verdadeiro). Se não, mesmo assim retornamos true, dado que A é opcional. Logo, a implementação é:

```
boolean C ()
  A()
  true
```

Se o casamento de A falhar, o *buffer* de *tokens* permanece onde estava na entrada de C; Se for bem-sucedida, o *buffer* é avançado. A chamada para C é realizada em ambos os casos.

O operador de repetição possui duas formas principais: zero ou mais instâncias ("*") e uma ou mais instâncias ("+"). Para implementar o operador de uma ou mais instâncias, como:

arquivo da gramática...
  C: A+

usaríamos o seguinte padrão de código:

```
boolean C ()
  if (A())
    then while (A())
            {}
            true
    else
            false
```

Esse código primeiro verifica se ao menos um A está presente. Se esse for o caso, a função continua até encontrar quantos As conseguir, mas sempre retornará true, dado que ela casou com ao menos um A – seu único requisito. O código para uma lista que permite zero instância simplesmente remove a sentença if mais externa e sempre retorna true.

A tabela a seguir resume a discussão acima usando fragmentos de pseudo-código para demonstrar as diferentes implementações.

Regra gramatical	Implementação

A | B	if (A())
	    then true
	    else if (B())
	        then true
	        else false

A B	if (A())
	    then if (B())
	        then true
	        else false
	    else false

A?	A(); true
A*	while A(); true

A+	if (A())
	    then
	        while (A());
	    else false

Usamos o mesmo estilo de funções auxiliares como nas outras seções para manter as ações distintas da análise sintática. *Construção de Árvore (281)* e *Tradução Embarcada (299)* são ambas possíveis na análise sintática descendente recursiva.

Para tornar essa abordagem mais clara, os métodos que implementam as regras de produção devem se comportar de maneira consistente. A regra mais importante diz respeito ao gerenciamento do *buffer* de *tokens* de entrada. Se o método casar com o que está procurando, a posição atual na string do *token* de entrada é avançada para o ponto logo após a entrada casada. No caso da palavra-chave event (evento), a posição do *token* é apenas movida uma casa, por exemplo. Se o casamento falha, a posição do *buffer* deve ser a mesma que era antes de o método ser chamado. Isso é de grande importância para as sequências. No início da função, precisamos salvar a posição do *buffer* de entrada, no caso a primeira parte da sequência casa (tal como A no exemplo acima), mas o casamento de B falha. Logo, gerenciar o *buffer* permite que as alternativas sejam tratadas de maneira apropriada.

Outra regra importante está relacionada ao preenchimento do modelo semântico ou da árvore sintática. Tanto quanto for possível, cada método deve gerenciar suas próprias porções do modelo e criar seus próprios elementos na árvore sintática. Naturalmente, quaisquer ações devem apenas ser tomadas quando o casamento completo for confirmado. Assim como com o gerenciamento do *buffer* de *tokens* para sequências, ações devem ser postergadas até que a sequência inteira esteja completa.

Uma reclamação acerca dos Geradores de Analisadores Sintáticos é que eles requerem que os desenvolvedores conheçam gramáticas de linguagens. Embora seja bastante verdadeiro que a sintaxe dos operadores gramaticais não apareça na implementação descendente recursiva, uma gramática claramente existe nos métodos. Trocar os métodos modifica a gramática. A diferença não é a presença ou a ausência da gramática, mas sim como a gramática é expressa.

21.2 Quando usar

A maior força dos Analisadores Sintáticos Descendentes Recursivos é sua simplicidade. Uma vez que você entende o algoritmo básico e como tratar vários operadores gramaticais, escrever um Analisador Sintático Descendente Recursivo é uma tarefa de programação simples. Você então tem um analisador sintático como uma classe normal de seu sistema. Abordagens de teste funcionam da mesma forma como elas sempre funcionaram; em particular, um teste unitário faz mais sentido quando a unidade é um método, assim como qualquer outro teste unitário. Por fim, como o analisador sintático é simplesmente um programa, é fácil raciocinar acerca de seu comportamento e depurar o analisador sintático. O Analisador Sintático Descendente Recursivo é uma implementação direta de um algoritmo de análise sintática, facilitando muito a compreensão do rastreamento de fluxo a partir da análise sintática.

A limitação mais séria do Analisador Sintático Descendente Recursivo é que não existe uma representação explícita da gramática. Ao codificar a gramática no algoritmo descendente recursivo, você perde a visão geral clara da gramática, que pode apenas viver em documentação ou em comentários. Tanto um *Combinador de Analisadores Sintáticos (255)* quanto um *Gerador de Analisadores Sintáticos (269)* possuem uma definição explícita da gramática, tornando-a fácil de ser entendida e desenvolvida.

Outro problema com um Analisador Sintático Descendente Recursivo é que você precisa ter um algoritmo descendente que não pode tratar da recursão à esquerda, o que o torna mais confuso para lidar com *Expressões de Operadores Aninhados (327)*. O desempenho também será normalmente inferior a um Gerador de Analisadores Sintáticos. Na prática, essas desvantagens não são um fator determinante para DSLs.

Um Analisador Sintático Descendente Recursivo é bastante simples de ser implementado, desde que a gramática seja razoavelmente simples. Um dos fatores que podem facilitar o uso de tal analisador é seu avanço limitado (também chamado de *look ahead*) – ou seja, quantos *tokens* o analisador sintático precisa avançar para determinar o que fazer a seguir. Geralmente, não uso um Analisador Sintático Descendente Recursivo para uma gramática que exija mais que um símbolo de avanço; tais gramáticas são mais adequadas para os Geradores de Analisadores Sintáticos.

21.3 Leitura adicional

Para mais informações em um contexto de linguagem de programação menos tradicional, [parr-LIP] é uma boa referência. O *Livro do Dragão* [Dragon] continua sendo o padrão da comunidade de linguagem de programação.

21.4 Descendente recursivo e o controlador da senhorita Grant (Java)

Iniciamos com uma classe de análise sintática que inclui variáveis de instância para o *buffer* de entrada, a saída da máquina de estados e vários dados de análise sintática. Essa implementação usa uma *Tabela de Expressões Regulares de Análise Léxica (239)* para criar o *buffer* de *tokens* de entrada a partir de uma string de entrada.

```
class StateMachineParser...
  private TokenBuffer tokenBuffer;
  private StateMachine machineResult;
  private ArrayList<Event> machineEvents;
  private ArrayList<Command> machineCommands;
  private ArrayList<Event> resetEvents;
  private Map<String, State> machineStates;
  private State partialState;
```

O construtor para a classe da máquina de estados aceita o *buffer* de *tokens* de entrada e configura as estruturas de dados. Existe um método muito simples para iniciar o analisador sintático, que invoca a função representando nossa máquina de estados como um todo.

```
class StateMachineParser...
  public StateMachine startParser() {
    if (stateMachine()) {/* produção de nível principal */
      loadResetEvents();
    }
    return machineResult;
  }
```

O método startParser (iniciar análise sintática) é também responsável pela construção final da máquina de estados em caso de sucesso. A única ação remanescente não coberta pelo resto dos métodos é preencher o evento de reinicialização na máquina de estados.

A regra gramatical para nossa máquina de estados é uma sequência simples dos diferentes blocos.

```
arquivo da gramática...
  stateMachine: eventBlock optionalResetBlock optionalCommandBlock stateList
```

A função de nível mais alto é simplesmente uma sequência dos vários componentes da máquina de estados.

```
class StateMachineParser...
  private boolean stateMachine() {
    boolean parseSuccess = false;
    if (eventBlock()) {
      if (optionalResetBlock()) {
        if (optionalCommandBlock()) {
          if (stateList()) {
            parseSuccess = true;
          }
        }
      }
    }
    return parseSuccess;
  }
```

Usaremos as declarações de eventos para mostrar como a maioria das funções trabalha em conjunto. A primeira produção constrói o bloco de eventos, composto por uma sequência.

arquivo da gramática...
```
eventBlock: eventKeyword eventDecList endKeyword
```

O código para essa sequência segue o padrão descrito acima. Note que a posição inicial do *buffer* é gravada, para o caso da sequência completa não ser reconhecida.

```
class StateMachineParser...
  private boolean eventBlock() {
    Token t;
    boolean parseSuccess = false;
    int save = tokenBuffer.getCurrentPosition();
    t = tokenBuffer.nextToken();
    if (t.isTokenType(ScannerPatterns.TokenTypes.TT_EVENT)) {
      tokenBuffer.popToken();
      parseSuccess = eventDecList();
    }
    if (parseSuccess) {
      t = tokenBuffer.nextToken();
      if (t.isTokenType(ScannerPatterns.TokenTypes.TT_END)) {
        tokenBuffer.popToken();
      }
      else {
        parseSuccess=false;
      }
    }
    if (!parseSuccess) {
      tokenBuffer.resetCurrentPosition(save);
    }
    return parseSuccess;
  }
```

A regra gramatical para a lista de eventos é simples.

```
arquivo da gramática...
  eventDecList: eventDec+
```

A função eventDecList (lista de declarações de eventos) segue o padrão de maneira exata. Todas as ações são realizadas na função eventDec (declaração de evento).

```
class StateMachineParser...
  private boolean eventDecList() {
    int save = tokenBuffer.getCurrentPosition();
    boolean parseSuccess = false;

    if (eventDec()) {
      parseSuccess = true;
      while (parseSuccess) {
        parseSuccess = eventDec();
      }
      parseSuccess = true;
    }
    else {
      tokenBuffer.resetCurrentPosition(save);
    }
    return parseSuccess;
  }
```

O trabalho real acontece quando estiver casando a declaração de evento em si. A gramática é simples.

```
arquivo da gramática...
  eventDec: identifier identifier
```

O código para essa sequência, mais uma vez, grava a posição inicial do *token*. Esse código também preenche o modelo da máquina de estados em um casamento bem-sucedido.

```
class StateMachineParser...
  private boolean eventDec() {
    Token t;
    boolean parseSuccess = false;
    int save = tokenBuffer.getCurrentPosition();
    t = tokenBuffer.nextToken();
    String elementLeft = "";
    String elementRight = "";

    if (t.isTokenType(ScannerPatterns.TokenTypes.TT_IDENTIFIER)) {
      elementLeft = consumeIdentifier(t);
      t = tokenBuffer.nextToken();
      if (t.isTokenType(ScannerPatterns.TokenTypes.TT_IDENTIFIER)) {
        elementRight = consumeIdentifier(t);
        parseSuccess = true;
      }
    }
```

```
    if (parseSuccess) {
      makeEventDec(elementLeft, elementRight);
    } else {
      tokenBuffer.resetCurrentPosition(save);
    }
    return parseSuccess;
}
```

Duas funções auxiliares invocadas aqui requerem explicações adicionais. Primeiro, `consumeIdentifier` (consumir identificador) avança o *buffer* de *tokens* e retorna o valor do *token* do identificador de forma que ele possa ser usado para preencher a declaração de evento.

```
class StateMachineParser...
  private String consumeIdentifier(Token t) {
    String identName = t.tokenValue;
    tokenBuffer.popToken();
    return identName;
  }
```

A função auxiliar `makeEventDec` (cria declaração de evento) usa o nome do evento e o código para preencher a declaração de evento.

```
class StateMachineParser...
  private void makeEventDec(String left, String right) {
    machineEvents.add(new Event(left, right));
  }
```

A partir da perspectiva das ações, a única dificuldade real vem do processamento de estados. Como as transições podem se referenciar a estados que ainda não existem, nossas funções auxiliares devem permitir uma referência a um estado que ainda não foi definido. Essa propriedade se mantém verdadeira para todas as implementações que não usam *Construção de Árvore (281)*.

Um método final que vale a pena descrevermos, `optionalResetBlock` (bloco de reinicialização opcional), implementa essa regra gramatical.

```
arquivo da gramática...
  optionalResetBlock: (resetBlock)?
  resetBlock: resetKeyword (resetEvent)* endKeyword
  resetEvent: identifier
```

A implementação que usamos internaliza os diferentes padrões de operadores gramaticais, pois a regra por si só é muito simples.

```
class StateMachineParser...
  private boolean optionalResetBlock() {
    int save = tokenBuffer.getCurrentPosition();
    boolean parseSuccess = true;
    Token t = tokenBuffer.nextToken();
```

```
    if (t.isTokenType(ScannerPatterns.TokenTypes.TT_RESET)) {
      tokenBuffer.popToken();
      t = tokenBuffer.nextToken();
      parseSuccess = true;
      while ((!(t.isTokenType(ScannerPatterns.TokenTypes.TT_END))) &
          (parseSuccess)) {
        parseSuccess = resetEvent();
        t = tokenBuffer.nextToken();
      }
      if (parseSuccess) {
        tokenBuffer.popToken();
      } else {
        tokenBuffer.resetCurrentPosition(save);
      }
    }
    return parseSuccess;
  }

  private boolean resetEvent() {
    Token t;
    boolean parseSuccess = false;

    t = tokenBuffer.nextToken();
    if (t.isTokenType(ScannerPatterns.TokenTypes.TT_IDENTIFIER)) {
      resetEvents.add(findEventFromName(t.tokenValue));
      parseSuccess = true;
      tokenBuffer.popToken();
    }
    return parseSuccess;
  }
```

Para esse método, retornamos true se a palavra-chave reset (reinicialização) não estiver presente, dado que o bloco como um todo é opcional. Se a palavra-chave estiver presente, devemos então ter zero ou mais declarações de eventos de reinicialização, seguidas pela palavra-chave end (fim). Se esses componentes não estiverem presentes, o casamento para esse bloco falha e o valor de retorno é false (falso).

Capítulo 22

Combinador de analisadores sintáticos

Rebecca Parsons

Crie um analisador sintático descendente a partir da composição de objetos de analisadores sintáticos.

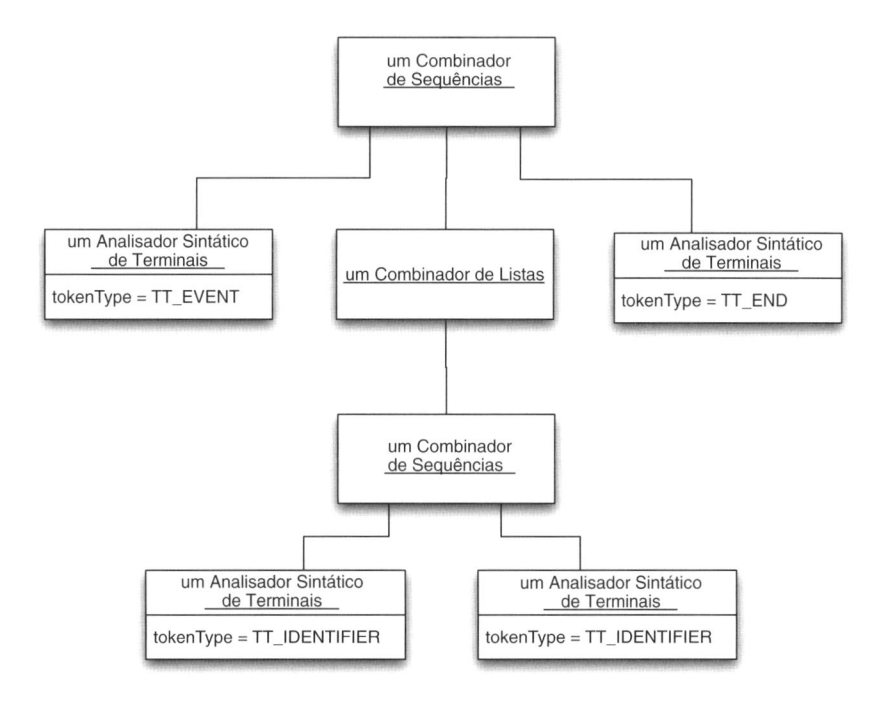

```
                    ┌─────────────────────┐
                    │   um Combinador     │
                    │   de Sequências     │
                    └─────────────────────┘
                              │
       ┌──────────────────────┼──────────────────────┐
┌──────────────────┐  ┌──────────────────┐  ┌──────────────────┐
│ um Analisador    │  │                  │  │ um Analisador    │
│ Sintático        │  │ um Combinador    │  │ Sintático        │
│ de Terminais     │  │ de Listas        │  │ de Terminais     │
├──────────────────┤  │                  │  ├──────────────────┤
│ tokenType =      │  │                  │  │ tokenType =      │
│ TT_EVENT         │  │                  │  │ TT_END           │
└──────────────────┘  └──────────────────┘  └──────────────────┘
                              │
                    ┌─────────────────────┐
                    │   um Combinador     │
                    │   de Sequências     │
                    └─────────────────────┘
                              │
                ┌─────────────┴─────────────┐
      ┌──────────────────┐          ┌──────────────────┐
      │ um Analisador    │          │ um Analisador    │
      │ Sintático        │          │ Sintático        │
      │ de Terminais     │          │ de Terminais     │
      ├──────────────────┤          ├──────────────────┤
      │ tokenType =      │          │ tokenType =      │
      │ TT_IDENTIFIER    │          │ TT_IDENTIFIER    │
      └──────────────────┘          └──────────────────┘
```

Embora nossa premissa de que os *Geradores de Analisadores Sintáticos (269)* não são, nem de perto, tão difíceis de trabalhar como as pessoas acham que são, existem razões legítimas para evitá-los se possível. A questão mais óbvia são os passos adicionais no processo de construção necessários para primeiro gerar o analisador sintático e, então, construí-lo. Apesar de os Geradores de Analisadores Sintáticos ainda serem a escolha certa para gramáticas livres de contexto mais complexas, particularmente se a gramática for ambígua ou se o desempenho for crucial, implementar diretamente um analisador sintático em uma linguagem de propósito geral é uma opção viável.

Um Combinador de Analisadores Sintáticos implementa uma gramática usando uma estrutura de objetos de analisadores sintáticos. Reconhecedores para os símbolos nas regras de produção são combinados usando *Composites* [Gof], que são referidos como combinadores. Os combinadores de analisadores sintáticos representam um *Modelo Semântico (159)* de uma gramática.

22.1 Como funciona

Assim como com o *Analisador Sintático Descendente Recursivo (245)*, usamos um analisador léxico, por exemplo, uma *Tabela de Expressões Regulares de Análise Léxica (239)*, para realizar a análise léxica da string de entrada. Nosso Combinador de Analisadores Sintáticos então opera na string de *tokens* resultante.

A ideia básica por trás dos combinadores de analisadores sintáticos é simples. O termo "combinador" vem das linguagens funcionais. Combinadores são projetados para serem compostos de forma a criarem operações mais complexas do mesmo tipo de sua entrada. Então, combinadores de analisadores sintáticos são combinados para criar combinadores de analisadores sintáticos mais complexos. Em linguagens funcionais, esses combinadores são funções de primeira ordem, mas podemos fazer o mesmo com objetos em um ambiente orientado a objetos. Iniciamos com os casos base, que são os reconhecedores para os símbolos terminais em nossa gramática. Então, usamos os combinadores que implementam os vários operadores da gramática (como sequências, listas, etc.) para implementar as regras de produção da gramática. Para cada não terminal em nossa gramática temos um combinador, tal como no Analisador Sintático Descendente Recursivo, temos uma função recursiva para cada não terminal.

Cada combinador é responsável por reconhecer alguma porção da linguagem, determinando se existe um casamento, consumindo os *tokens* relevantes a partir do *buffer* de entrada para o casamento e realizando as ações necessárias. Essas operações são as mesmas que aquelas requeridas pelas funções recursivas em um Analisador Sintático Descendente Recursivo. Para a porção de reconhecimento das implementações de vários operadores gramaticais abaixo, a mesma lógica que usamos na implementação descendente recursiva é aplicada. O que está realmente acontecendo aqui é que abstraímos fragmentos de lógica associada com o processamento dos operadores gramaticais para a análise descendente e criamos combinadores para manter essa lógica. Enquanto um Analisador Sintático Descendente Recursivo combina esses fragmentos por meio de chamadas a funções em código internalizado, um Combinador de Analisadores Sintáticos combina esses fragmentos ligando objetos em um *Modelo Adaptativo (487)*.

Combinadores de analisadores sintáticos individuais aceitam como entrada o estado do casamento até agora, o *buffer* de *tokens* atual e, possivelmente, um conjunto de resultados de ações acumulados. Os combinadores de analisadores sintáticos retornam um estado do casamento, um *token* de *buffers* possivelmente alterado e um conjunto de resultados de ações. Para facilitar a descrição, assuma por enquanto que o *buffer* de *tokens* e o conjunto de resultados de casamentos são mantidos como estado em algum lugar nos bastidores. Mudaremos isso posteriormente, mas essa premissa torna a lógica do combinador mais fácil de ser seguida. Também, nos concentraremos primeiro em descrever a lógica de reconhecimento e, então, retornaremos para lidar com as ações.

Consideramos primeiro um reconhecedor para um símbolo terminal – nosso caso base. O reconhecimento real de um símbolo terminal é fácil; simplesmente comparamos o *token* na posição atual no *buffer* de *tokens* de entrada com qualquer símbolo terminal, representado por um *token*, para o qual o reconhecedor seja criado. Se o *token* casar, avançamos a posição atual no *buffer* de *tokens*.

Agora, vamos olhar o básico por trás dos combinadores para os vários operadores gramaticais. Iniciaremos com o operador de alternativas.

```
arquivo da gramática...
  C : A | B
```

Um combinador de alternativas para C tenta um combinador primeiro, digamos B; se o estado do casamento desse combinador for verdadeiro (true), o valor de retorno para C é o mesmo que aquele retornado por B. Fazemos um ciclo pelas alternativas, tentando cada uma delas. Se todas as alternativas falharem, o valor de retorno é um estado de falha de casamento e o *buffer* de *tokens* de entrada permanece inalterado. Em pseudocódigo, esse combinador se pareceria com o seguinte:

```
CombinatorResult C ()

 if (A())
   then return true
   else
     if (B())
       then true
       else return false
```

Como você pode ver, essa lógica se parece bastante com a do algoritmo descendente recursivo. O operador de sequência é um pouco mais complicado.

```
arquivo da gramática...
  C : A B
```

Para implementar esse operador, precisamos passar pelos componentes da sequência. Se qualquer um desses casamentos falhar, precisamos reiniciar o *buffer* de *tokens* para seu estado de entrada. Para a regra gramatical acima, o combinador resultante se pareceria com o seguinte:

```
CombinatorResult C ()

  saveTokenBuffer()
  if (A())
    then
      if (B())
        then
          return true
        else
          restoreTokenBuffer
          return false
    else return false
```

Essa implementação e as outras a seguir se baseiam no comportamento característico dos combinadores. Se o casamento for bem-sucedido, os *tokens* relacionados a esse casamento são consumidos no *buffer* de *tokens*. Se o casamento falha, o combinador retorna um *buffer* de *tokens* inalterado.

O operador de construções opcionais é claro.

```
arquivo da gramática...
  C: A?
```

Esse operador retorna os *tokens* originais ou os modifica, baseado no casamento para A. Para a regra gramatical acima, o combinador resultante se parece com o seguinte:

```
CombinatorResult C ()

  A()
  return true
```

O operador de lista para listas de um ou mais é nosso próximo operador a ser considerado.

```
arquivo da gramática...
  C: A+
```

Esse combinador primeiro verifica para se certificar de que ao menos um A está presente. Se estiver, então entramos em um laço até que o casamento falhe e retorne o novo *buffer* de *tokens*. Se o casamento inicial falhar, retornamos falso (false) com os *tokens* de entrada.

```
  if (A())
    then
      while (A())

        return true
    else
      return false
```

É claro, para uma lista opcional sempre retornamos verdadeiro (true) e tratamos o *buffer* de *tokens* apropriadamente, dependendo do casamento. O código para isso se pareceria, *grosso modo*, com o seguinte:

```
CombinatorResult C ()

  while (A())
    return true
```

As implementações de combinadores mostradas aqui são implementações diretas de regras específicas. O poder dos combinadores de analisadores sintáticos vem do fato de que podemos construir os combinadores compostos a partir dos combinadores de componentes. Logo, o código para especificar a seguinte operação de sequência:

arquivo da gramática...
```
 C : A B
```
se pareceria realmente mais como a seguinte declaração:

```
C = new SequenceCombinator (A,B)
```

na qual a lógica que implementa o sequenciamento é compartilhada entre todas essas regras.

22.1.1 Lidando com as ações

Agora que sabemos como o reconhecimento funciona, vamos para as ações. Por enquanto, mais uma vez assumiremos que obtivemos algum estado que manipulamos nas ações. As ações podem ter muitas formas. Na *Construção de Árvore (281)*, as ações construiriam a árvore sintática abstrata enquanto a análise sintática ocorre. Na *Tradução Embarcada (299)*, as ações preencherão nosso modelo semântico. O tipo do valor do casamento obviamente variará baseado no que forem as ações.

Iniciamos com nosso caso base novamente, o combinador de símbolos terminais. Se o casamento for bem-sucedido, preenchemos o valor do casamento com o resultado do casamento e invocamos as ações nesse valor de casamento. No caso de um reconhecedor de identificadores, por exemplo, poderíamos gravá-lo em uma *Tabela de Símbolos (165)*. Para símbolos terminais tais como identificadores e números, no entanto, a ação frequentemente apenas grava o valor de *token* específico para uso posterior.

A operação de sequência é mais interessante em termos de ações. Conceitualmente, uma vez que tenhamos reconhecido todos os componentes da sequência, precisamos chamar a ação na lista dos valores de casamento a partir dos componentes individuais. Modificamos o reconhecedor para invocar as ações dessa forma.

```
CombinatorResult C ()

   saveTokenBuffer()
   saveActions()
   if (A())
     then
       if (B())
         then
           executeActions (aResult, bResult)
           return true
         else
           restoreTokenBuffer()
           restoreActions()
           return false
     else return false
```

Estamos ocultando muita coisa no método de execução de ações (executeActions). Os valores de casamento dos casamentos para A e B precisam ser gravados de forma que possamos usá-los nas ações.

Inserir as ações para os outros operadores é algo similar. O operador de alternativas realiza apenas as ações para a alternativa selecionada. O operador de lista, tal como o operador de sequência, deve operar em todos os valores de casamento. O operador de construções opcionais apenas realiza as ações quando existir um casamento, obviamente.

As invocações para as ações são relativamente simples. O desafio é obter os métodos de ação apropriados associados ao combinador. Em linguagens com fechos ou com outras maneiras de passar funções como parâmetros, poderíamos simplesmente ter os detalhes do método de ação passado para o construtor como uma função. Em linguagens sem fechos, como Java, precisamos ser um pouco mais espertos. Uma abordagem é estender as classes dos operadores com classes específicas a uma regra de produção em particular e sobrescrever o método de ação para introduzir o comportamento específico.

Como aludimos anteriormente, as ações podem ser usadas para construir uma árvore sintática abstrata. Nesse caso, os valores de casamento passados para a função de ação seriam as árvores construídas para os diferentes componentes, e a ação combinaria essas árvores de análise sintática conforme implicado pela regra gramatical em questão. Por exemplo, um operador de lista terá comumente algum tipo de nó na árvore sintática representando a lista. A ação do operador de lista criaria, então, uma nova subárvore com esse nó de lista como a raiz, e faria com que as subárvores do componente casassem com os filhos dessa raiz.

22.1.2 Estilo funcional de combinadores

Agora é hora de relaxar a premissa acerca de manipular os resultados de ações e o *buffer* de *tokens* nos bastidores usando estado. Pensando nisso no estilo funcional, um combinador é uma função que mapeia um valor de resultado de um combinador de entrada a um valor de resultado de um combinador de saída. Os componentes de um valor de resultado de um combinador são o estado atual do *buffer* de *tokens*, o estado atual do casamento e o estado atual das ações cumulativas realizadas até agora. Seguindo esse estilo, a implementação do operador de sequência com ações se pareceria com o seguinte:

```
CombinatorResult C (in)
  aResult = A(in)
  if (aResult.matchSuccess)
    then
      bResult = B(aResult)
      if (bResult.matchSuccess)
        then
          cResult.value = executeActions (aResult.value, bResult.value)
          return (true, bResult.tokens, cResult.value)
        else
          return (false, in.tokens, in.value)
    else return (false, in.tokens, in.value)
```

Nessa versão, as gravações são necessárias, dado que os valores dos parâmetros de entrada permanecem válidos. Essa versão também explicita como o *buffer* de *tokens* é tratado e de onde os valores de ação vêm.

22.2 Quando usar

Essa abordagem ocupa um bom meio-termo entre o uso de um *Analisador Sintático Descendente Recursivo (245)* e um *Gerador de Analisadores Sintáticos (269)*. Um benefício significativo do emprego de um Gerador de Analisadores Sintáticos é uma especificação explícita de uma gramática para a linguagem. A gramática em um Analisador Sintático Descendente Recursivo é descrita nas funções, mas é difícil de ser lida como uma gramática. Com a abordagem do Combinador de Analisadores Sintáticos, os combinadores podem ser definidos declarativamente, como mostrado no exemplo anterior. Embora ele não use a sintaxe *BNF (229)*, a gramática é claramente especificada em termos dos combinadores de componentes e dos operadores. Então, com um Combinador de Analisadores Sintáticos, você obtém uma gramática razoavelmente explícita sem as complicações de construção que tendem a vir junto com um Gerador de Analisadores Sintáticos.

Existem bibliotecas que implementam os vários operadores gramaticais em diferentes linguagens. Linguagens funcionais são uma escolha óbvia para implementar um Combinador de Analisadores Sintáticos, pois seu suporte a funções como objetos de primeira ordem, o que permite a passagem de uma função de ação como um parâmetro para o construtor do combinador. Entretanto, implementações em outras linguagens são bem possíveis também.

Assim como com os Analisadores Sintáticos Descendentes Recursivos, os Combinadores de Analisadores Sintáticos resultam em um analisador sintático descendente, então as mesmas restrições se aplicam. Muitas das vantagens de um Analisador Sintático Descendente Recursivo também se aplicam, em particular a facilidade de raciocinar acerca de quando as ações são realizadas. Apesar de um Combinador de Analisadores Sintáticos ser uma implementação bastante diferente de um analisador sintático, o algoritmo de controle da análise sintática pode ser rastreado usando as mesmas ferramentas de que lançamos mão para depurar outros programas. Na verdade, a abordagem de Combinadores de Analisadores Sintáticos, em associação a uma biblioteca de operadores ou implementações testadas de operadores, permite que o implementador de linguagem foque as ações, e não na análise sintática.

A maior desvantagem de um Combinador de Analisadores Sintáticos é que você mesmo ainda precisa construí-lo. Além disso, você não obtém os recursos mais sofisticados de análise sintática e de tratamento de erros que um Gerador de Analisadores Sintáticos dá a você em primeira mão.

22.3 Combinadores de analisadores sintáticos e o controlador da senhorita Grant (Java)

Para implementar o analisador sintático da máquina de estados em Java usando um Combinador de Analisadores Sintáticos, temos algumas decisões de projeto a tomar. Para este exemplo, lançaremos mão da abordagem mais funcional usando um objeto de resultado combinador e *Tradução Embarcada (299)* para preencher o objeto da máquina de estados à medida que procedemos com a análise sintática.

Primeiro, revisaremos a gramática completa da máquina de estados. As produções aqui são listadas em ordem inversa para casar com a estratégia de implementação que estamos usando.

```
arquivo da gramática...
  eventDec        : IDENTIFIER IDENTIFIER
  eventDecList    : (eventDec)*
  eventBlock      : EVENTS eventDecList END
  eventList       : (IDENTIFIER)*
  resetBlock      : (RESET eventList END)?
  commandDec      : IDENTIFIER IDENTIFIER
  commandDecList  : (commandDec)*
  commandBlock    : (COMMAND commandDecList END)?
  transition      : IDENTIFIER TRANSITION IDENTIFIER
  transitionList  : (transition) *
  actionDec       : IDENTIFIER
  actionList      : (actionDec)*
  actionBlock     : (ACTIONS LEFT actionList RIGHT)?
  stateDec        : STATE IDENTIFIER actionBlock transitionList END
  stateList       : (stateDec)*
  stateMachine    : eventBlock resetBlock commandBlock stateList
```

Para construir um combinador de analisadores sintáticos para a máquina de estados completa, então, precisamos construir os combinadores de analisadores sintáticos para cada um dos componentes terminais e não terminais da gramática. O conjunto completo de combinadores em Java para essa gramática é:

```
arquivo da gramática...
  //Símbolos Terminais
    private Combinator matchEndKeyword
      = new TerminalParser(ScannerPatterns.TokenTypes.TT_END);
    private Combinator matchCommandKeyword
      = new TerminalParser(ScannerPatterns.TokenTypes.TT_COMMANDS);
    private Combinator matchEventsKeyword
      = new TerminalParser(ScannerPatterns.TokenTypes.TT_EVENT);
    private Combinator matchResetKeyword
      = new TerminalParser(ScannerPatterns.TokenTypes.TT_RESET);
    private Combinator matchStateKeyword
      = new TerminalParser(ScannerPatterns.TokenTypes.TT_STATE);
    private Combinator matchActionsKeyword
      = new TerminalParser(ScannerPatterns.TokenTypes.TT_ACTIONS);
    private Combinator matchTransitionOperator
      = new TerminalParser(ScannerPatterns.TokenTypes.TT_TRANSITION);
    private Combinator matchLeftOperator
      = new TerminalParser(ScannerPatterns.TokenTypes.TT_LEFT);
    private Combinator matchRightOperator
      = new TerminalParser(ScannerPatterns.TokenTypes.TT_RIGHT);
    private Combinator matchIdentifier
      = new TerminalParser(ScannerPatterns.TokenTypes.TT_IDENTIFIER);
  //Regras de Produção para Não Terminais
    private Combinator matchEventDec       = new EventDec(matchIdentifier, matchIdentifier);
    private Combinator matchEventDecList   = new ListCombinator(matchEventDec);
    private Combinator matchEventBlock     = new SequenceCombinator(
      matchEventsKeyword, matchEventDecList, matchEndKeyword
    );
    private Combinator matchEventList      = new ResetEventsList(matchIdentifier);
```

```
    private Combinator matchResetBlock    = new OptionalSequenceCombinator (
      matchResetKeyword, matchEventList, matchEndKeyword
    );
    private Combinator matchCommandDec     = new CommandDec(matchIdentifier, matchIdentifier);
    private Combinator matchCommandList    = new ListCombinator(matchCommandDec);
    private Combinator matchCommandBlock   = new OptionalSequenceCombinator(
      matchCommandKeyword, matchCommandList, matchEndKeyword
    );
    private Combinator matchTransition     = new TransitionDec(
      matchIdentifier, matchTransitionOperator, matchIdentifier);
    private Combinator matchTransitionList = new ListCombinator(matchTransition) ;
    private Combinator matchActionDec      = new ActionDec(
      ScannerPatterns.TokenTypes.TT_IDENTIFIER
    ) ;
    private Combinator matchActionList     = new ListCombinator(matchActionDec);
    private Combinator matchActionBlock    = new OptionalSequenceCombinator(
      matchActionsKeyword, matchLeftOperator, matchActionList, matchRightOperator);
    private Combinator matchStateName      = new StateName(
      ScannerPatterns.TokenTypes.TT_IDENTIFIER
    );
    private Combinator matchStateDec       = new StateDec(
      matchStateKeyword, matchStateName, matchActionBlock,
      matchTransitionList, matchEndKeyword
    ) ;
    private Combinator matchStateList      = new ListCombinator(matchStateDec);
    private Combinator matchStateMachine   = new StateMachineDec(
      matchEventBlock, matchResetBlock, matchCommandBlock, matchStateList
    );
```

Os combinadores de símbolos terminais não possuem uma analogia direta no arquivo da gramática, dado que usamos um analisador léxico para encontrá-los. Passado esse ponto, no entanto, as declarações do combinador usam combinadores previamente definidos e aqueles que implementam vários operadores gramaticais para criar o combinador composto. Passaremos por cada um deles individualmente.

Para descrever a implementação do combinador de analisadores sintáticos, iniciaremos com os casos simples e então continuaremos até o reconhecedor final da máquina de estados. Iniciamos com uma classe básica para o combinador chamada Combinator, da qual todos os outros combinadores herdam.

```
class Combinator...
  public Combinator() {}
  public abstract CombinatorResult recognizer(CombinatorResult inbound);
  public void action(StateMachineMatchValue... results) { /* gancho */}
```

Todos os combinadores possuem duas funções. O reconhecedor mapeia um resultado de combinação (CombinatorResult) para um valor de resultado do mesmo tipo.

```
class CombinatorResult...
  private TokenBuffer tokens;
  private Boolean matchStatus;
  private StateMachineMatchValue matchValue;
```

Os três componentes do resultado de um combinador são o estado do *buffer* de *tokens*, o sucesso ou a falha do reconhecedor e o objeto que representa o valor de casamento resultante no *buffer* de *tokens*. Em nosso caso, o usamos simplesmente para manter a string que contém o valor do *token* de um casamento de um terminal.

```
class StateMachineMatchValue...
  private String matchString;
  public StateMachineMatchValue (String value) {
    matchString = value;
  }
  public String getMatchString () {
    return matchString;
  }
```

O segundo método em um combinador é aquele que realiza quaisquer ações relacionadas ao casamento. A entrada para a função de ação é um número de objetos de valores de casamento, um objeto para cada combinador de componentes. Por exemplo, um combinador de sequência que representa a regra:

```
arquivo da gramática...
  C : A B
```

teria dois valores de casamento passados para o método de ação.

Vamos iniciar com o reconhecedor para símbolos terminais. Como exemplo, usaremos o reconhecedor de identificadores. A declaração para esse reconhecedor é:

```
class StateMachineCombinatorParser...
  private Combinator matchEventBlock = new SequenceCombina
    matchEventsKeyword, matchEventDecList, matchEndKeyword
  );
```

A classe do combinador de terminais possui uma única variável de instância identificando o símbolo de *token* a ser casado.

```
class TerminalParser...
  public class TerminalParser extends Combinator {
    private ScannerPatterns.TokenTypes tokenMatch;
    public TerminalParser(ScannerPatterns.TokenTypes match) {
      this.tokenMatch = match;
    }
```

A função de reconhecimento padrão para terminais também é bastante simples.

```
class TerminalParser...
  public CombinatorResult recognizer(CombinatorResult inbound) {
    if (!inbound.matchSuccess()) return inbound;
    CombinatorResult result;
    TokenBuffer tokens = inbound.getTokenBuffer();
    Token t = tokens.nextToken();
```

```
      if (t.isTokenType(tokenMatch)) {
         TokenBuffer outTokens = new TokenBuffer(tokens.makePoppedTokenList());
         result = new CombinatorResult(outTokens, true, new StateMachineMatchValue(t.tokenValue));
         action(result.getMatchValue());
      } else {
         result = new CombinatorResult(tokens, false, new StateMachineMatchValue(""));
      }
      return result;
   }
```

Após verificar que o estado de casamento de entrada é verdadeiro (true), verificamos a posição atual no *buffer* de *tokens* para ver se esse valor casa com o valor de nossa variável de instância. Se sim, construímos um CombinatorResult bem-sucedido com o *buffer* de *tokens* deslocado e o valor de *token* do *token* casado gravado no valor de resultado. O método de ação é invocado nesse valor de casamento, que, nesse caso, simplesmente não faz coisa alguma com ele.

Agora, veremos algo um pouco mais interessante. A regra gramatical para declarações de blocos de evento se parece com o seguinte:

```
arquivo da gramática...
   eventBlock: eventKeyword eventDecList endKeyword
```

A declaração do combinador para essa regra usa um combinador de sequências (SequenceCombinator).

```
class StateMachineCombinatorParser...
   private Combinator matchEventBlock = new SequenceCombinator(
      matchEventsKeyword, matchEventDecList, matchEndKeyword
   );
```

Nesse caso, usaremos novamente o método de ação nulo, dado que o trabalho real é na verdade feito em outro lugar. O construtor para uma instância de SequenceCombinator aceita uma lista de combinadores, um para cada um dos símbolos na regra de produção.

```
class SequenceCombinator...
   public class SequenceCombinator extends AbstractSequenceCombinator {
      public SequenceCombinator (Combinator ... productions) {
         super(false, productions);
      }
   }
```

Nessa implementação, escolhemos criar classes separadas para sequências opcionais e exigidas, compartilhando a implementação, em vez de introduzir um operador de construções opcionais e adicionar outro nível de regras de produção à gramática. Estendemos essa classe básica, AbstractSequenceCombinator (combinador abstrato de sequências), para criar tanto a classe SequenceCombinator (combinador de sequências) quanto OptionalSequenceCombinator (combinador de sequências opcionais). A classe comum possui uma variável de instância representando a lista de combinadores da sequência e um valor booleano que indica se essa regra de composição é opcional ou não.

```
class AbstractSequenceCombinator...
  public abstract class AbstractSequenceCombinator extends Combinator {
    private Combinator[] productions;
    private Boolean isOptional;

    public AbstractSequenceCombinator(Boolean optional, Combinator... productions) {
      this.productions = productions;
      this.isOptional = optional;
    }
```

A função de casamento para o combinador compartilhado de sequências usa o valor booleano para determinar o que fazer no caso de uma falha no casamento.

```
class AbstractSequenceCombinator...
  public CombinatorResult recognizer(CombinatorResult inbound) {
    if (!inbound.matchSuccess()) return inbound;
    StateMachineMatchValue[] componentResults =
        new StateMachineMatchValue[productions.length];
    CombinatorResult latestResult = inbound;
    int productionIndex = 0;

    while (latestResult.matchSuccess() && productionIndex < productions.length) {
      Combinator p = productions[productionIndex];
      latestResult = p.recognizer(latestResult);
      componentResults[productionIndex] = latestResult.getMatchValue();
      productionIndex++;
    }
    if (latestResult.matchSuccess()) {
      action(componentResults);
    } else if (isOptional) {
      latestResult = new CombinatorResult(inbound.getTokenBuffer(),
          true, new StateMachineMatchValue(""));
    } else {
      latestResult = new CombinatorResult(inbound.getTokenBuffer(),
          false, new StateMachineMatchValue(""));
    }
    return (latestResult);
  }
```

Mais uma vez, usamos a cláusula de guarda para retornar imediatamente se o estado de casamento passado como parâmetro for false (falso). A função de casamento usa um laço while (enquanto) para passar pelos diferentes combinadores que definem a sequência, com o laço parando quando o estado do casamento for false (falso) ou quando todos os combinadores tiverem sido verificados. Se o casamento com um todo for bem-sucedido, isso significa que todos os combinadores na sequência casaram com sucesso. Nesse caso, invocamos o método de ação no vetor de valores de componentes casados. Se o valor de entrada for bem-sucedido, mas algo no laço tiver falhado, então precisamos consultar o marcador opcional. No caso de uma sequência opcional, esse casamento é bem-sucedido com os valores, e os *tokens* de entrada são retornados a seu estado no início do casamento. Naturalmente, o método de ação não é invocado, dado que nenhum casamento ocorreu. Caso contrário, um casamento que tenha falhado é retornado desse combinador, com os valores de entrada dos *tokens* e os valores restaurados.

Um exemplo de uma sequência opcional é o bloco de reinicialização:

```
class StateMachineCombinatorParser...
  private Combinator matchResetBlock =
    new OptionalSequenceCombinator (matchResetKeyword, matchEventList, matchEndKeyword);
```

para a regra gramatical:

```
arquivo da gramática...
  optionalResetBlock: (resetBlock)?
  resetBlock: resetKeyword (resetEvent)* endKeyword
  resetEvent: identifier
```

Antes de irmos em frente para mostrar como customizamos as ações, vamos terminar os operadores gramaticais com o operador de lista. Uma regra de produção que usa o operador de lista é a lista de declarações de eventos, com a seguinte regra gramatical.

```
arquivo da gramática...
  eventDecList: eventDec*
```

e a declaração no analisador sintático aparece como:

```
class StateMachineCombinatorParser...
  private Combinator matchEventDecList = new ListCombinator(matchEventDec);
```

A implementação de lista mostrada aqui é para listas opcionais. Assumimos para essa implementação que o operador de lista é aplicado a um único não terminal. Claramente, essa restrição é fácil de ser transposta. Dado isso, entretanto, o construtor aceita apenas o combinador único, que também representa a única variável de instância na classe.

```
class ListCombinator...
  public class ListCombinator extends Combinator {
    private Combinator production;
    public ListCombinator(Combinator production) {
        this.production = production;
    }
```

A função de casamento é clara.

```
class ListCombinator...
  public CombinatorResult recognizer(CombinatorResult inbound) {
    if (!inbound.matchSuccess()) return inbound;
    CombinatorResult latestResult = inbound;
    StateMachineMatchValue returnValues[];
    ArrayList<StateMachineMatchValue> results = new ArrayList<StateMachineMatchValue>();

    while (latestResult.matchSuccess()) {
      latestResult = production.recognizer(latestResult);
      if (latestResult.matchSuccess()) {
        results.add(latestResult.getMatchValue());
      }
    }
```

```
      if (results.size() > 0) { //casou com algo
        returnValues = results.toArray(new StateMachineMatchValue[results.size()]);
        action(returnValues);
        latestResult = new CombinatorResult(latestResult.getTokenBuffer(),
            true, new StateMachineMatchValue(""));
      }
      return (latestResult);
  }
```

Como não sabemos de antemão quantos valores serão bem-sucedidos para a lista, usamos uma lista baseada em vetor para manter os valores casados. Para deixar o sistema de tipos Java feliz, devemos então transformá-lo em um vetor do mesmo tipo para trabalhar com a assinatura de argumentos variável do método de ação.

Conforme havíamos mencionado, as ações para todos os combinadores anteriores, com exceção do método de identificadores, são operações nulas. As ações que preenchem os vários componentes da máquina de estados são, na verdade, associadas a outros não terminais. Nessa implementação, usamos classes internas Java, estendendo a classe base dos operadores gramaticais e sobrescrevendo seus métodos de ação. Consideremos a regra de produção de declarações de evento:

arquivo da gramática...
```
  eventDec: IDENTIFIER IDENTIFIER
```

com a declaração no analisador sintático aparecendo como:

```
class StateMachineCombinatorParser...
  private Combinator matchEventDec = new EventDec(matchIdentifier, matchIdentifier);
```

A definição de classe é:

```
class StateMachineCombinatorParser...
  private class EventDec extends SequenceCombinator {
    public EventDec(Combinator... productions) {
      super(productions);
    }
    public void action(StateMachineMatchValue... results) {
      assert results.length == 2;
      addMachineEvent(new Event(results[0].getMatchString(), results[1].getMatchString()));
    }
  }
```

Essa classe estende a classe SequenceCombinator e sobrescreve o método de ação. Assim como com todos os métodos de ação, a entrada é simplesmente a lista de resultados dos casamentos, representando os nomes dos identificadores para a declaração de eventos. Usamos as mesmas funções auxiliares de antes para carregar o evento na máquina de estados, extraindo as strings de nomes a partir dos valores relevantes casados. A outra produção segue esse mesmo padrão de implementação.

CAPÍTULO 23

Gerador de analisadores sintáticos

Construa um analisador sintático dirigido por um arquivo de gramática como uma DSL.

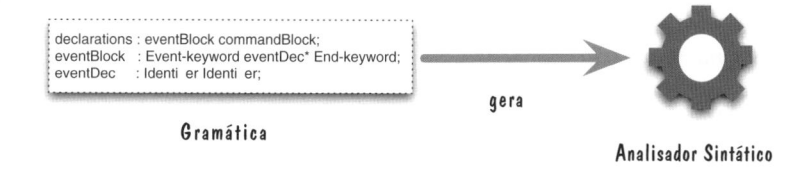

```
declarations : eventBlock commandBlock;
eventBlock   : Event-keyword eventDec* End-keyword;
eventDec     : Identi er Identi er;
```

Gramática

gera

Analisador Sintático

Um arquivo de gramática é uma maneira natural de descrever a estrutura sintática de uma DSL. Uma vez que você tenha uma gramática, convertê-la em um analisador sintático escrito manualmente é tedioso, e o trabalho tedioso deve ser feito por um computador.

Um Gerador de Analisadores Sintáticos usa esse arquivo de gramática para gerar um analisador sintático. O analisador sintático pode ser atualizado meramente a partir da atualização da gramática e da regeração. O analisador sintático gerado pode usar técnicas eficientes que seriam difíceis de serem construídas e mantidas manualmente.

23.1 Como funciona

Construir seu próprio Gerador de Analisadores Sintáticos não é uma tarefa simples, e qualquer um que seja capaz de fazer isso provavelmente não aprenderá coisa alguma lendo este livro. Então, aqui falarei apenas sobre o uso de um Gerador de Analisadores Sintáticos. Felizmente, os Geradores de Analisadores Sintáticos são ferramentas comuns, com algumas formas úteis disponíveis na maioria das plataformas de programação, frequentemente como código aberto.

A maneira comum de trabalhar com um Gerador de Analisadores Sintáticos é escrever um arquivo de gramática. Esse arquivo usará uma forma particular de *BNF (229)* utilizada por esse Gerador de Analisadores Sintáticos. Não espere qualquer padronização aqui; se você mudar seu Gerador de Analisadores Sintáticos, terá de escrever uma nova gramática. Para produção de saída, a maioria dos Geradores de Analisadores Sintáticos lhe permite usar *Código Estrangeiro (309)* para embarcar ações de código.

Uma vez que você tenha uma gramática, a rota comum é usar o Gerador de Analisadores Sintáticos para gerar um analisador sintático. A maioria dos Geradores de Analisadores Sintáticos utiliza geração de código, que pode permitir gerar um analisador sintático em diferentes linguagens-alvo. Não existe razão, é claro, para que um Gerador de Analisadores Sintáticos não seja capaz de ler um arquivo de gramática em tempo de execução e interpretá-lo, talvez construindo um *Combinador de Analisadores Sintáticos (255)*. Geradores de Analisadores Sintáticos usam geração de código devido a um misto de tradição e considerações de desempenho – particularmente porque em geral são focados em linguagens de propósito geral.

Em sua maioria, você trata o código gerado como uma caixa-preta e não mexe nele. No entanto, às vezes é bom acompanhar o que o analisador sintático está fazendo – particularmente se você está tentando depurar sua gramática. Nesse caso, existe a vantagem de o Gerador de Analisadores Sintáticos usar um algoritmo que é útil de ser seguido, tal como gerar um *Analisador Sintático Descendente Recursivo (245)*.

Ilustrei muitos dos padrões neste livro usando o Gerador de Analisadores Sintáticos ANTLR. ANTLR é minha recomendação para as pessoas se familiarizarem com Geradores de Analisadores Sintáticos, dado que ele é uma ferramenta madura, amplamente disponível e com boa documentação. Existe ainda uma ferramenta no estilo de uma IDE (ANTLRWorks) que fornece alguns recursos de interface gráfica bastante úteis para o desenvolvimento de gramáticas.

23.1.1 Embarcando ações

A análise sintática produz uma árvore de análise sintática; para fazer algo com essa árvore, precisamos embarcar algum código. Colocamos o código na gramática usando *Código Estrangeiro (309)*. Onde o colocamos na gramática indica onde o código é executado. Código Embarcado é colocado em expressões de regras a serem executadas como uma consequência do reconhecimento de tal regra.

Vamos pegar um exemplo de registro de eventos quando vemos declarações de eventos.

```
eventBlock    : Event-keyword eventDec* End-keyword;
eventDec      : Identifier Identifier {registerEvent($1, $2);}
              ;
```

Esse código nos pedirá para invocar o método `registerEvent` (registrar evento) logo após o analisador sintático ter reconhecido o segundo identificador em uma declaração de evento (`eventDec`). De forma a passar dados da árvore de análise sintática para `registerEvent`, precisamos de alguma forma de nos referirmos aos *tokens* mencionados na regra. Nesse caso, estou usando $1 e $2 para indicar os identificadores por posição – que é o estilo do Gerador de Analisadores Sintáticos Yacc.

As ações são normalmente mescladas no analisador sintático gerado enquanto ele está sendo gerado. Como resultado, o código embarcado é escrito na mesma linguagem do analisador sintático gerado.

Diferentes ferramentas de Geração de Analisadores Sintáticos possuem diferentes recursos para embarcar código e ligar as ações às regras. Embora eu não queira discutir todos os diferentes recursos que as diversas ferramentas possuem, penso que vale a pena destacar alguns deles. Já falei sobre como ligar o código embarcado a identificadores. Como a natureza de um analisador sintático é criar uma árvore de análise sintática, é frequentemente útil mover os dados nessa árvore. Um recurso comum e útil é, então, permitir que uma sub-regra retorne dados para seu pai. Para ilustrar isso, considere a seguinte gramática que usa o Gerador de Analisadores Sintáticos ANTLR:

```
eventBlock
 : K_EVENT (e = eventDec {registerEvent($e.result);})* K_END
 ;
eventDec returns [Event result]
 : name = ID code = ID {$result = createEvent($name, $code);}
 ;
```

Aqui, a regra `eventDec` é configurada para retornar um valor que a regra de mais alto nível pode acessar e usar. (Com o ANTLR, as ações referem-se aos elementos da gramática por nome, o que é normalmente melhor do que por posição.) A habilidade de retornar valores das regras pode facilitar muito a escrita de analisadores sintáticos – em particular, ela pode remover diversas *Variáveis de Contexto (175)*. Alguns Geradores de Analisadores Sintáticos, incluindo o ANTLR, também possuem a habilidade de empurrar dados para baixo como argumentos passados para as sub-regras – o que permite muita flexibilidade ao fornecer contexto para as sub-regras.

Esse fragmento também ilustra que a colocação das ações na gramática define o momento em que uma ação é chamada. Aqui, a ação em `eventBlock` (bloco de eventos) está no meio do lado direito, indicando que ela deve ser chamada após cada sub-regra `eventDec` ser reconhecida. Colocar ações dessa forma é um recurso comum em Geradores de Analisadores Sintáticos.

Quando estamos usando *Tradução Dirigida por Sintaxe (219)*, um problema comum que tenho visto é colocar muito código hospedeiro na gramática. Quando isso acontece, é difícil ver a estrutura da gramática, e o código hospedeiro é difícil de editar – e requer uma regeração para testar e depurar. O padrão-chave aqui é *Auxiliar de Embarcação (547)* – desloque o máximo de código que você puder para um objeto auxiliar. Os únicos códigos na gramática devem ser chamadas isoladas a métodos.

As ações definem o que fazer com a DSL, e a maneira como você as escreve depende da abordagem geral de análise sintática da DSL: *Construção de Árvore (281)*, *Interpretação Embarcada (305)* ou *Tradução Embarcada (299)*. Como um Gerador de Analisadores Sintáticos na verdade não é muito interessante sem uma dessas abordagens, você não encontrará exemplo algum neste padrão; em vez disso, dê uma olhada nesses outros padrões para ver exemplos.

Existe outro "bicho" que é similar a uma ação. Um **predicado semântico**, tal como uma ação, é um bloco de Código Estrangeiro, mas retorna um booleano que indica se a análise sintática para a regra foi bem-sucedida ou se falhou. As ações não afetam a análise sintática, mas os predicados semânticos sim. Em geral você usa um predicado semântico quando está lidando com áreas da gramática que não podem ser capturadas apropriadamente na linguagem da gramática. Eles costumam aparecer em linguagens mais complicadas, então, tendem a aparecer com mais frequência em linguagens de propósito geral. Mas, se você está tendo dificuldade em fazer uma gramática funcionar dentro da gramática da DSL, um predicado semântico abre as portas para realizar processamentos mais complicados.

23.2 Quando usar

Para mim, a maior vantagem em usar um Gerador de Analisadores Sintáticos reside na possibilidade de ele fornecer uma gramática explícita para definir a estrutura sintática da linguagem que você está processando. Isso é a vantagem-chave de usar uma DSL. Como os Geradores de Analisadores Sintáticos são projetados principalmente para tratar de linguagens complicadas, eles também dão a você muito mais recursos e poderes do que você obteria escrevendo seu próprio analisador sintático. Embora esses recursos possam requerer algum esforço para aprender, você pode iniciar com um conjunto simples e trabalhar incrementalmente a partir disso. Os Geradores de Analisadores Sintáticos podem fornecer bons tratamentos de erros e diagnósticos, o que, apesar de não falar sobre eles, pode fazer uma grande diferença quando você estiver tentando descobrir por que sua gramática não está fazendo o que você acha que deveria estar.

Existem algumas desvantagens no uso de um Gerador de Analisadores Sintáticos. Você pode estar em um ambiente de linguagem no qual não existe um Gerador de Analisadores Sintáticos – e esse não é o tipo de coisa que deveria estar escrevendo. Mesmo se existir um, você pode se recusar a introduzir mais uma nova ferramenta em seu kit. Como os Geradores de Analisadores Sintáticos tendem a usar geração de código, eles complicam o processo de construção, o que pode ser algo bem irritante.

23.3 Hello World (Java e ANTLR)

Sempre que você inicia com uma nova linguagem de programação, é tradicional escrever um programa *"Hello World"*. É um bom hábito, pois quando você não está habituado com um novo ambiente de programação, existe normalmente uma certa quantidade de coisas a serem entendidas antes de poder executar até o programa mais simples.

Com um Gerador de Analisadores Sintáticos como o ANTLR é praticamente a mesma coisa. É uma boa ter algo realmente simples de se fazer apenas para garantir que você sabe quais são as engrenagens do sistema e como elas funcionam em conjunto. Como uso o ANTLR para diversos exemplos deste livro, parece valer a pena vermos como ele se comporta. Vale a pena também conhecer os passos básicos aqui descritos para quando você for usar um Gerador de Analisadores Sintáticos diferente.

O modelo operacional básico de um Gerador de Analisadores Sintáticos é o seguinte: você escreve um arquivo de gramática e executa a ferramenta de Geração de Analisadores Sintáticos nessa gramática para produzir o código-fonte de um analisador sintático. Você então compila o analisador sintático junto com quaisquer outros códigos necessários para o analisador sintático trabalhar. Então, você pode analisar sintaticamente alguns arquivos.

23.3.1 Escrevendo a gramática básica

Como estamos buscando analisar texto sintaticamente, precisamos de alguns textos bem simples para analisar. Aqui está tal arquivo:

```
greetings.txt...
  hello Rebecca
  hello Neal
  hello Ola
```

Estou tratando esse arquivo como uma lista de saudações, na qual cada saudação é uma palavra-chave (`hello`) seguida por um nome. Aqui está uma gramática simples para reconhecer isso:

```
Greetings.g...
  grammar Greetings;

@header {
  package helloAntlr;
}

@lexer::header {
  package helloAntlr;
}

script    : greeting* EOF;
greeting  : 'hello' Name;

Name      : ('a'..'z' | 'A'..'Z')+;

WS        : (' ' |'\t' | '\r' | '\n')+ {skip();} ;
COMMENT   : '#'(~'\n')* {skip();} ;
ILLEGAL   : .;
```

Apesar de simples, o arquivo da gramática não é tão simples quanto eu gostaria.

A primeira linha declara o nome da gramática.

```
grammar Greetings;
```

A menos que eu queira colocar tudo no pacote padrão (vazio), preciso garantir que o analisador sintático que eu gerar vá para o pacote apropriado, que, nesse caso, é `helloAntlr` (olá ANTLR). Faço isso usando o atributo `@header` (cabeçalho) na gramática para mesclar código Java no cabeçalho do analisador sintático gerado. Isso me permite mesclar a sentença de pacote. Se eu precisasse adicionar outras importações, faria isso no mesmo local.

```
@header {
  package helloAntlr;
}
```

Faço o mesmo para o código do analisador léxico.

```
@lexer::header {
  package helloAntlr;
}
```

Agora vêm as regras que são o centro do arquivo. Apesar de o ANTLR, assim como a maioria dos Geradores de Analisadores Sintáticos, usar um analisador léxico separado de um analisador sintático, você gera ambos a partir de um único arquivo. Minhas duas primeiras linhas dizem que um script é formado por múltiplas saudações seguidas de um final de arquivo, e que uma saudação é o *token* de palavra reservada hello (olá) seguido por um *token* de nome (Name).

```
script   : greeting* EOF;
greeting : 'hello' Name;
```

O ANTLR distingue *tokens* fazendo-os iniciar com uma letra maiúscula. O nome é apenas uma string de letras.

```
Name    : ('a'..'z' | 'A'..'Z')+;
```

Normalmente, acho conveniente me livrar de espaços em branco aqui e declarar comentários. Quando as coisas estão desesperadoras, os comentários são um auxílio de depuração primitivo, mas confiável.

```
WS      : (' ' |'\t' | '\r' | '\n')+ {skip();} ;
COMMENT : '#'(~'\n')* {skip();} ;
ILLEGAL : .;
```

A última regra de *token* (ILLEGAL – ilegal) faz o analisador léxico relatar um erro se ele encontrar um *token* que não case com nenhuma das regras (de outra forma, tais *tokens* são ignorados silenciosamente).

Nesse ponto, se você está usando a IDE ANTLRWorks, possui o suficiente para executar o interpretador do ANTLR e verificar que ele lerá o texto. O próximo passo é gerar e executar um analisador sintático básico.

(Algo pequeno, mas que me atrapalhou algumas vezes. Se você não colocar EOF [fim do arquivo] no final da regra de nível mais alto, o ANTLR não relatará erros. Ele realmente para a análise sintática no primeiro sinal de problemas e não pensa que algo saiu errado. Isso é particularmente estranho uma vez que o ANTLRWorks mostrará um erro em seu interpretador quando isso acontecer – então é fácil de ficar confuso, frustrado e pronto para realizar atos violentos contra seu monitor.)

23.3.2 Construindo o analisador sintático

O próximo passo é executar o gerador de código do ANTLR para gerar os arquivos-fonte do ANTLR. Nesse ponto, é hora de lidarmos com o sistema de construção. O sistema de construção padrão para projetos Java é o Ant, então o usarei para o meu exemplo (apesar de, em casa, eu usar mais provavelmente o Rake).

Para gerar os arquivos-fonte, executo a ferramenta ANTLR, que é contida nos arquivos de biblioteca JAR.

```
build.xml...
  <property name="dir.src" value="src"/>
  <property name="dir.gen" value="gen"/>
  <property name="dir.lib" value="lib"/>
  <path id="path.antlr">
    <fileset dir="${dir.lib}">
      <include name="antlr*.jar"/>
      <include name="stringtemplate*.jar"/>
    </fileset>
  </path>

  <target name="gen">
    <mkdir dir="${dir.gen}/helloAntlr"/>
    <java classname="org.antlr.Tool" classpathref="path.antlr" fork="true" failonerror="true">
      <arg value="-fo"/>
      <arg value="${dir.gen}/helloAntlr"/>
      <arg value="${dir.src}/helloAntlr/Greetings.g"/>
    </java>
  </target>
```

Isso gera as várias fontes ANTLR e coloca-as no diretório gen. Mantenho o diretório gen separado de meus arquivos-fonte principais. Como eles são arquivos gerados, peço para meu sistema de controle de código-fonte ignorá-los.

O gerador de código produz diversos arquivos-fonte. Para nossos propósitos, os arquivos-chave são os códigos Java para o analisador léxico (GreetingsLexer.java) e o analisador sintático (GreetingsParser.java).

Esses são os arquivos gerados. O próximo passo é usá-los. Gosto de escrever minha própria classe para fazer isso. Chamo-a de carregador de saudações (greetings loader), uma vez que o ANTLR já usou a palavra "parser". Configuro-a com um leitor de entrada.

```
class GreetingsLoader...
  private Reader input;
  public GreetingsLoader(Reader input) {
    this.input = input;
  }
```

Em seguida, escrevo um método run (executar), que é aquele que na verdade orquestra os arquivos gerados pelo ANTLR a fazerem seu trabalho.

```
class GreetingsLoader...
  public List<String> run() {
    try {
      GreetingsLexer lexer = new GreetingsLexer(new ANTLRReaderStream(input));
      GreetingsParser parser = new GreetingsParser(new CommonTokenStream(lexer));
      parser.script();
      return guests;
    } catch (IOException e) {
      throw new RuntimeException(e);
    } catch (RecognitionException e) {
      throw new RuntimeException(e);
    }
  }
}
  private List<String> guests = new ArrayList<String>();
```

A ideia básica é que primeiro criei um analisador léxico baseado na entrada, seguido por um analisador sintático baseado no analisador léxico. Então, chamo um método no analisador sintático que possui o mesmo nome da regra de mais alto nível da minha gramática. Isso executará o analisador sintático no texto de entrada.

Posso executá-lo a partir de um teste simples.

```
@Test
public void readsValidFile() throws Exception {
  Reader input = new FileReader("src/helloAntlr/greetings.txt");
  GreetingsLoader loader = new GreetingsLoader(input);
  loader.run();
}
```

O teste é executado de maneira limpa, mas não é muito útil. Tudo o que ele indica é que o analisador sintático não explodiu quando leu o arquivo. Isso, no entanto, não pode nem mesmo dizer a você que ele leu o arquivo sem problemas. Então, é interessante alimentar o analisador sintático com alguma entrada inválida.

```
invalid.txt...
  hello Rebecca
  XXhello Neal
  hello Ola
```

```
test...
  @Test
  public void errorWhenKeywordIsMangled() throws Exception {
    Reader input = new FileReader("src/helloAntlr/invalid.txt");
    GreetingsLoader loader = new GreetingsLoader(input);
    try {
      loader.run();
      fail();
    } catch (Exception expected) {}
  }
```

Com o código escrito como está até agora, o teste falhará. O ANTLR imprimirá um aviso lhe avisando que teve problemas, mas o ANTLR está determinado a seguir com a análise sintática e recuperar-se de erros o máximo possível. Em geral, isso é uma coisa boa, mas particularmente no início pode ser frustrante descobrir que o ANTLR é tão tolerante e determinado.

Então, nesse ponto existem questões pendentes. Primeiro, tudo o que o analisador sintático está fazendo é ler o arquivo – sem produzir saída alguma. Segundo, é difícil dizer quando ele está errando. Não posso corrigir ambos os problemas introduzindo mais código no arquivo de gramática.

23.3.3 Adicionando ações de código à gramática

Com a *Tradução Dirigida por Sintaxe (219)*, existem três estratégias que posso usar para produzir alguma saída: *Construção de Árvore (281)*, *Interpretação Embarcada (305)* ou *Tradução Embarcada (299)*. Quando estou iniciando com algo assim, gosto de usar a Tradução Embarcada. Ela me dá uma maneira simples de ver o que está acontecendo.

Quando uso ações de código, gosto de usar um *Auxiliar de Embarcação (547)*. A maneira mais simples de usá-lo com o ANTLR é pegar a classe carregadora que já possuo e adicioná-la à gramática como um auxiliar. Se eu fizer isso, posso também fazer algo para notificar melhor os erros do usuário.

O primeiro estágio desse processo é modificar o arquivo da gramática para injetar código Java a mais no analisador sintático gerado. Uso o atributo members (membros) para declarar o Auxiliar de Embarcação e sobrescrever a função padrão de tratamento de erros para relatar um erro.

```
Greetings.g...
  @members {
    GreetingsLoader helper;
     public void reportError(RecognitionException e) {
       helper.reportError(e);
    }
  }
```

No carregador, posso agora fornecer uma implementação simples para relatar erros que grava os erros.

```
class GreetingsLoader...
  private List errors = new ArrayList();
  void reportError(RecognitionException e) {
    errors.add(e);
  }
  public boolean hasErrors() {return !isOk();}
  public boolean isOk() {return errors.isEmpty();}
  private String errorReport() {
    if (isOk()) return "OK";
    StringBuffer result = new StringBuffer("");
    for (Object e : errors) result.append(e.toString()).append("\n");
    return result.toString();
  }
```

Agora tudo o que tenho de fazer é adicionar algumas linhas ao método run para configurar o auxiliar e lançar uma exceção se o analisador sintático relatar quaisquer erros.

```
class GreetingsLoader...
  public void run() {
    try {
      GreetingsLexer lexer = new GreetingsLexer(new ANTLRReaderStream(input));
      GreetingsParser parser = new GreetingsParser(new CommonTokenStream(lexer));
      parser.helper = this;
      parser.script();
      if (hasErrors()) throw new RuntimeException("it all went pear-shaped\n" + errorReport());
    } catch (IOException e) {
      throw new RuntimeException(e);
    } catch (RecognitionException e) {
      throw new RuntimeException(e);
    }
  }
```

Com o auxiliar no lugar, posso também facilmente adicionar algumas ações de código para relatar os nomes das pessoas que cumprimentei.

```
Greetings.g...
  greeting  : 'hello' n=Name {helper.recordGuest($n);};

class GreetingsLoader...
  void recordGuest(Token t) {guests.add(t.getText());}
  List<String> getGuests() {return guests;}
  private List<String> guests = new ArrayList<String>();

test...
  @Teste
  public void greetedCorrectPeople() throws Exception {
    Reader input = new FileReader("src/helloAntlr/greetings.txt");
    GreetingsLoader loader = new GreetingsLoader(input);
    loader.run();
    List<String> expectedPeople = Arrays.asList("Rebecca", "Neal", "Ola");
    assertEquals(expectedPeople, loader.getGuests());
  }
```

Isso é tudo muito rudimentar, mas é o suficiente para garantir que o Gerador de Analisadores Sintáticos esteja gerando algo que analisará sintaticamente um arquivo, encontrará erros e se comunicará com algo que produzirá uma saída. Uma vez que esse exemplo simplório esteja funcionando, posso adicionar funcionalidades mais úteis.

23.3.4 Usando lacuna de geração

Outra maneira de inserir o auxiliar e os métodos de tratamento de erros no analisador sintático é usar uma *Lacuna de Geração (571)*. Com essa abordagem, escrevo manualmente uma superclasse do analisador sintático gerado pelo ANTLR. O analisador sintático pode, então, usar os métodos do auxiliar como chamadas normais de métodos.

Fazer isso requer uma opção no arquivo da gramática. O arquivo completo da gramática se pareceria com:

```
Greetings.g...
  grammar Greetings;
  options {superClass = BaseGreetingsParser;}

  @header {
  package subclass;
  }
  @lexer::header {
  package subclass;
  }

  script    : greeting * EOF;
  greeting  : 'hello' n=Name {recordGuest($n);};

  Name     : ('a'..'z' | 'A'..'Z')+;
  WS       : (' ' |'\t' | '\r' | '\n')+ {skip();} ;
  COMMENT  : '#'(~'\n')* {skip();} ;
  ILLEGAL  : .;
```

Não preciso mais sobrescrever `reportError` (relatar erro), pois farei isso em minha superclasse escrita a mão. Aqui está tal superclasse.

```
abstract public class BaseGreetingsParser extends Parser {
  public BaseGreetingsParser(TokenStream input) {
    super(input);
  }

  //---- métodos auxiliares
  void recordGuest(Token t) {guests.add(t.getText());}
  List<String> getGuests() { return guests; }
  private List<String> guests = new ArrayList<String>();

  //-------- Tratamento de Erros -----------------------------
  private List errors = new ArrayList();

  public void reportError(RecognitionException e) {
    errors.add(e);
  }

  public boolean hasErrors() {return !isOk();}

  public boolean isOk() {return errors.isEmpty();}
```

Essa classe é uma subclasse da classe base do analisador sintático do ANTLR, então ela introduziu-se na hierarquia acima do analisador sintático gerado. A classe escrita manualmente contém o código auxiliar e de relato de erros que estava separado antes na classe carregadora. Entretanto, ainda é útil ter uma classe adaptadora para coordenar a execução do analisador sintático.

```
class GreetingsLoader...
  private Reader input;
  private GreetingsParser parser;

  public GreetingsLoader(Reader input) {
    this.input = input;
  }

  public void run() {
    try {
      GreetingsLexer lexer = new GreetingsLexer(new ANTLRReaderStream(input));
      parser = new GreetingsParser(new CommonTokenStream(lexer));
      parser.script();
      if (parser.hasErrors()) throw new RuntimeException("it all went pear-shaped");
    } catch (IOException e) {
      throw new RuntimeException(e);
    } catch (RecognitionException e) {
      throw new RuntimeException(e);
    }
  }

  public List<String> getGuests() { return parser.getGuests();}
```

Tanto o relacionamento de herança quanto o de delegação possuem suas vantagens para o *Auxiliar de Embarcação (547)*. Não tenho uma opinião forte sobre qual o melhor a ser usado, e uso ambos nos exemplos deste livro.

Muito mais precisa ser feito para trabalhos reais, mas penso que esses exemplos simples são um bom ponto de partida. Você encontrará mais exemplos do uso de um Gerador de Analisadores Sintáticos, incluindo a máquina de estados da segurança gótica, no restante dos padrões nesta parte do livro.

Capítulo 24

Construção de árvore

O analisador sintático cria e retorna uma representação de árvore sintática do texto--fonte que é manipulada posteriormente por código de percurso na árvore.

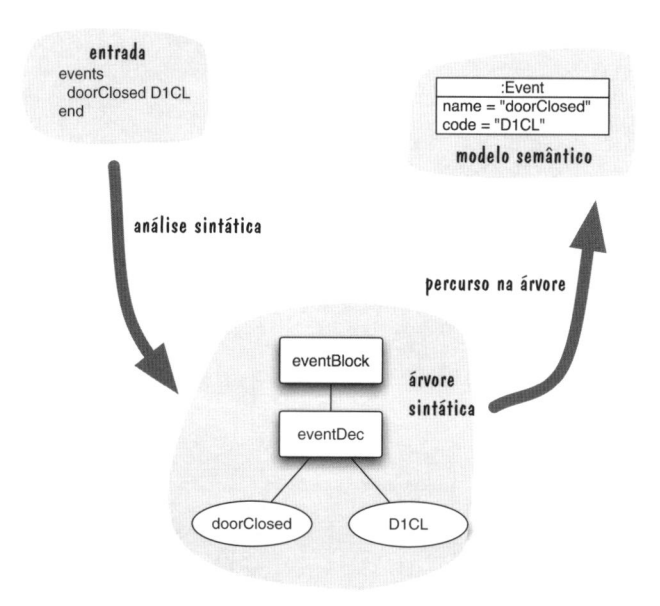

24.1 Como funciona

Qualquer analisador sintático usando *Tradução Dirigida por Sintaxe (219)* constrói uma árvore sintática enquanto está realizando a análise sintática. Ele constrói a árvore na pilha, removendo os ramos quando tiver terminado de usá-los. Com a Construção de Árvore, criamos ações de análise sintática que constroem uma árvore sintática na memória durante a análise sintática. Uma vez que o analisador sintático estiver completo, temos uma árvore sintática para o script DSL. Podemos, então, conduzir manipulações adicionais baseados nessa árvore sintática. Se estivermos usando um *Modelo Semântico (159)*, executamos o código que percorre nossa árvore sintática e preenchemos o Modelo Semântico.

A árvore sintática que criamos na memória não precisa corresponder diretamente à árvore de análise sintática real que o analisador sintático cria à medida que ele prossegue – na verdade, ela normalmente não corresponde. No lugar, construímos o que chamamos de uma **árvore sintática abstrata**. Uma árvore sintática abstrata (AST) é uma simplificação da árvore de análise sintática que fornece uma melhor representação de árvore da linguagem de entrada.

Vamos explorar isso com um pequeno exemplo. Usarei uma declaração de eventos para meu exemplo da máquina de estados.

```
events
   doorClosed   D1CL
   drawOpened   D2OP
end
```

O analisarei com a seguinte gramática:

```
declarations  : eventBlock commandBlock;
eventBlock    : Event-keyword eventDec* End-keyword;
eventDec      : Identifier Identifier;
commandBlock  : Command-keyword commandDec* End-keyword;
commandDec    : Identifier Identifier;
```

para produzir a árvore de análise sintática na Figura 24.1.

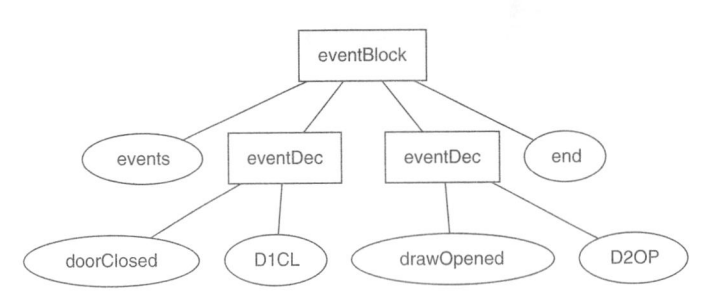

Figura 24.1   *Árvore de análise sintática para a entrada de evento.*

Se você olhar essa árvore, deve notar que os nós de eventos (events) e o nó final (end) são desnecessários. As palavras foram necessárias no texto de entrada de forma a marcar as fronteiras das declarações de evento, mas uma vez que as analisamos sintaticamente em uma estrutura de árvore não precisamos mais delas – estão apenas enchendo a estrutura de dados. Em vez disso, poderíamos representar a entrada com a árvore sintática da Figura 24.2.

```
                    ┌─────────────┐
                    │ eventBlock  │
                    └──────┬──────┘
                ┌──────────┴──────────┐
          ┌─────┴─────┐         ┌─────┴─────┐
          │ eventDec  │         │ eventDec  │
          └─────┬─────┘         └─────┬─────┘
          ┌────┴────┐             ┌───┴────┐
     ( doorClosed ) ( D1CL )  ( drawOpened ) ( D2OP )
```

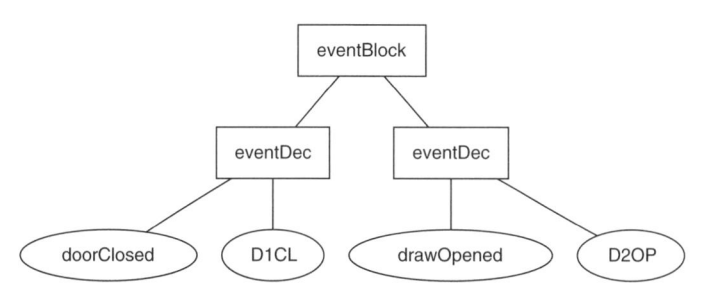

Figura 24.2   *Uma AST para a entrada de eventos.*

Essa árvore não é uma representação fiel à entrada, mas é o que precisamos se formos processar os eventos. É uma abstração da entrada mais adequada para nosso propósito. Obviamente, diferentes ASTs podem ser necessárias por diferentes razões; se apenas quiséssemos listar os códigos de evento, poderíamos abandonar o nome e os nós eventDec e manter os códigos – essa seria uma AST diferente para um propósito diferente.

Nesse ponto devo deixar claras minhas distinções terminológicas. Uso o termo **árvore sintática** para descrever uma estrutura de dados hierárquica que é formada ao se analisar sintaticamente alguma entrada. Uso o termo "árvore sintática" como um termo geral: árvore de análise sintática e AST são tipos particulares de árvores sintáticas. Uma árvore de análise sintática é uma árvore sintática que corresponde diretamente ao texto de entrada, enquanto uma AST faz algumas simplificações da entrada baseada na utilização.

De forma a construir uma árvore sintática, você pode usar ações de código em sua *BNF (229)*. Em particular, a habilidade das ações de código de retornar valores de um nó é muito útil com essa abordagem – cada ação de código monta a representação de seu nó na árvore sintática resultante.

Alguns *Geradores de Analisadores Sintáticos (269)* vão além, oferecendo uma DSL para especificar a árvore sintática. No ANTLR, por exemplo, podemos criar a AST acima usando uma regra como essa:

```
eventDec :    name=ID code=ID -> ^(EVENT_DEC $name $code);
```

O operador -> introduz a regra de construção de árvore. O corpo da regra é uma lista na qual o primeiro elemento é o tipo do nó (EVENT_DEC), seguido pelos nós filhos, que, nesse caso, são os *tokens* para o nome e o código.

Usar uma DSL para Construção de Árvore pode simplificar muito a construção de uma AST. Frequentemente, os Geradores de Analisadores Léxicos que suportam isso lhe darão a árvore de análise sintática se você não fornecer quaisquer regras de construção de árvore, mas você quase nunca quer a árvore de análise sintática. Em geral é preferível simplificá-la em uma AST usando essas regras.

Uma AST construída dessa maneira consistirá de objetos genéricos que mantêm os dados para a árvore. No exemplo acima, eventDec é um nó genérico de árvore com o nome e o código como filhos. Tanto o nome quanto o código são *tokens* genéricos. Se você mesmo construir a árvore com ações de código, poderia criar objetos reais aqui – tal como um objeto de evento real com o nome e o código como campos. Prefiro ter uma AST genérica e então usar um processamento de segundo estágio para transformá-la em um Modelo Semântico. É preferível ter duas transformações simples que uma complicada.

24.2 Quando usar

Tanto a Construção de Árvore quanto a *Tradução Embarcada (299)* são abordagens úteis para preencher um *Modelo Semântico (159)* durante a análise sintática. A Tradução Embarcada faz a transformação em um único passo, enquanto a Construção de Árvore usa dois passos, com a AST como um modelo intermediário. O argumento em favor do uso da Construção de Árvore é que ela quebra uma única transformação em duas transformações mais simples. Se isso faz valer a pena o esforço de lidar com um modelo intermediário ou não, depende muito da complexidade da transformação. Quanto mais complexa for a transformação, mais útil pode ser um modelo intermediário.

Um sinal de complexidade em particular é a necessidade de realizar diversos passos a partir de um script DSL. Coisas como referências para frente podem ser um pouco mais desconfortáveis de serem usadas se você está fazendo todo o processamento em um único passo. Com a Construção de Árvore é fácil percorrer a árvore muitas vezes como parte de um processamento posterior.

Outro fator que encoraja você a usar Construção de Árvore é se seu *Gerador de Analisadores Sintáticos (269)* fornece ferramentas que lhe permitem construir uma AST de uma maneira realmente fácil. Alguns Geradores de Analisadores Sintáticos não dão escolha – você precisa usar Construção de Árvore. A maioria oferece a opção de usar Tradução Embarcada, mas, se o Gerador de Analisadores Sintáticos facilita bem mais a construção de uma AST, isso torna a Construção de Árvore uma opção mais atrativa.

É provável que a Construção de Árvore consuma mais memória que abordagens alternativas, pois ela precisa armazenar a AST. Na maioria dos casos, no entanto, isso não fará qualquer diferença significativa. (Apesar de certamente ter sido um grande fator no passado.)

Você pode processar a mesma AST de diferentes maneiras para preencher diferentes Modelos Semânticos se precisar deles, e reutilizar o analisador sintático. Isso pode ser útil, porém, se a construção de árvore do analisador sintático for fácil, pode ser mais simples usar diferentes AST para diferentes propósitos. Também pode ser melhor transformar em um único Modelo Semântico e então usá-lo como base para transformar em outras representações.

24.3 Usando a sintaxe de construção de árvore do ANTRL (Java e ANTLR)

Usarei a DSL da máquinas de estados do primeiro capítulo, especificamente com o controlador da senhorita Grant. Aqui está o texto específico que usarei para o exemplo.

```
events
  doorClosed    D1CL
  drawerOpened  D2OP
  lightOn       L1ON
  doorOpened    D1OP
  panelClosed   PNCL
end

resetEvents
  doorOpened
end

commands
  unlockPanel  PNUL
  lockPanel    PNLK
  lockDoor     D1LK
  unlockDoor   D1UL
end

state idle
  actions {unlockDoor lockPanel}
  doorClosed => active
end

state active
  drawerOpened => waitingForLight
  lightOn      => waitingForDrawer
end


state waitingForLight
  lightOn => unlockedPanel
end

state waitingForDrawer
  drawerOpened => unlockedPanel
end

state unlockedPanel
  actions {unlockPanel lockDoor}
  panelClosed => idle
end
```

24.3.1 Analisando lexicamente

A análise léxica para esse código é bastante simples. Temos algumas palavras-chave (events, end, etc.) e um punhado de identificadores. O ANTLR nos permite colocar as palavras-chave como texto literal nas regras gramaticais, o que é geralmente mais fácil de ser lido. Então precisamos apenas de regras léxicas para identificadores.

```
fragment LETTER : ('a'..'z' | 'A'..'Z' | '_');
fragment DIGIT  : ('0'..'9');

ID    : LETTER (LETTER | DIGIT)* ;
```

Estritamente, as regras de análise léxica para nomes e para códigos são diferentes – os nomes podem ter qualquer tamanho, mas os códigos devem ter quatro letras maiúsculas. Então, podemos definir regras léxicas diferentes para eles. Entretanto, nesse caso isso se torna complicado. A string ABC1 é um código válido, mas é também um nome válido. Se virmos ABC1 no programa DSL, podemos dizer qual é qual por seu contexto: state ABC1 é diferente de event unlockDoor ABC1. O analisador sintático também será capaz de usar o contexto para fazer a diferença, mas o analisador léxico não. Então, a melhor opção aqui é usar o mesmo *token* para ambos e deixar que o analisador sintático descubra quem é quem. Isso significa que o analisador sintático não gerará um erro para códigos de cinco letras – precisamos resolver isso em nosso próprio processamento semântico.

Também precisamos de regras léxicas para remover o espaço em branco.

```
WHITE_SPACE : (' ' |'\t' | '\r' | '\n')+ {skip();} ;
COMMENT     : '#' ~'\n'* '\n' {skip();};
```

Nesse caso, os espaços em branco incluem novas linhas. Projetei a DSL de uma maneira que sugerisse que existem términos de linhas significativos que terminam sentenças na DSL, mas, como você pode ver agora, isso não é verdade. Todos os espaços em branco, incluindo os términos de linha, são removidos. Isso me permite formatar o código DSL da maneira que eu quiser. Essa é uma diferença notável ante a *Tradução Dirigida por Delimitadores (201)*. Na verdade, vale a pena lembrar que não existe qualquer separador de sentença, diferentemente da maioria das linguagens de propósito geral, que precisam de algo como uma nova linha ou um ponto e vírgula para terminar sentenças. Frequentemente, as DSLs podem se livrar de terem separadores de sentenças porque as sentenças são bastante limitadas. Coisas como expressões aritméticas forçarão você a usar separadores de sentenças, mas para muitas DSLs você pode ser bem-sucedido sem eles. Assim como com a maioria das coisas, você não os coloca até que realmente precisa deles.

Para esse exemplo, estou pulando os espaços em branco, isso quer dizer que eles são perdidos no analisador sintático. Isso é razoável, dado que o analisador sintático não precisa deles – tudo o que ele precisa são dos *tokens* significativos. Entretanto, existe uma situação na qual os espaços em branco acabam sendo úteis novamente – quando as coisas dão errado. Para dar bons relatórios de erros, você precisa de números de linhas e de números de colunas; para fornecê-los, você precisa manter os espaços em branco. O ANTLR permite que você faça isso enviando os *tokens* de espaços em branco em um canal diferente, com uma sintaxe como WS : ('\r' | '\n' | ' ' | '\t')+ {$channel=HIDDEN}. Isso envia os espaços em branco por meio de um canal oculto, de forma que ele possa ser usado para tratamento de erros, mas que não afete as regras de análise sintática.

24.3.2 Analisando sintaticamente

As regras de análise léxica funcionam da mesma forma no ANTLR, esteja você usando Construção de Árvore ou não – é o analisador sintático que opera de maneira diferente. Para usar Construção de Árvore, precisamos pedir para o ANTLR produzir uma AST.

```
options {
  output=AST;
  ASTLabelType = MfTree;
}
```

Tendo dito ao ANTLR para produzir uma AST, estou dizendo para ele também que preencha essa AST com nós de um tipo em particular: MfTree (árvore de Martin Fowler). Essa é uma subclasse da classe genérica CommonTree (árvore comum) do ANTLR que me permite adicionar algum comportamento que prefiro ter em meus nós de árvore. A nomeação aqui é um pouco confusa. A classe representa um nó e seus filhos, então você pode ou pensar nela como um nó ou como uma (sub)árvore. A nomeação do ANTLR a chama de árvore, então segui isso em meu código, apesar de pensar nela como um nó na árvore.

Agora partiremos para as regras gramaticais. Iniciarei com a regra de nível mais alto que define a estrutura do arquivo completo da DSL.

```
machine : eventList resetEventList? commandList? state*;
```

Essa regra lista as cláusulas principais em sequência. Se eu não tiver nenhuma regra de construção de árvore para o ANTLR, ele simplesmente retornará um nó para cada termo no lado direito de uma sequência. Normalmente, não é isso o que queremos, mas ele faz seu trabalho certo aqui.

Pegando os termos em ordem, o primeiro chega em events.

```
eventList
  : 'events' event* 'end' -> ^(EVENT_LIST event*);

event   :   n=ID c=ID -> ^(EVENT $n $c);
```

Existem algumas coisas a serem ditas acerca dessas duas regras. Uma delas é que essas regras introduzem a sintaxe do ANTLR para construções de árvore, que é o código que segue o -> em cada regra.

A regra eventList (lista de eventos) usa duas constantes em string – isso significa que colocamos os *tokens* de palavras-chave diretamente nas regras do analisador sintático sem criar regras de análise léxicas separadas para eles.

As regras de construção de árvores nos permitem dizer o que vai na AST. Em ambos os casos aqui, usamos ^(list...) para criar e retornar um novo nó na AST. O primeiro item na lista entre parênteses é o tipo de *token* do nó. Nesse caso, criamos um novo tipo de *token*. Todos os itens que seguem o tipo de *token* são os outros nós na árvore. Para a lista de eventos, simplesmente colocamos todos os eventos como irmãos na lista. Para o evento, nomeamos os *tokens* na BNF e os referenciamos na construção de árvore para mostrar como eles são colocados.

Os *tokens* EVENT_LIST (lista de eventos) e EVENT (evento) são *tokens* especiais que criei como parte da análise sintática – eles não eram *tokens* produzidos pelo analisador léxico. Quando crio *tokens* como esses, preciso declará-los no arquivo da gramática.

```
tokens { EVENT_LIST; EVENT; COMMAND_LIST; COMMAND;
        STATE; TRANSITION_LIST; TRANSITION; ACTION_LIST;
        RESET_EVENT_LIST;
}
```

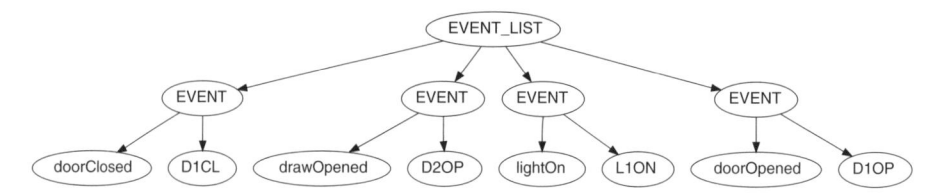

Figura 24.3 *AST para a lista de eventos da senhorita Grant.*

Os comandos são tratados da mesma maneira, e os eventos de reinicialização são uma lista simples.

```
commandList : 'commands' command* 'end' -> ^(COMMAND_LIST command*);
command : ID ID -> ^(COMMAND ID+);

resetEventList : 'resetEvents' ID* 'end' -> ^(RESET_EVENT_LIST ID*);
```

Os estados são um pouco mais complicados, mas usam a mesma abordagem básica.

```
state
  : 'state' ID actionList? transition* 'end'
    -> ^(STATE ID ^(ACTION_LIST actionList?) ^(TRANSITION_LIST transition*) )
  ;
transition : ID '=>' ID -> ^(TRANSITION ID+);
actionList : 'actions' '{' ID* '}' -> ID*;
```

A cada vez, o que estou fazendo é coletar em conjunto porções apropriadas da DSL e colocá-las em um nó que descreve o que esse conjunto representa. O resultado é uma AST bastante similar à árvore de análise sintática, mas não exatamente a mesma. Meu objetivo é manter minhas regras de construção de árvore muito simples e minha árvore sintática fácil de ser percorrida.

24.3.3   Preenchendo o modelo semântico

Uma vez que o analisador sintático tenha preenchido uma árvore, o próximo passo é navegar nessa árvore e preencher o *Modelo Semântico (159)*. O Modelo Semântico é o mesmo modelo da máquina de estados que usei na introdução. A interface para construí-lo é bastante simples, então não entrarei em detalhes aqui.

Criei um carregador de classes para preencher o Modelo Semântico.

```
class StateMachineLoader...
  private Reader input;
  private MfTree ast;
  private StateMachine machine;

  public StateMachineLoader(Reader input) {
    this.input = input;
  }
```

Uso um carregador como uma classe comando. Aqui está seu método `run` (executar), que indica a sequência de passos que uso para conduzir a tradução:

```
class StateMachineLoader...
  public void run() {
    loadAST();
    loadSymbols();
    createMachine();
  }
```

A fim de explicar isso em português, primeiro uso o analisador sintático gerado pelo ANTLR para analisar sintaticamente o fluxo de entrada e crio uma AST. Então, navego pela AST para construir *Tabelas de Símbolos (165)*. Por fim, monto os objetos em uma máquina de estados.

O primeiro passo são os feitiços para fazer o ANTLR construir a AST.

```
class StateMachineLoader...
  private void loadAST() {
    try {
      StateMachineLexer lexer = new StateMachineLexer(new ANTLRReaderStream(input));
      StateMachineParser parser = new StateMachineParser(new CommonTokenStream(lexer));
      parser.helper = this;
      parser.setTreeAdaptor(new MyNodeAdaptor());
      ast = (MfTree) parser.machine().getTree();
    } catch (IOException e) {
      throw new RuntimeException(e);
    } catch (RecognitionException e) {
      throw new RuntimeException(e);
    }
  }

class MyNodeAdaptor extends CommonTreeAdaptor {
  public Object create(Token token) {
    return new MfTree(token);
  }
}
```

`MyNodeAdaptor` (meu adaptador de nó) é um segundo passo para dizer ao ANTLR para criar a AST com `MfTree` em vez de com `CommonTree`.

O próximo passo é construir a tabela de símbolos. Isso envolve navegar na AST para encontrar todos os eventos, os comandos e os estados e carregá-los em mapas de forma que possamos buscá-los facilmente para criar as ligações quando criamos a máquina de estados.

```
class StateMachineLoader...
  private void loadSymbols() {
    loadEvents();
    loadCommands();
    loadStateNames();
  }
```

Aqui está o código para eventos:

```
class StateMachineLoader...
  private Map<String, Event> events = new HashMap<String, Event>();

  private void loadEvents() {
    MfTree eventList = ast.getSoleChild(EVENT_LIST);
    for (MfTree eventNode : eventList.getChildren()) {
      String name = eventNode.getText(0);
      String code = eventNode.getText(1);
      events.put(name, new Event(name, code));
    }
  }

class MfTree...
  List<MfTree> getChildren() {
    List<MfTree> result = new ArrayList<MfTree>();
    for (int i = 0; i < getChildCount(); i++)
      result.add((MfTree) getChild(i));
    return result;
  }

  MfTree getSoleChild(int nodeType) {
    List<MfTree> matchingChildren = getChildren(nodeType);
    assert 1 == matchingChildren.size();
    return matchingChildren.get(0);
  }

  List<MfTree> getChildren(int nodeType) {
    List<MfTree> result = new ArrayList<MfTree>();
    for (int i = 0; i < getChildCount(); i++)
      if (getChild(i).getType() == nodeType)
        result.add((MfTree) getChild(i));
    return result;
  }

  String getText(int i) {
    return getChild(i).getText();
  }
```

Os tipos de nós são definidos no código gerado no analisador sintático. Quando os uso no carregador, posso utilizar uma importação estática para que seja mais fácil referenciá-los.

Os comandos são carregados de maneira similar – estou seguro de que você pode adivinhar o código que faz isso. Carrego os estados de maneira similar, mas, nesse ponto, apenas tenho o nome nos objetos de estado.

```
class StateMachineLoader...
  private void loadStateNames() {
    for (MfTree node : ast.getChildren(STATE))
      states.put(stateName(node), new State(stateName(node)));
  }
```

Preciso fazer algo como isso porque os estados são usados em declarações à frente. Na DSL, posso mencionar um estado em uma transição antes de declará-lo.

Esse é um caso no qual a construção de árvore funciona muito bem – não existe problema algum em ter quantas passagens pela AST forem necessárias para unir as coisas.

O passo final é realmente criar a máquina de estados.

```
class StateMachineLoader...
  private void createMachine() {
    machine = new StateMachine(getStartState());
    for (MfTree node : ast.getChildren(StateMachineParser.STATE)) loadState(node);
    loadResetEvents();
  }
```

O estado inicial é o primeiro estado declarado.

```
class StateMachineLoader...
  private State getStartState() {
    return states.get(getStartStateName());
  }

  private String getStartStateName() {
    return stateName((MfTree) ast.getFirstChildWithType(STATE));
  }
```

Agora podemos unir as transições e as ações para todos os estados.

```
class StateMachineLoader...
  private void loadState(MfTree stateNode) {
    for (MfTree t : stateNode.getSoleChild(TRANSITION_LIST).getChildren()) {
      getState(stateNode).addTransition(events.get(t.getText(0)), states.get(t.getText(1)));
    }
    for (MfTree t : stateNode.getSoleChild(ACTION_LIST).getChildren())
      getState(stateNode).addAction(commands.get(t.getText()));
  }

  private State getState(MfTree stateNode) {
    return states.get(stateName(stateNode));
  }
```

E, por fim, adicionamos os eventos de reinicialização, que a API da máquina de estados espera que façamos no final.

```
class StateMachineLoader...
  private void loadResetEvents() {
    if (!ast.hasChild(RESET_EVENT_LIST))  return;
    MfTree resetEvents = ast.getSoleChild(RESET_EVENT_LIST);
    for (MfTree e : resetEvents.getChildren())
      machine.addResetEvents(events.get(e.getText()));
  }
class MfTree...
  boolean hasChild(int nodeType) {
    List<MfTree> matchingChildren = getChildren(nodeType);
    return matchingChildren.size() != 0;
  }
```

24.4 Construção de árvore usando ações de código (Java e ANTLR)

A sintaxe do ANTLR para Construção de Árvore é a maneira mais fácil de fazer isso, mas muitos *Geradores de Analisadores Sintáticos (269)* não possuem um recurso similar. Nesses casos, você ainda pode fazer uma Construção de Árvore, mas você mesmo precisa formar a árvore com ações de código. Com esse exemplo, demonstrarei como fazê-lo. Usarei o ANTLR para economizar a introdução de outro Gerador de Analisadores Sintáticos, mas devo reforçar que nunca usaria tal técnica com o ANTLR, visto que sua sintaxe especial é muito mais fácil de ser usada.

A primeira coisa a decidir é como representar a árvore. Uso uma classe de nó simples.

```
class Node...
  private Token content;
  private Enum type;
  private List<Node> children = new ArrayList<Node>();

  public Node(Enum type, Token content) {
    this.content = content;
    this.type = type;
  }
  public Node(Enum type) {
    this(type, null);
  }
```

Meus nós não são estaticamente tipados – uso a mesma classe para nós de estado e para nós de eventos. Uma alternativa a isso é ter diferentes tipos de nós para diferentes classes.

Tenho uma pequena classe construtora de árvore que envolve o analisador sintático gerado pelo ANTLR para produzir a AST.

```
class TreeConstructor...
  private Reader input;

  public TreeConstructor(Reader input) {
    this.input = input;
  }
  public Node run() {
    try {
      StateMachineLexer lexer = new StateMachineLexer(new ANTLRReaderStream(input));
      StateMachineParser parser = new StateMachineParser(new CommonTokenStream(lexer));
      parser.helper = this;
      return parser.machine();
    } catch (IOException e) {
      throw new RuntimeException(e);
    } catch (RecognitionException e) {
      throw new RuntimeException(e);
    }
  }
```

Preciso de uma enumeração para declarar meus tipos de nós. Coloco isso no construtor de árvore e importo-a estaticamente em outras classes que a necessitarem.

```
class TreeConstructor...
  public enum NodeType {STATE_MACHINE,
    EVENT_LIST, EVENT, RESET_EVENT_LIST,
    COMMAND_LIST, COMMAND,
    NAME, CODE,
    STATE, TRANSITION, TRIGGER, TARGET,
    ACTION_LIST, ACTION
  }
```

Todas as regras gramaticais no analisador sintático seguem o mesmo formato básico. A regra para eventos ilustra isso muito bem e de maneira simples.

```
arquivo da gramática...
  event returns [Node result]
    : {$result = new Node(EVENT);}
      name=ID {$result.add(NAME, $name);}
      code=ID {$result.add(CODE, $code);}
    ;
```

Cada regra declara um nó como seu tipo de retorno. A primeira linha da regra cria esse nó de resultado. Como reconheço cada *token* que é parte da regra, eu simplesmente adiciono-o como um filho.

Regras de mais alto nível repetem o padrão.

```
arquivo da gramática...
  eventList returns [Node result]
    : {$result = new Node(EVENT_LIST);}
      'events'
      (e=event {$result.add($e.result);} )*  //adicionar evento
      'end'
    ;
```

A única diferença é que adiciono os nós das sub-regras usando $e.result, de forma que o ANTLR pegue o tipo de retorno da regra de maneira apropriada.

Existe um idioma não óbvio na linha rotulada com "adicionar evento". Note como tenho de colocar a cláusula de evento e a ação de código entre parênteses e ter o operador de estrela de Kleene sendo aplicado ao grupo entre parênteses. Faço isso para garantir que a ação de código seja executada uma vez para cada evento.

Adicionei métodos no nó para facilitar a adição de nós filhos com um código simples.

```
class Node...
  public void add(Node child) {
    children.add(child);
  }
  public void add(Enum nodeType, Token t) {
    add(new Node(nodeType, t));
  }
```

Normalmente, uso um *Auxiliar de Embarcação (547)* com um arquivo de gramática. Esse caso é uma exceção, dado que o código para construir a AST é tão simples que chamadas a um ajudante não seriam mais fáceis de serem usadas.

A regra de nível mais alto da máquina continua essa estrutura básica.

arquivo da gramática...
```
  machine returns [Node result]
    : {$result = new Node(STATE_MACHINE);}
      e=eventList {$result.add($e.result);}
      (r=resetEventList {$result.add($r.result);} )?
      (c=commandList {$result.add($c.result);}) ?
      (s=state {$result.add($s.result);} )*
    ;
```

Os comandos e eventos de reinicialização são carregados da mesma maneira que os eventos.

arquivo da gramática...
```
  commandList returns [Node result]
    : {$result = new Node(COMMAND_LIST);}
      'commands'
      (c=command {$result.add($c.result);})*
      'end'
    ;
  command returns [Node result]
    : {$result = new Node(COMMAND);}
      name=ID {$result.add(NAME, $name);}
      code=ID {$result.add(CODE, $code);}
    ;
  resetEventList returns [Node result]
    : {$result = new Node(RESET_EVENT_LIST);}
      'resetEvents'
      (e=ID {$result.add(NAME, $e);} )*
      'end'
    ;
```

Outra diferença da gramática com a sintaxe específica é que fiz tipos de nós especiais para o nome e o código, o que torna o código de percurso em árvore um pouco mais claro mais para frente.

O código final para mostrar é a análise sintática dos estados.

arquivo da gramática...
```
  state returns [Node result]
    : {$result = new Node(STATE);}
      'state' name = ID {$result.add(NAME, $name);}
      (a=actionList {$result.add($a.result);} )?
      (t=transition {$result.add($t.result);} )*
       'end'
    ;
```

```
transition returns [Node result]
  : {$result = new Node(TRANSITION);}
    trigger=ID {$result.add(TRIGGER, $trigger);}
    '=>'
    target=ID {$result.add(TARGET, $target);}
  ;
actionList returns [Node result]
  : {$result =  new Node(ACTION_LIST);}
    'actions' '{'
    (action=ID {$result.add(ACTION, $action);}) *
    '}'
  ;
```

O código do arquivo da gramática é bastante regular – de fato, um tanto chato. Código chato normalmente significa que você precisa de outra abstração, que é exatamente o que a sintaxe especial de construção de árvore fornece.

A segunda parte do código percorre a árvore e cria a máquina de estados. Ele é praticamente o mesmo código que o exemplo anterior, a única diferença vem do fato de que os nós que tenho são levemente diferentes daqueles do exemplo anterior.

```
class StateMachineLoader...
  private Node ast;
  private StateMachine machine;

  public StateMachineLoader(Node ast) {
    this.ast = ast;
  }
  public StateMachine run() {
    loadSymbolTables();
    createMachine();
    return machine;
  }
```

Inicio carregando a tabela de símbolos.

```
class StateMachineLoader...
  private void loadSymbolTables() {
    loadStateNames();
    loadCommands();
    loadEvents();
  }
  private void loadEvents() {
    for (Node n : ast.getDescendents(EVENT)) {
      String name = n.getText(NAME);
      String code = n.getText(CODE);
      events.put(name, new Event(name, code));
    }
  }
```

```
class Node...
  public List<Node> getDescendents(Enum requiredType) {
    List<Node> result = new ArrayList<Node>();
    collectDescendents(result, requiredType);
    return result;
  }
  private void collectDescendents(List<Node> result, Enum requiredType) {
    if (this.type == requiredType) result.add(this);
    for (Node n : children) n.collectDescendents(result, requiredType);
  }
```

Já mostrei o código para carregar eventos, as outras classes são similares.

```
class StateMachineLoader...
  private void loadCommands() {
    for (Node n : ast.getDescendents(COMMAND)) {
      String name = n.getText(NAME);
      String code = n.getText(CODE);
      commands.put(name, new Command(name, code));
    }
  }
  private void loadStateNames() {
    for (Node n : ast.getDescendents(STATE)) {
      String name = n.getText(NAME);
      states.put(name, new State(name));
    }
  }
```

Adicionei um método à classe que representa nós para obter o texto de um único filho de um tipo. Isso parece um bocado parecido com uma busca em dicionário, mas usando a mesma estrutura de dados na forma de árvore.

```
class Node...
  public String getText(Enum nodeType) {
    return getSoleChild(nodeType).getText();
  }
  public String getText() {
    return content.getText();
  }
  public Node getSoleChild(Enum requiredType) {
    List<Node> children = getChildren(requiredType);
    assert children.size() == 1;
    return children.get(0);
  }
  public List<Node> getChildren(Enum requiredType) {
    List<Node> result = new ArrayList<Node>();
    for (Node n : children)
      if (n.getType() == requiredType) result.add(n);
    return result;
  }
```

Com os símbolos bem organizados, posso, então, criar a máquina de estados.

```
class StateMachineLoader...
  private void loadState(Node stateNode) {
    loadActions(stateNode);
    loadTransitions(stateNode);
  }
  private void loadActions(Node stateNode) {
    for (Node action : stateNode.getDescendents(ACTION))
      states.get(stateNode.getText(NAME)).addAction(commands.get(action.getText()));
  }
  private void loadTransitions(Node stateNode) {
    for (Node transition : stateNode.getDescendents(TRANSITION)) {
      State source = states.get(stateNode.getText(NAME));
      Event trigger = events.get(transition.getText(TRIGGER));
      State target = states.get(transition.getText(TARGET));
      source.addTransition(trigger, target);
    }
  }
```

O último passo é o carregamento dos eventos de reinicialização.

```
class StateMachineLoader...
  private void loadResetEvents() {
    if (! ast.hasChild(RESET_EVENT_LIST)) return;
    for (Node n : ast.getSoleDescendent(RESET_EVENT_LIST).getChildren(NAME))
      machine.addResetEvents(events.get(n.getText()));
  }

class Node...
  public boolean hasChild(Enum nodeType) {
    return ! getChildren(nodeType).isEmpty();
  }
```

CAPÍTULO 25

Tradução embarcada

Embarque código de produção de saída no analisador sintático, de forma que a saída seja produzida gradualmente no decorrer da análise sintática.

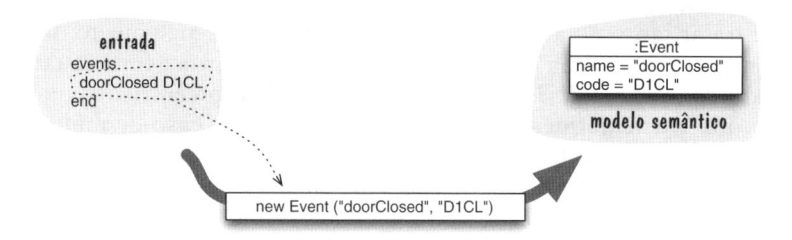

```
entrada
events...............        :Event
 :doorClosed D1CL:     name = "doorClosed"
 end                   code = "D1CL"
                             modelo semântico

         new Event ("doorClosed", "D1CL")
```

Na *Tradução Dirigida por Sintaxe (219)*, um analisador sintático puro cria uma árvore de análise sintática interna, então, você precisa fazer mais coisas para preencher um *Modelo Semântico (159)*.

A Tradução Embarcada preenche o Modelo Semântico ao embarcar código no analisador sintático que preenche o Modelo Semântico em pontos apropriados no decorrer da análise sintática.

25.1 Como funciona

Analisadores sintáticos tratam basicamente de reconhecer estruturas sintáticas. Usando Tradução Embarcada, colocamos código para preencher um *Modelo Semântico (159)* no analisador sintático, de forma que gradualmente preenchemos o Modelo Semântico à medida que realizamos a análise sintática. Na maioria das vezes, isso implica que o código para preencher o modelo seja colocado onde uma cláusula da linguagem de entrada é reconhecida, apesar de, na prática, você poder colocar porções de código em vários pontos.

Quando está usando Tradução Embarcada com *Geradores de Analisadores Sintáticos (269)*, você normalmente vê *Código Estrangeiro (309)* incorporado ao código de preenchimento. A maioria dos Geradores de Analisadores

Sintáticos fornece um recurso para usar Código Estrangeiro; o único que já usei que não possuía tal recurso foi projetado para ser utilizado com uma *Construção de Árvore (281)*.

Algo que pode causar problemas com a Tradução Embarcada é que ações com efeitos colaterais podem frequentemente ser executadas em locais inesperados, dependendo de como exatamente as regras são reconhecidas pelo algoritmo de análise sintática. Esse não é um problema que ocorre com Construção de Árvore, dado que ela apenas produz um valor de retorno na forma de uma subárvore. Se você encontrar problemas associados aos efeitos colaterais da Tradução Embarcada, é um sinal de que deve trocar para uma Construção de Árvore.

25.2 Quando usar

O grande apelo da Tradução Embarcada é que ela fornece uma maneira simples de tratar tanto da análise sintática quando do preenchimento do modelo em uma passada. Com a *Construção de Árvore (281)*, você fornece tanto o código para construir a AST quanto para escrever um preenchedor que percorra a árvore. Particularmente para situações simples, o caso de muitas DSLs, esse processo de dois estágios pode ser mais problemático do que vantajoso.

As facilidades de seu *Gerador de Analisadores Sintáticos (269)* causam impacto em sua escolha. Quanto melhores forem os recursos de construção de árvores de seu Gerador de Analisadores Sintáticos, mais vantajoso se torna o uso de uma Construção de Árvore.

Um dos maiores problemas com a Tradução Embarcada é que ela pode encorajar arquivos de gramática complexos, normalmente devido a um uso pobre de *Código Estrangeiro (309)*. Se você for disciplinado e usar bem o Código Estrangeiro, é menos provável que isso seja um problema – mas uma das vantagens da Construção de Árvore é que ela ajuda a policiar a disciplina.

A Tradução Embarcada é apropriada para a análise sintática de única passagem, pois todo o trabalho é feito durante a análise sintática. Isso significa que coisas como referências para frente, que são complicadas em uma única passagem, também são complicadas com a Tradução Embarcada. Para tratá-las, você frequentemente precisa de *Variáveis de Contexto (175)*, as quais complicam ainda mais a análise sintática.

Isso se resume a, quanto mais simples for a linguagem e o seu analisador sintático, mais atrativo é o uso da Tradução Embarcada.

25.3 O controlador da senhorita Grant (Java e ANTLR)

Pegarei o mesmo exemplo que usei para a *Construção de Árvore (281)*, com as mesmas ferramentas (Java e ANTLR), mas dessa vez realizarei a análise sintática com Tradução Embarcada. Primeiro, isso apenas modifica a análise sintática – a análise léxica é a mesma. Não repetirei a discussão sobre análise léxica aqui; você pode voltar a essa seção ("Analisando lexicamente", p. 285), se você precisar relembrar algo.

Outra similaridade entre os dois exemplos é o cerne da gramática BNF. Na maioria das vezes, as regras BNF não variam se você usar padrões de análise sintática diferentes; o que muda é o código de suporte em torno da BNF. Embora a Construção de Árvore use os recursos do ANTLR para declarar ASTs, a Tradução Embarcada usa *Código Estrangeiro (309)* para inserir trechos de código Java para preencher diretamente o *Modelo Semântico (159)*.

A Tradução Embarcada envolve inserir código de propósito geral arbitrário em um arquivo de gramática. Como na maioria dos casos nos quais seja necessário embarcar uma linguagem em outra, gosto de usar um *Auxiliar de Embarcação (547)*. Já li muitos arquivos de gramática e acho que esse padrão ajuda a manter a gramática clara – ela não está enterrada no código de tradução. Faço isso declarando um auxiliar em minha gramática.

```
@members {
  StateMachineLoader helper;
//...
```

O nível mais alto da gramática define a máquina de estados.

```
machine : eventList resetEventList commandList state*;
```

Ele mostra a mesma sequência de declarações.

Para ver alguma tradução real acontecendo, daremos uma olhada no tratamento para a lista de eventos:

```
eventList : 'events' event* 'end';

event : name=ID code=ID {helper.addEvent($name, $code);};
```

Aqui vemos a natureza típica do uso de Tradução Embarcada. Muito do arquivo da gramática permanece sem modificações, mas em pontos apropriados introduzimos código de propósito geral para realizar a tradução. Como estou usando um Auxiliar de Embarcação, tudo o que faço é chamar um único método desse auxiliar.

```
class StateMachineLoader...
  void addEvent(Token name, Token code) {
    events.put(name.getText(), new Event(name.getText(), code.getText()));
  }

  private Map<String, Event> events = new HashMap<String, Event>();
  private Map<String, Command> commands = new HashMap<String, Command>();
  private Map<String, State> states = new HashMap<String, State>();
  private List<Event> resetEvents = new ArrayList<Event>();
```

A chamada cria um novo objeto de evento e o coloca na tabela de símbolos, que é uma coleção de dicionários no carregador. A chamada ao auxiliar passa os *tokens* para o nome e para o código. O ANTLR usa sintaxe de atribuição para marcar elementos da gramática, de forma que o código embarcado possa se referir a eles. A colocação do código embarcado indica quando ele executa – nesse caso, o código embarcado é executado após ambos os nós filhos terem sido reconhecidos.

Os comandos são feitos exatamente da mesma maneira. Os estados, entretanto, introduzem algumas questões interessantes: contexto hierárquico e referências para frente.

Iniciarei pelo contexto hierárquico. A questão aqui é que os vários elementos de um estado – ações e transições – ocorrem dentro da definição de estado, então, quando queremos processar uma ação, precisamos saber em que estado ela está declarada.

Anteriormente, defini uma analogia que dizia que a Tradução Embarcada é bastante parecida com o processamento de XML com SAX. Isso é, de certa forma, verdadeiro, dado que o código embarcado simplesmente funciona com uma regra de cada vez. Mas é também enganoso, pois os *Geradores de Analisadores Sintáticos (269)* podem dar a você muito mais contexto durante a execução do código, então você não precisa mantê-lo muito perto.

No ANLTR, você pode passar parâmetros para regras de forma a empurrar para baixo regras de níveis inferiores esse tipo de contexto.

```
state : 'state' name=ID {helper.addState($name);}
        actionList[$name]?
        transition[$name]*
        'end';

actionList [Token state]
  : 'actions' '{' actions+=ID* '}' {helper.addAction($state, $actions);}
  ;
```

Aqui o *token* de estado é passado para a regra de reconhecimento de uma ação. Dessa forma, o código de tradução embarcada pode passar como parâmetros tanto o *token* de estado quanto os *tokens* de comando (o "*" indica que eles são uma lista). Isso fornece o contexto correto para o auxiliar.

```
class StateMachineLoader...
  public void addAction(Token state, List actions) {
    for (Token action : (Iterable<Token>) actions)
      getState(state).addAction(getCommand(action));
  }
  private State getState(Token token) {
    return states.get(token.getText());
  }
```

A segunda questão é que as declarações de transição envolvem referências para frente para estados que ainda não foram declarados. Em muitas DSLs, você pode organizar as coisas de forma que nenhum item se refira a um identificador que ainda não tenha sido declarado, mas o modelo de estados não pode fazer isso, resultando em referências para frente. A Construção de Árvore nos permite processar a AST em múltiplas passadas, então, podemos realizar uma passada para coletar as declarações e outra passada para preencher os estados. Com múltiplas passadas, as referências para frente não são um problema, dado que são resolvidas em passadas posteriores na AST. Com a Tradução Embarcada não temos essa opção.

Nossa solução aqui é usar uma operação de obtenção (o termo que uso para encontrar ou criar) tanto nas referências quanto nas declarações. Essencialmente, isso significa que, sempre que mencionarmos um estado, o declaramos implicitamente se ele ainda não existir.

```
stateMachine.g...
  transition [Token sourceState]
    : trigger = ID '=>' target = ID {helper.addTransition($sourceState, $trigger, $target);};

class StateMachineLoader...
  public void addTransition(Token state, Token trigger, Token target) {
    getState(state).addTransition(getEvent(trigger), obtainState(target));
  }
  private State obtainState(Token token) {
    String name = token.getText();
    if (!states.containsKey(name))
      states.put(name, new State(name));
    return states.get(name);
  }
```

Uma das consequências dessa abordagem é que, se digitamos incorretamente um estado em nossa transição, apenas obteremos um estado vazio como alvo da transição. Se você estiver satisfeito com isso, podemos deixar assim. É comum, entretanto, verificar as declarações em relação ao seu uso. Nesse caso, precisamos acompanhar os estados criados pelo uso e garantir que todos eles sejam declarados também.

Nossa linguagem define o estado inicial como o primeiro estado mencionado no programa. Esse tipo de contexto não é tratado especialmente bem pelo Gerador de Analisadores Sintáticos, então precisamos usar o que é efetivamente uma variável de contexto.

```
class StateMachineLoader...
  public void addState(Token n) {
    obtainState(n);
    if (null == machine)
      machine = new StateMachine(getState(n));
  }
```

Tratar os eventos de reinicialização é bastante trivial – apenas os adicionamos a uma lista separada.

```
stateMachine.g...
  resetEventList : 'resetEvents' resetEvent* 'end' ;
  resetEvent     : name=ID {helper.addResetEvent($name);};
```

A natureza de passada única do analisador sintático também complica os eventos de reinicialização: eles podem ser definidos antes de obtermos o primeiro estado e logo antes de termos uma máquina para os colocarmos. Então, os mantenho em um campo para adicioná-los no final.

```
class StateMachineLoader...
  public void addResetEvent(Token name) {
    resetEvents.add(getEvent(name));
  }
```

O método run (executar) do carregador mostra a sequência geral de tarefas: análise léxica, executar o analisador sintático gerado e finalizar o preenchimento do modelo com os eventos de reinicialização.

```
class StateMachineLoader...
  public StateMachine run() {
    try {
      StateMachineLexer lexer = new StateMachineLexer(new ANTLRReaderStream(input));
      StateMachineParser parser = new StateMachineParser(new CommonTokenStream(lexer));
      parser.helper = this;
      parser.machine();
      machine.addResetEvents(resetEvents.toArray(new Event[0]));
      return machine;
    } catch (IOException e) {
      throw new RuntimeException(e);
    } catch (RecognitionException e) {
      throw new RuntimeException(e);
    }
  }
```

Não é raro ter código como esse seguindo a análise sintática – é aqui também que qualquer análise semântica aconteceria.

Capítulo 26

Interpretação embarcada

Embarque ações de interpretação na gramática, de forma que executar o analisador sintático faça o texto ser diretamente interpretado para produzir a resposta.

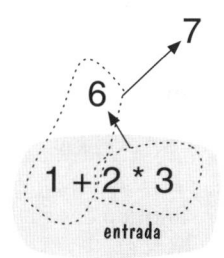

Existem muitas ocasiões nas quais você pode querer executar um script DSL e obter um resultado imediato, tal como realizar um cálculo ou executar uma consulta. A interpretação embarcada interpreta o script DSL durante a análise sintática, então o resultado da análise sintática é o resultado do script propriamente dito.

26.1 Como funciona

A Interpretação Embarcada funciona ao avaliar as expressões DSL o mais cedo possível, unindo os resultados e retornando o resultado geral. A Interpretação Embarcada não usa um *Modelo Semântico (159)*; em vez disso, a interpretação é feita diretamente na DSL de entrada. Como o analisador sintático reconhece cada fragmento de um script DSL, ele interpreta o máximo que puder.

26.2 Quando usar

Sou um grande defensor de um *Modelo Semântico (159)*, então, normalmente, não sou favorável à Interpretação Embarcada – ela é útil quando você tem expressões relativamente pequenas que quer apenas avaliar e executar. Algumas vezes, construir um Modelo Semântico não vale o custo associado. Contudo, acho que esse é um caso raro; mesmo uma DSL relativamente pequena em geral é mais simples de ser tratada por meio da criação de um Modelo Semântico e da interpretação de tal modelo, em vez de tentar fazer tudo no analisador sintático. Além disso, um Modelo Semântico fornece uma fundação mais forte se a linguagem crescer.

26.3 Uma calculadora (ANTLR e Java)

Uma calculadora talvez seja o melhor caso de exemplo para a Interpretação Embarcada. É fácil interpretar cada expressão e compor os resultados. É também um caso no qual a árvore sintática para aritmética é um *Modelo Semântico (159)* perfeitamente bom, então não há ganho em tentar criar o Modelo Semântico comum que prefiro.

Fazer uma calculadora no ANTLR é um pouco desconfortável, pois as expressões aritméticas são *Expressões de Operadores Aninhados (327)*, enquanto o ANTLR é um analisador sintático descendente. Por essa razão, a gramática se torna um pouco mais complicada.

Inicio com a regra de nível mais alto. Como as expressões aritméticas são recursivas, o ANTLR precisa de uma regra de nível mais alto para saber onde iniciar a análise sintática.

```
gramática "Arith.g" ......
    prog returns [double result] : e=expression {$result = $e.result;};
```

Chamo essa regra de nível mais alto de uma classe Java simples que encapsula o analisador sintático gerado pelo ANTLR.

```
class Calculator...
    public static double evaluate(String expression) {
      try {
        Lexer lexer = new ArithLexer(new ANTLRReaderStream(new StringReader(expression)));
        ArithParser parser = new ArithParser(new CommonTokenStream(lexer));
        return parser.prog();
      } catch (IOException e) {
        throw new RuntimeException(e);
      } catch (RecognitionException e) {
        throw new RuntimeException(e);
      }
    }
```

Com Expressões de Operadores Aninhados, preciso iniciar a partir dos operadores de precedência mais baixa, que, no caso, são a adição e a subtração.

```
gramatica "Arith.g" ......
  expression returns [double result]
    : a=mult_exp {$result = $a.result;}
      ( '+' b=mult_exp {$result += $b.result;}
      | '-' b=mult_exp {$result -= $b.result;}
      )*
    ;
```

Isso mostra o padrão básico da calculadora. Cada regra gramatical reconhece um operador, e o código Java embarcado executa a aritmética baseado na entrada. O resto da gramática segue esse padrão.

```
gramatica "Arith.g" ......
  power_exp returns [double result]
    : a=unary_exp {$result = $a.result;}
      ( '**' b=power_exp {$result = Math.pow($result,$b.result);}
      | '//' b=power_exp {$result = Math.pow($result, (1.0 / $b.result));}
      )?
    ;

  unary_exp returns [double result]
    : '-' a= unary_exp {$result = -$a.result;}
    | a=factor_exp {$result = $a.result;}
    ;

  factor_exp returns [double result]
    : n=NUMBER {$result = Double.parseDouble($n.text);}
    | a=par_exp {$result = $a.result;}
    ;

  par_expr returns [double result]
    : '(' a=expression ')' {$result = $a.result;}
    ;

  mult_exp returns [double result]
    : a=power_exp {$result = $a.result;}
      ( '*' b = power_exp {$result *= $b.result;}
      |('/' b = power_exp {$result /= $b.result;}
      )*
    ;
```

Na verdade, essa calculadora é tão simples e funciona tão bem com a estrutura de uma árvore sintática que não preciso nem mesmo de um *Auxiliar de Embarcação (547)*.

As expressões aritméticas são uma escolha comum para ilustrar como usar um analisador sintático; muitos artigos de revistas, periódicos e conferências usam alguma forma de calculadora como exemplo. Ainda assim, não acho que isso seja muito representativo em relação ao que você precisa tratar quando estiver trabalhando com uma DSL. O grande problema em usar expressões aritméticas como exemplos é que elas forçam você a lidar com um problema raro (Expressões de Operadores Aninhados), mas evita os problemas comumente relacionados às DSLs que encorajam o uso de um Modelo Semântico e de Auxiliares de Embarcação.

Capítulo 27

Código estrangeiro

Embarque código estrangeiro em uma DSL externa para fornecer comportamentos mais elaborados que aquele que pode ser especificado na DSL.

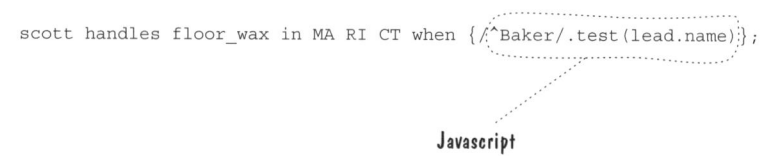

DSL
```
scott handles floor_wax in MA RI CT when {/^Baker/.test(lead.name)};
```
                                          Javascript

Por definição, uma DSL é uma linguagem limitada que faz apenas algumas coisas. Às vezes, entretanto, você precisa descrever algo no script DSL que vai além das capacidades da DSL. Uma solução pode ser estender a DSL para tratar desse recurso, mas tomar esse caminho pode complicar significativamente a DSL, removendo muito da simplicidade que a torna atrativa.

O Código Estrangeiro embarca uma linguagem diferente – frequentemente uma linguagem de propósito geral – em certos locais da DSL.

27.1 Como funciona

Colocar fragmentos de outras linguagens em uma DSL envolve duas questões. Primeiro, como reconhecemos esses fragmentos estrangeiros e os mesclamos na gramática; e segundo, como executamos esse código de forma que ele possa fazer seu trabalho?

O Código Estrangeiro aparece apenas em certas partes de uma DSL, então a gramática da DSL marcará os pontos nos quais ele pode aparecer. Um problema ao tratar o Código Estrangeiro é que a gramática não será capaz de reconhecer a estrutura interna do Código Estrangeiro. Consequentemente, você precisará usar *Análise Léxica Alternativa (319)* com um Código Estrangeiro e lê-lo no analisador sintático como uma grande string. Você pode ou embarcar essa string no *Modelo Semântico (159)* em sua forma bruta ou passá-la para um analisador sintático distinto para o Código Estrangeiro, de forma a mesclá-lo mais estreitamente com o Modelo Semântico. A segunda abordagem é mais complicada – algo que você apenas consideraria caso seu Código Estrangeiro fosse outra DSL. Com frequência, o Código Estrangeiro é uma linguagem de propósito geral, e nesse caso uma string pura costuma ser suficiente.

Uma vez que o Código Estrangeiro esteja no Modelo Semântico, precisamos decidir o que fazer com ele. A maior questão reside em verificar se o Código Estrangeiro pode ser interpretado ou se precisa ser compilado.

Usar Código Estrangeiro Interpretado é normalmente mais fácil, desde que você tenha um mecanismo para o interpretador interoperar com a linguagem-alvo. Se a linguagem-alvo do sistema também for interpretada, é fácil usar a linguagem-alvo para o Código Estrangeiro. Se a linguagem-alvo for compilada, então você precisará usar uma linguagem interpretada que possa ser chamada a partir da linguagem-alvo, permitindo transferência de dados. Cada vez mais, vemos os ambientes de linguagens estáticas ganhando a habilidade de interoperar com linguagens interpretadas. Costuma ser um pouco trabalhoso, especialmente quando o assunto é mover dados de um lado para o outro. Também poderá envolver a introdução de outra linguagem ao projeto, o que algumas vezes pode ser um problema.

A alternativa é embarcar a própria linguagem-alvo, mesmo se ela for uma linguagem compilada. A complexidade aqui é que isso introduz um passo extra de compilação no processo de construção, assim como quando usamos geração de código. É claro que, se você está realizando geração de código, já tem esse passo de compilação extra de qualquer maneira, então, adicionar um Código Estrangeiro compilado não torna as coisas mais complexas. A complexidade importa se você está compilando código enquanto está interpretando o Modelo Semântico.

Sempre que usar Código Estrangeiro de propósito geral, você deve considerar seriamente o uso de um *Auxiliar de Embarcação (547)*. Dessa forma, o único Código Estrangeiro em seu script DSL deve ser o mínimo necessário para o contexto dentro da DSL, chamando o Auxiliar de Embarcação para qualquer processamento mais geral. Um dos grandes problemas com Código Estrangeiro é que uma grande quantidade de código estrangeiro pode sobrecarregar a DSL, perdendo a maioria das vantagens de legibilidade que as DSLs oferecem. O Auxiliar de Embarcação é uma técnica fácil e vale a pena em todos os casos, exceto nos mais simples.

Algumas vezes, o Código Estrangeiro precisa se referir a símbolos que são definidos no próprio script DSL. Isso ocorre se o script DSL inclui variáveis ou outras maneiras de criação de construções indiretas. Embora elas sejam onipresentes em linguagens de propósito geral, na verdade não são tão comuns em DSLs, pois as DSLs frequentemente não precisam desse tipo de expressividade. Em virtude disso, elas tendem a ser raras na prática, mas existe, independentemente disso, um caso familiar em que aparecem nas gramáticas – que é um caso comum do uso de Código Estrangeiro. Aqui segue um exemplo:

```
allocationRule
  : salesman=ID  pc=productClause lc=locationClause ('when' predicate=ACTION)? SEP
    {helper.recognizedAllocationRule(salesman, pc, lc, predicate);}
  ;
```

Aqui o Código Estrangeiro é Java. O Código Java inclui referências a salesman, pc, lc, e predicate (vendedor, cláusula de produto, cláusula de localização e predicado, respectivamente), que são todos símbolos definidos na gramática. Quando processamos o Código Estrangeiro, o *Gerador de Analisadores Sintáticos (269)* precisa resolver essas referências.

27.2 Quando usar

Quando você está pensando em usar Código Estrangeiro, a alternativa comum é estender a DSL para fazer o que você estava considerando para o Código estrangeiro. Introduzir Código Estrangeiro certamente tem suas desvantagens. Ao usá-lo, você está quebrando a abstração que a DSL dá a você. Qualquer um que ler a DSL agora precisa entender o Código Estrangeiro, assim como a própria DSL – ao menos em certa extensão. Além disso, usar Código Estrangeiro complica o processo de análise sintática e, provavelmente, o *Modelo Semântico (159)* também.

Essas complexidades adicionadas precisam ser pesadas em relação à complexidade adicional que você precisaria adicionar à DSL para suportar a capacidade de que você precisa. Quanto mais poderosa for a DSL, mas difícil de entendê-la e de usá-la.

Então, quais são os casos que pedem o uso de Código Estrangeiro? Um deles é quando você realmente precisa de uma linguagem de propósito geral. Sabemos que você não quer transformar sua DSL em uma linguagem de propósito geral, então isso o empurra ao uso de Código Estrangeiro.

Outro caso para Código Estrangeiro é quando você precisa apenas de um recurso muito raramente em seus scripts DSL. Pode não valer a pena estender a DSL por causa de um recurso pouco usado.

Quem usa a DSL também pesa na decisão. Se a DSL é usada apenas por programadores, então adicionar Código Estrangeiro não é um problema – eles serão capazes de entender o Código Estrangeiro tanto quanto a DSL. Se não programadores lerão a DSL, isso conta negativamente em relação ao uso de Código Estrangeiro, dado que eles podem não ser capazes de entendê-lo, e, logo, engajar-se com tal código. Se o Código Estrangeiro é criado para tratar de casos raros, entretanto, isso pode não ser um grande problema.

27.3 Embarcando código dinâmico (ANTLR, Java e Javascript)

Para vender coisas, você precisa de vendedores; se você possui muitos vendedores, você precisa de alguma maneira para decidir como alocar oportunidades de venda. Uma noção comum é a de "territórios", que são um conjunto de regras para distribuir oportunidades de venda aos vendedores. Esses territórios podem ser baseados em vários fatores; aqui está um script de alocação que usa estados dos Estados Unidos e produtos:

```
scott handles floor_wax in WA;
helen handles floor_wax desert_topping in AZ NM;
brian handles desert_topping in WA OR ID MT;
otherwise scott
```

Trata-se de uma DSL simples, na qual cada regra de alocação é verificada em sequência, e uma vez que um negócio satisfaz as condições, a oportunidade de venda é alocada para aquele vendedor.

Agora vamos imaginar que Scott tornou-se bastante amigo de um executivo nas Indústrias Baker, que operam no sul da Nova Inglaterra. Como eles passam bastante tempo juntos no campo de golfe, queremos que quaisquer oportunidades de venda envolvendo cera de chão nas Indústrias Baker vão para Scott. Para complicar as coisas, as Indústrias Baker (*Baker Industries*) possuem algumas variações em seu nome: Conglomerado de Indústrias Baker (*Baker Industrial Holding*), Revestimentos de Piso Baker (*Baker Floor Toppings*), etc. Então, decidimos que queríamos que qualquer oportunidade de venda com um nome de empresa que começasse com "Baker" (em seu nome original em inglês) na Nova Inglaterra fosse para Scott.

Para fazer isso, podemos estender nossa DSL, como esses é um dos casos em particular que acabariam complicando a linguagem, usaremos, em vez disso, um Código Estrangeiro. Isso é o que gostaríamos de dizer:

```
scott handles floor_wax in MA RI CT when {/^Baker/.test(lead.name)};
```

O código estrangeiro que estou usando aqui é Javascript, que foi selecionado por ser facilmente integrado com Java e por poder ser avaliado em tempo de execução, o que evita a recompilação quando alguém muda as regras de alocação. O código Javascript não é exatamente superlegível – suspeito que eu tivesse de dizer "confie em mim" ao gerente de vendas –, mas ele fará o serviço. Também não estou usando um *Auxiliar de Embarcação (547)* aqui, pois o predicado é muito pequeno.

27.3.1 Modelo semântico

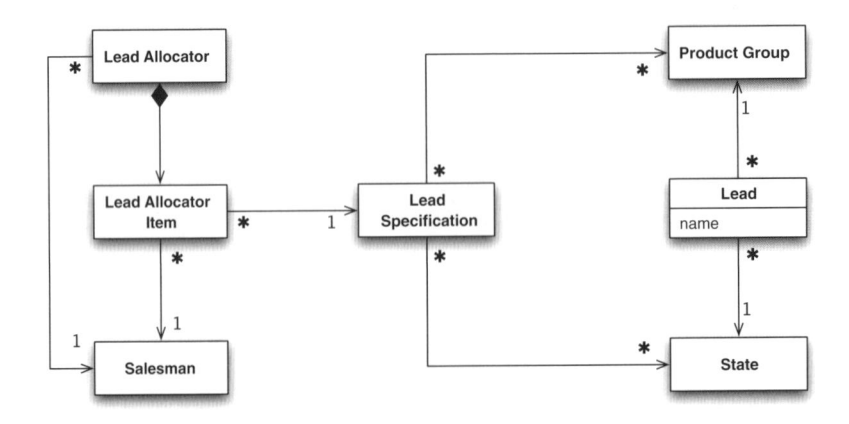

Figura 27.1 *O Modelo para a alocação de oportunidades de venda.*

Nesse modelo simples, temos as oportunidades de venda, e cada uma possui um grupo de produtos e um estado.

```
class Lead...
  private String name;
  private State state;
  private ProductGroup product;

  public Lead(String name, State state, ProductGroup product) {
    this.name = name;
    this.state = state;
    this.product = product;
  }

  public State getState() {return state;}
  public ProductGroup getProduct() {return product;}
  public String getName() {return name;}
```

Para alocar essas oportunidades de venda a vendedores, temos um alocador de oportunidades que contém uma lista de itens que ligam vendedores às especificações dessas possíveis vendas.

```
class LeadAllocator...
  private List<LeadAllocatorItem> allocationList = new ArrayList<LeadAllocatorItem>();
  private Salesman defaultSalesman;

  public void appendAllocation(Salesman salesman, LeadSpecification spec) {
    allocationList.add(new LeadAllocatorItem(salesman, spec));
  }

  public void setDefaultSalesman(Salesman defaultSalesman) {
    this.defaultSalesman = defaultSalesman;
  }

  private class LeadAllocatorItem {
    Salesman salesman;
    LeadSpecification spec;

    private LeadAllocatorItem(Salesman salesman, LeadSpecification spec) {
      this.salesman = salesman;
      this.spec = spec;
    }
  }
}
```

Uma especificação de oportunidade de venda segue o padrão *Especificação* [Evans DDD], configurado para satisfazer a oportunidade de venda se seus atributos estiverem incluídos nas listas de especificação.

```
class LeadSpecification...
  private List<State> states = new ArrayList<State>();
  private List<ProductGroup> products = new ArrayList<ProductGroup>();
  private String predicate;

  public void addStates(State... args) {states.addAll(Arrays.asList(args));}
  public void addProducts(ProductGroup... args) {products.addAll(Arrays.asList(args));}
  public void setPredicate(String code) {predicate = code;}

  public boolean isSatisfiedBy(Lead candidate) {
    return statesMatch(candidate)
       && productsMatch(candidate)
       && predicateMatches(candidate)
    ;
  }
  private boolean productsMatch(Lead candidate) {
    return products.isEmpty() || products.contains(candidate.getProduct());
  }
  private boolean statesMatch(Lead candidate) {
    return states.isEmpty() || states.contains(candidate.getState());
  }
  private boolean predicateMatches(Lead candidate) {
    if (null == predicate) return true;
    return evaluatePredicate(candidate);
  }
```

A especificação também contém um predicado, que é um fragmento de código Javascript embarcado. A especificação o avalia usando a máquina de Javascript para Java chamada Rhino.

```
class LeadSpecification...
  boolean evaluatePredicate(Lead candidate) {
    try {
      ScriptContext newContext = new SimpleScriptContext();
      Bindings engineScope = newContext.getBindings(ScriptContext.ENGINE_SCOPE);
      engineScope.put("lead", candidate);
      return (Boolean) javascriptEngine().eval(predicate, engineScope);
    } catch (ScriptException e) {
      throw new RuntimeException(e);
    }
  }
  private ScriptEngine javascriptEngine() {
    ScriptEngineManager factory = new ScriptEngineManager();
    ScriptEngine result = factory.getEngineByName("JavaScript");
    assert result != null : "Unable to find javascript engine";
    return result;
  }
```

Adicionei a oportunidade de venda que está sendo avaliada ao escopo da avaliação de Javascript, de forma que o código Javascript embarcado possa acessar as propriedades da oportunidade de venda.

O alocador de oportunidade de venda funciona ao varrermos a lista de itens, retornando o primeiro vendedor com uma especificação que tenha sido satisfeita.

```
class LeadAllocator...
  public Salesman determineSalesman(Lead lead) {
    for (LeadAllocatorItem i : allocationList)
      if (i.spec.isSatisfiedBy(lead)) return i.salesman;
    return defaultSalesman;
  }
```

27.3.2 O analisador sintático

A classe guia principal para a tradução constrói um alocador de oportunidades de venda como seu resultado.

```
class AllocationTranslator...
  private Reader input;
  private AllocationLexer lexer;
  private AllocationParser parser;
  private ParsingNotification notification = new ParsingNotification();
  private LeadAllocator result = new LeadAllocator();

  public AllocationTranslator(Reader input) {
    this.input = input;
  }
  public void run() {
    try {
      lexer = new AllocationLexer(new ANTLRReaderStream(input));
      parser = new AllocationParser(new CommonTokenStream(lexer));
      parser.helper = this;
      parser.allocationList();
    } catch (Exception e) {
      throw new RuntimeException("Unexpected exception in parse", e);
    }
    if (notification.hasErrors())
      throw new RuntimeException("Parse failed: \n" + notification);
  }
```

O tradutor de alocação também age como um *Auxiliar de Embarcação (547)* para o arquivo da gramática.

```
gramática...
  @members {
    AllocationTranslator helper;

    public void reportError(RecognitionException e) {
      helper.addError(e);
      super.reportError(e);
    }
  }
```

Percorro o arquivo da gramática de cima para baixo. Estou usando *Tradução Embarcada (299)*.

Aqui estão os *tokens* principais que estou usando.

gramática...
```
  ID  : ('a'..'z' | 'A'..'Z' | '0'..'9' | '_' )+;
  WS  : (' ' |'\t' | '\r' | '\n')+ {skip();} ;
  SEP : ';' ;
```

Isso define os espaços em branco usuais e os *tokens* de identificação, junto com um separador explícito de sentenças, no caso, um ponto e vírgula.

Aqui está a regra de nível mais alto da gramática.

gramática...
```
  allocationList
    : allocationRule* 'otherwise' ID {helper.recognizedDefault($ID);}
    ;
```

class AllocationTranslator...
```
  void recognizedDefault(Token token) {
    if (!Registry.salesmenRepository().containsId(token.getText())) {
       notification.error(token, "Unknown salesman: %s", token.getText());
       return;
    }
    Salesman salesman = Registry.salesmenRepository().findById(token.getText());
    result.setDefaultSalesman(salesman);
  }
```

Estou assumindo que o vendedor, os produtos e os estados já existam antes de interpretarmos as regras de alocação, provavelmente em uma base de dados. Para esse exemplo, acessarei esses dados usando *Repositórios* [Fowler PoEAAA].

Correndo o risco de obter tudo recursivamente, você pode gostar do fato de essa gramática também demonstrar Código Estrangeiro – as ações de código em uma gramática são um excelente exemplo de Código Estrangeiro. Com o ANTLR, o Código Estrangeiro mescla-se no analisador sintático gerado durante a geração de código, o que é uma abordagem diferente da que estou usando com as regras de alocação em Javascript. Contudo, o mesmo padrão básico de Código Estrangeiro ainda está sendo usado. Também estou usando um Auxiliar de Embarcação para manter a mínima quantidade de Código Estrangeiro possível.

Agora é hora de eu retornar e lhe mostrar a regra de alocação

gramática...
```
  allocationRule
    : salesman=ID  pc=productClause lc=locationClause ('when' predicate=ACTION)? SEP
       {helper.recognizedAllocationRule(salesman, pc, lc, predicate);}
    ;
```

A regra é bastante direta. Ela pede um nome de vendedor, um produto e cláusulas de localização (sub-regras), assim como um *token* de predicado adicional e um separador. O fato de que o predicado é um *token* em vez de uma sub-regra é importante, pois queremos pegar todo o Javascript como uma única string e não o analisar sintaticamente depois.

Tenho uma única chamada auxiliar para gravar o reconhecimento, na qual entrarei quando virmos que as cláusulas de produto e de localização retornaram. Segui uma convenção de dar um nome completo para os rótulos dos vendedores e dos predicados, pois os *tokens* não são suficientemente claros. Usei abreviações para os rótulos das sub-regras porque tais nomes nas sub-regras são claros, então, um rótulo completo seria apenas uma duplicação do nome da sub-regra e, logo, isso só adicionaria ruído.

Olharemos as sub-regras, em particular a cláusula de produto.

```
gramática...
  productClause  returns [List<ProductGroup> result]
    : 'handles' p+=ID+ {$result = helper.recognizedProducts($p);}
    ;
```

Fiz a própria cláusula retornar uma lista de grupos de produtos. Como resultado, ela não preenche o *Modelo Semântico (159)*, mas retorna os objetos para a cláusula pai a fim de preencher o Modelo Semântico. Faço isso porque, de outra forma, eu precisaria acessar a regra de alocação atual dentro da ação para a regra de produção. Isso normalmente requereria uma *Variável de Contexto (175)*, o que eu gostaria de evitar. O ANTLR tem a habilidade de passar objetos como argumentos de regras – então, eu poderia fazer isso lá, em vez disso – mas prefiro fazer todo o Modelo Semântico em um único lugar.

Ainda preciso de uma ação para converter os *tokens* de produto em objetos reais de produto. Isso é apenas uma busca simples no repositório.

```
class AllocationTranslator...
  List<ProductGroup> recognizedProducts(List<Token> tokens) {
    List<ProductGroup> result = new ArrayList<ProductGroup>();
    for (Token t : tokens) {
      if (!Registry.productRepository().containsId(t.getText())) {
        notification.error(t, "No product for %s", t.getText());
        continue;
      }
      result.add(Registry.productRepository().findById(t.getText()));
    }
    return result;
  }
```

A cláusula de localização funciona de forma muito parecida, então continuarei com o cerne deste exemplo – obter o Javascript. Como indiquei acima, faço isso no analisador léxico. Afinal, eu não me importo com o conteúdo do Javascript, então apenas colocarei a string inteira na especificação das oportunidades de venda. Não existe um porquê em construir ou em usar um analisador sintático Javascript, a menos que eu queira verificar se o Javascript é sintaticamente válido durante a análise sintática. Como o analisador sintático apenas detectaria um erro sintático, e não um erro semântico, não penso que valha o incômodo.

Uso *Análise Léxica Alternativa (319)* para obter o texto. A maneira mais simples é escolher um par de delimitadores que não estejam sendo usados para mais nada e ter uma regra de *token* tal como:

```
ACTION : '{' .* '}' ;
```

Essa é uma regra razoável, que funcionará em muitas situações. Entretanto, ela possui um problema em potencial – as coisas dão errado se tenho qualquer chave dentro do código JavaScript. Posso evitar esse problema usando delimitadores menos prováveis, como, por exemplo, pares de caracteres.

```
ACTION : '{:' .* ':}' ;
```

No ANTLR, no entanto, posso usar sua própria habilidade de tratar *tokens* aninhados.

```
gramática...
  ACTION : NESTED_ACTION;

  fragment NESTED_ACTION
    : '{' (ACTION_CHAR | NESTED_ACTION)* '}'
    ;
  fragment ACTION_CHAR
    : ~('{'|'}')
    ;
```

Isso não é perfeito; eu seria derrotado por um fragmento de Javascript tal como badThing = "}";, mas funcionaria para a maioria dos casos.

Com as coleções de subcláusulas e o predicado Javascript, posso atualizar o Modelo Semântico.

```
class AllocationTranslator...
  void recognizedAllocationRule(Token salesmanName, List<ProductGroup> products,
                        List<State> states, Token predicate)
  {
    if (!Registry.salesmenRepository().containsId(salesmanName.getText())) {
      notification.error(salesmanName, "Unknown salesman: %s", salesmanName.getText());
      return;
    }
    Salesman salesman = Registry.salesmenRepository().findById(salesmanName.getText());
    LeadSpecification spec = new LeadSpecification();
    spec.addStates((State[]) states.toArray(new State[states.size()]));
    spec.addProducts((ProductGroup[]) products.toArray(new ProductGroup[products.size()]));
    if (null != predicate) spec.setPredicate(predicate.getText());
    result.appendAllocation(salesman, spec);
  }
```

Capítulo 28

Análise léxica alternativa

Altere o comportamento do analisador léxico de dentro do analisador sintático.

```
                tokens de palavras-chave            parte do nome
                          item camera
                          item small white item
                          item acid bath
```

28.1 Como funciona

Em minha rápida visão geral de como os *Geradores de Analisadores Sintáticos (269)* funcionam, disse que o analisador léxico fornece um fluxo de *tokens* para o analisador sintático, que monta o fluxo em uma árvore de análise sintática. A implicação é que essa é uma interação de direção única: o analisador léxico é uma fonte que o analisador sintático simplesmente consome. O que acontece é que este nem sempre é o caso. Existem ocasiões nas quais a maneira como o analisador léxico quebra a entrada em *tokens* muda, dependendo de onde estamos na árvore de análise sintática – ou seja, o analisador sintático precisa manipular a maneira como o analisador léxico faz a quebra de *tokens*.

Para um simples exemplo desse problema, considere a listagem de alguns itens que podem aparecer em um catálogo.

```
item camera;
item small_power_plant;
item acid_bath;
```

Usar sublinhados e capitalização *camelCase* é familiar e normal para *geeks* como nós, mas os humanos em geral estão mais acostumados a usar espaços. Eles prefeririam ler algo como:

```
item camera;
item small power plant;
item acid bath;
```

O quanto isso pode ser difícil? Como se constata, quando você está usando um analisador sintático guiado por uma gramática, isso pode ser surpreendentemente complicado, e é por isso que tenho uma seção aqui para falar sobre isso. (Você notará que estou usando ponto e vírgula para separar as declarações de itens. Você também poderia usar novas linhas e, na verdade, pode preferir isso. Eu também poderia, mas isso introduz outra questão complicada, que é a do tratamento de *Separadores de Novas Linhas (333)*, então usarei ponto e vírgula por enquanto para tratar uma questão complicada por vez.)

A gramática mais simples que nos permite reconhecer qualquer quantidade de palavras após a palavra-chave item se pareceria com o seguinte:

```
catalog : item*;
item : 'item' ID* ';';
```

O complicado é que isso se quebra quando você possui um item que contém a string "item" em seu nome, tal como item small white item;.

O problema é que o analisador léxico reconhece item como uma palavra-chave, não como uma palavra, e isso leva a um *token* de palavra-chave em vez de um *token* de identificador. O que realmente queremos fazer é tratar tudo entre a palavra item e o ponto e vírgula como um ID, alterando, de modo eficaz, as regras de análise léxica para esse ponto da análise sintática.

Outro exemplo comum desse tipo de situação é o *Código Estrangeiro (309)* – que pode incluir todos os tipos de *tokens* significativos na DSL, mas queremos ignorá-los todos e pegar o código estrangeiro como uma única grande string para embarcar no *Modelo Semântico (159)*.

Existem algumas abordagens disponíveis para isso, nem todas possíveis com todos os tipos de Geradores de Analisadores Sintáticos.

28.1.1 Citações

A maneira mais simples de lidar com esse problema é colocar o texto em uma citação, de forma que o analisador léxico possa reconhecê-lo como algo especial. Para nossos nomes de itens, significa colocá-los dentro de algum caractere de citação, ao menos quando usarmos a palavra "item". Isso seria lido da seguinte forma:

```
item camera
item small power plant;
item "small white item";
```

Isso seria analisado sintaticamente com uma gramática como:

```
catalog : item*;
item : 'item' item_name ';';

item_name    : (ID | QUOTED_STRING)* ;
QUOTED_STRING : '"' (options{greedy = false;} : .)* '"';
```

As citações englobam todo o texto entre os delimitadores, então, ele nunca é tocado por outras regras gramaticais. Posso pegar o texto da citação e fazer o que eu quiser com ele.

O uso de citações não envolve em nada o analisador sintático, então, um esquema de uso de citações precisa ser usado em todos os outros lugares da linguagem. Você não pode ter regras específicas para usar citações em elementos em particular da linguagem. Em muitas situações, entretanto, isso funciona muito bem.

Um aspecto desconfortável do uso de citações é lidar com delimitadores dentro da string da citação – tal como Active "Marauders" Map, em que você precisa de citações dentro da string de citação. Existem maneiras de lidar com isso, que devem ser familiares a você da programação padrão.

A primeira é fornecer um mecanismo de escape, como a amada barra invertida do Unix ou a duplicação do delimitador. Para processar item Active "Marauders" Map você poderia usar uma regra como:

```
QUOTED_STRING : STRING_DELIM (STRING_ESCAPE | ~(STRING_DELIM))* STRING_DELIM;
fragment STRING_ESCAPE:   STRING_DELIM STRING_DELIM;
fragment STRING_DELIM :   '"';
```

O truque básico é usar os delimitadores para envolver um grupo repetido, no qual um dos elementos é a negação do delimitador (essencialmente o mesmo que um casamento não ganancioso), e as outras alternativas são quaisquer combinações de escape de que você precisar.

Você provavelmente verá isso escrito de uma forma mais compacta.

```
QUOTED_STRING : '"' ('""' | ~('"'))* '"';
```

Prefiro a clareza da versão mais longa, mas tal clareza é particularmente rara quando se fala em expressões regulares.

O uso de caracteres de escape funciona bem, mas pode ser confuso, particularmente para não programadores.

Outra técnica é pegar uma combinação menos comum de símbolos delimitadores, menos prováveis de aparecerem no texto da citação. Um bom exemplo disso é o *Gerador de Analisadores Sintáticos (269)* Java CUP. A maioria dos Geradores de Analisadores Sintáticos usa chaves para indicar ações de código, o que é familiar, mas encontra um problema: as chaves são algo comum de ser encontrado em linguagens baseadas em C. Então, o CUP usa "{:" e ":}" como seus delimitadores – uma combinação que você não encontra na maioria das linguagens, incluindo Java.

Usar um delimitador improvável é obviamente apenas tão bom quanto sua improbabilidade. Em muitas situações de DSLs, você pode evitar isso, porque existem apenas algumas coisas que você pode encontrar no texto de citação.

Uma terceira tática é usar mais de um tipo de delimitadores de citação, então, se você precisa embarcar um caractere delimitador, pode fazer isso trocando para uma citação alternativa. Como exemplo, muitas linguagens de scrip permitem usar citações ou com caracteres de aspas simples ou com aspas duplas, que possuem a vantagem adicional de reduzir a confusão causada por algumas linguagens que usam uma ou outra. (Elas frequentemente possuem regras de escape diferente com delimitadores diferentes.) Permitir aspas simples ou duplas para o item de exemplo é tão simples quanto isso:

```
catalog : item*;
item : 'item' item_name  ';';

item_name     : (ID | QUOTED_STRING)* ;
QUOTED_STRING : DOUBLE_QUOTED_STRING | SINGLE_QUOTED_STRING ;
fragment DOUBLE_QUOTED_STRING : '"' (options{greedy = false;} : .)* '"';
fragment SINGLE_QUOTED_STRING : '\'' (options{greedy = false;} : .)* '\'';
```

Existe uma opção menos comum que ocasionalmente pode ser útil. Alguns Geradores de Analisadores Sintáticos, incluindo o ANTLR, usam um autômato de pilha em vez de uma máquina de estados para a análise léxica. Isso fornece outra opção para casos nos quais os caracteres de citação são pares casados (tais como "{...}"). Isso requer uma leve variação no meu exemplo; imagine que eu queira embarcar Javascript na lista de itens, de forma a fornecer uma condição arbitrária para quando um item devesse aparecer no catálogo, por exemplo:

```
item lyncanthropic gerbil {!isFullMoon()};
```

O problema da embarcação aqui é que o código Javascript obviamente pode incluir chaves. Entretanto, podemos permitir chaves, mas apenas se elas forem casadas, escrevendo as regras de citação como:

```
catalog : item*;
item : 'item' item_name  CONDITION?';';

CONDITION : NESTED_CONDITION;
fragment NESTED_CONDITION  : '{' (CONDITION_CHAR | NESTED_CONDITION)* '}';
fragment CONDITION_CHAR    : ~('{'|'}') ;
```

Isso não trata de todas as chaves embutidas – poderia ser derrotado por {System.out.print("tokenize this: }}}");}. Para vencer, eu precisaria escrever regras de análise léxica adicionais para cobrir quaisquer elementos que possam ser embarcados na condição que pode incluir uma chave. Para esse tipo de situação, entretanto, uma solução simples será normalmente suficiente. A maior desvantagem dessa técnica é que você pode usá-la apenas quando o analisador léxico for um autômato de pilha, o que é relativamente raro.

28.1.2 Estado léxico

Talvez a maneira mais lógica de pensar acerca desse problema, ao menos para o caso do nome de itens, seja substituir o analisador léxico completamente quando estivermos buscando o nome do item. Ou seja, uma vez que tenhamos visto a palavra-chave `item`, substituímos o analisador léxico comum por outro analisador léxico, até que esse analisador léxico veja o ponto e vírgula. Nesse ponto, retornamos para nosso analisador léxico comum.

O Flex, a versão de código aberto do lex, oferece suporte para um comportamento similar, sob o nome de **condições de início** (também chamada de estado léxico). Embora esse recurso use o mesmo analisador léxico, ele permite que a gramática troque o analisador léxico por um modo diferente. Isso é praticamente a mesma coisa que modificar o analisador léxico e, certamente, é suficiente para este exemplo.

Trocarei para o Java CUP neste código de exemplo, porque o ANTLR atualmente não oferece suporte para modificar o estado léxico (ele não pode, dado que o analisador léxico atualmente quebra o fluxo de entrada inteiro antes de o analisador sintático trabalhar com ele). Aqui está uma gramática CUP para tratar os itens:

```
<YYINITIAL> "item"     {return symbol(K_ITEM);}
<YYINITIAL> {Word}     {return symbol(WORD);}

<gettingName> {Word} {return symbol(WORD);}

";"        {return symbol(SEMI);}
{WS}       {/* ignore */}
{Comment}  { /* ignore */}
```

Para esse exemplo, estou usando dois estados léxicos: YYINITIAL e gettingName (obtendo o nome). YYINITIAL é o estado léxico padrão, no qual o analisador léxico inicia. Posso usar esses estados léxicos para anotar minhas regras de análise léxica. Nesse caso, você vê que a palavra-chave item é apenas reconhecida como um *token* de palavra-chave no estado YYINITIAL. Regras de análise léxica sem um estado (tal como ";") aplicam-se a todos os estados. (Estritamente, não preciso das duas regras específicas de estado para {Word}, dado que elas são as mesmas, mas as mostrei aqui para ilustrar a sintaxe.)

Então, alterei os estados léxicos na gramática. As regras são similares ao caso do ANTLR, mas com uma pequena diferença, pois o CUP usa uma versão de BNF diferente. Primeiro, mostrarei algumas regras que não estão envolvidas na troca de estados léxicos. Inicialmente, temos a regra de catálogo de mais alto nível, que é a forma básica de BNF da regra do ANTLR.

```
catalog  ::= item | catalog item ;
```

Na outra ponta, temos a regra para montar o nome do item.

```
item_name ::=
  WORD:w {: RESULT = w; :}
  | item_name:n WORD:w {: RESULT = n + " " + w; :}
  ;
```

A regra que envolve a troca léxica é a regra para reconhecer um item.

```
item  ::= K_ITEM
  {: parser.helper.startingItemName(); :}
  item_name:n
  {: parser.helper.recognizedItem(n); :}
  SEMI
  ;
```

```
class ParsingHelper...
  void recognizedItem(String name) {
      items.add(name);
      setLexicalState(Lexer.YYINITIAL);
  }
  public void startingItemName() {
      setLexicalState(Lexer.gettingName);
  }
  private void setLexicalState(int newState) {
      getLexer().yybegin(newState);
  }
```

O mecanismo básico é bastante direto. Uma vez que o analisador sintático reconheça a palavra-chave `item`, ele troca o estado léxico para simplesmente obter as palavras à medida que elas vêm. Quando ele termina de usar as palavras, ele troca novamente.

Da forma como ele está escrito, parece bastante fácil, mas existe uma pegadinha. Para resolver suas regras, os analisadores sintáticos precisam buscar à frente através do fluxo de *tokens*. O ANTLR usa buscas à frente arbitrárias, o que, em parte, justifica por que ele analisa lexicamente toda a entrada antes de o analisador sintático começar a trabalhar. O CUP, tal como o Yacc, faz um *token* de busca à frente. Mas esse único *token* é suficiente para causar problema com uma declaração de item como `item item the troublesome`. O problema é que a primeira palavra no nome do item é analisada sintaticamente antes de trocarmos o estado léxico, então, nesse caso, ela seria analisada sintaticamente como uma palavra-chave `item`, quebrando o analisador sintático.

É fácil cair em um problema mais sério. Você notará que coloquei a chamada à reinicialização do estado léxico (`recognizedItem` – item reconhecido) antes de reconhecer o separador de sentenças. Se eu tivesse colocado depois, ele reconheceria a palavra-chave `item` em uma busca à frente antes de alternar novamente para o estado inicial.

Essa é outra coisa a se ter cuidado quando você estiver usando estados léxicos. Se você usa *tokens* de fronteira comuns (como aspas), pode evitar problemas quando possuir apenas um *token* de busca à frente. Caso contrário, você precisa ter cuidado em relação à maneira como a busca à frente do analisador sintático interage com os estados léxicos do analisador léxico. Como resultado, combinar a análise sintática com os estados léxicos pode ficar muito confuso com facilidade.

28.1.3 Mutação de tipos de *token*

As regras do analisador sintático reagem não ao conteúdo completo do *token*, mas ao tipo do *token*. Se trocarmos o tipo de um *token* antes de ele alcançar o analisador sintático, podemos transformar a palavra-chave `item` em uma palavra `item`.

Essa abordagem é oposta aos estados léxicos. Com estados léxicos, você precisa que o analisador léxico alimente os *tokens* do analisador sintático, um de cada vez; com essa abordagem, você precisa saber buscar à frente no fluxo de *tokens*. Então, não é surpresa que essa abordagem seja mais adequada ao ANTLR que ao Yacc; portanto, voltarei para o ANTLR.

```
catalog : item*;
item :
  'item' {helper.adjustItemNameTokens();}
  ID*
  SEP
  ;
SEP : ';';
```

Não existe algo na gramática que mostre o que está acontecendo; toda a ação ocorre no auxiliar.

```
void adjustItemNameTokens() {
  for (int i = 1; !isEndOfItemName(parser.getTokenStream().LA(i)); i++) {
    assert i < 100 : "This many tokens must mean something's wrong";
    parser.getTokenStream().LT(i).setType(parser.ID);
  }
}
private boolean isEndOfItemName(int arg) {
  return (arg == parser.SEP);
}
```

O código executa para frente ao longo do fluxo de *tokens*, convertendo os tipos de *token* para ID até encontrar o separador. (Declarei o tipo de *token* do separador aqui para torná-lo disponível a partir do auxiliar.)

Essa técnica não captura exatamente o que estava no texto original, pois tudo o que o analisador léxico pula não será oferecido ao analisador sintático. Por exemplo, os espaços em branco não são preservados neste método. Se isso for um problema, então essa não é a técnica correta a ser usada.

Para visualizar um contexto maior, dê uma olhada no analisador sintático para a HQL do Hibernate. A HQL precisa lidar com a palavra "order" como uma palavra-chave (em "order by") ou como o nome de uma coluna ou de uma tabela. O analisador léxico retorna "order" como uma palavra-chave por padrão, mas a ação de análise sintática busca à frente para ver se ela é seguida por "by"; se não for, ele a troca para ser um identificador.

28.1.4 Ignorando tipos de *tokens*

Se os *tokens* não fazem sentido e você quer o texto completo, pode ignorar os tipos de *tokens* completamente e pegar todos os *tokens* até encontrar um *token* sentinela (nesse caso, é o separador).

```
catalog : item*;
item : 'item' item_name SEP;
item_name : ~SEP* ;
SEP : ';';
```

A ideia básica é escrever a regra do nome do item de forma que ele aceite qualquer *token* além do separador. O ANTLR facilita esse processo usando um operador de negação, mas outros *Geradores de Analisadores Sintáticos (269)* podem não ter essa capacidade. Se você não tem, precisa fazer algo como:

```
item   : (ID | 'item')* SEP;
```

Você precisa listar todas as palavras-chave na regra, o que é mais complicado que apenas usar um operador de negação.

Os *tokens* ainda aparecem com o tipo correto, mas, quando você está fazendo isso, você não usa o tipo nesse contexto. Uma gramática com ações poderia se parecer com algo assim:

```
catalog returns [Catalog catalog = new Catalog()]:
  (i=item {$catalog.addItem(i.itemName);})*
  ;
item returns [String itemName] :
  'item' name=item_name SEP
  {$itemName = $name.result;}
  ;
item_name returns [String result = ""] :
  (n=~SEP {$result += $n.text + " ";})*
  {$result = $result.trim();}
  ;
SEP : ';';
```

Nesse caso, o texto é obtido de cada *token* no nome, ignorando o tipo do *token*. Com *Construção de Árvore (281)*, você faria algo similar, obtendo todos os *tokens* de nomes de itens em uma única lista e, então, ignorando os tipos de *tokens* quando estivesse processando a árvore.

28.2 Quando usar

A Análise Léxica Alternativa é relevante quando você está usando *Tradução Dirigida por Sintaxe (219)* com a análise léxica separada da análise sintática – que é o caso mais comum. Você precisa considerá-la quando tem uma seção ou texto especial que não deve ser analisado lexicamente usando seu esquema comum.

Casos comuns para a Análise Léxica Alternativa incluem: palavras-chave que não deveriam ser reconhecidas dessa forma em um contexto em especial, permitindo qualquer forma de texto (normalmente para descrições em prosa), e *Código Estrangeiro (309)*.

CAPÍTULO **29**

Expressão de operadores aninhados

Expressão de operador que pode conter recursivamente a mesma forma de expressão (por exemplo, expressões aritméticas e booleanas).

2 * (4 + 5)

Chamar Expressão de Operadores Aninhados de um padrão é uma flexibilização e tanto, pois não é tanto uma solução quanto é um problema comum na análise sintática. Esse é particularmente o caso com os analisadores ascendentes quando você precisa evitar a recursão à esquerda.

29.1 Como funciona

As Expressões de Operadores Aninhados possuem dois aspectos que podem torná-las um pouco complicadas – sua natureza recursiva (as regras aparecem em seu próprio corpo) e a descoberta da precedência. A forma exata de como lidar com esses aspectos depende parcialmente do *Gerador de Analisadores Sintáticos (269)* que você está usando, mas existem outros princípios gerais úteis que se aplicam. A maior diferença reside em como os analisadores ascendentes e descendentes trabalham com elas.

Meu problema de exemplo é uma calculadora que pode tratar as quatro operações aritméticas comuns (+ - * /), grupos entre parênteses, bem como potenciação (usando "**") e radiciação (usando "//"). Ela também permite uma subtração unária – possibilitando referir-se a um número negativo com um sinal de menos.

Essa escolha de operadores significa que queremos diversos níveis de precedência. A subtração unária possui a maior precedência, seguida pela potenciação e radiciação, depois pela multiplicação e divisão e, por fim, pela adição e subtração. Introduzi a potenciação e a radiciação no problema porque elas são operadores associativos à direita, enquanto os outros operadores binários são associativos à esquerda.

29.1.1 Usando analisadores sintáticos ascendentes

Iniciarei com os analisadores sintáticos ascendentes porque eles são os mais fáceis de serem descritos. A gramática básica para tratar das quatro funções de expressões aritméticas com parênteses se parece com o seguinte:

```
expr ::=
    NUMBER:n        {: RESULT = new Double(n); :}
  | expr:a PLUS expr:b     {: RESULT = a + b; :}
  | expr:a MINUS expr:b    {: RESULT = a - b; :}
  | expr:a TIMES expr:b    {: RESULT = a * b; :}
  | expr:a DIVIDE expr:b   {: RESULT = a / b; :}
  | expr:a POWER expr:b    {: RESULT = Math.pow(a,b); :}
  | expr:a ROOT expr:b     {: RESULT = Math.pow(a,(1.0/b)); :}
  | MINUS expr:e           {: RESULT = - e; :}   %prec UMINUS
  | LPAREN expr:e RPAREN   {: RESULT = e; :}
  ;
```

Essa gramática usa o *Gerador de Analisadores Sintáticos (269)* Java CUP, que é essencialmente uma versão do sistema Yacc clássico para Java. A gramática captura a estrutura da sintaxe de expressões em uma única regra de produção, com uma alternativa para cada tipo de operador com o qual precisamos trabalhar, junto com o caso base em que existe apenas um número presente.

Diferentemente do ANTLR, minha escolha habitual para os exemplos neste livro, você não pode colocar *tokens* literais no arquivo da gramática. Por isso, tenho nomes de *tokens* PLUS (mais) em vez de +. Um analisador léxico separado traduz os operadores e os números para a forma que o analisador sintático precisa.

Estou usando *Interpretação Embarcada (305)* aqui para fazer os cálculos, então você vê os cálculos resultantes seguindo cada uma das alternativas nas ações de código. (Ações de código são delimitadas por {: e :} para facilitar o trabalho com chaves na ação de código.) A variável especial RESULT (resultado) é usada para o valor de resultado; elementos de regras são rotulados com um rótulo :label.

As regras gramaticais básicas tratam da estrutura recursiva de maneira bastante direta, mas elas não tratam a precedência: queremos que 1 + 2 * 3 seja interpretado como 1 + (2 * 3). Para isso, posso usar um conjunto de declarações de precedência.

```
precedence left PLUS, MINUS;
precedence left TIMES, DIVIDE;
precedence right POWER, ROOT;
precedence left UMINUS;
```

Cada sentença de precedência lista alguns operadores no mesmo nível de precedência e diz como eles são associados (esquerda ou direita). A precedência vai da mais baixa para a mais alta.

A precedência também pode ser mencionada nas regras gramaticais, como está no caso do menos unário com %prec UMINUS. O UMINUS é uma referência a um *token* que não é um *token* real; ele é apenas usado para ajustar a precedência dessa regra. Ao usar essa precedência dependente de contexto, estou instruindo o Gerador de Analisadores Sintáticos que essa regra não usa a precedência padrão para o operador "-", mas usa a precedência declarada para o operador fantasmagórico UMINUS em vez disso.

Em termos de linguagens de programação, o problema que a precedência resolve é o da ambiguidade. Sem as regras de precedência, um analisador sintático com essa gramática poderia analisar sintaticamente 1 + 2 * 3 como (1 + 2) * 3 ou como 1 + (2 * 3), o que a torna ambígua. O mesmo é verdadeiro para 1 + 2 + 3, mesmo que nós (humanos) saibamos que não interessa nesse caso. É por isso que temos que especificar a direção da associatividade também, mesmo que não importe para "+" e "*".

A combinação de uma simples regra gramatical recursiva com declarações de precedência torna muito fácil tratar expressões aninhadas em um analisador sintático ascendente.

29.1.2 Analisadores sintáticos descendentes

Os analisadores sintáticos descendentes são mais complicados quando o assunto é tratar as Expressões de Operadores Aninhados. Você não pode usar uma gramática recursiva simples porque isso introduziria recursão à esquerda. Consequentemente, você teria de usar uma série de regras gramaticais, que resolvem tanto o problema da recursão à esquerda quanto tratam a precedência ao mesmo tempo. A gramática resultante, entretanto, é muito menos clara. Na verdade, essa falta de clareza é o fator que leva muitas pessoas a preferir um analisador sintático ascendente.

Vamos olhar essas regras com o ANTLR. Iniciarei com as duas regras de mais alto nível, que introduzem os dois operadores no nível mais baixo de precedência. Para uma análise sintática pura, elas se pareceriam com isto:

```
expression : mult_exp ( ('+' | '-') mult_exp )* ;

mult_exp : power_exp ( ('*' | '/') power_exp )* ;
```

Aqui você vê o padrão para operadores associativos à esquerda. O corpo da regra inicia com uma referência para a próxima regra de precedência mais baixa, seguida por um grupo de repetição com os operadores e lados direitos. Em todas as vezes, menciono a próxima regra de mais baixa precedência e não a regra em que estou.

Os operadores de potenciação e de radiciação mostram o padrão para um operador associativo à direita.

```
power_exp : unary_exp ( ('**' | '//') power_exp )? ;
```

Note algumas diferenças aqui, que tornam as operações associativas à direita. Primeiro, a regra do lado direito é uma referência recursiva à própria regra, e não uma referência à próxima regra. Segundo, em vez de um grupo de repetição, é apenas um grupo opcional. A recursão permite que múltiplas expressões de potenciação sejam compostas entre si, e a recursão à direita tal como essa é inerentemente associativa à direita.

Expressões unárias precisam oferecer suporte a um sinal opcional de menos.

```
unary_exp
  : '-' unary_exp
  | factor_exp
  ;
```

Note como uso a recursão quando o sinal está presente (para permitir múltiplos sinais de menos em uma expressão), mas a próxima menor precedência quando ele não está presente (para evitar a recursão à esquerda).

Agora chegamos ao nível de mais baixa precedência, os átomos da linguagem (nesse caso apenas números) e parênteses.

```
factor_exp : NUMBER | par_exp ;

par_exp : '(' expression ')' ;
```

Expressões com parênteses introduzem recursões profundas, dado que elas referenciam a expressão de nível mais alto novamente.

(Uma nota específica do ANTLR: o ANTLR pode se confundir se sua gramática tiver apenas essas regras, pois não existe uma regra de nível mais alto que não seja chamada por outras regras (ele dá a você uma mensagem de erro de que "não existe uma regra de início"). Então, você precisa adicionar algo como prog : expression;.)

Como você pode ver, isso é muito mais complicado que o caso ascendente. Você gastando seu tempo massageando o *Gerador de Analisadores Sintáticos (269)* em vez de expressando sua intenção. As gramáticas emaranhadas resultantes são uma das razões pelas quais as pessoas preferem Geradores de Analisadores Sintáticos ascendentes que descendentes. Os defensores da análise sintática descendente argumentam que são apenas as expressões aninhadas que se tornam emaranhadas dessa forma, e que é um comprometimento que vale a pena quando comparado com outros problemas que ocorrem com os analisadores sintáticos ascendentes.

Outra consequência dessa gramática emaranhada é que a árvore de análise sintática resultante é mais complicada. Você esperaria que a árvore sintática para 1 + 2 se parecesse com algo como:

```
+
  1
  2
```

Mas, em vez disso, ela se parece com:

```
+
  mult_exp
    power_exp
      unary_exp
        factor_exp
          1
  mult_exp
    power_exp
      unary_exp
        factor_exp
          2
```

Todas as regras gramaticais para precedência adicionam muitos nós intermediários à árvore de análise sintática. Isso não é um grande problema na prática; você precisa escrever código para tratar esses nós para os casos nos quais eles não são úteis, mas algumas vezes eles são simplesmente irritantes.

As gramáticas que mostrei agora são gramáticas puras, que não envolvem qualquer produção de saída. Fazer algo com o resultado da análise sintática introduz alguns emaranhados adicionais. Para replicar a calculadora baseada em *Interpretação Embarcada (305)*, a regra de mais alto nível se parece com:

```
expression returns [double result]
 : a=mult_exp {$result = $a.result;}
   ( '+' b=mult_exp {$result += $b.result;}
   | '-' b=mult_exp {$result -= $b.result;}
   )*
 ;
```

Aqui, o relacionamento entre as ações de código e a gramática é mais complicado do que eu normalmente gostaria. Como podemos ter qualquer número de termos nesse nível (por exemplo, 1 + 2 + 3 + 4), preciso declarar uma variável de acumulação no início da expressão e acumular valores dentro do grupo de repetição. Além disso, como preciso fazer coisas diferentes dependendo se é um mais ou um menos, preciso ampliar a alternativa – ou seja, ir de ('+', '-') mult_exp para ('+' mult_exp, '-' mult_exp). Isso introduz duplicação, mas esse é frequentemente o caso quando você realmente faz alguma coisa com sua gramática. *Construção de Árvore (281)* costuma reduzir esse problema, mas, mesmo assim, você pode querer retornar um tipo diferente de nós para mais e menos, o que exigiria ampliar a alternativa.

Todos os exemplos que mostrei anteriormente usam o ANTLR, dado que é o analisador sintático descendente que você provavelmente encontrará. Diferentes analisadores sintáticos descendentes possuem problemas e soluções levemente diferentes. Em geral, eles terão uma documentação que discute como lidar com a recursão à esquerda.

29.2 Quando usar

Como indicado anteriormente, Expressões de Operadores Aninhados não funcionam muito bem com minha descrição regular de um padrão, e, se eu fosse um escritor melhor, faria algo melhor que incluí-las aqui como um padrão. Consequentemente, esta seção de "quando usar" apenas serve para atender a uma fixação com a consistência, que não é normalmente algo pelo qual sou conhecido.

Capítulo 30

Separadores de novas linhas

Use novas linhas como separadores de sentenças.

```
                      primeira sentença
                      segunda sentença
                      terceira sentença
```

30.1 Como funciona

Usar novas linhas para marcar o final de uma sentença é um recurso comum das linguagens de programação. Isso funciona muito bem com a *Tradução Dirigida por Delimitadores (201)*, dado que novas linhas são usadas como o principal delimitador para quebrar a entrada. Em razão disso, não tenho nada a adicionar aqui para esse contexto.

Com a *Tradução Dirigida por Sintaxe (219)*, entretanto, separadores de novas linhas são mais complicados, introduzindo algumas armadilhas sutis em que você pode cair. Espero que esta seção aponte algumas delas.

(É claro que é possível usar novas linhas com um propósito sintático além da separação de sentenças – mas ainda tenho que me deparar com isso.)

A razão pela qual os separadores de nova linha e a Tradução Dirigida por Sintaxe não andam bem juntos é que as novas linhas desempenham dois papéis quando você as usa como separadores. Além de seu papel sintático, os separadores também desempenham um papel de formatação, ao fornecer espaço vertical. Como resultado, eles podem aparecer em locais nos quais você não esperaria que um separador de sentenças aparecesse.

Aqui está o que penso ser uma gramática óbvia para usar términos de linha como separadores:

```
catalog   : statement*;
statement : 'item' ID EOL;

EOL : '\r'? '\n';
ID  : ('a'..'z' | 'A'..'Z' | '0'..'9' | '_' )+;
WS  : (' ' |'\t' )+ {$channel = HIDDEN;} ;
```

Essa gramática captura uma lista de itens simples, na qual cada linha é a palavra-chave item seguida por um identificador do item. Comecei a ter o hábito de usar essa gramática como meu exemplo *"Hello World"* para a análise sintática, dado que ela é muito simples. Essa gramática é fácil de ser seguida – palavra-chave, identificador, nova linha –, mas existem alguns casos comuns que podem aparecer:

- Novas linhas entre sentenças
- Novas linhas antes da primeira sentença
- Novas linhas após a última sentença
- A última sentença da última linha não possui um término de linha

Os três primeiros casos acima são linhas em branco, mas podem precisar de maneiras diferentes para serem tratados na gramática, então, todos devem ser testados. Assegurar-se de que você possui testes para esses casos é provavelmente a coisa mais importante a ser feita. Tenho algumas soluções para os problemas a seguir, mas bons testes são a chave para garantir que essas situações sejam cobertas apropriadamente.

Uma maneira de lidar com linhas em branco de uma forma eficaz é usar uma regra de término de sentença que funcione com múltilas novas linhas. O local lógico para colocar essa regra é no analisador léxico, dado que é uma regra regular (estou usando o termo "regular" aqui no sentido de teoria de linguagens do termo, ou seja, posso usar uma expressão regular para chamá-la). Isso é um tanto complicado por causa do último teste – aquele no qual a última linha do arquivo é uma sentença sem um término de linha. Para tratar esse caso, você precisa casar o caractere de término de arquivo no analisador léxico, o que, dependendo de seu *Gerador de Analisadores Sintáticos (269)*, pode não ser possível. Então, no ANTLR, para fazer isso, preciso de uma regra de término de sentença na gramática do analisador sintático.

```
catalog    : verticalSpace statement*;
statement : 'item' ID eos;
verticalSpace : EOL*;
eos : EOL+ | EOF;
```

Um término de linha inexistente na última linha é frequentemente inconveniente. O quão inconveniente, depende de como o Gerador de Analisadores Sintáticos lida com um término de arquivo. O ANTLR o torna disponível para o analisador sintático como um *token*; é por isso que posso casá-lo nas regras do analisador sintático (e não nas regras do analisador léxico). Outros tornam o casamento com o término de linha muito difícil ou impossível. Uma opção a ser considerada é forçar um término de linha ao final – seja a partir do analisador léxico (se você puder) ou talvez antes da análise léxica. Forçar um final de linha no final do arquivo pode prevenir alguns casos limite inconvenientes.

Outra abordagem para lidar com os terminadores de sentenças – uma que evita o problema geral de um terminador final inexistente – é pensar neles como separadores, e não como terminadores. Isso leva a uma regra da seguinte forma:

```
catalog : verticalSpace statement (separator statement)* verticalSpace;
statement : 'item' ID;
separator : EOL+;
verticalSpace : EOL*;
```

Comecei a preferir esse estilo. No lugar de definir uma regra extra de espaço vertical (verticalSpace), posso usar uma regra baseada em separator?.

Uma terceira alternativa é pensar em um corpo de sentença como um elemento opcional para cada linha do catálogo.

```
catalog : line* ;
line : EOL | statement EOF | statement EOL;
statement : 'item' ID;
```

Essa regra precisa casar com o fim de arquivo explicitamente, de forma a lidar com o caso do fim da linha da última linha. Se você não puder casar com o final do arquivo, então precisa de algo como:

```
catalog : line* statement?;
line : statement? EOL;
statement : 'item' ID;
```

o que não é muito legível para mim, mas também não precisa do casamento do final de arquivo.

Um elemento separado que pode também causar muitos problemas com separadores de novas linhas são os comentários. Comentários que se estendem até o fim da linha são muito úteis. Quando você está ignorando novas linhas, você pode facilmente casar comentários de maneira que coma a nova linha (apesar de isso poder enganar você se existir uma linha final que é um comentário sem um final de linha). Quando você está usando separadores de novas linhas, entretanto, comer uma nova linha pode ser um problema, dado que os comentários frequentemente aparecem no final de uma sentença, tal como:

```
item laser # explicar algo
```

Se o casamento do comentário come a nova linha, então você perderá o terminador da sentença também.

É normalmente fácil evitar esse problema usando uma expressão como:

```
COMMENT : '#' ~'\n'* {skip();};
```

o que, em termos de expressões regulares clássicas, se parece com:

```
Comment = #[^\n]*
```

Uma questão final para se ter em mente é fornecer alguma forma de usar um caractere de continuação para linhas que se tornarem muito longas. Isso pode ser facilmente tratado com uma regra de análise léxica como esta:

```
CONTINUATION : '&' WS* EOL {skip();};
```

30.2 Quando usar

Decidir usar separadores de novas linhas é realmente tomar duas decisões em uma: decidir ter separadores de sentenças e, então, decidir usar novas linhas como separadores de sentenças.

A estrutura limitada de uma DSL frequentemente significa que você pode viver sem separadores de sentenças. O analisador sintático pode descobrir normalmente o contexto da análise sintática a partir das várias palavras-chave que você usa. Como exemplo, a gramática introdutória para o controlador da senhorita Grant não usa quaisquer separadores de sentenças, mas, mesmo assim, é analisada sintaticamente de maneira muito fácil.

Os separadores de sentenças podem facilitar a localização e, logo, a descoberta de erros. Para que o analisador sintático localize erros, ele precisa de algum tipo de marcador de verificação para dizer onde ele supostamente estaria na análise sintática. Sem marcadores de verificação, um erro em uma linha do script pode não ser aparente ao analisador sintático até diversas linhas depois, levando a mensagens de erro confusas. Separadores de sentenças podem frequentemente satisfazer esse papel. (Apesar de eles não serem o único mecanismo para isso; as palavras-chave costumam fazer isso.)

Se você decidiu usar separadores de sentenças, a escolha é entre um caractere visível, como um ponto e vírgula, e uma nova linha. A coisa boa de usar novas linhas é que, na maioria das vezes, você tem uma sentença por linha de qualquer forma, então, usar um separador de nova linha não adiciona qualquer ruído sintático à DSL. Isso é particularmente valioso quando você estiver trabalhando com não programadores, apesar de muitos programadores (incluindo eu) preferirem separadores usando novas linhas também. A desvantagem com os separadores de novas linhas é que a *Tradução Dirigida por Sintaxe (219)* torna-se mais detalhista, e você precisa usar as técnicas que descrevi aqui. Você também precisa garantir que existam testes para cobrir os problemas comuns. Como um todo, entretanto, ainda prefiro usar separadores de novas linhas em vez de um separador de sentenças visível.

Capítulo 31

Miscelânea sobre DSLs externas

Enquanto estou escrevendo este capítulo, estou bastante consciente sobre quanto tempo gastei neste livro. Assim como quando você está escrevendo software, existe um momento no qual você precisa diminuir o escopo para entregar o sistema; o mesmo é válido para a escrita de livros – apesar de a natureza da decisão ser, de certa forma, diferente.

Esse compromisso é particularmente aparente para mim enquanto escrevo sobre DSLs externas. Existem vários tópicos que valem a pena serem mais investigados e descritos. Todos eles são tópicos interessantes, e provavelmente úteis para um leitor deste livro. Mas cada tópico demanda um tempo para ser pesquisado e, dessa forma, atrasa o lançamento do livro como um todo, então, achei que precisaria deixá-los inexplorados. Apesar disso, no entanto, tenho alguns pensamentos incompletos, mas espero que úteis, que acho que poderia coletar aqui. (Miscelânea é, afinal, apenas um nome bonito para uma mistura confusa.)

Lembre-se de que meus pensamentos aqui são mais preliminares que a maioria dos outros materiais neste livro. Por definição, são todos tópicos sobre os quais não trabalhei o suficiente para que merecessem um tratamento apropriado.

31.1 Endentação sintática

Em muitas linguagens, existe uma forte estrutura hierárquica de elementos. Tal estrutura é frequentemente codificada a partir de algum tipo de bloco aninhado. Então, poderíamos descrever a estrutura da Europa usando uma sintaxe como a seguinte:

```
Europa {
  Dinamarca
  França
  Grã-Bretânha {
    Inglaterra
    Escócia
    #...
  }
  #...
}
```

Esse exemplo mostra uma maneira pela qual os programadores de todas as estirpes indicam a estrutura hierárquica de seus programas. A informação sintática acerca da estrutura está contida entre delimitadores, nesse caso, entre chaves. Entretanto, quando você lê a estrutura, você presta mais atenção à formatação. A forma primária da estrutura que lemos vem da endentação, não dos delimitadores. Como um inglês puro-sangue, eu poderia preferir o formato da lista anterior como segue:

```
Europa {
  Dinamarca
  França
  Grã-Bretânha {
    Inglaterra
    Escócia
  }
}
```

Aqui a endentação é enganadora, dado que ela não satisfaz a estrutura real mostrada pelas chaves. (Apesar de ela ser informativa, já que mostra uma visão britânica comum do mundo.)

Como na maioria das vezes lemos a estrutura a partir da endentação, existe um argumento que diz que devemos usar a endentação para realmente mostrar a estrutura. Neste caso, eu poderia escrever minha estrutura da Europa como a seguir:

```
Europa
  Dinamarca
  França
  Grã-Bretânha
    Inglaterra
    Escócia
```

Dessa maneira, a endentação define a estrutura, bem como a comunica aos olhos. Essa abordagem é mais usada pela linguagem de programação Python, e também usada pela YAML – uma linguagem para descrever estruturas de dados.

Em termos de usabilidade, a maior vantagem da endentação sintática é que a definição e os olhos estão sempre em sincronia – você não pode se enganar alterando a formatação sem modificar a estrutura real. (Os editores de texto que fazem formatação automática removem muito dessa vantagem, mas as DSLs são menos propensas a terem tal tipo de suporte.)

Se você usa endentação sintática, tenha bastante cuidado com a inter--relação entre tabulações e espaços. Como a largura das tabulações depende de como você configura o editor, misturar tabulações e espaços em um arquivo pode fazer a confusão não acabar. Minha recomendação é seguir a abordagem de YAML e proibir tabulações para qualquer linguagem que use endentação sintática. Qualquer inconveniência que você possa sofrer pela não permissão de tabulações será muito menor que a confusão que você evita.

A endentação sintática é bastante conveniente de ser usada, mas apresenta algumas dificuldades reais na análise sintática. Passei algum tempo olhando analisadores sintáticos Python e YAML e vi uma plenitude de complexidades devido à endentação sintática.

Os analisadores sintáticos que vi tratavam a endentação sintática no analisador léxico, dado que o analisador léxico é a parte de um sistema de *Tradução Dirigida por Sintaxe (219)* que trata de caracteres. (A *Tradução Dirigida por Delimitadores (201)* não é, provavelmente, uma boa companhia para a endentação sintática, pois a endentação sintática trata do tipo de contagem de estrutura de blocos dos quais a Tradução Dirigida por Delimitadores possui problemas em tratar.)

Uma tática comum, que penso ser eficaz, é levar o analisador léxico a *tokens* de saída especiais de "endentação" e de "desendentação" para o analisador sintático quando ele detectar uma mudança na endentação. Usar esses *tokens* imaginários permite escrever o analisador sintático usando técnicas normais para tratar blocos – você simplesmente usa "endentação" e "desendentação" em vez de { e }. Fazer isso em um analisador léxico convencional, entretanto, é algo que fica entre o difícil e o impossível. Detectar mudanças de endentação não é algo que os analisadores léxicos foram projetados para fazer, nem são normalmente projetados para emitirem *tokens* imaginários que não correspondem a qualquer caractere em particular no texto de entrada. Como resultado, você provavelmente terá de escrever um analisador léxico customizado. (Apesar de o ANTRL poder fazer isso, leia as recomendações de Parr sobre como lidar com Python [parr-antlr].)

Outra abordagem plausível – uma que certamente estaria inclinado a tentar –, é pré-processar o texto de entrada antes de ele passar pelo analisador léxico. Esse pré-processamento apenas focaria na tarefa de reconhecer mudanças de indentação e inseriria marcadores textuais especiais no texto quando encontrasse alguma mudança. Esses marcadores poderiam ser reconhecidos pelo analisador léxico da maneira comum. Você precisa escolher marcadores que não colidirão com nada na linguagem. Você também precisa lidar com a maneira como isso pode interferir em diagnósticos que dizem a linha e o número de colunas. Mas essa abordagem simplificará, em muito, a análise léxica da indentação sintática.

31.2 Gramáticas modulares

As DSLs são melhores quanto mais limitadas forem. A expressividade limitada as mantém fáceis de serem entendidas, usadas e processadas. Um dos maiores perigos com uma DSL é o desejo de adicionar expressividade – levando à armadilha de a linguagem inadvertidamente se tornar uma linguagem de propósito geral.

De forma a evitar essa armadilha, é útil saber combinar DSLs independentes. Fazer isso requer a análise sintática independente das diferentes partes. Se você estiver usando *Tradução Dirigida por Sintaxe (219)*, isso significa usar gramáticas separadas para diferentes DSLs, mas saber mesclar essas gramáticas em uma única análise sintática geral. Você quer se referenciar a uma gramática diferente de sua gramática, então, se a gramática referenciada mudar, você não precisa modificar sua própria gramática. Gramáticas modulares permitiriam reutilizar gramáticas da mesma maneira que reutilizamos bibliotecas.

As gramáticas modulares, embora úteis para trabalhos com DSLs, são uma área que não é bem entendida no mundo das linguagens. Existem algumas pessoas explorando esse tópico, mas nada muito maduro já existe enquanto escrevo esta seção.

A maioria dos *Geradores de Analisadores Sintáticos (269)* usa um analisador léxico separado, o que complica ainda mais o uso de gramáticas modulares, dado que uma gramática diferente normalmente precisará de um analisador léxico diferente da gramática pai. Você pode tentar evitar isso usando *Análise Léxica Alternativa (319)*, mas isso impõe restrições sobre como a gramática filha poderia casar com a pai. Existe atualmente um senso crescente de que analisadores sintáticos sem analisadores léxicos – aqueles que não separam a análise léxica da sintática – podem ser mais aplicáveis às gramáticas modulares.

Atualmente, a maneira mais simples de lidar com linguagens separadas é tratá-las como *Código Estrangeiro (309)*, colocando o texto da linguagem filha em um *buffer* e, então, analisando sintaticamente esse *buffer* de maneira separada.

Parte IV

Tópicos de DSLs internas

Capítulo 32

Construtor de expressões

Objeto, ou família de objetos, que fornece uma interface fluente sobre uma API comando-consulta normal.

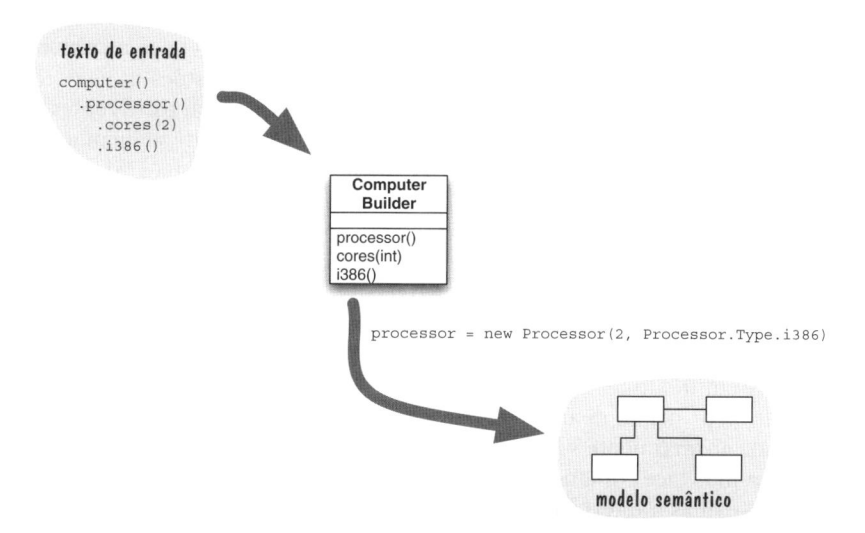

```
texto de entrada
computer()
  .processor()
    .cores(2)
    .i386()
```

Computer Builder
processor()
cores(int)
i386()

`processor = new Processor(2, Processor.Type.i386)`

modelo semântico

As APIs são normalmente projetadas para fornecer um conjunto de métodos autossuficientes em objetos. Idealmente, esses métodos podem ser entendidos individualmente. Chamo esse estilo de API de **API comando-consulta**; esse tipo de API é tão normal que não precisamos de um nome geral para ele. As DSLs requerem um tipo diferente de API, que chamo de **interface fluente**, que é projetada buscando a legibilidade de uma expressão como um todo. Interfaces fluentes levam a métodos que fazem pouco sentido individualmente e frequentemente violam as regras de boas APIs comando-consulta.

Um Construtor de Expressões fornece uma interface fluente como uma camada separada sobre uma API regular. Dessa forma, você tem ambos os estilos de interfaces, e a interface fluente é claramente isolada, tornando-a fácil de ser seguida.

32.1 Como funciona

Um Construtor de Expressões é um objeto que fornece uma interface fluente que, então, se traduz em chamadas em uma API comando-consulta subjacente. Você pode pensar nele como uma camada de tradução que traduz a interface fluente para a API comando-consulta. Um Construtor de Expressões é frequentemente um *Composite* [GoF] usando Construtores de Expressão filhos para construir subexpressões dentro de uma cláusula geral.

A forma como você organiza exatamente seus Construtores de Expressão depende muito do tipo de cláusula com que você está lidando. O *Encadeamento de Métodos (373)* é uma sequência de chamadas a métodos, cada uma delas retornando um Construtor de Expressões; As *Funções Aninhadas (357)* podem usar um Construtor de Expressões, que é uma superclasse ou um conjunto de funções globais. Como resultado, não posso realmente dar quaisquer regras gerais de como um Construtor de Expressões se parece neste padrão – você precisa ver os diferentes tipos de Construtores de Expressões mostrados nos outros padrões de DSLs internas. O que posso fazer é falar um pouco sobre algumas recomendações gerais que penso que ajudarão você a criar uma clara camada de Construtores de Expressões. Uma das questões mais notáveis é se devemos usar múltiplos Construtores de Expressões para diferentes partes da DSL. Múltiplos Construtores de Expressões normalmente seguem uma estrutura de árvore que, na verdade, é uma árvore sintática para a DSL. Quanto mais complexa a DSL, mais valiosa é uma árvore de Construtores de Expressões.

Uma das dicas mais úteis para obter um claro conjunto separado de Construtores de Expressões é garantir que você tenha um *Modelo Semântico (159)* bem definido. O Modelo Semântico deve ter objetos com interfaces comando--consulta que podem ser manipulados sem qualquer construção fluente. Você pode verificar isso ao conseguir escrever testes para o Modelo Semântico que não usem qualquer DSL. Pode não ser sábio forçar muito essa regra, afinal, o objetivo principal de uma DSL interna é facilitar o trabalho com esses objetos, então, normalmente será mais fácil manipulá-los em testes com a DSL do que com a interface comando-consulta. Mas eu incluiria ao menos alguns testes que usam apenas a interface comando-consulta.

Os Construtores de Expressões, então, podem agir sobre esses objetos do modelo. Você deve saber testar os Construtores de Expressões comparando os objetos do Modelo Semântico que eles manipulam, usando chamadas diretas às APIs comando-consulta do Modelo Semântico.

32.2 Quando usar

Considero o Construtor de Expressões um recurso padrão – ou seja, tendo a usá--lo bastante todas as vezes, a menos que exista uma boa razão para não o fazer.

Isso, é claro, levanta a seguinte questão: quais são as ocasiões nas quais um Construtor de Expressões não é uma boa ideia?

A alternativa ao uso de um Construtor de Expressões é colocar os métodos da interface fluente no próprio *Modelo Semântico (159)*. A principal razão pela qual não gosto dessa alternativa é que ela mistura a API para construir o Modelo Semântico com os métodos que executam o modelo. Normalmente, cada um desses aspectos é bastante complicado. A lógica de execução do Modelo Semântico frequentemente requer um esforço para ser entendida, em especial se ele representa um modelo computacional alternativo. Interfaces fluentes possuem sua própria lógica para manter o fluxo. Então, meu argumento a favor de um Construtor de Expressões se resume à separação de interesses. É mais fácil entender se tivermos a lógica de construção separada da lógica de execução.

Uma razão adicional para essa separação é que uma interface fluente não é comum. Mesclar tanto métodos fluentes quanto de comando-consulta na mesma classe mistura duas maneiras diferentes de representar uma API. O fato de as APIs fluentes serem raras, e, logo, os desenvolvedores estarem menos familiarizados com elas, exacerba a situação.

O melhor argumento que vejo para não usar um Construtor de Expressões é quando a lógica de execução no Modelo Semântico é bastante simples, então, mesclá-la com a lógica de construção não adiciona realmente qualquer complexidade.

Entretanto, é bastante frequente combinar as duas. Isso ocorre parcialmente porque algumas pessoas não estão cientes dos Construtores de Expressões, e parcialmente porque as pessoas não acham que as classes adicionais para um Construtor de Expressões valem a pena. Prefiro várias classes pequenas a poucas classes grandes, então, minha filosofia fundamental de projeto me encoraja a usar Construtores de Expressões.

32.3   Um calendário fluente com e sem um construtor (Java)

Para explorar como um Construtor de Expressões funciona, examinarei a construção de um calendário de eventos com e sem um construtor. Essencialmente, quero adicionar eventos a um calendário com uma DSL como:

```
cal = new Calendar();
cal.add("DSL tutorial")
  .on(2009, 11, 8)
  .from("09:00")
  .to("16:00")
  .at ("Aarhus Music Hall")
  ;

cal.add("Making use of Patterns")
  .on(2009, 10, 5)
  .from("14:15")
  .to("15:45")
  .at("Aarhus Music Hall")
  ;
```

Para fazer isso, criarei interfaces fluentes para as classes calendário e eventos.

```
class Calendar...
  private List<Event> events = new ArrayList<Event>();
  public Event add(String name) {
    Event newEvent = new Event(name);
    events.add(newEvent);
    return newEvent;
  }

class Event...
  private String name, location;
  private LocalDate date;
  private LocalTime startTime, endTime;

  public Event(String name) {
    this.name = name;
  }
  public Event on(int year, int month, int day) {
    this.date = new LocalDate(year, month, day);
    return this;
  }
  public Event from (String startTime) {
    this.startTime =parseTime(startTime);
    return this;
  }
  public Event to (String endTime) {
    this.endTime = parseTime(endTime);
    return this;
  }
  private LocalTime parseTime(String time) {
    final DateTimeFormatter fmt = ISODateTimeFormat.hourMinute();
    return new LocalTime(fmt.parseDateTime(time));
  }
  public Event at(String location) {
    this.location = location;
    return this;
  }
```

(As classes predefinidas para data e hora em Java são mais que horríveis, então, estou usando JodaTime aqui, que é bastante útil.)

Essa é uma boa interface para construir essas coisas, mas o estilo de interface é diferente do que a maioria das pessoas esperaria de um objeto. Os métodos parecem um pouco estranhos perto de métodos como getStartTime() (obter hora inicial) ou contains(LocalDateTime) (contém data e hora local). Isso é particularmente verdadeiro se você quer que as pessoas sejam capazes de modificar um evento fora do contexto da DSL. Nesse caso, você precisará fornecer, também, métodos de alteração regulares de comando-consulta, tais como setStartTime (configurar hora inicial). (Usar uma interface fluente fora de seu contexto levaria a um código de difícil leitura.)

A ideia básica de um Construtor de Expressões é mover esses métodos fluentes para uma classe construtora separada que usa métodos regulares de comando-consulta nas classes de domínio.

```
class CalendarBuilder...
  private Calendar content = new Calendar();

  public CalendarBuilder add(String name) {
    content.addEvent(new Event());
    getCurrentEvent().setName(name);
    return this;
  }
  private Event getCurrentEvent() {
    return content.getEvents().get(content.getEvents().size() - 1);
  }
  public CalendarBuilder on(int year, int month, int day) {
    getCurrentEvent().setDate(new LocalDate(year, month, day));
    return this;
  }
  public CalendarBuilder from(String startTime) {
    getCurrentEvent().setStartTime(parseTime(startTime));
    return this;
  }
  public CalendarBuilder to(String startTime) {
    getCurrentEvent().setEndTime(parseTime(startTime));
    return this;
  }
  private LocalTime parseTime(String startTime) {
    final DateTimeFormatter fmt = ISODateTimeFormat.hourMinute();
    return new LocalTime(fmt.parseDateTime(startTime));
  }
  public CalendarBuilder at (String location) {
    getCurrentEvent().setLocation(location);
    return this;
  }
```

Isso torna o uso da DSL um pouco diferente.

```
CalendarBuilder builder = new CalendarBuilder();
builder
  .add("DSL tutorial")
    .on  (2009, 11, 8)
    .from("09:00")
    .to  ("16:00")
    .at  ("Aarhus Music Hall")
  .add("Making use of Patterns")
    .on  (2009, 10, 5)
    .from("14:15")
    .to  ("15:45")
    .at  ("Aarhus Music Hall")
  ;
calendar = builder.getContent();

class CalendarBuilder...
  public Calendar getContent() {
     return content;
  }
```

32.4 Usando múltiplos construtores para o calendário (Java)

Aqui está uma versão absurdamente simples do uso de múltiplos construtores com o mesmo exemplo do calendário. Para motivar seu uso, vamos assumir que um evento é imutável e que todos os seus dados precisam ser criados em um construtor. É algo forçado, mas me poupa de ter que inventar outro exemplo.

Com isso, preciso capturar os dados para um evento à medida que construo a expressão fluente. Poderia fazer isso com campos no construtor de calendário (por exemplo, currentEventStartTime – data de início do evento atual), mas me parece melhor criar um construtor de eventos para fazer isso (essencialmente usando um *Construtor de Construções (179)*).

O script DSL é o mesmo que com um único objeto construtor.

```
CalendarBuilder builder = new CalendarBuilder();
builder
  .add("DSL tutorial")
    .on   (2009, 11, 8)
    .from("09:00")
    .to   ("16:00")
    .at   ("Aarhus Music Hall")
  .add("Making use of Patterns")
    .on   (2009, 10, 5)
    .from("14:15")
    .to   ("15:45")
    .at   ("Aarhus Music Hall")
    ;
calendar = builder.getContent();
```

O construtor do calendário é diferente, pois armazena uma lista de construtores de eventos, e add (adicionar) retorna um construtor de eventos.

```
class CalendarBuilder...
  private List<EventBuilder> events = new ArrayList<EventBuilder>();

  public EventBuilder add(String name) {
    EventBuilder child = new EventBuilder(this);
    events.add(child);
    child.setName(name);
    return child;
  }
```

O construtor de eventos captura os dados acerca do evento em seus próprios campos usando a interface fluente.

```
class EventBuilder...
  private CalendarBuilder parent;

  private String name, location;
  private LocalDate date;
  private LocalTime startTime, endTime;

  public EventBuilder(CalendarBuilder parent) {
    this.parent = parent;
  }
  public void setName(String arg) {
    name = arg;
  }
  public EventBuilder on(int year, int month, int day) {
    date = new LocalDate(year, month, day);
    return this;
  }
  public EventBuilder from(String startTime) {
    this.startTime = parseTime(startTime);
    return this;
  }
  public EventBuilder to(String endTime) {
    this.endTime = parseTime(endTime);
    return this;
  }
  private LocalTime parseTime(String startTime) {
    final DateTimeFormatter fmt = ISODateTimeFormat.hourMinute();
    return new LocalTime(fmt.parseDateTime(startTime));
  }
  public EventBuilder at (String location) {
    this.location = location;
    return this;
  }
```

O método add indica pontuação para o próximo evento. Como o construtor de eventos receberá essa chamada, ele precisa de um método para ela, que delega para seu pai, de forma a construir o novo construtor de eventos.

```
class EventBuilder...
  public EventBuilder add(String name) {
    return parent.add(name);
  }
```

Quando o construtor é perguntado acerca de seu conteúdo, ele cria a estrutura completa dos objetos do *Modelo Semântico (159)*.

```
class CalendarBuilder...
  public Calendar getContent() {
    Calendar result = new Calendar();
    for (EventBuilder e : events)
      result.addEvent(e.getContent());
    return result;
  }
```

```
class EventBuilder...
  public Event getContent() {
    return new Event(name, location, date, startTime, endTime);
  }
```

Em Java, uma variação desse esquema seria criar o construtor filho como uma classe interna do pai. Com essa abordagem, você não precisa do campo pai. (Para os exemplos neste livro, não fiz isso, pois acho que isso vai um pouco além nas idiossincrasias de Java para um livro de múltiplas linguagens.)

Capítulo 33

Sequência de funções

Combinação de chamadas a funções como uma sequência de sentenças.

```
computer();
  processor();
    cores(2);
    speed(2500);
    i386();
  disk();
    size(150);
  disk();
    size(75);
    speed(7200);
    sata();
```

33.1 Como funciona

Uma Sequência de Funções produz uma série de chamadas, não relacionadas entre si exceto pela ordenação em uma sequência temporal; mais importante, não existe um relacionamento de dados entre elas. Consequentemente, qualquer relacionamento entre as chamadas precisa ser feito por meio da análise sintática dos dados, então, um uso intenso de Sequência de Funções significa que você usará muitas *Variáveis de Contexto (175)*.

Para usar Sequência de Funções de uma maneira legível, você normalmente quer simples chamadas a funções. A maneira mais óbvia de fazer isso é usar chamadas a funções globais, se sua linguagem permitir. Isso, entretanto, traz duas desvantagens principais: dados estáticos de análise sintática e o fato de as funções serem globais.

O problema com o uso de funções globais é que elas são visíveis em qualquer lugar. Se sua linguagem possuir algum tipo de construção de espaço de nomes, você pode (e deve) usar isso para reduzir o escopo das chamadas a funções ao *Construtor de Expressões (343)*. Um mecanismo em particular para lidar com isso em Java são as importações estáticas. Se sua linguagem não permite quaisquer mecanismos globais de funções (como C# e Java pré-1.5), então precisará usar métodos de classe explícitos para tratar as chamadas. Isso frequentemente adiciona ruído à DSL.

A visibilidade global é uma desvantagem óbvia das funções globais, mas muitas vezes o problema mais irritante é que elas forçam você a usar dados estáticos. Dados estáticos costumam ser um problema porque você nunca pode estar inteiramente seguro de quem os está usando – particularmente em ambientes com múltiplas linhas de execução (*multithreading*). Esse problema é particularmente fatal com Sequência de Funções, pois você precisa de muitas Variáveis de Contexto para que ela funcione.

Uma boa solução, tanto para as funções globalmente visíveis quanto para os dados estáticos de análise sintática, é o *Escopo de Objeto (385)*. Ele permite que você hospede as funções em uma classe na maneira natural de orientação a objetos e dá a você um objeto para colocar os dados de análise sintática. Como resultado, sugiro usar Escopo de Objeto se você estiver usando Sequência de Funções em todos os casos, exceto nos mais simples.

33.2 Quando usar

Como um todo, as Sequências de Funções são as menos úteis das combinações de chamadas a funções de se usar em DSLs. Usar *Variáveis de Contexto (175)* para acompanhar onde você está na análise sintática é sempre inconveniente, levando a código que é difícil de entender e propenso a erros.

Apesar disso, existem ocasiões nas quais você precisa usar uma Sequência de Funções. Frequentemente, uma DSL envolve múltiplas sentenças de alto nível; nesse caso, uma lista de sentenças muitas vezes faz sentido como uma Sequência de Funções, pois você precisa apenas de uma única lista de resultados e de Variáveis de Contexto para acompanhar as coisas. Então, Sequência de Funções é uma opção aceitável no nível mais alto de uma linguagem ou no nível mais alto dentro de um *Fecho Aninhado (403)*. Entretanto, abaixo do nível mais alto de sentenças, você provavelmente irá querer formar expressões usando *Funções Aninhadas (357)* ou *Encadeamento de Métodos (373)*.

Talvez a maior razão para usar Sequência de Funções é que você sempre tem de iniciar sua DSL com algo, e esse algo precisa ser uma Sequência de Funções, mesmo se existir apenas uma chamada na sequência. Isso ocorre porque todas as outras técnicas de chamadas a funções requerem algum tipo de contexto. É claro, alguém pode questionar se uma sequência com um único elemento é realmente uma sequência, mas essa parece ser a melhor maneira de encaixá-la no framework conceitual que estou usando.

Uma Sequência de Funções simples é uma lista de elementos, então, a alternativa óbvia é usar uma *Lista de Literais (417)*.

33.3 Configuração simples de computadores (Java)

Aqui está o exemplo recorrente da configuração de computadores como uma DSL usando Sequência de Funções:

```
computer();
  processor();
    cores(2);
    speed(2500);
    i386();
  disk();
    size(150);
  disk();
    size(75);
    speed(7200);
    sata();
```

Apesar de eu ter edentado o código para sugerir a estrutura da configuração, trata-se apenas um uso arbitrário de espaços em branco. O script é, na verdade, apenas uma sequência de chamadas a funções com nenhum relacionamento mais profundo entre elas. O relacionamento mais profundo é construído inteiramente por meio do uso de *Variáveis de Contexto (175)*.

As Sequências de Funções usam chamadas de funções no nível mais alto, o que preciso resolver de alguma forma. Eu poderia usar métodos estáticos e estado global – mas espero que isso ofenda demais seu gosto em design para eu sair impune dessa. Então, em vez disso, uso *Escopo de Objeto (385)*. Isso realmente significa que o script precisa ser mantido em uma subclasse do construtor de computadores, mas vale a pena evitar o uso de variáveis globais.

O construtor contém dois tipos de dados: o conteúdo dos processadores e discos que ele está construindo e Variáveis de Contexto para indicar no que ele está atualmente trabalhando.

```
class ComputerBuilder...
  private ProcessorBuilder processor;
  private List<DiskBuilder> disks = new ArrayList<DiskBuilder>();

  private ProcessorBuilder currentProcessor;
  private DiskBuilder currentDisk;
```

Estou usando *Construtores de Construção (179)* para capturar os dados para os objetos (imutáveis) do *Modelo Semântico (159)*.

A chamada a computer() (computador) limpa as Variáveis de Contexto.

```
class ComputerBuilder...
  void computer() {
    currentDisk = null;
    currentProcessor = null;
  }
```

As chamadas a processor() e disk() (processador e disco, respectivamente) criam um construtor filho para coletar os dados e configuram as Variáveis de Contexto para acompanharem o que o construtor está atualmente trabalhando.

```
class ComputerBuilder...
  void processor() {
    currentProcessor = new ProcessorBuilder();
    processor = currentProcessor;
    currentDisk = null;
  }

void disk() {
  currentDisk = new DiskBuilder();
  disks.add(currentDisk);
  currentProcessor = null;
}
```

Posso, então, capturar os dados na fonte apropriada.

```
class ComputerBuilder...
  void cores(int arg) {
    currentProcessor.cores = arg;
  }
  void i386() {
    currentProcessor.type = Processor.Type.i386;
  }
  void size(int arg) {
    currentDisk.size = arg;
  }
  void sata() {
    currentDisk.iface = Disk.Interface.SATA;
  }
```

Especificar a velocidade é um pouco mais complicado, pois a chamada poderia se referir tanto à velocidade do processador quanto à do disco, dependendo do contexto.

```
class ComputerBuilder...
  void speed(int arg) {
    if (currentProcessor != null)
      currentProcessor.speed = arg;
    else if (currentDisk != null)
      currentDisk.speed = arg;
    else throw new IllegalStateException();
  }
```

Quando o construtor tiver acabado a construção, ele pode retornar o Modelo Semântico.

```
class ComputerBuilder...
  Computer getValue() {
    return new Computer(processor.getValue(), getDiskValues());
  }
  private Disk[] getDiskValues() {
    Disk[] result = new Disk[disks.size()];
    for(int i = 0; i < disks.size(); i++)
      result[i] = disks.get(i).getValue();
    return result;
  }
```

Para colocar tudo isso no script, preciso empacotar o script em uma subclasse do construtor de computadores.

```
class ComputerBuilder...
  public Computer run() {
    build();
    return getValue();
  }
  abstract protected void build();

public class Script extends ComputerBuilder {
  protected void build() {
    computer();
      processor();
        cores(2);
        speed(2500);
        i386();
      disk();
        size(150);
      disk();
        size(75);
        speed(7200);
        sata();
  }
}
```

CAPÍTULO 34

Função aninhada

Componha funções aninhando chamadas a funções como argumentos de outras chamadas.

```
computer(
  processor(
    cores(2),
    speed(2500),
    i386
  ),
  disk(
    size(150)
  ),
  disk(
    size(75),
    speed(7200),
    SATA
  )
);
```

34.1 Como funciona

Ao representar uma cláusula DSL como uma Função Aninhada, você é capaz de refletir a natureza hierárquica da linguagem em uma maneira espelhada na linguagem-alvo, não apenas em uma convenção de formatação.

Uma propriedade notável da Função Aninhada é a maneira como ela afeta a ordem de avaliação de seus argumentos. Tanto a *Sequência de Funções (351)* quanto o *Encadeamento de Métodos (373)* avaliam as funções da esquerda para a direita. As Funções Aninhadas avaliam os argumentos de uma função antes da própria função que os envolve. Acho isso mais memorável com o exemplo de "Old MacDonald": para cantar o refrão, você digita o(i(e(i(e())))). Essa ordem de avaliação possui um impacto tanto em como usar a Função Aninhada quanto em quando escolhê-la no lugar das alternativas.

Avaliar a chamada a função mais externa por último pode ser muito útil, pois fornece um contexto predefinido para se trabalhar com os argumentos. Considere a definição da configuração do processador de um computador:

```
processor(cores(2), speed(2500),i386())
```

O bom aqui é que as funções de argumento podem retornar valores completamente formados, os quais a função do processador pode, então, montar em seu valor de retorno. Como a função do processador é avaliada por último, não precisamos nos preocupar com o problema da parada do Encadeamento de Métodos, nem precisamos ter as *Variáveis de Contexto (175)* necessárias para a Sequência de Funções.

Com elementos obrigatórios na gramática, algo na linha de `pai::= primeiro segundo`, as Funções Aninhadas funcionam particularmente bem. Uma função pai pode definir exatamente os argumentos requeridos usando funções filhas e, com uma linguagem estaticamente tipada, pode também definir os tipos de retorno, os quais possibilitam autocompletar código nas IDEs.

Um problema com os argumentos das funções é como você os nomeia de forma a torná-los mais legíveis. Considere a indicação do tamanho e da velocidade de um disco. A resposta natural de programação é `disk(150, 7200)`, mas isso não é muito legível, dado que não existe uma indicação de o que os números significam, a menos que você tenha uma linguagem com argumentos com palavras-chave. Uma maneira de lidar com isso é usar uma função empacotadora que não faz coisa alguma além de fornecer um nome: `disk(size(150), speed(7200))`. Na sua forma mais simples, a função empacotadora apenas retorna o valor do argumento, representando apenas açúcar sintático. Também significa que não existe qualquer verificação do significado dessas funções – uma chamada a `disk(speed(7200), size(150))` poderia resultar facilmente em um disco muito lento. Você pode evitar isso fazendo as funções aninhadas retornem dados imediatamente, tal como um construtor ou um *token* – apesar de isso dar mais trabalho para configurar.

Argumentos opcionais também podem ser um problema. Se a linguagem base suporta argumentos padrão para funções, você pode usá-los para o caso opcional. Se você não tem isso, uma abordagem é definir diferentes funções para cada combinação dos argumentos opcionais. Se você possui apenas alguns casos, é tedioso, mas factível. À medida que o número de argumentos opcionais aumenta, aumenta também o grau de tédio (mas não a praticidade em usar essa abordagem). Uma maneira de resolver esse problema é, mais uma vez, usar dados intermediários – *tokens* podem ser uma escolha particularmente eficaz.

Se sua linguagem oferece suporte, um *Mapa de Literais (419)* é frequentemente uma boa maneira de lidar com esses problemas. Nesse caso, você apenas obtém a estrutura de dados correta a ser usada com essa questão. O único problema é que linguagens similares a C normalmente não suportam Mapas de Literais.

Com argumentos múltiplos em uma mesma chamada, um parâmetro com argumentos variáveis é a melhor escolha se sua linguagem hospedeira suportá-los. Você pode pensar nisso como uma *Lista de Literais (417)* aninhada. Múltiplos argumentos de diferentes tipos acabam sendo parecidos com os argumentos opcionais, com as mesmas complicações.

O pior caso disso é uma gramática como `pai::= (isso | aquilo)*`. O problema aqui é que, a menos que você tenha argumentos com palavras-chave, a única maneira de identificar os argumentos é através de sua posição e tipo. Isso torna confusa a tarefa de entender qual argumento é qual – e impossível se `isso` e `aquilo` tiverem o mesmo tipo. Uma vez que tal situação ocorra, você é forçado ou a retornar resultados intermediários ou a usar uma Variável de Contexto. Usar uma Variável de Contexto é particularmente difícil aqui, dado que a função pai não é avaliada até o final, forçando você a usar o contexto mais amplo da linguagem para configurar a Variável de Contexto apropriadamente.

De forma a manter a DSL legível, você normalmente quer que as Funções Aninhadas sejam chamadas simples a funções. Isso implica que você ou as torna funções globais ou usa *Escopo de Objeto (385)*. Como as funções globais são problemáticas, normalmente tento usar Escopo de Objeto, se eu puder. Entretanto, as funções globais podem, frequentemente, ser menos problemáticas em Funções Aninhadas, porque o maior problema com as funções globais é quando elas vêm com um estado global de análise sintática. Uma função global que apenas retorna um valor, tal como um método estático como `DayOfWeek.MONDAY` (dia da semana – segunda), é frequentemente uma boa escolha.

34.2 Quando usar

Uma das grandes forças – e fraquezas – da Função Aninhada é a ordem de avaliação. Com uma Função Aninhada, os argumentos são avaliados antes da função pai (a menos que você use *Fechos (397)* para os argumentos). Isso é bastante útil para construir uma hierarquia de valores, porque você pode fazer os argumentos criarem objetos de modelo completamente formados para serem montados pela função pai. Isso pode evitar a sujeira oriunda do uso de substitutos e de dados intermediários que você obtém quando usa *Sequência de Funções (351)* e *Encadeamento de Métodos (373)*.

No entanto, essa ordem de avaliação causa problemas em uma sequência de comandos, levando ao problema do Old MacDonald: `o(i(e(i(e()))))`. Então, para uma sequência que você quer que seja lida da esquerda para a direita, uma Sequência de Funções ou um Encadeamento de Métodos são normalmente uma aposta melhor. Para um controle preciso de quando avaliar múltiplos argumentos, use *Fecho Aninhado (403)*.

Uma Função Aninhada frequentemente também tem problemas com argumentos opcionais e com múltiplos argumentos variados. A Função Aninhada, de certa forma, espera que você diga o que quer e em que ordem precisa do que quer, então, se você precisar de uma flexibilidade maior, precisará olhar um Encadeamento de Métodos ou um *Mapa de Literais (419)*. Um Mapa de Literais costuma ser uma boa escolha, pois permite que você pegue os argumentos resolvidos antes de chamar o pai, enquanto dá a você a flexibilidade de ordenação e de opcionalidade dos argumentos, particularmente com um argumento de dispersão.

Outra desvantagem da *Função Aninhada (357)* é a pontuação, que normalmente depende do casamento de parênteses e da colocação de vírgulas nos lugares certos. No pior caso, pode se parecer com um Lisp desfigurado, com todos os parênteses e problemas associados. Isso não é tanto uma dificuldade para DSLs voltadas para programadores, que estão mais acostumados com tais problemas.

Conflitos de nomes são um problema menor aqui que em Sequência de Funções, dado que a função pai fornece o contexto para interpretar a chamada à função aninhada. Como consequência, você pode usar "*speed*" (velocidade) para a velocidade do processador ou do disco, e usar a mesma função, desde que os tipos sejam compatíveis.

34.3 O exemplo da configuração simples de computadores (Java)

Aqui está o exemplo comum de se especificar a configuração de um computador simples:

```
computer(
  processor(
    cores(2),
    speed(2500),
    i386
  ),
  disk(
    size(150)
  ),
  disk(
    size(75),
    speed(7200),
    SATA
  )
);
```

Para esse caso, cada cláusula no script retorna um objeto do *Modelo Semântico (159)*, então posso usar a ordem de avaliação aninhada para construir a expressão completa sem usar *Variáveis de Contexto (175)*. Iniciarei pela parte inferior, olhando a cláusula de processador.

```
class Builder...
  static Processor processor(int cores, int speed, Processor.Type type) {
    return new Processor(cores, speed, type);
  }
  static int cores(int value) {
    return value;
  }
  static final Processor.Type i386 = Processor.Type.i386;
```

Defini os elementos de construção como métodos estáticos e constantes em uma classe construtora. Ao usar o recurso de importações estáticas de Java, posso usar chamadas puras para usá-las no script. (Apenas eu acho confuso chamá-las de "static imports" [importações estáticas], mas ter de declará-las como import static?)

Os métodos core e speed (núcleos e velocidade) são puro açúcar sintático – apenas estão lá para melhorar a legibilidade (particularmente se você pulou a sobremesa). Brinco ao chamar algo que é puro açúcar sintático de uma função "açucrática", mas talvez isso seja demais até para meus hábitos neologísticos. Nesse caso, o açúcar também ajuda com a velocidade do disco – se eles precisassem de diferentes tipos de retorno, isso poderia ser um problema, mas não é o caso.

A cláusula disk (disco) possui dois argumentos opcionais. Como existem apenas alguns, tirarei uma soneca enquanto escrevo a combinação de funções.

```
class Builder...
  static Disk disk(int size, int speed, Disk.Interface iface) {
    return new Disk(size, speed, iface);
  }
  static Disk disk(int size) {
    return disk(size, Disk.UNKNOWN_SPEED, null);
  }
  static Disk disk(int size, int speed) {
    return disk(size, speed, null);
  }
  static Disk disk(int size, Disk.Interface iface) {
    return disk(size, Disk.UNKNOWN_SPEED, iface);
  }
```

Para a cláusula de nível mais alto do computador, uso parâmetros variáveis para tratar os múltiplos discos.

```
class Builder...
  static Computer computer(Processor p, Disk... d) {
    return new Computer(p, d);
  }
```

Sou normalmente um grande fã do uso de *Escopo de Objeto (385)* para evitar encher o código com funções globais e Variáveis de Contexto. Entretanto, com importações estáticas e Função Aninhada, posso usar elementos estáticos sem introduzir lixo global.

34.4 Tratando múltiplos argumentos diferentes com *tokens* (C#)

Uma das áreas mais complicadas para se usar Funções Aninhadas é quando você tem múltiplos argumentos de diferentes tipos. Considere uma linguagem para definir propriedades de uma caixa na tela:

```
box(
  topBorder(2),
  bottomBorder(2),
  leftMargin(3),
  transparent
);
box(
  leftMargin(2),
  rightMargin(5)
);
```

Nessa situação, podemos ter qualquer número de uma ampla variedade de propriedades para configurar. Não existe uma forte razão para forçar uma ordem na declaração das propriedades, então, o estilo usual de identificação de argumentos em C# (posição) não funciona muito bem. Para esse exemplo, explorarei o uso de *tokens* para identificar os argumentos a fim de compô-los na estrutura.

Aqui está o objeto do modelo-alvo:

```
class Box {
  public bool IsTransparent = false;
  public int[] Borders = { 1, 1, 1, 1 }; //TRouBLe - top right bottom left
  public int[] Margins = { 0, 0, 0, 0 }; //TRouBLe - top right bottom left
```

As várias funções contidas retornam todos os tipos de dados do *token*, que se parecem com algo como:

```
class BoxToken {
  public enum Types { TopBorder, BottomBorder, LeftMargin, RightMargin, Transparent }
  public readonly Types Type;
  public readonly Object Value;
  public BoxToken(Types type, Object value) {
    Type = type;
    Value = value;
  }
}
```

Estou usando *Escopo de Objeto (385)* e defino as cláusulas da DSL como funções no supertipo do construtor.

```
class Builder...
  protected BoxToken topBorder(int arg) {
    return new BoxToken(BoxToken.Types.TopBorder, arg);
  }
  protected BoxToken transparent {
    get {
      return new BoxToken(BoxToken.Types.Transparent, true);
    }
  }
```

Apenas mostrarei algumas delas, mas tenho certeza de que você pode deduzir, a partir delas, como o resto deverá ficar.

A função pai agora apenas executa através dos resultados dos argumentos e monta uma caixa.

```
class Builder...
  protected void box(params BoxToken[] args) {
    Box newBox = new Box();
    foreach (BoxToken t in args) updateAttribute(newBox, t);
    boxes.Add(newBox);
  }
  
  List<Box> boxes = new List<Box>();
```

```
    private void updateAttribute(Box box, BoxToken token) {
      switch (token.Type) {
        case BoxToken.Types.TopBorder:
          box.Borders[0] = (int)token.Value;
          break;
        case BoxToken.Types.BottomBorder:
          box.Borders[2] = (int)token.Value;
          break;
        case BoxToken.Types.LeftMargin:
          box.Margins[3] = (int)token.Value;
          break;
        case BoxToken.Types.RightMargin:
          box.Margins[1] = (int)token.Value;
          break;
        case BoxToken.Types.Transparent:
          box.IsTransparent = (bool)token.Value;
          break;
        default:
          throw new InvalidOperationException("Unreachable");
      }
    }
```

34.5 Usando *tokens* de subtipo para suporte a IDEs (Java)

A maioria das linguagens diferencia argumentos de função por sua posição. Então, no exemplo anterior, poderíamos configurar o tamanho e a velocidade de um disco com uma função como disk(150, 7200). Essa função, sozinha, não é muito legível, então, no exemplo anterior, envolvi os números com funções simples para obter disk(size(150), speed(7200)). No exemplo de código anterior, as funções simplesmente retornavam seus argumentos, o que ajuda na legibilidade, mas não previne que alguém digite erroneamente disk(speed(7200), size(150)).

Usando *tokens* simples, tal como no exemplo da caixa, fornecemos um mecanismo para a verificação de erros. Ao retornar um *token* [size, 150], você pode usar o tipo do *token* para verificar que você tem o argumento correto na posição correta, ou, na verdade, fazer os argumentos funcionarem em qualquer ordem.

A verificação funciona muito bem, mas, em uma linguagem estaticamente tipada com uma IDE moderna, você pode ir além. Você quer que a funcionalidade de autocompletar apareça e force-o a colocar o tamanho antes da velocidade. Ao usar subclasses, você pode fazer isso.

Nos *tokens* anteriores, o tipo do *token* era uma propriedade do *token*. Uma alternativa é criar um subtipo diferente para cada *token*; posso usar o subtipo na definição da função pai.

Aqui está o pequeno script a que quero oferecer suporte:

```
disk(
  size(150),
  speed(7200)
);
```

Aqui está o objeto do modelo-alvo:

```
public class Disk {
  private int size, speed;
  public Disk(int size, int speed) {
    this.size = size;
    this.speed = speed;
  }
  public int getSize() {
    return size;
  }
  public int getSpeed() {
    return speed;
  }
}
```

Para tratar o tamanho e a velocidade, crio um *token* inteiro geral com subclasses para os dois tipos de cláusulas.

```
public class IntegerToken {
  private final int value;
  public IntegerToken(int value) {
    this.value = value;
  }
  public int getValue() {
    return value;
  }
}

public class SpeedToken extends IntegerToken {
  public SpeedToken(int value) {
    super(value);
  }
}

public class SizeToken extends IntegerToken {
  public SizeToken(int value) {
    super(value);
  }
}
```

Posso, então, definir funções estáticas em um construtor com os argumentos corretos.

```
class Builder...
  public static Disk disk(SizeToken size, SpeedToken speed){
    return new Disk(size.getValue(), speed.getValue());
  }
  public static SizeToken size (int arg) {
    return new SizeToken(arg);
  }
  public static SpeedToken speed (int arg) {
    return new SpeedToken(arg);
  }
```

Com essa configuração, a IDE sugerirá as funções corretas nos lugares corretos, e verei reconfortantes sublinhados vermelhos quando eu fizer alguma digitação desleixada.

(Outra maneira para abordar a adição de tipos estáticos é o uso de tipos genéricos, mas deixarei isso como um exercício para o leitor.)

34.6 Usando inicializadores de objetos (C#)

Se você está usando C#, então a maneira mais natural de lidar com uma hierarquia de dados pura é usar inicializadores de objetos.

```
new Computer() {
  Processor = new Processor() {
    Cores = 2,
    Speed = 2500,
    Type = ProcessorType.i386
  },
  Disks = new List<Disk>() {
    new Disk() {
      Size = 150
    },
    new Disk() {
      Size = 75,
      Speed = 7200,
      Type = DiskType.SATA
    }
  }
};
```

Isso pode funcionar com um conjunto simples de classes do modelo.

```
class Computer {
  public Processor Processor { get; set; }
  public List<Disk> Disks { get; set; }
}

class Processor {
  public int Cores { get; set; }
  public int Speed { get; set; }
  public ProcessorType Type { get; set; }
}
public enum ProcessorType {i386, amd64}

class Disk {
  public int Speed { get; set; }
  public int Size { get; set; }
  public DiskType Type { get; set; }
}
public enum DiskType {SATA, IDE}
```

Você pode pensar nos inicializadores de objetos como Funções Aninhadas que podem receber argumentos com palavras-chave (tal como um *Mapa de Literais (419)*) que estão restritos à construção do objeto. Você não pode usá-los para tudo, mas eles são bastante úteis para situações como essa.

34.7 Eventos recorrentes (C#)

Eu costumava morar em um bairro chamado South End em Boston. Existiam muitos pontos positivos em morar em uma área central da cidade, próxima a restaurantes e a outras maneiras de passar o tempo e gastar meu dinheiro. Existiam incômodos, entretanto, e um deles era a limpeza das ruas. Na primeira e na terceira segunda-feira do mês, entre abril e outubro, eles limpavam as ruas próximas ao meu apartamento e eu precisava me certificar de que não havia deixado meu carro lá. Frequentemente esquecia e ganhava uma multa.

A regra para minha rua era que a limpeza ocorria na primeira e na terceira segunda-feira do mês, entre abril e outubro. Poderia escrever uma expressão DSL para isso:

```
Schedule.First(DayOfWeek.Monday)
  .And(Schedule.Third(DayOfWeek.Monday))
  .From(Month.April)
  .Till(Month.October);
```

Esse exemplo combina o *Encadeamento de Métodos (373)* com Função Aninhada. Normalmente, quando uso Função Aninhada, prefiro combiná-la com *Escopo de Objeto (385)*, mas nesse caso as funções que estou aninhando apenas retornam um valor, então não sinto realmente uma forte necessidade para usar Escopo de Objeto.

34.7.1 Modelo semântico

Eventos recorrentes são eventos que ocorrem repetidamente em sistemas de software. Você frequentemente quer agendar coisas em combinações particulares de datas. Penso neles atualmente como uma *Especificação* [Evans DDD] de datas. Queremos que o código possa nos dizer se uma data específica está incluída em um agendamento. Fazemos isso definindo uma interface de especificação geral – que podemos tornar genérica, pois especificações são úteis em todos os tipos de situação.

```
internal interface Specification<T> {
  bool Includes(T arg);
}
```

Quando construímos um modelo de especificação para um tipo em particular, gosto de identificar pequenos blocos de construção que posso combinar entre si. Um pequeno bloco de construção é a noção de um período em particular em um ano, tal como entre abril e outubro.

```
internal class PeriodInYear : Specification<DateTime>
{
  private readonly int startMonth;
  private readonly int endMonth;

  public PeriodInYear(int startMonth, int endMonth) {
    this.startMonth = startMonth;
    this.endMonth = endMonth;
  }
  public  bool Includes(DateTime arg) {
    return arg.Month >= startMonth && arg.Month <= endMonth;
  }
}
```

Outro elemento é a noção de primeira segunda-feira do mês. Essa classe é um pouco mais complicada, dado que preciso percorrer datas no mês para ver qual delas é a primeira.

```
internal class DayInMonth : Specification<DateTime> {
  private readonly int index;
  private readonly DayOfWeek dayOfWeek;

  public DayInMonth(int index, DayOfWeek dayOfWeek) {
    this.index = index;
    this.dayOfWeek = dayOfWeek;
    if (index <= 0) throw new NotSupportedException("index must be positive");
  }

  public bool Includes(DateTime arg) {
    int currentMatch = 0;
    foreach (DateTime d in new MonthEnumerator(arg.Month, arg.Year)) {
      if (d > arg) return false;
      if (d.DayOfWeek == dayOfWeek) {
        currentMatch++;
        if (currentMatch == index) return (d == arg);
      }
    }
    return false;
  }
}
```

Para percorrer os dias em um mês, essa especificação usa uma enumeração especial. Configuro a enumeração com um mês e ano em particular.

```
internal class MonthEnumerator : IEnumerator<DateTime>, IEnumerable<DateTime> {
  private int year;
  private Month month;

  public MonthEnumerator(int month, int year) {
    this.month = new Month(month);
    this.year = year;
    Reset();
  }
```

Ela implementa os métodos de `IEnumerator` (interface para enumeração).

```
class MonthEnumerator...
  private DateTime current;
  DateTime IEnumerator<DateTime>.Current { get { return current; } }
  public object Current { get { return current; } }

  public void Reset() {
    current = new DateTime(year, month.Number, 1).AddDays(-1);
  }

  public void Dispose() {}

  public bool MoveNext() {
    current = current.AddDays(1);
    return month.Includes(current);
  }
```

E também implementa `IEnumerable` (interface para item enumerável).

```
class MonthEnumerator...
  IEnumerator<DateTime> IEnumerable<DateTime>.GetEnumerator() {
    return this;
  }
  public IEnumerator GetEnumerator() {
    return this;
  }
```

Por fim, temos uma classe `Month` (mês) bastante simples, que também age como uma especificação.

```
class Month...
  private readonly int number;
  public int Number { get { return number; } }
  public Month(int number) {
    this.number = number;
  }
  public bool Includes(DateTime arg) {
    return number == arg.Month;
  }
```

Esses são blocos de construção úteis, mas eles não podem fazer muita coisa sozinhos. Para realmente fazê-los funcionar, preciso poder combiná-los em expressões lógicas, o que realizo a partir de algumas especificações adicionais.

```
abstract class CompositeSpecification<T> : Specification<T> {
  protected IList<Specification<T>> elements = new List<Specification<T>>();
  public CompositeSpecification(params Specification<T>[] elements) {
    this.elements = elements;
  }
  public abstract bool Includes(T arg);
}
```

```
internal class AndSpecification<T> : CompositeSpecification<T> {
  public AndSpecification(params Specification<T>[] elements)
    : base(elements) {}
  public override bool Includes(T arg) {

    foreach (Specification<T> s in elements)
      if (! s.Includes(arg)) return false;
    return true;
  }
}

internal class OrSpecification<T> : CompositeSpecification<T> {
  public OrSpecification(params Specification<T>[] elements)
    : base(elements) {}
  public override bool Includes(T arg) {
    foreach (Specification<T> s in elements)
      if (s.Includes(arg)) return true;
    return false;
  }
}
```

Confio que você possa descobrir como implementar uma `NotSpecification` (especificação do operador de negação).

Algo que não gosto acerca desse modelo é meu uso da classe `DateTime` (data e hora). O problema é que `DateTime` tem precisão de subsegundos, mas estou trabalhando apenas com precisão de dias. Usar tipos de dados temporais muito precisos é bastante comum, pois as bibliotecas normalmente nos empurram para essa direção. Entretanto, eles podem facilmente resultar em erros inconvenientes quando você compara duas datas representadas como objetos `DateTime` que são diferentes abaixo do nível de precisão em que você está interessado. Se eu estivesse fazendo isso em um projeto real, eu criaria uma classe de data apropriada com a precisão correta.

34.7.2 A DSL

Aqui está o texto DSL para o agendamento da limpeza de minha antiga rua:

```
Schedule.First(DayOfWeek.Monday)
  .And(Schedule.Third(DayOfWeek.Monday))
  .From(Month.April)
  .Till(Month.October);
```

Tal como a maioria das DSLs realistas, ela usa uma combinação de técnicas de DSLs internas, que, nesse caso, é um misto de *Encadeamento de Métodos (373)* e de Função Aninhada. Não me preocuparei muito com o Encadeamento de Métodos aqui; em vez disso, me concentrarei na maneira como as Funções Aninhadas são usadas. Uma vez que cada Função Aninhada retorna um valor simples, não tenho uma forte necessidade de usar *Escopo de Objeto (385)*, pois elas não requereriam quaisquer *Variáveis de Contexto (175)*. Como resultado, usarei métodos estáticos. Como estou em C#, todos os métodos estáticos precisam ser pré-fixados com o nome de sua classe base. Isso é lido muito bem, apesar de adicionar ruído quando comparado ao uso da abordagem de Escopo de Objeto.

Duas das Funções Aninhadas são chamadas que retornam um valor simples. DayOfWeek.Monday (dia da semana – segunda) é uma verdade predefinida nas bibliotecas do .NET. Eu mesmo adicionei Month.April (mês de abril) e correlatas.

```
class Month...
  public static readonly Month January = new Month(1);
  public static readonly Month February = new Month(2);
  // Não preciso mostrar mais, certo?
```

As chamadas a Schedule (agendamento) são um pouco diferentes. O uso inicial de Schedule.First (agendamento – primeiro) é um exemplo de um recurso comum nessas linguagens – usar uma função pura para criar um objeto inicial que comece o encadeamento. Schedule, aqui, é um *Construtor de Expressões (343)*. Ele não é chamado de "construtor" porque acredito que ele é mais bem nomeado como "*schedule*".

```
class Schedule...
  public static Schedule First(DayOfWeek dayOfWeek) {
    return new Schedule(new DayInMonth(1, dayOfWeek));
  }
```

Tal como a maioria dos Construtores de Expressões, o agendamento constrói um conteúdo, que é uma especificação.

```
class Schedule...
  private Specification<DateTime> content;
  public Specification<DateTime> Content { get { return content; } }
  public Schedule(Specification<DateTime> content) {
    this.content = content;
  }
```

Note que a chamada inicial retorna um agendamento que envolve o primeiro elemento na especificação. A chamada posterior a Third (terceiro) é a mesma (exceto pelos parâmetros). Normalmente, argumentaria contra escrever métodos diferentes para algo que poderia ser mais bem tratado como um parâmetro, mas esse é outro exemplo em que você tem diferentes regras de boa programação quando usa um Construtor de Expressões.

É o Encadeamento de Métodos que realmente constrói a estrutura composta. Aqui está o método interessantemente chamado de And (e):

```
class Schedule...
  public Schedule And(Schedule arg) {
    content = new OrSpecification<DateTime>(content, arg.content);
    return this;
  }
```

Dizemos "primeira e terceira segundas-feiras" em nossa linguagem, mas em termos da especificação é a primeira *ou* a terceira segunda-feira que satisfaz a condição booleana. É um exemplo interessante, de quando a DSL é o oposto do modelo de forma que ambos sejam lidos naturalmente.

O período no final é montado de forma similar usando chamadas de Encadeamento de Métodos.

```
class Schedule...
  public Schedule From(Month m) {
    Debug.Assert(null == periodStart);
    periodStart = m;
    return this;
  }
  public Schedule Till(Month m) {
    Debug.Assert(null != periodStart);
    PeriodInYear period = new PeriodInYear(periodStart.Number, m.Number);
    content = new AndSpecification<DateTime>(content, period);
    return this;
  }
  private Month periodStart;
```

Aqui uso uma Variável de Contexto para construir apropriadamente o período.

Esse exemplo usa métodos estáticos simples para as Funções Aninhadas. Ele seria beneficiado se nos livrássemos do nome das classes? Acho que seria lido melhor se disséssemos apenas `Monday` em vez de `DayOfWeek.Monday`. O Escopo de Objeto forneceria isso ao custo de exigir o relacionamento de herança. Em Java, eu poderia usar importações estáticas. O ganho aqui não é imenso, mas provavelmente valeria a pena.

CAPÍTULO 35

Encadeamento de métodos

Faça métodos modificadores retornarem o objeto hospedeiro, de forma que múltiplos modificadores possam ser invocados em uma única expressão.

```
computer()
  .processor()
    .cores(2)
    .speed(2500)
    .i386()
  .disk()
    .size(150)
  .disk()
    .size(75)
    .speed(7200)
    .sata()
  .end();
```

35.1 Como funciona

O Encadeamento de Métodos foi rapidamente entendido pelas pessoas como um exemplo de com que uma DSL interna deveria se parecer. Ele foi entendido em demasia – as pessoas começaram a assumir que o Encadeamento de Métodos era um sinônimo de interfaces fluentes e de DSLs internas. Minha visão é que o Encadeamento de Métodos é uma dentre diversas técnicas, mas ainda é valioso e digno de nota.

Sua forma comum é em um *Construtor de Expressões (343)*. Considere o disco rígido no esboço. Usando uma API regular de comando-consulta, ele poderia ser configurado como segue:

```
//java...
  HardDrive hd = new HardDrive();
  hd.setCapacity(150);
  hd.setExternal(true);
  hd.setSpeed(7200);
```

Crio meu objeto, coloco-o em uma variável e, então, uso métodos de escrita para manipular suas propriedades. Para apenas três itens como esses, eu provavelmente usaria um construtor, mas vamos assumir que existem muitos mais deles. As DSLs frequentemente tratam da construção de configurações de objetos, e fazer isso em construtores costuma ser complicado. É também difícil de ser lido, dado que os construtores muitas vezes permitem apenas parâmetros posicionais.

Usando o Encadeamento de Métodos, eu teria algo como:

```
new HardDrive().capacity(150).external().speed(7200);
```

Para fazer a cadeia funcionar, métodos projetados para serem usados em uma cadeia são implementados de maneira diferente das convenções comuns para métodos de escrita. Em Java, normalmente implementamos um método de escrita como o seguinte:

```
public void setSpeed(int arg) {
  this.speed = arg;
}
```

Contudo, um método projetado para uso em uma cadeia precisa retornar um objeto para continuar a cadeia. Para esse construtor, preciso retornar ele próprio.

```
public HardDrive speed(int arg) {
  speed = arg;
  return this;
}
```

Retornar um valor a partir de um método modificado quebra o princípio da separação comando-consulta (p. 70). Na maioria das vezes, sigo esse princípio, e ele me serviu bem. Uma interface fluente é um caso em que preciso quebrá-lo.

Existe uma segunda consequência do uso de Encadeamento de Métodos dessa forma – o nome do método. Em minhas convenções de nomeação, um método tal como sata() seria visto como uma consulta, não como um modificador. Essa nomeação é bastante problemática, dado que ela confundirá seriamente qualquer um que esteja esperando uma API comando-consulta. Juntando tudo, o Encadeamento de Métodos viola muitas regras comuns do projeto de APIs (comando-consulta) comuns.

Não só o Encadeamento de Métodos modifica as regras para o projeto de uma API, como também implica uma mudança nas convenções de formatação. Normalmente, tentamos manter múltiplas chamadas a métodos em uma única linha, mas um Encadeamento de Métodos longo frequentemente não fica bem dessa maneira, em especial se queremos sugerir uma hierarquia. Em virtude disso, costuma ser melhor formatar o Encadeamento de Métodos com cada chamada em sua própria linha.

```
new HardDrive()
   .capacity(150)
   .external()
   .speed(7200);
```

Java e C# ignoram a maioria das novas linhas, o que nos dá muita flexibilidade na formatação. Existe uma preferência geral em se ter pontos no início da linha, dado que isso os torna mais fáceis de serem notados e, logo, enfatiza o uso do encadeamento. Linguagens que usam novas linhas como separadores de sentença são menos flexíveis aqui. Ruby, por exemplo, funcionará, mas você precisa colocar os pontos no final das linhas em vez de no início. Colocar métodos em linhas separadas também facilita a depuração, dado que as mensagens de erro e os controles de depuração normalmente funcionam com base em linhas. Logo, é aconselhável fazer menos em cada linha.

35.1.1 Construtores ou valores

No exemplo acima, mostrei o Encadeamento de Métodos em um *Construtor de Expressões (343)*. Prefiro manter o Encadeamento de Métodos e outras APIs fluentes nos Construtores de Expressões, dado que isso reduz a confusão entre APIs fluentes e de comando-consulta.

Entretanto, existem casos nos quais pode ser útil usar o Encadeamento de Métodos fora de Construtores de Expressões, por exemplo, em algo como `42.grams.flour` (42 gramas de farinha). Nesse caso, estamos construindo uma expressão a partir de uma sequência de *Objetos de Valor* [Fowler PoEAA]. O método `grams` (gramas) é definido para inteiros (usando *Extensão de Literais (481)*) e retorna um objeto do tipo quantidade, que é o hospedeiro do método `flour` (farinha), que retorna um ingrediente. Em vez de ter um único Construtor de Expressões, temos uma sequência de objetos regulares. Frequentemente, quando você vê isso, os objetos são Objetos de Valor.

Em cada passo da expressão, vemos a mudança para um novo tipo, um fenômeno que meu colega Neal Ford chama de **transmogrificação de tipo**. (Preciso mencionar esse termo aqui, pois de outra forma ele ficaria triste e não me traria mais bons chás).

Existem diversos bons desenvolvedores que estão confortáveis com o uso de Encadeamento de Métodos em tipos de domínio como esse, então, sou cauteloso em argumentar contra esse uso. Minha inclinação, no entanto, me leva a preferir usar Construtores de Expressões o quanto for possível, para separar claramente os estilos de API comando-consulta e fluentes.

35.1.2 O problema do término

O problema do término é uma questão comum com o Encadeamento de Métodos. Ele reside na falta de um ponto final claro em uma cadeia de métodos. Imagine um construtor para compromissos que permita expressões como:

```
//C#...
  var dentist = new AppointmentBuilder()
    .From(1300)
    .To(1400)
    .For("dentist")
    ;
  var dinner = new AppointmentBuilder()
    .From(1900)
    .To(2100)
    .For("dinner")
    .At("Turners")
    ;
```

Gostaria que o valor retornado fosse um objeto de marcação de um compromisso (Appointment), dado que seria seu uso mais natural. No entanto, a necessidade de continuar a cadeia de métodos significa que cada método precisa retornar um construtor de compromissos. Não há algo na cadeia que me diga que o objeto está pronto, por isso preciso colocar algum tipo de método marcador para mostrar o final.

```
Appointment dentist = new AppointmentBuilder()
  .From(1300)
  .To(1400)
  .For("dentist")
  .End
  ;
```

Não é tão ruim, mas o uso de End (fim) ainda representa um pouco de ruído sintático. Aqui, usar *Função Aninhada (357)* ou *Fecho Aninhado (403)* pode ser uma alternativa valiosa. Em C#, você pode evitar isso ao usar um operador de conversão implícito, apesar de isso significar que você abrirá mão de var por um tipo explícito.

35.1.3 Estrutura hierárquica

Amarrado ao problema do término está o problema de que o Encadeamento de Métodos não funciona naturalmente com uma estrutura hierárquica. As estruturas hierárquicas são comuns em linguagens, e é por isso que as árvores sintáticas são valiosas para pensar sobre elas. Considere o esboço de exemplo mais uma vez:

```
computer()
  .processor()
    .cores(2)
    .speed(2500)
    .i386()
  .disk()
    .size(150)
  .disk()
    .size(75)
    .speed(7200)
    .sata()
  .end();
```

Existe uma hierarquia definida para ele, mas ela é sugerida pela endentação e não é capturada pela própria estrutura do código. Como resultado, nós mesmos precisamos gerenciar essa estrutura. Esse problema também ocorre com a *Sequência de Funções (351)*.

Um bom exemplo de onde precisamos fazer esse gerenciamento é na verificação da manipulação do disco correto, quando temos um método como size (tamanho). Existem algumas abordagens aqui. Uma é usar uma *Variável de Contexto (175)*, como currentDisk (disco atual). Cada vez que virmos um objeto disk (disco), podemos atualizar a Variável de Contexto. Podemos manter uma lista de discos e atualizar o último na lista a cada vez.

Frequentemente, uma abordagem útil é ter um novo construtor filho para o disco. Um construtor separado nos permite limitar os métodos disponíveis para apenas aqueles requeridos para fornecer a informação para o disco ou para um método de término.

35.1.4 Interfaces progressivas

Uma variação valiosa à abordagem de Encadeamento de Métodos é usar interfaces múltiplas para guiar uma sequência fixa de chamadas ao encadeamento de métodos. Vamos considerar a construção de uma mensagem de email. Queremos que o programador primeiro especifique o endereço de destino, quaisquer cópias carbono, o assunto e, então, o corpo. Podemos fazer isso apresentando uma sequência de interfaces ao *Construtor de Expressões (343)*. A primeira interface possui apenas o método to (para). O método to retorna uma interface com apenas os próximos passos válidos: to (para), cc (cópia carbono) e subject (assunto). O método cc retorna uma interface com apenas cc e subject. O método subject retorna uma interface com apenas o método body (corpo).

Isso pode funcionar muito bem em uma linguagem estaticamente tipada com suporte na IDE. O autocompletar na IDE pode ajudar você a navegar em cada uma das cláusulas da DSL apenas sugerindo os métodos que são válidos para cada ponto na cadeia.

Essa habilidade de controlar que métodos são válidos em quais contextos é similar ao que você obtém usando construtores filhos. Na verdade, você pode usar um construtor filho para fazer a mesma coisa que as interfaces progressivas, mas as interfaces progressivas são mais fáceis se não existir outra razão para criar um construtor filho.

As interfaces progressivas podem ser usadas para garantir elementos obrigatórios em uma cadeia; para isso, defina uma interface que receba apenas um único elemento obrigatório.

35.2 Quando usar

O Encadeamento de Métodos pode melhorar muito a legibilidade de uma DSL interna, por isso tornou-se quase um sinônimo de DSLs internas em algumas mentes. O Encadeamento de Métodos é ainda melhor, no entanto, quando é usado em conjunto com outros combinadores de funções.

O Encadeamento de Métodos funciona melhor quando usa cláusulas opcionais em uma linguagem. Ele permite facilmente que um escritor de scripts DSL pegue e escolha cláusulas necessárias para uma situação em particular. É difícil especificar na linguagem que certas cláusulas devem estar presentes. O uso de interfaces progressivas permite alguma ordenação de cláusulas, mas, no final, as cláusulas podem sempre ser deixadas de fora. *Função Aninhada (357)* é uma escolha mais adequada para cláusulas obrigatórias.

O problema do término aparece de tempos em tempos. Embora existam formas de contorná-lo, normalmente, se você encontrar tal problema, estará mais bem servido se usar uma Função Aninhada ou um *Fecho Aninhado (403)*. Essas alternativas também são escolhas mais produtivas se você está entrando uma confusão com *Variáveis de Contexto (175)*.

35.3 O exemplo da configuração simples de computadores (Java)

Aqui está o exemplo básico de configuração de computadores feito com uma dose saudável de Encadeamento de Métodos:

```
computer()
  .processor()
    .cores(2)
    .speed(2500)
    .i386()
  .disk()
    .size(150)
  .disk()
    .size(75)
    .speed(7200)
    .sata()
  .end();
```

Para iniciar uma expressão usando Encadeamento de Métodos, você precisa que alguma chamada a método inicie a cadeia. Nesse caso, estou usando um método estático que posso referenciar no script DSL usando uma importação estática.

```
public static ComputerBuilder computer() {
  return new ComputerBuilder();
}
```

Uso o construtor de computador para definir os vários métodos que preciso para o encadeamento. Ele também contém os dados de análise sintática.

Para o processador, armazeno um *Construtor de Construções (179)* para o processador atual em uma *Variável de Contexto (175)*.

```
class ComputerBuilder...
  public ComputerBuilder processor() {
    currentProcessor = new ProcessorBuilder();
    return this;
  }
  private ProcessorBuilder currentProcessor;

  public ComputerBuilder cores(int arg) {
    currentProcessor.cores = arg;
    return this;
  }
  public ComputerBuilder i386() {
    currentProcessor.type = Processor.Type.i386;
    return this;
  }
```

```
class ProcessorBuilder {
  private static final int DEFAULT_CORES = 1;
  private static final int DEFAULT_SPEED = -1;

  int cores = DEFAULT_CORES;
  int speed = DEFAULT_SPEED;
  Processor.Type type;
  Processor getValue() {
    return new Processor(cores, speed, type);
  }
}
```

Como é característico no Encadeamento de Métodos, o construtor retorna a si próprio com cada chamada, de forma a continuar a cadeia.

Especificar discos é um pouco mais complicado, pois cada disco possui seus próprios dados. Eu poderia definir mais variáveis de contexto no construtor do computador, assim como fiz para o processador, mas nesse caso usarei um construtor separado para capturar os atributos para o disco.

```
class DiskBuilder...
  public DiskBuilder size(int arg) {
    size = arg;
    return this;
  }
  public DiskBuilder speed(int arg) {
    speed = arg;
    return this;
  }
  public DiskBuilder sata() {
    iface = Disk.Interface.SATA;
    return this;
  }
```

A questão complicada aqui é alternar entre o construtor do computador e o construtor do disco e manter as Variáveis de Contexto corretamente. A cláusula disk introduz um novo disco, então o construtor do computador coloca um novo construtor de disco em uma variável de contexto e passa a chamada para ela.

```
class ComputerBuilder...
  public DiskBuilder disk() {
    if (currentDisk != null) loadedDisks.add(currentDisk.getValue());
    currentDisk = new DiskBuilder(this);
    return currentDisk;
  }
  private DiskBuilder currentDisk;
  private List<Disk> loadedDisks = new ArrayList<Disk>();
```

```
class DiskBuilder...
  public DiskBuilder(ComputerBuilder parent) {
    this.parent = parent;
  }
  private int size = Disk.UNKNOWN_SIZE;
  private int speed = Disk.UNKNOWN_SPEED;
  private Disk.Interface iface;
  private ComputerBuilder parent;
```

A cláusula disk também ocorre entre discos. Consequentemente, adiciono o disco atual em uma lista de discos carregados antes de criar um novo construtor. O construtor de discos obterá a chamada ao disco se estiver no meio da criação de um, então eu apenas repasso a chamada ao construtor de computador.

```
class DiskBuilder...
  public DiskBuilder disk() {
    return parent.disk();
  }
```

Nesse exemplo, preciso lidar com o problema do término. Usei a solução mais simples aqui: um método end (fim). Como na cláusula de disco, o método end pode aparecer como uma chamada ao construtor de disco, então a encaminho ao construtor de computador quando isso acontecer.

```
class DiskBuilder...
  public Computer end() {
    return parent.end();
  }
```

No construtor de computador, uso o método end para criar e retornar o computador que está sendo configurado.

```
class ComputerBuilder...
  public Computer end() {
    return getValue();
  }

  public Computer getValue() {
    return new Computer(currentProcessor.getValue(), disks());
  }

  private Disk[] disks() {
    List<Disk> result = new ArrayList<Disk>();
    result.addAll(loadedDisks);
    if (currentDisk != null) result.add(currentDisk.getValue());
    return result.toArray(new Disk[result.size()]);
  }

  public ComputerBuilder speed(int arg) {
    currentProcessor.speed = arg;
    return this;
  }
```

Isso me permite usar o construtor no seguinte estilo:

```
Computer c = ComputerBuilder
    .computer()
      .processor()
        .cores(2)
        .speed(2500)
        .i386()
      .disk()
        .size(150)
      .disk()
        .size(75)
        .speed(7200)
        .sata()
  .end();
```

De outra forma, eu teria de fazer algo como:

```
ComputerBuilder builder = new ComputerBuilder();
builder
    .processor()
      .cores(2)
      .speed(2500)
      .i386()
    .disk()
      .size(150)
    .disk()
      .size(75)
      .speed(7200)
      .sata();
Computer c = builder.getValue();
```

Com esse exemplo, fui inconsistente em meu uso dos construtores subsidiários para o processador e para os discos. O construtor de processador é um Construtor de Construções simples, usado apenas para armazenar os valores intermediários. Com o construtor de discos, eu deleguei os métodos fluentes para ele. Um Construtor de Construções simples funciona melhor para casos simples, e a delegação completa funciona melhor para casos mais complicados. Mostrei ambos aqui por questões pedagógicas, apensar de eu tender mais para a delegação completa.

O exemplo ilustra muito bem diversas questões que ocorrem ao usarmos o Encadeamento de Métodos, particularmente se compararmos com as *Funções Aninhadas (357)*. O Encadeamento de Métodos pode ser lido muito claramente, sem muito do ruído sintático que pode aparecer com as Funções Aninhadas. Entretanto, para usá-lo corretamente, preciso fazer diversas coisas bastante triviais com Variáveis de Contexto e lidar com o problema do término.

35.4 Encadeamento com propriedades (C#)

C# e Java são linguagens similares, então muitos dos comentários que se aplicam a Java também se aplicam a C#. A maior diferença é que C# possui uma sintaxe especial para propriedades, em vez dos métodos de leitura e de escrita mais bagunçados de Java. Em razão disso, o exemplo regular se pareceria com o seguinte:

```
HardDrive hd = new HardDrive() {
  Size = 150,
  Type = HardDriveType.SATA,
  Speed = 7200
};
```

O caso do encadeamento parece quase o mesmo:

```
new HardDriveBuilder()
  .Size(150)
  .SATA
  .Speed(7200);
```

Os modificadores do encadeamento para velocidade e para capacidade são idênticos (além da convenção de capitalização). Existe, no entanto, uma variação interessante ao tratarmos a propriedade externa. Ao usar uma leitura de propriedade para a propriedade externa, posso me livrar dos parênteses desnecessários e irritantes. Implemento a leitura da propriedade como:

```
public HardDriveBuilder SATA {
  get {
    type = HardDriveType.SATA;
    return this;
  }
}
```

Esse código deve fazer você se sentir incomodado: é um leitor de propriedade que está agindo como um escritor, retornando o próprio objeto em vez do valor da propriedade. Isso viola todas as suas expectativas acerca de como os leitores de propriedades devem funcionar. Em quase todas as circunstâncias, eu chamaria isso de código extremamente ruim. É apenas aceitável quando colocado em um contexto fluente – mais uma vez, eu confinaria essa abominação em um *Construtor de Expressões (343)* de maneira segura.

35.5 Interfaces progressivas (C#)

O recurso de autocompletar é uma das maravilhas das IDEs modernas. Não preciso mais lembrar que métodos podem ser chamados em uma classe em particular – apenas pressiono uma combinação de teclas e obtenho um menu exatamente no local desejado. Como meu cérebro se encheu há uns 15 anos, aprecio ter de me lembrar de menos coisas.

Muitas DSLs possuem uma ordem definida na qual as coisas podem ser construídas. Podemos usar o recurso de autocompletar para ajudar a sinalizar isso se usarmos interfaces progressivas. Suponha que queremos construir uma mensagem de email:

```
message = MessageBuilder.Build()
  .To("fowler@acm.org")
  .Cc("editor@publisher.com")
  .Subject("error in book")
  .Body("Sally Shipton should read Sally Sparrow");
```

Queremos garantir que construímos os elementos da mensagem em uma ordem em particular: primeiro o endereço de destino, então as cópias carbono, então o assunto e, por fim, o corpo. Com um simples Encadeamento de Métodos, não há o que garanta uma ordem em particular.

O recomendado, nesse caso, é usar múltiplas interfaces sobre o *Construtor de Expressões (343)*. Iniciarei com build (construir).

```
public static IMessageBuilderPostBuild Build() {
  return new MessageBuilder();
}

interface IMessageBuilderPostBuild {
  IMessageBuilderPostTo To(String arg);
}
```

Retorno um Construtor de Expressões como eu normalmente retornaria, mas o tipo do retorno é uma interface especial que apenas permite o próximo passo válido na sequência. O Construtor de Expressões implementa essa interface, e agora posso apenas fazer a próxima chamada. Como um bônus adicional, meus menus de autocompletar me mostrarão apenas os próximos passos válidos (apesar de não ser perfeito, dado o fato de os métodos herdados de Object também serem mostrados). Logo, o recurso de autocompletar pode me guiar ao longo do processo.

O próximo passo continua a história.

```
public IMessageBuilderPostTo To(String arg) {
  Content.To.Add(new Email(arg));
  return this;
}

interface IMessageBuilderPostTo : IMessageBuilderPostBuild {
  IMessageBuilderPostCc Cc(String arg);
  IMessageBuilderPostSubject Subject(String arg);
}
```

Uma coisa nova é que os próximos passos válidos após o To incluem os passos válidos após Build. Posso mostrar isso sem duplicar o corpo de IMessageBuilderPostBuild (interface construtora de mensagens após a construção) usando herança entre as interfaces. Não vale muito a pena neste exemplo, mas é frequentemente uma técnica útil.

O resto da sequência continua como você esperaria.

```
public IMessageBuilderPostCc Cc(String arg) {
  Content.Cc.Add(new Email(arg));
  return this;
}
public IMessageBuilderPostSubject Subject(String arg) {
  Content.Subject = arg;
  return this;
}
public Message Body(String arg) {
  Content.Body = arg;
  return Content;
}

interface IMessageBuilderPostCc
{
  IMessageBuilderPostCc Cc(String arg);
  IMessageBuilderPostSubject Subject(String arg);
}
interface IMessageBuilderPostSubject {
  Message Body(String arg);
}
```

Tenho um método natural de término em Body (corpo), então o farei retornar a mensagem.

Capítulo 36

Escopo de objeto

Escreva o script DSL de forma que referências simples resolvam para um único objeto.

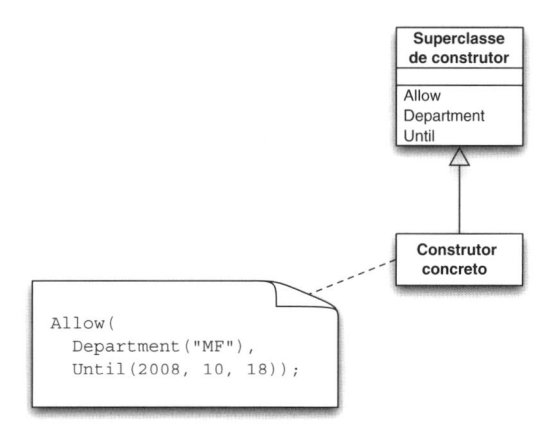

```
Superclasse
de construtor
---
Allow
Department
Until
```

```
Construtor
concreto
```

```
Allow(
   Department("MF"),
   Until(2008, 10, 18));
```

Funções Aninhadas (357) e (até certo ponto) *Sequência de Funções (351)* podem fornecer uma boa sintaxe DSL, mas, em suas formas básicas, elas vêm com um custo sério: funções globais e (pior) estado global.

O Escopo de Objeto alivia esses problemas resolvendo todas as chamadas simples a um único objeto, e isso evita encher o espaço global de nomes com funções globais, permitindo a você armazenar quaisquer dados de análise sintática dentro desse objeto hospedeiro. A maneira mais comum de fazer isso é escrever os scripts DSL dentro de uma subclasse de um construtor que define as funções – isso permite analisar sintaticamente os dados a serem capturados nesse objeto.

36.1 Como funciona

Uma das muitas propriedades úteis dos objetos é que cada objeto fornece um escopo contido para funções e dados. A herança permite que você use esse escopo separadamente de onde ele foi definido. Uma DSL pode usar essa facilidade ao definir funções DSL em uma classe base e, então, permitir aos desenvolvedores escrever programas DSL em subclasses. A classe base também pode definir campos para manter quaisquer dados de análise sintática que sejam exigidos.

Usar uma classe base como essa é um local evidente para um *Construtor de Expressões (343)*. Clientes, então, escrevem programas DSL em uma subclasse do Construtor de Expressões. Usar herança permite adicionar outras funções DSL na subclasse ou mesmo sobrescrever funções base no objeto DSL, se necessário.

Apesar de a herança ser o mecanismo mais comum de se usar para esse tipo de trabalho, algumas linguagens fornecem outras maneiras de usar Escopo de Objeto. Um exemplo é a avaliação de instância de Ruby, que fornece o recurso de pegar qualquer código de programa e executá-lo dentro do contexto de um objeto em particular (usando o método `instance_eval` – avaliação de instância). Isso permite que um escritor de DSL escreva o texto da DSL sem declarar quaisquer ligações com a classe base que define a linguagem.

Outra técnica que está disponível em Java são os inicializadores de instância. Eles não são muito conhecidos, nem frequentemente usados, mas podem funcionar bem nesse caso.

36.2 Quando usar

O Escopo de Objeto resolve os problemas incômodos oriundos do uso de globais dentro de *Funções Aninhadas (357)* e de *Sequência de Funções (351)*; dessa forma, sempre vale a pena ser considerado. O uso de Escopo de Objeto lhe permite ter simples chamadas a funções em sua DSL e fazê-las serem resolvidas para métodos de instância em um objeto. Isso não apenas evita ter de bagunçar o espaço global de nomes, como também permite armazenar dados de análise sintática em um *Construtor de Expressões (343)*. Acho essas vantagens bastante atrativas; logo, sempre sugiro usar Escopo de Objeto se você puder.

Algumas vezes, no entanto, você não pode. Para começo de conversa, você precisa estar usando uma linguagem orientada a objeto para fazer isso. É claro, não vejo isso como um problema, pois prefiro usar linguagens OO de qualquer forma.

O problema mais comum é que o Escopo de Objeto coloca restrições acerca de onde seu script DSL pode ir. Com o caso de herança mais comum, significa que você deve colocar o script DSL dentro de um método em uma subclasse de um Construtor de Expressões. Isso não é um grande problema para scripts

DSL autossuficientes. Tais scripts frequentemente estão em seus próprios arquivos e estão bem separados de outros códigos. Nesse caso, existe um pouco de ruído sintático para configurar a estrutura de herança, mas isso não é muito intrusivo. (Você pode evitar até mesmo esse ruído sintático usando técnicas como instance_eval de Ruby). O problema real é com DSLs fragmentárias, nas quais o uso de Escopo de Objeto força você a entrar em um relacionamento de herança que pode ser inconveniente ou mesmo impossível.

O Escopo de Objeto é, em sua maioria, um antídoto para funções globais, então vale lembrar que o maior dos problemas com as funções globais vem da modificação de dados globais. Um caso comum no qual você não obtém esse problema é quando a função global apenas cria e retorna um novo objeto, como Date.today() (dia de hoje). Métodos estáticos, que são efetivamente globais, podem retornar tais objetos de maneira muito eficaz, os quais podem ser ou objetos regulares ou Construtores de Expressões. Se você puder organizar suas funções simples dessa forma, então existe muito menos necessidade para o uso de Escopo de Objeto.

Se o framework DSL está configurado para permitir que um usuário da DSL substitua sua própria subclasse da classe de escopo por *Escopo de Objeto (385)*, isso também torna a DSL mais extensível. Uma subclasse de usuário pode adicionar mais métodos para estender a linguagem. Na verdade, se métodos em particular são apenas necessários em um script, então essa subclasse de script pode definir esses métodos diretamente.

36.3 Códigos de segurança (C#)

Temos um prédio que hospeda todos os tipos de projetos secretos. Em razão disso, o prédio é dividido em regiões, e cada uma possui políticas de segurança que regulam quais tipos de empregados podem entrar em uma região. Quando um empregado encontra uma porta em uma região, o sistema verifica o empregado em relação às políticas da região e decide ou não admiti-lo.

A DSL que construirei suportará expressar regras como:

```
class MyZone : ZoneBuilder {
  protected override void doBuild() {
    Allow(
      Department("MF"),
      Until(2008, 10, 18));
    Refuse(Department("Finance"));
    Refuse(Department("Audit"));
    Allow(
      GradeAtLeast(Grade.Director),
      During(1100, 1500),
      Until(2008, 5, 1));
  }
```

36.3.1 Modelo semântico

O *Modelo Semântico (159)* possui uma classe de região com múltiplas regras de admissão. Cada regra de admissão é ou uma regra de permissão (especificando condições para deixar alguém entrar) ou uma regra de rejeição (especificando condições para rejeitar a entrada). A regra de admissão possui um corpo (que exploraremos posteriormente) e o método para verificar se um empregado pode ser admitido.

```
abstract class AdmissionRule {
  protected RuleElement body;
  protected AdmissionRule(RuleElement body) {
    this.body = body;
  }
  public abstract AdmissionRuleResult CanAdmit(Employee e);
}
enum AdmissionRuleResult {ADMIT, REFUSE, NO_OPINION};
```

Trato os dois tipos de regras de admissão por meio de herança. Cada um deles fornece uma implementação de CanAdmit (pode admitir).

```
class AllowRule : AdmissionRule {
  public AllowRule(RuleElement body) : base(body) {}
  public override AdmissionRuleResult CanAdmit(Employee e) {
    if (body.eval(e)) return AdmissionRuleResult.ADMIT;
    else return AdmissionRuleResult.NO_OPINION;
  }
}
class RefusalRule : AdmissionRule {
  public RefusalRule(RuleElement body) : base(body) {}
  public override AdmissionRuleResult CanAdmit(Employee e) {
    if (body.eval(e)) return AdmissionRuleResult.REFUSE;
    else return AdmissionRuleResult.NO_OPINION;
  }
}
```

Quando perguntada se pode admitir um empregado, a classe de região executa as regras de admissão em ordem, vendo como elas respondem.

```
class Zone...
  private IList<AdmissionRule> rules = new List<AdmissionRule>();
  public void AddRule(AdmissionRule arg) {
    rules.Add(arg);
  }
  public bool WillAdmit(Employee e) {
    foreach (AdmissionRule rule in rules) {
      switch(rule.CanAdmit(e)) {
        case AdmissionRuleResult.ADMIT:
          return true;
        case AdmissionRuleResult.NO_OPINION:
          break;
        case AdmissionRuleResult.REFUSE:
          return false;
        default:
          throw new InvalidOperationException();
      }
    }
    return false;
  }
```

Se nenhuma das regras der uma opinião, o método tem como padrão recusar (false).

O corpo da regra de admissão é uma estrutura composta de elementos de regra, essencialmente uma *Especificação* [Evans DDD]. O tipo declarado é uma interface.

```
internal interface RuleElement {
  bool eval(Employee emp);
}
```

Várias implementações verificam os atributos de um empregado. Aqui está a verificação para cargos e departamentos:

```
internal class MinimumGradeExpr : RuleElement {
  private readonly Grade minimum;
  public MinimumGradeExpr(Grade minimum) {
    this.minimum = minimum;
  }
  public bool eval(Employee emp) {
    if (null == emp.Grade) return false;
    return emp.Grade.IsHigherOrEqualTo(minimum);
  }
}

internal class DepartmentExpr : RuleElement {
  private readonly string dept;
  public DepartmentExpr(string dept) {
    this.dept = dept;
  }
  public bool eval(Employee emp) {
    return emp.Department == dept;
  }
}
```

Tenho um elemento composto, então posso combiná-los em estruturas lógicas.

```
class AndExpr : RuleElement {
  private readonly List<RuleElement> elements;
  public AndExpr(params RuleElement[] elements) {
    this.elements = new List<RuleElement>(elements);
  }
  public bool eval(Employee emp) {
    return elements.TrueForAll(element => element.eval(emp));
  }
}
```

Então, se quero admitir alguém que é um programador sênior no departamento K9, posso configurar a região da seguinte forma:

```
zone.AddRule(new AllowRule(
            new AndExpr(
              new MinimumGradeExpr(Grade.SeniorProgrammer),
              new DepartmentExpr("K9"))));
```

36.3.2 DSL

Para usar Escopo de Objeto, crio uma superclasse de construção da qual eu possa herdar para formar a DSL. Aqui está a subclasse de exemplo mais uma vez, que mostra o tipo de DSL a que estou oferecendo suporte:

```
class MyZone : ZoneBuilder {
  protected override void doBuild() {
    Allow(
      Department("MF"),
      Until(2008, 10, 18));
    Refuse(Department("Finance"));
    Refuse(Department("Audit"));
    Allow(
      GradeAtLeast(Grade.Director),
      During(1100, 1500),
      Until(2008, 5, 1));
  }
```

Primeiro, essa regra permite a qualquer um do departamento MF entrar até uma data limite do próximo ano. Ela, então, explicitamente recusa o acesso a qualquer um dos departamentos de finanças ou de auditoria (em cláusulas de recusa separadas); por fim, permite que qualquer diretor entre em um determinado período de horas do dia até outra data limite.

Apesar de o modelo subjacente permitir expressões booleanas arbitrárias, a DSL é mais simples. Cada regra de admissão é uma conjunção ("e") de suas cláusulas. É por isso que preciso de sentenças separadas para os dois departamentos. Se eu as colocasse todas na mesma cláusula, ela apenas recusaria pessoas que estivessem em ambos os departamentos.

Expressões booleanas arbitrárias são poderosas, mas, muitas vezes, difíceis para as pessoas não *nerds* entenderem. Então, alguma forma de estrutura simplificada por ser útil em uma DSL.

A DSL é composta de métodos que são definidos na classe construtora base. Isso me permite chamá-los na subclasse sem adicionar qualquer qualificador. O método `Allow` (permitir) adiciona uma nova regra de permissão à região cujo corpo seja a conjunção dos argumentos do método.

```
class ZoneBuilder...
  private Zone zone;
  public ZoneBuilder Allow(params RuleElement[] rules) {
    var expr = new AndExpr(rules);
    zone.AddRule(new AllowRule(expr));
    return this;
  }
```

Uso um método com parâmetros variáveis aqui como uma *Lista de Literais (417)*. (Se existisse apenas uma subexpressão, então o empacotamento e a expressão seriam desnecessários. Poderia corrigir isso, mas tenho uma boa dose de expressões and, então não me preocupei.)

Cada argumento é construído por meio de funções adicionais no construtor base.

```
class ZoneBuilder...
  internal RuleElement GradeAtLeast(Grade grade) {
    return new MinimumGradeExpr(grade);
  }
  internal RuleElement Department(String name) {
    return new DepartmentExpr(name);
  }
```

Para adicionar um novo elemento ao sistema, defino uma nova expressão para o modelo e uma função no construtor.

```
class ZoneBuilder...
  internal RuleElement Until(int year, int month, int day) {
    return new EndDateExpr(year, month, day);
  }

  internal class EndDateExpr : RuleElement {
    private readonly DateTime date;
    public EndDateExpr(int year, int month, int day) {
      date = new DateTime(year, month, day);
    }
    public bool eval(Employee emp) {
      return Clock.Date < date;
    }
  }
```

Assim como adicionar regras para todos os usuários de uma DSL, também posso estender a DSL para programas DSL específicos. Vamos imaginar que apenas o meu departamento precise de acesso restrito em certas horas. Posso colocar esse código diretamente na subclasse.

```
class MyZone...
  private RuleElement During(int begin, int end) {
    return new TimeOfDayExpr(begin, end);
  }

  private class TimeOfDayExpr : RuleElement {
    private readonly int begin, end;
    public TimeOfDayExpr(int begin, int end) {
      this.begin = begin;
      this.end = end;
    }
    public bool eval(Employee emp) {
      return (Clock.Time >= begin) && (Clock.Time <= end);
    }
  }
```

Se outras classes de script quisessem esse recurso, mas eu fosse incapaz de modificar a biblioteca, eu poderia criar minha própria classe de construção de regiões, que seria uma subclasse do construtor de regiões da biblioteca, e deixar que meus scripts criassem subclasses dessa nova classe criada. Posso então colocar quaisquer métodos úteis em meu próprio construtor abstrato de regiões.

O Escopo de Objeto ajuda na redução de ruído na DSL, mas introduz ruído no código que declara a classe DSL. As primeiras duas linhas (e chaves de fechamento) são um ruído inconveniente. Poderia ser um pouco pior; minha maneira natural de usar essa classe seria passar a região como argumento para o método construtor do construtor, mas isso me forçaria a adicionar uma declaração de método construtor à subclasse. Evitei essa situação passando a região com um método separado.

```
class ZoneBuilder...
  internal void Build(Zone zone) {
    this.zone = zone;
    doBuild();
  }
  protected abstract void doBuild();
```

Chamo-o com:

```
class DslTest...
  new MyZone().Build(zone);
```

É algo pequeno, mas me economiza um pouco de ruído no texto da DSL. Essas pequenas coisas vão se somando.

36.4 Usando avaliação de instância (Ruby)

Embora o Escopo de Objeto seja um padrão bastante valioso, pois fornece bons nomes sem artefatos globais, usar subtipos, na verdade, introduz limitações. Para uma DSL autossuficiente, o arquivo de script necessita de algum ruído no início e no final para configurar o contexto. Para DSLs fragmentárias, você precisa estar em uma subclasse do construtor da DSL para escrever expressões DSL.

Ruby possui um mecanismo muito bom que você pode usar para contornar esses problemas: a avaliação de instância. A ideia por trás da avaliação de instância reside em você poder pegar um texto e avaliá-lo dentro do contexto de uma instância de objeto Ruby em particular. Quaisquer chamadas simples a métodos no script são resolvidas para essa instância, como se elas estivessem dentro de um método de instância da própria classe. Isso permite que você escreva uma DSL usando Escopo de Objeto sem a necessidade de se preocupar com quaisquer subclasses.

Então, para o exemplo das regiões anterior, tenho o seguinte arquivo de script:

```
allow {
  department:mf
  ends 2008, 10, 18
}

refuse department :finance

refuse department :audit
```

```
allow {
  gradeAtLeast :director
  during 1100, 1500
  ends 2008, 5, 1
}
```

O construtor executa-o com uma simples chamada.

```
class Builder...
  def load_file aFilename
    self.load(File.readlines(aFilename).join("\n"))
  end
```

As chamadas simples a funções podem resolver para métodos do construtor.

```
class Builder...
  def allow anExpr = nil, &block
    @zone << AllowRule.new(form_expression(anExpr, &block))
  end
```

Essa é a essência do uso de avaliação de instância para tratar de Escopo de Objeto. Entretanto, enquanto estava montando esse exemplo, houve outras coisas interessantes a que não pude resistir. Estou cruzando a linha dos truques específicos de linguagem que normalmente tento evitar, mas esse tem sido um dia longo, então, por favor, me perdoe.

No código de exemplo, tentei seguir a estrutura do exemplo de C#. Entretanto, achei que ele seria lido melhor se a condição com múltiplas cláusulas usasse um *Fecho Aninhado (403)* em vez de uma *Função Aninhada (357)*. Usar isso resulta em uma complicação. Se eu tiver uma única cláusula em uma sentença de permissão ou de recusa, preciso retornar o valor da cláusula; se tenho um bloco aninhado, preciso retornar uma expressão and dos valores de cada cláusula.

```
class Builder...
  def form_expression anExpr = nil, &block
    if block_given?
      AndExprBuilder.interpret(&block)
    else
      anExpr
    end
  end
```

Para o caso simples, faço o método no construtor simplesmente retornar o elemento da regra, de forma que o elemento da regra seja empacotado na regra de permissão pai.

```
class Builder...
  def gradeAtLeast gradeSymbol
    return RuleElementBuilder.new.gradeAtLeast gradeSymbol
  end

class RuleElementBuilder
  def gradeAtLeast gradeSymbol
    return MinimumGradeExpr.new gradeSymbol
  end
```

Se eu tiver um Fecho Aninhado, uso um construtor filho para essa expressão e uso avaliação de instância nela mais uma vez, de forma que as expressões na DSL vinculem-se ao construtor filho e não ao pai.

```
class AndExprBuilder...
  def initialize &block
    @rules = []
    @block = block
  end

  def self.interpret &block
    return self.new(&block).value
  end

  def value
    instance_eval(&@block)
    return AndExpr.new(*@rules)
  end

  def gradeAtLeast gradeSymbol
    @rules << RuleElementBuilder.new.gradeAtLeast(gradeSymbol)
  end
```

Esse mecanismo me permite tratar chamadas a métodos como `gradeAtLeast` (grau ao menos) de maneira diferente em partes diferentes da DSL. Em Ruby, é bom usar uma *Sequência de Funções (351)* dentro de um Fecho Aninhado, pois isso permite que o conteúdo do grupo seja separado com novas linhas, e não por meio de vírgulas.

36.5 Usando um inicializador de instância (Java)

Uma maneira de usar Escopo de Objeto de maneira relativamente não intrusiva e internalizada é usar um inicializador de instância. Essa técnica foi popularizada por JMock; confesso que, até tê-la visto sendo usada, negligenciava completamente esse recurso da linguagem. Usá-la em um script DSL se parece com:

```
ZoneBuilder builder = new ZoneBuilder() {{
  allow(department(MF));
  refuse(department(FINANCE));
  refuse(department(AUDIT));
  allow(
    gradeAtLeast(DIRECTOR),
    department(K9));
}};
zone = builder.getValue();
```

O construtor que faz isso funcionar se parece muito com aquele de C#.

```
class ZoneBuilder...
  private Zone value = new Zone();
  public Zone getValue() {
    return value;
  }
  public ZoneBuilder refuse(RuleElement... rules) {
    value.addRule(new RefusalRule(new AndExpr(rules)));
    return this;
  }
  public ZoneBuilder allow(RuleElement... rules) {
    value.addRule(new AllowRule(new AndExpr(rules)));
    return this;
  }
  public RuleElement gradeAtLeast(Grade g) {
    return new MinimumGradeExpr(g);
  }
  public RuleElement department(Department d) {
    return new DepartmentExpr(d);
  }
```

O truque é o uso de chaves duplas no script DSL, o que cria não uma instância de um construtor de regiões, mas uma classe interna que é uma instância de uma *subclasse* de um construtor de região. Essa subclasse de uso único possui o código entre as chaves duplas mescladas com o construtor. Você pode sempre fazer esse tipo de coisa em Java, apesar de eu nunca ter visto isso sendo usado de maneira ampla. Como o código entre as chaves duplas é uma subclasse do construtor de regiões, temos o Escopo de Objeto de que precisamos.

Capítulo 37

Fecho

Bloco de código que pode ser representado como um objeto (ou como uma estrutura de dados de primeira ordem) e colocado consistentemente no fluxo de código a fim de permitir a ele referenciar seu escopo léxico.

```
var threshold = ComputeThreshold();
var heavyTravellers = employeeList.FindAll(e => e.MilesOfCommute > threshold);
```

Também conhecido como: lambda, bloco ou função anônima

Você tem uma coleção de objetos e quer filtrá-los de várias maneiras. Escrever um método para cada filtro leva a uma duplicação na configuração e no processamento de um filtro.

Ao usar um Fecho, você pode fatorar a configuração e o processamento do filtro e passar um bloco arbitrário de código para filtrar cada condição.

37.1 Como funciona

Fechos são um recurso de linguagem que, apesar de estar disponível há certo tempo, apenas recentemente começou a aparecer nos radares de muitos desenvolvedores de software. Isso provavelmente ocorre porque as linguagens que possuem e que usam Fechos, como Lisp e Smalltalk, não eram parte da cultura de C que guiou o desenvolvimento das principais linguagens em uso hoje.

Uso o termo Fecho neste livro, mas naturalmente não existe um termo padrão para esse elemento de linguagem. Você também pode encontrá-lo sendo chamado de lambda, função anônima ou bloco. Cada linguagem que usa Fechos possui seus próprios termos para eles. Por exemplo, programadores Lisp usam "lambdas", programadores Smalltalk e Ruby usam "blocos". Apesar de serem chamados de blocos em Smalltalk e em Ruby, não são os mesmos que os blocos das linguagens baseadas em C.

Agora que tiramos o blá-blá-blá terminológico do nosso caminho, posso dizer o que eles realmente são. Aqui está minha definição inicial: um Fecho é um fragmento de código que pode ser tratado como um objeto. Para ficarmos certos em relação a isso, precisamos de um exemplo.

Vamos considerar o problema de obter um subconjunto de dados de uma coleção. Imagine que tivéssemos uma lista de empregados e quiséssemos obter todos os empregados que viajam muito.

```
int threshold = ComputeThreshold();
var heavyTravellers = new List<Employee>();
foreach (Employee e in employeeList)
  if (e.MilesOfCommute > threshold) heavyTravellers.Add(e);
```

Em algum outro lugar do código, precisamos obter uma lista de empregados que são gerentes.

```
var managerList = new List<Employee>();
foreach (Employee e in employeeList)
  if (e.IsManager) managerList.Add(e);
```

Esses dois fragmentos de código contêm muita duplicação. Em ambos os casos, queremos uma lista formada a partir da obtenção dos membros da lista original, da execução de uma função booleana em relação a cada elemento e da coleta daqueles para os quais a função retorna verdadeiro. Remover essa duplicação é algo simples a ser buscado, mas difícil de escrever em muitas linguagens porque o que varia entre os dois fragmentos de código é uma porção de comportamento que frequentemente não é fácil de parametrizar.

A maneira mais óbvia de parametrizar algo como isso é fazer a conversão para um objeto. O que preciso é de um método em uma lista que me permitirá selecionar da lista com base em um objeto separado que passo como parâmetro.

```
class MyList<T> {
  private List<T> contents;
  public MyList(List<T> contents) {
    this.contents = contents;
  }
  public List<T> Select(FilterFunction<T> p) {
    var result = new List<T>();
    foreach (T candidate in contents)
      if (p.Passes(candidate)) result.Add(candidate);
    return result;
  }
}
interface FilterFunction<T> {
  Boolean Passes(T arg);
}
```

Posso, então, usá-la para selecionar gerentes da seguinte forma:

```
var managers = new MyList<Employee>(employeeList).Select(new ManagersPredicate());
```

```
class ManagersPredicate : FilterFunction<Employee> {
  public Boolean Passes(Employee e) {
    return e.IsManager;
  }
}
```

Há certa satisfação em programar isso, mas existe muito código para configurar o objeto que contém o predicado, de forma que a cura torna-se pior que a doença. Isso é especialmente verdadeiro quando olhamos o caso dos viajantes frequentes. Aqui preciso passar um parâmetro para o objeto que representa o predicado, ou seja, preciso de um construtor em meu predicado.

```
var threshold = ComputeThreshold();
var heavyTravellers = new MyList<Employee>(employeeList)
                         .Select(new HeavyTravellerPredicate(threshold));

class HeavyTravellerPredicate : FilterFunction<Employee> {
  private int threshold;
  public HeavyTravellerPredicate(int threshold) {
    this.threshold = threshold;
  }
  public Boolean Passes(Employee e) {
    return e.MilesOfCommute > threshold;
  }
}
```

Essencialmente, um Fecho é uma solução mais elegante para esse problema – uma que torna muito mais fácil criar um trecho de código e passá-lo como um objeto.

Você notará que fiz meus exemplos em C#. Fiz isso porque, nos últimos anos, C# evoluiu continuamente em direção a um uso mais conveniente de Fechos. C# 2.0 introduziu a noção de representantes (*delegates*) anônimos, os quais são um grande passo nessa direção. Aqui está o exemplo dos viajantes frequentes mais uma vez, usando representantes anônimos:

```
var threshold = ComputeThreshold();
var heavyTravellers = employeeList.FindAll(
  delegate(Employee e) { return e.MilesOfCommute > threshold; });
```

A primeira coisa a notar aqui é que existe muito menos código envolvido. A duplicação entre essa expressão e uma similar para encontrar gerentes é vastamente reduzida. Para fazer isso funcionar, usei uma função de biblioteca da classe de lista de C#, similar à função de seleção que eu mesmo escrevi para o predicado escrito manualmente. O C# 2 introduziu algumas mudanças à biblioteca que tiram proveito dos representantes. Esse é um ponto importante – para que os Fechos sejam realmente úteis em uma linguagem, as bibliotecas precisam ter sido escritas tendo Fechos em mente.

Um terceiro ponto é que esse fragmento ilustra como é fácil usar o parâmetro de limiar (`threshold`) – apenas o usei na expressão booleana, o que economiza toda a movimentação de parâmetros que a versão com um objeto representando um predicado necessitava.

Essa referência a variáveis no escopo é o que formalmente torna essa expressão um Fecho. Diz-se que o representante fecha sobre o escopo léxico de onde ele está definido. Mesmo se pegássemos o representante e o armazenássemos em outro lugar para uma execução posterior, essas variáveis estariam visíveis e usáveis. Essencialmente, o sistema precisa obter uma cópia do *frame* da pilha para permitir que o Fecho ainda tenha acesso a tudo o que deveria ver. Tanto a teoria quanto a implementação disso são bastante complicadas – mas o resultado é bastante natural de ser usado.

(Algumas pessoas definem "fecho" apenas como um trecho de código instanciado que fecha sobre algumas variáveis no escopo léxico. Como é frequentemente o caso, o uso da palavra "fecho" é muito inconsistente.)

C# 3 foi um passo além. Aqui está a expressão dos viajantes frequentes novamente:

```
var threshold = ComputeThreshold();
var heavyTravellers = employeeList.FindAll(e => e.MilesOfCommute > threshold);
```

Você notará que existem mudanças bem pequenas aqui – o fator principal é que a sintaxe é muito mais compacta. Esta pode ser uma diferença pequena, mas é vital. A utilidade dos Fechos é diretamente proporcional a quanto eles são compactos. Essa sintaxe os torna muito mais legíveis.

Existe uma segunda diferença, que é parte importante em tornar a sintaxe mais concisa. No exemplo do representante, eu precisava especificar o tipo do parâmetro Employee e (Empregado e). Não preciso indicar esse tipo com o lambda porque o C# 3.0 possui um recurso de inferência de tipos, ou seja, já que ele pode descobrir o tipo do resultado do lado direito da atribuição, você não precisa especificá-lo no lado esquerdo.

A consequência de tudo isso é que posso criar Fechos e tratá-los da mesma forma que quaisquer outros objetos. Posso armazená-los em variáveis e executá-los sempre que eu quiser. Como exemplo, posso criar uma classe Club (clube) que possui um campo para um seletor:

```
class Club...
  Predicate<Employee> selector;
  internal Club(Predicate<Employee> selector) {
    this.selector = selector;
  }
  internal Boolean IsEligable(Employee arg) {
    return selector(arg);
  }
```

E usá-la assim:

```
public void clubRecognizesMember() {
  var rebecca = new Employee { MilesOfCommute = 5000 };
  var club = createHeavyTravellersClub(1000);
  Assert.IsTrue(club.IsEligable(rebecca));
}

private Club createHeavyTravellersClub(int threshold) {
  return new Club(e => e.MilesOfCommute > threshold);
}
```

Esse código cria um clube em uma única função, usando um parâmetro para configurar o limiar. O clube contém o Fecho, incluindo a ligação para o parâmetro que agora está fora do escopo. Posso, então, usar o clube para executar o fecho em qualquer tempo futuro.

Nesse caso, o Fecho seletor não é de fato avaliado quando é criado. Em vez disso, o criamos, o armazenamos e o avaliamos depois (possivelmente múltiplas vezes). Essa habilidade de criar um bloco de código para execução posterior é o que torna os Fechos tão úteis para *Modelos Adaptativos (487)*.

Outra linguagem que aparece neste livro que usa Fechos com frequência é Ruby. Ela foi construída com Fechos desde os seus primeiros dias, então a maioria dos programas Ruby e das bibliotecas os usam extensivamente. Definir uma classe que represente um clube se pareceria com o seguinte:

```
class Club...
  def initialize &selector
    @selector = selector
  end
  def eligible? anEmployee
    @selector.call anEmployee
  end
```

e a usamos da seguinte forma:

```
def test_club
  rebecca = Employee.new(5000)
  club = create_heavy_travellers_club
  assert club.eligible?(rebecca)
end
def create_heavy_travellers_club
  threshold = 1000
  return Club.new {|e| e.miles_of_commute > threshold}
end
```

Em Ruby, podemos definir um Fecho ou por meio de chaves, como acima, ou com um par do...end.

```
threshold = 1000
return Club.new do |e|
  e.miles_of_commute > threshold
end
```

As duas sintaxes são quase inteiramente equivalentes. Na prática, as pessoas usam as chaves para versões de uma linha e do...end para múltiplos blocos.

A parte triste acerca dessa boa sintaxe de Ruby é que você só pode usá-la para passar um único Fecho para uma função. Se você quiser passar múltiplos Fechos, você precisará usar uma sintaxe menos elegante.

37.2 Quando usar

Tal qual muitos programadores que têm usado linguagens com bom suporte para Fechos, sinto muito a falta disso quando uso uma linguagem que não oferece esse suporte. É uma ferramenta valiosa para pegar trechos de lógica e organizá-los para eliminar duplicações e oferecer suporte a estruturas de controle customizadas.

Os Fechos desempenham alguns papéis úteis em DSLs. Mais obviamente, eles são um elemento essencial para *Fecho Aninhado (403)*. Além disso, eles também facilitam a definição de um *Modelo Adaptativo (487)*.

Capítulo 38

Fecho aninhado

Expresse subelementos de sentenças de uma chamada a função colocando-os em um fecho em um argumento.

```
computer do
  processor do
    cores 2
    i386
    speed 2.2
  end
  disk do
    size 150
  end
  disk do
    size 75
    speed 7200
    sata
  end
end
```

38.1 Como funciona

A ideia básica de um Fecho Aninhado é similar à de uma *Função Aninhada (357)*, mas as expressões filhas da chamada a função são empacotadas em um fecho. Para mostrar a diferença, aqui está uma chamada para criar um novo processador usando uma Função Aninhada em Ruby.

```
processor(
  cores 2,
  i386
)
```

Agora com um Fecho Aninhado:

```
processor do
  cores 2
  i386
end
```

Em vez de passar dois argumentos de Função Aninhada, passo um único argumento, que é um Fecho Aninhado que contém duas Funções Aninhadas. (Estou usando Ruby aqui, pois ela fornece fechos em uma sintaxe adequada para esta discussão.)

Colocar os subelementos em um Fecho Aninhado possui uma consequência imediata para minha implementação – preciso colocar o código para avaliar o fecho. Com uma Função Aninhada, não preciso fazer isso, pois a linguagem automaticamente avalia as funções cores (núcleos) e i386 antes de chamar a função processor (processador). Com um argumento que é um fecho, a função processor é chamada primeiro e o fecho é avaliado apenas quando eu o programo explicitamente para que ele seja avaliado. A função processor pode também realizar outras tarefas antes e depois da avaliação do fecho, tal como configurar uma *Variável de Contexto (175)*.

No exemplo acima, o conteúdo do fecho é uma *Sequência de Funções (351)*. Um dos problemas das Sequências de Funções é que as múltiplas funções se comunicam usando Variáveis de Contexto ocultas. Embora você ainda tenha de fazer isso dentro de um Fecho Aninhado, a função processor pode criar a Variável de Contexto antes de avaliar o fecho e liberá-la logo em seguida. Isso reduz enormemente o problema de Variáveis de Contexto aparecendo em todos os lugares.

Outra escolha para os subelementos é usar o *Encadeamento de Métodos (373)*. Aqui, a possibilidade de a função pai configurar o início da cadeia e passá-la para o fecho como um argumento representa um benefício adicional.

```
processor do |p|
  p.cores(2).i386
end
```

Também é bastante comum passar uma Variável de Contexto como um argumento.

```
processor do |p|
  p.cores 2
  p.i386
end
```

Nesse caso, temos uma Sequência de Funções, mas com a Variável de Contexto explicitamente presente. Com frequência, isso torna o código mais fácil de ser seguido, sem adicionar muita poluição.

Funções simples escritas dentro de um Fecho Aninhado são avaliadas no escopo onde são definidas – então, mais uma vez, é aconselhável usar *Escopo de Objeto (385)*. Passar uma Variável de Contexto explicitamente como parâmetro ou usar Encadeamento de Métodos permite evitar isso, assim como organizar o código do construtor em diferentes construtores.

Algumas linguagens permitem que você manipule o contexto no qual um fecho é executado. Isso possibilita usar funções simples e, mesmo assim, usar múltiplos construtores. O exemplo com instance_eval de Ruby ("Usando avaliação de instância (Ruby)", p. 412) mostra como isso funciona.

Nos exemplos que mostrei anteriormente, coloquei todos os subelementos da função pai em um único fecho. No entanto, também é possível usar múltiplos fechos. A vantagem disso é que você pode avaliar cada subfecho independentemente. Isso pode ser útil quando você possui uma expressão condicional, tal como neste exemplo em Smalltalk:

```
aRoom
  ifDark: [aLight on]
  ifLight: [aLight off]
```

38.2 Quando usar

Fechos Aninhados são uma técnica útil, pois combinam a estrutura hierárquica explícita das *Funções Aninhadas (357)* com a habilidade de controlar quando os argumentos são avaliados. O controle da avaliação lhe fornece muita flexibilidade, ajudando-o a evitar muitas das limitações das Funções Aninhadas.

A maior limitação do Fecho Aninhado é a maneira como a linguagem hospedeira suporta fechos. Muitas linguagens não fornecem qualquer suporte. Aquelas que o fazem, frequentemente fornecem a sintaxe de uma maneira que não funciona muito bem com DSLs, como por meio de uma palavra-chave inconveniente.

Em geral, vale a pena pensar em Fechos Aninhados como uma melhoria em relação às Funções Aninhadas, *Sequências de Funções (351)* e *Encadeamento de Métodos (373)*. O controle de avaliação explícito dá a você diferentes vantagens com cada técnica. Todas elas, no entanto, residem no fato de que você pode especificar operações de configuração e de finalização em qualquer um dos lados da invocação do fecho. Com Sequência de Funções, isso significa que você pode preparar *Variáveis de Contexto (175)* um pouco antes de elas serem usadas pelo fecho. Com Encadeamento de Métodos, você pode configurar o início da cadeia antes de invocar o fecho.

38.3 Empacotando uma sequência de funções em um fecho aninhado (Ruby)

Para um primeiro exemplo, iniciarei com o que considero o caso mais direto: usar um Fecho Aninhado em conjunto com uma *Sequência de Funções (351)*. Aqui está o script DSL:

```
class BasicComputerBuilder < ComputerBuilder
  def doBuild
    computer do
      processor do
        cores 2
        i386
        processorSpeed 2.2
      end
      disk do
        size 150
      end
      disk do
        size 75
        diskSpeed 7200
        sata
      end
    end
  end
end
```

Para iniciar a discussão, vamos comparar isso com uma versão usando apenas Sequência de Funções, ficaria assim:

```
class BasicComputerBuilder < ComputerBuilder
  def doBuild
    computer
      processor
        cores 2
        i386
        processorSpeed 2.2
      disk
        size 150
      disk
        size 75
        diskSpeed 7200
        sata
  end
end
```

Do ponto de vista do script, a única mudança com o Fecho Aninhado é adicionar os delimitadores de fecho do...end. Ao adicioná-los, introduzo uma hierarquia explícita que, de outra forma, seria uma sequência linear com uma convenção de formatação. A sintaxe extra não me parece problemática porque ela está marcando a estrutura a partir do ponto de vista do leitor e de uma maneira que faz sentido para ele.

Agora, vamos nos mover para a implementação. Como de costume, estou usando *Escopo de Objeto (385)*, de forma que posso ter funções simples resolvidas em relação a um *Construtor de Expressões (343)*. (Uma nota para os programadores Ruby: estou usando subclasses aqui por questões pedagógicas, mas com Ruby eu usaria normalmente instance_eval.) Podemos ver a estrutura básica do uso de Fecho Aninhado olhando a cláusula para um computador (computer).

```
class ComputerBuilder...
  def computer &block
    @result = Computer.new
    block.call
  end
```

Passo o fecho como um argumento (Ruby chama os fechos de "blocos"), configuro um contexto e, em seguida, chamo o fecho. A função processor pode, então, usar esse contexto e repetir o processo para seus filhos.

```
class ComputerBuilder...
  def processor &block
    @result.processor = Processor.new
    block.call
  end
  def cores arg
    @result.processor.cores = arg
  end
  def i386
    @result.processor.type = :i386
  end
  def processorSpeed arg
    @result.processor.speed = arg
  end
```

Faço o mesmo para os discos. A única diferença é que, dessa vez, uso a palavra-chave mais idiomática yield para chamar o bloco passado como parâmetro implicitamente. (Esse é um mecanismo que Ruby usa para simplificar o trabalho com um único bloco como argumento.)

```
class ComputerBuilder...
  def disk
    @result.disks << Disk.new
    yield
  end
  def size arg
    @result.disks.last.size = arg
  end
  def sata
    @result.disks.last.interface = :sata
  end
  def diskSpeed arg
    @result.disks.last.speed = arg
  end
```

38.4 Um exemplo simples em C#

Para contrastar, aqui está basicamente o mesmo exemplo usando C#:

```
class Script : Builder {
  protected override void doBuild() {
    computer(() => {
      processor(() => {
        cores(2);
        i386();
        processorSpeed(2.2);
      });
      disk(() => {
        size(150);
      });
      disk(() => {
        size(75);
        diskSpeed(7200);
        sata();
      });
    });
  }
}
```

Como você pode ver, a estrutura é exatamente a mesma que no exemplo em Ruby; a grande diferença é que existe muito mais pontuação no script.

O construtor também é notavelmente similar.

```
class Builder...
  protected void computer(BuilderElement child) {
    result = new Computer();
    child.Invoke();
  }
  public delegate void BuilderElement();
  private Computer result;
```

A função computer segue o mesmo padrão que vemos no caso de Ruby: é passado o fecho como argumento, é realizada alguma configuração, o fecho é invocado e, então, é feita alguma finalização. A diferença mais notável com C# é que temos de definir o tipo de fecho que passamos em uma cláusula delegate. Nesse caso, o fecho não possui argumentos nem um tipo de retorno, mas com um caso mais complicado podemos ver os diferentes tipos.

O resto do código é bastante similar ao caso de Ruby, então economizarei tinta.

Aos meus olhos, os Fechos Aninhados não funcionam tão bem em C# quanto em Ruby. Os delimitadores de fechos do...end de Ruby fluem mais naturalmente para mim que a sintaxe () => {...} de C#, em particular quando você adiciona os parênteses obrigatórios na mistura. (Você também pode usar {...} como delimitadores de fechos em Ruby.) Quanto mais acostumado você estiver com a sintaxe de C#, menos isso o incomodará. Além disso, esse exemplo não passa argumentos para o fecho – o que adiciona mais pontuações que o caso de Ruby, mas na verdade torna o C# mais fácil de ser lido, pois os parênteses vazios agora têm algo para envolver.

38.5 Usando encadeamento de métodos (Ruby)

Os Fechos Aninhados podem trabalhar em estilos diferentes. Aqui está um exemplo usando *Encadeamento de Métodos (373)*:

```
ComputerBuilder.build do |c|
  c.
    processor do |p|
      p.cores(2).
        i386.
        speed(2.2)
    end.
    disk do |d|
      d.size 150
    end.
    disk do |d|
      d.size(75).
        speed(7200).
        sata
    end
end
```

A diferença aqui é que cada chamada passa um objeto como parâmetro para o fecho que é usado no início de uma cadeia. O uso de argumentos do fecho pode adicionar ruídos ao script DSL (como o faz a necessidade de agora empacotar os argumentos de métodos em parênteses), mas um benefício é que você não precisa mais usar *Escopo de Objeto (385)* e, dessa forma, pode facilmente utilizar o código em um estilo fragmentário.

Invocar o método build (construir) cria uma instância do construtor e passa-o para o fecho como um argumento.

```
class ComputerBuilder...
  attr_reader :content
  def initialize
    @content = Computer.new
  end
  def self.build &block
    builder = self.new
    block.call(builder)
    return builder.content
  end
```

Outro ponto útil dessa abordagem é que ela facilita a fatoração dos vários métodos construtores em um grupo de *Construtores de Expressões (343)* pequenos e coesos. A cláusula processor introduz um novo construtor (usando a palavra-chave mais compacta yield).

```ruby
class ComputerBuilder...
  def processor
    p = ProcessorBuilder.new
    yield p
    @content.processor = p.content
    return self
  end

class ProcessorBuilder
  attr_reader :content
  def initialize
    @content = Processor.new
  end
  def cores arg
    @content.cores = arg
    self
  end
  def i386
    @content.type = :i386
    self
  end
  def speed arg
    @content.speed = arg
    self
  end
end
```

Os discos também são tratados com um construtor de discos.

```ruby
class ComputerBuilder...
  def disk
    currentDisk = DiskBuilder.new
    yield currentDisk
    @content.disks << currentDisk.content
    return self
  end
class DiskBuilder
  attr_reader :content
  def initialize
    @content = Disk.new
  end
  def size arg
    @content.size = arg
    self
  end
  def sata
    @content.interface = :sata
    self
  end
  def speed arg
    @content.speed = arg
    self
  end
end
```

Além de permitir uma melhor fatoração dos métodos construtores, isso também me permite usar um método não qualificado speed (velocidade) tanto para o processador quanto para o disco sem ambiguidade.

38.6 Sequência de funções com argumentos de fecho explícitos (Ruby)

No exemplo anterior, vimos que existem diversas vantagens em quebrar a camada de linguagem em múltiplos *Construtores de Expressões (343)*. Com essa abordagem, cada construtor é menor e mais coeso; também permitimos cláusulas em diferentes partes da linguagem para usar o mesmo nome (como na velocidade do processador e do disco). Os argumentos de fecho explícitos também nos permitem usar mais facilmente a DSL em um contexto fragmentário.

Embora o *Encadeamento de Métodos (373)* nos dê essas vantagens, o script DSL resultante pode parecer um pouco inconveniente. A inter-relação entre Fecho Aninhado e Encadeamento de Métodos não necessariamente funciona bem. Certamente, a maioria das DSLs Ruby que já vi não usa esse estilo.

Em vez disso, usam *Sequência de Funções (351)* dentro de cada fecho, mas passam um argumento explícito de fecho para permitir múltiplos construtores. Nesse estilo, nosso script de configuração de computadores se parece com:

```
ComputerBuilder.build do |c|
  c.processor do |p|
    p.cores 2
    p.i386
    p.speed 2.2
  end
  c.disk do |d|
    d.size 150
  end
  c.disk do |d|
    d.size 75
    d.speed 7200
    d.sata
  end
end
```

A grande diferença no script DSL é que você tem sentenças separadas para cada cláusula na DSL. Em cada sentença, você precisa informar o objeto passado como o receptor da chamada de método. Apesar de isso adicionar mais texto à sentença, resulta em um estilo de código mais regular com o qual os programadores Ruby acham mais fácil trabalhar.

A implementação é bastante similar ao caso do Encadeamento de Métodos. Mais uma vez, tenho um construtor de computador no nível mais alto com um método de classe que cria uma instância e a passa para o fecho fornecido.

```
class ComputerBuilder...
  attr_reader :content
  def initialize
    @content = Computer.new
  end
  def self.build
    builder = self.new
    yield builder
    return builder.content
  end
end
```

A cláusula processor (processador) introduz um novo construtor.

```
class ComputerBuilder...
  def processor &block
    p = ProcessorBuilder.new
    yield p
    @content.processor = p.content
  end

class ProcessorBuilder
  attr_reader :content
  def initialize
    @content = Processor.new
  end
  def cores arg
    @content.cores = arg
  end
  def i386
    @content.type = :i386
  end
  def speed arg
    @content.speed = arg
  end
end
```

Deixo você com a pequena tarefa de descobrir como os discos se pareceriam.

38.7 Usando avaliação de instância (Ruby)

Passar argumentos de fecho explícitos traz muitas vantagens, mas ao custo de ter de mencionar constantemente o nome do argumento. Ruby nos dá uma técnica particularmente elegante para ajudar a lidar com isso: avaliação de instância (usando o método instance_eval).

Quando você chama um bloco Ruby, o bloco é avaliado no contexto onde é definido. Em particular, quaisquer funções (ou atributos) simples são resolvidas para o objeto no qual são definidas. Usando instance_eval, você pode mudar isso dizendo a algum outro objeto para executar o bloco dentro de seu contexto, ou seja, qualquer método simples agora resolverá para o novo objeto. O seguinte código demonstra a diferença:

```ruby
class StaticContext < Test::Unit::TestCase
  def identify
    return "in static context"
  end
  def test_demo
    o = OtherObject.new
    assert_equal "in static context", o.use_call {identify}
    assert_equal "in other object", o.use_instance_eval {identify}
  end
end

class OtherObject
  def identify
    return "in other object"
  end
  def use_call &arg
    arg.call
  end
  def use_instance_eval &arg
    instance_eval &arg
  end
end
```

Na realidade, usar instance_eval modifica o que self referencia dentro do bloco passado como parâmetros.

Podemos usar esse recurso para conseguirmos usar múltiplos construtores com simples chamadas a métodos em nosso script DSL.

```ruby
ComputerBuilder.build do
  processor do
    cores 2
    i386
    speed 2.2
  end
  disk do
    size 150
  end
  disk do
    size 75
    speed 7200
    sata
  end
end
```

O construtor recebe o bloco como fez anteriormente, mas usa instance_eval em vez de uma chamada:

```ruby
class ComputerBuilder...
  def self.build &block
    builder = self.new
    builder.instance_eval &block
    return builder.content
  end
  def initialize
    @content = Computer.new
  end
```

O tratamento do processador mais uma vez usa `instance_eval`:

```ruby
class ComputerBuilder...
  def processor &block
    @content.processor = ProcessorBuilder.new.build(block)
  end
class ProcessorBuilder
  def build block
    @content = Processor.new
    instance_eval(&block)
    return @content
  end
  def cores arg
    @content.cores = arg
  end
  def i386
    @content.type = :i386
  end
  def speed arg
    @content.speed = arg
  end
end
```

Assim como o disco:

```ruby
class ComputerBuilder...
  def disk &block
    @content.disks << DiskBuilder.new.build(block)
  end
class DiskBuilder
  def build block
    @content = Disk.new
    instance_eval(&block)
    return @content
  end
  def size arg
    @content.size = arg
  end
  def sata
    @content.interface = :sata
  end
  def speed arg
    @content.speed = arg
  end
```

A maneira pela qual mostrei como o script DSL usa instance_eval é típica de um contexto fragmentário no qual estou adicionando um pouco de DSL em um programa regular Ruby. Em um contexto independente, posso ter o script DSL em seu próprio arquivo, o que, neste caso, ao usar instance_eval, me livra de qualquer ruído no topo ou no final da configuração de um *Escopo de Objeto (385)*. O arquivo de script completo se pareceria com:

```
computer do
  processor do
    cores 2
    i386
    speed 2.2
  end
  disk do
    size 150
  end
  disk do
    size 75
    speed 7200
    sata
  end
end
```

O construtor pode, então, processar o arquivo completo avaliando-o por meio de instance_eval.

```
class ComputerBuilder...
  def load_file aFileName
    load(File.readlines(aFileName).join("\n"))
  end
  def load aStream
    instance_eval aStream
  end
  def computer
    yield
  end
```

Usar instance_eval parece ser um truque tão bom que você deve estar se perguntando se deveria alguma vez passar argumentos de fecho explícitos. Como se constata, existe uma escolha muito real, uma que foi cristalizada para mim pela experiência de Jim Weirich com sua biblioteca de construtores. A biblioteca de construtores é uma ótima biblioteca para criar documentos XML usando Fechos Aninhados e *Recepção Dinâmica (427)*. Na primeira versão da biblioteca, Jim usou instance_eval, mas depois trocou para parâmetros explícitos em virtude de os programadores estarem acostumados a chamar comportamentos com fechos; redefinir self causa muita confusão e torna mais difícil se referenciar aos elementos no contexto estático de que você precisa.

Para mim, a escolha reside no fato de estar ou não usando o script DSL em um estilo autossuficiente ou fragmentário. Em um contexto fragmentário, é necessário seguir as convenções usuais do uso de fechos, então redefinir self por meio de instance_eval não é uma boa escolha. Com scripts autossuficientes, o estilo de código é diferente de código regular Ruby; a redefinição, então, não causa confusão, e vale a pena remover as referências ruidosas.

Capítulo 39

Lista de literais

Represente expressões de linguagem com uma lista de literais.

```
martin.follows("WardCunningham", "bigballofmud", "KentBeck", "neal4d");
```

39.1 Como funciona

Uma Lista de Literais é uma construção de linguagem que forma uma estrutura de dados do tipo lista. Muitas linguagens fornecem uma sintaxe direta para uma Lista de Literais. A mais óbvia delas é a sintaxe de Lisp (primeiro segundo terceiro); a de Ruby é similar [primeiro, segundo, terceiro], mas não tão elegante. Essas estruturas normalmente permitem que as listas sejam aninhadas. Na verdade, um jeito de olhar um programa inteiro em Lisp é como uma lista aninhada.

As Listas de Literais são normalmente usadas em chamadas a funções; a função pai receberá os elementos da lista e os processará de alguma maneira.

As linguagens baseadas em C mais amplamente usadas não fornecem uma sintaxe útil para listas aninhadas. Existem vetores de literais {1, 2, 3}, mas muitas vezes eles permitem apenas constantes ou literais dentro deles, diferentemente de uma sintaxe geral, que permite qualquer símbolo ou expressão.

Uma maneira de contornar esse problema é usar funções com argumentos variáveis, como companions(Jo, saraJane, leela). Em uma linguagem fortemente tipada, todos esses elementos precisarão ser do mesmo tipo para que funcionem em uma chamada com argumentos variáveis.

39.2 Quando usar

Uma Lista de Literais pode funcionar bem quando aninhada dentro de outro elemento, mais frequentemente uma chamada a função, usando uma gramática lógica, tal como (pai ::= filho*). Muitas vezes, os itens na lista são, eles próprios, chamadas a funções, então as Lista de Literais podem possibilitar o trabalho com *Funções Aninhadas (357)*. Se você olhar os exemplos para Funções Aninhadas, verá que uma Lista de Literais está normalmente presente como uma função com argumentos variáveis. (Os exemplos existentes também falam sobre alguns dos problemas com essa combinação, particularmente na presença de tipagem forte).

Mesmo se sua linguagem hospedeira tiver sintaxe nativa para Listas de Literais, você normalmente será mais bem servido ao usar uma função com argumentos variáveis se essa lista for usada em uma chamada a função. Ou seja, prefiro usar `companions(Jo, saraJane, leela)` que `companions([Jo, saraJane, leela])`.

É possível formar praticamente qualquer DSL usando apenas Listas de Literais, essencialmente imitando Lisp. Isso é, obviamente, uma maneira natural de escrever em Lisp, mas é pouco mais que uma diversão em outras linguagens, nas quais é mais natural combinar listas com outras formas de expressão.

Capítulo 40

Mapa de literais

Represente uma expressão como um mapa de literais.

```
computer(processor(:cores => 2, :type => :i386),
         disk(:size => 150),
         disk(:size => 75, :speed => 7200, :interface => :sata))
```

40.1 Como funciona

Um Mapa de Literais é uma construção de linguagem, presente em muitas linguagens, que lhe permite formar uma estrutura de dados do tipo mapa (também conhecida com dicionário, mapa de dispersão, dispersão ou vetor associativo). Ele normalmente é usado em uma chamada a função na qual a função recebe o mapa e o processa.

O maior problema em usar um Mapa de Literais em uma linguagem dinamicamente tipada é a falta de uma maneira de comunicar e de garantir nomes válidos para as chaves. Além do fato de você ter de escrever código para lidar você mesmo com chaves não familiares, não existe um mecanismo para indicar ao escritor do script DSL que chaves estão corretas. Uma linguagem estática permite evitar esse problema definindo enumerações de um determinado tipo para serem as chaves.

Em uma linguagem dinamicamente tipada, as chaves de um Mapa de Literais são normalmente um tipo de dados de símbolos (ou, se isso não existir, uma string). Os símbolos são a escolha natural e são fáceis de processar; algumas linguagens oferecem atalhos sintáticos para facilitar o uso de chaves que são símbolos, dado que eles são tão comuns. Ruby, por exemplo, pode substituir {:cores => 2} por {cores: 2} na versão 1.9.

Assim como trato uma chamada a função com argumentos variáveis como uma forma de *Lista de Literais (417)*, trato uma chamada a função com argumentos do tipo palavras-chave como uma forma de Mapa de Literais. Na verdade, os argumentos do tipo palavras-chave são até melhores, pois frequentemente permitem definir palavras-chave válidas. Infelizmente, os argumentos do tipo palavras-chave são ainda mais raros que uma sintaxe de mapa de literais.

E se você possui uma sintaxe de listas de literais, mas não de mapas de literais, pode usar listas de literais para representar mapas – isso é o que Lisp faz com uma expressão como (processor (cores 2) (type i386)). Em outras linguagens, você pode chegar a esse resultado usando uma construção similar a processor("cores", 2, "type", "i386"), tratando os argumentos como chaves e valores alternados.

Algumas linguagens, Ruby por exemplo, permitem omitir os delimitadores para um mapa de literais quando se está usando apenas um deles dentro de um contexto em particular. Então, em vez de escrever processor({:cores => 2, :type => i386}), você poderia encurtá-lo para processor(:cores => 2, :type => i386).

40.2 Quando usar

Um Mapa de Literais é uma excelente escolha quando você precisa de uma lista de elementos diferentes na qual cada elemento deva aparecer não mais de uma vez. A falta de validação comum de chaves é irritante, mas, como um todo, a sintaxe é normalmente a melhor escolha para esse caso. Existe uma comunicação clara de que cada subelemento pode aparecer no máximo uma vez, e a estrutura de dados em mapa é ideal para a função chamada processar.

Se você não tem Mapas de Literais, pode realizar suas tarefas com uma *Lista de Literais (417)*, ou usar *Funções Aninhadas (357)* ou *Encadeamento de Métodos (373)*.

40.3 A configuração de computadores usando listas e mapas (Ruby)

Seguindo sua tradição de linguagem de script, Ruby fornece uma sintaxe literal muito boa para listas e mapas. Aqui está como usamos essa sintaxe para o exemplo da configuração de computadores:

```
computer(processor(:cores => 2, :type => :i386),
    disk(:size => 150),
    disk(:size => 75, :speed => 7200, :interface => :sata))
```

Não estou usando apenas um Mapa de Literais aqui; como sempre, é bom misturar Mapa de Literais com outras técnicas. Aqui tenho três funções: computer, processor e disk. Cada uma recebe uma coleção como um argumento: computer recebe uma *Lista de Literais (417)* e as outras recebem um Mapa de Literais. Estou usando *Escopo de Objeto (385)* com uma classe construtora que implementa as funções. Como é Ruby, posso usar instance_eval para avaliar o script DSL no contexto de uma instância do construtor, o que me poupa de ter que criar uma subclasse.

Iniciarei por processor.

```
class MixedLiteralBuilder...
  def processor map
    check_keys map, [:cores, :type]
    return Processor.new(map[:cores], map[:type])
  end
```

Usar um Mapa de Literais é simples; apenas pego os itens necessários do mapa usando as chaves. O perigo de usar um mapa dessa forma é que é fácil para o chamador introduzir uma chave incorreta por acidente, então vale a pena fazer verificação aqui.

```
class MixedLiteralBuilder...
  def check_keys map, validKeys
    bad_keys = map.keys - validKeys
    raise IncorrectKeyException.new(bad_keys) unless bad_keys.empty?
  end

class IncorrectKeyException < Exception
  def initialize bad_keys
    @bad_keys = bad_keys
  end
  def to_s
    "unrecognized keys: #{@bad_keys.join(', ')}"
  end
end
```

Uso a mesma abordagem para o disco.

```
class MixedLiteralBuilder...
  def disk map
    check_keys map, [:size, :speed, :interface]
    return Disk.new(map[:size], map[:speed], map[:interface])
  end
```

Como tudo é um valor simples, posso criar o objeto de domínio e retorná-lo dentro de cada *Função Aninhada (357)*. A função computer pode criar o objeto de computador, usando argumentos variáveis para os múltiplos discos.

```
class MixedLiteralBuilder...
  def computer proc, *disks
    @result = Computer.new(proc, *disks)
  end
```

(Usar um "*" na lista de argumentos possibilita argumentos variáveis em Ruby; na lista de argumentos, *disk indica um argumento variável. Posso, então, me referir a todos os discos passados como um vetor chamado disks. Se eu chamar outra função com *disks, os elementos do vetor disks são passados como argumentos separados.)

Para processar o script DSL, obtenho o construtor para avaliar o script usando instance_eval.

```
class MixedLiteralBuilder...
  def load aStream
    instance_eval aStream
  end
```

40.4 Evoluindo para a forma de Greenspun (Ruby)

Assim como outros elementos em uma DSL interna, uma boa DSL usa diversas técnicas diferentes em conjunto. Então, no exemplo anterior, usei *Função Aninhada (357)* e *Lista de Literais (417)* com Mapa de Literais. Algumas vezes, no entanto, é interessante pressionar uma única técnica para ver até onde ela pode chegar, somente para ter uma noção de sua capacidade. É bem possível escrever uma expressão DSL razoavelmente complexa usando apenas Lista de Literais e Mapa de Literais. Vamos ver como ela se pareceria:

```
[:computer,
  [:processor, {:cores => 2, :type => :i386}],
  [:disk, {:size => 150}],
  [:disk, {:size => 75, :speed => 7200, :interface => :sata}]
]
```

Nessa versão, substituí todas as chamadas a funções por listas de literais, onde o primeiro elemento da lista é o nome do item a ser processado e o resto da lista contém os argumentos. Posso processar esse vetor primeiro por meio da avaliação do código Ruby e, então, passá-lo para um método que interpreta a expressão que representa um computador.

```
class LiteralOnlyBuilder...
  def load aStream
    @result = handle_computer(eval(aStream))
  end
```

Trato cada expressão verificando o primeiro elemento do vetor e, então, processando os outros elementos.

```
class LiteralOnlyBuilder...
  def handle_computer anArray
    check_head :computer, anArray
    processor = handle_processor(anArray[1])
    disks = anArray[2..-1].map{|e| handle_disk e}
    return Computer.new(processor, *disks)
  end
  def check_head expected, array
    raise "error: expected #{expected}, got #{array.first}" unless
      array.first == expected
  end
```

Isso segue essencialmente o formato de um *Analisador Sintático Descendente Recursivo (245)*. Digo que a cláusula de computador possui um processador e múltiplos discos, e chamo os métodos para processá-los, retornando um computador recém-criado.

Tratar um processador é simples – apenas desfaço os argumentos do mapa fornecido.

```
class LiteralOnlyBuilder...
  def handle_processor anArray
    check_head :processor, anArray
    check_arg_keys anArray, [:cores, :type]
    args = anArray[1]
    return Processor.new(args[:cores], args[:type])
  end
  def check_arg_keys array, validKeys
    bad_keys = array[1].keys - validKeys
    raise IncorrectKeyException.new(bad_keys) unless bad_keys.empty?
  end
```

Tratar os discos funciona da mesma maneira.

```
class LiteralOnlyBuilder...
  def handle_disk anArray
    check_head :disk, anArray
    check_arg_keys anArray, [:size, :speed, :interface]
    args = anArray[1]
    return Disk.new(args[:size], args[:speed], args[:interface])
  end
```

Um ponto a ser notado sobre essa abordagem é que ela me dá controle completo sobre a ordem de avaliação dos elementos da linguagem. Escolhi aqui avaliar as expressões de processador e de discos antes de criar o objeto que representa um computador, mas eu poderia fazer as coisas praticamente da forma que quisesse. De muitas maneiras, esse script DSL é como uma DSL externa codificada em uma sintaxe de coleção de literais interna em vez de em uma string.

Esse formato mistura listas e mapas, mas é também possível fazer isso usando apenas Listas de Literais, o que seria apropriadamente chamado de forma de Greenspun.

```
[:computer,
  [:processor,
    [:cores, 2,],
    [:type, :i386]],
  [:disk,
    [:size, 150]],
  [:disk,
    [:size, 75],
    [:speed, 7200],
    [:interface, :sata]]]
```

(Deixarei como um exercício para o leitor determinar por que escolhi chamar esse trecho de código de "forma de Greenspun".)

Tudo o que realmente fiz aqui foi substituir cada mapa por uma lista com sublistas de dois elementos, onde cada sublista é uma chave e um valor.

O código principal de carga é o mesmo, quebrando a expressão simbólica (sexp) para o computador em um processador e diversos discos.

```
class ListOnlyBuilder...
  def load aStream
    @result = handle_computer(eval(aStream))
  end
  def handle_computer sexp
    check_head :computer, sexp
    processor = handle_processor(sexp[1])
    disks = sexp[2..-1].map{|e| handle_disk e}
    return Computer.new(processor, *disks)
  end
```

A diferença vem com as subcláusulas, as quais precisam de código extra para ter o equivalente a uma busca de elementos em um mapa.

```
class ListOnlyBuilder...
  def handle_processor sexp
    check_head :processor, sexp
    check_arg_keys sexp, [:cores, :type]
    return Processor.new(select_arg(:cores, sexp),
                         select_arg(:type, sexp))
  end
  def handle_disk sexp
    check_head :disk, sexp
    check_arg_keys sexp, [:size, :speed, :interface]
    return Disk.new(select_arg(:size, sexp),
                    select_arg(:speed, sexp),
                    select_arg(:interface, sexp))
  end
  def select_arg key, list
    assoc = list.tail.assoc(key)
    return assoc ? assoc[1] : nil
  end
```

Usar apenas listas resulta em um script DSL mais regular, mas usar uma lista de pares como um mapa não funciona muito bem com o estilo de Ruby. De qualquer forma, não é tão bom quanto o exemplo anterior, que misturava chamadas a funções com coleções de literais.

Mesmo assim, essa abordagem de listas aninhadas nos leva a outro local onde esse estilo é natural. Como muitos leitores já devem ter descoberto há um bom tempo, isso é essencialmente Lisp. Em Lisp, o script DSL se pareceria com o seguinte:

```
(computer
  (processor
    (cores 2)
    (type i386))
  (disk
    (size 150))
  (disk
    (size 75)
    (speed 7200)
    (interface sata)))
```

A estrutura de lista é muito mais clara em Lisp. Palavras simples são símbolos por padrão e, dado que as expressões são átomos ou listas, não há a necessidade de vírgulas.

Capítulo 41

Recepção dinâmica

Trate mensagens sem defini-las na classe receptora.

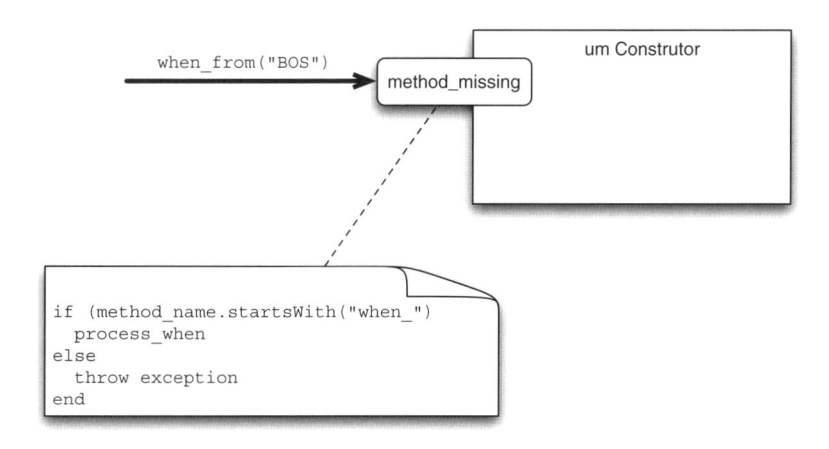

```
when_from("BOS") → method_missing     um Construtor
```

```
if (method_name.startsWith("when_")
  process_when
else
  throw exception
end
```

*Também conhecido como: Sobrescrevendo
method_missing ou doesNotUnderstand.*

Qualquer objeto possui um conjunto limitado de métodos definidos para ele. Um cliente de um objeto pode tentar invocar um método que não é definido no receptor. Uma linguagem estaticamente tipada detectará isso em tempo de compilação e relatará um erro de compilação. Como resultado, você sabe que não obterá esse tipo de erro em tempo de execução (a menos que realize algum truque esperto para evitar o sistema de tipos). Com uma linguagem dinamicamente tipada, você pode invocar um método inexistente em tempo de execução, o que, normalmente, dá um erro em tempo de execução.

A Recepção Dinâmica permite ajustar esse comportamento, ou seja, você pode responder diferentemente a uma mensagem desconhecida.

41.1 Como funciona

Muitas linguagens dinâmicas reagem a uma invocação de um método desconhecido chamando um método especial de tratamento de erros no topo da hierarquia de objetos. Não existe um nome padrão para tal método: em Smalltalk ele é chamado de doesNotUnderstand, e em Ruby ele é chamado de method_missing. Você pode introduzir seu próprio processamento para um método desconhecido criando subclasses desses métodos em sua própria classe. Quando você faz isso, está alterando dinamicamente as regras para a recepção de chamadas a métodos.

Há muitas razões pelas quais a Recepção Dinâmica é útil na programação em geral. Um exemplo excelente é oferecer suporte à delegação automática para outro objeto. Para isso, você define os métodos que quer tratar no receptor original e usa Recepção Dinâmica para enviar quaisquer mensagens desconhecidas para um objeto representante.

A Recepção Dinâmica pode aparecer de diversas maneiras em trabalhos relacionados às DSLs. Um uso comum é converter o que poderia ser visto de outra forma como parâmetros de método no nome do método. Um bom exemplo são os descobridores dinâmicos de Registros Ativos de Rails. Digamos que você tenha uma classe Person (pessoa) com as propriedades firstname (nome) e lastname (sobrenome). Com isso definido, você poderia chamar find_by_firstname("martin")(encontrar por nome) ou find_by_firstname_and_lastname("martin", "fowler") (encontrar por nome e sobrenome) sem ter de definir esses métodos. O código na superclasse do Registro Ativo sobrescreve o método method_missing (método ausente) de Ruby e verifica se a chamada ao método inicia com find_by (encontrar por). Se iniciar, ele então analisa sintaticamente o nome do método para descobrir os nomes das propriedades e usa-os para construir uma consulta. Você poderia também fazer isso passando múltiplos parâmetros, como find_by("firstname", "martin", "lastname", "fowler"), mas colocar os nomes das propriedades no nome dos métodos é mais legível e simula o que você faria se definisse métodos como esses explicitamente.

Um método como find_by_name funciona ao pegarmos um único nome de método e o analisarmos sintaticamente. Você está basicamente embutindo uma DSL externa no nome do método. Outra abordagem é usar uma sequência de Recepções Dinâmicas, tal como find_by.firstname("martin").and.lastname("fowler") ou find_by.firstname.martin.and.lastname.fowler. Nesse caso, o método find_by retornaria um *Construtor de Expressões (343)* que você poderia usar para construir uma consulta usando *Encadeamento de Métodos (373)* e Recepção Dinâmica.

Uma das vantagens de fazer isso é a possibilidade de evitar a necessidade de colocar entre aspas os vários parâmetros, usando martin em vez de "martin" para reduzir o ruído. Se você estiver usando *Escopo de Objeto (385)*, com esse mecanismo você pode usar símbolos simples para os argumentos, por exemplo, state idle (estado ocioso) em vez de state:idle. Você pode fazer isso implementando Recepção Dinâmica na superclasse, de forma que, uma vez que o objeto state tenha sido invocado, ele sobrescreverá a próxima chamada a um método desconhecido para capturar o nome do estado. Você pode ir além com *Polimento Textual (477)* para remover vários fragmentos de pontuação ruidosa.

41.2 Quando usar

Usar Recepção Dinâmica para mover parâmetros para os nomes dos métodos é atrativo por algumas razões. Primeiro, pode-se imitar o que você faria genuinamente com um método, mas com menos trabalho. É bastante razoável imaginar uma classe que representa pessoas tendo um método find_by_firstname_and_lastname; ao usar Recepção Dinâmica, você está fornecendo esse método sem ter de realmente programá-lo. Essa pode ser uma economia de tempo significativa, particularmente se você estiver usando muitas combinações. Com certeza, existem outras maneiras de fazer isso; você pode colocar o nome do atributo em parâmetros como em find(:firstname, "martin", :lastname, "fowler"), usar um fecho como find{|p| p.fistname == "martin" and p.lastname == "fowler"}, ou mesmo embarcar uma DSL externa fragmentária em uma string como em find("firstname == martin lastname == fowler"). Mesmo assim, muitas pessoas acham que embarcar os nomes dos campos nos nomes dos métodos é a maneira mais fluente de expressar a chamada.

Outro benefício de substituir os parâmetros por nomes de métodos é que isso dá uma consistência maior na pontuação. Uma expressão como find_by.firstname.martin.and.lastname.fowler usa pontos como a única forma de pontuação. Isso é bom, pois as pessoas não se confundem tanto como quando precisam descobrir quando usar um ponto e quando usar ou par de parênteses ou de aspas. Para muitos outros, essa consistência não é uma virtude; gosto de separar o que é esquema do que são dados, então prefiro a maneira pela qual find_by.firstname("martin").and.lastname("fowler") coloca os nomes de campos em chamadas a métodos e os dados em parâmetros.

Um dos problemas em colocar dados em nomes de métodos é que, frequentemente, as linguagens de programação usam uma codificação diferente daquela dos dados das strings; muitas permitem apenas ASCII, o que não funcionaria para nomes de pessoas que não são ASCII. De um modo similar, as regras gramaticais da linguagem para nomes de métodos podem excluir nomes válidos de pessoas.

Sobretudo, é importante lembrar que a Recepção Dinâmica apenas vale a pena quando permite construir essas estruturas de um modo geral, sem qualquer tratamento de casos especiais. Isso significa que ela apenas vale a pena quando você puder traduzir claramente a partir dos métodos dinâmicos para métodos que são necessários para outros propósitos. Condições são bons exemplos disso, porque elas em geral chamam atributos em objetos de modelos de domínio. Um método find_by_firstname_and_lastname é eficaz porque tenho uma classe Person que possui os atributos firstname e lastname. Se você precisar escrever métodos especiais para tratar de casos especiais de Recepção Dinâmica, isso normalmente significa que você não deveria estar usando-a.

A Recepção Dinâmica vem com muitos problemas e limitações. O maior deles, é claro, é que você não pode fazer nada disso com linguagens estáticas. Ainda assim, mesmo em uma linguagem dinâmica, você precisa estar alerta sobre seu uso. Uma vez que tenha sobrescrito o tratador para invocar métodos desconhecidos, quaisquer equívocos podem levar você a profundos problemas de depuração. Os rastreamentos de pilha frequentemente tornam-se impenetráveis.

Existem também limitações acerca do que é possível expressar. Você normalmente não pode colocar algo como find_by.age.greater_than.2 (encontre pessoas com idade maior que dois), pois a maioria das linguagens dinâmicas não permitirão 2 como um nome de método. Você pode tentar contornar isso usando algo como find_by.age.greater_than.n2, mas isso obstrui muita da fluência que você espera obter com isso.

Como estou focando em expressões booleanas aqui, também devo notar que esse tipo de composição de chamadas de métodos não é uma boa maneira de compor condições booleanas complexas. A abordagem é aceitável para algo simples como find_by.firstname("martin").and.lastname("fowler"), mas, uma vez que você tenha sentenças como find_by.firstname.like("m*").and.age.greater_than(40).and.not.employer.like("thought*"), está descendo uma ladeira que o força a implementar um analisador sintático deselegante em um ambiente que não é adequado para tal.

O fato de as expressões que usam Recepção Dinâmica não funcionarem tão bem para expressões condicionais complexas não é uma razão para evitá--las em casos mais simples. O Registro Ativo usa Recepção Dinâmica para fornecer descobridores dinâmicos para casos simples, mas, deliberadamente, não oferece suporte para expressões mais complexas, encorajando você a usar, em vez disso, um mecanismo diferente. Algumas pessoas não gostam disso, preferindo um único mecanismo, mas acho que é bom entender que diferentes soluções podem funcionar melhor em diferentes graus de complexidade, então você deve fornecer mais de uma solução.

41.3 Pontos promocionais usando nomes de métodos analisados sintaticamente (Ruby)

Para este exemplo, vamos considerar um esquema que atribui pontos para itinerários de viagens. Nosso modelo de domínio é um itinerário que consiste em itens, no qual cada item pode ser um voo, uma hospedagem em hotel, uma locação de carro, etc. Queremos permitir uma maneira flexível de as pessoas marcarem pontos de viagens frequentes, tal como marcar 300 pontos por pegarem um voo saindo de Boston.

Usando Recepção Dinâmica, mostrarei como dar suporte aos seguintes casos. Primeiro, temos um caso simples de uma regra promocional.

```
@builder = PromotionBuilder.new
@builder.score(300).when_from("BOS")
```

Em outro caso, temos múltiplas regras promocionais combinando com diferentes tipos de elementos. Aqui marcamos pontos por sair de um aeroporto em particular e por permanecer em uma marca de hotel em particular dentro do mesmo itinerário:

```
@builder = PromotionBuilder.new
@builder.score(350).when_from("BOS")
@builder.score(100).when_brand("hyatt")
```

E, por fim, temos uma regra de voo composta, onde marcamos pontos por sair de Boston por uma companhia aérea em particular (que pode não existir mais quando você ler isto).

```
@builder = PromotionBuilder.new
@builder.score(140).when_from_and_airline("BOS","NW")
```

41.3.1 Modelo

O modelo aqui possui duas partes: itinerários e promoções. Um itinerário é simplesmente uma coleção de itens, que podem ser quaisquer coisas. Para este exemplo simples, tenho apenas voos e hotéis.

```
class Itinerary
  def initialize
    @items = []
  end
  def << arg
    @items << arg
  end
  def items
    return @items.dup
  end
end

class Flight
  attr_reader :from, :to, :airline
  def initialize airline, from, to
    @from, @to, @airline = from, to, airline
  end
end

class Hotel
  attr_accessor :nights, :brand
  def initialize  brand, nights
    @nights, @brand = nights, brand
  end
end
```

As promoções são um conjunto de regras, nas quais cada regra possui uma pontuação e uma lista de condições.

```
class Promotion...
  def initialize rules
    @rules = rules
  end

class PromotionRule...
  def initialize anInteger
    @score = anInteger
    @conditions = []
  end
  def add_condition aPromotionCondition
    @conditions << aPromotionCondition
  end
```

A abordagem aqui marca pontos para um itinerário em relação a uma promoção. Isso é feito a partir da marcação de pontos de cada regra em relação ao itinerário e a partir da soma dos resultados.

```
class Promotion...
  def score_of anItinerary
    return @rules.inject(0) {|sum, r| sum += r.score_of(anItinerary)}
  end
```

A regra marca pontos em um itinerário ao verificar se todas as suas condições satisfazem o itinerário; se isso ocorrer, ela retorna sua pontuação.

```
class PromotionRule...
  def score_of anItinerary
    return (@conditions.all?{|c| c.match(anItinerary)}) ? @score : 0
  end
```

Cada linha de pontuação (score) na DSL é uma regra separada. Então,

```
@builder = PromotionBuilder.new
@builder.score(350).when_from("BOS")
@builder.score(100).when_brand("hyatt")
```

é uma promoção com duas regras. Qualquer uma delas, ou ambas, poderiam satisfazer um dado itinerário. Em contraste,

```
@builder = PromotionBuilder.new
@builder.score(140).when_from_and_airline("BOS","NW")
```

é uma regra com duas condições. Ambas condições precisam ser satisfeitas para marcar os pontos.

Para lidar com isso, tenho um objeto de condição de igualdade que posso configurar com nomes e valores apropriados.

```
class EqualityCondition
  def initialize aSymbol, value
    @attribute, @value = aSymbol, value
  end
  def match anItinerary
    return anItinerary.items.any?{|i| match_item i}
  end
  def match_item anItem
    return false unless anItem.respond_to?(@attribute)
    return @value == anItem.send(@attribute)
  end
end
```

O uso de condições de igualdade nos nomes de métodos dessa forma é muito limitador. Entretanto, o modelo subjacente me permite ter qualquer tipo de condição, desde que ele saiba como satisfazer um itinerário. Algumas dessas condições poderiam ser adicionadas por meio da DSL; outras, por outros meios, como um fecho.

```
exemplo......
  rule = PromotionRule.newWithBlock(520) do |itinerary|
    flights = itinerary.items.select{|i| i.kind_of? Flight}
    flights.any? {|f| f.from == "LAX"} and
      flights.any? {|f| f.to == "LAX"} and
      flights.all? {|f| %w[NW CO DL].include?(f.airline)}
  end
  promotion = Promotion.new([rule])

class BlockCondition
  def initialize aBlock
    @block = aBlock
  end
  def match anItinerary
    @block.call(anItinerary)
  end
end
```

Esse tipo de flexibilidade pode ser bastante importante. Ele permite que as pessoas usem a DSL para lidar com casos simples de uma maneira simples, mas fornece um mecanismo alternativo para tratar de casos mais complicados.

41.3.2 Construtor

O construtor básico envolve uma coleção de regras de promoção que ele constrói, retornando um novo objeto de promoção conforme necessário.

```
class PromotionBuilder...
  def initialize
    @rules = []
  end
  def content
    return Promotion.new(@rules)
  end
```

O método de pontuação cria uma dessas regras, que ele mantém em uma *Variável de Contexto (175)*. Ele também cria um construtor em particular para a condição.

```
class PromotionBuilder...
  def score anInteger
    @rules << PromotionRule.new(anInteger)
    return PromotionConditionBuilder.new(self)
  end
```

O construtor de condição é a classe que usa Recepção Dinâmica. Em Ruby, você faz Recepção Dinâmica sobrescrevendo `method_missing`.

```
class PromotionConditionBuilder...
  def initialize parent
    @parent = parent
  end
  def method_missing(method_id, *args)
    if match = /^when_(\w*)/.match(method_id.to_s)
      process_when match.captures.last, *args
    else
      super
    end
  end
end
```

O gancho `method_missing` verifica se o chamador inicia com `when_`; se não inicia, ele encaminha para a superclasse, que lançará uma exceção. Assumindo que temos o tipo certo de método, ele obtém os nomes de atributos da chamada ao método, verifica se eles satisfazem os argumentos e, então, preenche a regra apropriada.

```
class PromotionConditionBuilder...
  def process_when method_tail, *args
    attribute_names = method_tail.split('_and_')
    check_number_of_attributes(attribute_names, args)
    populate_rules(attribute_names, args)
  end
  def check_number_of_attributes(names, values)
    unless names.size == values.size
      throw "There are %d attribute names but %d arguments" %
        [names.size, values.size]
    end
  end
  def populate_rules names, args
    names.zip(args).each do |name, value|
      @parent.add_condition(EqualityCondition.new(name, value))
    end
  end
end
class PromotionBuilder...
  def add_condition arg
    @rules.last.add_condition arg
  end
end
```

Essa abordagem é surpreendentemente similar aos descobridores dinâmicos do Registro Ativo. Se você está curioso sobre eles, dê uma olhada na descrição de Jamis Buck em http://weblog.jamisbuck.org/2006/12/1/under-the-hood-activerecord-base-find-part-3.

41.4 Pontos promocionais usando encadeamento (Ruby)

Agora pegarei o mesmo exemplo e o trabalharei usando encadeamento. Usarei o mesmo modelo e as mesmas condições de exemplo (a maioria delas, ao menos). Como a DSL é diferente, as condições são formuladas de maneira diferente. Aqui está uma simples seleção única de voos saindo de Boston:

```
@builder.score(300).when.from.equals.BOS
```

Neste caso, estou passando todos os argumentos para a condição como métodos em vez de como parâmetros (apesar de eu estar mantendo a pontuação como parâmetro, apenas para ser inconsistente). Também estou indicando o operador para a condição como um método.

Aqui está o caso com duas pontuações separadas:

```
@builder.score(350).when.from.equals.BOS
@builder.score(100).when.brand.equals.hyatt
```

Por fim, tenho uma condição composta:

```
@builder.score(170).when.from.equals.BOS.and.nights.at.least._3
```

A condição composta é mais complicada que aquela que usei no exemplo anterior. Para este exemplo, estou tomando partido da habilidade de usar outros operadores, bem como mostrando o tipo de sujeira que você precisa fazer para passar um parâmetro numérico como um nome de método.

41.4.1 Modelo

O modelo é praticamente idêntico àquele que usei no exemplo anterior. A única mudança é que adicionei uma condição extra.

```
class AtLeastCondition...
  def initialize aSymbol, value
    @attribute, @value = aSymbol, value
  end
  def match anItinerary
    return anItinerary.items.any?{|i| match_item i}
  end
  def match_item anItem
    return false unless anItem.respond_to?(@attribute)
    return @value <= anItem.send(@attribute)
  end
```

41.4.2 Construtor

As diferenças em relação ao exemplo anterior residem no construtor. Como antes, tenho um objeto de construção de promoções que possui algumas regras e produz uma promoção quando necessário.

```
class PromotionBuilder...
  def initialize
    @rules = []
  end
  def content
    return Promotion.new(@rules)
  end
```

O método de pontuação adiciona uma regra à lista de regras.

```
class PromotionBuilder...
  def score anInteger
    @rules << PromotionRule.new(anInteger)
    return self
  end
end
```

O método when (quando) retorna um construtor mais específico para capturar o nome do atributo.

```
class PromotionBuilder...
  def when
    return ConditionaAttributeNameBuilder.new(self)
  end

class ConditionaAttributeNameBuilder < Builder
  def initialize parent
    @parent = PromotionConditionBuilder.new(parent)
    @parent.name = self
  end

class Builder
  attr_accessor :content, :parent
  def initialize parentBuilder = nil
    @parent = parentBuilder
  end
end

class PromotionConditionBuilder < Builder
  attr_accessor :name, :operator, :value
```

Para construir a condição, crio uma pequena árvore de análise sintática. Cada condição em uma expressão possui três partes: nome, operador e valor. Então, crio um construtor para cada uma das partes, bem como um construtor pai para unir as condições. Como resultado, quando crio o construtor de nome, também crio o construtor de condições pai para preparar a árvore.

O construtor do nome de atributo procurará por um nome adequado para o atributo que estamos testando, dado que este nome variará dependendo dos atributos da classe do modelo. Uso Recepção Dinâmica.

```
class ConditionAttributeNameBuilder...
  def method_missing method_id, *args
    @content = method_id.to_s
    return ConditionOperatorBuilder.new(@parent)
  end
```

Isso captura o nome e retorna o construtor de operador para capturar o operador.

O construtor de operadores terá apenas um conjunto de operadores fixos para trabalhar, então ele não precisa usar Recepção Dinâmica.

```
class ConditionOperatorBuilder < Builder
  def initialize parent
    super
    @parent.operator = self
  end
  def equals
    @content = EqualityCondition
    return next_builder
   end
  def at
    return self
  end
  def least
    @content = AtLeastCondition
    return next_builder
  end
  def next_builder
    return ConditionValueBuilder.new(@parent)
  end
```

O comportamento básico do construtor de operadores é similar ao construtor de nomes: captura o operador e retorna um novo construtor para a parte final (o valor). Existem alguns pontos interessantes. Primeiro, o conteúdo desse construtor é a classe de condição apropriada do modelo. Segundo, o método at apenas retorna a si mesmo, pois é puro açúcar sintático – apenas está lá para tornar a expressão legível.

O construtor final é o construtor de valores que captura o valor usando Recepção Dinâmica.

```
class ConditionValueBuilder < Builder
  def initialize parent
    super
    @parent.value = self
  end
  def method_missing method_id, *args
    @content = method_id.to_s
    @content = @content.to_i if @content =~ /^_\d+$/
    @parent.end_condition
  end
end
```

Se o valor é um número, preciso de alguma manha; aqui usamos um sublinhado no início "_3" para representar "3" no script DSL. (Em Ruby, "_3".to_i converterá a string para um inteiro, ignorando o sublinhados e retornando 3.)

Esse método também termina essa parte da expressão, então ele diz ao pai para preencher o modelo.

```
class PromotionConditionBuilder...
  def end_condition
    content = @operator.build_content(@name.content, @value.content)
    @parent.add_condition content
    return @parent
  end

class ConditionOperatorBuilder...
  def build_content name, value
    return @content.new(name, value)
  end

class PromotionBuilder...
  def add_condition cond
    current_rule.add_condition cond
  end
  def current_rule
    @rules.last
  end
```

Nesse momento, consumi a pequena árvore de análise sintática e criei o objeto de condição no modelo. Se eu tiver uma condição composta, repito o processo.

```
class PromotionBuilder...
  def and
    return ConditionaAttributeNameBuilder.new(self)
  end
```

Criar pequenas árvores de análise sintática dessa forma não é uma maneira comum de fazer uma DSL interna; em geral é mais fácil apenas construir o modelo à medida que as coisas vão sendo executadas. Contudo, com uma expressão condicional como essa, faz sentido.

De um modo geral, entretanto, não fico muito inclinado a criar expressões usando essa abordagem. Parece-me que, uma vez que você inicia as sequências de análise sintática de chamadas de métodos dessa forma, você poderia muito bem trocar simplesmente para uma DSL externa, na qual você obtém mais flexibilidade. O desejo de construir árvores de análise sintática indica que a DSL interna está fazendo trabalho além da conta.

41.5 Removendo as aspas no controlador do painel secreto (JRuby)

Na introdução, mostrei um exemplo de como você poderia usar Ruby como uma DSL interna para o controlador do painel secreto. O código se parece com o seguinte:

```
event :doorClosed, "D1CL"
event :drawerOpened, "D2OP"
event :lightOn, "L1ON"
event :doorOpened, "D1OP"
event :panelClosed, "PNCL"

command  :unlockPanel, "PNUL"
command  :lockPanel,   "PNLK"
command  :lockDoor,    "D1LK"
command  :unlockDoor,  "D1UL"

resetEvents :doorOpened

state :idle do
  actions :unlockDoor, :lockPanel
  transitions :doorClosed => :active
end

state :active do
  transitions :drawerOpened => :waitingForLight,
              :lightOn => :waitingForDrawer
end

state :waitingForLight do
  transitions :lightOn => :unlockedPanel
end

state :waitingForDrawer do
  transitions :drawerOpened => :unlockedPanel
end

state :unlockedPanel do
  actions :unlockPanel, :lockDoor
  transitions :panelClosed => :idle
end
```

Nesse código de exemplo, não uso qualquer Recepção Dinâmica; me baseio apenas em chamadas a funções simples. Uma das desvantagens desse script é que existem muitas aspas, cada referência a um identificador precisa do marcador de símbolos de Ruby (o ":" inicial nos nomes). Em comparação com uma DSL externa, isso parece ruído. Se usar Recepção Dinâmica, é possível me livrar de todas as marcações de símbolos e produzir um script como:

```
events do
  doorClosed    "D1CL"
  drawerOpened  "D2OP"
  lightOn       "L1ON"
  doorOpened    "D1OP"
  panelClosed   "PNCL"
end
```

```
commands do
  unlockPanel  "PNUL"
  lockPanel    "PNLK"
  lockDoor     "D1LK"
  unlockDoor   "D1UL"
end

reset_events do
  doorOpened
end

state.idle do
  actions.unlockDoor.lockPanel
  doorClosed.to.active
end

state.active do
  drawerOpened.to.waitingForLight
  lightOn.to.waitingForDrawer
end

state.waitingForLight do
  lightOn.to.unlockedPanel
end

state.waitingForDrawer do
  drawerOpened.to.unlockedPanel
end

state.unlockedPanel do
  panelClosed.to.idle
  actions.unlockPanel.lockDoor
end
```

O ponto de partida para implementar isso é a classe de construção da máquina de estados. Essa classe emprega *Escopo de Objeto (385)* usando instance_eval. A construção ocorre em dois estágios; primeiro, avaliando o script e, então, fazendo pós-processamento.

```
class StateMachineBuilder...
  attr_reader :machine
  def initialize
    @states = {}
    @events = {}
    @commands = {}
    @state_blocks = {}
    @reset_events = []
  end
  def load aString
    instance_eval aString
    build_machine
    return self
  end
```

Para avaliar o script, o construtor possui métodos que correspondem às cláusulas principais do script DSL. Estou usando o mesmo *Modelo Semântico (159)* que usei na introdução; o construtor JRuby preenche os objetos Java.

A primeira cláusula a olharmos é a de declarações de evento, o que faço chamando o método events (eventos) no construtor da máquina de estados, passando como parâmetro um bloco que contém as declarações de evento individuais.

```
class StateMachineBuilder...
  def events &block
    EventBuilder.new(self).instance_eval(&block)
    self
  end

  def add_event name, code
    @events[name] = Event.new(name.to_s, code)
  end

class EventBuilder < Builder
  def method_missing name, *args
    @parent.add_event(name, args[0])
  end
end

class Builder
  def initialize parent
    @parent = parent
  end
end
```

O método events avalia o bloco imediatamente no contexto de um construtor separado que usa Recepção Dinâmica para processar cada chamada a método como uma declaração de evento. Com cada declaração de evento, crio um evento a partir do Modelo Semântico e coloco-o em uma *Tabela de Símbolos (165)*.

Uso a mesma técnica básica para comandos e para eventos de reinicialização. Ao empregar um construtor diferente, posso manter cada um deles simples e claramente delimitar o que cada construtor está reconhecendo.

A declaração de estados é mais interessante. Mais uma vez, uso um fecho para capturar o corpo da declaração, mas existem algumas diferenças. A diferença óbvia do script é que indico o nome com Recepção Dinâmica.

```
class StateMachineBuilder...
  def state
    return StateNameBuilder.new(self)
  end

  def addState name, block
    @states[name] = State.new(name.to_s)
    @state_blocks[name] = block
    @start_state ||= @states[name]
  end
```

```
class StateNameBuilder < Builder
  def method_missing name, *args, &block
    @parent.addState(name, block)
    return @parent
  end
end
```

A segunda diferença está na implementação. Em vez de avaliar o *Fecho Aninhado (403)* imediatamente, eu o coloco em um mapa. Ao postergar a avaliação, posso evitar ter de me preocupar com referências para frente entre os estados. Posso esperar para lidar com o corpo dos estados apenas quando tiver declarado todos os estados e preenchido completamente a Tabela de Símbolos com eles.

O último ponto é que trato o estado nomeado primeiro como o estado de início usando uma variável adicional, que preencho apenas se ela ainda for nula – ou seja, o primeiro estado estará lá.

Preencher esses dados termina a avaliação do script; agora, o segundo estágio é o pós-processamento.

```
class StateMachineBuilder...
  def build_machine
    @state_blocks.each do |key, value|
      if value
        sb = StateBodyBuilder.new(self, @states[key])
        sb.instance_eval(&value)
      end
    end
    @machine = StateMachine.new(@start_state)
    @machine.addResetEvents(
        @reset_events.
        collect{|e| @events[e]}.
        to_java("gothic.model.Event"))
  end

class StateBodyBuilder < Builder
  def initialize parent, state
    super parent
    @state = state
  end
```

O primeiro passo do pós-processamento é avaliar os corpos das declarações de estado, mais uma vez criando um construtor específico e avaliando o bloco com ele por meio de instance_eval.

O corpo pode conter dois tipos de sentenças: declarações de ação e declarações de transição. O caso das ações é tratado por um método específico.

```
class StateBodyBuilder...
  def actions
    return ActionListBuilder.new(self)
  end
  def add_action name
    @state.addAction(@parent.command_at(name))
  end
```

```
class ActionListBuilder < Builder
  def method_missing name, *args
    @parent.add_action name
    return self
  end
end

class StateMachineBuilder...
  def command_at name
    return @commands[name]
  end
```

As ações (actions) criam outro construtor que absorve todas as chamadas a métodos como nomes de comandos. Isso permite especificar múltiplas ações em uma única linha com encadeamento.

Embora as ações usem um método especial, análogo a uma palavra-chave em uma DSL externa, as transições usam Recepção Dinâmica.

```
class StateBodyBuilder...
  def method_missing name, *args
    return TransitionBuilder.new(self, name)
  end
  def add_transition event, target
    @state.addTransition(@parent.event_at(event), @parent.state_at(target))
  end

class TransitionBuilder < Builder
  def initialize parent, event
    super parent
    @event = event
  end
  def to
    return self
  end
  def method_missing name, *args
    @target = name
    @parent.add_transition @event, @target
    return @parent
  end
end

class StateMachineBuilder...
  def event_at name
    return @events[name]
  end
  def state_at name
    return @states[name]
  end
end
```

Aqui uso um método desconhecido para iniciar um construtor específico para capturar o estado-alvo com um uso adicional de Recepção Dinâmica. Também permito to (para) como açúcar sintático.

Ao fazer tudo isso, posso me livrar de todos os ":" nos símbolos. A questão, é claro, é se vale a pena tudo isso. Aos meus olhos, gosto da maneira como a lista de eventos e a de comandos acabaram ficando, mas não fiquei muito satisfeito com a de estados. Naturalmente, eu poderia usar uma abordagem híbrida com Recepção Dinâmica para o que gostei e referências simbólicas onde a Recepção Dinâmica não está ajudando. Um misto das técnicas muitas vezes é a melhor aposta.

Livrar-se do símbolo ":" é bom, mas ainda tenho as aspas em torno dos códigos de comandos e de eventos. Eu poderia usar uma técnica similar para tratar desses marcadores também.

Capítulo 42

Anotação

Dados sobre elementos de programas, como classes e métodos, que podem ser processados durante a compilação ou a execução.

```
@ValidRange(lower = 1, upper = 1000, units = Units.LB)
private Quantity weight;
@ValidRange(lower = 1, upper = 120, units = Units.IN)
private Quantity height;
```

Estamos acostumados a classificar dados em nossos programas e a criar regras acerca de como eles funcionam. Os clientes podem ser agrupados por região e terem regras de pagamento. Frequentemente, é útil criar esses tipos de regras sobre elementos do próprio programa. As linguagens costumam fornecer alguns mecanismos predefinidos para fazer isso, como controles de acesso, que nos permitem marcar classes e métodos como públicos ou como privados.

Entretanto, muitas vezes há coisas que gostaríamos de marcar que vão além do suporte que uma linguagem oferece, ou mesmo do que seria racional que o suporte oferecesse. Podemos querer restringir os valores que um campo inteiro possa receber, marcar métodos que devam ser executados como parte de um teste ou indicar que uma classe pode ser serializada de maneira segura.

Uma Anotação é um trecho de informação acerca de um elemento de um programa. Podemos obter essa informação e manipulá-la em tempo de execução ou até mesmo durante o tempo de compilação, se o ambiente oferecer suporte a isso. As Anotações, então, oferecem um mecanismo para estender a linguagem de programação.

Usei o termo Anotação aqui porque é o termo usado na linguagem de programação Java. Uma sintaxe similar precedeu esta no .NET, mas seu termo "atributo" é muito amplamente usado para outros contextos, então prefiro seguir a terminologia Java. Entretanto, o conceito aqui é mais amplo que a sintaxe, e os mesmos benefícios podem ser atingidos sem esse tipo de sintaxe especial.

42.1 Como funciona

Existem dois tópicos sobre o uso de Anotações: defini-las e processá-las. Apesar de ambos dependerem dos recursos que variam de uma linguagem para outra, a definição e o processamento são relativamente independentes entre si, no sentido de que a mesma técnica de processamento pode ser usada para Anotações definidas de diferentes maneiras.

Para funcionar com nosso modelo geral de DSLs, a sintaxe de definição representa como as Anotações funcionam em uma DSL interna. Em cada caso, elas desenvolvem um *Modelo Semântico (159)* ao anexar dados ao modelo de tempo de execução de um programa construído em uma linguagem. Passos de processamento posteriores correspondem à execução do Modelo Semântico; como com qualquer DSL, eles podem envolver execução de modelo e geração de código.

42.1.1 Definindo uma anotação

A maneira mais óbvia de definir uma Anotação é usar uma sintaxe especialmente projetada que algumas linguagens possuem. Então, em Java podemos marcar um método de testes assim:

```
@test public void softwareAlwaysWorks()
```

ou, em C#, assim:

```
[Test] public void SoftwareAlwaysWorks()
```

Ambas as linguagens permitem parâmetros para suas anotações, então você poderia fazer algo como:

```
class PatientVisit...
  @ValidRange(lower = 1, upper = 1000, units = Units.LB)
    private Quantity weight;
  @ValidRange(lower = 1, upper = 120, units = Units.IN)
    private Quantity height;
```

Usar uma sintaxe projetada para tal é a maneira mais óbvia, e frequentemente a mais fácil, de adicionar anotações. Entretanto, existem outras técnicas que você pode usar.

Uma das maneiras mais naturais de especificar uma Anotação é usar métodos de classe. Vamos considerar um caso no qual queremos adicionar uma anotação de faixa válida que indica uma faixa válida para um atributo. Digamos que queremos limitar a altura de um paciente entre 1 e 120 polegadas* e o peso entre 1 e 1000 libras**. (Normalmente usaríamos uma Quantidade aqui, mas usaremos um inteiro para manter a simplicidade.) Especificamos essas faixas em Ruby assim:

---

* N. de R.T.: O equivalente a uma faixa de 2,54 a 304,8 centímetros.

** N. de R.T.: O equivalente a uma faixa de 0,45 a 453,59 quilos.

```
valid_range :height, 1..120
valid_range :weight, 1..1000
```

De forma a fazer isso funcionar, definimos um método de classe chamado `valid_range` (faixa válida). Esse método recebe dois argumentos: o nome do campo e a faixa a limitar os valores para esse campo. O método de classe pode, então, fazer o que quiser com esses dados. Ele pode simplesmente adicionar os dados puros na estrutura, espelhando o que a sintaxe predefinida faz, ou pode criar e armazenar diretamente objetos validadores.

Usar métodos de classe dessa forma pode ser quase sempre tão fácil quanto usar uma sintaxe projetada para esse propósito. A maior questão é que a chamada ao método de classe precisa do nome do elemento do programa que está anotando. Isso acarreta palavreado extra, mas também dá ao programador a liberdade de separar as anotações das declarações anotadas. Essa é uma grande vantagem para linguagens que facilitam isso – existe pouca necessidade de fornecer uma sintaxe especial para anotações.

Usar métodos de classe dessa forma, na verdade, levanta algumas questões que se deve ter em mente. Para as anotações serem armazenadas, elas precisam ser executadas. O exemplo Ruby anterior é executado quando o código é carregado. Algumas linguagens podem precisar de mecanismos adicionais para garantir que isso seja feito. A maneira mais simples de armazenar dados de anotações é com variáveis de classe, mas muitas linguagens compartilham variáveis de classe em uma classe e suas subclasses, o que não bagunçaria o nosso exemplo, mas poderia causar problemas em outros casos.

Descrevi essa técnica em termos orientados a objeto, mas você pode fazer basicamente a mesma coisa com qualquer linguagem que permita representar seus elementos com facilidade. Então, você poderia definir uma estrutura Lisp que etiqueta nomes de funções com dados. Essa estrutura poderia viver em qualquer lugar, desde que possa ser encontrada em um processamento posterior.

Uma técnica comum usada em linguagens estaticamente tipadas é uma interface marcadora, que envolva definir uma interface sem métodos e implementá-la. A presença da interface etiqueta de maneira eficaz a classe para processamento posterior. No entanto, essa técnica funciona apenas em classes, não em métodos ou em atributos.

Convenções de nome fornecem uma forma simples de anotação. Isso era feito em muitas implementações do xUnit – os métodos de teste eram etiquetados pela convenção de terem seus nomes iniciados com test. Para anotações simples, isso pode funcionar bem, mas você está limitado, pois anotações múltiplas são difíceis de serem suportadas e parâmetros são praticamente impossíveis.

Em todos esses casos, as anotações são processadas pelas construções predefinidas de linguagem para construir um *Modelo Semântico (159)*. Além das limitações usuais das DSLs internas – a sintaxe da DSL é limitada pela sintaxe da linguagem hospedeira –, existe uma limitação adicional para Anotações. Com Anotações, o Modelo Semântico precisa ser baseado na representação fundamental do programa. Em um programa orientado a objetos, a representação base é a de classes, de atributos e de métodos. O Modelo Semântico das Anotações é uma decoração dessa estrutura – você não pode construir, de maneira prática, um Modelo Semântico completamente separado e independente.

42.1.2 Processando anotações

Anotações são definidas no código-fonte, mas estão disponíveis para o processamento em estágios posteriores – normalmente durante a compilação, o carregamento do programa ou operações normais em tempo de execução.

O processamento durante operações normais é provavelmente o caso mais comum. Isso envolve usar as anotações para controlar alguns aspectos do comportamento de um objeto. Um exemplo simples é executar métodos de teste em frameworks de teste no estilo de xUnit. Essas ferramentas permitem que os testes sejam definidos como métodos em classes de testes. Nem todos os métodos são métodos de teste, então um esquema de anotação é usado para identificar os testes. Um programa de execução de testes encontra esses métodos de teste e os executa.

Mapeamentos de bases de dados podem funcionar de maneira similar. Aqui, um programa de mapeamento de bases de dados interroga os atributos para encontrar como os atributos no programa mapeiam as estruturas de armazenamento persistente. Ele, então, usa essa informação para mapear os dados.

Esse tipo de processamento pode ser feito tanto no carregamento do programa quanto quando o processamento é usado. Anotações de validação, tais como aquelas mostradas anteriormente, podem ser parcialmente processadas durante a inicialização do programa para criar objetos validadores que são anexados às classes. Esses validadores podem, então, ser usados para validar objetos durante a execução do programa.

Esses usos de Anotações em tempo de execução correspondem à abordagem geral de execução de modelos de DSLs. Como em qualquer DSL, existe também a alternativa de geração de código. Se você tem uma linguagem dinâmica, essa geração de código pode ser feita durante o tempo de execução – normalmente, durante o carregamento do programa. Isso pode ter a forma de uma geração de novas classes ou da adição de métodos a classes existentes.

Para linguagens compiladas, gerar código em tempo de execução é normalmente mais complicado. Pode ser possível executar o compilador em tempo de execução e ligar módulos dinamicamente, mas isso pode ser complicado de configurar. Outra opção é quando a linguagem fornece ganchos em seu compilador para processar anotações – como é feito atualmente em Java.

É claro que o código pode ser gerado antes da compilação. Então, para o exemplo de validação, poderíamos gerar um método de validação ou na classe hospedeira ou como um objeto separado. Esse código, desse modo, faria parte do programa à medida que ele compila. Tal mistura íntima de código escrito e gerado pode ser um pouco confusa, entretanto.

O pós-processamento de bytecodes oferece outra rota para programas compilados. Nessa abordagem, deixamos que o compilador compile o programa e, após a compilação, manipulamos os bytecodes para adicionar passos gerados.

O processamento pode ocorrer em múltiplos locais, sem múltiplas definições do processamento. Se estivéssemos construindo uma aplicação Web e precisássemos definir validações em campos, gostaríamos de executar essas validações em múltiplos locais. Para uma melhor resposta, gostaríamos de executá-las no navegador usando Javascript. Mas nunca podemos depender disso, e o usuário sempre pode evitá-las, então queremos também executar as validações no servidor. Usando Anotações, podemos criar uma verificação em tempo de execução para o servidor e gerar Javascript para validar no navegador sem duplicar código. Ambas as verificações podem ser completamente derivadas de uma única Anotação.

42.2 Quando usar

O uso em larga escala de Anotações é ainda recente nas linguagens de programação comumente usadas. Ainda estamos aprendendo quando é melhor usá-las.

O recurso-chave das Anotações é que elas permitem separar a definição do processamento. O exemplo de validação é uma boa ilustração disso. Se quisermos garantir a faixa válida de um campo, então, uma maneira óbvia de fazer isso é como parte de um método de escrita. O problema com isso é que ele combina a definição da restrição com quando a restrição é verificada – nesse caso, forçando que a validação ocorra quando um valor é modificado.

Existem muitos casos nos quais é útil verificar restrições em outros momentos, talvez permitindo que um usuário preencha um formulário, mas apenas o valide quando o formulário for submetido. Para obter um comportamento de validação na submissão, você pode ter um método de validação geral em um objeto – mas, mais uma vez, você define as restrições ao mesmo tempo em que elas são verificadas.

Separar as duas permite verificar restrições em diferentes momentos, talvez até mesmo aplicando diferentes subconjuntos de restrições em diferentes momentos. Isso também pode tornar o código mais claro, ao deixar as definições das restrições independentes; então, um programador pode ver a definição da restrição, não estando ela misturada com a mecânica da execução das verificações.

A força das Anotações reside onde faz sentido separar a definição do processamento. Talvez você queira fazer isso porque deseja mudar independentemente da definição ou porque quer deixar a definição mais fácil de ser compreendida mantendo-a independente.

A dificuldade em se acompanhar tanto a definição quanto o processamento acaba sendo uma desvantagem das Anotações. Se você precisa entendê-las juntas, as Anotações forçam você a olhar em dois locais desconexos. O código de processamento é também genérico, o que pode torná-lo ainda mais difícil de ser acompanhado.

Uma consequência natural disso é que a definição de uma Anotação deve ser declarativa e não deve envolver fluxo lógico algum. Além disso, ela não deveria implicar qualquer vínculo em relação a quando a lógica de processamento ocorre ou qualquer ordenação no processamento de Anotações anexas ao mesmo ou a outros elementos de programa.

42.3 Sintaxe customizada com processamento em tempo de execução (Java)

Para nosso primeiro exemplo de código de anotações, usarei o caso mais óbvio: uma linguagem que possui uma sintaxe customizada para anotações – nesse caso, Java, que as adicionou com a versão 1.5 (ou 5, ou qualquer número que eles estejam usado hoje).

Aqui está como especifico uma faixa válida para um valor inteiro:

```
class PatientVisit...
  @ValidRange(lower = 1, upper = 1000, units = Units.LB)
  private Quantity weight;
  @ValidRange(lower = 1, upper = 120, units = Units.IN)
  private Quantity height;
```

Para fazer isso funcionar, preciso definir um tipo de anotação como o seguinte:

```
@Target(ElementType.FIELD)
@Retention(RetentionPolicy.RUNTIME)
public @interface ValidRange {
  int lower() default Integer.MIN_VALUE;
  int upper() default Integer.MAX_VALUE;
  Units units() default Units.MISSING;
}
```

No sistema de anotações de Java, o tipo de anotação é, efetivamente, um objeto que possui apenas campos, os quais podem ser literais ou outras anotações.

(Essa é uma nota à parte ao tópico em questão, mas considero importante dizer que ter um objeto validando a si mesmo dessa maneira nem sempre é a estratégia correta. Quando você valida algo, sempre faz isso para um contexto, e esse contexto é normalmente alguma ação envolvendo esse objeto. A abordagem de validação que estou usando aqui implica que a validação é correta para todos os contextos nos quais você usa esse código. Algumas vezes, esse é o caso, mas frequentemente não é.)

```
class DomainObject...
  boolean isValid() {
    return new ValidationProcessor().isValid(this);
  }
public class PatientVisit extends DomainObject
```

Tudo o que o método do objeto de domínio faz é delegar ao processador de validação.

```
class ValidationProcessor...
  public boolean isValid(Object arg) {
    for (Field f : arg.getClass().getDeclaredFields())
      for (Annotation a : f.getAnnotations())
        if (doesAnnotationValidationFail(arg, f, a)) return false;
    return true;
  }
  public boolean doesAnnotationValidationFail(Object obj, Field f, Annotation a) {
    FieldValidator validator = validatorMap().get(a.annotationType());
    if (null == validator) return false;
    return !validator.isValid(obj, f);
  }
  private Map<Class, FieldValidator> validatorMap() {
    Map<Class, FieldValidator> result = new HashMap<Class, FieldValidator>();
    result.put(ValidRange.class, new ValidRangeFieldValidator());
    return result;
  }
```

O processador de validação varre a classe do objeto-alvo em busca de anotações, descobre quais delas são validações, mantém um objeto validador específico para cada anotação e executa esse validador em relação ao objeto.

A maioria desse código apenas precisa ser executado uma vez, dado que as anotações não são modificadas em tempo de execução. Deixarei para que você descubra uma maneira mais eficiente de executar esse código de configuração, se você prometer que o fará apenas se identificar um gargalo de desempenho.

A ligação entre a anotação e uma classe de processamento é feita por um dicionário construído em validatorMap() (mapa de validação). Se você possui um esquema no qual as anotações possam conter código, então a própria anotação poderia implementar o método isValid (é valido). Eu poderia também incluir o nome da classe validadora na anotação como um de seus campos, mas decidi não o fazer porque geralmente prefiro, ao menos em Java, tornar as anotações independentes do mecanismo de processamento.

Então, faço o objeto validador verificar a faixa.

```
class ValidRangeFieldValidator implements FieldValidator...
  public boolean isValid(Object obj, Field field) {
    ValidRange r = field.getAnnotation(ValidRange.class);
    field.setAccessible(true);
    Quantity value;
    try {
      value = (Quantity)field.get(obj);
    } catch (IllegalAccessException e) {
      throw new RuntimeException(e);
    }
    return (r.units() == value.getUnits())
      && (r.lower() <= value.getAmount())
      && (value.getAmount() <= r.upper());
  }
```

42.4 Usando um método de classe (Ruby)

Ruby é um exemplo de linguagem na qual não existe uma sintaxe customizada para anotações, mas que, mesmo assim, possui um amplo uso de anotações. Em Ruby, definimos anotações com um método de classe chamado diretamente dentro do corpo da classe.

```
class PatientVisit < DomainObject...
  valid_range :height, 1..120
  valid_range :weight, 1..1000
```

(Para os exemplos em Ruby, estou usando inteiros em vez de quantidades para manter os exemplos mais simples. Sinta-se à vontade para me xingar se me vir fazendo isso em código de produção.)

Código como esse, diretamente no corpo da classe, é executado quando a classe é carregada, logo ele funciona bem nesse tipo de inicialização:

```
class DomainObject...
  @@validations = {}

  def self.valid_range name, range
    @@validations[self] ||= []
    v = lambda do |obj|
      range.include?(obj.instance_variable_get("@" + name.to_s))
    end
    @@validations[self] << v
  end
```

A implementação aqui é bastante simples. Armazeno os validadores usando uma variável de classe. Preciso fazer essa variável de classe ser uma dispersão indexada pela classe real, uma vez que um valor de uma variável de classe é compartilhado por todas as subclasses.

Sempre que valid_range (faixa válida) for chamado, ele começa pela inicialização do valor da dispersão para um vetor vazio, se necessário. Então, ele cria um fecho, recebendo um único argumento, que conduz a validação e adiciona-o ao vetor.

Também darei a cada objeto um método para validar a si próprio.

```
class DomainObject...
  def valid?
    return @@validations[self.class].all? {|v| v.call(self)}
  end
```

Usar uma variável de classe com uma dispersão para armazenar valores diferentes por classe é uma maneira de implementar uma variável de instância de classe. Posso fazer isso diretamente em Ruby assim:

```
class DomainObject...
  class << self; attr_accessor :validations; end

  def self.valid_range name, range
    @validations ||= []
    v = lambda do |obj|
      range.include?(obj.instance_variable_get(name))
    end
    @validations << v
  end
class DomainObject...
  def valid?
    return self.class.validations.all? {|v| v.call(self)}
  end
```

42.5 Geração dinâmica de código (Ruby)

Um dos benefícios de trabalhar com uma linguagem dinâmica é a habilidade de adicionar coisas ao código em tempo de execução. Posso usar essa qualidade para conseguir uma melhoria adicional no processamento de Anotações. Nesse caso, quero fornecer não só um método geral para validar um objeto, mas também fornecer métodos para validar campos individuais. Logo, usando nosso exemplo de visita a um paciente, quero ter não apenas um método valid?, mas também os métodos específicos de atributos valid_height? (altura válida) e valid_weight? (peso válido) em minha classe de visita a pacientes. Quero que esses métodos sejam automaticamente gerados, de forma que qualquer campo que tenha uma anotação de validação obtenha o método de validação específico do campo de maneira automática.

Uma característica favorável disso é que não preciso modificar as chamadas de anotações na classe de visita a pacientes; elas podem permanecer as mesmas, como no caso mais simples.

```
class PatientVisit...
  not_nil :height, :weight
  valid_range :height, 1..120
  valid_range :weight, 1..1000
```

Uso a abordagem de variável de instância de classe para armazenar os validadores. A diferença é que, em vez de armazenar meus validadores como simples fechos, crio classes validadoras de campos que obtêm o nome do campo e um fecho como argumentos.

```
class DomainObject...
  class << self; attr_accessor :validations; end

  def valid?
    return self.class.validations.all? {|v| v.call(self)}
  end

class FieldValidator
 attr_reader :field_name
 def initialize field_name, &code
  @field_name = field_name
  @code = code
 end
 def call target
  @code.call target
 end
```

Se eu usar o método de validação de objetos, todos os validadores executam da mesma forma que antes. O passo extra é o seguinte método:

```
class DomainObject...
  def self.define_field_validation_method field_name
   method_name = "valid_#{field_name}?"
   return if self.respond_to? method_name
   self.class_eval do
    define_method(method_name) do
     return self.class.validations.
      select{|v| v.field_name == field_name}.
      all? {|v| v.call(self)}
    end
   end
  end
```

Esse método testa se ele já havia sido definido. Se não, usamos define_method (definir método) para adicionar um novo método à classe de visita a pacientes. Esse método seleciona aquelas validações aplicáveis ao campo determinado e simplesmente executa essas validações. (Preciso envolver a chamada a define_method dentro de class_eval (avaliação de classe), porque define_method é, na verdade, um método privado. Eu poderia evitá-lo usando class_eval com uma string.)

Capítulo 43

Manipulação de árvore de análise sintática

Capture a árvore de análise sintática de um fragmento de código para manipulá-la com código de processamento de DSL.

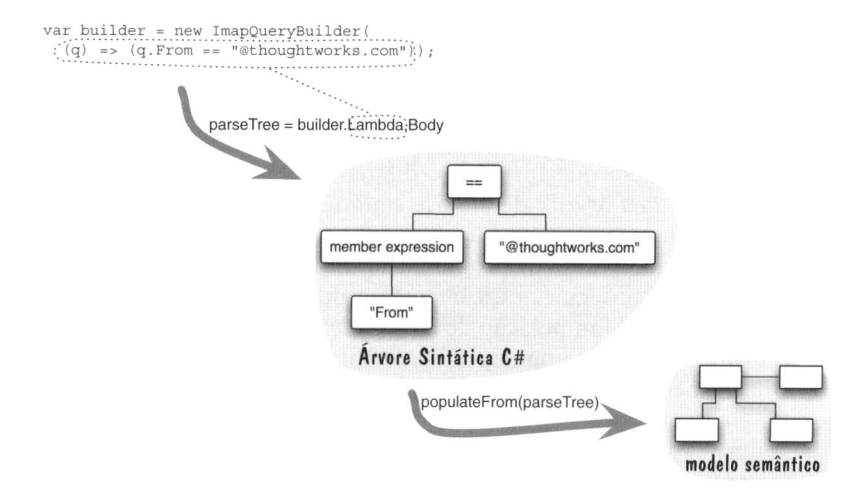

```
var builder = new ImapQueryBuilder(
    (q) => (q.From == "@thoughtworks.com"));
```

parseTree = builder.Lambda.Body

==
member expression — "@thoughtworks.com"
"From"

Árvore Sintática C#

populateFrom(parseTree)

modelo semântico

Quando você escreve código em um fecho, esse código está disponível para ser executado em um momento futuro. A Manipulação de Árvore de Análise Sintática permite que você não apenas execute o código, mas também examine e modifique sua árvore de análise sintática.

43.1 Como funciona

Para usar Manipulação de Árvore de Análise Sintática, você precisa de um ambiente de programação que suporte o processo de lançar mão de um fragmento de código e convertê-lo em uma árvore de análise sintática com a qual você possa trabalhar. Esse é um recurso de linguagem de programação relativamente raro – tanto pelo fato de poucas linguagens darem suporte a ele quanto porque, quando suportado, ele é raramente usado. Embora eu não tenha feito um levantamento detalhado de ferramentas que o suportem, posso usar aquelas que tenho para dar uma visão geral aproximada de como alguém usaria esse tipo de capacidade. Os três exemplos sobre os quais falarei são de C# (a partir da versão 3.0), da biblioteca ParseTree de Ruby, e de Lisp.

C# e ParseTree operam de maneira similar. Você invoca uma chamada de biblioteca em um fragmento de código-fonte, e a biblioteca retorna uma estrutura de dados da árvore de análise sintática desse código. Em C#, você pode fazer isso apenas em uma expressão dentro de um lambda. Essa limitação para expressões significa que você não pode pegar código com múltiplas sentenças. ParseTree permite pegar uma classe, um método ou uma string contendo código Ruby.

Em C#, a estrutura de dados retornada é uma hierarquia de objetos de expressão. Esses objetos são criados com o propósito de representar árvores de análise sintática, com uma hierarquia de herança para diferentes tipos de operadores. ParseTree retorna vetores Ruby aninhados, com tipos predefinidos simples, tais como símbolos e strings, como folhas.

Tanto em C# quanto em Ruby, você, então, escreve um objeto que percorre a árvore de análise sintática e a examina. Em C#, a árvore de análise sintática é imutável, mas você pode transformá-la copiando e modificando-a enquanto você copia. Ambas as bibliotecas fornecem um mecanismo para obter uma subárvore e convertê-la novamente em código executável.

A abordagem que Lisp usa é diferente. O código Lisp é, por si só, essencialmente uma árvore de análise sintática serializada de listas aninhadas. Lisp fornece macros sintáticas que permitem examinar e manipular quaisquer expressões Lisp. O estilo de programação é diferente, uma vez que usa macros, mas você pode conseguir praticamente os mesmos efeitos.

Apesar de a Manipulação de Árvore de Análise Sintática permitir escrever uma expressão em sua linguagem hospedeira, você normalmente não pode usar qualquer operação que queira. Existem limites em termos de o que você pode tratar em expressões. Nessas situações, é importante falhar rápido se você obtiver uma expressão da qual você não pode tratar. Normalmente, quando você percorre uma árvore de análise sintática, sabe que os nós dessa árvore estarão em conformidade com aquilo que você espera. Com Manipulação de Árvore de Análise Sintática, sua árvore de análise sintática pode conter qualquer construção válida na linguagem hospedeira, então você mesmo precisa fazer algumas verificações enquanto percorre a árvore.

Normalmente, você não precisará, ou quererá, percorrer a árvore de análise sintática inteira da expressão. A maioria dos casos envolve o percurso de algumas partes da árvore, mas deixando subárvores substanciais para avaliação. Dessa forma, você não precisa construir um analisador sintático completo, mas apenas analisar sintaticamente as porções de que você precisa para preencher seu *Modelo Semântico (159)* e avaliar subárvores assim que você não precisar fazer navegação adicional.

43.2 Quando usar

A Manipulação de Árvore de Análise Sintática permite expressar lógica em sua linguagem de programação alvo e, então, manipular essa expressão com mais flexibilidade que você seria capaz de obter de outra forma. Com isso, uma razão que guia o uso de Manipulação de Árvore de Análise Sintática com uma DSL é o desejo de usar uma faixa maior de recursos da linguagem hospedeira para expressar algo, em vez da linguagem de contato das construções comuns das linguagens internas.

Conseguir usar a linguagem hospedeira não é o único objetivo do uso de Manipulação de Árvore de Análise Sintática. Afinal, uma das vantagens das DSLs internas é que você pode misturar a linguagem hospedeira completa com construções da DSL tanto quanto você quiser. A diferença-chave é que, normalmente, você pode apenas manipular os resultados executáveis da linguagem hospedeira – você não pode mergulhar em expressões da linguagem hospedeira e manipular suas estruturas.

Mesmo assim, não existem muitos exemplos de quando você precisa usar Manipulação de Árvore de Análise Sintática em uma DSL. (Como a maioria das coisas, a Manipulação de Árvore de Análise Sintática possui muitos usos fora do contexto de DSLs, os quais não vou discutir aqui.) Um dos melhores exemplos é a força motriz suporte do .NET para a Manipulação de Árvore de Análise Sintática – Linq.

Linq permite que você expresse condições de consulta – essencialmente expressões booleanas – usando as linguagens do padrão .NET. Essas condições podem, então, ser avaliadas em estruturas de dados .NET – essa parte é trivial. O interessante é obter uma condição C# e convertê-la em uma consulta SQL – isso permite escrever consultas a bases de dados sem conhecer SQL ou escrever consultas que serão executadas em diferentes fontes de dados. Com esse propósito, você precisa obter a condição C#, convertê-la em uma árvore de análise sintática e percorrer a árvore de análise sintática e gerar o SQL equivalente. Essencialmente, você está fazendo tradução "fonte a fonte" de C# para SQL (ou algum outro alvo). A Manipulação de Árvore de Análise Sintática é boa para esses casos, permite usar uma sintaxe familiar para suas condições quando sua linguagem-alvo não for bem conhecida ou quando você quiser múltiplos alvos.

Outra maneira de usar Manipulação de Árvore de Análise Sintática é modificar a árvore de análise sintática para conduzir uma manipulação eficiente. Um exemplo é modificar todas as chamadas a métodos para certo objeto, de forma que elas sejam redirecionadas para outro objeto. Mas não está claro quanto tal tipo de cirurgia seria útil no contexto de uma DSL (que é o foco deste livro).

Preocupo-me um pouco com o fato de a Manipulação de Árvore de Análise Sintática ser uma daquelas técnicas nas quais os detalhes intrínsecos a utilizá-la podem ser muito atrativos para muitos programadores. É um apelo que pode cegar as pessoas e fazê-las esquecer de outras maneiras mais simples de atingir o mesmo objetivo.

43.3 Gerando consultas IMAP a partir de condições C# (C#)

Talvez você conheça o protocolo IMAP para interagir com servidores de email. Se você usar IMAP, seu email permanece no servidor e é trazido para o cliente apenas para leitura e para armazenamento em memória. Consequentemente, se você quer buscar seus emails, essa busca precisa ser feita no servidor.

Para buscar com IMAP, seu cliente de email envia uma requisição de busca. Essa requisição de busca é, assim como todos os comandos IMAP, uma string. Existe uma DSL que é usada para expressar as condições de busca IMAP. Não entrarei em todos os detalhes aqui (se você os quiser, vá até [RFC 3501]), mas mostrarei um exemplo simples. Digamos que eu queira encontrar todos os emails contendo a frase "entity framework" (framework de entidade), enviado por alguém em um endereço que não é de thoughtworks.com, desde 23 de junho de 2008. Usando IMAP, você poderia codificar essa consulta em um comando de busca como `SEARCH subject "entity framework" sentsince 23-jun-2008 not from "@thoughtworks.com"`.

A DSL de comandos de busca de IMAP fornece uma boa linguagem de consulta específica de domínio para emails. Para este exercício, entretanto, queremos expressar nossa consulta em C#, assim:

```
var threshold = new DateTime(2008, 06, 23);
var builder = new ImapQueryBuilder((q) =>
  (q.Subject == "entity framework")
  && (q.Date >= threshold)
  && ("@thoughtworks.com" != q.From));
```

43.3.1 Modelo semântico

Meu primeiro passo é criar um *Modelo Semântico (159)* para a saída IMAP. Esse é um objeto de consulta IMAP simples que contém elementos para cada cláusula na consulta. Esses elementos serão unidos com and para formar a consulta completa.

```
class ImapQuery...
  internal List<ImapQueryElement> elements = new List<ImapQueryElement>();
  public void AddElement(ImapQueryElement element) {
    elements.Add(element);
  }

interface ImapQueryElement {
  string ToImap();
}
```

Estou declarando uma interface aqui para os elementos da consulta. Essa interface possui duas implementações: uma para tratar das cláusulas básicas de consulta (from "thoughtworks.com") e a outra para tratar das negações (not).

```
class BasicElement : ImapQueryElement {
  private readonly string name;
  private readonly object value;
  public BasicElement(string name, object value) {
    this.name = name.ToLower();
    this.value = value;
    validate().AssertOK();
  }

class NegationElement : ImapQueryElement {
  private readonly BasicElement child;
  public NegationElement(BasicElement child) {
    this.child = child;
  }
```

Apesar de essa consulta ser uma conjunção, IMAP pode expressar expressões booleanas gerais. Essa é uma alternativa mais incômoda, mas a maioria das consultas a emails pode ser tratada muito bem como uma conjunção. É nesse momento que IMAP torna fácil o caso comum, mas também permite que você seja mais expressivo nas situações relativamente raras que precisam disso. Uma conjunção simples é suficientemente boa para ilustrar esse padrão.

Cada elemento de consulta básico possui uma palavra-chave e um valor, espelhando a maneira como IMAP forma sua linguagem de busca. Nessa situação, estou adicionando verificação de erros em cada elemento, lançando uma exceção se qualquer uma delas estiver em erro.

```
class BasicElement...
  private Notification validate() {
    var result = new Notification();
    if (null == Name)
      result.AddError("Name is null");
    if (null == Value)
      result.AddError("Value is null");
    if (!stringCriteria.Contains(Name) && !dateCriteria.Contains(Name))
      result.AddError("Unknown criteria: {0}", Name);
    if (stringCriteria.Contains(Name) && !(Value is string))
      result.AddError("{0} needs a string argument, got {1}", Name, Value.GetType());
    if (dateCriteria.Contains(Name) && !(Value is DateTime))
      result.AddError("{0} needs a DateTime argument, got {1}", Name, Value.GetType());
    return result;
  }
  private readonly static string[] stringCriteria = { "subject", "to", "from", "cc" };
  private readonly static string[] dateCriteria =
    { "since", "before", "on", "sentbefore", "sentsince", "senton"};

class Notification...
  public void AssertOK() {
    if (HasErrors) throw new ValidationException(this);
  }
```

Com essa interface comando-consulta, posso construir o modelo para minha consulta desta forma:

```
var expected = new ImapQuery();
expected.AddElement(new BasicElement("subject", "entity framework"));
expected.AddElement(new BasicElement("since", new DateTime(2008, 6, 23)));
expected.AddElement(new NegationElement(
  new BasicElement("from", "@thoughtworks.com")));
```

Com um Modelo Semântico pronto, posso agora gerar o código para o comando de busca IMAP. Essa é uma geração de código muito simples – apenas produzindo o resultado para cada elemento IMAP.

```
class ImapQuery...
  public string ToImap() {
    var result = "";
    foreach (var e in elements) result += e.ToImap();
    return result.Trim();
  }

class BasicElement...
  public string ToImap() {
    return String.Format("{0} {1} ", name, imapValue);
  }
  private string imapValue {
    get {
      if (value is string) return "\"" + value + "\"";
      if (value is DateTime) return imapDate((DateTime)value);
      return "";
    }
  }
  private string imapDate(DateTime d) {
    return d.ToString("dd-MMM-yyyy");
  }
class NegationElement...
  public string ToImap() {
    return String.Format("not {0}", child.ToImap());
  }
```

43.3.2 Construindo a partir de C#

Esse *Modelo Semântico (159)* me permite representar e gerar comandos de busca para consultas IMAP (ou ao menos para o subconjunto de consultas IMAP que estou usando aqui). Agora, veremos o construtor para criá-las a partir de C#.

O construtor recebe um lambda apropriado em seu método construtor.

```
class ImapQueryBuilder...
  private readonly Expression<Func<ImapQueryCriteria, bool>> lambda;
  public ImapQueryBuilder(Expression<Func<ImapQueryCriteria, bool>> func) {
    lambda = func;
  }
```

A fim de escrever a expressão no fecho, precisamos de algum objeto que possa agir como receptor para as palavras-chave da consulta (subject, sent, from

– assunto, enviado, de, respectivamente). Esse objeto não fará coisa alguma em tempo de execução; ele está lá apenas para fornecer os métodos que me ajudam a compor a consulta. Consequentemente, os valores de retorno de seus métodos são irrelevantes, pois nunca serão realmente chamados.

```
class ImapQueryBuilder...
  internal class ImapQueryCriteria {
    public string Subject {get { return ""; }}
    public string To {get { return ""; }}
    public DateTime Sent {get { return DateTime.Now; }}
    public string From {get { return ""; }}
```

Para construir a consulta, uso uma propriedade de avaliação tardia.

```
class ImapQueryBuilder...
  public ImapQuery Content {
    get {
      if (null == content) {
        content = new ImapQuery();
        populateFrom(lambda.Body);
      }
      return content;
    }
  }
  private ImapQuery content;
```

O cerne desse trabalho é feito por populateForm (preencher formulário) – um percurso recursivo de árvore.

```
class ImapQueryBuilder...
  private void populateFrom(Expression e) {
    var node = e as BinaryExpression;
    if (null == node)
      throw new BuilderException("Wrong node class", node);
    if (e.NodeType == ExpressionType.AndAlso) {
      populateFrom(node.Left);
      populateFrom(node.Right);
    }
    else
      content.AddElement(new ElementBuilder(node).Content);
  }
```

A essa altura, confronto-me com o fato de que, apesar do meu desejo de permitir que meus clientes escrevam consultas IMAP em C#, eles não podem usar *qualquer* C#. Meu Modelo Semântico pode tratar apenas um subconjunto das possíveis expressões em C#. A expressão deve ser composta por uma ou mais expressões de elemento conectadas pelo operador &&. Cada um desses nós de elementos deve ser um operador binário em particular para o qual um dos lados deve ser uma palavra-chave – uma chamada a um objeto de critério de busca IMAP. Existem, então, regras sobre que operadores acompanham quais palavras-chave. Palavras-chave orientadas a strings (from, subject, to) podem receber apenas == e !=. Palavras-chave orientadas a datas (sent, date) podem receber qualquer operador de igualdade ou de comparação.

Como consequência, sei que os únicos elementos pelos quais terei de navegar são expressões binárias, uma vez que populateForm lança uma exceção se vir algo diferente disso. Se o operador na expressão for &&, posso simplesmente aplicar uma recursão aos filhos. O caso interessante é o nó de elemento – e existe tanta lógica nisso que a coloquei em uma classe separada.

```
class ElementBuilder...
  private BinaryExpression node;
  public ElementBuilder(BinaryExpression node) {
    this.node = node;
    assertValidNode();
  }
```

Esses nós de elementos possuem dois filhos: um é um nó de palavra-chave (por exemplo, q.To) e o outro é algum código C# arbitrário que retornará o valor que será comparado na consulta. Estou permitindo que a palavra-chave e o valor apareçam em qualquer ordem, dado que a comutatividade é esperada na linguagem hospedeira.

Para ser uma palavra-chave, o filho deve ter uma chamada a método em uma instância de meu objeto de critério. Precisarei saber extrair a palavra-chave do nó filho, então escrevi um método que recebe um nó filho e retorna a palavra-chave, se for uma expressão de palavra-chave, ou nulo, caso contrário.

```
class ElementBuilder...
  private string keywordOfChild(Expression node) {
    var call = node as MemberExpression;
    if (null == call) return null;
    if (call.Member.DeclaringType != typeof(ImapQueryBuilder.ImapQueryCriteria))
      return null;
    return call.Member.Name.ToLower();
  }
```

Esse método utilitário é bastante eficiente. Seu primeiro uso é permitir que eu verifique que tenho realmente um nó de elemento válido para trabalhar. Para isso, preciso garantir que um dos filhos é, de fato, um nó de palavra-chave.

```
class ElementBuilder...
  private void assertValidNode() {
    if (null == keywordOfChild(node.Left) && null == keywordOfChild(node.Right))
      throw new BuilderException("expression does not contain keyword", node);
    if (!isLegalOperator)
      throw new BuilderException("Wrong kind of operator", node);
  }
```

Não apenas verifico que um dos filhos é um nó de palavra-chave, mas também preciso verificar se disponho de um operador válido para o tipo de palavra-chave que tenho.

```
class ElementBuilder...
  private bool isLegalOperator {
    get {
      ExpressionType[] dateOperators = {
        ExpressionType.Equal, ExpressionType.GreaterThanOrEqual,
        ExpressionType.LessThanOrEqual, ExpressionType.NotEqual,
        ExpressionType.GreaterThan, ExpressionType.LessThan
      };
      ExpressionType[] stringOperators = {
          ExpressionType.Equal, ExpressionType.NotEqual
      };
      return (isDateKeyword())
              ? dateOperators.Contains(node.NodeType)
              : stringOperators.Contains(node.NodeType);
    }
  }
  private bool isDateKeyword() {
    return dateKeywords.Contains(keywordMethod());
  }

  private static readonly string[] dateKeywords = { "sent", "date" };
  private string keywordMethod() {
    return keywordOfChild(node.Left) ?? keywordOfChild(node.Right);
  }
```

Você deve ter observado aqui que estou fazendo um pouco mais de verificação para palavras-chave de datas. Para palavras-chave de strings, estou me baseando no Modelo Semântico, para que ele me avise quando eu tentar criar um elemento com uma palavra-chave inválida. Preciso tratar as palavras-chave de data diferentemente, pois existe uma diferença entre a expressão C# e o Modelo Semântico. Se eu quiser encontrar emails enviados desde certa data, a maneira natural de dizer isso em C# é algo como q.Sent >= aDate; entretanto, IMAP faz isso com sentsince aDate. Essencialmente, preciso da combinação da palavra de C# com o operador para determinar a palavra-chave IMAP correta. Como consequência, preciso verificar as palavras-chave de datas em C# no construtor, pois elas são parte da DSL de entrada, mas não do Modelo Semântico.

Ao verificar que tenho um nó correto no construtor, posso simplificar minha lógica posterior extraindo os dados corretos do nó.

Agora veremos exatamente isso. Inicio com uma propriedade de conteúdo que separa o caso de string simples do caso mais complicado de datas.

```
class ElementBuilder...
  public ImapQueryElement Content {
    get {
      return isDateKeyword()? dateKeywordContent() : stringKeywordContent();
    }
  }
```

Para o caso da string, crio um elemento de consulta básico usando qualquer palavra-chave e o valor do outro lado do nó. Se o operador for !=, empacoto esse elemento básico dentro de uma negação.

```
class ElementBuilder...
  private ImapQueryElement stringKeywordContent() {
    switch (node.NodeType) {
      case ExpressionType.Equal:
        return new BasicElement(keywordMethod(), Value);
      case ExpressionType.NotEqual:
        return new NegationElement(new BasicElement(keywordMethod(), Value));
      default:
        throw new Exception("unreachable");
    }
  }
```

Para determinar o valor, não preciso analisar sintaticamente o valor do nó. Em vez disso, posso enviar a expressão de volta ao sistema C# para que ele a avalie. Isso me permite colocar qualquer C# válido no lado do valor de meus elementos sem precisar lidar com ele em meu código de navegação.

```
class ElementBuilder...
  private object Value {
    get {
      return (null == keywordOfChild(node.Left))
            ? valueOfChild(node.Left)
            : valueOfChild(node.Right);
    }
  }
  private object valueOfChild(Expression node) {
    return Expression.Lambda(node).Compile().DynamicInvoke();
  }
```

As datas são mais complicadas, mas uso a mesma abordagem básica. A palavra-chave IMAP que precisarei depende tanto do método da palavra-chave no nó quanto do valor do operador. Além disso, preciso lançar negações quando precisar delas. Como primeiro passo, crio o método da palavra-chave.

```
class ElementBuilder...
  private ImapQueryElement dateKeywordContent() {
    if ("sent" == keywordMethod())
      return formDateElement("sent");
    else if ("date" == keywordMethod())
      return formDateElement("");
    else throw new Exception("unreachable");
  }
```

Com a palavra-chave de data corretamente tratada, quebrarei as coisas por tipo de operador.

```
class ElementBuilder...
  private ImapQueryElement formDateElement(string prefix) {
    switch (node.NodeType) {
      case ExpressionType.Equal:
        return new BasicElement(prefix + "on", Value);
      case ExpressionType.NotEqual:
        return new NegationElement(new BasicElement(prefix + "on", Value));
      case ExpressionType.GreaterThanOrEqual:
        return new BasicElement(prefix + "since", Value);
      case ExpressionType.GreaterThan:
        return new NegationElement(new BasicElement(prefix + "before", Value));
      case ExpressionType.LessThan:
        return new NegationElement(new BasicElement(prefix + "since", Value));
      case ExpressionType.LessThanOrEqual:
        return new BasicElement(prefix + "before", Value);
      default:
        throw new Exception("unreachable");
    }
  }
```

Note que estou tirando vantagem dos nomes similares das palavras-chave orientadas a datas de IMAP com que estou lidando. Meu primeiro código para isso possuía sentenças de seleção múltipla separadas para cada palavra-chave, mas me dei conta de que o truque do prefixo poderia remover a duplicação. O código é um pouco mais esperto do que eu gostaria, mas penso que vale a pena para evitar duplicação.

43.3.3 Voltando

Isso se soma à implementação da busca IMAP, mas preciso mencionar mais algumas coisas antes de deixar este exemplo.

A primeira questão é uma diferença entre como descrevi o exemplo e como o construí. Ao descrevê-lo, achei mais fácil ver cada parte da implementação separadamente: preencher o *Modelo Semântico (159)* com uma interface comando-consulta, gerando o código IMAP e percorrendo a árvore de análise sintática. Penso que ver separadamente cada aspecto torna-os mais fáceis de entender – é por isso também que o código é separado dessa forma.

Entretanto, não o construí dessa maneira de fato, mas em dois estágios: primeiro, simplesmente forneci suporte para conjunções simples de elementos básicos e, então, adicionei a habilidade de tratar negações. Escrevi o código para todos os elementos na primeira passada e, em seguida, estendi e refatorei cada seção enquanto adicionava as negações. Sempre defendo a construção de software dessa maneira, requisito a requisito, mas não acho que essa seja a melhor maneira de explicar o resultado final. Portanto, não deixe a estrutura do resultado final e a maneira como o expliquei enganarem você, fazendo-o pensar que ele foi construído dessa forma.

A segunda questão que gostaria de compartilhar é que, apesar do fato de que percorrer uma árvore de análise sintática como essa possa levar a um prazer *nerd* de usar partes extravagantes de uma linguagem, eu, na verdade, não construiria uma DSL IMAP dessa maneira. Uma alternativa é uma dose do simples *Encadeamento de Métodos (373)*.

```
class Tester...
  var builder = new ChainingBuilder()
    .subject("entity framework")
    .not.from("@thoughtworks.com")
    .since(threshold);
```

Aqui está toda a implementação que preciso:

```
class ChainingBuilder...
  private readonly ImapQuery content = new ImapQuery();
  private bool currentlyNegating = false;

  public ImapQuery Content {
    get { return content; }
  }
  public ChainingBuilder not {
    get {
      currentlyNegating = true;
      return this; }
  }

  private void addElement(string keyword, object value) {
    ImapQueryElement element = new BasicElement(keyword, value);
    if (currentlyNegating) {
      element = new NegationElement((BasicElement) element);
      currentlyNegating = false;
    }
    content.AddElement(element);
  }
  public ChainingBuilder subject(string s) {
    addElement("subject", s);
    return this;
  }
  public ChainingBuilder since(DateTime t) {
    addElement("since", t);
    return this;
  }
  public ChainingBuilder from(string s) {
    addElement("from", s);
    return this;
  }
```

Não é completamente trivial – incluir a negação me faz usar uma *Variável de Contexto (175)* desajeitada –, mas ainda é pequeno e simples. Preciso adicionar métodos para oferecer suporte a mais palavras-chave, mas elas continuarão sendo simples.

É claro, uma das principais razões de tamanha simplicidade é que a estrutura da DSL interna é mais similar à consulta IMAP. Na verdade, é apenas a consulta IMAP expressa como Encadeamento de Métodos. Sua vantagem em relação ao uso de IMAP se resume ao suporte a IDE. Alguns podem preferir a sintaxe mais parecida com C# que o exemplo de Manipulação de Árvore de Análise Sintática oferece, mas devo admitir que estou mais satisfeito com a versão parecida com IMAP.

Capítulo 44

Tabela de símbolos de classe

Use uma classe e seus campos para implementar uma tabela de símbolos de forma a oferecer suporte ao recurso de autocompletar ciente a tipos em uma linguagem estaticamente tipada.

```
public class SimpleSwitchStateMachine extends StateMachineBuilder {
  Events switchUp, switchDown;
  States on, off;
  protected void defineStateMachine() {
    on.transition(switchDown).to(off);
    off.transition(switchUp).to(on);
  }
}
```

As IDEs modernas fornecem muitos recursos poderosos e atrativos para facilitar a programação. Um recurso particularmente útil é o de autocompletar ciente a tipos. Em minhas IDEs C# e Java, posso digitar o nome de uma variável, digitar ponto e obter uma lista de todos os métodos que estão definidos nesse objeto. Mesmo pessoas como eu, que gosto de linguagens dinamicamente tipadas, precisam admitir que esse é um benefício das linguagens estaticamente tipadas. Quando você está trabalhando em uma DSL interna, não quer abrir mão dessa capacidade de digitar o nome de um símbolo na DSL. Entretanto, as maneiras mais comuns de expressar símbolos DSL são usar strings ou usar um tipo de símbolo predefinido – então, não existe informação de tipo relevante.

A Tabela de Símbolos de Classe permite criar símbolos estaticamente tipados na linguagem hospedeira a partir da definição de cada símbolo como um campo em um *Construtor de Expressões (343)*.

44.1 Como funciona

A base para fazer isso funcionar é escrever seu script DSL dentro de uma única classe *Construtora de Expressões (343)*. O construtor normalmente será uma subclasse de um Construtor de Expressões mais geral, no qual você pode colocar o comportamento necessário para todos os seus scripts. O Construtor de Expressões do script, então, consistirá em um método para o script e campos para os símbolos. Portanto, se você possuir tarefas em sua DSL e precisar definir três delas em seu script, terá uma declaração de campo como a seguinte:

```
Tasks drinkCoffee, makeCoffee, wash;
```

Uma classe chamada Task (tarefa) é, assim como muitas coisas no processamento de DSLs, um nome não convencional. Mais uma vez, a legibilidade da DSL está afetando minhas regras comuns de estilo de código. Ao definir campos dessa forma, posso me referenciar a eles no script DSL como campos; além disso, a IDE oferecerá autocompletar para eles, e o compilador os verificará.

Somente definir os campos, no entanto, não é suficiente. Quando me refiro a um campo no script DSL, ele se refere ao conteúdo do campo, não à definição do campo. Enquanto estou escrevendo código, a IDE está ciente de ambos; mas quando executo o programa, a ligação à definição do campo desaparece, deixando-me somente com o conteúdo do campo. Em uma vida normal, isso não é problema, mas para criar nossa Tabela de Símbolos de Classe precisamos de uma ligação à definição do campo em tempo de execução.

Podemos fornecê-la preenchendo cada campo com um objeto adequando antes de o script ser executado. Uma boa maneira para tal é usar a instância de classe como o script ativo – coloque código no método inicializador para preencher os campos e o script dentro de um método de instância. O conteúdo dos campos são normalmente pequenos Construtores de Expressões que se ligam ao objeto do *Modelo Semântico (159)* subjacente e também contêm o nome do campo para auxiliar nas referências cruzadas. Em termos de uma *Tabela de Símbolos (165)*, o nome do campo age como a chave, e o construtor age como o valor; mas, ocasionalmente, você precisará de outro tipo de acesso às chaves, razão por que é útil para os construtores no campo manter o nome do campo.

O script DSL em geral se referirá ao campo por meio do próprio literal de campo – o que é o objetivo. Para nos referirmos à tarefa wash (lavar), posso simplesmente digitar o nome de campo wash no script DSL. Entretanto, dado que estamos processando o script DSL, precisaremos dos construtores nos campos para referir uns aos outros. Isso algumas vezes envolverá buscar campos por nome, ou iterar por todos os campos de um determinado tipo. Isso exigirá mais truques de códigos, geralmente usando reflexão. Não costuma existir muito disso e, desde que esteja bem encapsulado, não tornará a linguagem muito difícil de processar.

44.2 Quando usar

A principal consequência de usar Tabela de Símbolos de Classe reside no fato de ela fornecer tipagem estática completa de todos os elementos de linguagem da DSL. O grande benefício que isso nos dá é que permite às IDEs usar todas as ferramentas sofisticadas baseadas em tipagem estática – como o autocompletar ciente a tipos. Isso também fornece verificação de tipos em tempo de compilação no script DSL, o que significa muito para muitas pessoas (mas um pouco menos para mim).

Com tal foco nos recursos da IDE, vejo essa técnica como menos poderosa se você não tiver uma IDE que tire proveito dos tipos estáticos. Ela também não traz muitos benefícios para uma linguagem dinamicamente tipada.

A desvantagem desta técnica é que você precisa curvar sua DSL significativamente para se encaixar dentro do sistema de tipos. A classe construtora resultante parece muito estranha; além disso, você precisa colocar seus scripts DSL em um local onde eles possam tirar vantagem dessas facilidades, tal como todos na mesma classe. Essas restrições podem tornar a DSL difícil de ser lida e usada.

Então, para mim, o compromisso fundamental está entre as restrições nos scripts DSL e os benefícios do suporte dado pela IDE. Tornei-me dependente de um bom suporte de IDEs em linguagens nas quais elas estão disponíveis, o que me leva a usar técnicas como essa para ter tais benefícios.

Se você quer esse tipo de suporte estático de tipos, pode obter o que precisa com frequência usando enumerações como símbolos (veja *Tabela de Símbolos (165)* como exemplo).

44.3 Tabela de símbolos de classe estaticamente tipada (Java)

Usei uma Tabela de Símbolos de Classe para o exemplo em Java da introdução, portanto, me parece um bom exemplo para mostrar como isso funciona.

O script DSL está em uma classe específica.

```
public class BasicStateMachine extends StateMachineBuilder {

  Events doorClosed, drawerOpened, lightOn, panelClosed;
  Commands unlockPanel, lockPanel, lockDoor, unlockDoor;
  States idle, active, waitingForLight, waitingForDrawer, unlockedPanel;
  ResetEvents doorOpened;

  protected void defineStateMachine() {
    doorClosed. code("D1CL");
    drawerOpened.code("D2OP");
    lightOn.     code("L1ON");
    panelClosed.code("PNCL");

    doorOpened. code("D1OP");

    unlockPanel.code("PNUL");
```

```
    lockPanel.  code("PNLK");
    lockDoor.   code("D1LK");
    unlockDoor. code("D1UL");

    idle
      .actions(unlockDoor, lockPanel)
      .transition(doorClosed).to(active)
      ;

    active
      .transition(drawerOpened).to(waitingForLight)
      .transition(lightOn).   to(waitingForDrawer)
      ;

    waitingForLight
      .transition(lightOn).to(unlockedPanel)
      ;

    waitingForDrawer
      .transition(drawerOpened).to(unlockedPanel)
      ;

    unlockedPanel
      .actions(unlockPanel, lockDoor)
      .transition(panelClosed).to(idle)
      ;
  }
}
```

O script DSL é hospedado em sua própria classe. O script está em um método, e os campos da classe representam a tabela de símbolos. Configurei as coisas de forma que a classe do script DSL seja uma subclasse de um construtor – dessa forma, posso fazer a superclasse construtora controlar a maneira como o script é executado. (Utilizar uma subclasse dessa forma também me permite usar *Escopo de Objeto (385)*, apesar de não precisar de um aqui.)

```
class StateMachineBuilder...
  public StateMachine build() {
    initializeIdentifiers(Events.class, Commands.class, States.class, ResetEvents.class);
    defineStateMachine();
    return produceStateMachine();
  }
  abstract protected void defineStateMachine();
```

Defino o método público para que execute o script na superclasse; ele executa o código para configurar os campos da Tabela de Símbolos de Classe antes de executar o script. Nesse caso, executar o script DSL realiza uma preparação básica da informação para a máquina de estados, e uma segunda passada produz, de fato, os objetos do *Modelo Semântico (159)*. Então, executar um script possui três estágios distintos: inicializar os identificadores (genérico), executar o script DSL (específico) e, por fim, produzir a máquina de estados modelo (genérica).

Preciso do primeiro passo de inicialização dos identificadores, pois quaisquer referências a um campo no script DSL se refere ao conteúdo do campo em vez de ao campo propriamente dito. Nesse caso, os objetos adequados são objetos identificadores específicos que mantêm o nome do identificador e referem-se ao objeto do modelo subjacente. Essa prática acaba gerando mais bagunça do que gostaria, pois quero escrever código genérico para configurar os identificadores para evitar duplicar código de configuração. Entretanto, nenhum código genérico sabe acerca do tipo específico do identificador que está sendo configurado, logo, precisa determiná-lo dinamicamente.

Felizmente, isso se tornará um pouco mais claro quando olharmos um exemplo – nesse caso, a classe construtora de eventos (Events). A primeira coisa a discutir é o nome da classe. Qualquer livro de estilos sobre programação orientada a objeto sabiamente o aconselhará a evitar nomes de classe no plural, e concordo com essa recomendação. Entretanto, aqui um nome no plural é lido melhor no contexto da DSL, então esse é outro caso de regras de codificação gerais sendo quebradas para fazer um bom script DSL. A nomeação na DSL não altera o fato de que ele é, na verdade, um construtor de eventos, então me referirei a ele como a classe construtora de eventos em meu texto (e de maneira similar em relação a suas classes irmãs).

O construtor de eventos estende uma classe geral de identificador.

```
class Identifier...
  private String name;
  protected StateMachineBuilder builder;

  public Identifier(String name, StateMachineBuilder builder) {
    this.name = name;
    this.builder = builder;
  }
  public String getName() {
    return name;
  }

public class Events extends Identifier {
  private Event event;
  public Events(String name, StateMachineBuilder builder) {
    super(name, builder);
  }
  Event getEvent() {
    return event;
  }
}
```

Existe uma divisão simples de responsabilidades aqui, com a classe do identificador carregando as responsabilidades necessárias para todos os identificadores, e as subclasses carregando o que é necessário para tipos específicos.

Vamos olhar o primeiro passo da execução do script – a inicialização dos identificadores. Como muitas classes identificadoras precisam ser inicializadas, tenho código genérico para realizar isso. Dessa forma, posso fornecer uma lista de classes que são identificadores, e o código inicializará todos os campos dessas classes.

```
class StateMachineBuilder...
  private void initializeIdentifiers(Class... identifierClasses) {
    List<Class> identifierList = Arrays.asList(identifierClasses);
    for (Field f : this.getClass().getDeclaredFields()) {
      try {
        if (identifierList.contains(f.getType())) {
          f.setAccessible(true);
          f.set(this, Identifier.create(f.getType(), f.getName(), this));
        }
      } catch (Exception e) {
        throw new RuntimeException(e);
      }
    }
  }

class Identifier...
  static Identifier create(Class type, String name, StateMachineBuilder builder)
      throws NoSuchMethodException, InvocationTargetException,
             IllegalAccessException, InstantiationException
  {
    Constructor ctor = type.getConstructor(String.class, StateMachineBuilder.class);
    return (Identifier) ctor.newInstance(name, builder);
  }
```

A realização do procedimento dessa forma é mais complicada do que gostaria, mas evita ter de escrever métodos de inicialização duplicados. Essencialmente, olho através de cada campo no objeto do script DSL e, se o tipo do campo for um daqueles que passei como entrada, inicializo-o com um método utilitário estático especial que encontra e chama o construtor correto. Como resultado, uma vez que eu tenha chamado `initializeIdentifiers` (inicializar identificadores), tenho todos esses campos preenchidos com objetos que me auxiliarão a construir a máquina de estados.

O próximo passo é executar o script DSL, que executa construindo objetos intermediários adequados para capturar toda a informação sobre a máquina de estados.

O primeiro passo é definir os códigos para os eventos e os comandos.

```
class Events...
  public void code(String code) {
    event = new Event(getName(), code);
  }
```

Como o código possui todas as informações de que preciso para criar um objeto de evento do modelo, posso criá-lo chamando code (código) e colocando-o dentro do identificador (o construtor de comandos é parecido).

Os construtores de eventos e de comandos são perversamente *Construtores de Expressões (343)* simples. O construtor de estados é um pouco mais que um construtor, pois precisa de diversos passos.

Como um objeto do modelo de estados não é imutável, posso criá-lo no construtor.

```
class States...
  private State content;
  private List<TransitionBuilder> transitions = new ArrayList<TransitionBuilder>();
  private List<Commands> commands = new ArrayList<Commands>();

  public States(String name, StateMachineBuilder builder) {
    super(name, builder);
    content = new State(name);
  }
```

O primeiro comportamento de construção que mostrarei é a criação das ações. O comportamento básico aqui é simples – percorro os identificadores de comandos fornecidos e armazeno-os no construtor de estados.

```
class States...
  public States actions(Commands... identifiers) {
    builder.definingState(this);
    commands.addAll(Arrays.asList(identifiers));
    return this;
  }
```

Se o script DSL sempre definir os códigos antes de definir os estados (como fiz aqui), poderia me poupar de ter de armazenar construtores de comandos no construtor de estados e, em vez disso, colocar os objetos de comando do modelo nos objetos de estado do modelo. Entretanto, isso levaria a erros se eu definisse um estado antes de seus códigos de ação. Usar o construtor como um objeto intermediário me permite trabalhar com qualquer uma dessas formas.

Existem alguns truques aqui. A DSL assume que o primeiro estado mencionado é o estado inicial. Em razão disso, preciso verificar, sempre que iniciar a definição de um estado, se esse é o primeiro estado que defini, e, se for, marcá-lo como o estado inicial. Como é apenas o construtor geral da máquina de estados que pode realmente me dizer se um estado é o primeiro a ser definido, quero que o construtor da máquina tome a decisão acerca da configuração de um estado como o primeiro.

```
class StateMachineBuilder...
  protected void definingState(States identifier) {
    if (null == start) start = identifier.getState();
  }
```

O construtor de estados não precisa chamar o construtor da máquina para dizer que ele está sendo definido, mas ele não deve saber o que o construtor da máquina fará com essa informação, dado que esse é o segredo do construtor da máquina. Então, faço o que é efetivamente uma chamada de notificação de evento a partir do construtor de estados (pois é a única coisa que ele sabe) e deixo o construtor da máquina decidir o que fazer nesse evento. Esse é um bom exemplo da nomeação sendo importante em comunicar o que penso que deveriam ser as responsabilidades e os conhecimentos relativos dos objetos.

A outra coisa que podemos fazer com um construtor de estados é definir uma transição. Como isso requer alguns passos, é um pouco mais complicado. Inicio com o método de transição, que cria um objeto construtor de transição separado.

```
class States...
  public TransitionBuilder transition(Events identifier) {
    builder.definingState(this);
    return new TransitionBuilder(this, identifier);
  }

class TransitionBuilder...
  private Events trigger;
  private States targetState;
  private States source;

  TransitionBuilder(States state, Events trigger) {
    this.trigger = trigger;
    this.source = state;
  }
```

Uma vez que não preciso mencionar o tipo do construtor de transição no script DSL, posso dar a ele um nome mais significativo. Seu único método de construção é a cláusula to (para), que se adiciona à lista de construtores de transição do construtor de estados fonte.

```
class TransitionBuilder...
  public States to(States targetState) {
    this.targetState = targetState;
    source.addTransition(this);
    return source;
  }
```

Esses são os elementos de que preciso para capturar todas as informações específicas no script DSL. Quando o script é executado, tenho uma estrutura de dados de dados intermediários: os construtores são capturados nos campos do próprio objeto do script DSL. Agora preciso percorrer essa estrutura para produzir uma máquina de estados modelo completamente interligada.

```
class StateMachineBuilder...
  private StateMachine produceStateMachine() {
    assert null != start;
    StateMachine result = new StateMachine(start);
    for (States s : getStateIdentifers())
      s.produce();
    produceResetEvents(result);
    return result;
  }
```

A maioria do trabalho aqui está passando por meio de todos os construtores de estado, fazendo-os produzir seus objetos de modelo interligados. Para encontrar todos esses estados, preciso retirar todos esses objetos dos campos da classe do script, então, novamente, uso algum truque reflexivo para encontrar todos os campos do tipo do construtor de estados.

```
class StateMachineBuilder...
  private List<States> getStateIdentifers() {
    return getIdentifiers(States.class);
  }
  private <T extends Identifier> List<T> getIdentifiers(Class<T> klass) {
    List<T> result = new ArrayList<T>();
    for (Field f : this.getClass().getDeclaredFields()) {
      if (f.getType().equals(klass))
        try {
          f.setAccessible(true);
          result.add(((T) f.get(this)));
        } catch (IllegalAccessException e) {
          throw new RuntimeException(e);
        }
    }
    return result;
  }
```

Para produzir seu objeto do modelo, o construtor de estados interliga os comandos e produz suas transições.

```
class States...
  void produce() {
    for (Commands c : commands)
      content.addAction(c.getCommand());
    for (TransitionBuilder t : transitions)
      t.produce();
  }

class TransitionBuilder...
  void produce() {
    source.getState().addTransition(trigger.getEvent(), getTargetState().getState());
  }
```

O último passo é produzir os eventos de reinicialização.

```
class StateMachineBuilder...
  private void produceResetEvents(StateMachine result) {
    result.addResetEvents(getResetEvents());
  }
  private Event[] getResetEvents() {
    List<Event> result = new ArrayList<Event>();
    for (Events identifier : getIdentifiers(ResetEvents.class))
      result.add(identifier.getEvent());
    return result.toArray(new Event[result.size()]);
  }
```

O emprego de uma classe e seus campos como uma tabela de símbolos envolve realmente um pouco de código com diversos truques, mas os benefícios são uma tipagem estática completa e o suporte à IDE. Esse costuma ser um compromisso que vale a pena.

Capítulo 45

Polimento textual

Realize substituições textuais simples antes de um processamento mais sério.

```
3 hours ago => 3.hours.ago
```

As DSLs internas são frequentemente mais fáceis de serem desenvolvidas, em especial se você não está confortável com a análise sintática. Entretanto, as DSLs resultantes contêm artefatos da linguagem hospedeira que podem ser incômodos para a leitura por não programadores.

O Polimento Textual usa uma série de substituições de expressões regulares simples para lapidar algumas coisas.

45.1 Como funciona

O Polimento Textual é uma técnica muito simples. Ela envolve executar uma série de substituições de texto no script DSL antes de ele chegar ao analisador sintático. A situação em que os leitores acham ruim o uso de pontos para chamada a métodos é um exemplo simples. Uma substituição simples de pontos por espaços pode converter 3 hours ago (3 horas atrás) em 3.hours.ago. Padrões mais elaborados podem converter 3% em percentage(3). A saída de um Polimento Textual é uma expressão em uma DSL interna.

Especificar o polimento é uma simples questão de escrever uma sequência de substituições de expressões regulares – as quais a maioria dos ambientes de linguagem suporta. O complicado, é claro, é obter a expressão regular correta de forma que você não acabe tendo substituições indesejadas. Um espaço em uma string entre aspas provavelmente não deve ser convertido em um ponto, mas aquele torna a expressão regular muito mais difícil de escrever.

Tenho visto Polimento Textual mais frequentemente em linguagens dinâmicas, nas quais você pode avaliar o texto em tempo de execução. Aqui a linguagem lê a expressão DSL, faz seu polimento e, então, avalia o código de DSL interna resultante. Você pode, entretanto, alcançar esse resultado com uma linguagem estática. Nesse caso, você executaria o polimento antes de compilar o script DSL – o que, de fato, introduz outro passo no processo de construção.

Embora o Polimento Textual seja, na maioria das vezes, uma técnica de DSL interna, existem alguns casos nos quais ele pode ser útil com DSLs externas. Quando certas coisas são difíceis de serem obtidas com a cadeia comum de análise léxica e sintática, um pré-processamento de Polimento Textual antes da análise léxica pode tornar as coisas mais eficientes. A endentação semântica e as novas linhas semânticas possíveis são exemplos.

Você pode pensar no Polimento Textual como uma aplicação simples de *Macros (183)* textuais, com todos os problemas correspondentes.

45.2 Quando usar

Confesso que tenho cautela com o uso de Polimento Textual; acho que se você usar um pouco, não ajuda muito, e, se você usar muito, ele torna-se bastante complicado, então pode ser melhor usar uma DSL externa. Apesar de a notação básica de substituições repetidas ser simples, é muito fácil cometer equívocos nas expressões regulares.

O Polimento Textual não pode fazer coisa alguma para modificar a estrutura sintática da entrada, então você ainda está vinculado à estrutura sintática básica da linguagem hospedeira. De fato, penso que é importante manter a DSL pré-polida e as expressões da DSL interna resultantes reconhecidamente similares. A DSL interna resultante deve ser tão clara quanto possível para que os programadores a leiam – o polimento é apenas uma conveniência visual para não programadores.

E se você acha que os caracteres de ruído em uma DSL interna são incômodos, uma abordagem alternativa ao Polimento Textual é usar um editor que suporte colorir a sintaxe e configurá-lo para que ele use cores bastante suaves, que praticamente desapareçam no fundo da tela. Dessa maneira, os olhos de um leitor provavelmente os ignorarão. Se você configurar para que a cor seja a mesma do fundo, você faz esses caracteres desaparecerem completamente.

Se você perceber que está fazendo muito polimento, sugiro que explore o uso de uma DSL externa em vez disso. Quando você passar pela curva de aprendizagem de escrever um analisador sintático, você obterá muito mais flexibilidade e será mais fácil manter o analisador sintático do que a sequência de passos de polimento.

45.3 Regras de desconto polidas (Ruby)

Considere uma aplicação que processe regra de descontos para pedidos. Uma regra de desconto simples pode ser descontar 3% se o valor do pedido for superior a $ 30.000. Para capturar essa frase em uma DSL interna Ruby, eu usaria uma expressão como:

```
rule = DiscountBuilder.percent(3).when.minimum(30000).content
```

Não é tão ruim, mas ainda é incômoda para não programadores. Parte desse incômodo eu removo com o uso de escopo de objeto. Se puder colocar as expressões como linhas em um arquivo separado, posso usar `instance_eval` de Ruby (uma forma de *Escopo de Objeto (385)*) para avaliar cada linha.

```
código de processamento...
  input = File.readlines("rules.rb")
  rules = []
  input.each do |line|
    builder = DiscountBuilder.new
    builder.instance_eval(line)
    rules << builder.content if builder.has_rule?
  end
```

Então, meu arquivo de regras teria linhas como a seguinte:

```
percent(3).when.minimum(30000)
```

Com essa técnica, posso também mover a chamada de `content` (conteúdo – o método de término de um *Encadeamento de Métodos (373)*) para o código de processamento, o que o remove da parte visível da DSL. A verificação `builder.has_rule?` (construtor possui regra?) é necessária porque avalia cada linha e, se essa linha for um comentário, não existirá uma regra definida. De maneira similar, se a regra é malformada existirão erros, mas negligenciarei isso para este exemplo.

Isso pode ser bom para os programadores, mas os especialistas em domínio podem preferir uma formulação diferente – algo como:

```
3% if value at least $30000
```

Posso obter essa formulação na DSL acima usando Polimento Textual. O polimento é uma série de substituições textuais.

```
class DiscountRulePolisher...
  def polish aString
    @buffer = aString
    process_percent
    process_value_at_least
    process_if
    replace_spaces
    return @buffer
  end
```

A primeira transformação é converter `3%` em `percent(3)`.

```
class DiscountRulePolisher...
  def process_percent
    @buffer = @buffer.gsub(/\b(\d+)%\s+/, 'percent(\1) ')
  end
```

Essa é a abordagem básica: crie uma expressão regular adequada, satisfaça-a e substitua a expressão pela chamada de que você precisa na DSL interna real.

Nesse exemplo, estou esperando que os vários elementos estejam separados por espaços em branco, assim como eu esperaria quando estivesse analisando lexicamente uma DSL externa. Como resultado, é valioso garantir que todas as expressões regulares possuam expressões de fronteira em ambos os términos. Na maioria dos casos, essa fronteira é \b (fronteira de palavra), mas, ocasionalmente, preciso de algo a mais (como \s+ aqui, dado que "%" não constitui uma fronteira de palavra).

O "ao menos" é tratado da mesma maneira, apesar de isso ser feito por meio de uma expressão regular mais complicada.

```
class DiscountRulePolisher...
  def process_value_at_least
    @buffer = @buffer.gsub(/\bvalue\s+at\s+least\s+\$?(\d+)\b/, 'minimum(\1)')
  end
```

Nossos especialistas em domínio preferem "se" em vez de "quando". Em uma DSL interna não polida, isso é um problema porque if (se) é uma palavra reservada de Ruby, mas o polimento pode corrigi-lo.

```
class DiscountRulePolisher...
  def process_if
    @buffer = @buffer.gsub(/\bif\b/, 'when')
  end
```

Uma alternativa aqui é renomear o método when (quando) para algo como meu_if ou _if. Isso facilita ver a correspondência entre o texto polido e a DSL resultante.

Meu último passo é substituir os espaços por pontos de chamadas a métodos, e o resultado será agora Ruby válido em minha DSL interna.

```
class DiscountRulePolisher...
  def replace_spaces
    @buffer = @buffer.strip.gsub(/ +/, ".")
  end
```

Não parece tão ruim, mas o código é suficiente apenas para processar esse exemplo em particular. Para tratar mais casos, o código terá de ser mais complexo e muito mais feio. Então, nesse caso, ficaria de olho nisso, pronto para buscar uma DSL externa para ser usada em vez do Polimento Textual.

Capítulo 46

Extensão de literal

Adicione métodos aos literais dos programas.

```
42.grams.flour
```

46.1 Como funciona

Literais, como números e strings, na maioria das vezes são um bom ponto de partida para expressões DSL. Tradicionalmente, no entanto, eles são tipos predefinidos com interfaces fixas, então você não tem como estendê-los. Mais linguagens agora permitem adicionar métodos a classes de terceiros usando técnicas como as extensões de C# e as classes abertas de Ruby. Essa capacidade é particularmente útil para DSLs, pois permite que você inicie uma cadeia de métodos por um literal.

Assim como com a maioria das cadeiras, uma decisão importante é usar ou não um *Construtor de Expressões (343)*. Se você não usar um Construtor de Expressões, precisa garantir que todos os tipos intermediários possuem os métodos fluentes apropriados definidos neles. Usar um Construtor de Expressões evita isso, mas você tem que assegurar que pode obtê-los a partir do construtor para o objeto subjacente de uma maneira limpa.

Pegue a expressão 42.grams (42 gramas). Qual deveria ser o seu tipo de retorno? Vejo três opções principais: um número, uma quantidade ou um Construtor de Expressões. Com um número, você geralmente escolhe uma unidade para ser sua unidade canônica, por exemplo: com peso você poderia usar quilogramas. Nesse caso, 42.grams resultaria em 0,042, e 2.oz (2 onças) resultaria em 0,567.

Um ponto a se acompanhar aqui é o que meu colega Neal Ford chama de **transmogrificação de tipo**. A expressão 42.grams inicia com um inteiro, mas termina sendo um ponto flutuante. Isso significa que todos os métodos adicionais na cadeia precisam ser definidos para múltiplos tipos numéricos.

Com uma quantidade, 42.grams é convertida para um objeto de quantidade com uma magnitude de 42 e a unidade gramas. Em geral, prefiro muito mais as quantidades que os números simples para representar valores dimensionados; as quantidades representam melhor minha intenção e também me permitem definir um comportamento eficiente (como me alertar problemas com 42.grams + 35.cm). Infelizmente, quase todas as plataformas de linguagem não possuem uma classe de quantidade predefinida, mas, ao menos, você pode facilmente defini-la com quaisquer métodos fluentes de que precisa. Dado que a magnitude da quantidade é encapsulada, você reduz bastante o problema da transmogrificação de tipo, pois todos os métodos seguintes são definidos na quantidade. Entretanto, a quantidade ainda possui os métodos fluentes, que podem tornar a classe de quantidade mais difícil de entender.

A opção final é usar um Construtor de Expressões, então 42.grams levaria a uma instância do construtor de receitas. Nesse ponto, você pode usar um ou mais Construtores de Expressões e possuir controle completo sobre como o resto da expressão funciona. O problema aqui é que você precisa garantir que o código chamador possa facilmente desempacotar o assunto do construtor. Isso não é problema para uma expressão como:

```
ingredients {
  42.grams.flour
  2.grams.nutmeg
}
```

mas se torna um se você quer uma expressão como 42.grams + 3oz. Tendo a preferir um Construtor de Expressões na maioria das vezes, mas realmente depende do contexto de seu uso.

46.2 Quando usar

As Extensões de Literais tornaram-se uma ilustração popular de como fazer APIs mais fluentes, particularmente por adeptos de linguagens que são capazes disso. A habilidade de adicionar métodos a classes de terceiros não era algo suportado em linguagens OO mais utilizadas (apesar de Smalltalk sempre ter tido essa possibilidade). Pode ajudar bastante na melhoria da fluência, apesar de sempre haver a suspeita de parte do ser o entusiasmo de encontrar um novo brinquedo.

Em alguns ambientes, existe uma preocupação séria em torno de que a adição de métodos dessa forma aos literais incharia a interface dessas classes de literais. Essas Extensões de Literais são apenas necessárias em alguns contextos, então, se elas são atrativas para mais contextos, podem tornar muito mais confusa a interface de uma classe. Se esse for o caso, você precisa pesar a utilidade de Extensões de Literais em relação aos problemas que elas adicionariam ao complicar a interface da classe do literal. Alguns ambientes de linguagem permitem dizer que as Extensões de Literais são vinculadas a um espaço de nomes, o que evita esse problema.

46.3 Ingredientes de receitas (C#)

Sem forçar mais minha criatividade, decidi roubar este exemplo de meu colega Neal Ford, que o está usando em diversos artigos e palestras. É simplesmente uma formulação C# do esboço.

```
var ingredient = 42.Grams().Of("Flour");
```

Para este caso, usarei tipos do domínio em vez de um *Construtor de Expressões (343)*. Inicio adicionando um método Grams (gramas) na classe que representa inteiros.

```
namespace dslOrcas.literalExtension {
  public static class RecipeExtensions {
    public static Quantity Grams(this int arg) {
      return new Quantity(arg, Unit.G);
    }
```

Normalmente, não mostro espaços de nomes em meus exemplos, mas nesse caso é relevante – significa que o método Grams será mostrado apenas se eu estiver no espaço de nomes correto.

Retorno uma quantidade, que é uma ilustração simples do padrão Quantidade.

```
public struct Quantity {
  private double amount;
  private Unit units;
  public Quantity(double amount, Unit units) {
    this.amount = amount;
    this.units = units;
  }
}
public struct Unit {
  public static readonly Unit G = new Unit("g");
  public String name;
  private Unit(string name) {
    this.name = name;
  }
}
```

Apesar de quantidade ser uma classe que estou escrevendo, não acho que o método Of (de) pertença a ela – pois Of é parte de uma DSL para um propósito limitado, enquanto a classe de quantidade poder ser usada como parte de uma biblioteca geral. Então, uso um método de extensão novamente.

```
public static Ingredient Of(this Quantity arg, string substanceName) {
  return new Ingredient(arg, SubstanceRegistry.Obtain(substanceName));
}
```

O código DSL cria objetos de ingredientes.

```
public struct Ingredient {
  Quantity amount;
  Substance substance;
  public Ingredient(Quantity amount, Substance substance) {
    this.amount = amount;
    this.substance = substance;
  }
}
public struct Substance {
  private readonly string name;
  public Substance(string name) {
    this.name = name;
  }
}
```

Uso strings na DSL para nomear os ingredientes, resolvendo-os para objetos com um registro agindo como uma *Tabela de Símbolos (165)*.

```
private static SubstanceRegistry instance = new SubstanceRegistry();
public static void Initialize() { instance = new SubstanceRegistry(); }
private readonly Dictionary<string, Substance>
             values = new Dictionary<string, Substance>();
public static Substance Obtain(string name) {
  if (!instance.values.ContainsKey(name))
    instance.values[name] = new Substance(name);
  return instance.values[name];
}
```

PARTE V

Modelos computacionais alternativos

Capítulo 47

Modelo adaptativo

Organize blocos de código em uma estrutura de dados para implementar um modelo computacional alternativo.

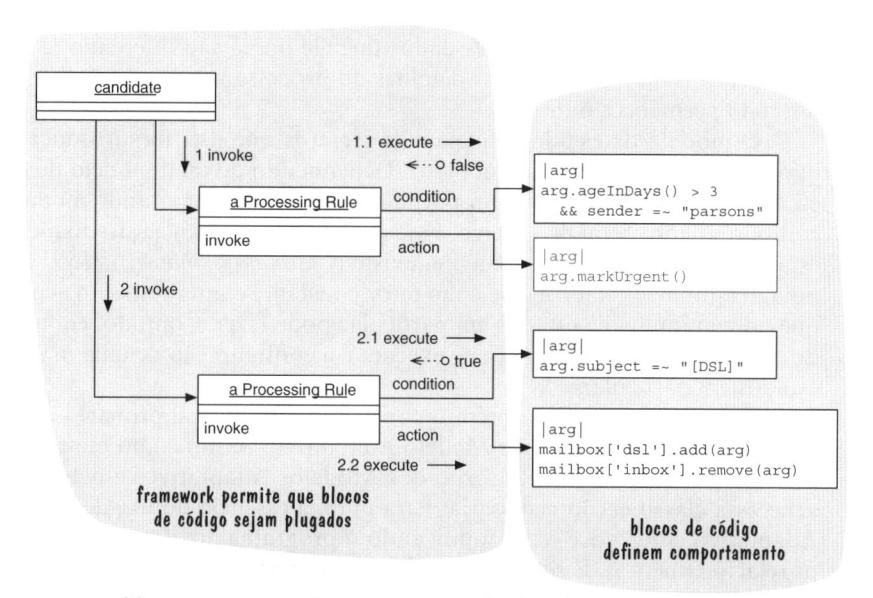

modifica o comportamento do programa por meio da adição de regras às estruturas de dados

As linguagens de programação são projetadas com um modelo computacional em particular em mente. Para as linguagens mais usadas, esse modelo é um modelo imperativo com código organizado em uma maneira orientada a objeto. Essa abordagem é atualmente escolhida porque considera-se que tenha um compromisso adequado entre poder e facilidade de entendimento. Entretanto, esse modelo não é sempre o melhor para um problema em particular. Na verdade, frequentemente o desejo de usar uma DSL vem com um desejo de usar um modelo computacional diferente.

Os modelos adaptativos permitem implementar modelos computacionais alternativos dentro de uma linguagem imperativa. Você faz isso a partir da definição de um modelo no qual as ligações entre elementos representam os relacionamentos comportamentais do modelo computacional. Esse modelo normalmente precisa de referências para seções de código imperativo. Você, então, executa o modelo ou executando código sobre ele (estilo procedural) ou executando código dentro do próprio modelo (estilo orientado a objeto).

47.1 Como funciona

Quando escrevemos sistemas de software, regularmente construímos modelos das porções do mundo com as quais o sistema de software está trabalhando. Um sistema de catálogo captura informações acerca de produtos e de preços; um site de mídias possui notícias, propaganda e etiquetas que descrevem como essas informações são usadas. Esses modelos podem ser estruturas de dados puras (modelos de dados) ou dados compostos com o código que os manipula (modelos de objetos). Porém, em um modelo de objetos, o fluxo de processamento é ditado pelo código. Os dados que ele opera são diferentes, e suas diferenças causam mudanças nos detalhes do processamento, mas o fluxo como um todo permanece o mesmo.

O modelo de estados dos painéis secretos que usei na introdução deste livro é um tipo diferente de monstro. Dependendo de qual modelo de estados eu carregar em um sistema em particular, obtenho uma grande mudança no comportamento geral do sistema. Essencialmente, a instanciação do modelo de estados é o programa. Certamente, existe o *Modelo Semântico (159)* geral de uma máquina de estados; esse é um fator constante e uma restrição acerca de o que uma máquina de estados em particular pode fazer. Contudo, em um sentido bastante real, o programa que executa é a configuração de uma máquina de estados em particular.

Quando um modelo obtém o papel comportamental primário de um sistema, chamo esse modelo de Modelo Adaptativo. Assim como muitas fronteiras em software, aquela em torno dos Modelos Adaptativos é nebulosa, mas acho essa classificação necessária. Para mim, a essência do uso de um Modelo Adaptativo é que você está modificando o programa ao alterar as instâncias e os relacionamentos. Esse senso dissolve as fronteiras entre o código e os dados, e entramos em um mundo com novas possibilidades e novos problemas. Algumas comunidades de software gostam muito desse mundo – a comunidade Lisp é particularmente forte na dualidade de código e de dados –, mas para muitos desenvolvedores é um mundo ao mesmo tempo envolvente e assustador.

Os Modelos Adaptativos existem independentemente das DSLs, pois você pode ter um Modelo Adaptativo em um sistema sem uma DSL em vista e obter a maioria dos seus benefícios. O papel da DSL, aqui, é facilitar a programação do um Modelo Adaptativo fornecendo uma linguagem na qual você pode descrever suas intenções mais claramente. Os exemplos que usei para a diferença entre a API de comando-consulta e as várias DSLs ilustram esse ponto. Uma das questões mais difíceis em se usar um Modelo Adaptativo é descobrir o que ele supostamente faz – uma DSL pode ajudar muito a contornar esse problema.

Meus exemplos neste livro usam modelos de objetos em memória como Modelos Adaptativos, mas os Modelos Adaptativos podem ter muitas formas. Um Modelo Adaptativo pode ser uma estrutura de dados interpretada por código procedural. Um uso comum de Modelo Adaptativo é para armazenar o modelo em uma base de dados e tê-lo interpretado por outras aplicações. Sistemas de fluxo de trabalho frequentemente usam esse estilo.

Quando vejo um Modelo Adaptativo armazenado em uma base de dados, muitas vezes descubro que ele é disponibilizado com um (normalmente primitivo) editor projecional (p. 136), em geral usando formulários e campos para editar o Modelo Adaptativo. Embora ele seja utilizável, existem muitas vantagens em usar, em vez dele, uma DSL. As DSLs são mais qualificadas para dar a visão completa de um comportamento, apesar de técnicas de visualização também poderem fazer isso. Talvez o melhor argumento para uma DSL textual é que ela permite que você coloque facilmente o Modelo Adaptativo em controle de versões. A situação em que comportamentos-chave de um sistema não são mantidos em um sistema de controle de código-fonte apropriado é muito problemática.

Os Modelos Adaptativos são frequentemente representados por estruturas de dados que recebem estruturas de grafos bem conhecidas. Como resultado, você pode encontrar livros-texto sobre algoritmos e estruturas de dados muito úteis ao trabalhar com eles.

47.1.1 Incorporando código imperativo em um modelo adaptativo

Quando criei o exemplo inicial da máquina de estados, deliberadamente o fiz de forma que todos os elementos comportamentais pudessem ser descritos por meio de dados simples. As ações da máquina de estados são simplesmente representadas a partir da transmissão de um código de comando. É comum, no entanto, que os Modelos Adaptativos interajam muito mais fortemente com código imperativo. Em outra máquina de estados, poderíamos querer que as ações desempenhassem uma gama mais ampla de atividades ou colocar condições em minhas transições usando guardas. Aplicar essa técnica dentro do Modelo Adaptativo significaria complicá-lo com uma faixa de expressões imperativas que já tenho em minha linguagem de programação hospedeira. Frequentemente, uma alternativa melhor é embarcar código da linguagem de programação regular na estrutura de dados do Modelo Adaptativo.

Uma regra em um *Sistema de Regras de Produção (513)* é um bom exemplo. Tal regra possui duas partes: uma condição booleana e uma ação. Costuma ser produtivo representá-las na linguagem hospedeira.

A maneira mais natural de fazer isso é com um fecho.

```
rule.Condition = j => j.Start == "BOS";
rule.Action = j => j.Passenger.PostBonusMiles(2000);
```

Os fechos funcionam bem porque permitem embarcar facilmente blocos arbitrários de código em estruturas de dados. Um fecho é a sentença mais direta de minha intenção aqui. O fato de muitas linguagens não o possuírem torna seu uso uma desvantagem. Se esse for o caso com sua linguagem, você precisa recorrer a abordagens alternativas.

Provavelmente a alternativa mais fácil é usar um Comando [GoF]. Para isso, crio pequenos objetos que envolvem um único método. Minha classe de regras, então, usa um para a condição e um para a ação.

```
class RuleWithCommand {
  public RuleCondition Condition { get; set; }
  public RuleAction Action { get; set; }
  public void Run(Journey j) {
    if (Condition.IsSatisfiedBy(j)) Action.Run(j);
  }
}

interface RuleCondition {
  bool IsSatisfiedBy(Journey j);
}

interface RuleAction {
  void Run(Journey j);
}
```

Em seguida posso configurar uma regra em particular criando uma subclasse.

```
var rule = new RuleWithCommand();
rule.Condition = new BostonStart();
rule.Action = new PostTwoThousandBonusMiles();

class BostonStart : RuleCondition {
  public bool IsSatisfiedBy(Journey j) {
    return j.Start == "BOS";
  }
}

class PostTwoThousandBonusMiles : RuleAction {
  public void Run(Journey j) {
    j.Passenger.PostBonusMiles(2000);
  }
}
```

Na maioria das vezes, posso reduzir a quantidade de subclasses que preciso por meio da parametrização dos comandos.

```
var rule = new RuleWithCommand();
rule.Condition = new JourneyStartCondition("BOS");
rule.Action = new PostBonusMiles(2000);

class JourneyStartCondition : RuleCondition {
  readonly string start;
  public JourneyStartCondition(string start) {
    this.start = start;
  }
  public bool IsSatisfiedBy(Journey j) {
    return j.Start == this.start;
  }
}
```

```
class PostBonusMiles : RuleAction {
  readonly int amount;
  public PostBonusMiles(int amount) {
    this.amount = amount;
  }
  public void Run(Journey j) {
    j.Passenger.PostBonusMiles(amount);
  }
}
```

Em uma linguagem sem suporte a fechos, algo assim é normalmente o que eu escolheria.

Outra opção é usar o nome de um método e invocá-lo utilizando reflexão. Não gosto dessa abordagem, pois ela contorna os mecanismos do ambiente subjacente um pouco além do desejável.

Descrevi o uso de comandos como alternativa, e quando você está olhando para eles a partir do ponto de vista de um Modelo Adaptativo, isso é verdadeiro. No entanto, se você está preenchendo o Modelo Adaptativo com uma DSL, então os comandos tornam-se mais atrativos. Em muitas situações, a DSL envolverá casos comuns em parênteses de qualquer forma, o que leva naturalmente a comandos parametrizados. Usar a expressividade completa dos fechos na DSL significa usar fechos ou em uma DSL interna ou em um *Código Estrangeiro (309)* em uma DSL externa. A última abordagem, em particular, é algo que você deve usar apenas raramente.

47.1.2 Ferramentas

Uma DSL é uma ferramenta valiosa para um Modelo Adaptativo, pois permite configurar a instância de um modelo usando uma linguagem de programação que torna seu comportamento mais explícito. Entretanto, uma DSL não é realmente suficiente para trabalhar com um Modelo Adaptativo quando ele se tornar mais complicado. Outras ferramentas vêm ao auxílio.

É muito difícil seguir o que um Modelo Adaptativo está fazendo, pois ele usa um modelo computacional que pouco conhecemos. Como resultado, é particularmente importante usar algum tipo de rastreamento quando estiver executando o modelo. O rastreamento deve capturar como o modelo processa suas entradas, deixando um registro claro de por que ele fez o que fez. Isso ajuda muito a responder à questão: "Por que o programa fez isso?".

Um modelo também pode produzir visualizações alternativas de si próprio, nas quais você diz ao modelo para produzir uma saída descritiva de uma instância de um modelo. Uma descrição gráfica é frequentemente muito útil. Já vi algumas visualizações que ajudam muito, produzidas pelo Graphviz, uma ferramenta para desenhar automaticamente estruturas de grafos compostas de nós e de arcos. A figura do diagrama de estados do sistema de controle dos painéis secretos é um bom exemplo disso. Vários tipos de relatórios que mostram como é o modelo em diferentes perspectivas também podem ser úteis.

Tais visualizações são equivalentes simples das múltiplas projeções de uma bancada de linguagem. Diferentemente dessas projeções, elas não são editáveis – ou então, o custo de torná-las editáveis normalmente é proibitivo. Mas tais visualizações podem, mesmo assim, ser extremamente úteis. Você pode construí-las automaticamente como parte de seu processo de construção e usá--las para verificar seu entendimento de como o modelo é configurado.

47.2 Quando usar

Um Modelo Adaptativo é a chave para usar um modelo computacional alternativo. Usar um Modelo Adaptativo lhe permite construir um motor de processamento para um modelo computacional alternativo, o qual você pode, então, programar para comportamentos específicos. Uma vez que você tenha um Modelo Adaptativo para um *Sistema de Regras de Produção (513)*, pode executar quaisquer conjuntos de regras carregando-as no modelo. Eu normalmente recomendaria que todos modelos computacionais alternativos mencionados neste livro devessem ser implementados com um Modelo Adaptativo.

É claro que essa é uma resposta um tanto superficial – ela levanta a questão de quando você deveria usar um modelo computacional alternativo. Essa é uma decisão qualitativa sobre o que melhor se combina com o seu problema. Não tenho qualquer abordagem rigorosa para tomar essa decisão. Minha melhor sugestão é tentar expressar o comportamento de acordo com um modelo computacional diferente e ver se parece ser mais fácil pensar sobre o problema com esse modelo. Esse exercício frequentemente significa prototipar uma DSL para guiar o modelo, pois o Modelo Adaptativo sozinho pode não fornecer clareza suficiente.

Muitas vezes, isso envolve considerar um modelo computacional comum. Os outros padrões nesta parte do livro dão a você um ponto de partida; se algum deles parece se adequar, então vale a pena tentá-lo. É menos comum descobrir que você quer um modelo computacional inteiramente novo, mas não é impossível. Frequentemente, tal realização pode crescer com a maneira que um framework muda ao longo do tempo. Um framework pode iniciar apenas armazenando dados, mas, à medida que mais comportamentos são adicionados, você pode ver um Modelo Adaptativo começando a se formar.

Os Modelos Adaptativos vêm com uma desvantagem particularmente grande: eles podem ser bastante difíceis de entender. Costumo encontrar casos nos quais os programadores reclamam sobre serem incapazes de entender como um Modelo Adaptativo funciona. É como se um pouco de mágica fosse incorporada ao programa, e muitas pessoas acham esse tipo de mágica um tanto assustadora.

Esse receio vem do fato de que um Modelo Adaptativo resulta em comportamento implícito. Você não pode mais raciocinar sobre o que o programa faz lendo o código. Em vez disso, você precisa olhar um modelo de configuração em particular para ver como o sistema se comporta. Muitos desenvolvedores acham isso muito frustrante. É frequentemente difícil escrever um programa claro que expresse sua intenção, mas agora você precisa decodificá-lo a partir de um modelo de dados que é de difícil navegação. A depuração pode ser um pesadelo. Você pode tornar o trabalho mais fácil produzindo ferramentas para trabalhar com ele, mas, então, você gastará tempo desenvolvendo ferramentas em vez de trabalhando no verdadeiro propósito do sistema que está construindo.

Normalmente, existem algumas pessoas por aí que entendem o Modelo Adaptativo. Elas são grandes fãs dele, e podem ser incrivelmente produtivas ao usá-lo. Todos os outros, entretanto, se mantêm à distância.

Esse fenômeno me deixa com dois corações. Sou o tipo de pessoa que acha os Modelos Adaptativos bastante poderosos. Fico confortável em encontrá-los e em usá-los – e acho que um Modelo Adaptativo bem escolhido pode melhorar muito a produtividade. Contudo, também tenho de reconhecer que eles podem ser um artefato alienígena para a maioria dos desenvolvedores – e, às vezes, você precisa esquecer os ganhos de um Modelo Adaptativo porque não é bom ter uma seção de mágica em um sistema que as pessoas estão com medo de tocar. Se as poucas pessoas que entendem o Modelo Adaptativo continuassem, ninguém seria capaz de manter essa parte do sistema.

Mas tenho esperança de que o uso de DSLs possa aliviar esse problema. Sem uma DSL, é muito difícil programar um Modelo Adaptativo e entender o que ele faz. Uma DSL pode tornar explícito muito desse comportamento implícito ao capturar a configuração do Modelo Adaptativo na forma de uma linguagem. Meu pensamento é que, à medida que as DSLs tornarem-se mais comuns, mais pessoas se sentirão confortáveis com Modelos Adaptativos e, logo, serão capazes de entender os benefícios de produtividade que eles fornecem.

Capítulo 48

Tabela de decisão

Represente uma combinação de sentenças condicionais em um formato tabular.

Cliente preferencial	X	X	S	S	N	N
Pedido prioritário	S	N	S	N	S	N
Pedido internacional	S	S	N	N	N	N
Taxa	150	100	70	50	80	60
Alerta ao representante	S	S	S	N	N	N

As três primeiras linhas representam *condições*; as duas últimas representam *consequências*.

Quando você tem código que compõe diversas sentenças condicionais, pode frequentemente ser difícil acompanhar exatamente quais combinações de condições levam a quais resultados.

Uma Tabela de Decisão melhora o entendimento, representando o grupo de condições como uma tabela, na qual cada coluna mostra o resultado para uma combinação de condições em particular.

48.1 Como funciona

Uma tabela de decisão é dividida em duas seções: condições e consequências. Cada linha de condição indica o estado dessa condição; para uma condição simples com dois valores, cada célula na linha será ou verdadeira ou falsa. Existem quantas colunas na tabela forem necessárias para capturar cada combinação de condições, então para n pares de valores booleanos você terá 2^n colunas.

Cada linha de consequência representa valores de uma única saída da tabela. Cada célula representa o valor que satisfaz as condições na mesma coluna. Então, para o caso do exemplo, se tivermos um pedido doméstico, regular, de um cliente preferencial, a taxa é de $ 50 e não precisamos alertar um representante. Uma Tabela de Decisão precisa apenas de uma única consequência, mas pode tranquilamente aceitar várias.

Como no caso do exemplo, é bastante comum ter uma lógica booleana com três valores, na qual o terceiro valor é "não me importo", indicando que essa coluna é válida para qualquer valor da condição. O uso de valores "não me importo" pode remover muita repetição na tabela, mantendo-a mais compacta.

Uma propriedade valiosa das tabelas de decisão é que você pode determinar se todas as permutações de condições foram capturadas como colunas e, então, indicar permutações que estão faltando para o usuário. Pode muito bem ser possível que algumas condições não possam ocorrer; isso pode ser capturado como uma coluna de erro, ou a semântica da tabela pode permitir colunas ausentes, tratando-as como erros.

Uma tabela pode ficar mais complexa se quisermos introduzir enumerações, faixas numéricas ou casamentos de strings mais arbitrários. Podemos capturar cada um desses casos como um booleano, mas, então, a tabela precisa saber que, se tivermos condições como 100 > x > 50 e 50 >= x, elas não podem ser ambas verdadeiras ao mesmo tempo. De forma alternativa, podemos ter apenas uma coluna de condição simples para o valor de x e permitir que o usuário digite as faixas nas células. A última abordagem é normalmente mais fácil de se trabalhar. Se tivermos valores de condição mais complexos, será mais incômodo de computar todas as permutações e pode ser melhor tratar um caso não casado como um erro.

Como de costume, recomendaria construir um *Modelo Semântico (159)* de Tabela de Decisão separado. Com ambos, você precisará decidir o quanto genéricos serão. Você pode construir um modelo e um analisador sintático para apenas um único caso de Tabela de Decisão. Tal tabela teria suas linhas de condição fixas no código da tabela, com o número e os tipos de suas consequências. Você normalmente ainda quer que os valores de coluna sejam configuráveis, de forma que seja fácil modificar os valores de consequência para cada combinação de condições.

Uma Tabela de Decisão mais genérica permitiria configurar os tipos de condições e de consequências. Cada condição precisaria de uma maneira de indicar o código para executar, de forma a avaliar uma condição (um nome de método ou um fecho). O tipo da entrada e cada consequência seriam necessários para uma linguagem fortemente tipada configurada em tempo de compilação.

Decisões similares são necessárias para o analisador sintático. O analisador sintático poderia ser para uma tabela fixa, mesmo se ela configurasse um Modelo Semântico genérico. Para ser mais flexível, você precisa de algo parecido com uma gramática simples para a estrutura de tabela, de forma que o analisador sintático possa interpretar apropriadamente os dados de entrada.

As Tabelas de Decisão são bastante simples de serem seguidas e, de fato, editadas, logo, são particularmente adequadas para capturar informações de especialistas em domínio. Muitos especialistas em domínio conhecem planilhas, então uma boa tática é permitir que o especialista em domínio edite as tabelas em uma planilha e importe a planilha no sistema. Dependendo do programa de planilha e de sua plataforma, existem muitas maneiras de fazer isso. A mais primitiva delas (mas frequentemente eficaz) é salvar a tabela de decisão em um formato de texto simples, como CSV. Isso costuma funcionar porque a tabela tem valores puros, nenhuma fórmula é necessária. Outras abordagens incluem interoperar com os programas de planilha – por exemplo, iniciando e dialogando com uma instância ativa do Excel. Planilhas como as do Excel possuem suas próprias linguagens de programação, que podem ser programadas para receber, editar e transmitir dados de tabelas de decisão para um programa remoto.

48.2   Quando usar

As Tabelas de Decisão são uma maneira muito eficaz de capturar os resultados de um conjunto de condições que interagem entre si. Elas comunicam bem para programadores e para especialistas em domínio. Sua natureza tabular permite que os especialistas em domínio as manipulem usando ferramentas de planilha familiares. Sua maior desvantagem é que precisam de algum esforço de forma a se configurar as coisas para que elas possam ser editadas e mostradas facilmente, mas esse esforço é normalmente bastante pequeno comparado aos benefícios de comunicação que fornecem.

As Tabelas de Decisão podem tratar apenas de certo grau de complexidade – não mais do que você pode capturar em uma única expressão condicional (se for complexa). Se você precisar combinar múltiplos tipos de condicionais, considere um *Sistema de Regras de Produção (513)*.

48.3   Calculando a taxa para um pedido (C#)

Aqui descreverei uma Tabela de Decisão que pode tratar o exemplo que mostrei no início.

48.3.1   Modelo

O *Modelo Semântico (159)* aqui é uma Tabela de Decisão. Decidi criar, para esse exemplo, uma Tabela de Decisão genérica que pode tratar de qualquer número de condições, cada uma delas com suporte a três valores (verdadeiro, falso e não me importo). Estou usando tipos genéricos de C# para especificar os tipos de entrada e de saída para a Tabela de Decisão. Aqui está a declaração da classe e de seus campos.

```
class DecisionTable <Tin, Tout>{
    readonly List<Condition<Tin>> conditions = new List<Condition<Tin>>();
    readonly List<Column<Tout>> columns = new List<Column<Tout>>();
```

A tabela precisa de dois tipos de configurações: condições e colunas, cada uma das quais com sua própria classe. As condições são parametrizadas com o tipo de entrada; as colunas, com o tipo da saída (consequência). Iniciarei com as condições.

```
class DecisionTable...
  public void AddCondition(string description, Condition<Tin>.TestType test) {
    conditions.Add(new Condition<Tin>(description, test));
  }

public class Condition<T> {
  public delegate bool TestType(T input);
  public string description { get; private set; }
  public TestType Test { get; private set; }
  public Condition(string description, TestType test) {
    this.description = description;
    this.Test = test;
  }
}
```

Isso me permite configurar as condições para a tabela de exemplo com esse código:

```
var decisionTable = new DecisionTable<Order, FeeResult>();
decisionTable.AddCondition("Premium Customer", o => o.Customer.IsPremium);
decisionTable.AddCondition("Priority Order",   o => o.IsPriority);
decisionTable.AddCondition("International Order",  o => o.IsInternational);
```

O tipo de entrada para a tabela de decisão é um pedido. Não entrarei em detalhes, pois trata-se apenas de uma simulação para esse exemplo. A saída é uma classe especial que simplesmente empacota os dados de saída.

```
class FeeResult {
  public int Fee { get; private set; }
  public bool shouldAlertRepresentative { get; private set; }
  public FeeResult(int fee, bool shouldAlertRepresentative) {
    Fee = fee;
    this.shouldAlertRepresentative = shouldAlertRepresentative;
  }
```

A próxima parte da configuração da tabela é capturar os valores das colunas. Mais uma vez, uso uma classe para a coluna.

```
class Column <Tresult> {
  public Tresult Result { get; private set; }
  public readonly ConditionBlock Conditions;
  public Column(ConditionBlock conditions, Tresult result) {
    this.Conditions = conditions;
    this.Result = result;
  }
```

A coluna possui duas partes. O resultado é o tipo que trata as consequências. Esse tipo é a mesma saída que o tipo da saída da própria tabela de decisão. O bloco de condição é uma classe especial que representa uma combinação de valores de condição.

```
class ConditionBlock...
  readonly List<Bool3> content = new List<Bool3>();
  public ConditionBlock(params Bool3[] args) {
    content = new List<Bool3>(args);
  }
```

Fiz uma classe de três valores booleanos* para representar os valores nas condições. Descreverei como elas funcionam posteriormente, mas, no momento, podemos assumir que existem apenas três instâncias legais de Bool3, correspondendo a "verdadeiro", a "falso" e a "não me importo".

Posso configurar as colunas da seguinte forma:

```
decisionTable.AddColumn(new ConditionBlock(Bool3.X, Bool3.T, Bool3.T),
  new FeeResult(150, true));
decisionTable.AddColumn(new ConditionBlock(Bool3.X, Bool3.F, Bool3.T),
  new FeeResult(100, true));
decisionTable.AddColumn(new ConditionBlock(Bool3.T, Bool3.T, Bool3.F),
  new FeeResult(70, true));
decisionTable.AddColumn(new ConditionBlock(Bool3.T, Bool3.F, Bool3.F),
  new FeeResult(50, false));
decisionTable.AddColumn(new ConditionBlock(Bool3.F, Bool3.T, Bool3.F),
  new FeeResult(80, false));
decisionTable.AddColumn(new ConditionBlock(Bool3.F, Bool3.F, Bool3.F),
  new FeeResult(60, false));

class DecisionTable...
  public void AddColumn(ConditionBlock conditionValues, Tout consequences) {
    if (hasConditionBlock(conditionValues)) throw new DuplicateConditionException();
    columns.Add(new Column<Tout>(conditionValues, consequences));
  }
  private bool hasConditionBlock(ConditionBlock block) {
    foreach (var c in columns) if (c.Conditions.Matches(block)) return true;
    return false;
  }
```

Isso descreve como configurar uma tabela de decisão, mas a próxima pergunta é como ela funciona. No cerne da tabela está o valor booleano de três valores. Escrevi polimorficamente, usando uma subclasse diferente para cada valor:

```
public abstract class Bool3 {
  public static readonly Bool3 T = new Bool3True();
  public static readonly Bool3 F = new Bool3False();
  public static readonly Bool3 X = new Bool3DontCare();
  abstract public bool Matches(Bool3 other);

  class Bool3True : Bool3 {
    public override bool Matches(Bool3 other) {
      return other is Bool3True;
    }
  }
}
```

---

* N. de R. T.: Na verdade, são dois valores booleanos ("verdadeiro" e "falso") e um terceiro valor ("não me importo"), dado que na lógica booleana aplica-se um princípio chamado de "Lei do terceiro excluído" que diz, em linhas gerais, que uma expressão booleana pode ser ou verdadeira, ou falsa, não existindo uma terceira alternativa.

```
class Bool3False : Bool3 {
  public override bool Matches(Bool3 other) {
    return other is Bool3False;
  }
}
class Bool3DontCare : Bool3 {
  public override bool Matches(Bool3 other) {
    return true;
  }
}
```

Um único Bool3 possui um método de casamento (Matches) que o compara com outro valor. De maneira similar, o bloco condicional compara sua lista de objetos do tipo Bool3 com outro bloco condicional.

```
class ConditionBlock...
  public bool Matches(ConditionBlock other) {
    if (content.Count != other.content.Count)
      throw new ArgumentException("Conditon Blocks must be same size");
    for (int i = 0; i < content.Count(); i++)
      if (!content[i].Matches(other.content[i])) return false;
    return true;
  }
```

Esse método é um método de "casamento", não um método de "igualdade", pois ele não é simétrico (isso significa que Bool3.X.Matches(Bool3.T), mas não vice-versa).

O casamento de blocos condicionais é o mecanismo central. Agora, uma vez que eu tenha uma tabela de decisão configurada, posso executá-la em um pedido em particular para obter uma taxa como resultado.

```
class DecisionTable...
  public Tout Run(Tin arg) {
    var conditionValues = calculateConditionValues(arg);
    foreach (var c in columns) {
      if (c.Conditions.Matches(conditionValues)) return c.Result;
    }
    throw new MissingConditionPermutationException(conditionValues);
  }
  private ConditionBlock calculateConditionValues(Tin arg) {
    var result = new List<bool>();
    foreach (Condition<Tin> c in conditions) {
      result.Add(c.Test(arg));
    }
    return new ConditionBlock(result);
  }
```

Com isso, podemos ver como o modelo da tabela de decisão é configurado e como é executado. Contudo, antes de nos movermos para o analisador sintático, penso que vale a pena mostrar o código que a tabela de decisão pode usar para garantir que ela possua uma coluna para satisfazer cada permutação de condições.

O nível mais alto desse código é bastante direto. Escrevo uma função para encontrar quaisquer permutações ausentes, gerando cada uma das permutações possíveis para um dado número de condições e verificando se ela é casada pelas colunas.

```
class DecisionTable...
  public bool HasCompletePermutations() {
    return missingPermuations().Count == 0;
  }
  public List<ConditionBlock> missingPermuations() {
    var result = new List<ConditionBlock>();
    foreach (var permutation in allPermutations(conditions.Count))
      if (!hasConditionBlock(permutation)) result.Add(permutation);
    return result;
  }
```

Isso levanta a questão de como gerar todas as permutações. Acho mais fácil fazer isso em um array bidimensional e, então, pegar cada coluna do array como uma permutação.

```
class DecisionTable...
  private List<ConditionBlock> allPermutations(int size) {
    bool[,] matrix = matrixOfAllPermutations(size);
    var result = new List<ConditionBlock>();
    for (int col = 0; col < matrix.GetLength(1); col++) {
      var row = new List<bool>();
      for (int r = 0; r < size; r++) row.Add(matrix[r, col]);
      result.Add(new ConditionBlock(row));
    }
    return result;
  }
  private bool[,] matrixOfAllPermutations(int size) {
    var result = new bool[size, (int)Math.Pow(2, size)];
    for (int row = 0; row < size; row++)
      fillRow(result, row);
    return result;
  }
  private void fillRow(bool[,] result, int row) {
    var size = result.GetLongLength(1);
    var runSize = (int)Math.Pow(2, row);
    int column = 0;
    while (column < size) {
      for (int i = 0; i < runSize; i++) {
        result[row, column++] = true;
      }
      for (int i = 0; i < runSize; i++) {
        result[row, column++] = false;
      }
    }
  }
```

O código para gerar as permutações é mais complicado do que eu gostaria, mas pareceu mais fácil escrever uma estrutura de dados do tipo array. Em situações como essa, me agrada usar a estrutura de dados que facilita a escrita de algum código e, então, transformo o resultado na estrutura de dados que na verdade quero consumir. Ele me lembra de meus dias de engenharia, quando você tinha um problema que era difícil de resolver em seu sistema de coordenadas regular; você transformava o problema em um sistema de coordenadas que tornava mais fácil resolver o problema, resolvia-o e, então, transformava de volta ao sistema de coordenadas original.

48.3.2 O analisador sintático

Quando estamos trabalhando com um formato tabular como esse, frequentemente a melhor forma de editor é uma planilha. Existem muitas maneiras de obter dados de uma planilha em um programa C#, e não tentarei descrevê-las aqui. Em vez disso, escreverei o analisador sintático para operar em uma interface simples para uma tabela.

```
interface ITable {
  string cell(int row, int col);
  int RowCount {get;}
  int ColumnCount {get;}
}
```

Analisarei sintaticamente a tabela no espírito da *Tradução Dirigida por Delimitadores (201)*, mas usando linhas e colunas em vez de um fluxo de *tokens* separados por delimitadores.

Para o modelo, escrevi uma tabela de decisão genérica que poderia usar com qualquer tabela de três valores booleanos. Para o analisador sintático, entretanto, escreverei um especificamente projetado para esta tabela. É possível escrever um analisador sintático geral de tabela e configurá-lo para este caso, mas pensei em deixar isso como exercício para você fazer em alguma noite fria de inverno.

A estrutura básica do analisador sintático é um objeto comando que recebe uma ITable (interface de Tabela) como entrada e retorna uma tabela de decisão como saída.

```
class TableParser...
  private readonly DecisionTable<Order, FeeResult>
                  result = new DecisionTable<Order, FeeResult>();
  private readonly ITable input;
  public TableParser(ITable input) {
    this.input = input;
  }
  public DecisionTable<Order, FeeResult> Run() {
    loadConditions();
    loadColumns();
    return result;
  }
```

Como é meu hábito com objetos comando, forneço os parâmetros para o comando no construtor e uso um método de execução para fazer o serviço.

O primeiro passo é carregar as condições.

```
class TableParser...
  private void loadConditions() {
    result.AddCondition("Premium Customer", (o) => o.Customer.IsPremium);
    result.AddCondition("Priority Order", (o) => o.IsPriority);
    result.AddCondition("International Order", (o) => o.IsInternational);
    checkConditionNames();
  }
```

Um problema em potencial aqui é a possibilidade de tabela reordenar as condições ou modificá-las sem atualizar o analisador sintático. Então, faço uma verificação simples nos nomes das condições.

```
class TableParser...
  private void checkConditionNames() {
    for (int i = 0; i < result.ConditionNames.Count; i++)
      checkRowName(i, result.ConditionNames[i]);
  }
  private void checkRowName(int row, string name) {
    if (input.cell(row, 0) != name) throw new ArgumentException("wrong row name");
  }
```

Carregar as condições não retira quaisquer dados da tabela, além de verificar os nomes das condições. O propósito principal da tabela é fornecer as condições e as consequências para cada coluna, o que carregarei no próximo passo.

```
class TableParser...
  private void loadColumns() {
    for (int col = 1; col < input.ColumnCount; col++ ) {
      var conditions = new ConditionBlock(
        Bool3.parse(input.cell(0, col)),
        Bool3.parse(input.cell(1, col)),
        Bool3.parse(input.cell(2, col)));
      var consequences = new FeeResult(
        Int32.Parse(input.cell(3, col)),
        parseBoolean(input.cell(4, col))
        );
      result.AddColumn( conditions, consequences);
    }
  }
```

Assim como escolher as células corretas da tabela de entrada, também preciso analisar sintaticamente as strings nos valores apropriados.

```
class Bool3...
  public static Bool3 parse (string s) {
    if (s.ToUpper() == "Y") return T;
    if (s.ToUpper() == "N") return F;
    if (s.ToUpper() == "X") return X;
    throw new ArgumentException(
      String.Format("cannot turn <{0}> into Bool3", s));
  }

class TableParser...
  private bool parseBoolean(string arg) {
    if (arg.ToUpper() == "Y") return true;
    if (arg.ToUpper() == "N") return false;
    throw new ArgumentException(
      String.Format("unable to parse <{0}> as boolean", arg));
  }
```

Capítulo 49

Rede de dependências

Uma lista de tarefas ligada por relacionamentos de dependência. Para executar uma tarefa, você invoca suas dependências, executando essas tarefas como pré-requisitos.

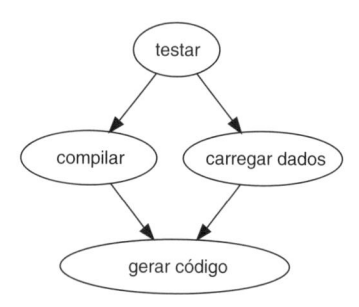

```
        testar
        /    \
       /      \
   compilar  carregar dados
       \      /
        \    /
     gerar código
```

Construir um sistema de software é uma tarefa comumente difícil para os desenvolvedores de software. Em diversos pontos, existem várias coisas que você pode querer fazer: apenas compilar o programa ou executar testes. Se você quiser executar os testes, precisaria se certificar de que sua compilação está, em primeiro lugar, atualizada. Para compilar, você precisaria se assegurar de que fez geração de código.

Uma Rede de Dependências organiza funcionalidades em um grafo acíclico dirigido (DAG – do inglês: *Directed Acyclic Graph*) de tarefas e de suas dependências em relação a outras tarefas. No caso acima, diríamos que a tarefa de testes é dependente da tarefa de compilação, e a tarefa de compilação é dependente da tarefa de geração de código. Quando você requisita uma tarefa, primeiro encontramos quaisquer tarefas de que ela depende e nos certificamos de que elas sejam executadas primeiro, se necessário. Podemos navegar por meio de uma rede de dependências para assegurar que todas as tarefas pré-requisitos necessárias para a tarefa requisitada sejam executadas. Podemos, também, garantir que, mesmo se uma tarefa aparecer mais de uma vez por meio de diferentes caminhos de dependência, ela ainda seria executada apenas uma vez.

49.1 Como funciona

No exemplo de abertura anterior, apresentei uma descrição **orientada a tarefa**, na qual a rede é um conjunto de tarefas com dependências entre elas. Uma maneira alternativa é um estilo **orientado a produto**, no qual focamos nos produtos que queremos criar e nas dependências entre eles. Ilustrarei a diferença considerando o caso no qual conduzimos uma construção ao fazermos alguma geração de código e, então, uma compilação. Na abordagem orientada a tarefas, diríamos que temos uma tarefa de geração de código e uma tarefa de compilação, com a tarefa de compilação dependendo da tarefa de geração de código. No estilo orientado a produtos, diríamos que temos um executável que é criado por um processo de compilação e alguns arquivos-fonte gerados criados por geração de código. Então, elencamos as dependências dizendo que os arquivos-fonte com código gerado são um pré-requisito para construir o executável. A diferença entre esses dois estilos pode ser muito sutil no momento, mas, felizmente, se tornará mais clara à medida que eu continuar.

Uma rede de dependências é executada a partir de uma requisição na qual ou executamos uma tarefa (orientada a processo) ou construímos um produto (orientada a produto). Normalmente, nos referimos a esse produto ou a essa tarefa requerida como o **alvo**. O sistema, então, encontra todos os pré-requisitos do alvo e continua encontrando os pré-requisitos dos pré-requisitos dos ... até que se tenha uma lista completa de todos os pré-requisitos transitivos que precisam ser executados ou construídos. Ele invoca cada tarefa, usando os relacionamentos de dependência para garantir que nenhuma seja invocada antes de seus pré-requisitos. Uma propriedade importante disso é que nenhuma é invocada mais de uma vez, mesmo se o percurso na rede significar que você passe pelo mesmo item diversas vezes.

Para falar sobre esse assunto, introduzirei um exemplo um pouco maior, que também me permitirá fugir do onipresente exemplo de construção de software. Vamos considerar um recurso de produção de poções mágicas. Cada poção possui ingredientes, que são substâncias que frequentemente precisam ser feitas a partir de outras substâncias. Então, de forma a criar uma poção da saúde, precisamos de água clarificada e de essência de polvo (estou ignorando as quantidades aqui). Para criar a essência de polvo, precisamos de um polvo e de água clarificada. Para criar a água clarificada, precisamos de vidro dessecado. Podemos definir as ligações entre esses produtos (estou usando uma abordagem orientada a produto aqui) como uma série de dependências:

- `healthPotion => clarifiedWater, octopusEssence`
- `octopusEssence => clarifiedWater, octopus`
- `clarifedWater => dessicatedGlass`

Nesse caso, queremos garantir que a tarefa para produzir água clarificada seja executada apenas uma vez quando requerermos uma poção da saúde – mesmo que existam múltiplas dependências especificadas.

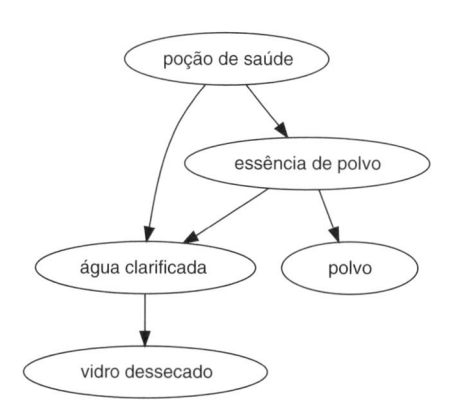

Figura 49.1 *Grafo mostrando as ligações de dependências entre substâncias necessárias para uma poção da saúde.*

É frequentemente fácil pensar em coisas físicas dessa maneira – por exemplo, considere o produto "água clarificada" como algo que cabe em um balde de metal. A mesma noção, no entanto, também faz sentido para produtos de informação. Nesse caso, podemos construir um plano de produção que inclui informações sobre o que é necessário para produzir cada substância. Não queremos criar um plano de produção para a água clarificada a menos que precisássemos fazê-lo – são muitos recursos computacionais quando você está executando seus programas em um autoábaco movido a hamsters.

Com as redes de dependência, existem dois erros principais que podem aparecer. O mais sério é **esquecer um pré-requisito** – algo que teríamos de ter estabelecido, mas não o fizemos. Esse é um erro sério que pode resultar em uma resposta errônea; é também algo nefasto, pois pode ser difícil de identificar – tudo parece funcionar corretamente, mas os dados estão todos errados porque esquecemos um pré-requisito. O outro erro é uma **construção desnecessária**, como calcular o plano de produção para água clarificada duas vezes. Na maioria dos casos, isso apenas resulta em uma execução mais lenta, dado que as tarefas são frequentemente idempotentes. Isso pode causar erros mais sérios se elas não forem.

Uma característica comum de uma Rede de Dependências, particularmente no caso orientado a produto, é que cada produto tem um acompanhamento de quando foi atualizado pela última vez. Isso pode auxiliar a reduzir ainda mais as construções desnecessárias. Quando requisitamos que um produto seja construído, ele apenas na verdade executa o processo se a data da última modificação do produto de saída for anterior à de quaisquer pré-requisitos. Para isso funcionar, os pré-requisitos precisam ser invocados primeiro, de forma que possam ser reconstruídos se necessário.

Estou fazendo uma distinção aqui entre *invocar* uma tarefa e *executá-la*. Cada pré-requisito transitivo é invocado, mas um pré-requisito é apenas executado se ele for necessário. Então, se invocamos `octopusEssence` (essência de polvo), ela invoca `octopus` (polvo) e `clarifiedWater` (água clarificada) – que, por sua vez, invoca `dessicatedGlass` (vidro dessecado). Uma vez que todas as invocações tenham terminado, `octopusEssence` compara as datas da última modificação dos planos de produção de clarifiedWater e de octopus e apenas se executa se ambos os pré-requisitos são posteriores à data da última modificação do plano de produção de octopusEssence.

Em uma rede orientada a tarefa, frequentemente não usamos as datas de última modificação. Em vez disso, cada tarefa acompanha se já tiver sido executada durante a requisição do alvo atual e apenas executa na primeira invocação.

O fato de ser mais fácil trabalhar com datas de última modificação persistentes é uma forte razão para preferir o estilo orientado a produto que o orientado a tarefa. Você pode usar a informação da última modificação em um sistema orientado a tarefas, mas, para tal, cada tarefa precisa conseguir tratar por si só essa responsabilidade. Usar orientação a produto com datas de última modificação permite que a rede decida sobre a execução. Essa capacidade não é gratuita; ela apenas funciona se a saída for sempre a mesma e se nenhum dos pré-requisitos mudar. Logo, tudo que pode alterar a saída precisa ser declarado nos pré-requisitos.

A distinção entre tarefa/produto aparece em sistemas de automação de construções. O comando tradicional Make do Unix é orientado a produto (os produtos são arquivos), enquanto o sistema Ant de Java é orientado a tarefa. Um problema em potencial com sistemas orientados a produto é que eles não são sempre naturalmente produtos. A execução de testes é um bom exemplo disso. Nesse caso, você precisa criar algo como um relatório de testes para acompanhar as coisas. Algumas vezes, as saídas estão lá apenas para se encaixarem com o sistema de dependências; um bom exemplo de tal pseudossaída é um arquivo de toque – um arquivo vazio que apenas está lá por causa de sua data de última alteração.

49.2 Quando usar

Uma Rede de Dependências funciona para problemas nos quais você pode dividir a computação em tarefas com entradas e saídas bem definidas. A habilidade de uma Rede de Dependências de executar apenas as tarefas que são necessárias torna-a adequada para tarefas intensivas em termos de recursos ou tarefas que precisam de um esforço para serem feitas – como operações remotas.

Como com qualquer modelo alternativo, as Redes de Dependências costumam ser complicadas de serem depuradas quando as coisas não funcionam adequadamente. Então, é importante gravar as invocações e as execuções de forma que você possa ver o que está acontecendo. Aliado ao desejo de apenas executar quando necessário, isso me leva a recomendar a preferência por tarefas relativamente grosseiras para a rede.

49.3 Analisando poções (C#)

Não é frequente você ver exemplos da manufatura de poções mágicas em textos sobre software, então pensei que era a hora de lançar alguma luz sobre os desafios de negócios de tal empreendimento. Meus especialistas em domínio dizem-me que no mundo altamente competitivo da manufatura de poções, existem modificações regulares nas receitas. Isso leva a um problema, pois há várias análises que precisam ser feitas para que as poções mantenham um controle de qualidade, mas essas análises são caras e consomem tempo; em vez disso, você apenas refaz a análise sempre que modificar uma receita. Além disso, cada substância na cadeia de manufatura pode causar mudanças às características mais à frente no fluxo, então, se analiso uma substância acima no fluxo, preciso garantir que tenho análises atualizadas sobre todas as substâncias abaixo no fluxo que usam sua saída.

Vamos pegar o exemplo de uma poção básica da saúde. Sua entrada inclui água clarificada, que possui como entrada vidro dessecado. Se preciso analisar o Perfil de MacGuffin para uma receita de poção da saúde, preciso ver o perfil para sua entrada (a água clarificada). Se ainda estou na mesma receita de água clarificada que usei na semana passada, então não preciso refazer a análise da água clarificada. Entretanto, se a receita para o vidro dessecado mudou desde que a analisei pela última vez, então precisarei refazer todo o trabalho.

Essa é uma Rede de Dependências. Cada substância possui suas entradas como pré-requisitos para determinar seu perfil. Se quaisquer pré-requisitos de uma substância possuem um perfil desatualizado, precisamos reanalisar seu perfil primeiro e, então, reanalisar o perfil da substância requisitada.

Examinarei a especificação dessa Rede de Dependências como uma DSL interna em C#. Aqui está o script de exemplo:

```
class Script : SubstanceCatalogBuilder {
  Substances octopusEssence, clarifiedWater, octopus, dessicatedGlass, healthPotion;
  override protected void doBuild() {
    healthPotion
      .Needs(octopusEssence, clarifiedWater);

    octopusEssence
      .Needs(clarifiedWater, octopus);

    clarifiedWater
      .Needs(dessicatedGlass);
  }
}
```

O script usa *Escopo de Objeto (385)* e *Tabela de Símbolos de Classe (467)*. Falarei sobre análise sintática posteriormente; mas, primeiro, vamos dar uma olhada no *Modelo Semântico (159)*.

49.3.1 Modelo semântico

A estrutura de dados do *Modelo Semântico (159)* é simples: uma estrutura de grafo de substâncias.

```
class Substance...
  public string Name { get; set; }
  private readonly List<Substance> inputs = new List<Substance>();
  private MacGuffinProfile profile;
  private Recipe recipe;

  public void AddInput(Substance s) {
    inputs.Add(s);
  }
```

Cada substância possui uma receita e um perfil de MacGuffin. Tudo o que realmente precisamos saber é que elas possuem uma data. (Se eu lhe disser mais, assassinato seria apenas o início do que teria de fazer com você.)

```
class MacGuffinProfile...
  public DateTime TimeStamp {get;  private set;}
  public MacGuffinProfile(DateTime timeStamp) {
    TimeStamp = timeStamp;
  }

class Recipe...
  public DateTime TimeStamp { get; private set; }
  public Recipe(DateTime timeStamp) {
    TimeStamp = timeStamp;
  }
```

O comportamento da Rede de Dependências ocorre sempre que eu solicitar o perfil. Primeiro, a invocação é passada de volta com as entradas, de forma que cada entrada transitiva para a substância seja invocada. Então, cada uma delas verifica se não está desatualizada e recalcula, caso necessário.

```
class Substance...
  public MacGuffinProfile Profile {
    get {
      invokeProfileCalculation();
      return profile;
    }
  }
  private void invokeProfileCalculation() {
    foreach (var i in inputs) i.invokeProfileCalculation();
    if (IsOutOfDate)
      profile = profilingService.CalculateProfile(this);
  }
```

Ao chamar invoke (invocar) em suas entradas antes de fazer sua própria verificação, garanto que cada substância de entrada está atualizada antes de verificar a si própria. Se uma substância aparece mais de uma vez na cadeia de entradas, ela será invocada múltiplas vezes, mas apenas calculará seu perfil uma única vez. Isso é essencial, pois a chamada ao serviço de perfil é cara, particularmente para os hamsters.

A verificação para saber se está atualizado depende de valores de data e hora dos perfis e das receitas.

```
class Substance...
  private bool IsOutOfDate {
    get {
      if (null == profile) return true;
      return
        profile.TimeStamp < recipe.TimeStamp
          || inputs.Any(input => input.wasUpdatedAfter(profile.TimeStamp));
    }
  }
  private bool wasUpdatedAfter(DateTime d) {
    return profile.TimeStamp > d;
  }
```

49.3.2   O analisador sintático

O analisador sintático é uma forma direta de uma *Tabela de Símbolos de Classe (467)*. Aqui está o script novamente:

```
class Script : SubstanceCatalogBuilder {
  Substances octopusEssence, clarifiedWater, octopus, dessicatedGlass, healthPotion;
  override protected void doBuild() {
    healthPotion
      .Needs(octopusEssence, clarifiedWater);

    octopusEssence
      .Needs(clarifiedWater, octopus);

    clarifiedWater
      .Needs(dessicatedGlass);
  }
```

O script está contido em uma classe. Os campos na classe são substâncias variadas. Uso *Escopo de Objeto (385)* para permitir que a classe do script faça chamadas a funções simples. A classe pai conduz a construção, retornando uma lista de substâncias.

```
class SubstanceCatalogBuilder...
  public List<Substance> Build() {
    InitializeSubstanceBuilders();
    doBuild();
    return SubstanceFields.ConvertAll(f => ((Substances) f.GetValue(this)).Value);
  }
  protected abstract void doBuild();
```

O primeiro passo na construção é preencher os campos com instâncias dos construtores de substâncias. Os construtores de substâncias possuem o nome estranho de Substances (substâncias), de forma que a DSL seja lida melhor.

```
class SubstanceCatalogBuilder...
  private void InitializeSubstanceBuilders() {
    foreach (var f in SubstanceFields)
      f.SetValue(this, new Substances(f.Name, this));
  }
  private List<FieldInfo> SubstanceFields {
    get {
      var fields = GetType().GetFields(BindingFlags.Instance | BindingFlags.NonPublic);
      return Array.FindAll(fields, f => f.FieldType == typeof (Substances)).ToList();
    }
  }
```

Cada construtor de substâncias mantém uma substância e os métodos fluentes para preenchê-la. Nesse caso, as propriedades da substância são de leitura-escrita, então posso construir os valores enquanto realizo a construção.

Capítulo 50
Sistema de regras de produção

Organize a lógica a partir de um conjunto de regras de produção, cada uma delas tendo uma condição e uma ação.

```
if
  candidate is of good stock
  and
  candidate is a productive member of society
then
  candidate is worthy of an interview

if
  candidate's father is a member
then
  candidate is of good stock

if
  candidate is English
  and
  candidate makes ten thousand a year
then
   candidate is a productive member of society
```

Existem muitas situações que são mais facilmente pensadas como um conjunto de testes condicionais. Se você está validando alguns dados, pode pensar em cada validação como uma condição na qual você lança um erro se a condição for falsa. Ser qualificado para alguma vaga de emprego pode frequentemente ser pensado como uma cadeia de condições, na qual você é qualificado se você consegue satisfazer toda a cadeia. Diagnosticar uma falha pode ser pensado como uma série de questões, com cada questão levando a novas questões e, com sorte, à identificação da raiz da falha.

O modelo computacional de Sistema de Regras de Produção modela a noção de um conjunto de regras, no qual cada regra possui uma condição e uma ação de consequência. O sistema executa as regras nos dados que ele possui por meio de uma série de ciclos, em que cada ciclo identifica as regras cujas condições são satisfeitas e, então, executa as ações das regras. Um Sistema de Regras de Produção está normalmente no cerne de um sistema especialista.

50.1 Como funciona

A estrutura básica das regras em um Sistema de Regras de Produção é bastante simples. Você possui um conjunto de regras no qual cada regra possui uma condição e uma ação. A condição é uma expressão booleana. A ação pode ser qualquer coisa, mas pode ser limitada dependendo do contexto do Sistema de Regras de Produção. Por exemplo, se seu Sistema de Regras de Produção está fazendo apenas validação, então suas ações podem apenas ser o lançamento de erros, logo cada ação pode especificar qual erro deve ser levantado e que dados devem ser fornecidos ao erro.

A parte mais complexa de um Sistema de Regras de Produção é decidir como executar as regras. Implementar sistemas especialistas de um modo geral pode ser bastante complicado, e é por isso que uma comunidade inteira de sistemas especialistas e um mercado de ferramentas se desenvolveram. Como é frequentemente o caso, entretanto, o fato de um Sistema de Regras de Produção geral ser muito complicado não significa que você não possa construir um Sistema de Regras de Produção simples para casos limitados.

Um Sistema de Regras de Produção normalmente coloca todo o controle da execução de regras em um único componente, em geral chamado de **motor de regras, motor de inferência** ou **escalonador**. Um motor de regras simples opera em uma série de ciclos de inferência. O ciclo inicia executando todas as condições das regras disponíveis. Cada regra cuja condição retornar verdadeira é dita **ativada**. O motor mantém uma lista de regras ativadas, chamada de **agenda**. Quando o motor termina a verificação das condições das regras, ele busca as regras na agenda com a intenção de executar as ações dessas regras. Executar a ação de uma regra chama-se **disparar** a regra.

A sequência na qual as regras são disparadas pode ser determinada de diferentes maneiras. A abordagem mais simples é disparar as regras em uma sequência arbitrária. Nesse caso, a maneira como as regras são escritas não determina a sequência de disparo – o que pode ajudar a manter a computação simples. Outra abordagem é sempre disparar as regras na ordem em que elas foram definidas no sistema. As regras de filtro de um sistema de emails é um bom exemplo disso. Você define seus filtros especificamente de forma que o primeiro que seja satisfeito processará o email, e quaisquer regras que poderiam ser satisfeitas posteriormente não são disparadas.

Outra abordagem de sequência é definir as regras com uma prioridade, em círculos de sistemas especialistas frequentemente chamados de **saliência**. Nesse caso, o motor de regras selecionará a regra com a maior prioridade na agenda para disparar primeiro. Usar prioridades é frequentemente considerado um problema; se você perceber que está usando muitas prioridades, deve reconsiderar se um Sistema de Regras de Produção é o modelo computacional apropriado para seu problema.

Outra variação em um motor de regras é verificar as regras para ativação após cada regra ser disparada ou disparar todas as regras na agenda antes da reverificação. Dependendo de como as regras são estruturadas, o comportamento do sistema pode ser afetado.

Quando você olha uma base de regras, frequentemente encontra grupos diferentes de regras, com cada grupo sendo uma parte lógica do problema como um todo. Nesse caso, faz sentido dividir as regras em **conjuntos de regras** separados e os avaliar em uma ordem em particular. Então, dadas algumas regras para fazer validação básica de dados e outras que determinam qualificação, você pode escolher executar o conjunto de regras de validação primeiro e, apenas se não existirem erros, executar o conjunto de regras de qualificação.

50.1.1 Encadeamento

O caso comum de uma série de regras de validação é o tipo mais simples de Sistema de Regras de Produção. Nesse caso, você varre todas as regras, e aquelas que são disparadas adicionam um erro ou um aviso para alguma forma de registro ou de *Notificação (193)*. Um ciclo de ativação e disparo é suficiente, pois as ações das regras não modificam o estado dos dados com os quais o Sistema de Regras de Produção está trabalhando.

Frequentemente, no entanto, as ações das regras modificarão o estado do mundo. Nesse caso, você precisa reavaliar as condições da regra para ver se alguma delas tornou-se verdadeira, o que as faz serem adicionadas à agenda. Essa interação entre regras é conhecida como **encadeamento para frente**: você inicia com alguns fatos, usa regras para inferir mais fatos, esses fatos ativam mais regras, que criam mais fatos, e assim por diante. O motor para apenas quando não existirem mais regras na agenda.

Para a sequência simples no exemplo inicial, todas as regras seriam verificadas primeiro. Se as segundas duas regras são ambas ativadas e disparadas, então a primeira regra é ativada e disparada.

Outra abordagem é trabalhar da forma inversa. Nesse estilo, você inicia com um objetivo e examina a base de regras para ver quais regras possuem ações que tornariam esse objetivo verdadeiro. Você, então, pega essas regras e as torna subobjetivos para encontrar regras adicionais como suporte. Esse estilo é chamado de **encadeamento para trás**; ele é menos comum em Sistema de Regras de Produção simples, pois é muito mais complicado para fazer um caso simples funcionar. Portanto, minha discussão é mais focada no encadeamento para frente ou em motores sem encadeamento.

50.1.2 Inferências contraditórias

Uma das grandes vantagens das regras é que você pode especificar cada regra independentemente e deixar que o Sistema de Regras de Produção descubra as consequências. Mas essa vantagem vem com um problema. O que acontece se você obtiver cadeias de inferências que contradizem umas às outras? Poderíamos ter uma série de regras para filiação em um clube local de reencontro de militares que diz que, para entrar no exército americano revolucionário de amantes da liberdade, você precisa ser maior de 18 anos, ser cidadão americano, ter sua própria imitação de mosquete, etc. Então, existe outra regra na seção 4.7 que diz que cidadãos britânicos podem entrar no clube, mas podem apenas ser parte do exército dos tiranos cruéis. Isso funciona bem por alguns anos, até que eu obtenha uma dupla cidadania; agora tenho uma regra que diz que posso me filiar ao exército revolucionário e outra que diz que não posso.

O maior perigo aqui é que podemos não notar que isso está acontecendo. Se a consequência dessas regras é mudar o valor da variável booleana que define se alguém é elegível para entrar no exército revolucionário (isEligibleForRevolutionaryArmy), então qualquer regra que executar por último ganha. A menos que tenhamos uma sequência definida de valores de prioridade nas regras, isso poderia levar a uma inferência incorreta ou mesmo a interfaces diferentes, dependendo de qualidades ocultas na sequência de execução das regras.

Existem duas maneiras amplas de lidar com regras contraditórias. Uma delas é projetar a estrutura de regras de forma a evitá-las. Isso inclui garantir que a maneira como as regras executam evita a contradição, talvez pela forma como as regras atualizam os dados, ou organizando conjuntos de regras ou jogando com prioridades. Em nosso exemplo, poderíamos iniciar com todas as condições de elegibilidades configuradas para falso e apenas permitir que elas mudem o valor para verdadeiro. Essa convenção forçaria qualquer um que quisesse manter os britânicos de fora a escrever a regra de uma maneira diferente, trazendo à tona a contradição em potencial enquanto as regras estão sendo escritas. Você precisa ser cuidadoso, pois um equívoco pode ser inserido sem ser notado em uma regra, de forma a, potencialmente, subverter o projeto.

Uma abordagem alternativa é gravar todas as inferências de uma maneira que as contradições sejam toleradas, permitindo que você encontre uma contradição sempre que existir alguma. Nesse caso, em vez de ter um valor booleano para elegibilidade, você criaria um objeto de fato (fact) separado, cuja chave é eligibilityForRevolutionaryArmy e o valor é um booleano. Uma vez que você tenha terminado de executar as regras, você buscaria por todos os fatos com a chave em que você está interessado. Você poderia, então, descobrir se possui fatos com a mesma chave, mas com valores diferentes. O padrão *Observação* [Fowler AP] é uma maneira de lidar com esse tipo de situação.

Em geral, você precisa ter cuidado com ciclos em sua estrutura de regras, nos quais múltiplas regras são organizadas de forma que uma delas mantenha a próxima disparando de maneira interminável. Isso pode acontecer com regras contraditórias, que tentam perguntar umas às outras, e com regras que entram em um laço de *feedback* positivo.

Ferramentas especificamente projetadas para Sistemas de Regras de Produção possuem suas próprias técnicas para lidar com tais problemas.

50.1.3 Padrões em estruturas de regras

Embora tenha visto um conjunto de bases de regras, não posso afirmar ter feito qualquer tipo de estudo razoável de como os sistemas de regras tendem a ser organizados. Mas esses poucos que tenho visto revelam alguns padrões comuns na estrutura das regras.

Um caso comum, e simples, é a validação. Ela é simples porque todas as regras normalmente possuem uma consequência simples: lançar alguma forma de erro de validação. Existe pouco encadeamento, se existir. Suspeito que a maioria das pessoas que trabalham seriamente com Sistemas de Regras de Produção não consideraria esse como um sistema de regras, dado que eles são tão simples – e, certamente, seria demais usar uma ferramenta especializada em regras para algo assim. Entretanto, esse tipo de estrutura simples é bom para você mesmo escrever.

Determinar a elegibilidade é algo mais complicado. Nesse tipo de base de regras, você está tentando verificar se um candidato é elegível para um ou mais acordos. Poderia ser um sistema que verificasse a qual, se existir alguma, política de seguro alguém é qualificado, ou em que esquema de desconto um pedido poderia cair. Nesse caso, as regras podem ser estruturadas como uma progressão de passos, na qual as regras de mais baixo nível levam às inferências de mais alto nível. Você pode evitar contradições ao manter todas as inferências positivas, talvez com alguma rota separada para desqualificações.

Mais complicado ainda é algum tipo de sistema de diagnóstico, no qual você observa alguns problemas e quer determinar a raiz deles. Aqui você provavelmente encontrará contradições, então ter algo como uma *Observação* [Fowler AP] é mais importante.

50.2 Quando usar

Um Sistema de Regras de Produção é uma escolha natural quando você tem comportamento que parece ser mais bem expresso como um conjunto de sentenças se-então. De fato, apenas escrever fluxo tal como esse é frequentemente um bom ponto de partida para evoluí-lo para um Sistema de Regras de Produção.

O grande perigo com um Sistema de Regras de Produção é que eles são muito sedutores. Um pequeno exemplo é fácil de entender e é bastante ilustrativo para não programadores. O que não é claro a partir de pequenas demonstrações é que pode se tornar difícil entender o que um Sistema de Regras de Produção está fazendo à medida que ele cresce, particularmente se você está usando encadeamento. Isso pode tornar a depuração muito difícil.

Esse problema é frequentemente exacerbado por uma ferramenta de motor de regras. É muito fácil esticar uma ferramenta – usá-la em muitos lugares sem entender o quão difícil é modificá-la até que você tenha construído algo muito grande. Então, existe um argumento a favor de você mesmo construir algo simples, algo que você possa adaptar para suas necessidades particulares, bem como usar para aprender mais sobre o domínio e sobre como um Sistema de Regras de Produção pode se adequar a ele. Uma vez que você tenha aprendido mais, você pode avaliar se vale a pena substituir seu Sistema de Regras de Produção simples por uma ferramenta.

Não estou dizendo que os motores de regra são sempre uma ideia ruim, apesar de ainda não ter visto um que funcione bem. O que importa é que você deve tratá-los com cautela e entender onde você está se metendo quando os usar.

50.3 Validações para se associar a um clube (C#)

Validações são exemplos bons e simples de um Sistema de Regras de Produção, pois elas são comuns e normalmente não envolvem encadeamento. Para o problema de exemplo, considerarei o primeiro estágio de um pedido para entrar em algum clube vitoriano inglês fictício. Para processar os pedidos, usarei dois conjuntos separados de regras. O primeiro fará a validação dos dados básicos do pedido, apenas para se certificar de que o formulário está preenchido adequadamente. O segundo conjunto avaliará a elegibilidade para uma entrevista, o que será descrito no segundo exemplo.

Aqui estão algumas das regras de validação:

- A nacionalidade não pode ser nula.
- A universidade não pode ser nula.
- A renda anual deve ser positiva.

50.3.1 Modelo

Existem duas partes do modelo que preciso descrever. A primeira, realmente simples, são os dados acerca da pessoa na qual as regras trabalharão. Essa é uma classe de dados simples com propriedades para os vários detalhes em que estamos interessados.

```
class Person...
  public string Name { get; set; }
  public  University? University { get; set; }
  public  int? AnnualIncome { get; set; }
  public  Country? Nationality { get; set; }
```

Agora iremos para a parte do processamento das regras. A estrutura básica do motor de validação é uma lista de regras de validação.

```
class ValidationEngine...
  List <ValidationRule> rules = new List<ValidationRule>();

interface ValidationRule {
  void Check(Notification note, Person p);
}
```

Para executar o motor, tudo o que preciso é executar cada uma das regras, coletando os resultados em uma *Notificação (193)*.

```
class ValidationEngine...
  public Notification Run(Person p) {
    var result = new Notification();
    foreach (var r in rules) r.Check(result, p);
    return result;
  }
```

A regra de validação mais básica recebe um predicado e uma mensagem a ser gravada se ela falhar.

```
class ExpressionValidationRule : ValidationRule {
  readonly Predicate<Person> condition;
  readonly string description;
  public ExpressionValidationRule(Predicate<Person> condition, string description) {
    this.condition = condition;
    this.description = description;
  }
  public void Check(Notification note, Person p) {
    if (! condition(p))
      note.AddError(String.Format("Validation '{0}' failed.", description));
  }
```

Posso, então, configurar e executar as regras usando a interface comando-consulta com código como o seguinte:

```
engine = new ValidationEngine();
engine.AddRule(p => p.Nationality != null, "Missing Nationality");
var tim = new Person("Tim");
var note = engine.Run(tim);
```

50.3.2 Analisador sintático

Para este exemplo, usarei uma DSL interna simples. Empregarei diretamente os lambdas de C# para capturar as regras. Meu script DSL inicia da seguinte forma:

```
class ExampleValidation : ValidationEngineBuilder {
  protected override void build() {
    Validate("Annual Income is present")
      .With(p => p.AnnualIncome != null);
    Validate("positive Annual Income")
      .With(p => p.AnnualIncome >= 0);

class ValidationRuleBuilder: WithParser {
    readonly string description;
    readonly ValidationEngine engine;
    public ValidationRuleBuilder(string description, ValidationEngine engine) {
      this.description = description;
      this.engine = engine;
        }
    public void With(Predicate<Person> condition) {
      engine.AddRule(condition, description);
        }
}
```

Estou usando *Escopo de Objeto (385)*, então posso definir validações com uma simples chamada ao método de validação (Validate), seguida por um pouco de encadeamento de métodos para capturar o predicado.

Criar o construtor configura um motor. O método de validação configura um construtor de regras filho para capturar a informação da regra.

```
abstract class ValidationEngineBuilder {
  public ValidationEngine Engine { get; private set; }
  protected ValidationEngineBuilder() {
    Engine = new ValidationEngine();
    build();
  }
  abstract protected void build();
  protected WithParser Validate(string description) {
    return new ValidationRuleBuilder(description, Engine);
  }

class ValidationEngine...
    public void AddRule(Predicate<Person> condition, string errorMessage) {
      rules.Add(new ExpressionValidationRule(condition, errorMessage));
    }

interface WithParser {
  void With(Predicate<Person> condition);
}
```

Usar uma interface progressiva aqui parece um pouco demasiado, pois existe apenas um método presente no construtor de regras. Ainda assim, penso que o nome da interface ajuda a comunicar o que o analisador sintático está buscando.

50.3.3   Desenvolvendo a DSL

Essas validações funcionam bem para capturar a lógica – mas, felizmente, uma vez que você tenha escrito algumas expressões para buscar valores nulos, você começa a pensar que deve existir uma forma melhor de realizar essas verificações de valores nulos. Se tais verificações são comuns, você pode colocar a lógica de verificação de nulos na regra, de forma que tudo o que temos de fazer no script é dizer que propriedades não devem ser nulas.

Uma maneira de alcançar esse resultado, que funciona em muitas linguagens, é escrever o nome da propriedade como uma string e usar reflexão para verificar a lógica. Então, eu teria a seguinte linha no script DSL:

```
MustHave("University");
```

Para oferecer suporte a isso, preciso modificar o modelo e o analisador sintático.

```
class ValidationEngineBuilder...
  protected void MustHave(string property) {
    Engine.AddNotNullRule(property);
  }

class ValidationEngine...
  public void AddNotNullRule(string property) {
    rules.Add(new NotNullValidationRule(property));
  }

class NotNullValidationRule : ValidationRule {
  readonly string property;
  public NotNullValidationRule(string property) {
    this.property = property;
  }
  public void Check(Notification note, Person p) {
    var prop = typeof(Person).GetProperty(property);
    if (null == prop.GetValue(p, null))
      note.AddError("No value for {0}", property);
  }
```

Quero reforçar aqui que não modifiquei o *Modelo Semântico (159)* para oferecer suporte a isso. Como alternativa, posso facilmente colocar esse código no construtor:

```
class ValidationEngineBuilder...
  protected void MustHaveALT(string property) {
    PropertyInfo prop = typeof(Person).GetProperty(property);
    Engine.AddRule(p => prop.GetValue(p, null) != null,
                   String.Format("Should have {0}", property));
  }
```

É frequentemente um reflexo fácil colocar esse tipo de lógica no construtor, mas peço que você não faça isso. Se colocar a lógica no Modelo Semântico, ele será capaz de fazer um uso muito melhor da informação, dado que ele sabe o que está fazendo. Por exemplo, isso permite que o Modelo Semântico gere código para essa validação se você quiser embarcar Javascript em um formulário. Contudo, mesmo sem uma necessidade como essa, minha preferência é colocar ao máximo possível os códigos espertos no Modelo Semântico. Não dá mais trabalho do que colocar no construtor, mas mantém o conhecimento das regras onde ele é mais útil.

O argumento do tipo string é muito bom, mas possui desvantagens, particularmente em um ambiente como C#, com tipagem estática e bom suporte ferramental. Seria melhor capturar o nome da propriedade com um mecanismo que tenha seu lugar dentro de C#, de forma que possamos usar autocompletar e verificação estática.

Felizmente, isso pode ser feito em C# usando expressões lambda. O script DSL para uma verificação de valores não nulos se pareceria com o seguinte:

```
MustHave(p => p.Nationality);
```

Mais uma vez, implemento-o no modelo, com uma chamada simples a partir do construtor.

```
class ValidationEngineBuilder...
  protected void MustHave<T>(Expression<Func<Person, T>> expression) {
    Engine.AddNotNullRule(expression);
  }

class ValidationEngine...
  public void AddNotNullRule<T>(Expression<Func<Person, T>> e) {
    rules.Add(new NotNullValidationRule<T>(e));
  }

class NotNullValidationRule<T> : ValidationRule {
  readonly Expression<Func<Person, T>> expression;
  public NotNullValidationRule(Expression<Func<Person, T>> expression) {
    this.expression = expression;
  }
  public void Check(Notification note, Person p) {
    var lambda = expression.Compile();
    if (lambda(p) == null) note.AddError("No value for {0}", expression);
  }
}
```

Usei uma expressão do lambda aqui em vez de simplesmente o lambda, pois assim posso imprimir o texto do código na mensagem de erro quando a validação falhar.

50.4 Regras de elegibilidade: estendendo a associação ao clube (C#)

O exemplo anterior mostrou regras de validação para o formulário de entrada de nosso clube fictício. Este exemplo agora olha as regras de elegibilidade e torna-se um pouco mais complicado, pois inclui algum encadeamento para frente. A regra de mais alto nível diz que um candidato é considerado para a entrevista se ele (e para um clube como esse deve ser "ele") é um bom partido e um membro produtivo da sociedade.

```
class ExampleRuleBuilder : EligibilityEngineBuilder {
  protected override void build() {
    Rule("interview if good stock and productive")
      .When(a => a.IsOfGoodStock && a.IsProductive)
      .Then(a => a.MarkAsWorthyOfInterview());
```

Como no exemplo anterior, estou usando uma DSL interna com *Escopo de Objeto (385)* utilizando uma superclasse, apesar de que descreverei os detalhes da análise sintática posteriormente. Existem várias regras para determinar se o candidato é um bom partido e o que significa ser um membro produtivo da sociedade. Duas maneiras de ser um bom partido são ter um pai como membro ou ter conquistas militares.

```
Rule("father member means good stock")
  .When(a => a.Candidate.Father.IsMember)
  .Then(a => a.MarkOfGoodStock());
Rule("military accomplishment means good stock")
  .When(a => a.IsMilitarilyAccomplished)
  .Then(a => a.MarkOfGoodStock());
Rule("Needs to be at least a captain")
  .When(a => a.Candidate.Rank >= MilitaryRank.Captain)
  .Then(a => a.MarkAsMilitarilyAccomplished());
Rule("Oxbridge is good stock")
  .When(a => a.Candidate.University == University.Cambridge
         || a.Candidate.University == University.Oxford)
  .Then(a => a.MarkOfGoodStock());
```

Essas regras ilustram uma propriedade importante de um Sistema de Regras de Produção – as várias regras de produção têm seu final aberto, de forma que posso facilmente adicionar novas regras que dizem o que significa ser um bom partido. Posso adicionar essas regras sem alterar as regras que já existem. A desvantagem é que não existe ponto algum no texto base da regra onde eu possa ter certeza de ter encontrado *todas* as condições. Uma maneira de lidar com isso é ter uma ferramenta capaz de encontrar todas as regras que possuem como consequência chamar `MarkOfGoodStock` (marcar como bom partido).

A outra condição a se considerar que torna alguém elegível para uma entrevista é a questão de ser um membro produtivo da sociedade, que é uma maneira eufêmica e refinada típica dos ingleses para dizer o quanto você ganha.

```
Rule("Productive Englishman")
  .When(a => a.Candidate.Nationality == Country.England
    && a.Candidate.AnnualIncome >= 10000)
  .Then(a => a.MarkAsProductive());
Rule("Productive Scotsman")
  .When(a => a.Candidate.Nationality == Country.Scotland
    && a.Candidate.AnnualIncome >= 20000)
  .Then(a => a.MarkAsProductive());
Rule("Productive American")
  .When(a => a.Candidate.Nationality == Country.UnitedStates
    && a.Candidate.AnnualIncome >= 80000)
  .Then(a => a.MarkAsProductive());

Rule("Productive Soldier")
  .When(a => a.IsMilitarilyAccomplished
    && a.Candidate.AnnualIncome >= 8000)
  .Then(a => a.MarkAsProductive());
```

Um clube como esse naturalmente preferirá ingleses, mas receberá outros, desde que eles sejam ricos o suficiente.

Olhando os padrões em uso aqui, vemos que a lista de regras é definida usando uma *Sequência de Funções (351)*. Os detalhes para cada regra usam *Encadeamento de Métodos (373)* para as cláusulas When (quando) e Then (então), e *Fecho Aninhado (403)* para capturar o conteúdo da condição e a ação para cada regra.

50.4.1 O modelo

O modelo para elegibilidade é similar ao da validação, mas um pouco mais complicado, de forma a lidar com as diferentes consequências e com o encadeamento para frente. A primeira parte é a estrutura de dados usada para relatar os resultados da lógica – essa é uma solicitação.

```
class Application...
  public Person Candidate { get; private set; }
  public bool IsWorthyOfInterview { get; private set; }
  public void MarkAsWorthyOfInterview() { IsWorthyOfInterview = true; }
  public bool IsOfGoodStock { get; private set; }
  public void MarkOfGoodStock() {IsOfGoodStock = true;}
  public bool IsMilitarilyAccomplished { get; private set; }
  public void MarkAsMilitarilyAccomplished() { IsMilitarilyAccomplished = true; }
  public bool IsProductive { get; private set; }
  public void MarkAsProductive() { IsProductive = true; }
  public Application(Person candidate) {
    this.Candidate = candidate;
    IsOfGoodStock = false;
    IsWorthyOfInterview = false;
    IsMilitarilyAccomplished = false;
    IsProductive = false;
  }
```

Tal como a classe que representa pessoas (Person), anteriormente mostrada, essa classe é uma classe de dados simples, mas possui uma estrutura de certa forma pouco comum. Todas as propriedades são valores booleanos que iniciam como falsos (false) e podem apenas ser modificados para verdadeiro (true). Isso garante certa estrutura no sistema de regras para evitar contradições não detectadas.

Cada regra de elegibilidade recebe um par de fechos, um para a condição e outro para a consequência, com uma descrição textual.

```
class EligibilityRule...
  public string Description { get; private set; }
  readonly Predicate<Application> condition;
  readonly Action<Application> action;
  public EligibilityRule(string description,
                         Predicate<Application> condition, Action<Application> action)
  {
    this.Description = description;
    this.condition = condition;
    this.action = action;
  }
```

Posso carregar regras de elegibilidade em um conjunto de regras.

```
class EligibilityRuleBase {
  private List<EligibilityRule> initialRules = new List<EligibilityRule>();
  public List<EligibilityRule> InitialRules {
    get { return initialRules; }
  }
  public void AddRule(string description, Predicate<Application> condition,
                      Action<Application> action)
  {
    initialRules.Add(new EligibilityRule(description, condition, action));
  }
```

Executar o motor é um pouco mais complicado devido ao encadeamento para frente. O ciclo básico é verificar as regras, colocar aquelas que podem ser ativadas na agenda, disparar as regras na agenda e, então, verificar se mais regras podem ser ativadas.

```
class EligibilityEngine...
  public void Run() {
    activateRules();
    while (agenda.Count > 0) {
      fireRulesOnAgenda();
      activateRules();
    }
  }
```

Uso algumas estruturas de dados adicionais para acompanhar a execução das regras.

```
class EligibilityEngine...
  public readonly EligibilityRuleBase ruleBase;
  List<EligibilityRule> availableRules = new List<EligibilityRule>();
  List<EligibilityRule> agenda = new List<EligibilityRule>();
  List<EligibilityRule> firedLog = new List<EligibilityRule>();
  readonly Application application;
  public EligibilityEngine(EligibilityRuleBase ruleBase, Application application) {
    this.ruleBase = ruleBase;
    this.application = application;
    availableRules.AddRange(ruleBase.InitialRules);
  }
```

Copio as regras da base de regras para uma lista de regras disponíveis. Quando uma regra é ativada, removo-a dessa lista (assim ela não pode ser novamente ativada) e coloco-a na agenda.

```
class EligibilityEngine...
  private void activateRules() {
    foreach (var r in availableRules)
      if (r.CanActivate(application)) agenda.Add(r);
    foreach (var r in agenda)
      availableRules.Remove(r);
  }

class EligibilityRule...
  public bool CanActivate(Application a) {
    try {
      return condition(a);
    } catch(NullReferenceException) {
      return false;
    }
  }
```

Prendo referências nulas em `CanActivate` (posso ativar), tratando-as como falhas de ativação. Isso me permite escrever uma expressão condicional como `anApplication.Candidate.Father.IsMember` (que verifica se o pai do candidato de uma solicitação é um membro do clube) sem ter de realizar quaisquer verificações de valores nulos quando escrevo a regra – movendo essa responsabilidade para o modelo.

Quando disparo uma regra, removo-a da agenda e coloco-a em um registro de regras disparadas. Posteriormente, posso usar o registro para fornecer um rastreamento para propósitos de diagnósticos.

```
class EligibilityEngine...
  private void fireRulesOnAgenda() {
    while (agenda.Count > 0) {
      fire(agenda.First());
    }
  }
  private void fire(EligibilityRule r) {
    r.Fire(application);
    firedLog.Add(r);
    agenda.Remove(r);
  }

class EligibilityRule...
  public void Fire(Application a) {
    action(a);
  }
```

50.4.2 O analisador sintático

Como disse anteriormente, estou usando para o construtor de regras de elegibilidade uma estrutura similar àquela utilizada para as regras de validação – com *Escopo de Objeto (385)* empregando uma superclasse.

```
abstract class EligibilityEngineBuilder {
  protected EligibilityEngineBuilder() {
    RuleBase = new EligibilityRuleBase();
    build();
  }
  public EligibilityRuleBase RuleBase { get; private set; }
  abstract protected void build();
```

Defino uma regra como uma *Sequência de Funções (351)* de chamadas a Rule (regra).

```
class EligibilityEngineBuilder...
  protected WhenParser Rule(string description) {
    return new EligibilityRuleBuilder(RuleBase, description);
  }

class EligibilityRuleBuilder : ThenParser, WhenParser{
  EligibilityRuleBase RuleBase;
  string description;
  Predicate<Application> condition;
  Action<Application> action;
  public EligibilityRuleBuilder(EligibilityRuleBase ruleBase, string description) {
    this.RuleBase = ruleBase;
    this.description = description;
  }
```

Uso *Encadeamento de Métodos (373)* em um construtor de regras filho com interfaces progressivas para capturar o resto das regras. A primeira cláusula é When (quando).

```
class EligibilityEngineBuilder...
  interface WhenParser {
    ThenParser When(Predicate<Application> condition);
  }

class EligibilityRuleBuilder...
  public ThenParser When(Predicate<Application> condition) {
    this.condition = condition;
    return this;
  }
```

Ela é seguida por Then (então).

```
class EligibilityEngineBuilder...
  interface ThenParser {
    void Then(Action<Application> action);
  }

class EligibilityRuleBuilder...
  public void Then(Action<Application> action) {
    this.action = action;
    loadRule();
  }
  private void loadRule() {
    RuleBase.AddRule(description, condition, action);
  }
```

Capítulo 51

Máquina de estados

Modele um sistema como um conjunto de estados explícitos com transições entre eles.

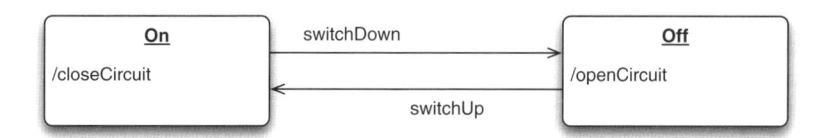

```
     On          switchDown          Off
/closeCircuit  ───────────────►  /openCircuit
               ◄───────────────
                  switchUp
```

Muitos sistemas reagem de formas diferentes a estímulos, dependendo de alguma propriedade interna. Algumas vezes é útil classificar esses estados internos diferentes e descrever ambas as diferenças em resposta e o que faz o sistema se mover entre esses estados. Uma Máquina de Estados pode ser usada para descrever e, talvez, para controlar esse comportamento.

51.1 Como funciona

As Máquinas de Estados são algo comumente encontradas tanto em software quanto em discussões relacionadas a software – é por isso que usei uma Máquina de Estados no exemplo de abertura deste livro. O grau em uma Máquina de Estados é usada varia com a situação, assim como o formato de Máquina de Estados em uso.

Para explorar esse assunto, usarei um exemplo diferente, um que é menos direto que aquele da introdução. Vamos considerar um sistema de processamento de pedidos. Uma vez que tenha criado um pedido, posso livremente adicionar ou remover itens desse pedido ou cancelá-lo. Em algum ponto, preciso fornecer pagamento para o pedido. Uma vez que tenha pagado por ele, o pedido é elegível para ser enviado, mas, antes disso, ainda posso adicionar ou remover itens ou cancelar o pedido. Uma vez que ele for enviado, não posso fazer mais nada disso.

Posso descrever esse pedido usando o diagrama de transição de estados da Figura 51.1.

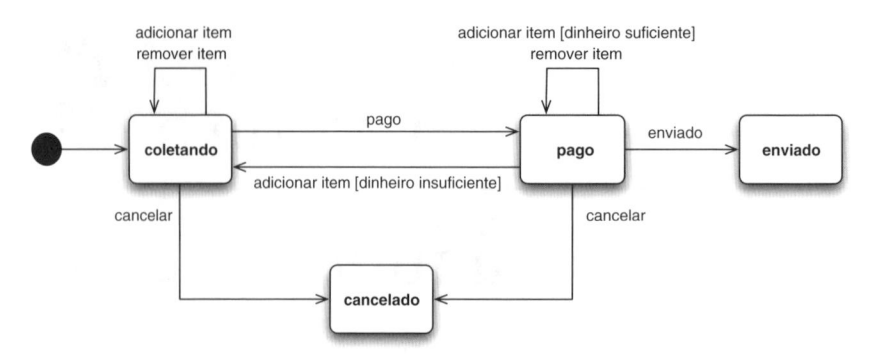

Figura 51.1   *Diagrama de máquina de estados para um pedido.*

Nesse ponto, preciso definir o significado de um "estado". De modo geral, frequentemente nos referimos a um estado de um objeto como a combinação dos valores de suas propriedades. Nessa leitura, remover um item de um pedido modifica seu estado. Entretanto, o diagrama da máquina de estados não reflete todos esses estados possíveis; em vez disso, ele mostra apenas poucos estados. Esses são os estados que são interessantes em termos do modelo, pois afetam o comportamento do sistema. Irei me referir a esse conjunto menor de estados como **máquina de estados**. Então, embora remover um item modifique o estado de um pedido, ele não modifica sua máquina de estados.

Esse modelo de estados é uma maneira útil de pensar sobre o comportamento do pedido, mas isso não significa que queremos um modelo de máquina de estados em nosso sistema de software. O modelo pode nos ajudar a entender que precisamos verificar o método de cancelamento (`cancel`) para verificar que estamos em um estado apropriado. Ainda assim, isso pode ser simplesmente uma condição de guarda no método `cancel`.

De maneira similar, acompanhar qual o estado atual de um pedido pode ser um campo de estado no pedido, mas também poderia ser algo completamente derivado. Você poderia determinar se está no estado pago verificando se a quantidade de pagamento autorizada é superior ou igual ao custo total do pedido. O diagrama pode, ainda, ser uma maneira útil de visualizar como o pedido funciona, mas você não precisa que o modelo esteja manifestado em seu sistema de software.

Máquinas de Estado, assim como outros modelos computacionais alternativos, vêm em diferentes variedades que compartilham muitos elementos em comum, mas com diferenças notáveis. Iniciarei com os elementos comuns. A essência de uma Máquina de Estados está no fato de ela possuir uma noção de múltiplos estados no qual a máquina pode estar. Podemos então definir múltiplas transições em cada estado, onde cada transição é disparada por um evento e faz a máquina mover-se para um estado-alvo. O estado-alvo é frequentemente, mas não necessariamente, um estado diferente. O comportamento resultante da máquina é a definição dos estados e dos eventos que disparam o movimento entre os estados.

A Figura 51.1 mostra uma representação diagramática de tal rede. O estado "coletando" possui quatro transições definidas nele. Elas dizem que, se a máquina, quando estiver nesse estado, receber um evento de cancelamento, ela vai para o estado "cancelado". Um evento de pagamento leva ao estado "pago", os eventos de adição e de remoção de itens levam de volta ao estado "coletando". Os eventos de adição e de remoção de itens são transições separadas, mesmo que levem ao mesmo alvo.

Uma questão geral com as máquinas de estado é como elas reagem a um evento que não está definido no estado em que a máquina atualmente se encontra. Dependendo da aplicação, tal evento pode ser um erro ou pode ser seguramente ignorado.

A Figura 51.1 também introduz outra noção, de uma transição com guarda. Quando está no estado "pago", se a máquina obtém um evento de adição de item, ela leva a uma transição diferente, dependendo se existe dinheiro suficiente ou não. As condições booleanas nas transições não devem se sobrepor, caso contrário a máquina não saberá para onde ir. Transições com guardas não precisam aparecer em todas as Máquinas de Estados; na verdade, o exemplo introdutório não as possuía.

A Figura 51.1 descreve diversos estados da máquina e os eventos que a fazem se mover entre eles, mas, ainda assim, é um modelo passivo, pois não invoca quaisquer ações que causem mudanças ao sistema. Para ter um *Modelo Adaptativo (487)* com uma Máquina de Estados, precisamos de uma maneira de vincular ações à máquina. Ao longo dos anos, diversos esquemas apareceram para isso. Existem dois locais onde você pode vincular ações sensivelmente: as transições ou os estados. Vincular uma ação a uma transição significa que a ação é executada sempre que a transição ocorrer. Vincular uma ação a um estado significa, mais frequentemente, que a ação é invocada quando você entra no estado. Mas você também pode ver ações vinculadas à saída de um estado. Algumas máquinas permitem ações internas, que são invocadas quando um evento é recebido em um estado, tal como uma transição de volta ao mesmo estado, mas talvez sem disparar quaisquer ações de entrada novamente.

Diferentes abordagens de vinculação de ações são adequadas a diferentes problemas e diferentes personalidades. Não tenho uma recomendação forte a oferecer, além de manter isso o mais simples possível para modelar seu comportamento. Muitas implementações de técnicas de máquinas de estados buscam o máximo de expressividade da máquina – tais como os modelos de máquinas de estados altamente expressivos usados por UML. Mas pequenas máquinas de estados adequadas para DSLs podem, frequentemente, funcionar bem com modelos muito mais simples.

51.2 Quando usar

Sinto uma sensação horrível quando sei que praticamente a única coisa que posso dizer é que você deve usar uma Máquina de Estados quando o comportamento que você está especificando se parece com uma Máquina de Estados – ou seja, quando você tem um senso de movimento, disparado por eventos, de estado a estado. De muitas maneiras, a melhor forma de ver se uma Máquina de Estados é apropriada é tentar rascunhar uma no papel e, se ela se encaixar, tentá-la na prática.

Parte V ▼ Modelos computacionais alternativos

Existe uma área perigosa na qual os conhecimentos acerca de teoria de linguagens que forneci anteriormente ("Gramáticas regulares, livres de contexto e sensíveis ao contexto", p. 96) podem ser úteis. Lembre-se de que as Máquina de Estados são limitadas à analise sintática de gramáticas regulares, ou seja, elas não podem tratar de casamentos de parênteses arbitrariamente aninhados. Se seu comportamento possuir qualquer coisa parecida com isso, você pode cair no mesmo problema.

51.3 O controlador do painel secreto (Java)

Em muitos locais deste livro, iniciando pela Introdução, usei uma máquina de estados simples como um exemplo. Para todos os casos em que a mencionei, usei um único *Modelo Semântico (159)*, que descrevi na Introdução. O comportamento dos estados não fazem transições com guardas e vinculam ações muito simples à entrada dos estados. As ações são simples, pois não envolvem executar um bloco de código arbitrário, mas apenas mandar mensagens de código numérico. Isso simplifica o modelo da máquina de estados e as DSLs para controlá-lo (o que é muito importante para um exemplo como esse).

Parte VI

Geração de código

Capítulo 52

Geração por transformação

Gere código escrevendo um transformador que navega no modelo de entrada e produz saída.

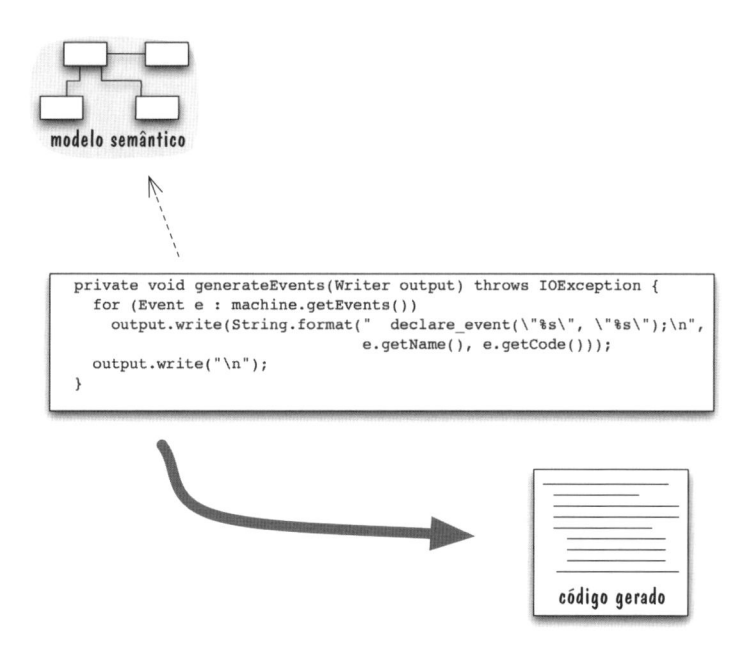

```
private void generateEvents(Writer output) throws IOException {
   for (Event e : machine.getEvents())
      output.write(String.format("   declare_event(\"%s\", \"%s\");\n",
                                 e.getName(), e.getCode()));
   output.write("\n");
}
```

código gerado

52.1 Como funciona

A Geração por Transformação envolve escrever um programa que recebe o *Modelo Semântico (159)* como entrada e produz uma saída na forma de código-fonte para o ambiente-alvo. Gosto de pensar nos transformadores em termos de seções dirigidas por entrada e por saída. Transformações dirigidas por saída iniciam da saída requerida e mergulham na entrada para buscar os dados de que precisam à medida que são executadas. As transformações dirigidas por entrada percorrem a estrutura de dados de entrada e produzem saída.

Por exemplo, considere a geração de uma página Web baseada em um catálogo de produtos. Uma abordagem dirigida pela saída iniciaria com a estrutura da página Web, talvez com uma rotina como:

```
renderHeader();
renderBody();
renderFooter();
```

Uma transformação dirigida pela entrada, em vez disso, buscaria a estrutura de dados de entrada e navegaria através dela, talvez desta forma:

```
foreach (prod in products) {
  renderName(prod);

  foreach (photo in prod.photos) {
    renderPhoto(photo);
  }
}
```

Frequentemente, os transformadores usam uma combinação das duas abordagens. Muitas vezes, encontro situações nas quais a lógica externa é dirigida pela saída, mas ela chama rotinas que são mais dirigidas pela entrada. A lógica externa descreve a estrutura ampla do documento de saída, dividindo-o em seções lógicas, enquanto a seção interna produz saída dirigida por um tipo particular de dado de entrada. Em qualquer caso, acho útil pensar em cada rotina na transformação ou como dirigida pela entrada ou como dirigida pela saída, e ter consciência de qual estou usando.

Muitas transformações podem ir diretamente do Modelo Semântico para a fonte-alvo, mas para transformações mais complicadas pode ser útil quebrá-las em múltiplos passos. Uma transformação de dois passos, por exemplo, percorreria o modelo de entrada e produziria um modelo de saída. Esse modelo de saída seria um modelo, e não um texto, mas mais orientado em direção à saída gerada. Usar uma transformação de múltiplos passos é recomendado quando a transformação é complicada, ou se você tem múltiplos textos de saída a serem produzidos a partir da mesma entrada que compartilham as mesmas características. Com múltiplos textos de saída, você pode produzir, no primeiro estágio da transformação, um único modelo de saída com os elementos em comum. A diferença entre os textos de saída pode, então, ser colocada em um segundo estágio variável (um para cada saída diferente).

Com uma abordagem de múltiplos estágios, você também pode misturar técnicas, por exemplo, usando uma Geração por Transformação para o primeiro estágio e uma *Geração por Templates (539)* para o segundo.

52.2 Quando usar

Uma Geração por Transformação de único estágio é uma boa escolha quando o texto de saída possui um relacionamento simples com o modelo de entrada, e a maioria do texto de saída é gerada. Nesse caso, a Geração por Transformação é bastante fácil de escrever e não requer a introdução de uma ferramenta de *templates*.

A Geração por Transformação com múltiplos estágios pode ser muito útil quando o relacionamento entre a entrada e a saída é mais complexo, pois cada estágio pode tratar de um aspecto diferente do problema.

Se você usar *Geração Ciente do Modelo (555)*, normalmente pode preencher o modelo com uma simples sequência de chamadas, que é fácil de ser gerada com Geração por Transformação.

52.3 O controlador do painel secreto (Java gerando C)

O uso de *Geração Ciente do Modelo (555)* frequentemente anda junto com Geração por Transformação, pois a separação entre código gerado e código estático é clara, permitindo que quaisquer seções de código gerado tenham muito pouco código gerado. Então, nesse caso, gerarei o código para o controlador do painel secreto a partir do exemplo da Geração Ciente do Modelo. Para poupá-lo de ficar virando páginas, aqui está o código que preciso gerar:

```c
void build_machine() {

  declare_event("doorClosed", "D1CL");
  declare_event("drawerOpened", "D2OP");
  declare_event("lightOn", "L1ON");
  declare_event("doorOpened", "D1OP");
  declare_event("panelClosed", "PNCL");

  declare_command("lockDoor", "D1LK");
  declare_command("lockPanel", "PNLK");
  declare_command("unlockPanel", "PNUL");
  declare_command("unlockDoor", "D1UL");

  declare_state("idle");
  declare_state("active");
  declare_state("waitingForDrawer");
  declare_state("unlockedPanel");
  declare_state("waitingForLight");

  /* corpo para o estado idle */
  declare_action("idle", "unlockDoor");
  declare_action("idle", "lockPanel");
  declare_transition("idle", "doorClosed", "active");

  /* corpo para o estado active */
```

```
    declare_transition("active", "lightOn", "waitingForDrawer");
    declare_transition("active", "drawerOpened", "waitingForLight");

    /* corpo para o estado waitingForDrawer */
    declare_transition("waitingForDrawer", "drawerOpened", "unlockedPanel");

    /* corpo para o estado unlockedPanel */
    declare_action("unlockedPanel", "unlockPanel");
    declare_action("unlockedPanel", "lockDoor");
    declare_transition("unlockedPanel", "panelClosed", "idle");

    /* corpo para o estado waitingForLight */
    declare_transition("waitingForLight", "lightOn", "unlockedPanel");

    /* transições para eventos de reinicialização */
    declare_transition("idle", "doorOpened", "idle");
    declare_transition("active", "doorOpened", "idle");
    declare_transition("waitingForDrawer", "doorOpened", "idle");
    declare_transition("unlockedPanel", "doorOpened", "idle");
    declare_transition("waitingForLight", "doorOpened", "idle");
}
```

A saída que preciso gerar possui uma estrutura bastante simples, evidente a partir da maneira pela qual construo a rotina mais externa do gerador.

```
class StaticC_Generator...
  public void generate(PrintWriter out) throws IOException {
    this.output = out;
    output.write(header);
    generateEvents();
    generateCommands();
    generateStateDeclarations();
    generateStateBodies();
    generateResetEvents();
    output.write(footer);
  }
  private PrintWriter output;
```

Esse código é uma rotina mais externa dirigida pela saída típica de um transformador. Eu poderia muito bem passar cada um desses passos na ordem em que eles aparecem. O cabeçalho apenas escreve as coisas estáticas de que preciso no topo do arquivo.

```
class StaticC_Generator...
  private static final String header =
    "#include \"sm.h\"\n" +
    "#include \"sm-pop.h\"\n" +
    "\nvoid build_machine() {\n";
```

Quando crio o gerador, o crio com a máquina de estados com que ele trabalhará.

```
class StaticC_Generator...
  private StateMachine machine;
  public StaticC_Generator(StateMachine machine) {
    this.machine = machine;
  }
```

A primeira vez que uso isso é para gerar as declarações de evento.

```
class StaticC_Generator...
  private void generateEvents() throws IOException {
    for (Event e : machine.getEvents())
      output.printf("  declare_event(\"%s\", \"%s\");\n", e.getName(), e.getCode());
    output.println();
  }
```

Os comandos e as declarações de estados também são fáceis.

```
class StaticC_Generator...
  private void generateCommands() throws IOException {
    for (Command c : machine.getCommands())
      output.printf("  declare_command(\"%s\", \"%s\");\n", c.getName(), c.getCode());
    output.println();
  }

  private void generateStateDeclarations()throws IOException {
    for (State s : machine.getStates())
      output.printf("  declare_state(\"%s\");\n", s.getName());
    output.println();
  }
```

A seguir, gero o corpo (ações e transições) para cada estado. Nesse caso, preciso declarar todos os estados antes que possa declarar transições, pois obterei um erro se fizer uma referência para frente a um estado.

```
class StaticC_Generator...
  private void generateStateBodies() throws IOException {
    for (State s : machine.getStates()) {
      output.printf("  /* corpo para estado %s */\n", s.getName());
      for (Command c : s.getActions()) {
        output.printf("  declare_action(\"%s\", \"%s\");\n", s.getName(), c.getName());
      }
      for (Transition t : s.getTransitions()) {
        output.printf(
          "  declare_transition(\"%s\", \"%s\", \"%s\");\n",
          t.getSource().getName(),
          t.getTrigger().getName(),
          t.getTarget().getName());
      }
      output.println();
    }
  }
```

Isso também demonstra uma virada para um estilo dirigido pela entrada. O código que é gerado em cada caso segue a estrutura do modelo de entrada. Isso é aceitável, pois não importa em que ordem declaro as ações e as transições. Esse código também mostra a geração de um comentário com dados dinâmicos. Por fim, gero os eventos de reinicialização.

```
class StaticC_Generator...
  private void generateResetEvents() throws IOException {
    output.println("  /* transições para eventos de reinicialização */");
    for (Event e : machine.getResetEvents())
      for (State s : machine.getStates())
        if (!s.hasTransition(e.getCode())) {
          output.printf(
            "  declare_transition(\"%s\", \"%s\", \"%s\");\n",
            s.getName(),
            e.getName(),
            machine.getStart().getName());
        }
  }
```

Capítulo 53

Geração por *templates*

Gere código de saída escrevendo manualmente um arquivo de saída e colocando apontadores de template para gerar porções variáveis.

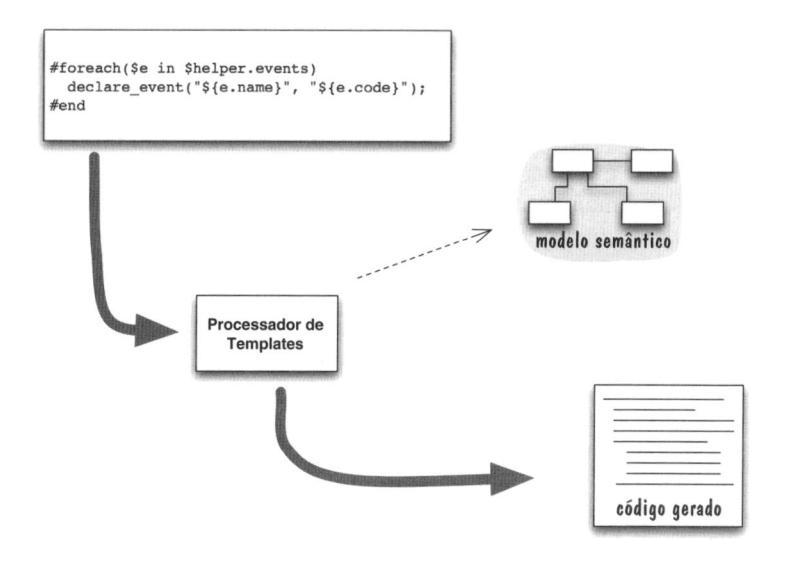

53.1 Como funciona

A ideia básica por trás da Geração por *Templates* é escrever o arquivo de saída que você deseja, inserindo apontadores em todas as porções que variam. Você então usa um processador de *templates* com o arquivo de *template* e um contexto que possa completar as chamadas para preencher o arquivo real de saída.

A Geração por *Templates* é uma técnica bastante antiga, familiar a qualquer um que tenha usado facilidades de mala direta em um processador de textos. A Geração por *Templates* é bastante comum no desenvolvimento para a Web, dado que muitos sites com conteúdo dinâmico usam Geração por *Tem-*

plates. Nesses formatos, o documento inteiro é um *template*, mas a Geração por *Templates* também funciona em contextos menores. A boa e velha função printf em C é um exemplo do uso de Geração por *Templates* para imprimir uma única string por vez. No contexto de geração de código, normalmente uso Geração por *Templates* para os casos nos quais o documento de saída inteiro é um *template*, mas printf nos lembra que a Geração por *Templates* e a *Geração por Transformação (533)* podem ser bastante mescladas. Processadores de macros textuais, outro recurso antigo no desenvolvimento de software, são outra forma de Geração por *Templates*.

Com a Geração por *Templates*, existem três componentes principais: o motor de processamento de *templates*, os *templates* e o contexto. O **template** é o texto-fonte do arquivo de saída, com as partes dinâmicas representadas como apontadores. Os apontadores envolvem referências ao contexto que preencherá os elementos dinâmicos quando a geração ocorrer. Logo, o **contexto** age como uma fonte para dados dinâmicos – essencialmente, o modelo de dados para a geração por *templates*. O contexto pode ser uma estrutura de dados simples ou um contexto programático mais complexo; diferentes ferramentas de processamento de *templates* usam diferentes formas de contextos. O **motor de processamento de templates** é a ferramenta que une os *templates* e os contextos para produzir a saída. Um programa controlador executará o programa de *templates* com um contexto em particular e os *templates* para produzir um arquivo de saída, e pode executar o mesmo *template* com múltiplos contextos para produzir múltiplas saídas.

A forma mais geral de processadores de *templates* permite que expressões arbitrárias de código hospedeiro sejam colocadas nos apontadores. Esse é um mecanismo comum usado por ferramentas como JSP e ASP. Tal como qualquer forma de *Código Estrangeiro (309)*, ele precisa ser usado com cuidado, caso contrário a estrutura do código hospedeiro pode sobrecarregar o *template*. Recomendo fortemente que, se você tiver um processador de *templates* que embarca código hospedeiro arbitrário, você se atenha a chamadas simples a funções dentro dos apontadores, preferivelmente usando um *Auxiliar de Embarcação (547)*.

Como é comum os arquivos de *template* ficarem completamente bagunçados devido a muito código hospedeiro, muitos processadores de *template* fornecem uma **linguagem de criação de templates** para ser usada nos apontadores, em vez de código hospedeiro. Essa linguagem de criação de *templates* é normalmente bastante restrita, para encorajar apontadores simples e preservar a clareza da estrutura de *templates*. O tipo mais simples de linguagem de criação de *templates* trata o contexto como um mapa e fornece expressões para buscar valores nesse mapa e inseri-los na saída. Embora esse mecanismo seja suficiente para *templates* simples, existem casos comuns nos quais você precisa de mais.

Um guia comum para *templates* mais complexos é a necessidade de gerar saída para itens em uma coleção. Isso em geral requer algum tipo de construção iterativa, como um laço. A geração condicional é outra necessidade comum, na qual diferentes saídas de *templates* são necessárias dependendo de um valor no contexto. Frequentemente, você acha duplicações de porções entre código de *templates*, o que sugere a necessidade de algum tipo de mecanismo de sub--rotina dentro da própria linguagem de criação de *templates*.

Não entrarei em detalhes sobre as diferentes maneiras pelas quais os diferentes sistemas de *templates* tratam esses casos, apesar de ser uma diversão interessante. Meu conselho geral é ser o mais minimalista possível, pois a força da Geração por *Templates* é diretamente proporcional ao quão fácil é visualizar o arquivo de saída olhando o *template*.

53.2 Quando usar

A grande força da Geração por *Templates* é que você pode olhar o arquivo de *template* e facilmente entender como se parecerá a saída gerada. Isso é mais útil quando existe um monte de conteúdo estático na saída, enquanto o conteúdo dinâmico é ocasional e simples.

Então, a primeira indicação na qual você pode querer usar a Geração por *Templates* é para um monte de conteúdo estático no arquivo gerado. Quanto maior a proporção de conteúdo estático, mais provável é que seja fácil usar Geração por *Templates*. O segundo ponto a considerar é a complexidade do conteúdo dinâmico que você precisa gerar. Quando mais você usar iterações, condicionais e recursos avançados da linguagem de criação de *templates*, mais difícil será compreender como a saída se parecerá a partir do arquivo de *template*. Quando isso acontecer, você deve considerar a *Geração por Transformação (533)* em vez da Geração por *Templates*.

53.3 Gerando a máquina de estados do painel secreto com condicionais aninhados (Velocit e Java gerando C)

Gerar código para condicionais aninhados em uma máquina de estados é um bom caso em que a saída estática é relativamente grande e a parte dinâmica é suficientemente simples – todas boas indicações para usar Geração por *Templates*. Para esse exemplo, gerarei o código que discuti no exemplo para a *Geração Ignorante ao Modelo (567)*. Para dar a você uma noção do que queremos, aqui está o arquivo de saída completo:

```
#include <stdio.h>
#include <stdlib.h>
#include <assert.h>
#include <string.h>
#include "sm.h"
#include "commandProcessor.h"

#define EVENT_doorClosed "D1CL"
#define EVENT_drawerOpened "D2OP"
#define EVENT_lightOn "L1ON"
#define EVENT_doorOpened "D1OP"
#define EVENT_panelClosed "PNCL"
```

```c
#define STATE_idle 1
#define STATE_active 0
#define STATE_waitingForDrawer 3
#define STATE_unlockedPanel 2
#define STATE_waitingForLight 4
#define COMMAND_lockDoor "D1LK"
#define COMMAND_lockPanel "PNLK"
#define COMMAND_unlockPanel "PNUL"
#define COMMAND_unlockDoor "D1UL"

static int current_state_id = -99;

void init_controller() {
  current_state_id = STATE_idle;
}
void hard_reset() {
  init_controller();
}
void handle_event_while_idle (char *code) {
  if (0 == strcmp(code, EVENT_doorClosed)) {
    current_state_id = STATE_active;
  }
  if (0 == strcmp(code, EVENT_doorOpened)) {
    current_state_id = STATE_idle;
    send_command(COMMAND_unlockDoor);
    send_command(COMMAND_lockPanel);
  }
}
void handle_event_while_active (char *code) {
  if (0 == strcmp(code, EVENT_lightOn)) {
    current_state_id = STATE_waitingForDrawer;
  }
  if (0 == strcmp(code, EVENT_drawerOpened)) {
    current_state_id = STATE_waitingForLight;
  }
  if (0 == strcmp(code, EVENT_doorOpened)) {
    current_state_id = STATE_idle;
    send_command(COMMAND_unlockDoor);
    send_command(COMMAND_lockPanel);
  }
}
void handle_event_while_waitingForDrawer (char *code) {
  if (0 == strcmp(code, EVENT_drawerOpened)) {
    current_state_id = STATE_unlockedPanel;
    send_command(COMMAND_unlockPanel);
    send_command(COMMAND_lockDoor);
  }
  if (0 == strcmp(code, EVENT_doorOpened)) {
    current_state_id = STATE_idle;
    send_command(COMMAND_unlockDoor);
    send_command(COMMAND_lockPanel);
  }
}
```

```c
void handle_event_while_unlockedPanel (char *code) {
  if (0 == strcmp(code, EVENT_panelClosed)) {
    current_state_id = STATE_idle;
    send_command(COMMAND_unlockDoor);
    send_command(COMMAND_lockPanel);
  }
  if (0 == strcmp(code, EVENT_doorOpened)) {
    current_state_id = STATE_idle;
    send_command(COMMAND_unlockDoor);
    send_command(COMMAND_lockPanel);
  }
}
void handle_event_while_waitingForLight (char *code) {
  if (0 == strcmp(code, EVENT_lightOn)) {
    current_state_id = STATE_unlockedPanel;
    send_command(COMMAND_unlockPanel);
    send_command(COMMAND_lockDoor);
  }
  if (0 == strcmp(code, EVENT_doorOpened)) {
    current_state_id = STATE_idle;
    send_command(COMMAND_unlockDoor);
    send_command(COMMAND_lockPanel);
  }
}

void handle_event(char *code) {
  switch(current_state_id) {
  case STATE_idle: {
    handle_event_while_idle (code);
    return;
  }
  case STATE_active: {
    handle_event_while_active (code);
    return;
  }
  case STATE_waitingForDrawer: {
    handle_event_while_waitingForDrawer (code);
    return;
  }
  case STATE_unlockedPanel: {
    handle_event_while_unlockedPanel (code);
    return;
  }
  case STATE_waitingForLight: {
    handle_event_while_waitingForLight (code);
    return;
  }
  default: {
    printf("reached a bad spot");
    exit(2);
  }
  }
}
```

O motor que estou usando aqui é o Apache Velocity, motor de *templates* comum e fácil de entender, disponível para Java e C#. Posso olhar esse arquivo como um todo como segmentos de conteúdo dinâmico que precisam ser gerados. Cada segmento é guiado por uma coleção de elementos, os quais posso iterar para gerar o código para o segmento.

Iniciarei observando como gerar as definições de evento, tal como `#define EVENT_doorClosed "D1CL"`. Se você acompanhar como isso funciona, o resto é praticamente a mesma coisa.

Iniciarei com o código no *template*.

```
arquivo de template...
  #foreach ($e in $helper.events)
  #define $helper.eventEnum($e) "$e.code"
  #end
```

Infelizmente, uma das confusões aqui é que tanto o pré-processador de C (ele próprio uma forma de Geração por *Templates*) quanto o Velocity usam "#" para indicar comandos de *template*. #foreach é um comando para o Velocity enquanto #define é um comando para o pré-processador de C. O Velocity ignorará quaisquer comandos que ele não reconhecer, então ele tratará #define como texto simples.

#foreach é uma diretiva do Velocity para iterar sobre uma coleção. Ele pega cada elemento de $helper.events (eventos do objeto auxiliar) a cada vez e executa seu corpo com $e configurado para esse elemento. Em outras palavras, essa é uma construção do estilo *para-cada* típica.

$helper.events é uma referência para o contexto do *template*. Estou usando um *Auxiliar de Embarcação (547)* e, logo, coloquei apenas o auxiliar, nesse caso uma instância de SwitchHelper (auxiliar de seleção de múltiplos caminhos), no contexto do Velocity. O auxiliar é inicializado com uma máquina de estados, e a propriedade events (eventos) fornece acesso a ela.

```
class SwitchHelper...
  private StateMachine machine;

  public SwitchHelper(StateMachine machine) {
    this.machine = machine;
  }
  public Collection<Event> getEvents() {
    return machine.getEvents();
  }
```

Cada evento é um objeto do *Modelo Semântico (159)*. Como consequência, posso usar a propriedade code (código) diretamente. Entretanto, criar uma constante para referenciar no código exige um pouco mais de trabalho; para isso, coloco algum código no auxiliar.

```
class SwitchHelper...
  public String eventEnum(Event e) {
    return String.format("EVENT_%s", e.getName());
  }
```

CAPÍTULO 53 ▼ GERAÇÃO POR TEMPLATES

É claro, não existe uma necessidade absoluta de usar uma constante aqui; eu poderia simplesmente usar o próprio código do evento. Gero a constante porque prefiro que mesmo meu código gerado seja legível.

Como costuma ser o caso, os comandos usam exatamente o mesmo mecanismo que os eventos, então deixarei esse código para sua imaginação.

Para gerar os estados, preciso usar uma constante inteira.

```
arquivo de template...
  #foreach ($s in $helper.states)
  #define $helper.stateEnum($s) $helper.stateId($s)
  #end

class SwitchHelper...
  public Collection<State> getStates() {
    return machine.getStates();
  }
  public String stateEnum(State s) {
    return String.format("STATE_%s", s.getName());
  }
  public int stateId(State s) {
    List<State> orderedStates = new ArrayList<State>(getStates());
    Collections.sort(orderedStates);
    return orderedStates.indexOf(s);
  }
```

Alguns leitores podem ficar desconfortáveis com o fato de eu estar gerando e ordenando uma lista de estados cada vez que preciso de um identificador. Vamos deixar claro que, se esse fosse um problema de desempenho, eu armazenaria em *cache* a lista ordenada, mas, como não é, não o faço.

Com todas as declarações geradas, posso agora gerar os condicionais. Primeiro, as estruturas de seleção de múltiplos caminhos (*switches*) mais externas no estado atual.

```
arquivo de template...
  void handle_event(char *code) {
    switch(current_state_id) {
  #foreach ($s in $helper.states)
    case $helper.stateEnum($s): {
      handle_event_while_$s.name (code);
      return;
    }
  #end
    default: {
      printf("reached a bad spot");
      exit(2);
    }
    }
  }
```

Os condicionais internos fazem seleção múltipla no evento de entrada. Quebrei esses condicionais em funções separadas.

```
arquivo de template...
  #foreach ($s in $helper.states)
  void handle_event_while_$s.name (char *code) {
  #foreach ($t in $helper.getTransitions($s))
    if (0 == strcmp(code, $helper.eventEnum($t.trigger))) {
      current_state_id = $helper.stateEnum($t.target);
  #foreach($a in $t.target.actions)
    send_command($helper.commandEnum($a));
  #end
    }
  #end
  }
  #end
```

A fim de obter as transições para cada estado, preciso tanto das transições definidas no Modelo Semântico quanto das transições de eventos de reinicialização.

```
class SwitchHelper...
  public Collection<Transition> getTransitions(State s) {
    Collection<Transition> result = new ArrayList<Transition>();
    result.addAll(s.getTransitions());
    result.addAll(getResetTransitions(s));
    return result;
  }

  private Collection<Transition> getResetTransitions(State s) {
    Collection<Transition> result = new ArrayList<Transition>();
    for (Event e : machine.getResetEvents()) {
      if (!s.hasTransition(e.getCode()))
        result.add(new Transition(s, e, machine.getStart()));
    }
    return result;
  }
```

Capítulo 54

Auxiliar de embarcação

Um objeto que minimiza código em um sistema de templates fornecendo todas as funções necessárias para esse mecanismo de templates.

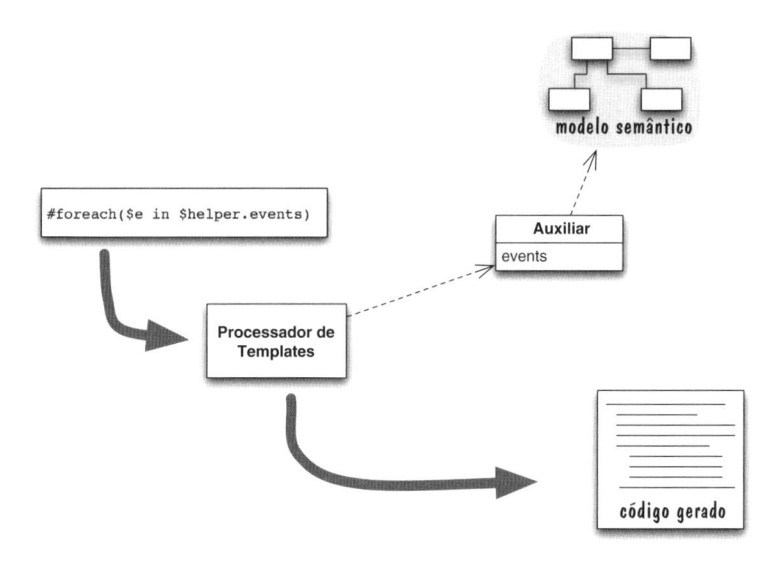

Muitos sistemas permitem que você estenda a capacidade de uma representação simples ao embarcar código de propósito geral nessa representação para fazer coisas que, de outra forma, não seriam possíveis. Exemplos incluem a embarcação de código em *templates* de páginas Web, a colocação de ações de código em arquivos de gramática e a adição de apontadores em *templates* de geração de código. Esse mecanismo de *Código Estrangeiro (309)* de propósito geral adiciona muito poder à representação em que ele está embarcado, sem complicar a própria representação básica. Entretanto, um problema comum quando você faz isso é que o Código Estrangeiro pode acabar sendo um tanto complexo e pode obscurecer a representação na qual está embarcado.

Um Auxiliar de Embarcação move todo o código complexo para uma classe auxiliar, deixando apenas simples chamadas a métodos na representação hospedeira. Isso permite que a representação hospedeira seja dominante e retenha sua clareza.

54.1 Como funciona

A ideia básica por trás de um Auxiliar de Embarcação é similar à de refatoração. Crie um Auxiliar de Embarcação, torne-o visível à representação hospedeira e pegue todo o código da representação hospedeira e mova-o para o Auxiliar de Embarcação, deixando apenas uma chamada a método para trás.

Existe apenas um aspecto técnico potencialmente complicado em relação a isso, que é obter um objeto no escopo visível quando estamos processando a representação hospedeira. A maioria dos sistemas dá a você algum mecanismo para fazer isso – eles precisam disso para chamar bibliotecas – mas, algumas vezes, ele é um tanto bagunçado.

Uma vez que você tenha o Auxiliar de Embarcação visível, qualquer código que é mais que uma simples chamada a método deve ser movido para o Auxiliar de Embarcação, então o único código deixado na representação hospedeira são chamadas simples.

Isso causa outra complicação nessa técnica, que não é nada particularmente técnico: como garantir que o que o código no Auxiliar de Embarcação está fazendo é claro? A chave para isso, assim como com qualquer abstração, é uma nomeação cuidadosa dos métodos, de forma que eles expressem claramente a intenção do código chamado sem revelar sua implementação. Essa é a mesma técnica básica para a nomeação de métodos e de funções em qualquer contexto – uma técnica central de um bom programador.

O Auxiliar de Embarcação é frequentemente usado com *Geração por Templates (539)*, e, quando você encontra essa combinação, uma questão comum é se o Auxiliar de Embarcação deve gerar ou não a saída. Muitas vezes, ouço isso como algo absoluto: os auxiliares nunca devem gerar saída. Não concordo com esse absolutismo. Certamente, existe um problema com a geração de saída no auxiliar – dado que qualquer uma dessas saídas não é visível a partir do *template*. Já que o objetivo principal da Geração por *Templates* é que você veja a saída com lacunas, tal ocultação de material gerado é, sem dúvida, um problema.

Entretanto, penso que tal problema precisa ser pesado em relação à complexidade de se manter a saída no *template* e de se usar as construções mais complicadas de *Código Estrangeiro (309)* que você possa precisar se quer evitar gerar saída usando o auxiliar. Esse é um balanço que você precisa considerar em cada caso e, apesar de eu concordar que é bom evitar a geração a partir de um Auxiliar de Embarcação, não estou inclinado a concordar que essa é sempre a melhor alternativa.

54.2 Quando usar

Suspeito bastante de padrões que alguém diz que sempre devem ser usados, mas usar um Auxiliar de Embarcação é uma dessas coisas que sempre sugiro fazer, exceto em casos realmente triviais. Já vi muito código usando *Código Estrangeiro (309)* na minha época, e vejo uma imensa diferença se um Auxiliar de Embarcação estiver presente. Sem ele, é difícil de ver a representação hospedeira, tanto que, às vezes, foge-se completamente do propósito de usar uma representação alternativa. Por exemplo, um arquivo de gramática com muito Código Estrangeiro em ações dificulta muito a visualização do fluxo básico da gramática.

Embora preservar a clareza da representação hospedeira seja a razão crucial de se usar um Auxiliar de Embarcação, existe outro benefício, em termos de ferramentas. Ele é mais evidente quando você usa uma IDE sofisticada. Nesse caso, código embarcado nenhum pode ser editado com as ferramentas da IDE, mas se você movê-lo para um Auxiliar de Embarcação, estará de volta em seu ambiente de edição completo. Mesmo editores de texto simples se beneficiam um pouco em relação a pequenas coisas como destaque de sintaxe, que normalmente não funciona apropriadamente para código embarcado.

Mesmo assim, existe uma situação na qual você não precisa de um Auxiliar de Embarcação: quando está usando classes que agem como um lugar natural para fornecer esse tipo de informação. Um exemplo é quando você está usando *Geração por Templates (539)* com um *Modelo Semântico (159)*. Nesse caso, muito do comportamento que você teria em um Auxiliar de Embarcação pode ser razoavelmente parte do próprio Modelo Semântico – desde que isso não torne muito complexo esse Modelo Semântico.

54.3 Estados do painel secreto (Java e ANTLR)

Talvez a maneira mais fácil de explicar como um Auxiliar de Embarcação funciona é mostrar como as coisas se parecem se você não o usar. Para isso, pegarei um arquivo de gramática ANTLR, praticamente o mesmo que usei no exemplo para *Tradução Embarcada (299)*. Não mostrarei o arquivo completo da gramática, mas aqui estão algumas das regras:

```
machine   : eventList resetEventList commandList state*;
eventList : 'events' event* 'end';

event : name=ID code=ID
        {
          events.put($name.getText(),
              new Event($name.getText(), $code.getText()));
        };
```

```
state : 'state' name=ID
        {
          obtainState($name);
          if (null == machine)
            machine = new StateMachine(states.get($name.getText()));
        }
      actionList[$name]?
      transition[$name]*
      'end'
      ;

transition [Token sourceState]
   : trigger = ID '=>' target = ID
     {
       states.get($sourceState.getText())
         .addTransition(events.get($trigger.getText()),
                        obtainState($target));
     };
```

Além do código nas ações de código, também preciso configurar *Tabelas de Símbolos (165)* e quaisquer funções gerais que possam evitar código duplicado, como obtainState (obter estado). Faço isso na seção members (membros) do arquivo da gramática.

Com tal código internalizado, os arquivos da gramática podem ter mais linhas de Java que da DSL da gramática. Para comparar, aqui está como se pareceria o mesmo código com um Auxiliar de Embarcação:

```
machine : eventList resetEventList commandList state*;

eventList : 'events' event* 'end';

event : name=ID code=ID {helper.addEvent($name, $code);};

state : 'state' name=ID {helper.addState($name);}
        actionList[$name]?
        transition[$name]*
        'end';

transition [Token sourceState]
 : trigger = ID '=>' target = ID {helper.addTransition($sourceState, $trigger, $target);};
```

A diferença é que o código foi movido para o auxiliar. Para fazer isso, o primeiro passo é colocar um objeto auxiliar no analisador sintático gerado. O ANTLR me permite fazer isso declarando um campo na seção members.

```
@members {
  StateMachineLoader helper;
//...
```

Isso colocará um campo na classe do analisador sintático gerado. Configuro sua visibilidade para a de pacote, de forma que eu possa manipulá-lo com outra classe. Eu poderia torná-lo privado e fornecer métodos de leitura e de escrita, mas não acho que vale a pena nesse caso.

No fluxo geral da execução deste programa, tenho uma classe carregadora que orquestra a análise sintática. Ela mantém o resultado da máquina de estados e a cria com um leitor.

```
class StateMachineLoader...
  private Reader input;
  private StateMachine machine;

  public StateMachineLoader(Reader input) {
    this.input = input;
  }
```

O método run (executar) executa o analisador sintático e preenche o campo machine (máquina).

```
class StateMachineLoader...
  public StateMachine run() {
    try {
      StateMachineLexer lexer = new StateMachineLexer(new ANTLRReaderStream(input));
      StateMachineParser parser = new StateMachineParser(new CommonTokenStream(lexer));
      parser.helper = this;
      parser.machine();
      machine.addResetEvents(resetEvents.toArray(new Event[0]));
      return machine;
    } catch (IOException e) {
      throw new RuntimeException(e);
    } catch (RecognitionException e) {
      throw new RuntimeException(e);
    }
  }
```

A análise sintática ANTLR é iniciada pela linha parser.machine (máquina do analisador sintático). Você verá que configurei o auxiliar na linha anterior a essa. Nesse caso, a classe carregadora também age como auxiliar. A carregadora é realmente bastante simples, então parece melhor adicionar o comportamento auxiliar na carregadora, em vez de criar uma classe separada para isso.

Então, tenho métodos no auxiliar para tratar as várias chamadas. Não mostrarei todos eles; aqui está um para adicionar um evento:

```
class StateMachineLoader...
  void addEvent(Token name, Token code) {
    events.put(name.getText(), new Event(name.getText(), code.getText()));
  }
```

Para manter uma quantidade mínima de código no arquivo da gramática, passo o *token* como parâmetro e deixo que o auxiliar extraia o conteúdo do texto.

Algo com que frequentemente me preocupo quando estou usando um *Gerador de Analisadores Sintáticos (269)* é se devo usar uma nomeação orientada a evento ou a comando para meu Auxiliar de Embarcação. Nesse caso, usei nomes orientados a comando: addEvent e addState (adicionar evento e adicionar estado). Nomes orientados a evento seriam algo como eventRecognized e stateNameRecognized (evento reconhecido e nome de estado reconhecido). O argumento a favor dos nomes orientados a evento é que eles não implicam ação alguma no auxiliar, deixando o auxiliar decidir o que fazer. Isso é particularmente útil se você usa diferentes auxiliares com o mesmo analisador sintático que fazem coisas diferentes em reação à análise sintática. O problema com nomes orientados a evento é que você não consegue dizer o que está acontecendo apenas por meio da leitura da gramática. Em um caso no qual estou usando a gramática apenas para uma atividade, eu preferiria saber ler a gramática e ver, a partir da nomeação, o que está acontecendo em cada passo.

Nesse exemplo, usei um objeto separado como um Auxiliar de Embarcação. Outra abordagem que posso usar com o ANTLR é uma superclasse. A opção superClass (superclasse) do ANTLR me permite configurar qualquer classe como a superclasse do analisador sintático gerado. Posso, então, usar a superclasse como o Auxiliar de Embarcação, colocando todos os dados e funções necessárias lá. O benefício disso é que posso dizer addEvent (adicionar evento) em vez de helper.addEvent (auxiliar – adicionar evento).

54.4   Um auxiliar deveria gerar HTML? (Java e Velocity)

Uma regra comum que ouço é que um Auxiliar de Embarcação não deve gerar qualquer tipo de saída. Não considero essa uma regra útil, mas acho que um exemplo seria uma boa maneira de explorar os compromissos existentes um pouco mais a fundo. O exemplo não é realmente conectado às DSLs, dado que envolve criação de HTML, mas os princípios são os mesmos e me poupa de ter que pensar com outro exemplo artificial.

Suponha que tivéssemos uma coleção de objetos person (pessoa) e quiséssemos imprimir seus nomes em uma lista desordenada. Cada pessoa pode ter um endereço de email ou uma URL. Se elas possuírem uma URL, queremos que um link seja criado em torno do nome, apontando para a URL; se endereço for um de email, queremos um link *mailto*; mas não pode existir link algum se nenhum deles for informado. Usando o Velocity como meu motor de processamento de *templates*, aqui está o código para mostrar isso:

```
<ul>
#foreach($person in $book.people)
  #if( $person.getUrl() )
  <li><a href = "$person.url">$person.fullName</a></li>
  #elseif( $person.email )
  <li><a href = "mailto:$person.email">$person.fullName</a></li>
  #else
  <li>$person.fullName</li>
  #end
#end
</ul>
```

O problema com isso é que agora tenho um monte de lógica em meu arquivo de *template*. Essa lógica pode obscurecer o leiaute do *template*, exatamente onde um Auxiliar de Embarcação pode ajudar. Aqui está um leiaute alternativo usando um Auxiliar de Embarcação para gerar a saída:

arquivo de template...
```
  <ul>
  #foreach($person in $book.people)
    <li>$helper.render($person)</li>
  #end
  </ul>
```

class PageHelper...
```
  public String render(Person person) {
    String href = null;
    if (null != person.getEmail()) href = "mailto:" + person.getEmail().toString();
    if (null != person.getUrl())   href = person.getUrl().toString();
    if (null != href)
      return String.format("<a href = \"%s\">%s</a>", href, person.getFullName());
    else
      return person.getFullName();
  }
```

Ao mover a lógica para o auxiliar, torno mais fácil acompanhar o *template*, ao custo de alguma parte do HTML não ser visível no *template*.

Mas antes de contemplar o compromisso completamente, devo notar que, frequentemente nesses argumentos, existe um meio-termo importante que deve ser explorado. Este é o local em que parte da lógica pode ir para o Auxiliar de Embarcação sem ele ter de gerar a saída.

arquivo de template...
```
  <ul>
  #foreach($person in $book.people)
    #if( $helper.hasLink($person) )
    <li><a href = "$helper.getHref($person)">$person.fullName</a></li>
    #else
    <li>$person.fullName</li>
    #end
  #end
  </ul>
```

class PageHelper...
```
  public boolean hasLink(Person person) {
    return (null != person.getEmail()) || (null != person.getUrl());
  }
  public String getHref(Person person) {
    if (null != person.getUrl()) return person.getUrl().toString();
    if (null != person.getEmail()) return "mailto:" + person.getEmail().toString();
    throw new IllegalArgumentException("Person has no link");
  }
```

Meu argumento aqui é que colocar geração de saída no Auxiliar de Embarcação é uma escolha razoável. Quanto mais complicada é a lógica e o *template* como um todo, mais ganho ao mover a geração da saída para o Auxiliar de Embarcação, onde posso fatorar melhor as coisas. A maior objeção a isso ocorre quando você tem pessoas separadas trabalhando no *template* (como um projetista HTML) e no código. Isso leva a um custo de coordenação para algumas mudanças. Por exemplo, suponha que o projetista HTML quisesse adicionar uma classe de estilo para o link de saída; se o Auxiliar de Embarcação gerasse esse link, então o projetista teria de coordenar com um programador para realizar a mudança. É claro, isso só é problema se você tem diferentes pessoas trabalhando em diferentes arquivos; quando estiver gerando código para uma DSL, esse normalmente não é o caso.

Capítulo 55

Geração ciente do modelo

Gere código com um simulacro explícito do modelo semântico da DSL, de forma que o código gerado possua uma separação entre o que é genérico e o que é específico.

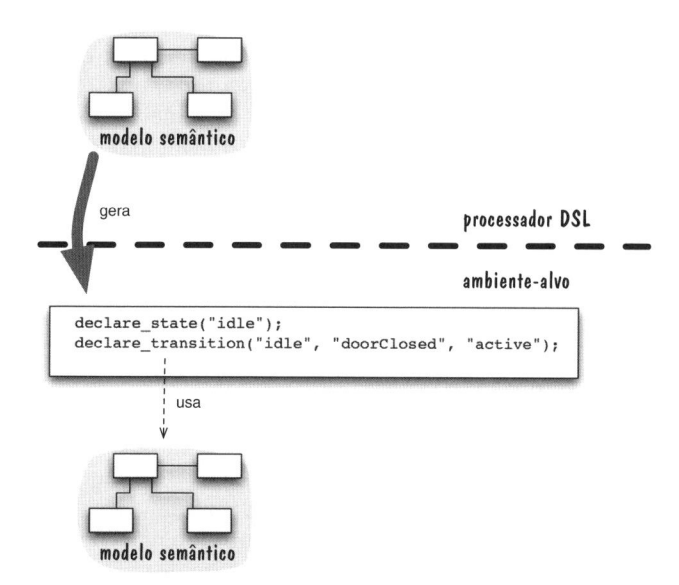

```
declare_state("idle");
declare_transition("idle", "doorClosed", "active");
```

Quando você gera código, embarca a semântica do script DSL dentro desse código. Ao usar Geração Ciente do Modelo, você replica alguma forma do *Modelo Semântico (159)* no código gerado, de forma a preservar a separação de código genérico e específico dentro do código gerado.

55.1 Como funciona

O aspecto mais importante da Geração Ciente do Modelo é que ela preserva o princípio da separação entre genérico e específico. O formato real que o modelo obtém no código gerado é muito menos importante, e é por isso que gosto de dizer que o código gerado contém um simulacro do *Modelo Semântico (159)*.

É um simulacro de modelo por muitas razões. Em geral, você está gerando código por causa de limitações do ambiente-alvo – as quais frequentemente tornam mais difícil expressar um Modelo Semântico da forma como você gostaria. Como resultado disso, diversas escolhas precisarão ser feitas, o que deixa o Modelo Semântico menos eficaz como declaração da intenção do sistema. Entretanto, é importante entender que isso não é algo muito preocupante, desde que você mantenha a separação entre o que é genérico e o que é específico.

Como o simulacro de modelo é uma versão autossuficiente do Modelo Semântico, você pode, e deve, construir e testar o modelo sem usar qualquer geração de código. Certifique-se de que o modelo tenha uma API simples para preenchê-lo. A geração de código, então, gerará código de configuração que chama essa API. Você pode, em seguida, testar o simulacro de modelo usando scripts de teste que utilizam essa mesma API. Isso lhe permite construir, testar e refinar o comportamento principal do ambiente-alvo sem executar o processo de geração de código. Você pode fazer isso com um teste relativamente simples de preenchimento do modelo, o que deve ser mais fácil de se entender e de se depurar.

55.2 Quando usar

Usar uma Geração Ciente do Modelo possui muitas vantagens comparadas com o uso de *Geração Ignorante ao Modelo (567)*. O simulacro de modelo sem geração é fácil de se construir e de se testar, porque você não tem de reexecutar e compreender a geração de código enquanto trabalha com o simulacro do modelo. Uma vez que o código gerado é agora feito de chamadas à API do simulacro do modelo, esse código é muito fácil de gerar, o que simplifica a construção e a manutenção do gerador.

A principal razão para não se usar a Geração Ciente do Modelo é em virtude das limitações no ambiente-alvo. Ou é muito difícil expressar até mesmo um simulacro do modelo ou existem problemas de desempenho em se ter um simulacro do modelo em tempo de execução.

Em muitos casos, você está usando DSLs como fachada para um modelo existente. Se você estiver gerando código para trabalhar com o modelo, então você está usando Geração Ciente do Modelo.

55.3 O painel secreto da máquina de estados (C)

Para um exemplo de Geração Ciente do Modelo, voltarei novamente para o painel secreto da máquina de estados com o qual iniciei este livro. Estou agora imaginando uma situação na qual ficamos sem torradeiras com Java disponível para executar nosso sistema de segurança, e nosso próximo lote é programável apenas em C. Como consequência, precisamos gerar o código C a partir do modelo semântico Java.

Nesta seção, não falarei acerca da geração de código; para isso, dê uma olhada no exemplo de *Geração por Transformação (533)*. Aqui nos concentraremos em como o código final, tanto o gerado quando o escrito manualmente, se pareceria com uma Geração Ciente do Modelo.

Existem muitas maneiras de implementar um modelo como esse em C. Essencialmente, estou fazendo isso como uma estrutura de dados com rotinas que navegam sobre essa estrutura de dados de forma a produzir o comportamento de que precisamos. Cada controlador físico controla apenas um único dispositivo, então podemos armazenar a estrutura de dados como dados estáticos. Também devo evitar alocações na pilha e aloco toda a memória de que preciso desde o início.

Construí a estrutura de dados como um conjunto de registros aninhados e vetores. No topo da estrutura, está um controlador.

```
typedef struct {
  stateMachine *machine;
  int currentState;
} Controller;
```

Você notará que represento o estado atual como um inteiro. Como você verá, uso referências inteiras no simulacro do modelo para representar todas as várias ligações entre diferentes partes do modelo.

A máquina de estados possui vetores para estados, eventos e comandos.

```
typedef struct {
  State states[NUM_STATES];
  Event events[NUM_EVENTS];
  Command commands[NUM_COMMANDS];
} stateMachine;
```

Os tamanhos dos diversos vetores são configurados a partir de definições de macro.

```
#define NUM_STATES 50
#define NUM_EVENTS 50
#define NUM_TRANSITIONS 30
#define NUM_COMMANDS 30
#define NUM_ACTIONS 10
#define COMMAND_HISTORY_SIZE 50
#define NAME_LENGTH 30
#define CODE_LENGTH 4
#define EMPTY -1
```

Os eventos e os comandos possuem seu nome e código.

```
typedef struct {
  char name[NAME_LENGTH + 1];
  char code[CODE_LENGTH + 1];
} Event;

typedef struct {
  char name[NAME_LENGTH + 1];
  char code[CODE_LENGTH + 1];
} Command;
```

A estrutura de estado mantém ações e transições. As ações são inteiros que correspondem aos comandos, enquanto as transições são pares de inteiros para o evento de disparo e o evento-alvo.

```
typedef struct {
   int event;
   int target;
} Transition;

typedef struct {
   char name[NAME_LENGTH + 1];
   Transition transitions[NUM_TRANSITIONS];
   int actions[NUM_COMMANDS];
} State;
```

Muitos programadores C prefeririam usar aritmética de ponteiros em vez de índices de vetores para navegar pelas estruturas de vetores, mas prefiro evitar infligir aritmética de ponteiros em meus leitores não C (não mencionando a mim mesmo, dado que meu C nunca foi muito bom, mesmo antes de ele se tornar enferrujado). Existe um argumento mais amplo aqui. Acredito que o código gerado deva ser legível mesmo que ele não seja editado, pois frequentemente será usado para depuração. Usando este exemplo, mesmo se você, como escritor de geradores, estiver confortável com aritmética de ponteiros, deve ser cauteloso em usá-la em código gerado se as pessoas que lerão esse código não estiverem confortáveis.

Para terminar a estrutura de dados, declaro a máquina de estados e o controlador como variáveis estáticas globais, ou seja, existe apenas uma de cada.

```
static stateMachine machine;
static Controller controller;
```

Todas essas definições de dados são feitas dentro de um único arquivo .c. Dessa maneira, posso encapsular a estrutura de dados atrás de um punhado de funções externamente declaradas. O código específico sabe apenas sobre essas funções e é, corretamente, ignorante acerca da estrutura de dados. Nesse caso, a ignorância é verdadeiramente uma bênção.

Quando inicializo a máquina de estados, coloco zero byte no primeiro caractere do registro string, tornando-o efetivamente vazio.

```
void init_machine() {
  int i;
  for (i = 0; i < NUM_STATES; i++) {
    machine.states[i].name[0] = '\0';
    int t;
    for (t = 0; t < NUM_TRANSITIONS; t++) {
      machine.states[i].transitions[t].event = EMPTY;
      machine.states[i].transitions[t].target = EMPTY;
    }
    int c;
    for (c = 0; c < NUM_ACTIONS; c++)
      machine.states[i].actions[c] = EMPTY;
  }
  for (i=0; i < NUM_EVENTS; i++) {
    machine.events[i].name[0] = '\0';
    machine.events[i].code[0] = '\0';
  }
  for (i=0; i < NUM_COMMANDS; i++) {
    machine.commands[i].name[0] = '\0';
    machine.commands[i].code[0] = '\0';
  }
}
```

Para declarar um novo evento, procuro pelo primeiro evento vazio e insiro os dados lá.

```
void declare_event(char *name, char *code) {
  assert_error(is_empty_event_slot(NUM_EVENTS - 1), "event list is full");
  int i;
  for (i = 0; i < NUM_EVENTS; i++) {
    if (is_empty_event_slot(i)) {
      strncpy(machine.events[i].name, name, NAME_LENGTH);
      strncpy(machine.events[i].code, code, CODE_LENGTH);
      break;
    }
  }
}

int is_empty_event_slot(int index) {
  return ('\0' == machine.events[index].name[0]);
}
```

A macro assert_error (verifica erro) verifica a condição e, se ela for falsa, chama uma função de erro com a mensagem.

```
#define assert_error(test, message) \
do { if (!(test)) sm_error(#message); } while (0)
```

Note que empacotei a macro em um laço do-while (faça-enquanto). Parece estranho, mas previne interações inconvenientes se a macro for usada dentro de uma sentença if (se).

Os comandos são declarados da mesma maneira, então não mostrarei esse código.

Os estados são declarados por meio de diversas funções. A primeira simplesmente declara o nome do estado.

```c
void declare_state(char *name) {
  assert(is_empty_state_slot(NUM_STATES - 1));
  int i;
  for (i = 0; i < NUM_STATES; i++) {
    if (is_empty_state_slot(i)) {
      strncpy(machine.states[i].name, name, NAME_LENGTH);
      break;
    }
  }
}

int is_empty_state_slot(int index) {
  return ('\0' == machine.states[index].name[0]);
}
```

Declarar as ações e as transições é um pouco mais complicado, pois temos de buscar o identificador da com ação com base em seu nome. Aqui estão as ações:

```c
void declare_action(char *stateName, char *commandName) {
  int state = stateID(stateName);
  assert_error(state >= 0, "unrecognized state");
  int command = commandID(commandName);
  assert_error(command >= 0, "unrecognized command");
  assert_error(EMPTY == machine.states[state].actions[NUM_ACTIONS -1],
               "too many actions on state");
  int i;
  for (i = 0; i < NUM_ACTIONS; i++) {
    if (EMPTY == machine.states[state].actions[i]) {
      machine.states[state].actions[i] = command;
      break;
    }
  }
}

int stateID(char *stateName) {
  int i;
  for (i = 0; i < NUM_STATES; i++) {
    if (is_empty_state_slot(i)) return EMPTY;
    if (0 == strcmp(stateName, machine.states[i].name))
      return i;
  }
  return EMPTY;
}

int commandID(char *name) {
  int i;
  for (i = 0; i < NUM_COMMANDS; i++) {
    if (is_empty_command_slot(i)) return EMPTY;
    if (0 == strcmp(name, machine.commands[i].name))
      return i;
  }
  return EMPTY;
}
```

As transições são similares.

```c
void declare_transition (char *sourceState, char *eventName,
                         char *targetState)
{
  int source = stateID(sourceState);
  assert_error(source >= 0, "unrecognized source state");
  int target = stateID(targetState);
  assert_error(target >= 0, "unrecognized target state");
  int event = eventID_named(eventName);
  assert_error(event >=0, "unrecognized event");
  int i;
  for (i = 0; i < NUM_TRANSITIONS; i++){
    if (EMPTY == machine.states[source].transitions[i].event) {
      machine.states[source].transitions[i].event = event;
      machine.states[source].transitions[i].target = target;
      break;
    }
  }
}

int eventID_named(char *name) {
  int i;
  for (i = 0; i < NUM_EVENTS; i++) {
    if (is_empty_event_slot(i)) break;
    if (0 == strcmp(name, machine.events[i].name))
      return i;
  }
  return EMPTY;
}
```

Posso agora usar essas funções de declaração para definir uma máquina de estados completa – nesse caso, aquela familiar para a senhorita Grant.

```c
void build_machine() {

  declare_event("doorClosed", "D1CL");
  declare_event("drawerOpened", "D2OP");
  declare_event("lightOn", "L1ON");
  declare_event("doorOpened", "D1OP");
  declare_event("panelClosed", "PNCL");

  declare_command("lockDoor", "D1LK");
  declare_command("lockPanel", "PNLK");
  declare_command("unlockPanel", "PNUL");
  declare_command("unlockDoor", "D1UL");

  declare_state("idle");
  declare_state("active");
  declare_state("waitingForDrawer");
  declare_state("unlockedPanel");
  declare_state("waitingForLight");
```

```
    /* corpo para o estado idle */
    declare_action("idle", "unlockDoor");
    declare_action("idle", "lockPanel");
    declare_transition("idle", "doorClosed", "active");

    /* corpo para o estado active */
    declare_transition("active", "lightOn", "waitingForDrawer");
    declare_transition("active", "drawerOpened", "waitingForLight");

    /* corpo para o estado waitingForDrawer */
    declare_transition("waitingForDrawer", "drawerOpened", "unlockedPanel");

    /* corpo para o estado unlockedPanel */
    declare_action("unlockedPanel", "unlockPanel");
    declare_action("unlockedPanel", "lockDoor");
    declare_transition("unlockedPanel", "panelClosed", "idle");

    /* corpo para o estado waitingForLight */
    declare_transition("waitingForLight", "lightOn", "unlockedPanel");

    /* transições de eventos de reinicialização */
    declare_transition("idle", "doorOpened", "idle");
    declare_transition("active", "doorOpened", "idle");
    declare_transition("waitingForDrawer", "doorOpened", "idle");
    declare_transition("unlockedPanel", "doorOpened", "idle");
    declare_transition("waitingForLight", "doorOpened", "idle");
}
```

Esse código de preenchimento é aquele que seria gerado por um gerador de código (veja "Controlador do painel secreto (Java gerando C)", p. 535).

Devo agora mostrar o código que faz a máquina de estados funcionar. Nesse caso, esta é a função chamada para tratar de um evento com um determinado código de evento.

```
void handle_event(char *code) {
  int event = eventID_with_code(code);
  if (EMPTY == event) return;  //ignora eventos desconhecidos
  int t = get_transition_target(controller.currentState, event);
  if (EMPTY == t) return; //não há transições neste estado, então ignore
  controller.currentState = t;

  int i;
  for (i = 0; i < NUM_ACTIONS; i++) {
    int action = machine.states[controller.currentState].actions[i];
    if (EMPTY == action) break;
    send_command(machine.commands[action].code);
  }
}
```

```
int eventID_with_code(char *code) {
  int i;
  for (i = 0; i < NUM_EVENTS; i++) {
    if (is_empty_event_slot(i)) break;
    if (0 == strcmp(code, machine.events[i].code))
      return i;
  }
  return EMPTY;
}

int get_transition_target(int state, int event) {
  int i;
  for (i = 0; i < NUM_TRANSITIONS; i++) {
    if (EMPTY == machine.states[state].transitions[i].event) return EMPTY;
    if (event == machine.states[state].transitions[i].event) {
      return machine.states[state].transitions[i].target;
    }
  }
  return EMPTY;
}
```

Esse é o modelo em funcionamento da máquina de estados. Existem alguns pontos a destacarmos nele. Primeiro, a estrutura de dados é um pouco primitiva, dado que envolve percorrer um vetor para buscar os vários códigos e nomes. Ao definir a máquina de estados, isso provavelmente não é grande coisa, mas, na execução da máquina, estaríamos melhores se substituíssemos a busca linear por uma função de dispersão. Como a máquina de estados está bem encapsulada, isso é fácil de ser feito, então deixarei como um exercício para o leitor. Mudar tais detalhes de implementação do modelo não afeta a interface das funções de configuração que definem novas máquinas de estados. Esse é um encapsulamento importante.

O modelo não inclui qualquer noção de eventos de reinicialização. Os vários eventos de reinicialização que são definidos a partir dos scripts DSL e do modelo semântico Java são simplesmente convertidos em transições extras na máquina de estados em C. Isso simplifica a execução da máquina de estados e é um típico exemplo de escolha em que prefiro simplificar a operação do que claramente declarar a intenção de algo. Para o *Modelo Semântico (159)* verdadeiro, prefiro manter o máximo de intenção que puder, mas, para um modelo em um ambiente-alvo gerado, valorizo menos a captura da intenção.

Eu poderia ter ido além na simplificação da execução da máquina de estados, removendo todos os nomes de eventos, de comandos e de estados. Esses nomes são usados apenas enquanto estou configurando a máquina e não durante a execução. Então, poderia usar algumas tabelas de busca, que seriam descartadas uma vez que a máquina estivesse completamente definida. Na verdade, as funções de declaração poderiam simplesmente usar inteiros, algo como declare_action(1,2); (declara uma ação). Embora isso não seja nem de perto tão legível, você pode argumentar que importa menos, pois esse código é gerado de qualquer maneira. Nessas situações, estou inclinado a manter os nomes, pois prefiro que mesmo o código gerado seja legível, mas, mais importante, que ele permita que a máquina de estados produza diagnósticos mais úteis quando as coisas dão errado. Sacrificaria isso, entretanto, se o espaço fosse realmente restrito no ambiente-alvo.

55.4 Carregando dinamicamente a máquina de estados (C)

Gerar código em C no exemplo anterior significa que, para configurar uma nova máquina de estados, precisamos recompilar. Usar uma Geração Ciente do Modelo também nos permite construir máquinas de estados em tempo de execução, ao guiar a geração de código a partir de outro arquivo.

Nesse caso, posso expressar o comportamento de uma máquina de estados em especial por meio de um arquivo de texto como o seguinte:

```
config_machine.txt...
  event doorClosed D1CL
  event drawerOpened D2OP
  event lightOn L1ON
  event doorOpened D1OP
  event panelClosed PNCL
  command lockDoor D1LK
  command lockPanel PNLK
  command unlockPanel PNUL
  command unlockDoor D1UL
  state idle
  state active
  state waitingForDrawer
  state unlockedPanel
  state waitingForLight
  transition idle doorClosed active
  action idle unlockDoor
  action idle lockPanel
  transition active lightOn waitingForDrawer
  transition active drawerOpened waitingForLight
  transition waitingForDrawer drawerOpened unlockedPanel
  transition unlockedPanel panelClosed idle
  action unlockedPanel unlockPanel
  action unlockedPanel lockDoor
  transition waitingForLight lightOn unlockedPanel
  transition idle doorOpened idle
  transition active doorOpened idle
  transition waitingForDrawer doorOpened idle
  transition unlockedPanel doorOpened idle
  transition waitingForLight doorOpened idle
```

Posso gerar esse arquivo a partir do *Modelo Semântico (159)* Java.

```
class StateMachine...
  public String generateConfig() {
    StringBuffer result = new StringBuffer();
    for(Event e : getEvents()) e.generateConfig(result);
    for(Command c : getCommands()) c.generateConfig(result);
    for(State s : getStates()) s.generateNameConfig(result);
    for(State s : getStates()) s.generateDetailConfig(result);
    generateConfigForResetEvents(result);
    return result.toString();
  }

class Event...
  public void generateConfig(StringBuffer result) {
    result.append(String.format("event %s %s\n", getName(), getCode()));
  }

class Command...
  public void generateConfig(StringBuffer result) {
    result.append(String.format("command %s %s\n", getName(), getCode()));
  }

class State...
  public void generateNameConfig(StringBuffer result) {
    result.append(String.format("state %s\n", getName()));
  }
  public void generateDetailConfig(StringBuffer result) {
    for (Transition t : getTransitions()) t.generateConfig(result);
    for (Command c : getActions())
      result.append(String.format("action %s %s\n", getName(), c.getName()));
  }
```

Para executar a máquina de estados, posso facilmente interpretar config_machine (configurar máquina) usando *Tradução Dirigida por Delimitadores (201)* com as funções de processamento de string simples predefinidas na biblioteca padrão de C.

A função geral para construir a máquina trabalha simplesmente abrindo o arquivo e interpretando cada linha no momento em que ela é obtida.

```
void build_machine() {
  FILE * input = fopen("machine.txt", "r");
  char buffer[BUFFER_SIZE];
  while (NULL != fgets(buffer, BUFFER_SIZE, input)) {
    interpret(buffer);
  }
}
```

A função strtok padrão de C me permite quebrar uma string em *tokens* separados por espaços em branco. Posso pegar o primeiro *token* e, então, despachar para uma função específica para interpretar esse tipo de linha.

```
#define DELIMITERS " \t\n"

void interpret(char * line) {
  char * keyword;
  keyword = strtok(line, DELIMITERS);
  if (NULL == keyword) return; // ignora linhas em branco
  if ('#' == keyword[0]) return; // comentário
  if (0 == strcmp("event", keyword)) return interpret_event();
  if (0 == strcmp("command", keyword)) return interpret_command();
  if (0 == strcmp("state", keyword)) return interpret_state();
  if (0 == strcmp("transition", keyword)) return interpret_transition();
  if (0 == strcmp("action", keyword)) return interpret_action();
  sm_error("Unknown keyword");
}
```

Cada função específica obtém os *tokens* necessários e chama as funções declare que defini no exemplo anterior. Apenas mostrarei os eventos, dado que todos os outros basicamente são parecidos.

```
void interpret_event() {
  char *name = strtok(NULL, DELIMITERS);
  char *code = strtok(NULL, DELIMITERS);
  declare_event(name, code);
}
```

(Chamadas repetidas a strtok com um primeiro elemento nulo (NULL) obtêm *tokens* adicionais a partir da mesma string da chamada anterior a strtok.)

Não considero esse formato textual uma DSL, pois o projetei para facilitar a interpretação, e não a legibilidade para humanos. É aconselhável ter certa quantidade de legibilidade para humanos – como usar nomes de estados, de eventos e de comandos –, já que ajuda na depuração. Mesmo assim, nesse caso, a legibilidade para humanos é um segundo lugar distante em relação à facilidade de interpretação.

O objetivo desse exemplo é ilustrar que a geração de código para uma linguagem-alvo estática não significa que você não possa usar interpretação em tempo de execução. Ao usar a Geração Ciente do Modelo, posso compilar apenas o modelo genérico da máquina de estados junto com um interpretador muito simples. Meu gerador de código, então, simplesmente gera o arquivo de texto a ser interpretado. Isso me permite usar C para meus controladores, mas sem ter de recompilar para fazer uma modificação na máquina de estados. Ao gerar um arquivo que é projetado para a facilidade de interpretação no ambiente que tenho disponível, posso minimizar o custo da interpretação. Poderia, é claro, ir um passo além e colocar o processador DSL completo em C – mas isso levantaria demandas de processamento no sistema C e envolveria uma programação C mais complexa. Dependendo da situação em particular, essa pode ser uma opção viável, e não estaríamos mais no mundo da Geração Ciente do Modelo.

Capítulo 56

Geração ignorante ao modelo

Codifique diretamente toda a lógica no código gerado, de forma que não exista qualquer representação explícita do Modelo Semântico (159).

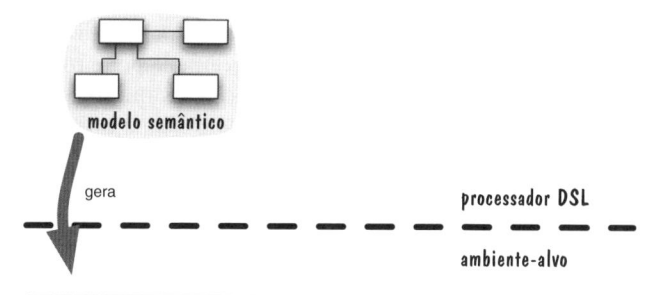

```
void handle_event(char *code) {
  switch(current_state_id) {
  case STATE_idle: {
    if (0 == strcmp(code, EVENT_doorClosed)) {
      current_state_id = STATE_active;
    }
    return;
  }
  case STATE_active: {
  ...
```

56.1 Como funciona

Uma das vantagens da geração de código é que ela lhe permite produzir código que seria muito repetitivo para ser escrito à mão de uma maneira controlada. Isso abre opções de implementação das quais, em geral, você sabiamente se distanciaria por causa da duplicação de código. Em especial, isso possibilita codificar um comportamento geralmente representado a partir de estruturas de dados em fluxo de controle.

Para usar Geração Ignorante ao Modelo, posso iniciar escrevendo uma implementação de um script DSL em particular no ambiente-alvo. Prefiro começar com um script bastante simples e mínimo. O código de implementação deve ser claro, mas pode livremente misturar código genérico e específico e não precisa se preocupar com repetição nos elementos específicos, pois eles serão gerados. Isso significa que não tenho que pensar sobre estruturas de dados espertas, normalmente preferindo código procedural e estruturas simples.

56.2 Quando usar

Ambientes-alvo frequentemente envolvem linguagens com recursos limitados para estruturar programas e construir um bom modelo. Nessas situações, não é possível usar *Geração Ciente do Modelo (555)*, então a Geração Ignorante ao Modelo é, de certa forma, a única opção. Quando o uso da Geração Ciente do Modelo resulta em uma implementação que demanda muitos recursos em tempo de execução, estamos em face de mais uma razão para utilizar Geração Ignorante ao Modelo. Codificar a lógica em fluxo de controle pode reduzir as necessidades de memória ou aumentar o desempenho; se essas questões são suficientemente cruciais, então a Geração Ignorante ao Modelo é uma boa maneira de chegar lá.

Como um todo, entretanto, prefiro Geração Ciente do Modelo se for possível. É geralmente mais fácil gerar código com Geração Ciente do Modelo, que resulta em um programa de geração mais simples de se entender e de se modificar. Tendo dito isso, a Geração Ignorante ao Modelo frequentemente torna o código gerado mais fácil de ser acompanhado. Isso tem o efeito inverso, de forma que possa ser mais fácil descobrir o que gerar, apesar de mais difícil de escrever o código para gerá-lo.

56.3 O painel secreto da máquina de estados como condicionais aninhados (C)

Mais uma vez, usarei o painel secreto da máquina de estados ilustrado na Introdução. Uma das implementações clássicas da máquina de estados emprega condicionais aninhados, que lhe permitem avaliar seu próximo passo por meio de expressões condicionais baseadas em seu estado atual e no evento recebido. Para este exemplo, mostrarei como uma implementação de condicional aninhado para o controlador da senhorita Grant se parece. Para visualizar como eu poderia gerar esse código, veja o exemplo na *Geração por Templates (539)*.

Existem duas condições que preciso avaliar: o evento de entrada e o estado atual. Iniciarei com este último.

```c
#define STATE_idle 1
#define STATE_active 0
#define STATE_waitingForDrawer 3
#define STATE_unlockedPanel 2
#define STATE_waitingForLight 4

void handle_event(char *code) {
  switch(current_state_id) {
  case STATE_idle: {
    handle_event_while_idle (code);
    return;
  }
  case STATE_active: {
    handle_event_while_active (code);
    return;
  }
  case STATE_waitingForDrawer: {
    handle_event_while_waitingForDrawer (code);
    return;
  }
  case STATE_unlockedPanel: {
    handle_event_while_unlockedPanel (code);
    return;
  }
  case STATE_waitingForLight: {
    handle_event_while_waitingForLight (code);
    return;
  }
  default: {
    printf("in impossible state");
    exit(2);
  }
  }
}
```

Testar o estado envolve uma variável estática que mantém o estado atual.

```c
#define ERROR_STATE -99
static int current_state_id = ERROR_STATE;
void init_controller() {
  current_state_id = STATE_idle;
}
```

Cada função subsidiária agora faz uma verificação condicional adicional baseada no evento recebido. Aqui está o caso para o estado ativo:

```c
#define EVENT_drawerOpened "D2OP"
#define EVENT_lightOn "L1ON"
#define EVENT_doorOpened "D1OP"

#define COMMAND_lockPanel "PNLK"
#define COMMAND_unlockPanel "PNUL"
```

```
void handle_event_while_active (char *code) {
  if (0 == strcmp(code, EVENT_lightOn)) {
    current_state_id = STATE_waitingForDrawer;
  }
  if (0 == strcmp(code, EVENT_drawerOpened)) {
    current_state_id = STATE_waitingForLight;
  }
  if (0 == strcmp(code, EVENT_doorOpened)) {
    current_state_id = STATE_idle;
    send_command(COMMAND_unlockDoor);
    send_command(COMMAND_lockPanel);
  }
}
```

As outras funções subsidiárias são bastante similares, então não as repetirei aqui.

Embora esse código seja muito repetitivo de escrever manualmente para diferentes máquinas, quando gerado ele é bastante fácil de se acompanhar.

Capítulo 57

Lacuna de geração

Separe código gerado de código não gerado por herança.

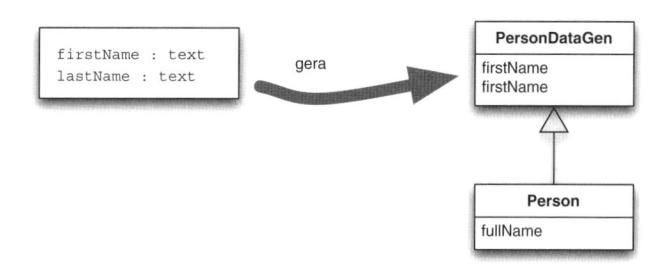

```
firstName : text         gera      PersonDataGen
lastName : text         ────▶      firstName
                                   firstName

                                      △
                                      │
                                    Person
                                    fullName
```

Uma das dificuldades da geração de código reside no fato de o código gerado e o código escrito precisarem ser tratados de maneiras diferentes. Código gerado nunca deve ser editado manualmente, caso contrário você não poderá gerá-lo novamente de maneira segura.

A Lacuna de Geração trata de manter separadas a parte gerada da parte escrita manualmente, colocando-as em diferentes classes ligadas por herança.

Esse padrão foi inicialmente descrito por John Vlissides. Nessa formulação, a classe escrita manualmente era uma subclasse da classe gerada. Minha descrição é um pouco diferente, baseada no uso que tenho visto; eu realmente gostaria de poder falar sobre essa descrição com John.

57.1 Como funciona

A forma básica de Lacuna de Geração envolve gerar uma superclasse, a qual Vlissides chama de classe base, e codificar manualmente uma subclasse. Dessa forma, você sempre sobrescreve qualquer aspecto do código gerado que você queira na subclasse. O código escrito manualmente pode chamar qualquer funcionalidade gerada, e o código gerado pode chamar funcionalidades codificadas à mão usando métodos abstratos – os quais o compilador pode verificar se foram implementados pela subclasse – ou métodos gancho, os quais são apenas sobrescritos quando necessário.

Quando você se refere a essas classes de fora, você sempre se refere à classe concreta escrita a mão. A classe gerada é ignorada pelo resto do código.

Uma variação comum que tenho visto é adicionar uma terceira classe, escrita manualmente, que é uma superclasse da classe gerada, a fim de mover qualquer lógica da classe gerada que não depende das variações disparadas pela geração de código. Em vez de gerar o código não variável, tê-lo em uma superclasse permite que ele seja mais bem rastreado pelas ferramentas, particularmente as IDEs. Em geral, minha sugestão com a geração de código é gerar o mínimo de código possível. Isso porque qualquer código gerado é mais incômodo de editar do que o código escrito manualmente. Sempre que você modificar código gerado, precisará reexecutar o sistema de geração de código. Os recursos de refatoração das IDEs modernas não funcionarão apropriadamente com código gerado.

Então, potencialmente, você termina com três classes em uma estrutura de herança:

- **A classe base escrita manualmente** contém lógica que não varia, baseada nos parâmetros passados para a geração de código.
- **A classe gerada** contém lógica que pode ser gerada automaticamente a partir dos parâmetros de geração.
- **A classe concreta escrita manualmente** contém lógica que não pode ser gerada e depende de recursos gerados. Esta classe é a única que deveria ser mencionada por outro código.

Você nem sempre precisa de todas essas três classes. Se você não tiver qualquer lógica invariável, não precisará da classe base escrita a mão. De maneira similar, se você nunca precisar sobrescrever o código gerado, não precisará da classe concreta escrita a mão. Logo, outra variação razoável da Lacuna de Geração é uma superclasse escrita a mão e uma subclasse gerada.

Frequentemente, você encontra mais estruturas complexas de classes geradas e escritas manualmente, relacionadas tanto por herança quanto por meio de uso geral por chamadas. A inter-relação de código gerado e do escrito manualmente realmente leva a uma estrutura de classes mais complicada – esse é o preço que você paga pela conveniência da geração de código.

Um ponto que se destaca com a Lacuna de Geração é a questão sobre o que fazer quando você tem classes concretas algumas das vezes, mas não em todas elas. Nesse caso, você precisa decidir o que fazer para aquelas classes que não têm uma classe escrita manualmente. Você poderia fazer a classe gerada ser a classe nomeada usada pelo código chamador, mas isso causa muita confusão acerca de nomeação e do uso. Em virtude disso, prefiro sempre criar uma classe concreta, deixando-a vazia se não existir nada para sobrescrevê-la.

Isso ainda deixa uma questão em aberto – o programador deveria criar essas classes vazias manualmente ou o sistema de geração de código deveria criá-las? Se existirem apenas algumas classes e elas mudarem muito raramente, então é aceitável deixá-las a cargo do programador. Entretanto, se você tiver muitas delas e elas mudarem frequentemente, então é bom modificar o sistema de geração de código para verificar se existe uma classe concreta e gerar uma classe vazia, se não existir.

57.2 Quando usar

A Lacuna de Geração é uma técnica muito eficaz que lhe permite criar uma classe lógica dividida em diferentes arquivos para manter seu código gerado separado. Você realmente precisa de uma linguagem com herança para isso. Usar herança significa que quaisquer membros que podem ser sobrescritos precisam ter controles de acesso relativamente flexíveis para torná-los visíveis para as subclasses – ou seja, que não sejam privados em esquemas C# ou Java.

Se sua linguagem permitir colocar código para uma classe em múltiplos arquivos, como as classes parciais de C# ou as classes abertas de Ruby, então essa é uma alternativa à Lacuna de Geração. A vantagem dos arquivos das classes parciais é que isso permite separar o código gerado do código escrito manualmente sem usar herança – tudo está em uma classe. Uma desvantagem das classes parciais de C# é que, embora esse recurso seja bom para adicionar recursos às classes geradas, ele não lhe dá um mecanismo para sobrescrever funcionalidades. As classes abertas de Ruby tratam isso ao avaliar o código escrito manualmente após o código gerado – o que permite substituir um método gerado por um escrito manualmente.

A abordagem inicial mais comum à Lacuna de Geração era gerar código em uma área marcada de um arquivo entre comentários que diziam algo como `code gen start` (início da geração de código) e `code gen end` (fim da geração de código). O problema com essa técnica é que era confusa, levando as pessoas a modificar o código gerado e a diferenças incômodas nos controles de versões. Manter código gerado em arquivos separados é quase sempre uma ideia melhor se você encontrar uma maneira de fazê-lo.

Apesar de a Lacuna de Geração ser uma abordagem interessante, ela não é a única usada para manter o código gerado separado do código escrito manualmente. Com frequência, colocar ambos em classes separadas com chamadas entre eles é uma técnica que funciona bem. Classes que colaboram entre si são um mecanismo mais simples de se usar e de se entender, então em geral prefiro-as. Apenas sou impelido ao uso de Lacuna de Geração quando a interação entre as chamadas torna-se complicada – por exemplo, quando existe um comportamento padrão na classe gerada que quero sobrescrever para casos especiais.

57.3 Gerando classes a partir de um esquema de dados (Java e um pouco de Ruby)

Um tópico comum para geração de código é a geração das definições de dados para classes baseada em alguma forma de esquema de dados. Se você está escrevendo um *Row Data Gateway* [Fowler PoEAA] para acessar uma base de dados, poderia gerar muito dessa classe a partir do próprio esquema da base de dados.

Estou com preguiça de mexer com SQL ou com esquemas XML hoje, então pegarei algo mais simples. Vamos assumir que estou lendo arquivos CSV simples, tão simples que nem mesmo precisam de quaisquer citações ou caracteres de escape. Para cada arquivo, tenho um arquivo de esquema simples para definir os nomes dos arquivos e os tipos de dados para cada campo. Então, tenho um esquema para pessoas:

```
firstName : text
lastName : text
empID : int
```

e alguns dados de exemplo:

```
martin, fowler, 222
neal, ford, 718
rebecca, parsons, 20
```

A partir disso, quero gerar um *DTO* [Fowler PoEAA] Java com o tipo correto para cada campo no esquema, métodos de leitura e de escrita para cada campo, assim como a habilidade de executar algumas validações.

Quando estamos gerando código em uma linguagem compilada como Java, o processo de construção frequentemente pode atrapalhar. Se escrevo meu gerador de código na própria linguagem Java, preciso compilar meu gerador de código separadamente da compilação do resto do código. Isso cria um processo de construção bagunçado, em particular quando estamos trabalhando com uma IDE. Uma abordagem alternativa é usar uma linguagem de script para a geração de código; então, apenas preciso rodar um script para gerar código. Isso simplifica o processo de construção ao custo de introduzir outra linguagem. Naturalmente, acredito que você deve sempre ter uma linguagem de script à mão de qualquer forma, pois sempre existe uma necessidade de automatizar tarefas com scripts. Nesse caso, uso Ruby, dado que é minha linguagem de script preferida. Usarei *Geração por Templates (539)* com ERB, que é o sistema de processamento de *templates* de Ruby.

O *Modelo Semântico (159)* para o esquema é bastante simples. O esquema é uma coleção de campos com um nome e um tipo para cada campo.

```
class Schema...
  attr_reader :name
  def initialize name
      @name = name
      @fields = []
  end

class Field...
  attr_accessor :name, :type
  def initialize name, type
      @name = name
      @type = type
  end
```

Analisar sintaticamente o arquivo de esquema é bastante fácil – simplesmente leio cada linha, quebro-a em *tokens* em torno dos dois pontos e crio os objetos de campos. Como essa lógica de análise sintática é muito simples, não quebro o código de análise sintática para fora dos próprios objetos do Modelo Semântico.

```
class Schema...
  def load input
    input.readlines.each {|line| load_line line }
  end

  def load_line line
    return if blank?(line)
    tokens = line.split ':'
    tokens.map! {|t| t.strip}
    @fields << Field.new(tokens[0], tokens[1])
  end

  def blank? line
    return line =~ /^\s*$/
  end
```

Uma vez que eu tenha preenchido o Modelo Semântico, posso usá-lo para gerar as classes de dados. Iniciarei com as definições de campos e de métodos que os acessam. Quero gerar código como o seguinte:

```
public class PersonDataGen extends AbstractData {

  private String firstName;
  public String getFirstName () {
    return firstName ;
  }
  public void setFirstName (String arg ) {
    firstName = arg;
  }
  protected void checkFirstName(Notification note) {};

  private String lastName;
  public String getLastName () {
    return lastName ;
  }
  public void setLastName (String arg ) {
    lastName = arg;
  }
  protected void checkLastName(Notification note) {};

  private int empID;
  public int getEmpID () {
    return empID ;
  }
  public void setEmpID (int arg ) {
    empID = arg;
  }
  protected void checkEmpID(Notification note) {};
```

Configuro a classe gerada como uma subclasse da classe não variável escrita manualmente. Não uso essa classe para a definição básica dos campos, mas mostrarei um uso em breve.

Para tal, crio um *template*.

```
public class <%=name%>DataGen extends AbstractData {
  <% @fields.each do |f| %>
  private <%= f.java_type %> <%= f.name %>;
  public <%=f.java_type%> <%=f.getter_name%> () {
    return <%=f.name%> ;
  }
  public void <%= f.setter_name %> (<%= f.java_type %> arg ) {
    <%= f.name %> = arg;
  }
  protected void <%= f.checker_name %>(Notification note) {};
  <% end %>
```

O *template* se refere a alguns métodos no Modelo Semântico que auxiliam na geração de código.

```
class Field...
  def java_type
    case @type
      when "text" : "String"
      when "int"  : "int"
      else raise "Unknown field type"
    end
  end

  def method_suffix
    @name[0..0].capitalize + @name[1..-1]
  end

  def getter_name
    "get#{method_suffix}"
  end

  def setter_name
    "set#{method_suffix}"
  end

  def checker_name
    "check#{method_suffix}"
  end
```

Gerar campos dessa forma me permite sobrescrever os métodos de leitura e de escrita ou adicionar novos métodos à classe. Nesse caso, posso retornar nomes capitalizados e adicionar a habilidade de formar um nome completo.

```
public class PersonData extends PersonDataGen {
  public String getLastName() {
    return capitalize(super.getLastName());
  }
  public String getFirstName() {
    return capitalize(super.getFirstName());
  }
  private String capitalize(String s) {
    StringBuilder result = new StringBuilder(s);
    result.replace(0,1, result.substring(0,1).toUpperCase());
    return result.toString();
  }
  public String getFullName() {
    return getFirstName() + " " + getLastName();
  }
}
```

Além do acesso a dados, também quero ter validação. Por enquanto, farei isso adicionando código ao subtipo codificado manualmente. Entretanto, quero garantir que todos os métodos de validação possam ser facilmente executados juntos. Para isso, adiciono código à classe base escrita manualmente.

```
class AbstractData...
  public Notification validate() {
    Notification note = new Notification();
    checkAllFields(note);
    checkClass(note);
    return note;
  }
  protected abstract void checkAllFields(Notification note);
  protected  void checkClass(Notification note) {}
```

O método de validação aqui chama um método abstrato para verificar todos os campos individualmente e um método gancho vazio para verificações de validação que envolvam múltiplos campos. A ideia é que eu possa sobrescrever o método gancho em minha classe concreta escrita manualmente. A classe gerada implementará o método abstrato por meio da mesma informação usada para gerar os campos.

```
class PersonDataGen...
  protected void checkAllFields(Notification note) {
    checkFirstName (note);
    checkLastName (note);
    checkEmpID (note);
  }
```

Como você pode ter notado no exemplo de código anterior, esses métodos de verificação são, eles próprios, simplesmente métodos gancho vazios. Posso sobrescrevê-los para adicionar comportamento de validação.

```
class PersonData...
  protected void checkEmpID(Notification note) {
    if (getEmpID() < 1) note.error("Employee ID must be postitive");
  }
```

Bibliografia

[Dragon] Aho, Alfred V., Monica S. Lam, Ravi Sethi e Jeffrey D. Ullman. *Compilers: Principles, Techniques, and Tools*. 2ª Edição. Addison-Wesley, 2006. ISBN 0321486811.

[Anderson] Anderson, Chris. Essential Windows Presentation Foundation. Addison-Wesley. ISBN 0321374479.

[Beck IP] Beck, Kent. Implementation Patterns. Addison-Wesley. ISBN 0321413091.

[Beck TDD] Beck, Kent. Test-Driven Development. Addison-Wesley. ISBN 0321146530.

[Beck SBPP] Beck, Kent. Smalltalk Best Practice Patterns. Addison-Wesley. ISBN 013476904X.

[Cross] Cross, Bradford. The Compositional DSL vs. Computational DSL Smack Down. http://measuringmeasures.blogspot.com/2009/02/compositional-dsl-vs-computationaldsl.html.

[Evans DDD] Evans, Eric. Domain-Driven Design. Addison-Wesley. ISBN 0321125215.

[Fowler-regex] http://martinfowler.com/bliki/ComposedRegex.html.

[Fowler e Sadalage] http://martinfowler.com/articles/evodb.html.

[Fowler PoEAA] Fowler, Martin. Patterns of Enterprise Application Architecture. Addison-Wesley. ISBN 0321127420.

[Fowler AP] Fowler, Martin. Analysis Patterns. Addison-Wesley. ISBN 0201895420.

[Fowler Refactoring] Fowler, Martin. Refactoring. Addison-Wesley. ISBN 0201485672.

[Freeman e Pryce] Freeman, Steve e Nat Pryce. "Evolving and Embedded Domain-Specific Languages in Java". Em: *Companion to the 21st ACM SIGPLAN Conference on Object-Oriented Programming Systems, Languages, and Applications*. www.jmock.org/oopsla2006.pdf

[Fowler rake] http://martinfowler.com/articles/rake.html.

[GoF] Gamma, Erich, Richard Helm, Ralph Johnson e John Vlissides. *Design Patterns*. Addison-Wesley. ISBN 0201633612.

[Graham] www.paulgraham.com/onlisp.html.

[Herrington] Herrington, Jack. *Code Generation in Action*. Manning. ISBN 1930110979.

[Kabanov et al.] Kabanov, Jevgeni, Michael Hunger e Rein Raudjärv. *On Designing Safe and Flexible Embedded DSLs with Java 5*.

[Hohpe e Woolf] Hohpe, Gregor e Booby Woolf. *Enterprise Integration Patterns*. Addison-Wesley. ISBN 0321200683.

[Meszaros] Meszaros, Gerard. *xUnit Test Patterns*. Addison-Wesley. ISBN 0131495054.

[Meyer] Meyer, Bertrand. Object-Oriented Software Construction. Addison-Wesley. ISBN 0136291554.

[parr-antlr] Parr, Terence. *The Definitive Antlr Reference*. Pragmatic Bookshelf. 2007. ISBN 0978739256.

[parr-LIP] Parr, Terence. *Language Implementation Patterns*. Pragmatic Bookshelf. 2009. ISBN 193435645X.

[RFC 3501] http://tools.ietf.org/html/rfc3501.

[RFC 5322] http://tools.ietf.org/html/rfc5322.

[Yoder and Johnson]
    www.adaptiveobjectmodel.com/WICSA3/ArchitectureOfAOMsWICSA3.htm.

[Voelter] www.voelter.de/data/pub/ProgramGeneration.pdf.

Índice

Símbolos e Números
_ (sublinhado), em Ruby, 437
; (ponto e vírgula), como um separador, 316, 320, 336
: (dois pontos), em Ruby, 78, 439, 443-444
? (interrogação)
   em Analisador Sintático Descendente Recursivo, 247
   em analisadores léxicos, 234
   implementando, 258
/ (operador alternativo ordenado), 233
   em Analisador Sintático Descendente Recursivo, 246
// (comentários), 42, 63
. (ponto), em chamadas a métodos, 374
.. (operador de faixa), 232
^ operador, em Tabela de Expressões Regulares de Análise Léxica, 240
~ (operador até), em ANTLR, 232
'...' (aspas simples), 321
"..." (aspas duplas)
   em analisadores léxicos, 320-322
   em XML, 101-102
   removendo, 428, 438-444
   usando para Análise Léxica Alternativa, 101-102
delimitadores {:...:}, 321, 328
delimitadores {...}
   em analisadores léxicos, 322
   em C#, 408
   em DSLs, 42
   em Javascript, 322
   em Ruby, 401, 408
{{...}} delimitadores, (Java), 395
@ (em), em Java, 446
* (asterisco)
   em Analisador Sintático Descendente Recursivo, 247
   em ANTLR, 302

   em Ruby, 421
   Kleene, 293
&& operador, (C#), 461-462
# (marcador de dispersão)
   em comandos de template, 544
   em comentários, 63
+ (sinal de adição)
   ações para, 259-260
   como marcador de multiplicidade, 235-236
   em Analisador Sintático Descendente Recursivo, 247
   em Combinador de Analisadores Sintáticos, 258
<...> (chaves anguladas), em XML, 101-102
–> (ANTLR) operador, 283, 287
| (operador de alternativa)
   ações para, 259
   em Analisador Sintático Descendente Recursivo, 246
   em analisadores léxicos, 233-234
   em C, 257
   implementando, 257

A
Access. *Veja* Microsoft Access
ações, 236-238, 513-526
   em Combinador de Analisadores Sintáticos, 259-260, 268
   em Construção de Árvore, 292-297
   embarcando, 270-272
   invocações para, 260
   mantendo pequenas, 126
   vinculando, 529
açúcar sintático, 358, 360, 437, 443
agenda, 514-515, 524-525
Algol, 229
alternativas, 230, 234-237
   com recursão, 235-236

desordenadas, 233-234
implementando, 246
ordenadas, 233-234, 246
Analisador Sintático Descendente Recursivo, 91-93, 97-100, 220, 226, 245-254, 256, 261, 270-271, 423
  limitações do, 249
  simplicidade do, 249
  vs. Combinador de Analisadores Sintáticos, 256, 261
  vantagens do, 261
analisador sintático GLR, 99-100
analisador sintático LALR, 99-100
analisador sintático SLR, 99-100
analisadores léxicos, 148, 204, 221-223, 230, 232-233, 239-244
  citações em, 320-322
  comentários em, 222-223, 241, 335-336
  espaços em branco em, 222-223, 241, 286, 319, 325
  estados dos, 322-324
  expressões regulares em, 221, 223
  gerando, 220, 223, 275-276
  implementando, 239
  operadores em, 223
  palavras-chave em, 223, 320, 323
  pré-processamento de texto para, 339, 478
  regras faltando para alguns *tokens* em, 274-275
  separadores em, 320, 324-325, 333-336
  separando da análise sintática, 94-96
  vs. analisadores sintáticos, 319
  Veja também Tabela de Expressões Regulares de Análise Léxica
analisadores sintáticos, 47-49, 201-218, 223-226, 239
  ascendentes, 98-100, 238, 327-329
  custos de desenvolver, 107, 478
  descendentes, 98-100, 235-236, 245-255, 261-268, 306, 329-331
  em C#, 519, 525-526
  espaços em branco em, 202
  gerando, 275-276
  implementando, 220, 255-268
  para linhas, 204, 212-218
  para máquinas de estado, 215-218
  para Rede de Dependências, 511-512
  para Tabela de Decisão, 496, 502-503
  para XML, 102-103
  testando, 57-61, 275-276
  tratamento de erros em, 63
  vs. analisadores léxicos, 319
  vs. Construtor de Expressões, 71

Veja também Analisador Sintático Descendente Recursivo
analisadores sintáticos LL. *Veja* analisadores sintáticos, descendentes
analisadores sintáticos LR. *Veja* analisadores sintáticos, ascendentes
Análise Léxica Alternativa, 94-95, 222-223, 319-326, 340
  citações em, 101-102
  usando com:
    Código Estrangeiro, 101-102, 309, 317, 326
    Tradução Dirigida por Sintaxe, 326
análise sintática, 223-227
  estratégia de, 89-93
  no ANTLR, 274-277
  separando da análise léxica, 94-96
análise sintática, 50-52, 225
  DSLs externas, 45-47, 89-93, 109-110
    múltiplas juntas, 101-102
  DSLs internas, 45-47
  e Variáveis de Contexto, 175, 300
  flexibilidade na, 162
  saída da, 92-95
  transformações textuais antes da, 183
aninhamento internalizado, 80
Anotação, 32, 84-86, 445-454
  definindo, 446-450
  em Ruby, 446, 451-454
  parâmetros em, 446
  processando, 447-452
  sintaxe customizada para, 449-450
  usando com Modelo Semântico, 447-448
  validação, 448-454
Ant, 36-37, 108-110, 119, 157, 508
  analisador sintático no, 274-277
ANTLR, 92-93, 97-100, 102-103, 141-142, 152, 230, 241, 270-280
  analisador léxico no, 222
  analisador sintático no, 274-277
  análise sintática no, 286-288
  arquivos de gramática no, 549-552
  AST no, 283
  calculador no, 306-307
  exceções de reconhecimento no, 196-197
  "Hello World" no, 272-280
  Notificações no, 195-198
  operador até no, 232
  operador de negação no, 326
  Rede de Dependências no, 168-170
  regra de nível mais alto no, 330
  regras no, 237-238
  relatando erros no, 274-275, 277-278
  superclasses no, 552

tipos de retornos e variáveis no, 237-238
tokens aninhados no, 318
tokens no, 236-237, 274-275, 285-286
usando com Código Estrangeiro, 316
ANTLRWorks, 270-271, 274-275
API regex, 243-244
APIs comando-consulta, 16, 29, 69, 343-350
  documentando classes em, 29
  nomeando métodos em, 70
  ruins, 38-39
  vs. DSLs, 37-38
  vs. interfaces fluentes, 70, 72
apontadores, 539-546
Applescript, 42
aritmética de ponteiros, 558
arquivos de configuração, 30-31
arquivos de gramática, 126, 269-280
  colocando ações de código nos, 547
arquivos INI, 101-102
  usando para Variáveis de Contexto, 176-178
árvore de análise sintática, 226
  e gramática, 135
  imutável, 456-457
  percorrendo, 456-457
árvore sintática, 47, 49, 93-95, 226, 376
  abstrata. *Veja* AST
  construindo. *Veja* Construção de Árvore, 260
  preenchendo no Analisador Sintático Descendente Recursivo, 248
  vs. Modelo Semântico, 48, 135, 160, 306
ASCII, 429
ASP (*Active Server Pages*), 125, 540
Asserção customizada, 56
AST (Árvore Sintática Abstrata), 226, 281-297
  criando no ANTLR, 283
  Veja também árvore sintática
atributos, 84-85
autocompletar, 22-23, 107, 358, 363, 382-384, 467, 469, 521-522
Automake, 157
Auxiliar de Embarcação, 126, 148, 169, 195, 238, 277-278, 316, 547-554
  gerando código com, 548, 552-554
  nomeando para, 551
  usando com:
    ANTLR, 276-277, 280, 294
    Código Estrangeiro, 310, 312, 315, 547-549
    Geração por Templates, 125, 540, 544, 548
    Gerador de Analisadores Sintáticos, 271-272, 551
    Tradução Embarcada, 301
  vantagens do, 549

avaliação múltipla, 186, 190, 192
avaliação postergada, 80-81, 189
avisos, 194
Awk, 28

B

bancadas de linguagem, 22-25, 28-29, 112, 129-143, 469
  criadas via bootstrap, 135, 140-141
  fronteiras das, 31
  sistemas de edição para, 136-139
  usando com Modelo Semântico, 142-143
bases de dados, 115
  acessando, 573
  ferramentas de desktop para, 136-137
  mapeando, 448-449
Bell, 29
bibliotecas de terceiros
  adicionando métodos a, 482
  envolvendo com DSLs, 33-34
bloco de reinicialização, 267
blocos. *Veja* Fecho
BNF (Forma de Backus-Naur), 79, 90-93, 220, 229-238
  ações de código em, 283
  usando com:
    Gerador de Analisadores Sintáticos, 270-271
    Tradução Embarcada, 301
  vs. Combinador de Analisadores Sintáticos, 261
  vs. EBNF, 99-100, 232, 234-237
Buck, Jamis, 434
buffer de *tokens* de entrada, 248, 257-258, 260, 264-265

C

calculadora, 306-307, 327-331
calendário, 345-347
  múltiplos construtores para, 348-350
canção "Old MacDonald Had a Farm", 75, 80, 357, 359
captura de variável, 186, 190, 192
caracteres de continuação de linha, 202, 208
caracteres de término de linha, 90, 202, 231, 286
caracteres delimitadores, 90, 201, 321
CFG (Gramática Livre de Contexto), 233
Chomsky, Noam, 96-97
classe carregadora, 288
classes
  abertas (Ruby), 481, 573
  colaborando, 573
  gerando a partir de um esquema de dados, 573-577

inicializando campos de, 471-472
nomeação, 471, 572
parciais (C#), 573
privadas, 445
públicas, 445
serializando, 445
usando campos como uma tabela de símbolos, 475
COBOL, 21-24, 34-35, 39-40
código escrito manualmente, 21-22
misturando, 448-449
separando do código gerado, 126-128, 535, 571-577
Código Estrangeiro, 100-102, 109, 111, 195, 226, 236-237, 270-271, 309-318, 320, 340, 540
analisador sintático para, 315-318
compilado, 310
e Modelo Semântico, 310-315
interpretado, 310
usando com:
Análise Léxica Alternativa, 101-102, 309, 317, 326
ANTLR, 316
Auxiliar de Embarcação, 310, 312, 315, 547-549
Fecho, 491
Gerador de Analisadores Sintáticos, 270-272
linguagens dinâmicas, 100-101
Repositório, 316
Tradução Dirigida por Sintaxe, 126
Tradução Embarcada, 299-301, 315
vantagens de, 311
código gerado. *Veja* geração de código
coleções, 540
coleções de literais, 77-79
colorir código. *Veja* destaque de sintaxe
Comando, 489
Combinador de Analisadores Sintáticos, 91-93, 97-100, 220, 226, 249, 255-268, 270-271
ações em, 259-260
compostos, 258
desvantagens, 261
entrada de, 256
implementando, 261
reconhecimento em, 256-260
saída de, 256
vs. Analisador Sintático Descendente Recursivo, 256, 261
vs. BNF, 261
vs. Gerador de Analisadores Sintáticos, 261
combinadores, 256
estilo funcional de, 260

Veja também Combinador de Analisadores Sintáticos
comentários
em analisadores léxicos, 222-223, 241, 335-336
em C, 234
em DSLs, 42, 63
em Geradores de Analisadores Sintáticos, 274-275
gerando, 538
compilação, 19
verificação de tipos durante a, 469
Composite, 256, 344
condicionais, 113, 405, 513-526
aninhados, 122, 541-546, 568-570
sobrepostos, 529
condições de início, 322-324
constantes simbólicas, 185
Construção de Árvore, 49, 93-95, 101-102, 152, 168, 225-226, 236-238, 253, 281-297, 300-301, 326, 331
ações de código em, 292-297
ações em 259
analisando lexicamente, 285-286
analisando sintaticamente, 286-288
consumo de memória da, 284
e Geradores de Analisadores Sintáticos, 271-272
em Analisadores Sintáticos Descendentes Recursivos, 248
preenchendo o Modelo Semântico com, 284
processando a AST em múltiplos passos, 302
vs. Tradução Dirigida pela Sintaxe, 276-277
vs. Tradução Dirigida por Delimitadores, 202, 286
vs. Tradução Embarcada, 93-94, 284, 300
vantagens da, 93-94
Construtor de Construções, 51, 176, 179-181, 348, 353, 378
adicionando controles de ciclo de vida ao, 180-181
agrupamento, 180-181
delegação completa em, 381
usando com Modelo Semântico, 353-354
usos de, 180-181
Construtor de expressões, 45, 71-73, 81,107, 149, 171-172, 180-181, 343-350, 351, 370, 373, 375, 377, 382-383, 386-388, 406, 411, 428, 468, 472, 481-482
compostos, 344
múltiplos, 344, 348-350, 409-411
separando do Modelo Semântico, 71, 344
testando, 344

usando com:
    Encadeamento de Métodos, 344
    Extensão de Literal, 481-482
    Funções Aninhadas, 344
    Tabela de Símbolos de Classe, 467-468
  vs. analisadores sintáticos, 71
contexto, 540
contexto hierárquico, 302
controlador do painel secreto, 3-5, 22-23, 32-34, 54, 131, 133, 163-164, 438-444, 488, 491
  analisando lexicamente, 241-244
    em ANTLR, 549-552
    em C, 557-563, 568-570
    em Java, 530, 535-538, 541-546, 549-552
  programação, 9-16
  sentenças não anônimas em, 211-218
  testando, 56-57
  usando com:
    Construção de Árvore, 284-291
    Geração Ciente do Modelo, 557-563
    Geração por Templates, 541-546
    Geração por Transformação, 535-538
    Máquina de Estados, 530
    Tradução Embarcada, 300-304
CSS (Folhas de Estilo em Cascata), 150-151
  especificando cores em, 53-54, 184-185
  usando macros com, 53-54, 184-185
CSV (valores separados por vírgula), 496, 574

D

dados estáticos, 352-353
DAG (grafo acíclico dirigido), 505
Davidson, James Duncan, 109-110
delegação completa, 381
delimitadores do...end (Ruby), 401, 406, 408
depuração, 31, 62, 115, 429
  com aritmética de ponteiro, 558
  com Macros, 185, 192
  com Modelo Adaptativo, 492
  com Variáveis de Contexto, 176
  de Sistemas de Regras de Produção, 517
  diagnósticos para, 563
  e expansões equivocadas, 186
  e legibilidade de código, 566
  e números de linha, 375
  sentenças de rastreamento para, 126
  usando comentários para, 274-275
descarrilamento de trens, 68
desempenho, 166
desenvolvimento dirigido por testes, 53-54
deslocamento, 98-99
destaque de sintaxe, 22-23, 86-87, 107, 549

diagramas
  descrevendo em um formato textual, 154
  e Máquina de Estados, 136-137
  em editores projecionais, 136-137, 141-142
dicionários. *Veja* Mapa de Literais
DOM (Modelo de Objetos de Documento), 48, 93-94, 101-103
DOT, 24-25, 148
DSLs (Linguagens Específicas de Domínio)
  autossuficientes, 32, 84-85, 392
  clareza das, 33-34
  comentários nas, 42, 63
  compondo, 111
  composicional, 161
  computacional, 161
  convenções comuns nas, 42
  criando camadas umas sobre as outras, 111, 151
  custo de aprendizado de, 37-38
  custo de construção de, 106-107
  custo de manutenção de, 37-39
  definindo, 27-32
  embarcadas. *Veja* DSLs internas
  embarcando linguagens em. *Veja* Código Estrangeiro
  envolvendo bibliotecas de terceiros com, 33-34, 38-39
  estendendo, 100-101
  estrutura sintática de, 269-280
  expressividade limitada das, 13, 27-30, 33-34, 109-110, 121
  externas. *Veja* DSLs externas
  fluência de, 104, 106
  fragmentárias, 32, 84-85, 387-388, 392, 415
  fronteiras das, 29-32, 109
  IDE para. *Veja* bancadas de linguagem
  implementando, 40-42, 43-66
  internas. *Veja* DSLs internas
  legibilidade de, 310-311, 360, 363, 469, 471
  limitações das, 28, 151, 309, 339
  migrando, 64-66
  modelo semântico de, 29
  modificabilidade das, 21-22
  predicados semânticos para, 227
  problemas com, 36-37
  processando, 39-41, 43-47
  sintaxe customizada de, 13, 15-16, 28
  usos de, 33-37
  vs. formulários, 35-36, 102-103
  vs. linguagens de propósito geral, 28, 30, 42
  vs. listas de propriedades, 101-102
  vantagens das, 18
DSLs embarcadas. *Veja* DSLs internas

DSLs externas, 15, 28-29, 89-104
    analisando sintaticamente, 45-47, 89-93, 109-110
    comentários em, 63
    compondo, 111
    configuração em tempo de execução de, 109-110
    custo de aprendizado das, 105-106
    desvantagens das, 22-23
    embarcando em um nome de método, 428
    flexibilidade das, 245
    fragmentárias, 32, 429
    fronteiras das, 30-31
    limitações das, 109
    modificando, 64
    Polimento Textual em, 478
    Redes de Dependências em, 168-170
    Tabela de Símbolos em, 168
    vs. DSLs internas, 45-47, 89, 105-112, 478
DSLs internas, 15, 28-29, 67-88, 344
    analisando sintaticamente, 45-47
    compondo, 111
    criando pequenas árvores de análise sintática em, 438
    custo de aprendizado das, 105-106
    Fechos em, 80, 491
    fragmentárias, 32
    fronteiras das, 30-31
    legibilidade de, 377, 477
    Macros em, 184
    misturando na linguagem hospedeira, 108-109
    modificando, 64
    nomeando métodos em, 30
    vs. DSLs externas, 45-47, 89, 105-112, 478
DTD (Definição de Tipo de Documento), 102-103
DTO, 574

E

EBNF (BNF estendida), 229-238
    regras intermediárias em, 235-236
    vs. BNF, 99-100, 232, 234-237
Eclipse, 141-142
edição baseada em fonte, 136-137
edição de fonte auxiliada por modelo, 137-138
edição dirigida pela sintaxe, 22-23
edição projecional, 136-139, 141-142
Egge, Brian, 39-40
Emacs, 102-103
encadeamento
    métodos. *Veja* Encadeamento de Métodos
    regras, 117

Encadeamento de Métodos, 48, 68-70, 72-76, 78-80, 85-86, 149-150, 370, 373-384, 409, 420, 465-466
    e estrutura hierárquica, 376
    e métodos em, 479
    elementos obrigatórios em, 377
    legibilidade do, 381
    ordem de avaliação de, 357-359
    problema do término do, 375-376, 380
    usando com:
        Construtor de Expressões, 344
        Fecho Aninhado, 404-405, 409-411
        Função Aninhada, 366, 369
        Recepção Dinâmica, 428
        Sequência de Funções, 352-353
        Sistema de Regras de Produção, 523, 526
    vs. Função Aninhada 381
encadeamento para frente, 515, 521-524
encadeamento para trás, 515
encapsulamento, 563
endentação sintática, 95-96, 337-339, 478
enumerações
    para chaves de Mapas de Literais, 419
    para símbolos estaticamente tipados, 172-174, 469
erros
    coletando, 193-198
    compilação, 427
    em tempo de execução, 427
    relatando no ANTLR, 277-280, 286
escalonador, 514
Escher, M. C., 131, 135
Escopo de Objeto, 73-75, 81, 149-150, 171-172, 361-362, 385, 387-395, 409, 415, 420, 440, 470, 479, 519, 522
    usando com:
        Fecho Aninhado, 404, 406
        Função Aninhada, 359, 366, 369, 371
        Recepção Dinâmica, 428
        Rede de Dependências, 509, 511
        Sequência de Funções, 352-353
        Sistema de Regras de Produção, 525
espaços de nomes, 73, 482-483
espaços em branco
    em analisadores léxicos, 222-223, 241, 286, 319, 325
    em analisadores sintáticos, 202
    na endentação sintática, 338
    na Tradução Dirigida por Delimitadores, 204
    sintáticos, 95-96
especialistas de domínio, 34-36, 108, 116, 479, 496-497
Especificação, 206, 313, 366, 389

esquemas, 102-103
esquemas de dados, 573-577
Estado, 204, 212
estado global, 385
estado léxico, 322-324
estados, 528
estatísticas, 30
Estratégia, 212
estrutura hierárquica, 376
estruturas, 28
estruturas de dados serializadas, 30
Evans, Eric, 67
eventos de reinicialização, 4, 8, 288, 297, 303, 475, 563
    explícitos, 8
eventos recorrentes, 366
exceções, 194
Excel. *Veja* Microsoft Excel
expansões equivocadas, 185, 192
expectativas, 149-150
explosão combinatória, 235-236
Expressão de Operadores Aninhados, 99-100, 249, 306-307, 327-331
    usando com Interpretação Embarcada, 328
expressões regulares, 28, 30, 32
    usando com:
        analisadores léxicos, 221, 223
        Polimento Textual, 477
        Tabela de Expressões Regulares de Análise Léxica, 239-244
        Tradução Dirigida por Delimitadores, 90, 202, 209, 214
expressões regulares compostas, 209
Extensão de Literal, 85-86, 375, 481-484
    em C#, 483-484
    usando com Construtor de Expressões, 481-482

F
Fecho, 80-83, 150, 188, 359, 397-402, 489
    aninhado. *Veja* Fecho Aninhado
    em C#, 81-83, 456-457, 460-461, 519, 521-522
    em Lisp, 82-83, 397
    em Ruby, 81-83, 397, 401
    em Smalltalk, 82-83, 397
    múltiplos, 401
    usando com:
        Código Estrangeiro, 491
        Modelo Adaptativo, 401
Fecho Aninhado, 80-83, 87-88, 109, 150, 154, 158, 376-377, 394, 402, 403-415
    argumentos explícitos em, 411-412, 415
    em C#, 408-409
    em Ruby, 404, 408
    múltiplos, 405
    ordem de avaliação de, 359, 404
    suporte de linguagem para, 405
    usando com:
        Encadeamento de Métodos, 404-405, 409-411
        Escopo de Objeto, 404, 406
        Recepção Dinâmica, 415, 442
        Sequência de Funções, 352-353, 394, 404-407, 411-412
        Sistema de Regras de Produção, 523
        Variável de Contexto, 404-405
    vs. Função Aninhada, 393, 403-405
ferramentas CASE (Engenharia de Software Auxiliada por Computador), 141-143
filtrando, 397-402
FIT (Framework para Testes Integrados), 31, 155-156
Fitnesse, 155
Flex, 322
Ford, Neal, 75, 375, 481, 483
forma de Greenspun, 422-425
formulários
    embarcando Javascript em, 520
    submetendo, 449-450
    vs. DSLs, 35-36, 120
    validação, 448-450
Função Aninhada, 48, 74-77, 79-80, 87-88, 149, 191, 357, 359-371, 376, 385-386, 420-421
    argumentos de:
        múltiplos diferentes, 361-363
        opcionais, 358-359, 361
        rotulagem, 358
        verificação, 363-365
    cláusulas obrigatórias em, 377
    desvantagens de, 359-360
    em Lisp, 75
    em Ruby, 403
    ordem de avaliação de, 357-359
    usando com:
        Construtor de Expressões, 344
        Encadeamento de Métodos, 366, 369
        Escopo de objeto, 359, 366, 369, 371
        Lista de Literais, 358, 417
        Mapa de Literais, 358
        Sequência de Funções, 352-353
        Variável de Contexto, 359
    vs. Encadeamento de Métodos, 381
    vs. Fecho Aninhado, 393, 403-405
função `printf` (C), 540
função `strok` (C), 565-566

funções, 72-77
    anônimas. *Veja* Fecho
    argumentos do tipo palavra-chave em, 419
    argumentos variáveis em, 77, 358, 361, 417-419, 421
    auxiliares, 148, 248, 253
    combinando, 72
    expressões filhas de, 403-415
    globais, 73, 351, 385, 387-388
    vs. Macros, 185-186
    Veja também métodos

G

gensyms, 190
Geração Ciente do Modelo, 122-124, 142-143, 535, 555-566
    usando com:
        Geração por Transformação, 535-538
        Modelo Semântico, 555-566
    vs. Geração Ignorante ao Modelo, 122-124, 556, 568
geração de código, 19-22, 46-47, 92-93, 121-128
    ambientes-alvo para, 121
    dinâmica, 452-454
    e código escrito manualmente:
        misturando com, 448-449
        separando do, 126-128, 535, 571-577
    e Modelo Semântico, 21-22, 128, 130, 162, 533-538
    estilos de, 21-22
    legibilidade da, 127-128, 545, 563, 566
    mantendo em arquivos separados, 573
    para linguagens estáticas, 100-101, 566
    por Auxiliar de Embarcação, 548, 552-554
    pré-análise sintática, 128
    público-alvo da, 558
    razões para, 121-122
    vantagens da, 21-22, 567
Geração Ignorante ao Modelo, 122-125, 127-128, 541, 567-570
    vs. Geração Ciente do Modelo, 122-124, 556, 568
Geração por *Templates*, 183, 192, 539-546
    problemas com, 125
    usando com:
        Auxiliar de Embarcação, 125, 540, 544, 548
        Geração por Transformação, 534
        Modelo Semântico, 125, 544, 546, 549
        Ruby, 574
    vs. Geração por Transformação, 124-125, 540
Geração por Transformação, 533-538, 541
    dirigido pela entrada *vs.* dirigido pela saída, 534

usando com:
    Geração Ciente do Modelo, 535-538
    Geração por *Templates*, 534
    Modelo Semântico, 124, 533-538
    vs. Geração por *Templates*, 124-125, 540
Gerador de Analisadores Sintáticos, 46, 63, 91-106, 111, 129, 220, 223, 225-227, 230, 232, 234, 236-238, 241, 245-246, 248-249, 255, 261, 269-280, 283-284, 292, 299-300, 302-303, 311, 319-322, 326-328, 330, 334, 340
    ações de código em, 236-238
    desvantagens de, 272-273
    e Construção de Árvore, 271-272
    e Interpretação Embarcada, 271-272
    e Tradução Embarcada, 271-272
    embarcando ações, 270-272
    símbolos de multiplicidade em, 232
    usando com:
        Auxiliar de Embarcação, 271-272, 551
        BNF, 270-271
        Código Estrangeiro, 270-272
    vs. Combinador de Analisadores Sintáticos, 261
    vantagens de, 261, 272-273
Gimp, 15
grafos, 147-148
gramáticas, 16, 29, 49-50, 79-80, 90, 95-97, 219-220, 227, 229-238
    e árvore de análise sintática, 135
    livres de contexto, 97-99
    modificando, 99-100
    modulares, 339-340
    regulares, 96-98, 529
    sensíveis ao contexto, 97-98
    vs. linguagens de definição de esquemas, 135
Grant. Veja controlador do painel secreto
Graphviz, 24-25, 147-148, 491
    mensagens de erro no, 62

H

herança, 386, 571-577
Hibernate. Veja HQL
hierarquia de Chomsky, 96-98
HQL (Linguagem de Consulta do Hibernate), 28, 151-152, 325
HTML (Linguagem de Marcação de Hipertexto), 552

I

IDE (Ambiente Integrado de Desenvolvimento)
    autocompletar ciente de tipos em, 467, 469
    capacidades de refatoração de, 572
    para DSLs. *Veja* bancadas de linguagem
    processo de construção em, 574

representações em, 138-140
suporte de, 127-128, 377, 382, 466, 469
vantagens de, 107
verificação de tipos em tempo de compilação em, 469
IMAP (Protocolo Internet de Acesso a Mensagens), 457-458, 466
importações estáticas, 73, 352-353, 360, 371, 378
inicializadores de instância, 150, 172, 386, 394-395
inicializadores de objetos, 365
Intentional Software, 136-137, 140-141
Intentional Workbench, 136-137, 140-141
interfaces
   comando-consulta, *Veja* APIs comando-consulta
   fluentes. *Veja* interfaces fluentes
   marcador, 447-448
   operacional, 161
   preenchimento de, 161
   progressivas, 149, 377, 382-384, 519
   publicada, 64
interfaces fluentes, 16, 30, 67-70, 107, 343-350
   nomeando métodos em, 70, 482
   vs. APIs comando-consulta, 70, 72
interpretação, 19
Interpretação Embarcada, 93-94, 226, 236-238, 305-307, 331
   e Gerador de Analisadores Sintáticos, 271-272
   usando com Expressão de Operador Aninhado, 328
   vs. Tradução Dirigida por Delimitadores, 202
   vs. Tradução Dirigida por Sintaxe, 276-277

J

jargão, 31
Java
   ações em, 260
   anotações em, 84-85, 445-446, 449-450
   arquivos de configuração em, 12
   chamadas a funções com argumentos variáveis em, 77
   classes predefinidas de data e hora em, 346
   código gerado e escrito manualmente em, 126
   como uma DSL, 15
   construindo linguagens em, 157
   gerando:
      C, 535-538
     classes a partir de um esquema de dados, 573-577
   "Hello World" em, 272-280
   importações estáticas em, 73, 352-353, 360, 371, 378
inicialização de instância em, 150, 172, 386, 394-395
mapas de dispersão em, 167-168
mapeando classes para consultas SQL em, 151-152
método de escrita em, 374
pontos no início da linha em, 374
Rede de Dependências em, 168-170
símbolos estaticamente tipados em, 128
Tabela de Símbolos de Classe em, 469
Java CUP, 321, 323-324, 328
Javascript, 21-22, 100-101, 317
   chaves em, 322
   embarcando em formulários, 520
   integrando com Java, 312, 314
   validação com, 448-449
JetBrains, 140-141
JMock, 149-150, 394
Johnson, Ralph, 115
JRuby, 21-22, 46
JSON (Notação de Objetos JavaScript), 104
JSP (*JavaServer Pages*), 125, 540

L

laços, 113
Lacuna de Geração, 127-128, 278-279, 571-577
   usando com o ANTLR, 270-271-280
lambdas. *Veja* Fecho
leiautes de tela, 154
Lex, 148, 204, 241
limitação, 52, 218, 438, 514
linguagem C, 21-22, 148
   aritmética de ponteiros em, 558
   biblioteca padrão de, 565
   gerando, 46
      a partir de Java, 535-538, 541-546
   macros em, 184-186
   ponteiros de função em, 82-83
   vetores de literais em, 78, 417
linguagem C#
   anotações na, 446
   argumentos do tipo string na, 521-522
   arquivos de configuração na, 12
   árvore de análise sintática na, 519, 525-526
   autocompletar na, 521-522
   chamadas a funções com argumentos variáveis na, 77
   classes parciais na, 126, 573
   condições na, 457-466
   consultas SQL na, 83-84
   em Redes de Dependências, 508-512
   eventos recorrentes na, 366

Extensão de Literal na, 483-484
Fecho Aninhado na, 408-409
inicializadores de objetos na, 365
interfaces progressivas na, 382-384
lambdas na, 81-83, 456-457, 460-461, 519, 521-522
mapas de dispersão na, 167-168
métodos de classe explícitos na, 351
métodos estáticos na, 369, 371
Notificações na, 194-195
operador de conversão implícita na, 376
pontos no início da linha na, 374
representantes anônimos na, 399-400
símbolos estaticamente tipados na, 128
sintaxe de propriedades na, 381-382
Tabela de Decisão na, 497-503
usando para Variáveis de Contexto, 176-178
validações na, 517-522
verificação estática na, 122, 521-522
linguagem C++
    análise sintática, 226-227
    macros na, 184, 188
    templates na, 53-54
linguagem M, 141-142
Linguagem Ubíqua, 5, 34-35
linguagens compiladas, 448-449
linguagens de definição de esquemas, 131, 135
linguagens de domínio, 32
linguagens de processamento de *templates*, 540
linguagens de programação, 27
    codificações de, 429
    com argumentos com palavras-chave, 75
    dinâmicas. *Veja* linguagens dinamicamente tipadas
    específica de domínio. *Veja* DSLs
    estáticas. *Veja* linguagens estaticamente tipadas
    ferramenta de *templates*, 540
    interpretadas, 109-110
    objeto-relacional. *Veja* linguagens OO
    propósito geral. *Veja* linguagens de propósito geral
linguagens de propósito geral, 27
    custo de aprendizado de, 37-38
    geração de código com, 92-93
    usando como DSLs. Veja DSLs internas
    vs. DSLs, 28, 30, 42
linguagens dinamicamente tipadas
    avaliando texto em tempo de execução em, 477
    Código Estrangeiro em, 100-101
    e DSLs externas, 109-110
    erros em tempo de execução em, 427
    Mapas de Literais em, 419

sobrescrevendo métodos desconhecidos em, 428
linguagens estaticamente tipadas
    argumentos do tipo string em, 521-522
    autocompletar ciente de tipos em, 467, 469
    Código Estrangeiro em, 100-101
    e DSLs externas, 109-110
    enumerações em, 419
    erros de compilação em, 427
    geração de código para, 566
    interfaces marcadoras em, 447-448
    sem Recepção Dinâmica em, 429
    suporte da IDE para, 377
    Tabela de Decisão em, 496
    usando Polimento Textual em, 477
linguagens OO (orientadas a objetos)
    código gerado e escrito manualmente em, 126-128
    descarrilamento de trens em, 68
    métodos em, 69, 72, 75
    modelo computacional imperativo, 113
    modelo de domínio de, 134
    nomeando classes em, 471
    objetos comandos em, 82-83
linhas polimórficas, 203
Linq, 83-85, 457-458
Lisp, 14, 28, 67
    dualidade de código e data em, 488
    etiquetando nomes de funções com dados em, 447-448
    Funções Aninhadas em, 75
    lambdas em, 82-83, 397
    Listas de Literais em, 78, 417-418
    Macros em, 53-54, 82-84, 184, 188-191, 456-457
    Manipulação de Árvore de Análise Sintática em, 83-84, 191, 456-457
    símbolos em, 166
Lista de Literais, 77, 79-80, 390, 417-418, 420, 422-423
    aninhadas, 424
    chamada a funções com argumentos variáveis em, 417, 419
    em Lisp, 78
    em Ruby, 77-78, 417, 420-422
    usando com:
        Função Aninhada, 358, 417
        Mapa de Literais, 419, 422-425
    vs. Sequência de Funções, 352-353
listas
    combinadores para, 258, 267-268
    opcionais, 258, 267
listas de propriedades, 101-102

M

Macro, 52-54, 151, 183-192
  aninhando, 186, 192
  parâmetros em, 185
  sintáticas, 53-54, 184, 186, 188-192
  textuais, 52, 184-188, 192, 478
  vs. funções, 185-186
macro setf (Lisp), 191
Make, 36-37, 108, 119, 156-158, 508
Manipulação de Árvore de Análise Sintática, 82-84, 190-191, 455-466
  em C#, 191, 456-457
  em Lisp, 191, 456-457
  em Ruby, 456-457
  usando com Variável de Contexto, 466
Mapa de Literais, 75, 77-80, 170, 366, 419-425
  argumentos para, 359
  chaves para, 419, 421
  em Ruby, 419-422
  usando com:
    Função Aninhada, 358
    Lista de Literais, 419, 422-425
    Tabela de Símbolos, 167-168
mapas
  aninhados, 123
  múltiplos, 167
  únicos, 166
mapas de dispersão. *Veja* Mapa de Literais.
Mapeador de Dados, 160
Máquina de Estados, 4-9, 18, 118, 122, 159-161, 163-164, 527-530
  analisador léxico para, 241-244
  analisando sintaticamente, 215-218
  carregando dinamicamente, 564-566
  criando, 295-296
  modelo de, 5-9, 16-19, 22-23, 131
  usando como Modelo Adaptativo, 529
  visualizando como um diagrama, 136-137
máquina de estados, 528
máquina de estados finitos, 96-97
máquina de estados finitos, 97-98
MathCAD, 21-22
Maven, 157
mecanismo de escape, 321
mensagens de email, 377, 382-384
  buscando, 457-466
  filtrando, 514
mensagens de erro, 62
mensagens informativas, 194
MetaCase, 140-141
MetaEdit, 22-23, 31, 140-142
metamodelos, 131

Meta-Programming System Language Workbench, 31
Método de execução "em vez de", 188
método doesNotUnderstand (Smalltalk), 428
método instance_eval (Ruby), 386, 392-394, 405, 407, 412-415, 420, 422, 440, 442, 479
método method_missing (Ruby), 428, 433-434
Método Utilitário de Teste, 56
métodos, 72
  adicionando a literais de um programa, 481-484
  classe, 446-448, 451-453
  de escrita, 374, 449-450
  delegação automática para outro objeto, 428
  desconhecido, sobrescrevendo, 427-444
  encadeamento. *Veja* Encadeamento de Métodos
  estáticos, 369, 371, 387-388
  extensão (C#), 481
  falta de sobrescrita. *Veja* Recepção Dinâmica
  formatando, 374
  globais, 85-86
  nomeação, 30, 70, 137-138, 374, 428-434, 437, 447-448, 473, 480, 548
  para testes, 445, 447-449
  privado, 127-128, 445
  protegido, 127-128
  público, 445
  vs. parâmetros, 370
  validação, 577
  validade do contexto de, 377
  Veja também funções
métodos estáticos. *Veja* métodos, estáticos
Meyer, Bertrand, 69
Microsoft Access, 31, 136-137
Microsoft Excel, 15, 25, 31, 497
Microsoft Office, 140-141
migração baseada no modelo semântico, 65
migração incremental, 65
Modelo Adaptativo, 18, 81-83, 115-116, 161, 256, 402, 487-493
  depurando, 115, 492
  desvantagens do, 115, 492
  embarcando código imperativo em um, 489
  usando com:
    Fecho, 401
    Máquina de Estados, 529
    Sistema de Regras de Produção, 492
  visualizando, 491
modelo computacional alternativo, 18, 113-120, 487-493, 505-530
  Veja também Modelo Adaptativo, Rede de Dependências, Sistema de Regras de Produção, Máquina de Estados

Modelo de domínio, 5, 17, 160
  vs. Modelo Semântico, 44, 134, 160
Modelo Semântico, 16-23, 25, 29, 42-47, 51-54, 56-57, 60-62, 71-72, 81-84, 92-95, 100-103, 108-112, 115, 120-123, 130-131, 133, 135-139, 141-142, 148-149, 152, 159-164, 168, 170, 172, 176-178, 202, 221-223, 282, 284, 288, 299, 301, 320, 345, 349, 353-354, 360, 387-388, 441, 446, 456-466, 470, 488, 509, 520, 530, 533-534, 556, 563-564, 567, 574, 576
  construções fluentes em, 344-345
  e análise sintática, 162, 256
  e Código Estrangeiro, 310-315, 318
  e geração de código, 21-22, 128, 130, 162, 533-538
  esquema de, 130
  executando, 162
  gerando diagramas a partir de, 24-25
  migração baseada em modelo de, 65
  preenchendo, 36-37, 43-47, 49, 52, 128, 162, 284, 288-291, 317, 575
    em Analisadores Sintáticos Descendentes Recursivos, 248
    em Ruby, 35-36
    em um estado inválido, 60
    via Tradução Embarcada, 299-304
    via uma interface comando-consulta, 160
  separando do Construtor de Expressões, 71, 344
  simulacro de, 556-557
  suportando múltiplas DSLs para, 163
  testando, 53-57
  tratando erros semânticos em, 63-64
  usando com:
    Anotação, 447-448
    bancadas de linguagem, 142-143
    Geração Ciente do Modelo, 555-556
    Geração por Templates, 125, 544, 546, 549
    Geração por Transformação, 124, 533-538
    Rede de Dependências, 509-511
    Sistema de Regras de Produção, 519-522
    Tabela de Decisão, 496-502
    Tabela de Símbolos, 166
    Tabela de Símbolos de Classe, 468
  vantagens do, 71, 162-164, 306
  verificações de validação em, 161, 164
  vinculando elementos XML a, 102-103
  visualizando, 34-35
  vs. árvore sintática, 48, 135, 160, 306
  vs. Modelo de Domínio, 44, 134, 160
modelos computacionais
  alternativos. Veja modelo computacional alternativo

declarativo, 12, 36-37, 150
imperativo, 36-37, 113-114, 487
motor de inferência, 514
motor de processamento de *templates*, 540
motor de regras, 514
MPS (Sistema de Metaprogramação), 140-141
múltiplas passadas, 302

N
navegadores, 448-449
.NET, 82-83, 370, 457-458
  atributos no, 84-85, 445
Notificação, 58-59, 193-198, 515
  analisando sintaticamente, 195-198
  em ANTLR, 195-198
  em C#, 194-195
  usando com Sistema de Regras de Produção, 518

O
Objeto Método, 209
Objeto *Mock*, 32, 149
Objeto Valor, 375
objetos comando, 82-83
objetos de análise sintática, 255-268
objetos imutáveis, 179
Observação, 516-517
OMG, 141-143
operador até, 232
operador de lista
  ações para, 259-260
  implementando, 258, 267-268
  no ANTLR, 302
operador de negação (ANTLR), 326
operador de repetição (Analisador Sintático Descendente Recursivo), 247
operador de sequência
  ações para, 259-260
  em Analisadores Sintáticos Descendentes Recursivos, 246
  implementando, 257
operador opcional
  em Analisador Sintático Descendente Recursivo, 247
  implementando, 258
operador útil, 232
operadores de fluxo de controle, 245
operadores de Kleene, 231-232, 293
operadores em analisadores léxicos, 223

P
Packrat, 98-99
páginas Web
  elementos comuns de, 185

embarcando código em, 547
gerando:
   a partir de templates, 125-540
   através de Auxiliar de Embarcação, 552-554
   em Geração por Transformação, 534
   no Velocity, 187
palavras-chave, 75
   e nomeação de métodos, 480
   em analisadores léxicos, 223, 320, 323
   orientadas a data *vs.* orientadas a string, 461-462
Parâmetro Coletor, 194
parâmetros com argumentos variáveis, 77, 358, 361, 417-419, 421
   em Ruby, 421
PARC (Centro de Pesquisa de Palo Alto), 140-141
Parr, Terence, 339
ParseTree (Ruby), 456-457
PEG (Gramática de Expressão de Análise Sintática), 97-98, 233-234
PIC, 154
PL/1, 222
planilhas, 23-25, 138-141, 496-497
Polimento Textual, 85-86, 185, 477-480
   em Ruby, 478-480
   usando com Recepção Dinâmica, 428
ponteiros para funções, 82-83
precedência, regras de, 328
precisão, 369
predicados semânticos, 226-227, 271-272
pré-processador C
   comandos de templates no, 544
   macros no, 53-54
princípio da falha rápida, 60, 456-457
princípio do Projeto Dirigido pelo Domínio, 5
problema da abstração restrita, 39-40
problema da cacofonia de linguagem, 37-38
problema da linguagem de gueto, 38-40
problema do término, 375-376
procedimentos. *Veja* funções
processador de macros m4, 184
processador DSL, 121
processo de construção, 574
produção de saída, 226
programação funcional, 163
programação ilustrativa, 24-25, 130, 138-141
programadores leigos, 138-139
projeto de interfaces gráficas com o usuário, 139-140
Projeto por Contrato, 135
Python, 95-96, 338

Q
Quadrant, 141-142

R
R, linguagens, 30
Ragel, 97-98
Rails, 28
   Active Record, 428, 430, 434
   Veja também Ruby on Rails
Rake, 157
Recepção Dinâmica, 86-88, 427-444
   limitações da, 429
   usando com:
     Encadeamento de Métodos, 428
     Escopo de Objeto, 428
     Fecho Aninhado, 415, 442
     Polimento Textual, 428
recursão, 235-236
Rede de Dependências, 18, 36-37, 108-109, 119, 156-158, 505-512
   alvos em, 506
   analisando sintaticamente, 511-512
   construções desnecessárias em, 507
   em C#, 508-512
   em DSLs internas, 168-170
   invocando *vs.* executando tarefas em, 507
   orientada a produtos *vs.* orientada a tarefas, 506-508
   pré-requisitos faltantes, 507
   usando com:
     Escopo de Objeto, 509, 511
     Modelo Semântico, 509-511
     Tabela de Símbolos de Classe, 509
refatoração
   automatizada, 64, 168
   na IDE, 572
   segura, 137-138
referências avante, 302
Registro Ativo (Ruby), 428, 430, 434
regra de término de sentença, 334
regras, 513-526
   ativadas, 514, 524-525
   conjuntos de, 515
   contraditórias, 515-516, 523
   disparando, 514, 525
   encadeamento para frente, 515, 521-524
   encadeamento para trás, 515
   validação 516-522
   Veja também Sistema de Regras de Produção
Relax NG, 102-103
Repositório, 316
repositório de código fonte, 126, 275-276
restrições estruturais, 135

Roberts, Mike, 29
Row Data Gateway, 573
Ruby, 14, 28, 67, 157, 574
  Anotações em, 446, 451-454
  argumentos variáveis em, 421
  avaliação de instância em, 386, 392-394, 405, 407, 412-415, 420, 440, 442, 479
  biblioteca ParseTree em, 456-457
  blocos em, 81-83, 397, 401
  classes abertas em, 481, 573
  Extensão de Literal em, 85-86
  faixas em, 446
  Fecho Aninhado em, 404, 408
  formato de Greenspun em, 422-425
  Função Aninhada em, 403
  geração dinâmica de código em, 452-454
  Listas de Literais em, 77-78, 417, 420-422
  Macros em, 187
  Manipulação de Árvore de Análise Sintática em, 83-84
  Mapas de Literais em, 419-422
  métodos de classe em, 451-453
  nomes de métodos analisados sintaticamente em, 430-434
  palavras-chave em, 480
  Polimento textual em, 478-480
  pontos no fim da linha em, 374
  preenchendo o Modelo Semântico em, 35-36
  Recepção Dinâmica em, 86-87
  símbolos em, 78, 87-88, 166, 419, 439, 443-444
  Tabela de Símbolos em, 170-171
  vetores em, 456-457
Ruby on Rails
  expressões DSL em, 85-86
  metadados em, 84-86
ruído sintático, 75, 81, 108, 376, 381, 386, 392, 415
  de código embarcado, 101-102
  de DSLs, 82-83
  de XML, 13, 101-102, 104
  reduzindo com:
    coloração de sintaxe, 86-87
    Polimento Textual, 85-86, 478
    Recepção Dinâmica, 428, 439, 443-444

S

saliência, 514
SASS, 151
SAX (API Simples para XML), 48, 93-94, 101-102
Scheme (Gimp), 15, 190
scripts
  testando, 61-62
  visualizando, 62

scripts DSL
  executando, 472
  independentes, 386, 415
semântica, 49
Sendmail, 109-110
separação comando-consulta, 70, 374
separação de interesses, 71
separadores, em analisadores léxicos, 320, 324-325, 333-336
Separadores de Novas Linhas, 95-96, 222, 320, 333-336
  usando com:
    Tradução Dirigida por Delimitadores, 333
    Tradução Dirigida por Sintaxe, 333-336
separadores de sentenças, 286, 333-336
Sequência de Funções, 49, 68-69, 72-76, 79-80, 150, 170, 351-355, 359, 376, 385-386, 411
  ordem de avaliação de, 357, 359
  usando com:
    Encadeamento de Métodos, 352-353
    Escopo de Objeto, 352-353
    Fecho Aninhado, 352-353, 394, 404-407, 411-412
    Função Aninhada, 352-353
    Sistema de Regras de Produção, 523, 526
    Variável de Contexto, 351-355, 358
  vs. Lista de Literais, 352-353
servidores, 448-449
símbolos, 87-88, 165
  declarando, 167
  digitados erroneamente, 167
  dinamicamente tipados, 419
  e desempenho, 166
  em Ruby, 439, 443-444
  estaticamente tipados, 168, 172-174, 467
  operações com, 166
símbolos de multiplicidade, 231-232, 234
símbolos terminais
  ações para, 259-260
  combinadores para, 263
  reconhecedores para, 257-259
Simonyi, Charles, 140-141
sintaxe, 49, 90, 229-238
Sistema de Regras de Produção, 18, 117–118, 136-137, 489, 513-526
  depuração, 517
  uso com:
    Encaminhamento de Métodos, 523, 526
    Escopo de Objeto, 525
    Fecho Aninhado, 523
    Modelo Adaptativo, 492
    Modelo Semântico, 519–521
    Notificação, 518

Sequência de Funções, 523, 526
  vs. Tabela de Decisão, 497
sistemas de controle de versões, 35-36
sistemas de segurança, 3-5
Smalltalk
  adicionando métodos a classes de terceiros em, 482
  blocos em, 82-83, 397
  expressões condicionais em, 405
  parâmetros nomeados em, 78
  Recepção Dinâmica em, 86-87
  símbolos em, 166
  sobrescrevendo métodos desconhecidos em, 428
SQL, 21-22, 28, 32
  gerando, 35-36, 46, 82-83, 121
    a partir de condições C#, 457-458
  mapeando para classes Java, 151-152
Starbucks, 31
strings
  autocompletar de, na IDE, 168
  dividindo, 90
  e desempenho, 166
  operações com, 166
subrotinas. *Veja* funções
Swiby, 154

T

Tabela de Decisão, 114-118, 156, 495-503
  analisando sintaticamente, 496, 502-503
  em C#, 497-503
  usando com:
    Modelo Semântico, 496-502
    Tradução Dirigida por Delimitadores, 502
  vs. Sistema de Regras de Produção, 497
Tabela de Expressões Regulares de Análise Léxica, 94-95, 223, 239-244, 246, 250, 256
Tabela de Símbolos, 16, 50-52, 71, 78, 93-94, 97-98, 165-174, 215, 218, 259, 289, 441, 468-469, 484, 550
  em DSLs internas, 170-171
  preenchendo, 442
  usando com Modelo Semântico, 166
  usos de, 168
  valores de, 166
Tabela de Símbolos de Classe, 88, 107, 168, 173, 467-475, 511
  em Java, 469
  estaticamente tipada, 469-475
  usando com:
    Construtor de Expressões, 467-468
    Modelo Semântico, 468
    Rede de Dependências, 509
Tabela de Símbolos para Escopos Aninhados, 567
tabelas de estado, 124
tabulações, 338
templates, 539-546, 547
teoria de autômatos, 221
testes, 53-62
  com testes de entrada inválidos, 59-61
  marcando métodos para, 445, 447-449
  testes de entradas inválidas, 59-61
  testes de integração, 62
tipo de dados símbolo, 78, 166, 419, 467
tokens, 94-96, 221-223
  aninhados, 318
  declarando no arquivo da gramática, 287
  em ANTLR, 274-275
  ignorando o tipo do, 325-326
  mutação de tipo de, 324-325
  tipos de, 223, 363-365
  verificando, 363-365
Tradução Dirigida pela Sintaxe, 49, 79, 90-95, 97-98, 105-107, 148, 152, 203-205, 219-227, 229-230, 232, 240, 281, 299, 339
  arquivos de gramática para, 126
  compondo DSLs com, 111
  custo de aprendizado de, 105-106
  desvantagens de, 92-93, 227, 271-272
  endentação sintática em, 339
  estratégia para produzir saída com, 202, 276-277
  separação entre a análise léxica e a análise sintática na, 221-223, 240-241
  usando com:
    Análise Léxica Alternativa, 326
    Código Estrangeiro, 126
    Separadores de Novas Linhas, 333-336
  vs. Construção de Árvore, 276-277
  vs. Interpretação Embarcada, 276-277
  vs. Tradução Dirigida por Delimitadores, 92-93, 106, 204-205, 227
  vs. Tradução Embarcada, 276-277
Tradução Dirigida por Delimitadores, 91, 97-98, 107, 177, 201-218, 222, 565
  endentação sintática em, 339
  usando com:
    expressões regulares, 90, 202, 209, 214
    linguagens complexas, 204
    Separadores de Novas Linhas, 333
    Tabela de Decisão, 502
  vs. Construção de Árvore, 202, 286
  vs. Interpretação Embarcada, 202
  vs. Tradução Dirigida por Sintaxe, 92-93, 106, 204-205, 227
  vs. Tradução Embarcada, 202
Tradução Embarcada, 93-94, 101-102, 148, 168, 196, 226, 236-238, 261, 284, 299-304, 549
  ações em, 259

desvantagens da, 300
e Gerador de Analisadores Sintáticos, 271-272
em Analisadores Sintáticos Descendentes Recursivos, 248
escrevendo com:
    Auxiliar de Embarcação, 301
    BFN, 301
    Código Estrangeiro, 299-301, 315
preenchendo um Modelo Semântico com, 284
vs. Construção de Árvore, 93-94, 284, 300
vs. Tradução Dirigida por Delimitadores, 202
vs. Tradução Dirigida por Sintaxe, 276-279
vantagens da, 300
transmogrificação de tipo, 375, 481-482
tratamento de erros, 59-64, 151
    custo do, 63
    métodos especiais para, 428
    semântica, 63-64
    sintáticos, 63

U

Unix
    arquivos de configuração para, 102-103
    caractere de término de linha no, 202
    pequenas linguagens no, 28

V

validação, 81, 135, 577
    anotações para, 448-454
    e Modelo Semântico, 161, 164
    em C#, 517-522
    em campos de formulários, 448-450
    falhando, 183, 521-522
    regras para, 516-522
Vanderburg, Glenn, 112
variáveis
    classe, 447-448, 452-453
    contexto. *Veja* Variável de Contexto
    declarando, 97-98
    escopo limitado, 80-81
    estáticas, 558
Variável de Contexto, 49, 52, 73-74, 76, 175-178, 237-238, 271-272, 317, 351-353, 361, 369, 371, 376-379, 381, 433
    e análise sintática, 300
    e depuração, 176
    usando com:
        Fecho Aninhado, 404-405
        Função Aninhada, 359

    Manipulação de Árvore de Análise Sintática, 466
    Sequência de Funções, 351-355, 358
varredores, *Veja* analisadores léxicos
VBA (Visual Basic para Aplicações), 15
Velocity, 184, 187, 541-546, 552-554
    comandos de template em, 544
Verificação de Comportamento, 149
verificação de tipos, 87-88
verificação estática, 122, 521-522
vetores associativos. *Veja* Mapa de Literais
vetores de literais, 417
visualização, 24-25
    de Máquinas de Estados, 136-137
    de Modelos Adaptativos, 491
    de Modelos Semânticos, 34-35
    de scripts, 62
Vlissides, John, 571
Voelter, Marcus, 128

W

Weirich, Jim, 415
WPF (*Windows Presentation Framework*), 152

X

XAML, 152-154, 161
XML (Linguagem de Marcação Estendida), 11-12
    analisadores sintáticos para, 102-103
    como DSL, 28, 31, 101-104, 106
    como mecanismo de serialização, 102-103
    criando documentos em, 415
    processando, 93-94
    ruídos sintáticos de, 13, 101-102, 104
    usando para Variáveis de Contexto, 176
    vs. sintaxe customizada, 13
    vantagens da, 102-103
    vinculando a Modelos Semânticos, 102-103
XML Schema, 102-103
XPath, 83-84
XSLT (Linguagem de Folha de Estilos Extensível para Transformação), 30
Xtext, 141-142
xUnit, 447-449

Y

Yacc, 148, 235-237
YAML (*YAML Ain't Markup Language*), 104
    indentação em, 338
    usando para Varáveis de Contexto, 176
Yoder, Joe, 115

Aqui está a sua cola!!

Como separo a lógica da análise sintática da lógica da semântica (da lógica de geração de código)?
=> *Modelo Semântico (159)*
Estou usando uma DSL interna => *Construtor de Expressões (343)* + *Modelo Semântico (159)*

Análise Sintática

Como mantenho símbolos para fazer referências cruzadas entre diferentes partes da análise sintática?
=> *Tabela de Símbolos (165)*

Como mantenho o contexto hierárquico durante a análise sintática?
O máximo possível, tento mantê-lo na pilha e usar parâmetros e valores de retorno.
Se eu não puder, => *Variável de Contexto (175)*

Como construo gradualmente um objeto imutável?
=> *Construtor de Construções (179)*

Como coleto e retorno múltiplos erros ao chamador da análise sintática?
=> *Notificação (193)*

DSLs Externas

Como quebro texto em uma estrutura de análise sintática?
=> *Tradução Dirigida por Sintaxe (219)* + *BNF (229)*
Minha estrutura é bastante simples => *Tradução Dirigida por Delimitadores (201)*

Como construo um analisador léxico?
=> *Tabela de Expressões Regulares de Análise Léxica (239)*
Se estiver usando um Gerador de Analisadores Sintáticos e existir um gerador de analisadores léxicos que se encaixe bem, uso-o.

Como construo um analisador sintático?
=> *Gerador de Analisadores Sintáticos (269)*
Minha gramática é simples => *Combinador de Analisadores Sintáticos (255)*
Não existe um Gerador de Analisadores Sintáticos para minha plataforma => *Combinador de Analisadores Sintáticos (255)*
Prefiro o fluxo de controle para compor objetos => *Analisador Sintático Descendente Recursivo (245)*

Como gero saída?
Minha saída mapeia-se claramente com o Modelo Semântico => *Tradução Embarcada (299)*
Minha transformação é mais complicada => *Construção de Árvore (281)*
Quero executar sentenças DSL imediatamente => *Interpretação Embarcada (305)*

Como trato expressões aritméticas, expressões booleanas, ou estruturas similares?
=> *Expressão de Operadores Aninhados (327)*

Como trato casos que são muito raros para valer a pena estender a DSL?
Como mesclo comportamento não DSL na DSL?
=> *Código Estrangeiro (309)* + *Auxiliar de Embarcação (547)*

Estou usando Código Estrangeiro, e minha DSL tornou-se sobrecarregada e, logo, difícil de ser visualizada.
=> *Auxiliar de Embarcação (547)*

Como modifico minhas regras de análise léxica no meio de uma análise sintática?
=> *Análise Léxica Alternativa (319)*

Como trato novas linhas que são parte da gramática quando estou usando Tradução Dirigida por Sintaxe?
=> *Separadores de Novas Linhas (333)*

DSLs Internas

Como represento uma sequência de sentenças de alto nível?
=> *Sequência de Funções (351)*

Como trato uma sequência fixa de cláusulas?
As cláusulas são obrigatórias => *Função Aninhada (357)*

Existem cláusulas opcionais => *Mapa de Literais (419)*
Preciso de cláusulas opcionais e não tenho sintaxe para mapa de literais => *Encadeamento de Métodos (373)*

Como trato uma sequência variável de cláusulas?
Cada cláusula é a mesma => *Lista de Literais (417)*
As cláusulas são diferentes => *Encadeamento de Métodos (373)*
Cada cláusula deve aparecer uma única vez => *Mapa de Literais (419)*

Como construo expressões simples em nomes de métodos?
Como represento parâmetros de métodos como nomes de métodos?
=> *Recepção Dinâmica (427)*

Como inicio uma expressão com um número (ou com outro literal)?
=> *Extensão de Literal (481)*

Como uso chamadas simples a funções sem usar dados globais ou funções?
=> *Escopo de Objeto (385)*

Como controlo quando avalio uma cláusula?
A cláusula está dentro de um método => *Fecho Aninhado (403)*
A cláusula está em uma definição de classe => *Anotação (445)*

Como obtenho verificação estática de tipos ou autocompletar seguro em relação a tipos?
=> *Tabela de Símbolos de Classe (467)*

Como deixo minha DSL menos parecida com a linguagem hospedeira?
Minhas mudanças são substituições textuais simples => *Polimento Textual (477)*
Se for mais complicado, use uma DSL externa no lugar.

Como preencho meu Modelo Semântico com expressões escritas em minha linguagem hospedeira sem avaliar essas expressões?
=> *Manipulação de Árvore de Análise Sintática (455)*

Geração de Código

Como guio a produção de código de saída?
A maioria da saída é gerada => *Geração por Transformação (533)*
Existe muito código não gerado => *Geração por Templates (539)*

Como mantenho meus *templates* legíveis usando Geração por *Templates*?
=> *Auxiliar de Embarcação (547)*

Como estruturo minha semântica em meu código-alvo?
=> *Geração Ciente do Modelo (555)*
A linguagem-alvo não é expressiva o suficiente => *Geração Ignorante ao Modelo (567)*

Como mesclo código gerado com código escrito a mão?
Use chamadas entre objetos gerados e escritos manualmente.
Preciso misturar código gerado com código escrito manualmente no mesmo objeto => *Lacuna de Geração (571)*

Modelos Computacionais Alternativos

Como organizo a computação usando um modelo diferente de minha linguagem hospedeira?
=> *Modelo Adaptativo (487)*

Como represento lógica condicional?
Tenho uma expressão condicional composta => *Tabela de Decisão (495)*
Tenho uma lista de condições a serem avaliadas => *Sistema de Regras de Produção (513)*

Como represento tarefas que são computacionalmente caras e possuem tarefas como pré-requisitos que precisam ser verificadas primeiro e executadas caso necessário?
=> *Rede de Dependências (505)*

Como represento uma máquina que reage diferentemente aos eventos dependendo do estado em que ela se encontra?
=> *Máquina de Estados (527)*